非常规油气资源：评价与开发

［美］Y. Zee Ma　　Stephen A. Holditch　　编

崔景伟　等译

石油工业出版社

图书在版编目（CIP）数据

非常规油气资源：评价与开发 /（美）马元哲
（Y. Zee Ma），（美）史蒂芬·霍尔迪奇
（Stephen A. Holditch）编；崔景伟等译 .—北京：
石油工业出版社，2020.5
　　书名原文：Unconventional Oil and Gas Resources
Handbook: Evaluation and Development
　　ISBN 978-7-5183-3782-8

　　Ⅰ.①非… Ⅱ.①马…②史…③崔　Ⅲ.①油气资
源评价 – 研究②油气田开发 – 研究　Ⅳ.①TE155②TE3

中国版本图书馆 CIP 数据核字（2020）第 059425 号

Elsevier(Singapore) Pte Ltd.
3 Killiney Road, #08–01 Winsland House I, Singapore 239519
Tel: (65) 6349–0200; Fax: (65) 6733–1817

Unconventional Oil and Gas Resources Handbook: Evaluation and Development, 1st edition
Edited by Y. Zee Ma, Stephen A. Holditch
Copyright © 2016 by Gulf Professional Publishing, an imprint of Elsevier Inc. All rights reserved.
ISBN-13: 9780128022382

This translation of Unconventional Oil and Gas Resources Handbook: Evaluation and Development, 1st edition Edited by Y. Zee Ma, Stephen A. Holditch was undertaken by Petroleum Industry Press and is published by arrangement with Elsevier (Singapore) Pte Ltd.

Unconventional Oil and Gas Resources Handbook: Evaluation and Development, 1st edition Edited by Y. Zee Ma, Stephen A. Holditch 由石油工业出版社有限公司进行翻译，并根据石油工业出版社与爱思唯尔（新加坡）私人有限公司的协议约定出版。

《非常规油气资源：评价与开发》（崔景伟 等译）
ISBN: 9787518337828
Copyright © 2020 by Elsevier (Singapore) Pte Ltd.

All rights reserved. No part of this publication may be reproduced or transmitted in any form or by any means, electronic or mechanical, including photocopying, recording, or any information storage and retrieval system, without permission in writing from Elsevier (Singapore) Pte Ltd. Details on how to seek permission, further information about the Elsevier's permissions policies and arrangements with organizations such as the Copyright Clearance Center and the Copyright Licensing Agency, can be found at our website: www.elsevier.com/permissions.

This book and the individual contributions contained in it are protected under copyright by Elsevier (Singapore) Pte Ltd. and Petroleum Industry Press (other than as may be noted herein).

This edition is printed in China by Petroleum Industry Press under special arrangement with Elsevier (Singapore) Pte Ltd. This edition is authorized for sale in the People's Republic of China only, excluding Hong Kong SAR, Macau SAR and Taiwan. Unauthorized export of this edition is a violation of the contract.

本书简体中文版由 Elsevier (Singapore) Pte Ltd. 授权石油工业出版社在中国大陆地区（不包括香港、澳门特别行政区以及台湾地区）出版与发行。
未经许可之出口，视为违反著作权法，将受民事和刑事法律之制裁。

本书封底贴有 Elsevier 防伪标签，无标签者不得销售。

注意

本书涉及领域的知识和实践标准在不断变化。新的研究和经验拓展我们的理解，因此须对研究方法、专业实践或医疗方法作出调整。从业者和研究人员必须始终依靠自身经验和知识来评估和使用本书中提到的所有信息、方法、化合物或本书中描述的实验。在使用这些信息或方法时，他们应注意自身和他人的安全，包括注意他们负有专业责任的当事人的安全。在法律允许的最大范围内，爱思唯尔、译文的原文作者、原文编辑及原文内容提供者均不对因产品责任、疏忽或其他人身或财产伤害及 / 或损失承担责任，亦不对由于使用或操作文中提到的方法、产品、说明或思想而导致的人身或财产伤害及 / 或损失承担责任。

北京市版权局著作权合同登记号：01-2017-7208

出版发行：石油工业出版社
　　　　　（北京安定门外安华里 2 区 1 号　100011）
　　　　　网　　址：www. petropub. com
　　　　　编辑部：（010）64523543　图书营销中心：（010）64523633
经　　销：全国新华书店
印　　刷：北京中石油彩色印刷有限责任公司

2020 年 5 月第 1 版　2020 年 5 月第 1 次印刷
787×1092 毫米　开本：1/16　印张：28.5
字数：690 千字

定价：220.00 元
（如出现印装质量问题，我社图书营销中心负责调换）
版权所有，翻印必究

序 一

北美"页岩油气革命"使非常油气资源成为全球陆上油气地质研究和勘探开发的热点。美国已经在巴内特、巴肯、鹰滩、二叠盆地沃尔坎普等页岩层系,建成全球瞩目的页岩油气产区并使美国油气产量重回高峰。通过十年的勘探开发,中国已经成为北美地区之外全球页岩油气的研究中心。J.W.Schmoker(1995)提出的"连续型油气聚集"概念、B.E.Law 等(2002)提出的非常规油气系统概念、Reed 和 Loucks(2007)发现巴内特页岩中的有机质孔,促进了非常规油气地质学研究的创新发展。中国在引入上述概念的基础上,形成以细粒沉积、微观储层、连续型油气聚集等为代表的非常规油气地质学理论,先后出版《非常规油气地质》《非常规油气勘探与开发》《非常规油气地质学》等多部中英文著作,形成以"甜点区"和"甜点段"评价为代表的非常规油气资源预测技术。

非常规油气资源的大规模、低成本、高效开发面临着技术关、成本关等挑战。实践表明,在非常规油气资源评价全球化的背景下,需要勘探开发一体化、地质工程一体化、理论与实践一体化。斯伦贝谢公司的 Y. Zee Ma 博士、美国得州农机大学教授 S.A.Holditch 汇集学术界和工业界学者,在爱斯维尔出版了《非常规油气资源:评价与开发》一书,内容涵盖基础地质工程理论的同时,突出油气开发中的关键工程技术,详细介绍了微地震、钻完井和重复压裂等技术并匹配实例分析,是一本重要的非常规油气资源领域的著作。

崔景伟博士近十年一直从事非常规油气地质与地球化学科研工作,参加过国家"973"项目"中国陆相致密油(页岩油)形成机理与富集规律"和 CNPC–Shell 联合攻关项目"页岩油原位改质技术与甜点区评价"在内的十余个项目,具备较强的专业水平。经过三年的翻译,《非常规油气资源:评价与开发》呈现出原书内容。中文版的出版,不仅能够方便非常规油气资源勘探开发领域的科研人员学习使用,也对非常规油气的地质工程一体化和多学科融合起到重要的促进作用。

中国科学院院士

序 二

　　《非常规油气资源：评价与开发》是一本能为地球科学家和工程师提供很多有用信息的必备书。本书是从地下储层到油气生产的桥梁，能为工程师和地质学家提供有效开发资源和油藏的方法。良好的油藏知识和创新性的技术是非常规油气资源实现经济性的保障，多学科的评价方法是非常规油气资源成功开发的关键。这些技术和方法的利用涉及非常规油气资源开发的各个领域，包括勘探、评价、钻井、完井和生产。本书内容既有理论、方法，也有典型案例实践，有助于对非常规油气资源的理解、评价和有效开发。

　　本书内容有以下主要特点：（1）呈现的方法涵盖了非常规油气资源从勘探到开发全过程；（2）采用多学科融合探索非常规油气资源评价与开发，包括从储层表征方法到开采方法和策略；（3）采用多作者参与实现内容学术性与工业性的平衡；（4）提供典型案例分析，涉及地质分析、地质力学分析、油藏模拟、水力压裂、微地震、井动态分析以及非常规储层重复压裂开采。

　　很高兴看到《非常规油气资源：评价与开发》一书翻译成中文出版。该书系统介绍非常规油气资源评价与开发中各学科领域的研究现状和进展，采用多学科融合探索非常规油气资源评价与开发，涵盖面比较广，涉及内容比较多，包括非常规油气资源评估、储层表征、水压力方法完井、油气开采策略及优化，以及应用的个案史分析。涉及的学科包括地质分析、地质力学分析、地球化学分析、地球物理分析、储层建模、油藏模拟、水力压裂、微地震、井动态分析以及非常规储层重复压裂开采等。希望本书能给读者提供有效开发非常规油气资源的有用知识。

　　崔景伟博士及其团队翻译本书花了很大的精力，而且以"信、达、雅"的翻译标准严格要求，利用节假日和休息时间，夜以继日、寒来暑往，非常辛苦，值得赞赏。我在此非常感谢他们！

马元哲

于美国，丹佛科罗拉多

2019 年 9 月

译者的话

非常规油气资源潜力巨大，已经被国内外大量学者专家定位为未来石油天然气勘探开发的重要领域。由斯伦贝谢公司著名地学科学顾问及地质数学建模专家 Y. Zee Ma 和美国得州农机大学 Stephen A. Holditch 教授共同编著的《非常规油气资源：评价与开发》于 2016 年出版，正如作者在序中所言，该书是能为地球科学家和工程师提供大量有用信息的必备书，是实现地下非常规油气资源评价到工业生产的桥梁，能为工程师和地质学家提供有效定义资源和油藏的方法。该书作者主要是来自工业界和学术界两个领域的专家，使得本书兼具学术性和应用性，内容宽广兼具深度，涵盖了非常规油气资源诸多领域，包括勘探、评价、钻井、完井和生产等方面。同时，本书的各章节内容不仅包括理论方法，还包括典型案例分析，有助于对非常规油气资源的理解、评价和有效开发。作为一本非常规油气资源领域的著作，该书分为通用篇和专题篇两部分共 19 章，系统介绍非常规油气资源评价与开发各学科领域的研究现状和进展，适宜于非常规油气领域各专业人士以及在校师生阅读。

为了让更多涉及上述专业的中国读者深入了解和认识该书，我们及时与原著作者商议，经过近 3 年翻译，数易其稿，终于在国内正式出版。正如上面所述，本书作者涵盖工业界和学术界，人数众多、领域宽广，因此参与本书翻译的专家也较多，具体分工如下：第 1 章和第 2 章由崔景伟、段瑶瑶翻译，毛治国校稿；第 3 章由胡健翻译，崔景伟校稿；第 4 章和第 6 章由崔景伟、李婷婷翻译，蒋文斌校稿；第 5 章由李婷婷翻译，徐静领校稿；第 7 章、第 8 章由李志军翻译，张广明和翁定为校稿；第 9 章由崔景伟、李婷婷翻译，红中校稿；第 10 章由崔景伟翻译，翁定为校稿；第 11 章由崔景伟、曹晓萌翻译，徐静领校稿；第 12 章由江志强翻译，翁定为校稿；第 13 章由崔景伟翻译，张广明校稿；第 14～16 章由崔景伟、曹晓萌翻译，张赢校稿；第 17 章由李宁熙、崔景伟翻译，马行陟校稿；第 18 章由李宁熙翻译并校稿；第 19 章由周川闽、崔景伟翻译并校稿。全书图件由崔景伟、李森翻译并校稿。本书作者之一 Y. Zee Ma 博士为中文版问世专门作序，中国科学院邹才能院士对全书进行审阅并为本书作序，在本书翻译过程中得到中国石油勘探开发研究院朱如凯教授和袁选俊教授的大力支持，在此一并表示谢意。

翻译专业书籍是一项辛苦的工作，我们力争忠实准确地表达原作者的愿意，客观地呈现原书的风貌，翻译过程中也体会到实现"信、达、雅"的翻译目标绝非易事，翻译主要利用节假日和休息时间，堪称灯火阑珊、夜以继日、寒来暑往，其中的五味杂陈非亲历者难以体会。尽管对自己严格要求，但难说做到尽善尽美。受译者水平和学识所限，书中谬误和不足之处在所难免，希望能就教于各位学者，得到大家的批评指正。

前　言

尽管针对非常规资源已经提出不同的定义，但我们认为，地下储层致密而且必须通过大型水力压裂处理才能开采的烃类资源属于非常规资源，对应地层通常具有较差的渗透性或者含有高黏度流体，包括致密砂岩气、页岩气、煤层气、页岩油、油砂或沥青砂、重油、天然气水合物以及其他低渗透致密岩层资源。对应的常规储层是通过直井且不需经过大量压裂或者注热处理即能够实现经济开采。

随着石油工业的发展，非常规油气资源的开发日益活跃，尤其是在北美。例如，美国依靠对非常规区带的油气开采，产量自 1970 年以来再创新高。尽管 2014 年和 2015 年原油价格大幅下降，但非常规油气发展希望尚存。首先，历史上原油价格非常不稳，价格上升与降低共存，但目前看全球对油气的消耗仍在持续增加。国际能源署最新的报告显示国际原油需求仍然快速增加，并在很长时间内保持增长。此外，石油行业通过提高油气采收率来应对低油价。

通过对多学科方法的交叉应用、技术的创新，提高了对非常规资源的评价和开采效率。非常规储层非均质性强、开采费用高，使得其资源勘探开发面临不确定性和高风险性挑战。多学科评估方法的应用是实现非常规资源成功开发的关键，因此本书涵盖了非常规资源勘探、开发、钻井、完井和生产一系列相关内容，包含理论、方法和工程实例，希望能有助于理解、综合评估、有效开发非常规资源。

第 1 章：总体概述如何评估和开发非常规油气资源，简明地给出了非常规油气资源开发的全过程，包括勘探、评估、钻井、完井和生产。讨论了开发阶段使用的总体方法、集成流程以及缺陷不足。

第 2 章：采用油藏模拟分析结合蒙特卡罗法，评估了全球范围可采非常规油气资源及其分布。

第 3 章：地球化学在非常规资源评价中的应用，概述了无机地球化学和有机地球化学在非常规泥岩资源区带甜点区识别的进展以及对干酪根结构的理解。讨论了当前测试的优缺点、地球化学与地质力学测试的一体化流程、三维盆地模拟和石油系统模型在非常规区带中的应用。

第 4 章：数字岩心分析描述孔隙尺度气体流动特征。表征流体特征非常重要，但由于孔隙空间致密，基质化学组成以及非达西流动等原因，所以也非常困难。本章总结了数字岩心在页岩气流动特征研究的新进展。

第5章：概述了有机物在测井中的信号以及页岩和致密碳酸盐岩的岩相划分，展示了利用多种测井方法预测岩相。通过经典的岩石物理图版与岩相划分统计方法的结合，有机质页岩的测井信息得到进一步突出。

第6章：讨论了富有机质页岩孔隙基质对流体相态以及产出流体组成的控制作用。描述了常规相态模型在预测流体中的不足，综述了孔隙基质在储集、运移、估算单井产量和计算泄油面积等方面的最新研究进展。讨论了孔隙基质对流体运移、井控面积和长期井动态生产的影响。

第7章：介绍了非常规储层地应力。地应力对非常规储层钻井及水力压裂具有极大影响。 地层力学模型可以估算地下岩石拉张、孔隙压力和应力等机械性质，也可以用来定性分析地下地质力学行为。本章详细介绍了上述地应力模型，尤其突出了其在非常规油藏开发中的应用。

第8章：宏观展示了水力压裂的处置和优化。包括压裂液的选择、支撑剂的选择、压裂设计、裂缝性质评估以及完井策略，此外还讨论了生产模型、对比了解析和数值模型。

第9章：首先对微地震监测理论、数据采集、处理方法进行了简述，然后聚焦微地震监测在非常规油藏中的应用。先进的微地震监测方法通过对油藏参数的解释，实现了对现有数据更有价值的利用。面临开发过程中经济投入的挑战，该方法有效降低了利用地震数据对非常规油藏完井评价的不确定性。

第10章：讨论了天然裂缝对水力压裂的影响。首先介绍了水力压裂模型，该模型增加了水力裂缝和天然裂缝以及水力裂缝之间裂缝合并机制，然后讨论了不同天然裂缝组合的压裂、天然裂缝对水力压裂缝网体的影响、裂缝网络中裂缝形态对支撑剂分布的影响。

第11章：提出了非常规油藏测井和地震数据校正的有效岩心采样方法。岩心数据通常是利用测井对校正油藏的参数，但是这种矫正常常差强人意。本章讨论了校正的缺陷，提出非常规资源评价中采样和调整校正不同数据的指导方案。

第12章：讨论了水力压裂设计和井动态分析。本章包括基础水力压裂设计、根据生产动态校正设计、完井优化。本章不仅综述了压裂设计、讨论了与有效压裂相关的生产分析、井生产的影响因素，还讨论了完井策略和重复压裂优化。

第13章：讨论在对致密气藏开采时，地质力学性能对完井的影响。地质力学性质在油田尺度的变化通常对完井设计具有明显影响。本章证实原位压力在水力压裂缝开始、生长、连通、泄油面积和井间距等的影响。在研究中，地球力学模型结合水力压裂和生产模拟可以优化泄油策略、降低开发成本。

第 14 章、第 15 章和第 16 章：介绍了包括岩相、岩石物理分析、油藏模拟和致密砂岩气藏开发等实例。致密砂岩气是一种重要的非常规资源，对连续盆地中心气聚集和常规低渗透致密砂岩气聚集两种学派关于致密砂岩气藏地质控制因素进行了讨论，并且分析了致密砂岩气和页岩油藏在评估和开发中的异同。

第 17 章：以中国北部沁水盆地为例，概述了煤层气藏的评价与开发。煤层气产自甲烷细菌或者煤层热裂解。大部分甲烷和其他气体通过吸附滞留在煤中，但是游离气也存在于裂缝和孔隙体系中。本章讨论了含煤地层的煤层气潜力和生产能力，上述能力受煤层水水文地质系统和煤层渗透率的强烈影响。

第 18 章：讨论了蒸汽腔在沥青油藏开采中的检测和预测。蒸汽辅助重力泄油作为原位热采方法常用于开采重油和沥青。该方法的开采效率取决于地层的渗透性和均质性。本研究突出可压与多组地震数据神经网络的一体建立蒸汽腔生长的预测模型。

术语汇编包含了非常规资源评价与开发中一些术语的定义。

为确保本书的科学性，每章都开展同行评议和编辑复审。在此对下表所有审稿人表示感谢，正是他们的辛勤付出帮助书稿提升了质量和深度；同时，也感谢与编辑一起为本书辛勤工作的作者。

审稿人一览表

Du Mike C.	Psaila David
Foley Kelly	Prioul Romain
Forrest Gary	Royer Jwan-Jacques
Fuller John	Sitchler Jason
Hajizadeh Yasin	Wei Yunan
Han Hongxue	Weng Xiaowei
Handwerger David	Yan Qiyan
Higgins-Borchardt Shannon	Zachiariah John
Liu Shujie	Zhang Xu
Marsden Robert	Zhou Jing
Moore Willam R.	

目 录

第一部分 通用篇

第二部分　专题篇

第一部分　通用篇

第1章 非常规油气资源勘探、生产概述

Y. Zee Ma

（*Schlumberger*，*Denver*，*CO*，*USA*）

如果不多学科的交叉应用，非常规油气资源的评价与开发就如同古老传说中的盲人摸象。有的人抓到长长的鼻子、有的人摸到大耳朵、有的人摸到宽广的侧面，不同的人得到完全不同的结论。

1.1 引言

虽然一些非常规油气资源，如重油和油砂已经开发一段时间，但是，大规模生产如页岩气和页岩油这种非常规油气资源还是最近的事。得克萨斯州中部的 Barnett（巴内特）页岩的成功开发，为北美其他的页岩气区带提供了借鉴（Bowken，2003；Parshall，2008；Alexander 等，2011；Ratner 和 Tiemann，2014），如 Fayetteville（费耶特维尔）页岩、Haynesville（海内斯维尔）页岩、Marcellus（马塞勒斯）页岩、Woodford（伍德福德）页岩、Eagle Ford（鹰滩）页岩、Montney（蒙特尼）页岩、Niobrara（奈厄布拉勒）页岩、Wolfcamp（沃尔夫坎普）页岩和 Bakken（巴肯）页岩。在过去 10 年左右的时间里，页岩气区带是勘探开发热点，但是非常规资源却要广泛得多。基于储层质量，系统看待并分类各种油气资源具有十分重要的意义。

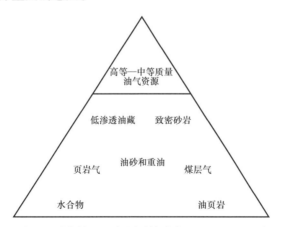

图 1.1 油气资源三角图（修改自 Holditch，2013）
位于三角图上部，储集体物性较好的部分通常被认为是常规油气资源，而其余大部分属于非常规油气资源

常规油气资源通常聚集在一定的构造或地层圈闭中，地层发育孔隙且可渗透，并被非渗透层封闭以防止油气散失。良好的地下构造能够连接烃源岩和储层，成为油气运移的路

径。该类地层储层质量较好，通常不需要大规模的压裂即可生产油气。而非常规油气资源赋存在致密地层，储层质量较差，从中提取油气更困难。然而，非常规资源却极为丰富。如图 1.1 所示，常规和非常规油气资源的相对丰度可通过一个三角图进行描述（Masters，1979；Holditch，2013）。非常规资源赋存地层及类型包括致密含气砂岩、含气页岩、重油砂岩、煤层气、油页岩和天然气水合物。事实上，任何油气资源不属于常规就属于非常规。例如，含石油或天然气的致密基岩层也可以被认为是非常规资源，因为它们具有比常规储层更低的渗透率。此外，将储层划分为特定的类别并不容易。一些学者将页岩气、页岩油、煤层气和天然气水合物归到非常规油气资源范畴，而将致密砂岩气划为常规类型（Sondergeld 等，2010）。从储层描述角度看，致密砂岩气储层（也许还有其他致密地层）也确实存在许多常规储层的特征（Law 和 Spencer，1989；Ma 等，2011），它们可被称为常规的非常规油气资源或不是烃源岩的非常规储层，而页岩储层被称为绝对的非常规油气资源或烃源岩非常规油气资源。页岩层可能同时包含石油和天然气；而一个含烃地层也可能包含一系列岩相，如页岩和其他粗粒的岩性。例如，Bakken 产油层主要是夹在上覆 Bakken 页岩和下伏 Bakken 页岩之间的粉砂岩和其他粗粒岩（Theloy 和 Sonnenberg，2013；LeFever 等，1991）。

非常规油气藏的主要特征为低到超低的渗透率以及低到中等的孔隙度。因此，从这些储层生产油气需要不同于常规油气资源开采的技术。非常规储层必须要压裂改造，才能使油气产量达到可接受的速度，满足商业开采需要。非常规油气藏的渗透率大多低于 0.1mD，渗透率高于 0.1mD 的通常被认为是常规油气藏。但在实践中不能明确地分隔，因为不论常规还是非常规油气藏，其渗透率都不是恒定值，具有非均质性。

在大多数常规油气藏中，页岩因为其低渗透率而被认为是烃源岩或盖层，但对 Barnett 页岩区带的勘探与开发证明，页岩也可能是重要的油气储层。页岩在沉积岩地层中最丰富，但并非所有的页岩都是油气区带，也不是所有的页岩储层都完全相同。没有一个具体的地质或岩石物性参数可以确保高的油气产量，但储层质量和完井质量两类因素非常重要（Miller 等，2011；Cipolla 等，2012）。

储层质量是对生烃潜力的描述，包括原地烃以及岩层中的运移烃。完井质量描述了增产措施或产生和维持裂缝表面积的能力。描述储层质量的重要参数包括总有机碳（TOC）、热成熟度、有机质类型、矿物组成、岩性、有效孔隙度、流体饱和度、渗透率和地层压力（Passey 等，2010）。完井质量高度依赖地质力学性质（Waters 等，2011）和地层的矿物组成，包括岩石断裂能力、原位应力状态以及天然裂缝的存在等特征（Weng 等，2015）。

非常规致密地层开发与常规油气藏开发相比有很大不同。与常规油气藏开发相比，从致密地层中生产烃不仅需要钻探更多的井，还需要采用包括钻水平井和水力压裂等现代技术。水平钻井和多级水力压裂联合被证实是从页岩或其他致密储层中经济开采油气的关键。这些新技术中的重要变量和参数包括水平井网样式、水力压裂设计、压裂级数和射孔簇。通常试验不同的井距与水力压裂操作方案来优化井位和井眼轨迹（Waters 等，2009；Du 等，2011；Waipinski 等，2014）。

如同其他油田的开发工程，非常规油气资源的开发，因其地层性质的复杂而存在很高的不确定性。这就是为什么与以往任何时候相比，非常规油气资源的评价和开发需要更多综合的、多学科的方法。多学科的工作流程可以优化整合所有可用的信息：地质、岩石物理、地球物理和地质力学等变量可并入工作流程，能更好地表征储层性质、优选关键参数、优化生产和管理不确定性。集成的工作流程可高效地获得非常规油气资源的主要特征，并提供定量的方式来有效开发这些油田。这需要研究，包括总有机碳、矿物组成、岩性、孔喉形态、各向异性、天然裂缝网络、岩石力学特性、原位应力、结构和断裂的影响以及产量与储层的相互作用等参数变量，全面地表征那些地层需要结合岩心、井眼成像、测井、地震以及工程数据。

如果没有真正的综合方法，这些油田的勘探和钻采往往是主观的，存在高度的不确定性和风险性。三种方法可以降低油田开发的不确定性：采集足够的数据、利用更好的技术、采用科学合理的推理来解释各种数据并综合不同的地质学科（Ma，2011）。众所周知，对数据和技术的合理应用能降低和管理油田开发中的不确定性。这里我们讨论了推理整合各种数据在分析生产数据和储层性质中的重要性。

储层质量、完井质量和完井效果对开发非常规油气资源而言是多维的复合变量。复合变量由一些物理变量组成，例如储层质量中的干酪根含量和类型、TOC、孔隙度、流体饱和度、储量渗透率；完井质量中的应力、矿物学和力学性质；完井效果中的横向长度、支撑剂质量和压裂级数。尽管这些变量都会影响生产，但产量与变量之间常发现弱相关、不相关、甚至反相关（Jochen 等，2011；Gao 和 Du，2012；Zhou 等，2014）。例如，横向长度或压裂级长度与产率可能会出现不相关、弱相关或负相关（Miller 等，2011）。同样地，基于完井质量选择水力压裂区的原则是以高杨氏模量和低泊松比的岩石为目标，但在某些情况下，岩石同时表现出高杨氏模量和高泊松比，杨氏模量与泊松比是成正比关系。这种有悖常理的现象，在评价和生产数据分析中通常被忽略，关系到一个被称为尤尔—辛普森效应或辛普森悖论的统计现象（Ma 等，2014）。辛普森悖论的难题是一个复杂系统中有多个变量（Simpson，1951；Paris，2012；Pearl，2010；Li 等，2013；Ma 和 Zhang，2014），基于实验的敏感度分析通常是测试其一个变量的影响，同时保持所有其他变量不变。但通常所有的变量都同时变化，并在实际数据中相关。如果在分析多元和非线性系统中，不理解尤尔—辛普森效应对相关分析的影响，就很容易做出不正确的解释和决定。综合的方法是为了解储层质量中所有的相关变量和完井质量的相互作用，以便优化水力压裂改造（HFT）设计以实现最大的经济性。

因此，储层质量和完井质量的评估必须包括尽可能多的物理变量。在实践中，由于可用数据有限，通常使用替代指标来评价储层质量，替代指标通常基于相关性分析。其中一个缺陷是仅使用单个或有限个物理变量评价整体的储层质量。一些科学家称这种推理为原子推断或从树看森林（Gibbons，2008；Lubinski 和 Humphreys，1996）。虽然这种类型的推理很常见，有时甚至是推理的唯一途径，但地球物理学家应尝试减少这种推理的偏差。例如，在页岩地层中高干酪根含量是否意味着高的储层质量？虽然干酪根是评价页岩储层质量的重要部分，但并不一定意味着高干酪根含量就一定有高的储层质量。事实上，对于给定的有机碳含量（TOC），高干酪根含量意味着较低的成熟度，生成较少的石油和天然气，如表1.1所示；相反地，低干酪根含量可能是早期干酪根转换成油或气的结果。

另一个缺陷方法与原子论推断一定程度上相反，即基于聚合的统计数据推断单个储层质量。例如，对不同盆地的多项研究表明，在非常规岩层中干酪根含量和储层质量之间存在正相关关系，研究人员可以用干酪根含量作为推断储层质量的参考，但这样的推断结果往往有偏差（Robinson，1950；Ma 和 Zhang，2014）。虽然干酪根含量及原地烃含量可能与使用的统计数据成正比，但是它们却成反比。事实上，当干酪根成熟时，在地层干酪根含量减少，原地烃含量增大（表 1.1）。

表 1.1　沉积岩中有机碳组成（据 Jarvie，1991）

总有机碳（TOC）		
可抽提的（EOM①）有机碳	可转化的碳	残余碳
油 / 气	干酪根	

① EOM：可抽提有机物质。

　　简而言之，不存在一个用单一的变量即可确定非常规储层质量的方法，多变量的综合应用极其重要。因此，非常规地层的评估应采用综合的多学科的方法，应涵盖对所有的重要参数的研究，无论它们是否可用，均需考虑到它们的规模、非均质性及其之间的关系。

　　非常规油气资源的开发包括勘探、评价、钻井、完井和生产。在这些过程中，涉及了一些地球科学的学科，包括石油系统分析、地球化学、层序地层解释、沉积分析、地震勘探、电缆测井评价、岩心分析、地质力学研究、石油和油藏工程、生产数据分析以及其他许多学科。表 1.2 列出了评价和开发非常规资源的重要方法和参数，特别是那些适合于开发页岩储层的方法和参数。开发其他的非常规资源，如油砂和致密砂岩气，可以使用不同的评价方法，但表中所列出的大多数方法和参数仍可采用。

1.2　勘探与早期评价

　　对于不同的非常规油气资源，采取的勘探策略亦不同。在大多数情况下，非常规油气资源常常被发现在盆地沉积充填环境下。在一些情况下，勘探一个致密砂岩层可能有些类似于勘探常规碎屑岩层，其中烃源岩可以是也可以不是接近储层的（Spencer，1989；Law，2002；Shanley，2004）。对于页岩储层而言，虽然找到页岩地层很容易，但识别出具有好储层质量的页岩可能就比较困难。虽然在地球上页岩是最丰富的沉积岩，但不是所有的页岩都是油气区带。判断一个给定的页岩地层是否具有足够量的含烃岩石，需要对地质、地球物理、地球化学和工程数据的详细解释，并且需要集成多学科。特别是，勘探的两个基础分析均需通过整合不同规模的各种数据而进行的油气系统的分析和前景评估，包括岩心、钻井记录、地震数据和区域地质调查（Suarez-Rivera 等，2013；Slatt 等，2014）。

1.2.1　石油系统分析与模拟

　　石油系统分析有助于了解一个沉积盆地的演化史。石油系统建模揭示了生烃的来源与时间、运移路线、天然气地质储量、成熟度以及烃类型。这些包括干酪根的质量和数量，烃的生成、时间、运移、滞留、转化率、热成熟度和总有机碳（TOC）。石油系统分析是常规和非常规层在投入开发之前评估勘探风险的重要方法，在盆地填充序列中发现非常规油气藏尤其重要。石油系统分析的重要流程如下（Momper，1979；Peters，1986；Peters 等，2015）：

表 1.2　评价和开发页岩和其他致密储层的方法和重要参数

开发阶段	勘探	评价	钻井和完井	生产
学科和方法	油气系统分析 区域地质研究 层序地层学 岩心 测井 地球化学 地震调查	岩心 电缆测井 地震属性 地震反演 地质力学 矿物学综合研究	水平井和直井 地质导向 井位布置 水力压裂 随钻测井，随钻测量 微地震	生产测井 生产数据分析和最优化 诊断 模拟
措施和重要参数	干酪根 有机碳 成熟度 镜质组反射率 转化率 吸附作用 排驱/滞留 沉积环境 叠置样式 储集体连续性 甜点区 地震属性	岩石相 孔隙度 流体饱和度 杂基渗透率 天然裂缝 裂缝渗透率 孔隙压力 应力各向异性 脆性 杨氏模量 泊松比	钻井液 井眼稳定 井距 侧向长度 支撑剂类型和用量 段数 分簇射孔 裂缝复杂性 裂缝网络连通性 裂缝监测 水供给 环境因素	储层从完井到投产矫正 优化重复压裂 机械采油 返排管理 水管理，示踪物滤失 反馈评价 钻完井反馈 环境因素

（1）沉积岩演化的3个主要阶段包括：① 没有明显有机质热转换的成岩阶段；② 有机质进行热转换生烃的深成阶段；③ 有机质进行热转换将形成焦化破坏的变质作用。

（2）富有机质的烃源岩在沉积埋存过程中不断加热。

（3）干酪根开始部分转化为石油或天然气。

（4）干酪根转化为烃时，通常会引起烃源岩内孔隙度和压力的增加。

（5）当烃源岩内的压力显著超过地层压力时，岩石破裂、石油和天然气溢出、裂缝闭合，烃源岩回到生烃前的孔隙度和压力。

（6）烃源岩有机质的成熟度处于油气生成窗范围内，上述过程可以在地层中重复发生。

（7）排油效率低使大部分原油留在了烃源岩里，形成了页岩油藏；如果热源充分，温度不断上升，石油可以进一步先转换成凝析油，然后变成湿气，最终变成干气和石墨。

（8）烃源岩内的压力可能高于地层压力，但是压力不足以使石油和天然气从烃源岩中溢出，这样烃源岩地层会产生超压。

在页岩油气藏中，烃源岩通常也是储层。干酪根含量通常也是分析储层质量的重要参数。然而，干酪根仅仅只是生烃的基本物质。它转变成烃需要经历热成熟、高温高压的一个漫长的地质过程。天然气或石油产生的数量是由干酪根类型和加热速率决定的，可以通过动力学模型进行估算（Tissot 和 Welte，1984）。在一些情况下，烃饱和度和干酪根含量高度相关，但也不总是这样，因为现今的干酪根低含量可能表明沉积中原始干酪根少，或者高干酪根含量的部分转化物已经热成熟。这两种情况可以通过石油系统模拟进行区分。通常，高干酪根含量就意味着是良好的烃源岩；但它需要有机质达到热成熟阶段才能进入生油气窗。测量干酪根含量、TOC 和有机质成熟度是有必要的，并且已有学者提出了一些方法（Herron 等，2014；Peters 等，2015）。

干酪根的类型及其演变成烃的过程可以通过 Van Krevelen 图（简称范氏图）用氢和氧指数来描述 ［图 1.2（a）］。生烃发生在埋藏条件下干酪根热转换的过程中 ［图 1.2（b）］。在干酪根热演化成烃的过程中，成熟的速率取决于干酪根的类型以及埋藏过程中的热量和压力 ［图 1.2（b）］。烃的运移通常发生在常规地层，成熟的富有机质页岩并没有排出所有油被称为含油页岩，如 Bakken、Monterey 和 Eagle Ford 地层。富有机质页岩在高—过成熟度阶段或者具有不同类型干酪根而形成含气页岩，如 Barnett、Fayetteville 和 Marcellus 地层。

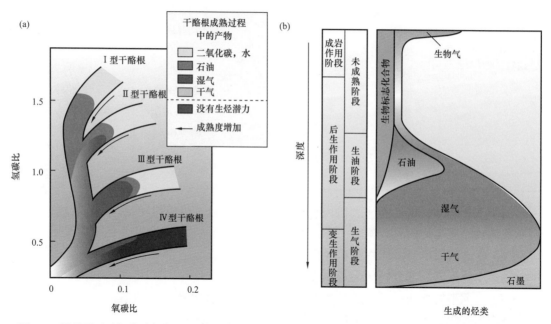

图 1.2　展现了干酪根类型与氢和氧指数的关系与各类型烃（油、湿气、干气）的 Van Krevelen 图（a）（据 Allix 等，2011）以及干酪根热转化形成不同类型的烃（b）（据 Boyer 等，2006）

海洋和湖泊干酪根（Ⅰ 型和 Ⅱ 型）更倾向于生油，但当干酪根过成熟时，便开始产气，特别是 Ⅱ 型（Passey 等，2010；Peters 等，2015）。Ⅲ 型干酪根，大多是由植物产生的有机物，更容易产生气或凝析油。Ⅳ 型干酪根一般代表残留的有机物，其氢指数低并且生油量小。

石油系统模拟有助于对原地烃储量的估计。干酪根含有碳和其他元素。当干酪根成熟时，碳浓度增加。TOC 是油气资源评价的一个重要指标，从干酪根转化的 TOC 可通过下面的方程来估算（Tissot 和 Welte，1984）：

$$w_{TOC} = \frac{w_{\text{干酪根}}}{K_{vr}} \frac{d_k}{d_b} \qquad (1.1)$$

式中：w_{TOC} 和 $w_{\text{干酪根}}$ 是总有机碳和干酪根的质量分数；d_k 是干酪根密度；d_b 是体积密度；K_{vr} 是通过镜质组反射测出的成熟度。K_{vr} 取决于干酪根的类型和成熟的阶段（成岩作用、深成作用、变质作用）（Tissot 和 Welle，1984）。关于干酪根—烃转化的另一重要参数是转化比（R_T），其不同于在动力学响应方面的镜质组反射率（Peters 等，2015）。

1.2.2 资源潜力与分级

探索非常规油气资源的途径包括区域地质研究和利用岩心、测井、地震及地质数据的综合分析。在对页岩储层的研究上，对储层质量的筛选是非常重要的，因为不是所有的烃源岩都处于储层质量好的区带（Evenick，2013；Warm 和 Gale，2009）。在勘探或评价时，对烃源岩评价的常识性错误已在别处讨论过（Dembicki，2009）。勘探的主要目标之一是油气资源勘查及其评价，其中主要包括圈闭、储层储量和流体性质以及其他物理或机械性能。表 1.3 列出了早期资源区带评价操作的方法和重要参数。一个全面的评价过程应当综合多个学科的数据以及列出整个区带勘探成功率，将展示从有利区带转变为勘探成功率，为地质风险评价、协商、导向及前景对比提供基础。了解各区带基本因素不足之处及其对整个区带成功的作用，有助于把握资源分布和投资决策。图 1.3 列出了将区带参数与区带勘探成功率整体评价相结合的例子。

表 1.3　早期油气资源聚集带评价—学科，方法和参数

评价方面	方法或性质	参数和描述
控制因素	烃源岩	丰度，厚度
	成熟度	镜质组反射率
	关键时刻	地层年代，成熟时期
	盖层和运移	盖层厚度，排替压力，运移路径和运移网络
	圈闭	油气封闭机理
	保存条件	生成的油气是否得到保存？油是否可能向天然气转化？油气是否运移进入相邻层位？
储集体性质	沉积环境	临滨、河道、沙坝、河口、湖泊、海洋和其他环境
	岩石学，岩石相	矿物组成，岩石相比例，特别是非黏土矿物的比例
	孔隙度	平均孔隙度，各岩石相的孔隙度，孔隙半径，纳米孔隙，粒间孔隙，粒内孔隙，有机质孔隙 / 干酪根孔隙
	流体饱和度，润湿性	含水饱和度，润湿相类型
	渗透率	杂基渗透率，裂缝渗透率，相对渗透率，克林肯伯格渗透率，非达西渗流，应力作用下的渗透率

评价方面	方法或性质	参数和描述
力学、物理学性质	压力	孔隙压力，静水压力，静岩压力，压力梯度，正常压力，超压，欠压
	应力场	区域应力，应力方向，局部应力，主应力，应力各向异性，应力差
	脆性	杨氏模量，泊松比，矿物组成
	构造复杂性	地层层理，断层
	天然裂缝	天然网状裂缝，裂缝渗透率，不连续网状裂缝
	目标层位深度	目标层位到地面的距离

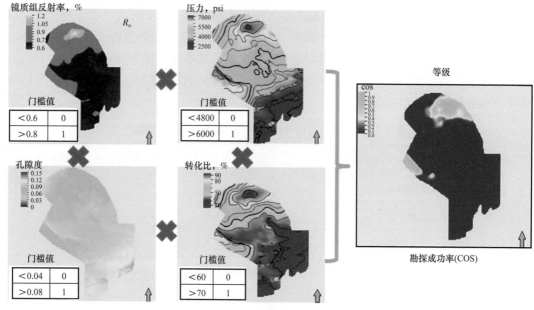

图 1.3　由各个基本因素概率图件合成的区域油气勘探成功率分布图示例（据 Salter 等，2014）

地震勘探是油气资源评价的重要工具，其可以进行油气藏潜能描述和地层结构与地层面解释。地震分析可以帮助识别结构的复杂性，认识到类似页岩区域系统，并确定可能的甜点（Glaser 等，2013）。地震数据可以用于识别断层和岩溶（Du 等，2011），帮助评估油气区域和基底地层之间的垂直通道；也可以用于断层和应力分析在区域尺度上的解释。高质量的地震数据可用于通过描述、反演储层性质以及属性的提取分析。

1.3　油气资源评价

在常规和非常规油气资源的开发中，评价的重要性在于充分利用地质、地球物理、岩石物理和工程研究等科学与技术，选择以最优的方法开采油气。然而，在开发非常规油气资源中的一个误区是，页岩储层是"统计"区域，意味着在不同科学学科基础上的综合性研究对开发这些类型的储层收效甚微，所以方法应该是在均匀或随机选择的位置钻井。Schuenemeyer 和 Gautier（2014）比较了在 Bakken 和 Three Forks 地层里，随机钻井和智能钻井之间的生产成本，并展示了智能钻井显著优点为基于对岩石的认知。事实上，在"统计"区域仅仅是一个尝试和犯错的过程，经常导致大量的误报好井（例如，干井和中等产量；Ma，2010）和误报坏井（例如，缺少良好的前景或高产区）。相比之下，采用多学科的方法进行全面评价可能会得到更少的干井（减少误报好井）和良好的位置更有可能被钻井（减少误报坏井），这可以增加多产井和井的整体生产力的比例。

非常规油气资源评价是一个复杂的过程，涉及地震数据的解释、电缆测井的地层评价、岩心描述、基于相似体的外展推理以及利用现有的数据和各种地学学科的综合分析。非常规油气藏重要的物理参数或变量包括，断裂韧性、干酪根含量、TOC、矿物组分、岩性、孔隙结构和连通性、天然裂缝网络、岩石力学性能以及原地应力状态等。一个良好的非常规油气资源评价的主要目的就是确定甜点，以确定储层质量和完井质量水平，从而辅助非常规油气资源油气生产决策（Suarez-Rivera 等，2011）。在评价上要回答的问题包括：

（1）有多少石油和天然气？

（2）资源的可生产性怎样？

（3）油气藏是否容易开采？

（4）预计的最终采收率是多少？

1.3.1 矿物组分描述

因为传统的油气资源集中于高品质的岩石，20 世纪时，人们对岩石物理的研究都集中在砂岩和碳酸盐岩的孔隙度、流体饱和度和渗透率方面。一些非常规岩层，如致密砂岩和碳酸盐岩，储层都不是烃源岩；基于岩心和（或）电缆测井的岩相解释和分析往往是油藏描述和建模的有效途径（Ma 等，2011）。矿物学在揭示岩相和岩石类型中起着重要作用（Rushing 等，2008），并且岩相可能主导着流体赋存和流动。通常对矿物组成的详细分类是没有必要的。但在页岩储层里，对其矿物组成的描述却非常重要。

页岩的矿物组分描述可以采用三元图解法，具有三个主导的矿物成分为硅质、黏土和碳酸盐。地球化学分析以及岩心和测井数据，能帮助确定特定的页岩样品或储层的在该三元图解中的位置。图 1.4（a）是关于一些知名的非常规储层及其矿物成分框架的关系。该类储层通常黏土含量比一般页岩少，这是由所有页岩包括有机和无机岩石进行计算所得到的。值得注意的是，虽然这些油气储层具有不同的矿物和岩石成分，但它们都得到了成功的开发，这意味着矿物组成不是决定储层质量的唯一变量。相反，具有与该类油气储层类型岩性组成相似的地层，是否能够成为良好的油气储层还取决于其他因素。此外，对于特定的页岩油气储层，矿物成分可能因纵向或横向位置不同而有很大差异，如图 1.4 所示的 Barnett 和 Eagle Ford 区带，这些变化仅反映了地层的矿物学非均质性。

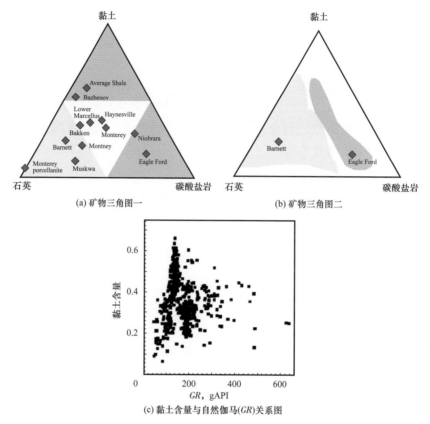

(a) 矿物三角图一　　　　　　　(b) 矿物三角图二

(c) 黏土含量与自然伽马(*GR*)关系图

图 1.4　Barnett 和 Eagle Ford 区带矿物三角图和黏土含量与自然伽马（*GR*）关系图

在矿物三角图（a）中，可见三种矿物组分和相关页岩储层的信息。其中一些页岩储层信息是根据有限的信息投影在图上，可能不够准确。例如，新数据表明 Bakken 页岩的钙质含量更高（Theloy 和 Sonnenberg，2013）。图（b）显示两个区域页岩储集体在矿物上的非均质性（据 Passey 等，2010）。由于非对称频率分布，在图（a）、（b）中储层的三组分的平均值并不在区域的中央。图（c）Marcellus 组页岩中，黏土含量与 *GR* 值有着较弱的负相关性，而在常规储层中，有着较强的正相关性

　　准确的矿物学模型对页岩资源的地层评价非常重要。个别页岩储层，甚至同一储层不同位置都可能在矿物学上有相当大的差异（图 1.4）。了解页岩地层的矿物组成是分析储层质量和完井质量的关键。好的有机页岩的黏土含量比常规页岩里的黏土含量明显要低，并且它们含有较少的黏土束缚水。大多数著名的已开发页岩储层硅含量很高，但也有少数页岩储层具有较高的钙质含量（如 Eagle Ford 和 Niobrara）。当页岩储层具有相对高的黏土含量时（如 Bazhenov），一般需要有其他有利因素，例如一个更密集的裂缝网络，以弥补高黏土含量的负面影响。

　　在地层评价中，一种常用的参数是黏土体积。在常规地层中，黏土体积通常是用伽马测井（*GR*）估测的，但在页岩储层中，*GR* 与黏土体积往往是弱相关的，有时甚至和黏土体积不相关，这往往和一个统计现象有关，即辛普森悖论（Ma 等，2014；2015），如图 1.4（c）所示。这通常表明在页岩中有机质的明显存在，特别是对海洋条件下沉积的页岩（Passey 等，2010）。弱相关性也可能反映出由于放射性矿物的高浓度而引起的 *GR* 异常，这不一定与致密气砂岩储层的黏土相关（Ma 等，2011；2014）。因此，不依赖 *GR* 来估算黏土体积对于评价页岩储层是极其重要的，有时对致密砂岩储层也一样。地球化学测井可以提

供岩石的基本矿物成分，如黏土、石英、碳酸盐和黄铁矿，是评价页岩油气藏的重要工具。此外，为了得到更为准确的评价结果，应进一步细分黏土矿物的组成，如伊利石、绿泥石和蒙脱石（蒙脱石会导致膨胀，导致裂缝闭合）。同样，碳酸盐应细分为方解石、白云石以及磷酸盐，这样它们的成分可用于评价岩石质量，如计算岩石脆性（Wang 和 Gale，2009）。

TOC 的量化对有机页岩的评价非常重要，因为 w_{TOC} 代表在岩石中碳的质量分数。TOC 可被认为是使用各种方法对矿物成分或单一成分进行评估的一部分（Passey 等，1990；Charsky 和 Herron，2013；Gonzalez 等，2013；Joshi 等，2015）。各种评价方法都有一定的优势和局限性，使用几种方法来减少在评价中的不确定性通常是很有用的。将 TOC 作为矿物组成的一部分进行评价的一个优点是所谓的归一，这意味着当它们用分数表示时，所有的成分含量加起来为 1（Aitchison，1986；Pawlowsky-Glahn 和 Buccianti，2011）。

1.3.2 孔隙

孔隙特征描述是在常规和非常规油藏的地层评价中最基本的任务为之一，孔隙可表征油气资源的存储容量。在常规地层或非烃源岩的非常规储层中，孔隙空间主要包括两种类型：粒间孔隙和粒内孔隙。在富有机质页岩中，有机质孔隙或与干酪根相关孔隙在孔隙网络中有着重要的作用（Loucks 等，2012；Saraji 和 Piri，2014），结果是，孔隙度通常和 w_{TOC} 高度相关（Alqahtani 和 Tutuncu，2014；Lu 等，2015）。富有机质页岩通常由黏土和非黏土矿物基质组成，并且包含这些矿物成分之间的孔隙空间（Ambrose 等，2012）。

TOC 含量高的岩石往往具有高孔隙度，因为干酪根转化为烃的过程通常会导致孔隙体积的增加。当 TOC 含量高时，大量干酪根转化成烃，越来越多的孔隙产生，它们之间相互连通，这就解释了为什么 TOC 含量与渗透率也高度相关。颗粒内和颗粒间的孔隙会随成熟度的增加而减少，它们可能是饱和水孔隙；有机质孔隙随着成熟度的增加而增加，它们更有可能是饱和烃孔隙。

孔隙度测量通常是将岩石压碎至特定的粒径后，用体积位移或气体填充方法来进行（Luffel 等，1992；Bustin 等，2008；Passeyctal.，2010；Bust 等，2011）。总孔隙度表示在矿物基质和干酪根（如果存在）之间的孔隙空间（包括烃、自由水及毛细管束缚水）和黏土束缚水占据的空间。有效孔隙度不包括黏土束缚水（图 1.5）。决定页岩储层孔隙度的是由非常小的孔隙和包含层间水的低成熟度黏土中蒙脱石的存在等复杂因素。Passey 等（2010）注意到，对页岩的孔隙度的测量在不同实验室之间有显著的差异，是因为对孔隙度的定义以及测量条件不同。

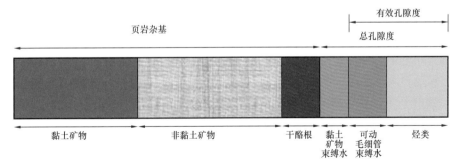

图 1.5　在含有机质页岩中，总孔隙空间、有效孔隙空间和其他组分的示意图（由多部出版物总结：Eslinger 和 Pevear，1988；Eslinger 和 Everett，2012）

在储层覆压缺失情况下测量的孔隙度与储层条件下的孔隙度通常是不同的。这对估算烃饱和度和原地资源有显著的影响（Passey 等，2010）。

1.3.3 烃饱和度和类型

岩石孔隙空间含有油、气或水，评价流体饱和度是分析储层质量的一部分。在致密含气砂岩油藏中，含水饱和度往往和孔隙度呈负相关的（Ma 等，2011）。在页岩气藏中，原位天然气包括吸附气和游离气。通常情况下，游离气饱和度应该和有效孔隙度正相关，因为它代表了气体饱和的孔隙度。吸附气是压力、TOC 含量和等温线的函数（Boyer 等，2006）。吸附气很难直接测定，可以使用岩心样品测量的等温线。吸附等温线可用来评估有机质的最大吸附量与压力的关系（Boyer 等，2006）。Langmuir 等温模型是最早的吸附模型之一（Ma，2015）。图 1.6 显示了 Langmuir 的等温函数，可计算不同压力下吸附气量。然而，Langmuir 等温模型的假设对于页岩气储层中的吸附气可能并不适用。对此，人们已提出了其他不同的多层吸附模型（Ma，2015）。

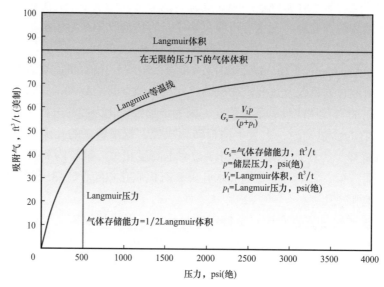

图 1.6 Langmuir 等温线或气体吸附量与压力的函数曲线（据 Boyer 等，2006）

1.3.4 渗透率

对于常规和非常规储层而言，渗透率对油气的可开采性非常重要（Frantz 等，2005）。在致密砂岩气储层中，渗透率是高度取决于岩相的，并且通常和有效孔隙度正相关（Ma 等，2011）。在页岩储层中，干酪根类型和成熟度对烃源岩的渗透率和产能都有影响。在成熟的页岩储层中，干酪根转化成石油或天然气很有可能使孔隙度和渗透率增加。天然气在干酪根相关孔隙中的渗透率应当比在无机基质内的孔隙大得多。连通的干酪根孔隙是从页岩产生油气的关键。这些有机孔隙系统可渗透气体并且不会在水力压裂下吸收水。相关成熟度可以引起干酪根收缩并且产生了一个连通的烃润湿孔隙系统。这就是为什么通常可以观察到渗透率和 TOC 含量有着良好相关性的原因。自然裂缝和钻井诱发的裂缝对天然气生产非常重要，因为它们加强了水力裂缝，也对润湿性和孔隙连通概念的理解是同样重要。区分成岩过程中干酪根产生的孔隙度与渗透率和基质孔隙度与渗透率，有助于更好地表征有机页岩中的孔隙系统。干酪根和与干酪根相关的孔隙度是油润性的，可促进流动。

裂缝渗透率也对开发致密油气藏极其重要。天然裂缝系统可以使用离散裂缝网络（DFN）建模，油气藏可以由单孔双渗法或双孔双渗法进行建模（Du 等，2010，2011）。天然裂缝可以通过水力压裂处理重新激活或进一步增强（Weng 等，2015）。

1.3.5　完井质量

非常规储层的完井质量描述了油气井完井的岩石质量，特别是水力压裂。它关注的是在地层中选择适合水力压裂的最佳区域，并且压力降低后裂缝仍可保持张开。大多时候，完井质量由岩石力学与矿物成分决定，岩石力学分析是解释完井质量的一个组成部分（Cipolla 等，2012；Chong 等，2010；Warpinski 等，2013）。在完井中一些重要的变量包括裂缝控制能力、裂缝导流能力、流体敏感性、保持裂缝表面积的能力、岩石力学体积压裂（SRV）（Zoback，2007；Mayerhofer 等，2008）。水力压力梯度影响裂缝开启和关闭的压力，地应力和各向异性影响着裂缝的几何形状、方向及其内部的复杂性。

黏土矿物的类型和含量是影响完井质量的重要参数，它们关系到岩石的脆性（Jarvie 等，2007；Wang 和 Gale，2009；Slatt 等，2014）。黏土含量高的地方应力就高，特别是蒙脱石含量显著高的地方。一般来说，富含石英的岩石往往是脆性的，更有利于完井；富含黏土的岩石更具延展性，因为它们通常具有较高的泊松比、更低的杨氏模量以及高的裂缝闭合压力。例如，Barnett 页岩大多是脆性的，因为它富含硅质并具有较高的杨氏模量和较低泊松比（King，2010；2014）。富含碳酸盐岩的地层往往是中等脆性的，石灰岩比白云岩脆性稍差（Wang 和 Gale，2009）。脆性指数可以定义为（Jarvie 等，2007；Wang 和 Gale，2009）：

$$BI = \frac{w_Q}{w_Q + w_C + w_{Cl}} \qquad (1.2)$$

或更精确为：

$$BI = \frac{w_Q + w_{Dol}}{w_Q + w_{Dol} + w_{Lm} + w_{Cl} + w_{TOC}} \qquad (1.3)$$

其中：BI 为脆性指数；w_Q 为石英含量；w_C 为碳酸盐含量；w_{Cl} 为黏土含量；w_{Dol} 为白云石含量；w_{Lm} 为石灰石含量；w_{TOC} 为总有机碳含量。

也可使用标准的杨氏模量和泊松比的平均值来表示 BI（Rickman 等，2008）。然而，如前文所指出的，尤尔—辛普森效应的出现可能会否定这一方法，因为杨氏模量和泊松比可能和统计数据正相关，但是和个案数据负相关（因果 / 物理分析见实例，Vernik 等，2012）。

黏土种类与含量轻微变化也能引起有机页岩的明显纵向变化以及完井变化。除了黏土含量，也有其他地质地层性质影响压裂。例如，在地层中的纹层是影响控制水力压裂裂缝高度的天然弱点（Chuprakov 和 Prioul，2015）。

原地压力对压裂几何形状，包括水力裂缝的扩展和封堵产生了巨大影响（Han 等，

2014）。较高的最小水平应力导致更深的裂缝［图 1.7（a）］；类似地，具有高杨氏模量或低泊松比的地层，更倾向形成深的裂缝。此外，原地压力的各向异性还控制裂缝的生长，包括裂缝的几何形状和大小［图 1.7（b）］。

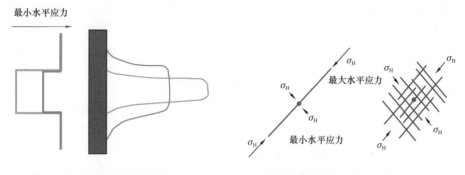

(a) 最小水平应力对裂缝形态的影响
较大的应力差会产生更长的裂缝，可控性更强。
而较小的应力差产生较短的裂缝

(b) 应力各向异性对裂缝发育的影响(据Sayers和Le Calvez，2010)
应力各向异性较强时，产生的裂缝宽度较小。
应力各向异性较弱时产生的裂缝更宽

图 1.7　应力和力学性质在水力压裂裂缝形态上的影响

1.3.6　压力

油气生产受储层压力影响。超压可能是致密地层重要的生产动力机制（Meckel 和 Thomasson，2008）。超压理论上是单位体积静水隔离的结果，从而限制了储层及其周围岩石压力梯度的均衡。隔离作用可以由岩性各向异性、低孔隙度和渗透率以及受限制的裂缝或断层网络所引起。能产生异常压力的其他情况包括流体类型的变化、干酪根的成熟及构造挤压。当烃源岩在致密地层生成大量天然气时，气体不能轻易逃逸，就会在系统中形成超压。

孔隙压力预测在致密地层钻探中是很重要的，因为孔隙压力的精确预测可以提高钻井效率，更轻松地处理钻孔的不利条件，避免井喷（Zhang 和 Wieseneck，2011）。由于孔隙度和渗透率很低，孔隙压力难以测量和估算，特别是在页岩储层中。在某些情况下，它们可以用钻井液测井和地震速度数据或用岩石物理学进行估算来建立模型（Bowers，1995；Sayers，2006）。在非常规石油系统里，也可对孔隙压力场进行建模。

1.3.7　一体化评价

开发非常规油气资源的完整方案的重要性前面已经简单地讨论过。这里，对非常规油气资源完整方案的几个具体方面进行了讨论，包括复合或聚合变量的问题（尤其是生态推论偏差或辛普森悖论；Robinson，1950；Ma，2009），非线性、拟相关以及在分析和统计各种数据上的弱相关或反向相关。

对于大多数储层评价项目，岩心数据很稀少，测井是最容易获得数据的，可以提供有关油气生产的重要动力机制的建议。孔隙度、流体饱和度和渗透率由岩心测定，用于校准测井响应。岩心描述可以用来检验岩石物性、岩土力学性、岩相性质（Slatt 等，2008）。压力测试和油井生产分析也应该综合测井数据、地震数据和油藏描述。岩石物性测井数据、完井和地震数据的综合分析对钻井位置和生产优化的选择有参考价值（Chong 等，

2010；Du 等，2011；Glaser 等，2013；Hryb 等，2014）。

前面讨论过的描述储层质量的变量通常都具有相关性，但相关性的大小可能不同。在分析和定量干酪根、TOC、孔隙度、流体饱和度和渗透率、原地应力、黏土含量和岩石力学性质之间的关系中，有很多误区，很容易得出不准确的推断。这些措施包括使用相关性作为因果结论，三个或三个以上变量之间的关系的不正确评价，以及忽略了变量间相关性。例如，由于缺乏数据，人们常常从它的关系和其他性质得出储层性质的推论。一个相关的统计悖论是人们普遍认为，当变量 A 和 B 是正相关，并且变量 B 和 C 是正相关时，则变量 A 和 C 一定正相关。但是，这未必一定是正确的（Lang Ford 等，2001）。在一个受多变量影响的系统中，如储层质量，对所有影响变量的因素和它们之间的关系一定要加以分析。两个变量之间的关系可能受到其他干扰变量的影响，这可能导致一个伪相关或其他形式的受第三个变量影响的辛普森悖论（Ma 等，2014）。例如，在页岩中有机质的电阻率和成熟度通常呈正相关，但在 Niobrara 地层的某些层位，成熟度和电阻率之间的关系可能相反，呈现出负相关，而这是由于润湿性变化与排烃裂缝的发育结合或从湿气转变到干气的其他机制所引起的（AI Duhailan 和 Cumella，2014；Newsham 等，2002）。

通常区分完井质量和储层质量是很有用的，而分析其相关性也很重要，因为这二者之间可能存在不同程度的相关性。有时，岩石力学参数表示的不仅是完井质量，也是储层质量。Britt 和 Schoeffler（2009）用实例说明，使用静态和动态杨氏模量关系将预期的页岩从非预期的页岩中分离出来，这样杨氏模量通常被作为判断完井质量的标准。在其他情况下，储层和完井质量是不明显的甚至呈负相关，如何区分它们对完成优化非常重要。

表 1.4 列出了一些在评价页岩储层中最重要的参数。常用的烃源岩 TOC 的分界标准是重量的 2%；有效孔隙度应该在页岩气储层中超过 4%，显然，该参数越高越好，但页岩气有效孔隙度超过 10% 是非常罕见的。相比大多数页岩气藏，Marcellus 页岩具有相对较高的孔隙度，但也有较高的黏土含量。水饱和度（S_w）应小于 45%，并且越低越好。更高的水饱和度可能和无机矿物质中更多亲水孔隙有关，孔隙可能不包含可生产的烃。分析储层质量和完井质量对非常规油气藏的成功开发非常重要。

表 1.4　评价页岩储集体的重要参数（据 Boyer 等，2006；Sondergeld 等，2010）

参数	关键值或预期值	资料来源
总有机碳	>2%（质量分数）	TOC，岩石热解
热成熟度	石油窗：0.5%<R_o<1.3% 气窗：1.3%<R_o<2.6%	镜质组反射率，岩石热解
矿物学	黏土矿物含量<40%，石英或碳酸盐岩含量>40%	X 射线衍射，光谱分析，测井
平均孔隙度	>4%	岩心，测井
平均含水饱和度	<45%	岩心，毛细管压力，测井

参数	关键值或预期值	资料来源
平均渗透率	>100nD	压汞法，核磁共振，气体膨胀
石油或天然气地质储量	天然气：离散或吸附态>100×10⁹ft³/s	测井，综合评价
天然裂缝	中等到密集分布，并在目标区域有分布	地震，成像测井
润湿性	亲油	特殊岩心分析
地层侧向连通性	连通	基于岩心、测井、区域资料的层序地层分析
烃的类型	石油或者热成因气	地球化学，岩石热解
压力	存在超压	测井，地震
储集体温度	>230℉	钻杆地层测试
应力	<2000 psia 的净侧向应力	测井，成像测井，地震
杨氏模量	>3.0MM psia	声波测井，岩心
泊松比	<0.25	声波测井，岩心

注：由一系列页岩储集层研究补充总结

储层质量和完井质量参数都得到一个理想数据是有可能的，然后比较该储层与类似的储层。在实践中，因为数据有限，仅会对一小部分这些参数进行评估。这些储层质量和完井质量参数不是线性组合关系，不能通过它们来直接推导质量的综合数值。例如，孔隙度10%和TOC质量1%的储层可能不如孔隙率5%和TOC质量2%的储层好。雷达图提供了一种有用的方式来直观地分析质量并和类似储层进行比较。图1.8显示储层和完井质量排名的一个例子，根据可使用的雷达图数据，随着越来越多的质量参数可用，排列变得更加复杂，但分析更多的参数应该有助于做出更明智的决定。使用雷达图与著名的类似储层的比较，对分析储层的长处和短处也是很有用的，更有助于完井的设计［图1.8（d）］。

1.4 钻井

开发非常规油气资源的结果是，水平井钻井的数量越来越多。例如，美国2013年超过70%的钻井是水平井，然而2005年只有30%（Rig Data，2014）。这一增长主要来自页岩气区带，并与水力压裂增产有关，因为水平井通常与目标地层有更多的接触，这对于从烃源岩岩层的增产尤为重要（Warpinski等，2008）。通过增加水平井的横向长度，可以使井更多地通过目标层位，从而增加其与地层的接触（图1.9）。

井距的规定、减少对环境的影响以及增加与储层的接触的需求，是钻分支井变得越来越普遍的一些主要原因。不仅可以从单个平面钻多个分支井，也可使用特殊设计的钻机与防滑系统钻出S形定向井，这使得环境影响大幅度减少并且优化了地面设施（Pilisi等，2010）。钻井技术，包括交互式三维（3D）钻井路径设计和旋转导向系统，有助于在钻更长的分支井时有更高的准确度。分支井普遍提高了生产能力，但更长的分支成本就更高；

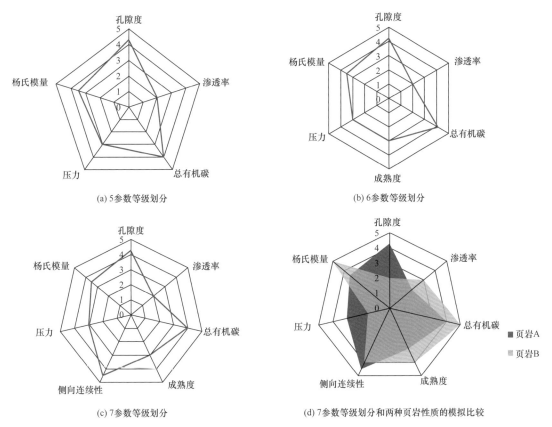

(a) 5参数等级划分

(b) 6参数等级划分

(c) 7参数等级划分

(d) 7参数等级划分和两种页岩性质的模拟比较

■ 页岩A
页岩B

图 1.8　6 级（0～5 由低到高，可以使用小数）页岩储层等级划分和固井质量的雷达图

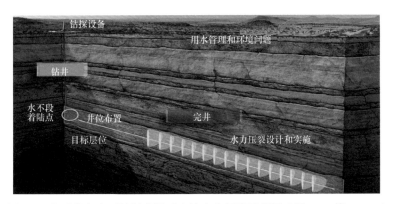

图 1.9　水平井在地下烃源岩层系实施水力压裂示意图（据 Allix 等，2011）

基于优化的净现值（NPV），可以得到最优的横向长度和段数，集成生产和成本（详细内容在下一节讨论）。Barnett、Fayetteville 和 Haynesville 储层，在生产数年之后，可用生产历史的各种完井数据得到随着段数变化的最优横向长度。在某些情况下，横向长度的推进超出了连续油管的极限。

涉及钻探的其他问题包括多井平台的挑战，目标地质区域锁定或井位优化（Kok等，2010），井筒稳定性（Higgins-Borchardt等，2015），钻井液的选择，井漏和井喷（PilisietaL，2010；Zhang 和 Wieseneck，2011）。地表下地层是不均匀的，页岩储层质量可以在一个相对窄的垂直或水平的部分发生变化。钻水平井或定向井是非常具有挑战性的，因为地层并不总是水平的，而且往往难以追踪；许多地层发生扭曲、移位或起伏，使钻井分支很难留在目标区域内。实时测量，如随钻测井（LWD）和随钻测量（MWD），可以帮助对地层的描述（Baihly 等，2010）。对地层更准确的认识可以通过使用 LWD 和三维地震勘探配合来进行描绘，使钻井分支的位置保持在正确的层位。对地层岩性和层位的精确描绘就像是对井位的定位，因为它在正确的区域内实现了最优的着陆和转向分支引导。

如果一个水平井在最大水平应力方向钻井，钻孔的方向是非常重要的，因为击穿会更频繁地发生。在高压、高温储层钻井是有问题的。先进的钻井液可以使钻进更加容易并防止井漏的发生，同时，钻井液配方应遵守当地环境法规要求。钻井液的优化方案在各个油气区带都不同。致密储层其他重要钻井考虑因素列于表 1.5。

表 1.5　致密储层钻完井注意事项

变量和参数	细节、关联性和影响因素	参考文献
井距	对生产有影响；井距由多方面因素决定，例如储层质量和压裂设计	Malayalam 等（2014）；Warpinski 等（2014）；Yu 和 Sepehrnoori（2014）
侧向长度	对井眼到目标层位之间连通部位有影响，对生产有较大影响	Zhou 等（2014）；Malayalam 等（2014）
段数	对井眼到目标层位之间连通部位有直接影响，对生产有较大影响	Aviles 等（2013）；Zhou 等（2014）；Malayalm 等（2014）
压裂程度	压裂程度会影响生产，需要根据多个参数优化，包括储层质量，完井质量，支撑剂效果和机械作用	Cheng（2009）；Roussel 等（2012）；Morrill 和 Miskimins（2012）；Jin 等（2013）；Wu 和 Olson（2013）；Sanaei 和 Jamili（2014）
套管、水泥固井对比裸眼井	用套管和水泥完井能隔离各压裂段，并有助于复杂裂缝层段的开发。裸眼井完井有成本上的优势	IIseng（2005）；Nelson 和 Huff（2009）；Darbe 和 Ravi（2010）；Daneshy（2011）；Ermila 等（2013）；Pavlock 等（2014）
套管选择	需要保证以高频率注入滑溜水，并且确保水力压裂有足够的阶段	Palisch 等（2008）；Teodoriu（2012）
压裂位置选择	将井眼平均分割成若干部分是选择压裂开始位置的通常方法。但由于地层非均质性可能导致压裂结果不理想。钻井液录井分析气体成分；随钻测井和随钻测量完成地层层序建立；声波测井分析应力变化	Waters 等（2009）；Baihly 等（2010）；Tollefsen 等（2010）；Ketter 等（2006）
同步压裂技术与连续压力技术	连续压裂技术包括酸化阶段，缓冲阶段，支撑阶段和冲洗阶段。同步压裂技术要求严密的设备监测和多重缓冲	Mutalik 和 Gilbson（2008）；Waters 等（2009）；Olson 和 Wu（2012）；Wu 和 Olson（2013）；Viswanathan 等（2014）
压裂液	压裂液用来在地层中制造裂缝，并携带支撑剂防止地层闭合。滑溜水是最常用的一种压裂液。其他类型的压裂液包括，交联凝胶压裂液，气体辅助压裂液和混合型压裂液	Palisch 等（2008）；Britt 等（2006）；Britt 和 Schoeffler（2009）；Vincent（2011）；Montgomery（2013）；McKenna（2014）

变量和参数	细节、关联性和影响因素	参考文献
添加剂	常规添加剂包括减摩剂，除氧剂和阻垢剂。一些特殊的添加剂可能还含有提高采收率的化学试剂。这些试剂可以疏通孔道，降低水封的危害	Kaufman 等（2008）；Holditch（1999）
水力压裂作用与天然裂缝	天然裂缝包括闭合和开启的裂缝。这些裂缝都会影响水力压裂效果、裂缝形态和复杂性以及体积改造	Gale 等（2007）；Du 等（2011）；Aimene 等（2014）；Huang 等（2014）；Busetti 等（2014）；Smart 等（2014）；Weng 等（2015）
射孔	分簇射孔/压裂阶段，间距，分簇射孔间距，射孔密度，弹药类型	Wutherich 和 Walker（2012）；Kraemer 等（2014）
支撑剂	支撑剂的类型和使用量将会影响裂缝中流体的体积，并能阻止返排。常用的支撑剂是砂和其他多种，也可加入铝土矿和陶瓷。支撑剂对于裂缝连通性有重要影响，使得支撑剂充填层中的开启通道提高裂缝的连通性	Cipolla 等（2009）；Olsen 等（2009）；Gillard 等（2010）；d'Huteau 等（2011）；Gao 和 Du（2012）；McKenna（2014）；Greff 等（2014）；Mata 等（2015）
钻井液	油基钻井液，水基钻井液	McDonald（2012）；Guo 等（2012）；Stephens（2013）；Young 和 Friedheim（2013）

1.5 完井与压裂

致密储层通常需要水力压裂，采用水平井和HFT往往是页岩储层进行商业开采的主要办法。HFT是在地层中使用流体和支撑剂来产生或者恢复地层中的裂缝从而刺激油井与气井生产的过程。水力压裂涉及很多过程和变量，包括完井类型（下套管之后胶合或裸眼）、阶段设计、水平轨迹、水力裂缝变形、压裂液、支撑剂类型/尺寸/顺序安排、水力压裂监控、水力压裂方法优化、储层改造体积和生产分析（Mayerhofer 等，2008；Chong 等，2010；King，2010，2014；Gao 和 Du，2012；Agrawal 等，2012；Manch 和 Sharma，2014）。一个较完整的过程应包括生成、维护和监测裂缝网络，优化射孔集群方位。这需要理解地质和地质力学特性，天然裂缝的形成，储层的非均质性和优化的增产措施。

一个精确的地质力学模型（MEM）对于开发页岩储层是很重要的。MEM应该包括地层的力学性质以及应力场的分布，不仅包含目标储层区，还有上覆地层和下伏地层，因为相邻的边界形成的压力将影响裂缝高度和长度。该建模过程集成测井、岩心、钻井和完井的数据，该过程有助于理解整个地层的力学特性和应力状态。一个好的MEM可以帮助我们理解在水力压裂的过程中天然裂缝的分布以及可能的再生情况，然后对水力裂缝变形做一个合理的预测（方向、长度、增加高度以及孔径）。

非常规储层完井设计应同时基于地质力学和储层性质。这对于区分完井工作和完井质量很重要。完井质量描述岩石的性质，使得完井过程变得直接或复杂，完井工作描述的是完井使用的各种方法和完井所用到的工具。完井质量和完井工作的结合就称为完井效率。

在水力压裂和射孔作业时考虑其压力和储层参数的各向异性可以提高完井效率。在一个非均质区域均匀压裂所有孔簇可能不如横向穿透一个非均质储层。顺序压裂结合有效的流体可以增加有效裂缝长度（Kraemer 等，2014）。通常，在不了解地层非均质性的情况下，我们会设计统一的射孔簇，对横向非均质性的了解，有助于把射孔簇置于最佳位置，提高射孔簇的油气产量（d'Huteau 等，2011）。

其他重要的完井设计变量包括裂缝间距、下套管固井与开孔、油管选择、压裂点选择，同时压裂与顺序压裂、裂缝起始点，支撑剂、压裂液、添加剂、水力裂缝与天然裂缝以及射孔计划（King，2010；2014），这些变量影响压裂的复杂性、SRV 和压裂处理的有效性。表1.5列出了在致密层完井需要重要考虑的方面。下面分三个主题对其进行讨论。

1.5.1 裂缝体及其复杂性

在压裂设计中有几个很重要的方面需要考虑：（1）裂缝方位角和走向主要是由地应力的状态决定的；（2）具有较低杨氏模量的岩石更易于产生更宽的水力压裂裂缝；（3）应力对比对于裂缝填充和裂缝长度是非常重要的；（4）平面水力压裂裂缝更有可能在没有天然裂缝情况下产生；（5）如果沿着岩石最小水平应力的方向钻掘水平井，那么将有可能产生横向水力压裂裂缝；（6）有效裂缝长度会受到压裂液长距离输送支撑剂能力的限制；（7）一般来说，高注入率会提高支撑剂的输送和裂缝长度。

岩石的属性会影响裂缝的垂直高度和水平形状，包括宽度、长度和断裂复杂指数（Daniels 等，2007；Cipollaetah，2008）。水力压裂裂缝的高度主要受到原位应力的控制（Han 等，2014）；另外，也会受到压裂液的黏度和注入率的影响。一旦扩展裂缝达到一定水平将会停止扩展，在此水平下，应力差已经超过了裂缝中的净压力。裂缝宽度和净压力之间存在一种关系。通常情况下，高注入率会提高裂缝宽度。因为过于狭窄的裂缝宽度会导致过早脱砂，因而裂缝宽度尤为重要。在初始增长阶段之后，逐渐增加的净压力表明存在一个长度在扩展的垂直裂缝。有效裂缝长度会受到压裂液长距离输送支撑剂能力的限制。对于预先给出的处理尺寸，裂缝高度的增长和裂缝的宽度会影响裂缝支撑的半长度。一般来说，高注入率会增强支撑剂的输送以及裂缝的长度。

压裂裂缝同时存在简单及复杂两种情况［图1.10（b）］，并且应力的各向异性和天然裂缝系统的特征是决定水力压裂裂缝复杂度的关键因素（Sayers 和 LeCalvez，2010；Weng 等，2015）。在水力压裂裂缝的设计中有一个重要的考虑因素，那就是水力压裂裂缝和天然裂缝之间的相互作用。此外，当水平最大应力和水平最小应力的大小几乎接近时，裂缝会更倾向于朝多种方向生长而且裂缝网群整体上可能变得更复杂。裂缝复杂度对产量有巨大的影响（Waipinski 等，2008，2013；Waters 等，2011；Mata 等，2014）；但是同样需要注意的是，虽然裂缝复杂度会增加储层接触面，但是对于要求产生持久的具有足够液压连续性的支撑剂充填层来说，也会形成挑战（Vincent，2013）。

1.5.2 裂缝液与支撑剂

压裂液是一种添加剂或化学制品，主要用来处理地下岩层，以便刺激油气流动。压裂液最常用的种类包括水基压裂液（包括稠化水、水冻胶、水包油乳化液）、矿物油、泡沫液以及黏弹性表面活性剂（自由聚合物液体）。

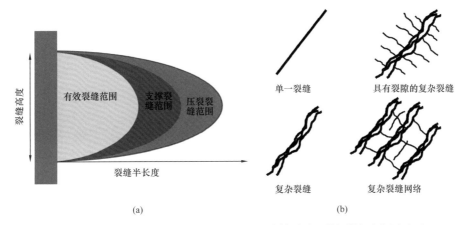

图 1.10　水力压裂裂缝形态示意图（a）和不同复杂级别的裂缝示意图（b）

这些裂缝可以是天然裂缝，或者是重新开启的天然裂缝。

上述内容总结于前人多部出版物，Fisher 等，2002；Cipolla 等，2008

压裂液在泵送过程中应该具有稳定的黏滞性，并且在压裂过程的最后阶段能够破胶。为了输送支撑剂以及控制裂缝净压力，压裂液应该具有一定的黏度。压裂液的黏度也会影响裂缝的几何形状。此外，在矿物学方面也会影响水力压裂液的选择。例如，在超过 50% 黏土含量的地层中进行完井作业是非常困难的，此时压裂液的选择也更加值得商榷。

在水力压裂法中，支撑剂的使用是为了支撑裂缝使其成张开状态，以便于油气资源在储层和井筒之间能够连通起来。在天然状态下，支撑剂的类型和总量会影响裂缝状态和采出过程中压裂液的流动能力（Gao 和 Du，2012；McKenna，2014；Greff 等，2014）。在大多数页岩储层中使用的支撑剂主要是各种规格的砂粒，包括相似的粒度、磨圆度以及抗破碎性等，小粒度级别的铝矾土和陶粒也有使用。对于用于水力压裂裂缝的支撑剂来说，其使用和选择的主要原则取决于能否在起到支撑和破裂作用的同时而不堵塞储层与井筒之间液体的流动。在选择支撑剂时有一些重要的考虑因素，包括闭合应力、导流性以及孔底流动压力等。

在裂缝群中支撑剂的分布对于水力压裂的有效性是至关重要的（Cipolla，2009）。当支撑剂集中在一个主平面裂缝里时，即使水力压裂裂缝很大，有效裂缝长度也会受到限制。当裂缝的生长变得复杂时，支撑剂的平均集中性将变得更低，并且支撑剂可能不会那么显著地影响到开采井的性能。

1.5.3　压裂段

更长的横向裂缝和更多的裂缝级数已经普遍提高了页岩气开发区的采出能力，这就是为什么在许多页岩气开发区中增加了多级压裂的压裂级数。例如，在 Marcellus 和 Eagle Ford 页岩气开发区，2008 年时平均压裂级数不足 10 个，而在 2012 年已经超过 16 个了；在 Bakken，2008 年大概有 14 个压裂级数，而在 2012 年已经超过 27 个（Rig Data，2014）。然而，由于在压力级数提高的同时，完井的复杂度和成本也在增加，所以使用较高级数的压裂技术并没有带来更大的经济效益［图 1.11（b）］。在一些页岩气开发区中，如 Barnett、Fayetteville 以及 Haynesville 等页岩气开发区，人们已经研究出了最佳的压裂级数。在另一些页岩气开发区中，技术人员仍然在试着测试更长的横向裂缝以及增加更多的压裂级数。

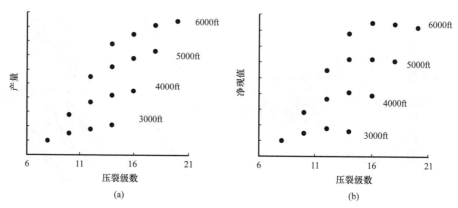

图 1.11　水平段距离和压裂次数对产量的影响示意图（a）以及在包含完井成本的情况下，水平段距离和压裂级数对净现值的影响示意图（b）（据 Malayalam 等，2014）

1.6　生产

对于在致密地层中开采油气资源来说，一个最需要关心的问题就是持续性。开采井在刚开始时可能具有很高的生产率，而之后产量陡降，到最后稳定在低水平上。另外，当开采井钻进至含油气沉积物相对连续的高质量储层区域时，页岩气开采井可以持续很长一段时间。对于整个开采工程来说，想要实现理想的经济效益，使每个开采井的回收因素最大化是非常重要的。这需要对生产过程中的数据进行分析、诊断和优化。监视及预测开采过程能够帮助我们优化页岩油气的开采并且增强回收的极限值。

由于缺少对地下岩层更细致的了解，最常见的做法是沿着横向裂缝钻进并完成一个开采井，但是岩石特性的不均匀性经常导致在不同的射孔簇中有高度不均衡的产量。假设沿着裂缝支线的岩石全都具有相同的特性，那么在此情况下处理井筒的话，这种做法就稍显不足了。而实际上，来自开采井的产量是可以被估算出来的，并且可以做出一些改变来改善未来的开采井。另外，生产测井还可以识别油气产自哪里；还可以看出可能只有一些孔簇对总的产量做出了实际贡献而其他孔簇的贡献却很少（Baihly 等，2010）。有些时候，超过 40% 的射孔并没有产出油气（Miller 等，2011）。通过比较生产射孔簇与岩石强度，很可能在地层中识别出低应力和高脆性区域，并且定位裂缝位置并分析它们的几何形状。一些压裂技术可以连续地隔离井筒中的裂缝，以此来保证每一个射孔簇都被压裂过并能实现良好的开采井性能。综合生产流程降低了分析数据的时间，有助于发现问题，并又反过来优化生产过程。

在生产过程中有一些重要的流程，其中包括采出驱动力分析、校准实际生产过程的驱动力、重复压裂、人工举升措施、返排液管理和水资源管理等。

1.6.1　生产影响因素

采出驱动包括储层质量、完井质量和工作等可变因素；这些可变因素与压裂液供应通道、地质构造复杂度、天然裂缝、孔隙体积、流体特性、压力、地质力学和开采井安置方式有关。表 1.6 列出了常见的采出驱动方式及其与产量的相关性。在实际操作中，准确测定储层质量和完井质量的采出驱动方式对于推测和提高产量是非常重要的。

表 1.6　生产驱动要素

	参数和变量	关联性
油气系统和控制因素	干酪根类型和成分，总有机碳含量，成熟度（热成熟度），烃属性，孔隙压力	总有机碳衡量有机质丰度或生烃能力；成熟度衡量干酪根生烃的转化程度；干酪根类型影响烃类型和质量
构造，地层，成岩，埋深	叠置样式，地层（侧向和垂向）连续性，有效厚度，断层，天然裂缝，岩溶地貌	分支井钻入最佳区域，保证与井眼、裂缝和产层有最大的接触面积
静态储层属性	矿物学，孔隙度，饱和度	存储量，石油或天然气地质储量
储层流体属性	杂基渗透率，裂缝渗透率	流体流动性，由储层向井眼的流动能力
完井质量	应力场，力学属性（杨氏模量，泊松比），矿物学	水力压裂 裂缝复杂性，井眼稳定性
压力，温度和流体性质	孔隙压力，静岩压力，温度，润湿性	对钻井和生产的影响，固井
钻井/完井投入与回报	井位布置，地质导向，随钻测井，水力压裂裂缝形态，所有表 1.5 中的参数	最大限度地提高井壁、裂缝与产层的接触面积，加强体积改造

1.6.2　校验生产影响因素

页岩储层的产量是与油气藏位置密切相关的，高度可变的，并且有很多原因会导致非常不均匀的油气产量（Baihly 等，2010；Miller 等，2011）。储层质量、完井质量和完井工作都会影响产量。为了推断这些因素的影响情况，分析单个物理变量是非常重要的，如储层质量因素中的干酪根、TOC、孔隙率、流体饱和度以及渗透率，完井质量因素中的应力、矿物学及力学特性，以及完井工作中的横向裂缝长度、支撑剂用量和多级压裂级数等。人们常发现，所有这些因素或多或少地都会影响产量，有时甚至是呈负相关的（Jochen 等，2011；Gao 和 Du，2012；Gao 和 Gao，2013；Zhou 等，2014）。例如，横向裂缝长度或每级射孔长度对开采率的相关性，要么不相关、要么弱相关，或者呈负相关（Miller 等，2011）。

图 1.12（a）展示了一个在页岩油储层中产油量与每级射孔长度呈负相关的例子。如果没有深入分析这之间的联系，那么可能会得出"横向裂缝越长产量越差"的结论！实际上，这种现象只是辛普森悖论在多种因素相互作用的复杂系统中的一种表现（Pearl，2010；2014；Ma 和 Zhang，2014）。

与产量呈负相关的每级横向裂缝长度是由第三变量效应造成的——在给定总长度的横向裂缝中，更长的每级横向裂缝长度表明需要更少的多级压裂级数；正如前文所述（也可参看 Zhou 等相关著作，2014），级数通常与产量呈高度正相关关系，但由于还有其他变量产生的效应，所以也有存在例外（Miller 等，2011；Gao，2013）。

当观察到产量与储层质量之间存在微弱的或相反的关系时，人们就会对"有较好的储层质量却出现较差的油气产量"这种事实感到困惑。两个原因导致出现这样的情况：一是没有准确查明储层质量；二是完井欠佳。例如，当储层质量仅仅由局部静态组成要素（如通过孔隙率乘以油气饱和度得出的油气总容量）来表征时，那些动态组成要素（如渗透率

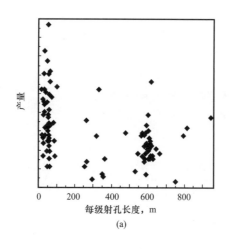

(a)

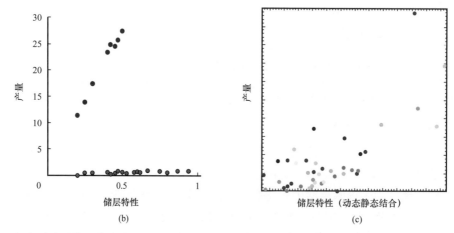

(b)　　　　　　　　　　　　　　　(c)

图 1.12 （a）致密油储层中，产量和压裂井段长度呈负相关，相关性系数 –0.438；（b）在双重渗透体系中，产量与储层特性（静态要素与动态要素复合）交会图（红点代表裂缝性质）；（c）产量和储层特性的交会图（颜色区分不同的井）

等）与产量就会存在高度相关性，并且会导致静态储层质量与产量形成负相关关系。这种情况在单一孔隙率和双重渗透性系统中频繁发生。图 1.12（b）给出了一个例子，在静态储层质量与年产油量之间的相关性指数只有 0.231。产生的负相关性是由包括基质和裂缝两种要素在内的双重渗透性造成的。双重渗透性系统可以被解释成两种不同的参考类别（Ma，2010；Ma 等，2011）；当基质静态储层质量和裂缝静态储层质量被分开分析时，两种系统下的产量与静态储层质量的相关性指数都很高，基质静态储层质量相关性指数是 0.748，裂缝静态储层质量相关性指数是 0.992。

　　通过结合静态要素和动态要素也可以得到复合储层质量。这种复合储层质量就与产量呈高度正相关关系［图 1.12（c）］；反之，当储层质量中裂缝渗透性没有被明确地结合起来分析时，在双重渗透性系统中存在尤尔—辛普森效应（不管是正的还是反的）。

　　储层质量和产量间相反的相互关系也可以是由欠佳的完井作业造成的。当所有的开采井都有相同的完井效率时，产量与储层质量间应该有一个正相关关系。如果完井效率不全相同的话，它们之间的相关性会降低甚至相反。例如，在中等储层质量中采用较高效率的完井工艺，而在高储层质量中采用较低效率完井工艺，那么产量与储层质量间可能存在相反的相关性。

因此，识别低效率的完井工艺并优化它们是可能的。图 1.13 显示了在完井效率因素覆盖下的产量与储层质量之间的交会图。对于具有很低储层质量的岩石来说，不管完井效率如何，产量都会很低；但是对于具有中高级别储层质量的岩石来说，完井效率就决定了产量。完井效率包括两个要素：完井质量（CQ）和完井工作。正确区别它们是非常重要的，因为完井效率会同时受到完井的岩石质量（即MCQ）以及干预或施力的影响（即 HFT）。

总之，在分析潜在的驱动力与产量之间的关系时，通过考虑第三变量效应来明确辛普森悖论是非常重要的。认识到辛普森悖论的存在可以帮助我们识别动力，并按其重要程度进行排列分级以及识别无效的完井。

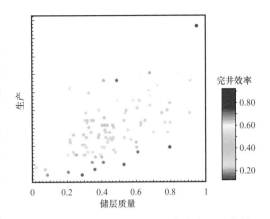

图 1.13　产量与储层特性（结合静态和动态特性）交会图（叠加上固井效能）

如图所示，一些井的储层特性大于 0.8 但其产量比储层特性小于 0.5 的井的产量低很多。一些老井的产量不佳，需要重新固井

1.6.3　微震监测

微震是一种频率在 0.1～10kHz 的小震级地震，它是一种能够探测水力压裂裂缝活动和水力压裂裂缝模拟成像的地球物理遥感技术。正如前文所讨论的，一种水力压裂处理方法的效率决定于一系列因素，包括储层质量和完井质量。地层的各种各向异性使水力压裂法造成的影响具有很大的可变性（Baihly 等，2010；Miller 等，2011）。微震监测使对裂缝扩展的成像和水力压裂法效率的测定成为可能（LeCalvez 等，2006；Daniels 等，2007；Warpinski，2009；Maxwell 等，201I；Warpinski 等，2013）。微震图谱的解读通常包括裂缝长度、裂缝高度、裂缝方位角、裂缝网群复杂度、裂缝位置、水力裂缝与天然裂缝之间的相互作用以及岩石改造体积等（Xu 等，2009；Maxwell 和 Cipolla，2011；Cipolla 等，2011）。微震监测的其他一些应用包括实时裂缝分析和控制、重复压裂与转换、压裂处理方法设计、完井优化和开采井布设等。

因为微震活动实质上是由应力与压力变化引起的小规模剪切滑动，而水力压裂裂缝更多地表现为拉张运动，所以微震图谱可以被模糊解读（Warpinski，2009；Maxwell 和 Cipolla，2011）。因此，微震活动位置的确定具有很强的不确定性。

1.6.4　重复压裂

重复压裂有时比重新钻掘并压裂一口新井更有经济优势。需要重复压裂的主要理由包括（Moore 和 Ramakrishnan，2006；Vincent，2010）：（1）为了提高生产率而发展裂缝复杂度时，初始压裂的效益表现不高；（2）一些小缝微缝没有被很好地支撑并导致生产率在初始阶段很高而之后却急剧下降。重复压裂处理方法的问题在于并不是所有运用了这种方法的开采井都会表现出足够的产量。一些开采井的资源采收产量可能大部分仅仅来自水力压裂的最初阶段，而其他一些开采井在其相关储层岩层中能够持续保持高产。充分了解储层质量、完井效率和产量之间的关系是识别那些适合运用重复压裂技术的开采井的一个好方法。例如，如果一个高储层质量开采井的产量不如许多中等储层质量开采井，这很有可能是因为初始完井效率不佳，那么，这种开采井就特别适合应用重复压裂技术。在图 1.13 中，一些开采井具有超过 0.8 的储层质量指数，但它们的表现却在其他一些储层质量指数不足 0.5 的开采井之下。因此，针对这种情况应该考虑应用重复压裂方法。需要注意的是，不应该选择表现特别差的开采井来应用重复压裂处理方法。如果一个表现较差的开采井周围具有较好的储层质量的岩层，那么对其应用重复压裂技术可以使产量变得更高，但如果其岩层的储层质量很差，这种做法在经济上就是浪费。而且，即使储层质量不错，但完井质量很差，应用重复压裂技术也存在风险。

重复压裂技术会改变储层的应力环境，产生新的裂缝，使已存在的裂缝进一步撑开，使裂缝沿着不同的方位角再次扩展，扩大已有裂缝，在其他途径上增加裂缝的导流性，增加射孔或转移来接触更多未接触的储层岩石，连通天然裂缝或使已有的支撑剂充填层重新分布和（或）在钻掘偏移和完井之前对已有的开采井重新增压（Jacobs，2015）。这种技术几乎可以把开采井产量恢复到最初的阶段甚至提升至更高水平，并延长开采井的生产周期。

1.6.5　人工举升

对于许多致密储层来说，由于水力压裂的缘故，早期的生产率非常高，但是在一段相对短的时期之后便急剧下降。此时，可以采用人工举升的方法来释放被限制的油气并减缓生产率的急速下降（Lane 和 Chokshi，2014）。这主要与裂缝流体的流动恢复与堵塞管理有关。在致密岩层中进行水平钻掘的挑战之一是从较高长度与深度的水平井中抽干油气。从广义上来讲，人工举升应该是生产优化与油田开发整体计划中的一部分。开采井的性能监督和监控将有助于设计不同的人工举升系统。

1.6.6　示踪、漏失和反排

对于储层压裂和追踪压裂返排液来说，化学示踪剂和放射性同位素示踪剂是非常有用的（Woodroof 等，2003；Sullivan 等，2004；Curry 等，2010；Munoz 等，2009），放射性示踪剂被用于标记压裂入口点，化学示踪剂被用于追踪在不同阶段的返排液返排效率，并记录水流体积、含盐量、生产率和压力（King，2010）。

采用水力压裂时，在多孔岩层中的泄漏问题和压裂液反向流动问题必须被仔细处理。泄漏现象可以用 Carter 的分析模型或数值模拟方法来建立模型（Copel 和 Lin，2014）。压裂液返排可以通过利用一些评估储层的参数来建模并对油气恢复进行预测，这类参数包括有效裂缝半长、孔隙体积、注入压裂液在岩层中流失的百分比等（Ezulike 和 Dehghanpoun，2014）。返排压裂液的回收总量决定于水力压裂法的设计和压裂液类型（Sullivan 等 2004；Crafton 和 Gunderson，2007）。

致密砂岩油气藏通常比页岩油气藏具有更高的回收率，因为在页岩中，压裂经常产生更小的更复杂的裂缝体（King，2010）。由于返排卤水包含放射性元素、有机合成物和金属物质，返排液的处理对于地表水与地下水的保护都非常重要（Lane 和 Peterson，2014；Balashov 等，2015）。大多数返排液在地下注入井中被处理掉；但是先进的返排液处理技术为返排液的其他用途提供了可能，例如被其他水力压裂法再利用和灌溉（Gupta 和 Hlidek，2010）。对于返排卤水处理，Balashov 等（2015）针对更长远的规划提出了一个描述返排化学变化以及对于水力压裂和页岩矿物之间关系的解释模型。

1.6.7 重油和油砂生产

图 1.1 所示，油砂和重油都属于非常规石油的一种。沥青质里面的重油和原油是广泛存在于世界上的烃类资源的代表（Alboudwarej 等，2006）。根据美国能源部门的标准，当 API 重度低于 22.3 时，原油分子量增大因而被认为变得更重。沥青质具有低于 10 的 API 重度（Chopra 等，2010；Schiltz 和 Gray，2015）。油砂中的沥青质具有高度黏性，其脱气黏度超过 10000mPa·s。源岩沥青质在干酪根早期成熟时产生；在暴露于细菌与水中之后，原油沥青中原油的残留降低。它的核测井反应与原油相似，并且通常呈现出高电阻性。

沥青和重油沉淀物质存在于世界上很多地方，但是已探明的这类资源绝大多数位于加拿大、委内瑞拉和美国，重油的开采通常需要成熟的回收技术（Alboudwarej 等，2006），例如经过溶剂注入法增强的冷生产技术、石油蒸馏式萃取、蒸汽吞吐、蒸汽驱以及蒸汽辅助重力泄油等。对于有效的蒸汽模拟来说，通过岩相分析和蒸汽室页岩层限制增长建模来精确识别沥青质区域的存在是很重要的。另一个挑战来自以沥青质区域和含水区域的描绘为基础的石油生产井的安置，因为含水区域可能会吸收蒸汽热量从而导致沥青质并没有受热。

1.6.8 水管理

在开发非常规油气资源时，水资源管理对于在致密岩层中进行油气开采（Lutz 等，2013；Li 等，2015；Kang 等，2015）和对社会用水造成的影响（Taylor，2014）来说都是一个重要的课题。它包括水的获取、水与化学物质和添加剂的混合、开采井中混合液体的注入、开采井中压裂液的返排以及废水处理等。压裂液的供应和再循环以及对采出水的管理、处理和处置等同样带来了严重的成本负担。使用具有高成本效益的技术来管理油田的水资源需要对储层特点、生产量、油气资源、工程设计和各种环境考虑因素有一个综合的考虑。水力压裂过程使用了数百万吨混合了砂粒和化学物质的高压水来压开岩石以释放出蕴藏其中的原油与天然气资源。因此，出现了循环压裂液和保护水资源的技术（Gupta 和 Hlidek，2010）。处理采出水包括消除其中的化学物质和其他悬浮固体物质。尽量减少使用化学物质有利于返排液的再使用。

1.7 非常规全球化

一些非常规油气资源，如油砂、重油以及致密砂岩气等，已经被开采了相当长的一段时期（Dusseault，2001；Law 等，1986；Law 和 Spencer，1989），但是成功引导了从 Fayetteville 到 Haynesville、从 Woodford 到 Eagle Ford、从 Marcellus 到 Niobrara 以及从 Bossier 到 Bakken 的一大批其他美国页岩气开发区发展的 Barnett 页岩开采区，只在 10 多年前取得了商业上的成功（图 1.14）。而在过去的几年，从美国获得的页岩气开发区经验被应用到了全球页岩气藏的开发上。许多中东国家的页岩气藏甚至被估测出了储量，那里是拥有全世界最高产采油井的地区之一。从 Barnett 页岩气开采区和其他一些开采区那里获得的经验技术也经常被运用于世界其他页岩气开采区，或者至少应用到了一些新地区的开发起步阶段。即使有不少的挑战存在，一场非常规油气资源开发的全球化运动似乎正在发生，这些挑战包括原油价格的波动及天然气价格的波动。

基于美国供需关系的历史趋势，页岩气及致密砂岩气产量的影响呈一种剧烈的表现。美国能源署预测，在可预见的未来，来自页岩气藏的天然气供应将有一段增长期（EIA，2013）。而在世界其他地方，由于蕴藏非常规油气资源的新区域开始被开发，这种趋势也许变得更加复杂。

1.7.1 全球非常规油气资源

就全球而言，非常规油气资源分布广泛但储量不明。Rogner 运用了一种系统的估测方法来确定世界范围内的非常规油气资源的分布（1997）。2000 年，美国地质调查局估计剩余可采的常规储层天然气储量大约有 $12000 \times 10^{12}\text{ft}^3$，其中有 $3000 \times 10^{12}\text{ft}^3$ 的天然气已经被开采。全球储层的原位天然气总估测值大约有 $50000 \times 10^{12}\text{ft}^3$。

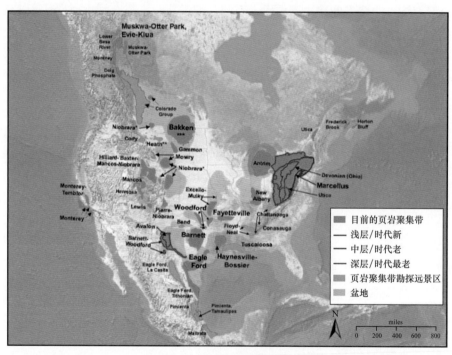

图 1.14　北美页岩聚集带
资料来源：美国能源信息署（2013）

关于该方面的一些研究在过去几年中被发表出来，其中包括一份来自国际公司的报告（ARI，2011，2013）和几份来自美国能源信息署（ELA）的报告（Kuuskraa 等，2011，2013）。EIA 更新了它早先对页岩气资源的估计，并通过分析除美国以外的另外 41 个国家的 137 个页岩地层，对页岩油资源做出了一个新的初步估计。

本书根据美国能源信息署的研究在表 1.7 中列出了全球排名前 10 的具有最高可采油气资源储量的国家。阿根廷拥有多达 $802 \times 10^{12}\text{ft}^3$ 的世界第二页岩气估测储量。在原油方面该国以 $270 \times 10^8\text{bbl}$ 的页岩油储量排名世界第 4。俄罗斯具有 $750 \times 10^8\text{bbl}$ 页岩油储量，这还不包括它巨大的常规原油储量。一些人相信俄罗斯在西西伯利亚的巴热诺夫（Bazhenov）可能坐拥数千亿桶的石油资源。中国以 $1115 \times 10^{12} ft^3$ 的页岩气预测储量位居全球榜首，在石油方面以 $320 \times 10^8 bbl$ 页岩油储量排名第三。

表 1.7　页岩气页岩油技术可采储量前 10 位的国家

排名	页岩气		页岩油	
	国家	可采储量，$10^{12} ft^3$	国家	可采储量，$10^9 bbl$
1	中国	1115	俄罗斯	75
2	阿根廷	802	美国	58（48）[①]
3	阿尔及利亚	707	中国	32
4	美国	665（1161）[①]	阿根廷	27
5	加拿大	573	利比亚	26
6	墨西哥	545	委内瑞拉	13
7	澳大利亚	437	墨西哥	13
8	南非	390	巴基斯坦	9
9	俄罗斯	285	加拿大	9
10	巴西	245	印度尼西亚	8
	世界总量	7299（7795）		345（335）

① 对美国页岩油、页岩气有两种不同的评价。

资料来源：美国能源信息署（2013）。

1.7.2　国家安全与环境关注

不同国家对于页岩储层、水力压裂技术以及其他非常规油气资源开采技术的态度大相径庭。许多国家被潜在新资源经济效益所吸引，并把它上升到国家安全的高度（Kerr，2010；NPC，2011；Maugeri，2013；Zuckerman，2013），而另一些国家也更关注非常规油气资源开发对于环境的影响（Wilber，2012；Prud'homme，2014；AP，2014）。英国政府在2013 年宣布了一项免税政策来大力促进页岩钻探产业，并指出如果不采用压裂技术，将错过大量的机会来提高人民经济水平和国家竞争力。没有这些，可能在激烈的全球竞争中失利（《每日电讯》，2013）。而另外，法国、保加利亚和其他一些国家却由于担心潜在的环境危害而禁止了水力压裂技术的使用。

如何对待水力压裂技术会左右对页岩及其他致密储层开发的政策。美国非常规油气资源的急剧增长，降低了对进口油气资源的依赖。尽管在岸与离岸常规油气资源的产量在减少，美国天然气总产量仍然从上一个十年中旬到 2012 年增加了近乎 30%。结果就是，美国的天然气价格比亚洲及欧洲的要便宜许多。这使得美国的经济在 2008 的金融危机之后比欧洲和世界其他地方更快地复苏起来（Maugeri，2013；Prud'homme，2014）。美国能源信息署（2013，2014）已经规划了进一步开采致密砂岩气和页岩气增加天然气产量的方案（图 1.15）。

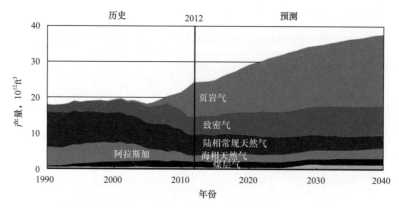

图 1.15　据目前资料和预计，到 2040 年的美国天然气产量曲线
资料来源：美国能源信息署（2014）

中国制订了一个宏伟的目标，那就是至 2020 年，页岩气产量要达到（600～1000）×10^{8}m^3。正如中国"十二五"计划所勾勒的那样，中国是世界最大的能源消耗国，具备页岩气勘探的可能性，不仅是因为相比于煤炭资源来说，使用天然气资源有利于环境保护，还因为中国拥有世界最多的页岩气储量。中国政府在 2013 年发布了一项具体的计划，其目标是重新平衡该国能源混合比例以使对环境造成严重污染的煤炭资源到 2017 年时在所有类型的能源供应中占比低于 65%。国内页岩气开发能够降低对天然气进口的依赖，从而使中国经济能够更加持续和独立地增长。

1.7.3　全球非常规油气资源开发的挑战

1.7.3.1　非常规油气资源评价的不确定性与风险

世界可开采非常规油气资源储量估测值变化幅度很大，因为存在技术上的差异，包括缺乏详细数据、对地下岩层认识有限以及在提高采收率的技术突破可能性上的评估难度。

在欧洲各地的页岩地层中蕴藏了大约 470×10^{12}ft^3 的页岩气储量（Zuckerman，2013；EIA，2013）。波兰初步估测大约有 187×10^{12}ft^3 的页岩气储量，并且该国有很强烈的开采页岩气资源的想法。不幸的是，由于考虑到地层深度和开采难度，这些可采储量估测值在 2012 年降低了 90%。

与此相似的是，美国能源信息署也在 2014 年将蒙特利尔公司（Monterey）石油资源的储量估值从最初的 137×10^{8}bbl（EIA，2011）降低到了大约 6×10^{8}bbl（Sieminski 等，2014；CCST，2014）。因为，美国能源信息署最初的估测值建立在一系列高度扭曲的假设之上。

1.7.3.2　难采非常规油气资源的开发技术

虽然世界范围内非常规油气资源的储量估值十分巨大，但发展既能保证经济效益又能开采一些难度较大的［这里的难度是指更深的和（或）更致密的］地下资源的技术也是非常重要的。

虽然已经有好几篇关于页岩气能够给中国的经济和环境带来好处的报道，但中国大规模实际开采页岩气的可能性屡次遭到怀疑。中国消耗页岩气资源的数量在某些情况下是美国开采量的 4 倍。较深和致密岩层是中国开发页岩气资源的关键点。

1.7.3.3　水问题

开发非常规油气资源需要大量的淡水资源。尽管石油及天然气储层可能存在，技术上通过水平钻井和水力压裂法进行开采也可行，但是当水资源短缺时，非常规油气资源的开采并不容易。在 20 个拥有最多页岩气及致密页岩油资源的国家中，世界资源研究所（WRI）分析了每一个页岩区块的用水紧张水平。就全球而言，大约 38% 的页岩气储量位于具有高到极高水紧张的地区。钻井和水力压裂需要每口开采井具有高达 $25 \times 10^6 L$ 的水量，这就意味着在淡水资源供应短缺的地方开采页岩资源是非常困难的。在这些国家，40% 的页岩区块面临高用水紧张或者干旱条件，这其中包括中国、阿尔及利亚、墨西哥、南非、利比亚、巴基斯坦、埃及和印度（表 1.8）。例如，在中国越具有挑战性的页岩和其他致密岩石地层需要越多的用水量来压裂每一口开采井，但是中国的用水系统已经十分紧张了，中国大约有占世界 20% 的人口却只有全世界 7% 的水资源；其人均供水量只有全球平均水平的 1/3，而且还具有广泛的区域差异。一些人指出，中国经济持续增长的最大威胁不是能源而是水资源。中国一半多的页岩气资源位于其极度缺水的地区。当前，在中国腹地具有中高缺水压力的四川盆地上存在大量的钻井。中国的塔里木盆地是另一个具有地质前景的页岩气资源地区，但是它具有严重的水资源短缺问题。南非面临相似的水资源紧张问题，在其遭受极端缺水压力的区域有一个最知名的页岩区块。同样与此类似的还有墨西哥，大部分墨西哥已知的页岩气资源存在于其南部的用水紧张沙漠中。

世界上许多国家正在考虑是否开发它们的页岩及其他致密岩石的油气资源，其中一方面就在于水资源短缺问题（Rcig 等，2014）。在水力压裂中与淡水供应有联系的潜在商业风险应该在开发非常规油气之前受到评估，即使压裂液循环和水资源保护技术可以减缓水资源短缺问题（Gupta 和 Hlidek，2010；Lane 和 Peterson，2014）。

1.7.3.4　环境关注

水力压裂技术过去被用在远离住宅区的地方。现在许多开采井已经在接近住宅区或就在住宅区里进行钻探。这需要尽最大努力来最小化钻探与生产操作造成的影响。令人诧异的是，即使这种作业方式比煤炭开采清洁得多，许多住宅区的居民仍担心压裂作业对于环境的影响（DOE，2009）。还有一些关于可能污染地下水的担忧。对于地表水和地下水的一般或特定风险及影响已经在一些开发地区被研究过（King，2012；Vengosh 等，2014；Lane 和 Peterson，2014）。

围绕地下水被污染的担忧主要集中在作业中产生的压裂裂缝是否仅被包含在目标岩层中以使它们不会接触到地下饮用水资源。一份来自联邦政府关于水力压裂研究的报告指出，并没有证据显示在宾夕法尼亚西部一处场地里有页岩气钻探过程中的化学物质或溶盐水在向上移动污染饮用水（AR，2014）。这项研究以独立监测压裂过程中的钻探场地的方式进行，为期 18 个月。研究人员发现，掺有化学物质的压裂液过去主要用于带出天然气，而含有这些天然气的地层位于比饮用水低 5000ft 的地方。示踪剂追踪、地震监测以及其他测试被用于查找关于压裂作业如何影响邻近岩石构造的问题。报告指出水力压裂裂缝可以从开采井底部向上扩展1900ft，可能是像Marcellus页岩层或其他岩层之上存在的断层所致。未来还将进行更多有关于此的研究。

表1.8 页岩气和致密油技术可采储量最大的20个国家用水紧张程度

排名	页岩气可采储量最大的20个国家		致密油可采储量最大的20个国家	
	国家	页岩聚集带用水紧张程度	国家	页岩聚集带用水紧张程度
1	中国	高度紧张	俄罗斯	低度紧张
2	阿根廷	低到中度紧张	美国	中到高度紧张
3	阿尔及利亚	干旱，可用水少	中国	高度紧张
4	加拿大	低到中度紧张	阿根廷	低到中度紧张
5	美国	中到高度紧张	利比亚	干旱，可用水少
6	墨西哥	高度紧张	澳大利亚	低度紧张
7	澳大利亚	低度紧张	委内瑞拉	低度紧张
8	南非	高度紧张	墨西哥	高度紧张
9	俄罗斯	低度紧张	巴基斯坦	极度紧张
10	巴西	低度紧张	加拿大	低到中度紧张
11	委内瑞拉	低度紧张	印度尼西亚	低度紧张
12	波兰	低到中度紧张	哥伦比亚	低度紧张
13	法国	低到中度紧张	阿尔及利亚	干旱，可用水少
14	乌克兰	低到中度紧张	巴西	低度紧张
15	利比亚	干旱，可用水少	土耳其	中到高度紧张
16	巴基斯坦	极度紧张	埃及	干旱，可用水少
17	埃及	干旱，可用水少	印度	高度紧张
18	印度	高度紧张	巴拉圭	中到高度紧张
19	巴拉圭	中到高度紧张	蒙古	极度紧张
20	哥伦比亚	低度紧张	波兰	低度紧张

注：世界资源研究所评估的排名与表1.7略有出入。
资料来源：世界资源研究所。

1.8 结论

非常规油气资源的评价与开发比常规油气资源更复杂。必须使用一种综合方法，从TOC评估和石油系统热成熟度的角度，来评估岩石物理变量（孔隙率、流体饱和度和渗透率）和地质力学特性。为了提高非常规油气资源开发的经济效益，钻探和完井设计与采出优化必须基于储层质量和完井质量。在评价非常规油气资源和优化这些资源的采出过程时会遇到很多易犯的错误。理清复合参数效应、虚假相关以及虚假的弱相关和相反关联可以帮助我们针对提高产量优化完井设计。

世界经济正在繁荣增长，纵然历程充满坎坷，但不可否认非常规油气资源开发变得越来越重要。在 21 世纪初，成商业规模的页岩气开采并不常见，但是不断提高的技术已经使我们能大规模开采致密岩层的油气资源。然而，在从非常规油气资源中获取能源的道路上仍然充满了挑战。更好地利用现有技术和继续开发新兴技术可以帮助我们在开采这些资源造福社会的同时还能降低对环境的影响。

缩略语注释

3D：三维
BBOE：十亿桶油当量
COS：成功率
CQ：完井质量
DFT：离散裂缝网络
EOM：可抽提有机质
EUR：最终可采储量
GR：伽马测井
HFT：水力压裂
LWD：随钻测井
MEM：地质力学模型
MWD：随钻测量
NPV：净现值
RQ：储层质量
SRV：改造油气藏体积
Sw：含水饱和度
TOC：总有机碳
USGS：美国地质调查局
WRI：世界资源学会

物理参数及单位注释

bbl：桶
Bcf：10 亿立方英尺
Billion m^3：10 亿立方米
ft：英尺
G_s：储气量
L：公升
mD：毫达西

MM：百万

p：压力

p_1：朗格缪尔压力

psi：每平方英寸的磅数

psia：磅/平方英寸（绝对压强：译者注）

Tcf：万亿立方英尺

V_{clay}：黏土体积

V_1：朗格缪尔体积

参 考 文 献

Agrawal, A., Wei, Y., Holditch, S., 2012. A Technical and Economic Study of Completion Techniques in Five Emerging US Gas Shales：A Woodford Shale Example. Society of Petroleum Engineers. http：//dx.doi.org/10.2118/135396-PA.

Aimene, Y.E., Nairn, J.A., Ouencs, A., August 25-27, 2014. Predicting Microseismicity from Geomechanical Modeling of Multiple Hydraulic Fractures Interacting with Natural FracturesdApplication to the Marcellus and Eagle Ford. Paper URTeC 1923762, presented at the URTeC, Denver, Colorado, USA.

Aitchison, J., 1986. The Statistical Analysis of Compositional Data. Chapman & Hall, London.

Alboudwarej, H., et al., 2006. Highlighting Heavy Oil. Oilfield Review, Summer 2006.

Al Duhailan, M.A., Cumella, S., August 25-27, 2014. Niobrara Maturity Goes up, Resistivity Goes down；What's Going on？ Paper URTeC 1922820, presented at the URTeC, Denver, Colorado, USA.

Alexander, T., et al., 2011. Shale gas revolution. Oilfield Review 23（3）, 40-57.

Allix, P., et al., 2011. Coaxing oil from shale. Oilfield Review 22（4）, 4-16.

Alqahtani, A., Tutuncu, A.N., August 25-27, 2014. Quantification of Total Organic Carbon Content in Shale Source Rocks：An Eagle Ford Case Study. Paper URTeC 1921783, presented at the URTeC, Denver, Colorado, USA.

Ambrose, R.J., Hartman, R.C., Diaz-Campos, M., Akkutlu, I.Y., Sonfergeild, C.H., 2012. Shale gas-in-place calculations Part I：New pore-scale considerations. SPE Journal 17（1）.

AP, 2014. Landmark Fracking Study Finds No Water Pollution. Associated Press web：http：//bigstory.ap.org/article/landmark-fracking-study-finds-no-water-pollution（last accessed 02.10.14.）.

ARI, 2011, 2013. Advanced Resources International web：http：//www.adv-res.com/（last accessed 01.12.14.）.

Aviles, I., Baihly, J., Liu, G.H., 2013. Multistage stimulation in liquid-rich unconventional formations. Oilfield Review 25（2）, 26-33.

Baihly, et al., 2010. Unlocking the Shale Mystery：How Lateral Measurements and Well Placement Impact Completions and Resultant Production. Paper SPE 138427 presented at the SPE Annual Technical Conference and Exhibition.

Balashov, V.N., Engelder, T., Gu, X., Fantle, M.S., Brantley, S.L., 2015. A model describing flowback chemistry changes with time after Marcellus Shale hydraulic fracturing. AAPG Bulletin 99（1）, 143-154.

Bowers, G., 1995. Pore pressure estimation from velocity data：accounting for overpressure mechanism besides undercompaction. SPE Drilling and Completion 10（2）, 89–95.

Bowker, K.A., 2003. Recent developments of the Barnett shale play, Fort Worth Basin. West Texas Geological Society Billetin 42（6）, 4–11.

Boyer, C., et al., 2006. Producing gas from its source. Oilfield Review 1（3）, 36–49.

Britt, L.K., et al., 2006. Waterfracs：We Do Need Proppant after All. Paper SPE 102227 presented at the SPE Annual Technical Conference and Exhibition, 24–27 September, San Antonio, Texas, USA.

Britt, L.K., Schoeffler, J., October 4–7, 2009. The Geomechanics of a Shale Play. Paper SPE 125525 presented at the SPE Annual Technical Conference and Exhibition, New Orleans, LA, USA.

Busetti, S., Jiao, W., Reches, Z., 2014. Geomechanics of hydraulic fracturing microseismicity：Part 1. Shear, hybrid, and tensile events. AAPG Billetin 98（11）, 2439–2457.

Bust, V.K., Majid, A.A., Oletu, J.U., Worthington, P.F., 2011. The Petrophysics of Shale Gas Reservoirs：Technical Challenges and Pragmatic Solutions. IPTC 14631, IPTC held in Bangkok Thailand, February 7–9, 2012.

Bustin, R.M., et al., 2008. Impact of Shale Properties on Pore Structure and Storage Characteristics. SPE 119892, presented at the SPE Shale Gas Production Conference, Ft. Worth, TX, USA, 16–18 November.

CCST, 2014. Advanced Well Stimulation Technologies in California, California Council on Science and Technology Report. Lawrence Berkeley National Laboratory Pacific Institute, p. 32.

Charsky, A., Herron, S., 2013. Accurate, Direct Total Organic Carbon（TOC）Log from a New Advanced Geochemical Spectroscopy Tool：Comparison with Conventional Approaches for TOC Estimation. AAPG Search & Discovery. #41162.

Cheng, Y., October 4–7, 2009. Boundary Element Analysis of the Stress Distribution aroundMultiple Fractures. Paper SPE 125769 presented at the SPE Annual Technical Conference and Exhibition, New Orleans, LA, USA.

Chong, K.K., Grieser, B., Jaripatke, O., Passman, A., 2010. A Completion Roadmap to Shale–Play Development. SPE 130369, presented at the CPS/SPE International Oil & Gas Conference and Exhibition in China, Beijing, China, 8–10 June.

Chopra, S., Lines, L., Schmitt, D.R., Batzle, M., 2010. Heavy–oil reservoirs：their characterization and production. In：Heavy Oils：Reservoir Characterization and Production Monitoring, Society of Exploration Geophysicists, Geophysical Developments, vol. 13, pp. 1–69.

Chuprakov, D.A., Prioul, R., 2015. Hydraulic Fracture Height Containment by Weak Horizontal Interfaces. Society of Petroleum Engineers. http：//dx.doi.org/10.2118/173337–MS.

Cipolla, C., et al., February 7–9, 2012. Appraising Unconventional Resource Plays：Separating Reservoir Quality from Completion Quality. IPTC 14677, International Petroleum Technology Conference, Bangkok, Thailand.

Cipolla, C.L., Fitzpatrick, T., Williams, M.J., Ganguly, U.K., 2011. Seismic–to–Simulation for Unconventional Reservoir Development. Society of Petroleum Engineers. http：//dx.doi.org/10.2118/146876–MS.

Cipolla, C.L., Lolon, E., Dzubin, B.A., October 4–7, 2009. Evaluating Stimulation Effectiveness in Unconventional Gas Reservoirs. Paper SPE 124843 presented at the SPE Annual Technical Conference and Exhibition, New Orleans, LA, USA.

Cipolla, C.L., September 2009. Modeling Production and Evaluating Fracture Performance in Unconventional Gas Reservoir. Paper SPE 118536, Distinguished Author Series, Journal of Petroleum Technology.

Cipolla, C.L., Warpinski, N.R., Mayerhofer, M.J., October 20–22, 2008. Hydraulic Fracture Complexity : Diagnosis, Remediation, and Exploitation. Paper SPE 115771 presented at the SPE Asia Pacific Oil and Gas Conference and Exhibition, Perth, Australia.

Copeland, D.M., Lin, A., August 25–27, 2014. A Unified Leakoff and Flowback Model for Fractured Reservoirs. Paper URTeC 1918356 presented at the URTeC, Denver, Colorado, USA.

Crafton, J.W., Gunderson, D., November 11–14, 2007. Stimulation Flowback Management : Keeping a Good Completion Good. Paper SPE 110851 presented at the SPE Annual Technical Conference and Exhibition, Anaheim CA, USA.

Curry, M., et al., 20–22 September 2010. Less Sand May Not Be Enough. Paper SPE 131783 presented at the SPE Annual Technical Conference and Exhibition, Florence Italy.

Daily Telegraph, 2013. http : //www.telegraph.co.uk (last accessed 10.10.14.)

Daneshy, A.A., 2011. Hydraulic Fracturing of Horizontal Wells : Issues and Insights. Society of Petroleum Engineers. http : //dx.doi.org/10.2118/140134–MS.

Daniels, J., et al., October 12–14, 2007. Contacting More of the Barnett Shale through an Integration of Real-Time Microseismic Monitoring, Petrophysics, and Hydraulic Fracture Design. Paper SPE 110562 presented at the SPE ATCE Conference, Anaheim, California, USA.

Darbe, R.P., Ravi, K., 2010. Cement Considerations for Tight Gas Completions. Paper SPE 132086 presented at the SPE Deep Gas Conference and Exhibition, 24–26 January, Manama, Bahrain.

Dembicki, H., 2009. Three common source rock evaluation errors made by geologists during Prospect or play appraisals. AAPG Bulletin 93 (3), 341–356.

D'Huteau, E., et al., 2011. Open–channel fracturingda fast track to production. Oilfield Review 23 (3), 4–17.

DOE, 2009. Modern Shale Gas Development in the United States : A Primer. Groundwater Protection Council and All Consulting. DOE Report, DE–FG26–04NT15455.

Du, C., et al., June 8–10, 2010. Modeling Hydraulic Fracturing Induced Fracture Networks in Shale Gas Reservoirs as a Dual Porosity System. Paper SPE 132180 presented at the CPS/SPE International Oil & Gas Conference and Exhibition, Beijing, China.

Du, C., et al., 2011. An integrated modeling workflow for shale gas reservoirs. In : Ma, Y.Z., LaPointe, P. (Eds.), Uncertainty Analysis and Reservoir Modeling, AAPG Memoir 96.

Dusseault, M.B., 2001. Comparing venezuelan and Canadian heavy oil and tar sands. In : Proceedings of Petroleum Society's Canadian International Petroleum Conference 2001–061.

EIA, 2011, 2013, 2014. Technically Recoverable Shale Oil and Shale Gas Resources : An Assessment of 137 Shale Formations in 41 Countries outside the United States. US Energy Information Administration, Department of Energy (2013), web : www.eia.gov (last accessed 06.09.14.).

Ermila, M., Eusters, A., Mokhtari, M., 2013. Improving Cement Placement in HorizontalWells of Unconventional Reservoirs Using Magneto–Rheological Fluids. Paper SPE 168904 presented at the Unconventional Resources Technology Conference, 12–14 August, Denver, Colorado, USA.

Eslinger, E., Pevear, D., 1988. Clay minerals for petroleum Geologists and engineers. SEPM Short Course 22.

Eslinger, E., Everett, R.V., 2012. Petrophysics in gas shales. In : Breyer, J.A. (Ed.), Shale Reservoirs-Giant Resources for the 21st Century : AAPG Memoir 97, pp. 419-451.

Evenick, J.C., August 2013. Not All Source Rocks Are Source Rock Plays : Screening Quality from Quantity. Paper URTeC 1581891 presented at the URTeC, Denver, Colorado, USA.

Ezulike, O., Dehghanpour, H., August 25-27, 2014. AWorkflow for Flowback Data Analysisdcreating Value out of Chaos. Paper URTeC 1922047 presented at the URTeC, Denver, Colorado, USA.

Fisher, M.K., et al., September 29-October 2, 2002. Integrating Fracture Mapping Technology to Optimize Stimulations in the Barnett Shale. Paper SPE 77441 presented at the SPE ATCE Conference, San Antonio, Texas, USA.

Frantz, J.H., et al., October 9-12, 2005. Evaluating Barnett Shale Production Performance Using an Integrated Approach. Paper SPE 96917 presented at the SPE ATCE Conference, Dallas, Texas, USA.

Gale, J., Reed, R., Holder, J., 2007. Natural fractures in the barnett shale and their importance for hydraulic fracture treatments. AAPG Bulletin 91 (4), 603-622.

Gao, C., Du, C., October 2012. Evaluating the Impact of Fracture Proppant Tonnage on Well Performances in Eagle Ford Play Using the Data of Last 3-4 Years. Paper SPE 160655 presented at the SPE Annual Technical Conference and Exhibition, San Antonio TX, USA.

Gao, C., Gao, H., September 30-October 2, 2013. Evaluating Early-Time Eagle Ford Well Performance Using Multivariate Adaptive Regression Splines (MARS). Paper SPE 166462 presented at the SPE Annual Technical Conference and Exhibition, New Orleans, LA, USA.

Gibbons, L., 2008. Nature t Nurture > 100%. The American Journal of Clinical Nutrition 87 (6), 1968.

Gillard, M.R., Medvedev, O.O., Hosein, P.R., Medvedev, A., Peñacorada, F., d'Huteau, E., 2010. A New Approach to Generating Fracture Conductivity. Society of Petroleum Engineers. http : //dx.doi. org/10.2118/135034-MS.

Glaser, et al., 2013. Seeking the sweet spot : reservoir and completion quality in organic shales. Oilfield Review 25 (4), 16-29.

Gonzalez, J., Lewis, R., Hemingway, J., Grau, J., Rylander, E., Pirie, I., August 2013. Determination of Formation Organic Carbon Content Using a New Neutron-induced Gamma Ray Spectroscopy Service that Directly Measures Carbon. Paper URTeC 1576810 presented at the URTeC, Denver, Colorado, USA.

Grau, J., et al., October 18-22, 2010. Organic carbon content of the Green river oil shale from nuclear Spectroscopy logs. In : Proceedings of 30th Oil Shale Symposium. Colorado School of Mines, Golden, Colorado, USA.

Greff, K., Greenbauer, S., Huebinger, K., Goldfaden, B., August 2014. The Long-term Economic Value of Curable Resin-coated Proppant Tail-in to Prevent Flowback and Reduce Workover Cost. Paper URTeC 1922860, presented at the URTeC, Denver, Colorado, USA, 25-27.

Guo, Q., Ji, L., Rajabov, V., Friedheim, J., October 22-24, 2012. Marcellus and Haynesville Drilling Data : Analysis and Lessons Learned. Paper SPE 158894, presented at the SPE Asia Pacific Oil and Gas Conference and Exhibition held in Peth, Australia.

Gupta, D.V.S., Hlidek, B.T., February 2010. Frac-fluid recycling and water conservation. SPE Production and Operations 65-69. http : //dx.doi.org/10.2118/119478-PA.

Han, H., Higgins-Borchardt, S., Mata, D., Gonzales, V., 2014. In-situ and Induced Stresses in the Development of Unconventional Resources. SPE 171627.

Herron, et al., August 25-27, 2014. Clay Typing, Mineralogy, Kerogen Content and Kerogen Characterization from DRIFTS Analysis of Cuttings or Core. Paper URTeC 1922653 presented at the URTeC, Denver, Colorado, USA.

Higgins-Borchardt, S., Sitchler, J., Bratton, T., 2015. Geomechanics for unconventional reservoirs. In : Ma, Y.Z., Holditch, S., Royer, J.J. (Eds.), Unconventional Resource Handbook : Evaluation and Development. Elsevier.

Holditch, S.A., December 1999. Factors affecting water blocking and gas flow from a hydraulic fractured gas well. Journel of Petroleum Technology.

Holditch, S.A., 2013. Unconventional oil and gas resource developmentdLet's do it right. Journal of Unconventional Oil and Gas Resources 1-2, 2-8.

Hryb, D., et al., 2014. Unlocking the True Potential of the Vaca Muertta Shale via an Integrated Completion Optimization Approach. SPE. Paper 170580.

Huang, J., et al., August 25-27, 2014. Natural-Hydraulic Fracture Interaction. Paper URTeC 1921503, presented at the URTeC, Denver, Colorado, USA.

Ilseng, J.R., et al., 2005. Should Horizontal Sections Be Cemented and How to Maximize Value ? Paper SPE 94288 presented at the SPE Production Operations Symposium, 16-19 April, Oklahoma City, Oklahoma, USA.

Jarvie, D.M., 1991. In : Merrill, R.K. (Ed.), Total Organic Carbon (TOC) Analysis. AAPG Treatise of Petroleum Geology, pp. 113-118.

Jarvie, D.M., Hill, R.J., Ruble, T.E., Pollastro, R.M., 2007. Unconventional shale-gas systems : the Mississippian Barnett Shale of North-Central Texas as one model for thermogenic shale-gas assessment. AAPG Bulletin 91, 475-499.

Jin, C.J., Sierra, L., Mayerhofer, M., August 2013. A Production Optimization Approach to Completion and Fracture Spacing Optimization for Unconventional Shale Oil Exploitation. Paper URTeC 1581809 presented at the URTeC, Denver, Colorado, USA.

Jochen, V., et al., 2011. Production Data Analysis : Unraveling Rock Properties and Completion Parameters. Paper SPE 147535 presented at Calgary, AB, Canada.

Jacob, T., 2015. Changing the equation : refracturing shale oil wells. JPT 2015 (4), 40-44.

Joshi, G.K., et al., January 26-28, 2015. Direct TOC Quantification in unconventional Kerogen-rich Shale Resource Play from Elemental Spectroscopy Measurements : A Case Study from North Kuwait. Paper SPE-172975, presented at SPE Middle East Unconventional Resources Conference and Exhibition.

Kang, et al., 2015. Coalbed methane developmentdan example from Qinshui basin, China. In : Ma, Y.Z., Holditch, S., Royer, J.J. (Eds.), Unconventional Resource Handbook : Evaluation and Development. Elsevier.

Kaufman, P.B., Penny, G.S., Paktinat, J., January 1, 2008. Critical Evaluation of Additives Used in Shale Slickwater Fracs. Society of Petroleum Engineers. http : //dx.doi.org/10.2118/119900-MS.

Kerr, R.A., 2010. Natural gas from shale bursts onto the Scene. Science 328, 1624-1626.

Ketter, A.A., et al., September 24–27, 2006. A Field Study Optimizing Completion Strategies for Fracture Initiation in Barnett Shale Horizontal Wells. Paper SPE 103232 presented at the SPE ATCE Conference, San Antonio, Texas, USA.

King, G.E., September 19–22, 2010. Thirty Years of Gas Shale Fracturing. Paper SPE 133456 presented at the SPE Annual Technique and Exhibition, Florence, Italy.

King, G.E., February 6–8, 2012. Hydraulic fracturing 101: What Every Representative, Environmentalist, Regulator, Reporter, Investor, University Researcher, Neighbor, and Engineer Should Know about Estimating Frac Risk and Improving Performance in Unconventional Gas and Oil Wells. Paper SPE 152596 presented at the SPE Hydraulic Fracturing Technology Conference held in The Woodlands, TX USA.

King, G.E., 2014. 60 Years of Multi-Fractured Vertical, Deviated and Horizontal Wells: What HaveWe Learned? Paper SPE 17095 presented at the SPE Annual Technical Conference and Exhibition, 27–29 October, Amsterdam, The Netherlands.

Kok, J., et al., Nov. 2010. The Significance of Accurate Well Placement in Shale Gas Plays. Paper SPE 138438 Presented at the SPE Tight Gas Completions Conference, San Antonio, TX, USA 2–3.

Kraemer, C., et al., April 1–3, 2014. A Novel Completion Method for Sequenced Fracturing in the Eagle Ford Shale. Paper SPE 169010 presented at the SPE Unconventional Resources Conference, Held in The Woodlands, TX, USA.

Kuuskraa, V., Stevens, S., Van Leeuwen, T., Moodhe, K., 2011. World Shale Gas Resources: An Initial Assessment of 14 Regions outside the United States. Advanced Resources International, Inc. Prepared for US Energy Information Administration, Washington, DC.

Kuuskraa, V., Stevens, S., Van Leeuwen, T., Moodhe, K., 2013. World Shale Gas Resources: An Initial Assessment of 14 Regions outside the United States. Advanced Resources International, Inc. Prepared for US Energy Information Administration, Washington, DC.

Lane, A., Peterson, R., August 25–27, 2014. Evaluation Tool for Wastewater Treatment Technologies for Shale Gas Operations in Ohio. Paper URTeC 1922494, presented at the URTeC, Denver, Colorado, USA.

Lane, W., Chokshi, R., August 25–27, 2014. Considerations for Optimizing Artificial Lift in Unconventionals. Paper URTeC 1921823, presented at the URTeC, Denver, Colorado, USA.

Langford, E., Schwertman, N., Owens, M., 2001. Is the property of being positively correlated transitive? American Statistician 55 (4), 322–325.

Law, B.E., Spencer, C.W., 1989. Geology of Tight Gas Reservoirs in Pinedale Anticline Area, Wyoming, and Multiwell Experiment Site, Colorado. US Geologic Survey Bulletin 1886.

Law, B.E., 2002. Basin-centered gas systems. AAPG Bulletin 86 (11), 1891–1919.

Law, et al., 1986. Geologic characterization of low permeability gas reservoirs in selected wells, Greater Green River Basin, Wyoming, Colorado, and Utah. Geology of Tight Gas Reservoirs, AAPG Studies in Geology 24, 253–269.

Le Calvez, J.H., et al., October 11–13, 2006. Using Induced Microseismicity to Monitor Hydraulic Fracture Treatment: A Tool to Improve Completion Techniques and Reservoir Management. Paper SPE 104570 presented at the SPE Eastern Regional Meeting, Canton, Ohio, USA.

LeFever, J.A., Martiniuk, C.D., Dancsok, D.F.R., Mahnic, P.A., 1991. Petroleum potential of the middle member, Bakken Formation, Williston Basin, Saskatchewan Geological Society. Special Publication 6 (11), 74–94.

Li, Y., Tang, D., Xu, H., Elsworth, D., Meng, Y., 2015. Gelogical and hydrological controls on water coproduced with coalbed methane in Liulin, eastern Ordos basin, China. AAPG Bulletin 99 (2), 207–229.

Li, Y., et al., 2013. Experimental investigation of quantum Simpson's paradox. Physics Review A 88 (1), 015804.

Loucks, R.G., et al., 2012. Spectrum of pore types and networks in Mudrocks and a Descriptive Classification for matrix-related Mudrock pores. AAPG Bulletin 96 (6), 1071–1098.

Lu, J., Ruppel, S.C., Rowe, H.D., 2015. Organic matter pores and oil generation in the Tuscaloosa marine shale. AAPG Bulletin 99 (2), 333–357.

Lubinski, D., Humphreys, L.G., 1996. Seeing the forest from the trees : when predicting the behavior or status of groups, correlate means. Psychology, Public Policy, and Law 2, 363–376.

Luffel, D.L., Guidry, F.K., Curtis, J.B., 1992. Evaluation of Devonian Shale with New Core and Log Analysis Methods. SPE, 21297, JPT, 1192–1197.

Lutz, B.D., Lewis, A.N., Doyle, M.W., 2013. Generation, transport, and disposal of wastewater associated with Marcellus hale gas development. Water Resources Research 49 (2), 647–656.

Ma, J., 2015. Pore-scale characterization of gas flow properties of shales by digital core analysis. In : Ma, Y.Z., Holditch, S., Royer, J.J. (Eds.), Unconventional Resource Handbook : Evaluation and Development. Elsevier.

Ma, Y.Z., et al., April 2014. Identifying hydrocarbon zones in unconventional formations by Discerning Simpson's paradox. Paper SPE 169496 presented at the SPE Western and Rocky Regional Conference.

Ma, Y.Z., et al., 2015. Lithofacies and Rock Type Classifications using wireline logs for shale and tight-carbonate reservoirs. In : Ma, Y.Z., Holditch, S., Royer, J.J. (Eds.), Unconventional Resource Handbook : Evaluation and Development. Elsevier.

Ma, Y.Z., et al., 2011. Integrated reservoir modeling of a Pinedale tight-gas reservoir in the greater Green river Basin, Wyoming. In : Ma, Y.Z., LaPointe, P. (Eds.), Uncertainty Analysis and Reservoir Modeling, AAPG Memoir 96, pp. 89–106.

Ma, Y.Z., 2010. Error types in reservoir characterization and management. Journal of Petroleum Science and Engineering 72, 290–301.

Ma, Y.Z., 2011. Uncertainty analysis in reservoir characterization and management. In : Ma, Y.Z., LaPointe, P. (Eds.), Uncertainty Analysis and Reservoir Modeling, AAPG Memoir 96.

Ma, Y.Z., 2009. Simpson's paradox in natural resource evaluation. Mathematical Geosciences 41 (2), 193–213.

Ma, Y.Z., Zhang, Y., 2014. Resolution of Happiness-Income paradox. Social Indicators Research 119 (2), 705–721. http : //dx.doi.org/10.1007/s11205-013-0502-9.

Malayalam, A., et al., August 25–27, 2014. Multi-disciplinary Integration for Lateral Length, Staging and Well Spacing Optimization in Unconventional Reservoirs. Paper URTeC 1922270, presented at the URTeC, Denver, Colorado, USA.

Manchanda, R., Sharma, M.M., 2014. Impact of Completion Design on Fracture Complexity in Horizontal Shale Wells. Society of Petroleum Engineers. http : //dx.doi.org/10.2118/159899-PA.

Masters, J.A., 1979. Deep basin gas trap, Western Canada. AAPG Bull 63 (2), 152.

Mata, D., et al., 1–3 April, 2014. Modeling the Influence of Pressure Depletion in Fracture Propagation and Quantifying the Impact of Asymmetric Fracture Wings in Ultimate Recovery. Paper SPE 169003 presented at the SPE Unconventional Resources Conference, The Woodlands, Texas, USA.

Mata, D., Zhou, W., Ma, Y.Z., Gonzalez, V., 2015. Hydraulic Fracture Treatment, Optimization and Production Modeling. In : Ma, Y.Z., Holditch, S. (Eds.), Unconventional Resource Handbook : Evaluation and Development. Elsevier, 2015.

Maugeri, L., 2013. The shale oil Boom : a US phenomenon, discussion Paper 2013–05 and report of Geopolitics of energy project. Harvard Kennedy School 66.

Maxwell, S.C., Pope, T.L., Cipolla, C.L., Mack, M.G., Trimbitasu, L., Norton, M., Leonard, J.A., 2011. Understanding Hydraulic Fracture Variability through Integrating Microseismicity and Seismic Reservoir Characterization. Society of Petroleum Engineers. http : //dx.doi.org/10.2118/144207–MS.

Maxwell, S.C., Cipolla, C.L., 2011. What Does Microseismicity Tell Us about Hydraulic Fracturing ? Society of Petroleum Engineers. http : //dx.doi.org/10.2118/146932–MS.

Mayerhofer, M.J., et al., November 16–18, 2008. What is Stimulated Reservoir Volume ? Paper SPE 119890 presented at the SPE Shale Gas Production Conference, Fort Worth, Texas, USA.

McDonald, M.J., January 1, 2012. A Novel Potassium Silicate for Use in Drilling Fluids Targeting Unconventional Hydrocarbons. Society of Petroleum Engineers. http : //dx.doi.org/10.2118/162180–MS.

McKenna, J.P., August 25–27, 2014. Where Did the Proppant Go ? Paper URTeC 1922843 presented at the URTeC, Denver, Colorado, USA.

Meckel, L.D., Thomasson, M.R., 2008. Pervasive tight–gas sandstone reservoirs : an overview. In : Cumella, S.P., Shanley, K.W., Camp, W.K. (Eds.), Understanding, Exploring, and Developing Tight–gas Sands, AAPG Hedberg Series 3, pp. 13–27 (Tulsa, OK) .

Miller, C., Waters, G., Rylander, E., June 14–16, 2011. Evaluation of Production Log Data from Horizontal wells Drilled in Organic Shales. Paper SPE 144326 presented at the SPE Americas Unconventional Conference, The Woodlands, Texas, USA.

Momper, J.A., 1979. Generation of abnormal pressures through organic matter transformations. AAPG Bulletin 63 (8), 1424.

Montgomery, C., 2013. Fracturing fluids. In : Bunger, A.P., McLennan, J., Jeffrey, R. (Eds.), Effective and Sustainable Hydraulic Fracturing. INTECH, pp. 3–24.

Moore, L.P., Ramakrishnan, H., 2006. Restimulation : Candidate Selection Methodologies and Treatment Optimization. Society of Petroleum Engineers. http : //dx.doi.org/10.2118/102681–MS.

Morrill, J.C., Miskimins, J.L., 2012. Optimizing Hydraulic Fracture Spacing in Unconventional Shales. http : //dx.doi.org/10.2118/152595–MS. Paper SPE 152595.

Munoz, A.V., Asadi, M., Woodroof, R.A., Morals, R., May 31–June 3, 2009. Long–term Post–Frac Performance Analysis Using Chemical Frac–Tracer. Paper SPE 121380 presented at the SPE Latin American and Caribean Petroleum Engineering Conference, Cartagena, Colombia.

Mutalik, P.N., Gilbson, R.W., 2008. Case History of Sequential and Simultaneous Fracturing of the Barnett Shale in Parker County. Paper SPE 116124 presented at the SPE Annual Technical Conference and Exhibition,

21-24 September, Denver, Colorado, USA.

Nelson, S.G., Huff, C.D., April 4-8, 2009. Horizontal Woodford Shale completion cementing practices in the Arkoma Basin, Southeast Oklahoma : A case history. Paper SPE 12074, presented at the SPE Production and Operations Symposium, Oklahoma City, OK, USA.

Newsham, K.E., Rushing, J.A., Chaouche, A., Bennion, D.B., 2002. Laboratory and Field Observations of an Apparent Sub Capillary-Equilibrium Water Saturation Distribution in a Tight Gas Sand Reservoir. SPE paper 75710, presented at the SPE Gas Technology Symposium, 5-8 April, Calgary, Alberta, Canada.

NPC, September 2011. Prudent Development : Realizing the Potential of North America's Abundant Natural Gas and Oil Resources. A Report of National Petroleum Council, Washington D.C., p. 68.

Olsen, J.E., Wu, K.W., 2012. Sequential versus Simultaneous Multizone Fracturing in Horizontal Wells : Insights From a Non-Planar, Multifrac Numerical Model. Paper SPE 152602 presented at the SPE Hydraulic Fracturing Technology Conference, 6-8 February, The Woodlands, Texas, USA.

Olsen, T.N., Bratton, T.R., Thiercelin, M.J., 2009. Quantifying Proppant Transport for Complex Fractures in Unconventional Reservoirs. http : //dx.doi.org/10.2118/119300-MS. SPE paper 119300.

Palisch, T.T., Vincent, M.C., Handren, P.J., 2008. Slickwater Fracturing : Food for Thought. Paper SPE 115766 presented at the SPE Annual Technical Conference and Exhibition, 21-24 September, Denver, Colorado, USA.

Paris, M.G., 2012. Two quantum Simpson's Paradoxes. Journal of Physics A 45, 132001.

Parshall, J., 2008. Barnett shale showcases tight-gas development. Journal of Petroleum Technology 48-55.

Passey, et al., 1990. A practical model for organic Richness from porosity and resistivity logs. AAPG Bulletin 74(12).

Passey, Q.R., et al., June 8-10, 2010. From Oil-Prone Source Rock to Gas-Producing Shale ReservoirdGeologic and Petrophysical Characterization of Unconventional Shale-Gas Reservoirs. Paper SPE 131350 presented at the CPS/SPE International Oil and Gas Conference and Exhibition, Beijing, China.

Pavlock, C., Bratcher, J., Leotaud, L., Tennison, B., 2014. Unconventional Reservoirs : Proper Planning and New Theories Meet the Challenges of Horizontal Cementing. Paper SPE 167749 presented at the SPE/EAGE European Unconventional Resources Conference and Exhibition, 25-27 February, Vienna, Austria.

Pawlowsky-Glahn, V., Buccianti, A. (Eds.), 2011. Compositional Data Analysis : Theory and Applications. Wiley, p. 400p.

Pearl, J., 2014. Comment : understanding Simpson's paradox. The American Statistician 68 (1), 8-13.

Pearl, J., 2010. Causality : Models, Reasoning and Inference, second ed. Cambridge University Press.

Peters, K.E., 1986. Guidelines for evaluating petroleum source rock using Programmed Pyrolysis. AAPG Bulletin 70 (3), 318-329.

Peters, K.E., Xia, X., Pomerantz, D., Mullins, O., 2015. Geochemistry applied to evaluation of unconventional resources. In : Ma, Y.Z., Holditch, S., Royer, J.J. (Eds.), Unconventional Resource Handbook : Evaluation and Development. Elsevier.

Pilisi, N., Wei, Y., Holditch, S.A., 2010. Selecting Drilling Technologies and Methods for Tight Gas Sand Reservoirs. Society of Petroleum Engineers. http : //dx.doi.org/10.2118/128191-MS. Paper SPE 128191, presented at the 2010 IADC/SPE Drilling Conference in New Orleans, Louisiana, USA, 2-4 February.

Prud'homme, A., 2014. Hydrofracking : What Everyone Needs to Know. Oxford University Press, New York p.

184.

Ratner, M., Tiemann, M., 2014. An overview of unconventional oil and natural gas. Congress Research Service 7–5700, R43148.

Reig, P., Luo, T., Proctor, J.N., 2014. Global Shale Gas Development : Water Availability and Business Risks. World Resources Institute Report（last accessed 09.10.14.）. www.WRI.org.

Rickman, R., Mullen, M., Petre, E., Grieser, B., Kundert, D., September 21–24, 2008. A Practical Use of Shale Petrophysics for Stimulation Design Optimization. Paper SPE 115258 presented at the SPE Annual Technical Conference, Denver, CO, USA.

RigData, 2014. http : //www.rigdata.com/index.aspx（last accessed 28.11.14.）.

Robinson, W., 1950. Ecological correlation and behaviors of individuals. American Sociological Review 15（3）, 351–357. http : //dx.doi.org/10.2307/2087176.

Rogner, H.H., 1997. An assessment of world hydrocarbon resources. Annual Review of Energy and the Environment 22, 217–262.

Roussel, N.P., Manchanda, R., Sharma, M.M., 2012. Implications of Fracturing Pressure Data Recorded during a Horizontal Completion on Stage Spacing Design. SPE paper 152631 presented at the SPE Hydraulic Fracturing Technology Conference, 6–8 February, The Woodlands, Texas, USA.

Rushing, J.A., Newsham, K.E., Blasingame, T.A., 2008. Rock TypingdKeys to Understanding Productivity in Tight Gas Sands. Paper SPE 114164 presented at the SPE.

Salter, R., Meisenhelder, J., Bryant, I., Wagner, C., August 25–27, 2014. An Exploration Workflow to Improve Success Rate in Prospecting Unconventional Emerging Plays. Paper URTeC 193507, presented at the URTeC, Denver, Colorado, USA.

Sanaei, A., Jamili, A., August 25–27, 2014. Optimum Fracture Spacing in the Eagle Ford Gas Condensate Window. Paper URTeC 1922964 presented at the URTeC, Denver, Colorado, USA.

Saraji, S., Piri, M., August 25–27, 2014. High–Resolution Three–dimensional Resolution Three–dimensional Characterization of Pore Networks in Shale Reservoir Rocks. URTeC paper 1870621, presented at the URTeC, Denver, Colorado, USA.

Sayers, C., 2006. An introduction to velocity–based pore–pressure estimation. The Leading Edge 25（12）, 1496–1500.

Sayers, C.M., Le Calvez, J., 2010. Characterization of microseismic data in gas shales using the radius of gyration tensor, 80th SEG Annual Meeting. Expanded Abstracts 29（1）, 2080–2084.

Schiltz, K., Gray, D., et al., 2015. Monitoring and predicting steam chamber development in a bitumen field : a seismic study of the Long Lake SAGD project. In : Ma, Y.Z., Holditch, S., Royer, J.–J.（Eds.）, Unconventional Resource Handbook. Elsevier.

Schuenemeyer, J., Gautier, D., August 25–27, 2014. Probabilistic Resource Costs of Continuous Oil Resources in the Bakken and Three Forks Formations, North Dakota and Montana. Paper URTeC 1929983, presented at the URTeC, Denver, Colorado, USA.

Shanley, K.W., 2004. Fluvial reservoir description for a Giant low–permeability gas field, Jonah field, Green River Basin, Wyoming. In : Jonah Field : Case Study of a Tight–Gas Fluvial Reservoir, AAPG Studies in Geology 52, pp. 159–182.

Sieminski, A., June 16, 2014. In : US Oil and Natural Gas Outlook," IAEE International Conference, New York web link : http : //www.eia.gov/pressroom/presentations/sieminski_06162014.pdf.

Simpson, E.H., 1951. The interpretation of interaction in Contingency tables. Journal of the Royal Statistical Society, Series B 13, 238–241.

Slatt, R.M., Singh, P., Philp, R.P., Marfurt, K.J., Abousleiman, Y., O'Brien, N.R., 2008.Workflow for stratigraphic characterization of unconventional gas shales. In : SPE 119891, SPE Sahel Gas Production Conference, Fort Worth, TX, USA, 16–18 November.

Slatt, R., et al., August 25–27, 2014. Sequence Stratigraphy, Geomechanics, Microseismicity, and Geochemistry Relationships in Unconventional Resource Shales. Paper URTeC 1934195, presented at the URTeC, Denver, Colorado, USA.

Smart, K.J., Ofoegbu, G.I., Morris, A.P., McGinnis, R.N., Ferrill, D.A., 2014. Geomechanical modeling of hydraulic fracturing : why mechanical stratigraphy, stress state, and pre–existing structure matter. AAPG Bulletin 98 (11), 2237–2361.

Sondergeld, et al., 2010. Petrophysical Considerations in Evaluating and Producing Shale Gas Resources. SPE 131768, presented at the 2010 SPE Unconventional Gas Conference, Pittsburgh, PA, USA, 23–25 February.

Spencer, C.W., 1989. Review of characteristics of low–permeability gas reservoirs in western United States. AAPG Bulletin 73, 613–629.

Stephens, M., He, W., Freeman, M., Sartor, G., August 12, 2013. Drilling Fluids : Tackling Drilling, Production, Wellbore Stability, and Formation Evaluation Issues in Unconventional Resource Development. Society of Petroleum Engineers. http : //dx.doi.org/10.1190/URTEC2013–105.

Suarez–Rivera, R., Deenadayalu, C., Chertov, M., Hartanto, R.N., Gathogo, P., Kunjir, R., 2011. Improving Horizontal Completions on Heterogeneous Tight–shales. Society of Petroleum Engineers. http : // dx.doi.org/10.2118/146998–MS.

Suarez–Rivera, R., et al., 2013. Development of a heterogeneous earth model in unconventional reservoirs, for early assessment of reservoir potential. ARMA 13–667.

Sullivan, R., Woodroof, R., Steinberger–Glaser, A., Fielder, R., Asadi, M., 2004. Optimizing Fracturing Fluid Cleanup in the Bossier Sand Using Chemical Frac Tracers and Aggressive Gel Breaker Deployment. Society of Petroleum Engineers. http : //dx.doi.org/10.2118/90030–MS.

Taylor, T.L., August 25–27, 2014. Demonstrating Social Responsibility in Water Management. Paper URTeC 1922591, presented at the URTeC, Denver, Colorado, USA.

Teodoriu, C., 2012. Selection Criteria for Tubular Connection used for Shale and Tight Gas Applications. Paper SPE 153110 presented at the SPE/EAGE European Unconventional Resources Conference and Exhibition, 20–22 March, Vienna, Austria.

Theloy, C., Sonnenberg, S.A., August 2013. Integrating Geology and engineering : implications for Production in the Bakken Play, Williston Basin. Paper URTeC 1596247 presented at the Unconventional Resources Technology Conference, Denver, CO, USA.

Tissot, B.P., Welte, D.H., 1984. Petroleum Formation and Occurrence. Springer–Verlag, Berlin, Germany.

Tollefsen, E.M., et al., 2010. Unlocking the Secrets for Viable and Sustainable Shale Gas Development. Paper SPE 139007 presented at the SPE Eastern Regional Meeting, 13–15 October, Morgantown, West Virginia,

USA.

Vengosh, A., et al., 2014. A critical Review of the risks to water resources from unconventional shale Gas development and hydraulic fracturing in the United States. Environmental Science and Technology 48, 8334–8343.

Vernik, L., Chi, S., Khadeeva, Y., 2012. In : Rock Physics of Organic Shale and Its Applications : Society of Exploration Geophysicists (SEG) Annual Meeting, 4–9 November. Las Vegas, SEG–2012–0184.

Vincent, M.C., 2013. Five things you didn't want to know about hydraulic fractures. In : Bunger, A.P., McLennan, J., Jeffrey, R. (Eds.), Effective and Sustainable Hydraulic Fracturing. INTECH, pp. 81–93.

Vincent, M.C., October 30–November 2, 2011. Optimizing Transverse Fractures in Liquid–Rich Formations. Paper SPE 146376, SPE Annual Technical Conference and Exhibition, Denver, CO.

Vincent, M.C., 2010. Restimulation of Unconventional Reservoirs : When Are Refracs Beneficial ? Society of Petroleum Engineers. http : //dx.doi.org/10.2118/136757–MS. Paper SPE 136757.

Viswanathan, A., Watkins, H.H., Reese, J., Corman, A., Sinosic, B.V., 2014. Sequenced Fracture Treatment Diversion Enhances Horizontal Well Completions in the Eagle Ford Shale. Society of Petroleum Engineers. http : //dx.doi.org/10.2118/171660–MS.

Wang, F.P., Gale, J.F., 2009. Screening Criteria for Shale–Gas systems. Gulf Coast Association of Geological Society Transactions 59, 779–793.

Warpinski, N., 2009. Microseismic Monitoring : Inside and Out. Society of Petroleum Engineers. http : //dx.doi. org/10.2118/118537–JPT. November issue 80–85.

Warpinski, N.R., Mayerhofer, M.J., Agarwal, K., Du, J., 2013. Hydraulic–fracture geomechanics and microseismic–source mechanism. Society of Petroleum Engineers Journal 766–780.

Warpinski, N.R., Mayerhofer, M.J., Davis, E.J., Holley, E.H., August 25–27, 2014. Integrating Fracture Diagnostics for Improved Microseismic Interpretation and Stimulation Modeling. Paper URTeC 1917906, presented at the URTeC, Denver, Colorado, USA.

Warpinski, N.R., et al., February 10–12, 2008. Stimulating Unconventional Reservoirs : Maximizing Network Growth while Optimizing Fracture Conductivity. Paper SPE 114173 presented at the SPE Unconventional Reservoirs Conference, Keystone, Colorado, USA.

Waters, G.A., Lewis, R.E., Bentley, D.C., October 30–November 2, 2011. The Effect of Mechanical Properties Anisotropy in the Generation of Hydraulic Fractures in Organic Shale. Paper SPE 146776 Presented at the SPE ATCE, Denver, Colorado, USA.

Waters, G., et al., January 19–21, 2009. Simultaneous Hydraulic Fracturing of Adjacent Horizontal Wells in the Woodford Shale. Paper SPE 119635 presented at the SPE Hydraulic Fracturing Technology Conference, The Woodlands, Texas, USA.

Weng, X., Cohen, C., Kresse, O., 2015. Impact of pre–existing natural fractures on hydraulic fracture stimulation. In : Ma, Y.Z., Holditch, S., Royer, J.–J. (Eds.), Unconventional Resource Handbook. Elsevier.

Wilber, T., 2012. Under the Surface. Cornell University Press, Ithaca, New York and London, England, 272 p.

Woodroof, R.A., Asadi, M., Warren, M.N., 2003. Monitoring Fracturing Fluid Flowback and Optimizing Fluid Cleanup Using Frack Tracers. Paper SPE 82221, presented at the SPE European Formation Damage

Conference, The Hague, The Netherlands, 13–14 May.

Wu, K., Olson, J.E., November 1, 2013. Investigation of the Impact of Fracture Spacing and Fluid Properties for Interfering Simultaneously or Sequentially Generated Hydraulic Fractures. Society of Petroleum Engineers. http : //dx.doi.org/10.2118/163821–PA.

Wutherich, K.D., Walker, K.J., 2012. Designing Completions in Horizontal Shale Gas WellsdPerforation Strategies. SPE 155485.

Xu, W., Le Calvez, J., Thiercelin, M., June 15–17, 2009. Characterization of Hydraulically Induced Fracture Network Using Treatment and Microseismic Data in a Tight–Gas Formation : A Geomechanical Approach. Paper SPE 125237 presented at the SPE Tight Gas Completions Conference, San Antonio, Texas, USA.

Young, S., Friedheim, J., March 20, 2013. In : Environmentally Friendly Drilling Fluids for Unconventional Shale. Offshore Mediterranean Conference.

Yu, W., Sepehrnoori, K., 25–27 August, 2014. Optimization of Well Spacing for Bakken Tight Oil Reservoirs. Paper URTeC 1922108, presented at the URTeC, Denver, Colorado, USA.

Zhang, J., Wieseneck, J., October 30–November 2, 2011. Challenges and Surprises of Abnormal Pore Pressure in Shale Gas Formations. Paper SPE 145964, Presented at the SPE Annual Technical Conference and Exhibition, Denver Colorado, USA.

Zhou, Q., Dilmore, R., Kleit, A., Wang, J.Y., August 25–27, 2014. Evaluating Gas Production Performance in Marcellus Using Data Mining Technologies. Paper URTeC 1920211, presented at the URTeC, Denver, Colorado, USA.

Zoback, M.D., 2007. Reservoir Geomechanics, sixth ed. Cambridge University Press.

Zuckerman, G., 2013. The Frackers. Penguin, New York, USA, p. 404.

第 2 章 全球可采非常规气资源评价

Zhenzhen Dong[1]，Stephen A. Holditch[2]，W. John Lee[3]

（ 1. *Schlumberger*，*College Station*，*TX*，*USA* ； 2. *Texas A&M University*，*College Station*，*TX*，*USA* ； 3. *University of Houston*，*Houston*，*TX*，*USA* ）

2.1 引言

随着全球常规石油储备达到峰值后开始下跌。天然气将在能源供应方面越来越重要。然而随着天然气用量的攀升，我们需要额外的供给。为增加天然气供给，需要开发那些在常规天然气资源开采过程中常常被忽视的非常规天然气资源。天然气的高价格和重大技术的突破使美国非常规天然气资源产量急剧增加，预计该趋势将继续扩大并席卷全球。

非常规天然气有三个主要供给来源——煤层气（CBM）、致密气和页岩气。可燃冰可作为未来的能源选择，现阶段距离成为潜在能源还很遥远，最主要原因是它们的位置和市场条件。可燃冰要么在北极、要么在深海，没有一个地方可以通过管道将天然气供应到市场。

煤层气（甲烷）主要吸附在煤表面，也可能有些游离气。煤层气是一种非常规天然气资源，因为它不依赖于"传统的"圈闭机制，如断层、背斜或地层圈闭。相反，煤层气吸附或附着于煤的分子结构中，是一种十分高效的存储机制，煤层气是常规天然气储量的7倍。

致密气，这个术语通常用来指生产干气的低渗透性储层。过去发现的低渗透性储层很多是砂岩，但低渗透性碳酸盐岩也可以生成大量天然气，本章主要讨论致密砂岩气的生成。对于致密气藏最好的定义是只有利用水力压裂、水平井或分支井才能获得商业性或经济性天然气的气藏（Holditch，2006）。

页岩气是指在富含有机物的细粒岩（烃源岩）中生成的天然气（主要是甲烷）。讨论页岩气时，烃源岩这个词不代表一个特定岩石类型。它描述的是细粒（小于砂）多于粗粒的岩石，如页岩（页理）和泥岩（没有页理）、粉砂岩、与页岩或泥岩互层的细砂岩和碳酸盐岩。气体通过三种方式在页岩中储存：（1）吸附气，吸附于有机质或黏土；（2）游离气，气体赋存在岩石的微小空间中（孔隙、孔隙度或微孔隙度）或岩石断裂中（断裂或裂隙）；（3）溶解气，是溶于其他液体，如沥青和石油。生成页岩气的岩石几乎都是没有完全排烃的烃源岩。事实上，"致密"或排烃"效率低"的烃源岩可能具有最好的勘探前景。

2.1.1　石油资源管理系统

"资源"和"储量"这两个过去已经常使用的词被继续用来描述不同种类矿物或油气的沉积。2007 年 3 月，石油工程师学会、美国石油地质学家协会、世界石油委员会、石油评估工程师协会共同发布 PRMS 作为石油和天然气储量和资源量分类的国际标准〔图 2.1（a）〕。在技术和经济层面上可采资源并没在系统中正式定义。

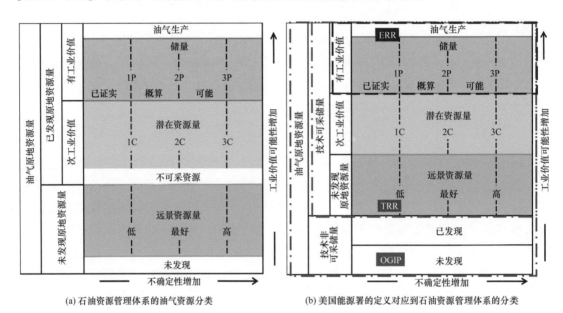

(a) 石油资源管理体系的油气资源分类　　　　　(b) 美国能源署的定义对应到石油资源管理体系的分类

图 2.1　流程图和通用的资源分类和储量级别（据 Dong 等，2013b）
ERR—商业可采储量；TRR—技术可采储量；OGIP—原始地质储量

2.1.2　能源信息署（EIA）系统分类

根据能源信息署（EIA）的意见（2010），技术上的可采资源量是现有技术下可采总资源量的一部分，"资源"代表一段特定时间里油气资源量的估算总量，包含了：（1）已发现资源量；（2）尚未发现的资源量（前景资源量）。经济可采资源量是那些技术上可开采而且可以市场获利的资源。需要重点注意的是，在经济方面不可采的资源，在未来的一段时间，当技术不再昂贵或企业通过开采资源获得利润时候，也会成为可采资源量。Dong 等（2013b）也认为技术可采储量（TRR）可以成为资源，将在 25 年内投入生产。

Dong 等（2013b）重新排列了 PRMS 中的类别，对技术上和经济上的估计可采资源进行了分类〔图 2.1（b）〕。商业资源，包括已生产量和储量，属于经济上的可采资源。技术可采资源是包括商业资源，远景资源和潜在资源在内总资源量的一部分。最终可采资源量（EUR）不是一个资源类别，而是包括那些已经生产出的在内的预计潜在石油可采量。

2.1.3　盆地类型和全球盆地分布

为了确定北美盆地类型的分布是否能够代表世界其他地方，Dong 等（2012）在本次研究中将 26 个北美盆地和 151 个存在巨大油气田的全球其他盆地进行了比较（Mann 等，2001；图 2.2），发现两者存在相似的盆地类型分布。例如，全球盆地中 53% 是前陆盆地，北美盆地 44% 是前陆盆地（图 2.2）。必须承认的是，这种方法不像完整的盆地对盆地一样的评价其盆地类型、储层、烃源岩和资源量具有说服力，因为在全球研究中做这种详细评估不切实际。

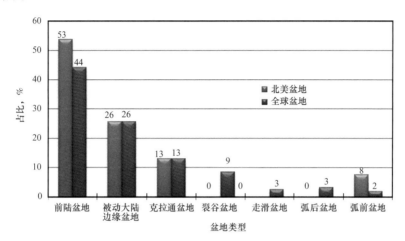

图 2.2　北美与全球盆地类型比较

2.1.4　蒙特卡罗概率法

由于在地质数据和工程数据中存在不确定性，因此，在利用这些数据的结果计算也同样存在不确定性。概率法在资源评价中需提供不确定性。模拟加上随机方法（如蒙特卡罗法）为各种各样的特征和生产条件下生产史预测提供了很好的途径。不确定性包括大量的模拟评估，在不确定的地质条件中抽样，确定工程参数和其他重要参数。在过去一段时间，不确定性是煤层气研究中一直在研究的课题。例如，Oudinot 等（2005）结合蒙特卡罗模型和裂缝型储层模型，即 COMET3，来评估煤层气储层中 EUR。

2.2　方法学

Dong 等（2012）首次在 7 个不同地区建立了非常规天然气（OGIP）的概率分布。他们利用资源三角形的概念，提出可以通过已知的常规油气储量体积来估计这片区域的非常规天然气。下面是他们对该地区非常规天然气的分布的假设评估：

（1）煤层气 OGIP 与该地区煤含量成正比。

$$煤层气\ OGIP = A \times 该地区煤量 \qquad (2.1)$$

A 代表了该地区煤层瓦斯平均含量。

（2）致密气 OGIP 与常规天然气 OGIP 成正比。

$$致密气\ OGIP = B \times 常规天然气\ OGIP \qquad (2.2)$$

B 根据北美洲原地的致密气和常规天然气的分布估算。

（3）煤层气和页岩气的 OGIP 总量与致密气和常规油气的 OGIP 总量成正比。

$$煤层气\ OGIP + 页岩气\ OGIP = C \times （致密气\ OGIP + 常规油\ OOIP + 常规气\ OGIP）$$

$$(2.3)$$

C 的值代替分布比例，从北美原始常规油气和非常规天然气资源的分布估计得到。这种方法的局限性在于它忽略了碳酸盐岩烃源岩的潜在贡献。

Dong 等（2013b）开发了非常规天然气资源评价系统（UGRAS），该系统结合了蒙特卡罗模型和储层分析模型，即 PMTx2.0（2012）。用该系统来生成天然气采收率（RFs）的概率分布（Dong 等，2013b）

概率储层模型 UGRAS 的工作流程概述见图 2.3。首先，创建一个输入文件夹并且将不确定的参数按概率分布分配。可变化参数的数目是没有限制的。分布类型通常是非均匀的、三角式的、指数式的或对数正态式的。储层模型和不确定参数的概率密度函数是多种多样的，直到获得几年来累积生产模拟和实际累积分布之间的合理匹配关系。最后，将得到的概率密度函数（校准后）使用蒙特卡洛用于容量分析和流动模拟（PMTx2.0）后进行采样，以获得初始原地气量、技术可采储量和采收率的概率分布。

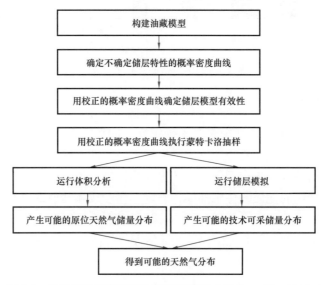

图 2.3　非常规油气资源评价体系流程图（据 Dong 等，2013a）

为了获取典型的非常规气藏的采收率的分布，一个国家或地区的主要生产盆地的天然气井必须有原始地质储量和技术可采储量的分布。因此，Dong 等（2013a；2014；2015）用 UGRAS 来评估美国勘探开发最活跃的非常规气藏。最后，将在美国获得的非常规天然气藏采收率分布结果，应用到世界 7 大地区的技术可采非常规天然气资源的计算中。

2.3　全球非常规气初始原地气量估算

使用资源三角形概念，Dong 等（2012 年）开始评估全球煤层气的初始原地气量，然后是致密气和页岩气。

2.3.1　煤层气初始原地气量估算

Rogner（1997）估算煤层气全球原始地质储量为 $9000 \times 10^{12} ft^3$（表 2.1）。确定性评估为通过用煤炭资源的分布和煤层气含量的估算值来获得。基于 Kuuskraa 的研究（1992），Rogner 的研究表明，世界范围内的煤层气资源量范围为（2980～9260）$\times 10^{12} ft^3$。然而，只有前 12 个国家的煤炭资源被纳入评估。虽然 Rogner 最初的工作集中在这 12 个主要含煤区，但是许多其他国家，如西班牙、匈牙利和法国有小而显著的煤炭储量，应该有煤层气资源。

表 2.1　全球大区级煤层气初始原地储量评价　　　　　　　单位：$10^{12}ft^3$

地区	Rogner（1997）	Dong 等（2012）（真实值有 50% 概率超过预估）
独联体（CIS）	3957	859
北美	3017	1629
澳大利亚（AAO）	1724	1348
欧洲	274	176
拉丁美洲	39	13
非洲	39	18
中东	0	9
全球	9051	4046

Dong 等（2012 年）通过涵盖更多的国家以及世界 7 大区域产生煤层气初始原地储量的概率分布改进了煤层气全球初始原地储量评估（图 2.4）。最大的煤层气资源存在于北美、澳大利亚和 CIS。然而，世界上大部分煤层气采收潜力有待开发。煤层气在一些国家或地区不开采是因为缺乏可充分利用的资源基础，特别是在常规天然气丰富的部分 CIS 国家。

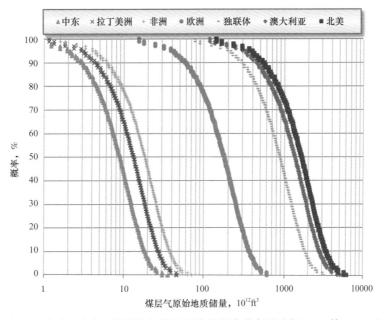

图 2.4　全球 7 个大区煤层气初始原地储量概率分布图（据 Dong 等，2012）

2.3.2 致密气初始原地储量

Rogner 报道了第一个有意义的全球致密气初始原地储量（1997）。他估计在全球范围内，世界 7 大区域（表 2.2）的致密气地层中有 $7400 \times 10^{12}ft^3$ 的原始原位气量。由于致密气藏存在于每一个产石油省，Rogner 分配了区域原始地质储量在致密气地层中，通过衡量 Kuuskraa 和 Meyer（1980）估计的近 1900×10^8t 油当量的全球致密气体积以及常规天然气的区域分布。然而，Rogner 在致密气区域原始原始地质储量的估算尺度中没有量化其不确定性。

表 2.2　全球大区级致密气原始地质储量评价　　　　　单位：$10^{12}ft^3$

地区	Rogner（1997）	Dong 等（2012）（真实值有 50% 概率超过预估）
澳大利亚（AAO）	1802	6253
北美	1371	10784
拉丁美洲	1293	3366
独联体（CIS）	901	28604
中东	823	15447
非洲	784	4000
欧洲	431	3525
全球	7405	72182

20 世纪 90 年代以来，北美致密气初始原地储量显著增加。Dong 等（2012）根据 14 个北美盆地发表的文献，综述了致密气初始原地储量。在报道每一个盆地致密气原始地质储量的估算时增加了最小值和最大值，获得了 14 个北美盆地原始地质储量的整体范围为 $(8748 \sim 13105) \times 10^{12}ft^3$。报告的范围大大超过了 Rogner（1997）估计的北美致密气原始原位气量总和 $1317 \times 10^{12}ft^3$。若北美的涨幅同样适用于世界各地的其他气藏区带，则 Rogner 的全球致密气原始地质储量的估算是保守的。因此，Dong 等（2012）提出了概率解决方案来建立世界 7 大地区的致密气原始地质储量的分布（图 2.5）。除了中东和 CIS，最大的致密气初始原地储量在北美（Dong 等，2012）。

2.3.3 页岩气初始原地储量估算

Rogner（1997）估计世界 7 大地区页岩气初始原地储量将达到 $16000 \times 10^{12}ft^3$（表 2.3）。然而，Rogner（1997）的世界估算明显是保守了，一些大型页岩气的发现具有全球性的意义，如在美国的 Eagle Ford 页岩和奥地利 Mikulov 页岩。实际上，即使俄罗斯和中东并没有被列入 EIA 的研究中（但被列入 Rogner 的评估中），由 EIA（2011）主导的 32 个国家的 5 个地区的页岩气资源被逐个盆地的评估仍揭示页岩气初始原地储量（$25840 \times 10^{12}ft^3$）也大于 Rogner 在 1997 年预估的气量（$16112 \times 10^{12}ft^3$）（图 2.3）。然而，无论是 Rogner 还是 EIA，都没有量化页岩气初始原地储量可预见的不确定性。

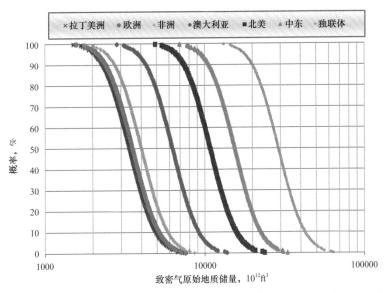

图 2.5 全球 7 个大区致密气原始地质储量概率分布图（据 Dong 等，2012）

Dong 等（2012）提出了概率解决办法，建立了最初由 Rogner 使用的世界 7 大区域页岩气原始地质储量概率分布（图 2.6）。除了中东和 CIS，EIA 和 Dong 等的估算最大不同是澳大利亚和拉丁美洲的页岩气初始原地储量的评估。

Dong 等（2013，2014，2015）将非常规天然气初始原地储量的 7 个概率分布和零的相关系数结合在一起，分别建立了与蒙特卡罗模拟的全球非常规天然气初始原地储量的分布关系（图 2.7）。全球煤层气资源储量为 $1300 \times 10^{12} \mathrm{ft}^3$（$P_{90}$）$\sim 8000 \times 10^{12} \mathrm{ft}^3$（$P_{10}$），其中 P_{50} 值为 $4000 \times 10^{12} \mathrm{ft}^3$（图 2.7）。全球致密气初始原地储量的估算在 $48000 \times 10^{12} \mathrm{ft}^3$（$P_{90}$）$\sim 105000 \times 10^{12} \mathrm{ft}^3$（$P_{10}$），$P_{50}$ 值为 $72000 \times 10^{12} \mathrm{ft}^3$（图 2.7）。全球页岩气原始地质储量估算在 $34000 \times 10^{12} \mathrm{ft}^3$（$P_{90}$）$\sim 73000 \times 10^{12} \mathrm{ft}^3$（$P_{10}$），$P_{50}$ 值为 $50000 \times 10^{12} \mathrm{ft}^3$（图 2.7）。

表 2.3　全球大区级页岩气原始地质储量评价　　　　　　　　　单位：$10^{12} \mathrm{ft}^3$

地区	Rogner（1997）	美国能源信息署（2011）	Dong 等（2012）（真实值有 50% 概率超过预估）
澳大利亚（AAO）	6151	7042	2690
北美[①]	3840	5314	5905
中东	2547	无	15416
拉丁美洲	2116	6935	3742
独联体（CIS）	627	无	15880
欧洲	549	2587	2194
非洲	274	3962	3882
全球	16103	25840	50220

① 包括美国和加拿大。

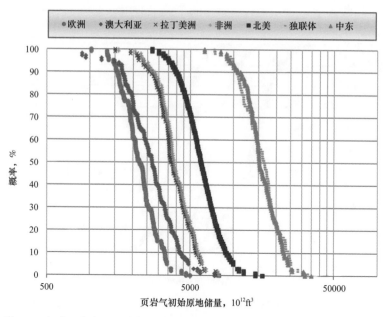

图 2.6　全球 7 个大区页岩气初始原地储量概率分布图（据 Dong 等，2012）

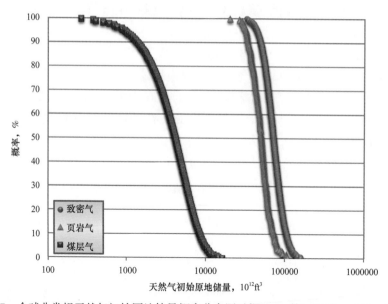

图 2.7　全球非常规天然气初始原地储量概率分布图（据 Dong 等，2013，2014，2015）

2.4　技术可采资源采收率

　　在许多出版物里，我们仅在有限的地理区域里能找到技术上可采的非常规天然气资源的信息。然而，全球范围内非常规油气的技术可采储量值大家了解得很少。为了得到非常规气采收率的典型分布，Dong 等（2013，2014，2015）开发了数据库、方法和工具来确定美国的主要生产盆地非常规天然气资源的技术可采储量。全部非常规天然气层的详细模拟研究在美国盆地未执行主要是由于缺乏数据。然而，一个或更多的小规模模拟在勘探开发活跃的非常规天然气层已经开展，因为这些地层具有很多气井和大量可用的公开生产数据。同时，在文献中的油气藏描述也被认为是盆地整体的代表。

2.4.1 煤层气采收率

截至 2011 年，煤层气生产最活跃的前两个盆地分别是 San Juan 盆地和 Powder River 盆地，它们具有最多的生产井数据。Dong 等（2014）分别确定 San Juan 盆地的 Fruitland 地层和 Powder River 盆地的 Big George 煤层产出 25 年的煤层气采收率。然后，他们从这两个煤层中得出了美国 CBM 地层具有代表性的采收率概率分布。这种分布的最佳拟合函数呈对数逻辑分布，P_{50} 的值为 38%（图 2.8）。

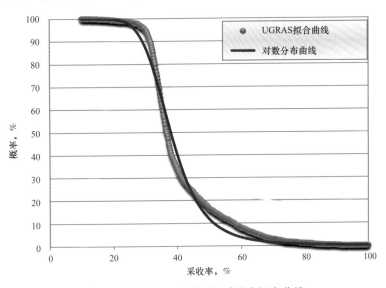

图 2.8　美国近 25 年煤层气采收率概率曲线

2.4.2 致密气采收率

截至 2011 年，生产致密气的前两个盆地分别是 Greater Green River 盆地和 East Texas 盆地。Greater Green River 盆地的 Lance 地层中垂直井（水平井，译者注）和水力压裂得到了广泛的应用，特别是 2000 年以后。在 East Texas 盆地，主要生产井集中在 Cotton Valley 地层和 Travis Peak 地层的致密气。因此，Dong 等（2013b）应用 UGRAS 方法分别获得 Greater Green River 盆地的 Lance 地层、East Texas 盆地的 Cotton Valley 地层和 Travis Peak 地层 25 年的致密气技术可采采收率。然后，他们把上述三个致密气层 25 年的采收率按等比计算得到美国致密气地层采收率的概率分布。采收率的概率分布较高，范围为 70%（P_{90}）～85%（P_{10}）（图 2.9），这是由于大部分诱导裂缝穿透了这三个致密层。

2.4.3 页岩气采收率

Dong 等（2015）应用 UGRAS 的工作流程评估了美国 5 个重要页岩气区带的初始原地储量、技术可采储量和采收率概率分布，包括 Barnett、Eagle Ford、Marcellus、Fayetteville 和 Haynesville。他们把美国 5 个页岩气区带的采收率实际概率进行对比等比例计算，获得美国技术可采页岩气层采收率的概率分布。采收率的代表分布的最佳拟合函数是 Beta 分布，平均值为 25%（图 2.10）。

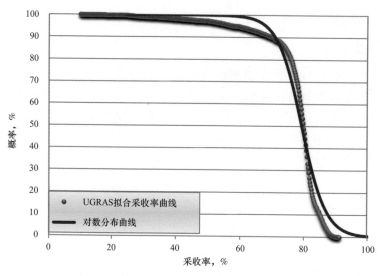

图 2.9　美国近 25 年致密气采收率概率曲线

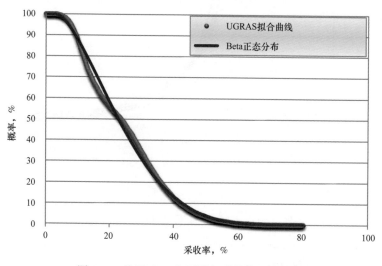

图 2.10　美国近 25 年页岩气采收率概率曲线

2.5　全球可采非常规气资源评价

因为盆地类型的分布在全球和北美是相似的（Dong 等，2012），Dong 等（2013，2014，2015）认为全球技术可采非常规天然气的采收率概率分布与美国相似。

2.5.1　煤层气技术可采资源

基于已经建立的全球 7 大地区煤层气初始原地储量的概率分布（图 2.4；Dong 等，2012）和美国煤层气 25 年采收率的概率分布（图 2.8；Dong 等，2013a）。应用相同的采收率概率分布乘以煤层气初始原地储量的概率分布，来估算世界 7 大地区技术可采的煤层气资源（图 2.11）。表 2.4 列出了世界 7 大地区煤层气技术可采储量的 P_{90}、P_{50} 和 P_{10} 的值。

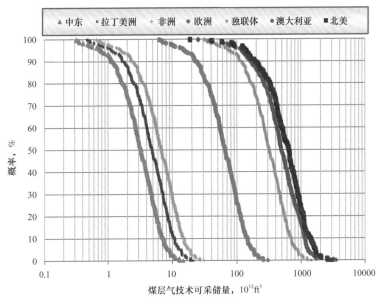

图 2.11　全球 7 大区域煤层气技术可采储量概率曲线

表 2.4　全球煤层气技术可采储量评价结果　　　　　　　　　　单位：$10^{12}ft^3$

地区	真实值有 90% 概率超过预估	真实值有 50% 概率超过预估	真实值有 10% 概率超过预估
北美	186	642	1382
澳大利亚（AAO）	159	488	1129
独联体（CIS）	109	318	698
欧洲	22	65	143
非洲	2	7	15
拉丁美洲	2	5	11
中东	1	3	7

2.5.2　致密气技术可采资源

　　世界 7 大地区的每个地区的致密气原始地质储量概率分布都进行了测定（图 2.5；Dong 等，2012）。Dong 等（2013b）为美国的致密气建立了 25 年技术采收率的概率分布（图 2.9）。Dong 等（2013b）将致密气初始原地储量的概率分布乘以采收率的概率分布，来计算世界 7 大地区致密气藏的技术可采资源（图 2.12）。通过此研究，表 2.5 列出了世界 7 大地区 P_{90}、P_{50} 和 P_{10} 致密气的技术可采储量。这项工作的结果表明全球大量存在技术可采的致密气，大量潜在技术可采致密气很有可能来自 CIS 和中东地区。

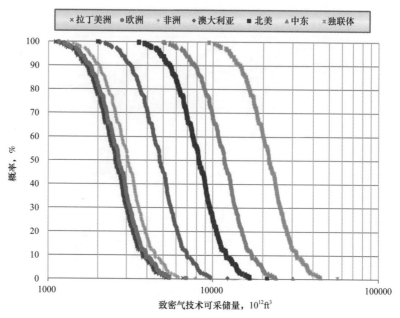

图2.12 全球7大区域致密气技术可采储量概率曲线

表 2.5 全球致密气技术可采储量评价结果 单位：$10^{12}ft^3$

地区	真实值有 90% 概率超过预估	真实值有 50% 概率超过预估	真实值有 10% 概率超过预估
独联体（CIS）	14504	21745	31919
中东	7832	11743	17237
北美	5468	8198	12034
澳大利亚（AAO）	3171	4754	6978
非洲	2028	3041	4464
欧洲	1788	2680	3934
拉丁美洲	1707	2559	3756

2.5.3 页岩气技术可采资源

世界7大地区的每个地区的页岩气初始原地储量概率分布都进行了测定（图2.6；Dong 等，2012）。如图2.10所示，已经明确了美国页岩气的区带25年的技术可采储量和采收率的代表性概率分布。其假设了页岩气技术可采储量和采收率是有相同全球性的，如同美国一样。因为有巨大面积的全球盆地和北美盆地在盆地类型的分布上是相似的（Dong 等，2012）。Dong 等（2015）接着将初始原地储量概率分布乘以25年采收率的概率分布来评估世界7大地区页岩气藏的技术可采资源（图2.13）。大量的技术可采页岩气资源存在于中东和 CIS 地区。表2.6列出了估算的世界7大地区 P_{90}、P_{50} 和 P_{10} 页岩气技术可采储量。

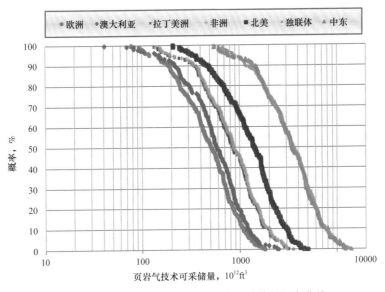

图 2.13　全球 7 大区域页岩气技术可采储量概率曲线

表 2.6　全球页岩气技术可采储量评价结果　　　　　　单位：$10^{12}ft^3$

地区	真实值有 90% 概率超过预估	真实值有 50% 概率超过预估	真实值有 10% 概率超过预估
中东	1354	3415	7974
独联体（CIS）	1136	3520	7541
北美	466	1395	2975
非洲	341	862	1991
拉丁美洲	342	836	1921
澳大利亚（AAO）	218	582	1184
欧洲	188	504	1068

Dong 等（2013，2014，2015）假设煤层气、页岩气和致密气技术可采储量的 7 个概率分布是互相独立的。因此，他们将 7 个概率分布和零的相关系数结合，分别产生了世界煤层气、页岩气和致密气技术可采储量与蒙特卡罗抽样的分布（图 2.14）。根据这些研究，全球煤层气技术可采储量范围为 $500 \times 10^{12}ft^3$（P_{90}）～$3000 \times 10^{12}ft^3$（P_{10}），全球致密气技术可采储量范围为 $37000 \times 10^{12}ft^3$（P_{90}）～$80000 \times 10^{12}ft^3$（P_{10}），以及全球页岩气技术可采储量范围为 $4000 \times 10^{12}ft^3$（P_{90}）～$24000 \times 10^{12}ft^3$（P_{10}）（图 2.14）。表 2.7 列出了全球煤层气、页岩气和致密气技术可采储量的 P_{90}、P_{50} 和 P_{10} 的值。

表 2.7　全球非常规天然气技术可采储量　　　　　　单位：$10^{12}ft^3$

类型	真实值有 90% 概率超过预估	真实值有 50% 概率超过预估	真实值有 10% 概率超过预估
煤层气	513	1499	3292
致密气	37491	54424	79939
页岩气	4413	10723	24397

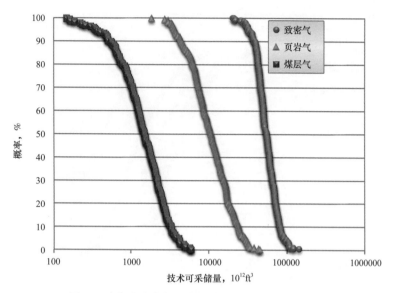

图 2.14　全球非常规天然气技术可采储量概率曲线

2.6　讨论

Dong 等（2012，2013，2014，2015）资源评价属于高水平的评价。虽然他们为整个地层评估了资源，但他们没有在逐井的基础上建立储层和井属性的模型，反而，他们将每个地层作为一个整体建立模型，使用了包括整个地层的储层性质的可变性以及在这些属性中不确定性的概率分布。尽量计算得到 Eagle Ford 和 Marcellus 干气实际数据的支持，预测是存在一定的不确定性。

本章中描述的技术和工具，对评估煤层气初始原地储量的概率分布和技术可采资源非常有用。然而，确认这一章中提出的数据本身的不确定性是非常重要的。因为用于两个煤层产生产量预测的输入参数是来自文献以及井数据。参数值和预测是由开发商复审，储量评估者用来验证其合理性。

技术可采储量计算时假设有 25 年的井生产周期，也确认了由概率分析模拟产生的产量预测的不确定性。储层的概率预测通过实际累计产量数据进行了校准，但这不足以保证 25 年预测的准确性。

2.7　结论

利用 26 个北美盆地公开的评估、公开的全球评估以及三角资源法，Dong 等（2012）开发了一个全球非常规气体地质储量的估算方法。在 UGRAS 工作流程流的帮助下，Dong 等（2013，2014，2015）评估了技术可采资源的分布，得出以下结论：

（1）评估全球非常规初始原地储量的范围为 $83300 \times 10^{12} ft^3$（$P_{10}$）~$184200 \times 10^{12} ft^3$（$P_{90}$）。全球非常规初始原地储量（$125700 \times 10^{12} ft^3$）的 P_{50} 是 Rogner's（1997）估算值 $32600 \times 10^{12} ft^3$ 的 4 倍。

（2）全球煤层气原地储量估算为 $1300 \times 10^{12} ft^3$（P_{10}）~$8100 \times 10^{12} ft^3$（P_{90}）。全球煤层气技术可采储量为 $500 \times 10^{12} ft^3$（P_{90}）~$3000 \times 10^{12} ft^3$（P_{10}），其中 P_{50} 值为 $1600 \times 10^{12} ft^3$。

北美拥有最大量的煤层气储量和技术可采煤层气资源。

（3）全球致密气初始原地储量体积范围为 $49000 \times 10^{12} \text{ft}^3$（$P_{10}$）～$105000 \times 10^{12} \text{ft}^3$（$P_{90}$），全球致密气技术可采储量体积范围为 $37000 \times 10^{12} \text{ft}^3$（$P_{90}$）～$80000 \times 10^{12} \text{ft}^3$（$P_{10}$），其中 P_{50} 值为 $54000 \times 10^{12} \text{ft}^3$。CIS 地区拥有最大的技术可采致密气资源。

（4）全球页岩气初始原地储量为 $34000 \times 10^{12} \text{ft}^3$（$P_{90}$）～$73000 \times 10^{12} \text{ft}^3$（$P_{10}$），其技术可采储量为 $4000 \times 10^{12} \text{ft}^3$（$P_{90}$）～$24000 \times 10^{12} \text{ft}^3$（$P_{10}$）。大量技术可采页岩气资源存在于 CIS 地区和中东地区。

（5）在美国的两个关键煤层气地层的技术可采系数遵循对数逻辑分布，其中 P_{50} 的值为 38%。

（6）美国致密气的可采系数遵循极值最小分布，其范围为 59%（P_{90}）到 84%（P_{10}），P_{50} 的值为 79%。

（7）美国 5 个关键页岩气区带技术可采系数的概率分布遵循一般 Beta 分布，范围为 8%～38%，平均值为 25%。

物理参数及单位注释

A：面积，英亩（1 英亩 =43560 平方英尺）

B_{gi}：天然气地层体积系数，立方英尺 / 标准立方英尺

G_C：原始气体含量，标准立方英尺

h：有效厚度，英尺

p_i：储层压力，磅 / 平方英寸

p_L：Langmuir 压力，磅 / 平方英寸

S_{wi}：含水饱和度，孔隙中水的体积分数

T：地层温度，（460 ℉ + 目的层华氏温度）

V_L：Langmuir 体积，在初始压力下的气体体积，标准立方英尺 / 吨

Z_i：在某储层压力和地层温度下的压缩系数，无量纲

ρ_c：物体密度，磅 / 立方英尺

ϕ_f：裂缝孔隙度，岩石中可以储存流体的裂缝体积

P_{90}：由累计概率曲线可知，真实值有 90% 的可能性会大于等于估计值。P_{50}、P_{10} 类似

Batageneral（$\alpha_1\ \alpha_2$ min max）：Beta 分布，由最大值、最小值和页岩参数 α_1，α_2 组成

Gamma（$\alpha\ \beta$）：Gamma 分布由形态参数 α 和尺度参数 β 组成

GEV（$\mu\ \sigma\ \xi$）：广义极值分布由平均值 μ，标准偏差 σ 和形态参数 ξ 组成

InvGauss（$\mu\ \lambda$）：反高斯分布由平均值 μ 和形态参数 λ 组成

Logistic（$\alpha\ \beta$）：Logistic 分布由位置参数 α 和尺度参数 β 组成

Log-logistic（$\gamma\ \beta\ \alpha$）：对数逻辑分布，位置参数 γ，尺度参数 β，形态参数 α

Lognormal（$\mu\ \sigma$）：对数正态分布，相对平均值和标准偏差组成

Pearson5（$\alpha\ \beta$）：Pearson5 型分布，由形态参数 α 和尺度参数 β 组成

Triangular（min most likely max）：三角分布，有最小值，最大值和最可能值组成

Uniform（min max）：均匀分布在最大值和最小值之间

参 考 文 献

Dong, Z., Holditch, S.A., McVay, D.A., et al., 2015. Probabilistic assessment of world recoverable shale-gas resources. SPE Economics & Management 7（2）. SPE-167768-PA.

Dong, Z., Holditch, S.A., Ayers, W.B., et al., 2014. Probabilistic estimate of global coalbed methane recoverable resource. SPE Economics & Mangement 7（2）. SPE-169006-PA.

Dong, Z., Holditch, S.A., Ayers, W.B., 2013a. Probabilistic evaluation of global recoverable tight gas resources. SPE Economics & Mangement 7（3）. SPE-169006-PA.

Dong, Z., Holditch, S.A., McVay, D.A., 2013b. Resource evaluation for shale gas reservoirs. SPE Economics & Management 5（1）, 5–16. SPE-152066-PA.

Dong, Z., Holditch, S.A., McVay, D.A., et al., 2012. Global unconventional gas resource assessment. SPE conomics & Management 4（4）, 222–234. SPE-148365-PA.

EIA, 2010. The Natural Gas Resource Base. http：//naturalgas.org/overview/ng_resource_base.asp.

EIA, 2011. World Shale Gas Resources：An Initial Assessment of 14 Regions outside the United States. Energy Infomration Administration, Washington, DC.

Holditch, S.A., 2006. Tight gas sands. SPE Journal of Petroleum Technology 58（6）, 86–93. SPE-103356-MS.

Kuuskraa, V.A., Meyers, R.F., 1980. Review of world resources of unconventional gas. In：Paper Present at IIASA Conference on Conventional and Unconventional World Natural Gas Resources, Laxenburg, Austria, 06/30/1980.

Kuuskraa, V.A., 1992. Hunt for quality basins goes abroat. Oil and Gas Journal 90（40）, 49–54.

Mann, P., Gahagan, L., Gordon, M.B., 2001. Tectonic setting of the world's giant oil and gas fields. AAPG Memoirs 78, 15–105.

Oudinot, A.Y., Koperna, G.J., Reeves, S.R., 2005. Development of a probabilistic forecasting and history matching model for coalbed methane reservoirs. In：Paper Presented at 2005 International Coalbed Methane Symposium, Tuscaloosa, Alabama, 05/05/2005.

PMTx 2.0, 2012. http：//www.phoenix-sw.com/.

Rogner, H.H., 1997. An assessment of world hydrocarbon resource. Annual Review of Energy and the nvironment 22, 217–262.

第3章　地球化学应用于非常规油气资源的评价方法

K.E. Peters[1, 2]，X. Xia[3]，A.E. Pomerantz[4]，O.C. Mullins[4]

（ 1. *Schlumberger*，*Mill Valley*，*CA*，*USA*；2. *Department of Geological & Environmental Sciences*，*Stanford University*，*Palo Alto*，*CA*，*USA*；3. *PEER Institute*，*Covina*，*CA*，*USA*，*Current address*：*ConocoPhillips*，*Houston*，*TX*，*USA*；4. *Schlumberger-Doll Research*，*Cambridge*，*MA*，*USA*）

3.1　引言

本章旨在：（1）总结有机和无机地球化学在非常规泥页岩组合"甜点"识别中的研究进展；（2）更新当前我们对干酪根结构的理解和认识。干酪根是沉积岩中包含脂类残留物、生物大分子以及有机质重构组分的不溶颗粒有机质（Tegelaar 等，1989）。本章意在，定义"甜点"为较之于周围临近岩层具更高油气产量的一定体积的岩石，岩石本身具较好孔隙度、渗透率、流体性质、含油饱和度和岩石应力（Shanley 等，2004；Cander，2012），甜点可在平面图与剖面图中进行识别。

3.1.1　有机质的热演化

有机质富集在沉积物中，伴随埋藏发生演化（图 3.1）。生物甲烷气产生于有机质浅层埋藏阶段，且形成于温度低于 80℃的微生物活动。随着有机质埋深的不断增加，干酪根发生裂解产生热成因气，其产物包括甲烷、湿气（乙烷、丙烷、丁烷和戊烷）、凝析油气以及正常原油。深部干气可直接来源于干酪根，也可来源于圈闭中原油的二次裂解。干酪根热演化形成原油、凝析油气以及烷烃气，该油气的生成作用并非随深度增加无限度地进行，而是随着干酪根中氢元素的耗尽而停止。生物标志化合物质（分子化石）在成岩作用阶段和深成作用阶段早期仍可存在，但在深成作用阶段晚期和变质作用阶段便几近于完全破坏（Peters 等，2005）。如图 3.1 所示，地温梯度、特定类型干酪根的生烃动力学等因素均可影响具体生烃作用和生烃过程发生的深度。

有效烃源岩来源于细粒沉积物中有机质的沉积作用及其保存作用，随后因地层埋深发生热改造（McKenzie，1978）。沉积有机质的演化主要经历三个演化阶段（图 3.1）：（1）明显热改变之前的转化成岩作用等；（2）深成作用或干酪根向原油的热转化作用，温度为 50~200℃；（3）变质作用或原油在>200℃发生的热破坏，但在发生绿片岩相变质作用之前。

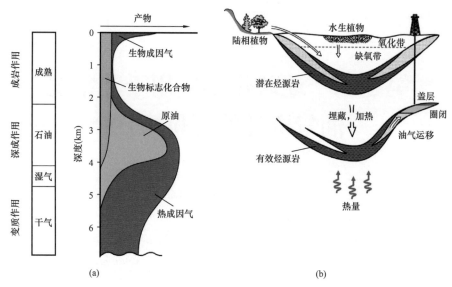

图 3.1　有机质热演化过程示意图（据 Peter 等，2005；经 Chevron 授权）

（a）有机质演化及其产物随深度及埋藏过程变化示意图。（b）潜在烃源岩（未熟）的有效保存随后的地质演化过程中可演变为常规有机聚集和非常规油气富集的有效烃源岩（成熟）。厌氧环境有利于成岩作用过程中有机质的保存，潜在烃源岩的有效保存最终可有利于形成有效烃源岩并形成可运移聚集的常规油气，非常规油气保存在烃源岩中从而使其也成为储集层

深成作用包含干酪根发生热降解生成油气的作用过程（Mackenzie 和 Quigley，1988）。很多倾油型干酪根热演化阶段早期生成的原油为液态烃，并溶解地表条件下呈气态的化合物。150℃以上，残留的贫氢干酪根生成热成因烷烃气，自其生成伊始便包含溶有凝析油气，而随地温梯度持续上升其干燥系数不断增大，甲烷含量不断增加。影响原油向天然气转化的临界值的因素复杂，且各有差异，诸如盖层封闭性、特定化合物裂解的动力学特征、埋藏史以及是否发生热化学硫酸盐还原作用（TSF）等。例如，墨西哥湾盆地侏罗系 Smackover 组原油在大约 200℃条件下完全裂解转化成天然气，其镜质组反射率 R_o 约为 2.0%（Peters 等，2005）。而 Tian（Tian 等，2006）研究了塔里木盆地三叠系原油热解形成的残留烃认为要完全转化需要 R_o 大于 2.4%。

镜质组来源于高等植物碎屑（Bostick，1979），R_o 是基于对镜质组反射率的测定获得，即干酪根与环氧树脂所塑的干燥抛光面在油浸条件下通过测定镜质组对入射白色光的反射比例。虽同为烃源岩成熟度指标，烃源岩的转化率（R_T）用以表征烃源岩中干酪根向油气转化的程度。镜质组在干酪根的宏观显微组成中，相对较为稳定，只有当活化能（E_a）超过约 36kcal/mol 时才发生裂解，而典型的烃源岩中干酪根向油气转化在活化能（E_a）超过约 10kcal/mol 后便开始进行（Waples 和 Marzi，1998）。因而，R_o 与转化率（R_T）间存在不同的热动力学差异，这两个表征成熟度的参数间不能进行互换（Tegelaar 和 Noble，1994；Peters 等，2015）。

3.1.2　常规与非常规油气资源

当前的学术术语中对非常规烃源岩定义不清，很多情况下含义混乱。与之相关的术语包括泥岩、页岩，虽都有正式定义，但彼此间通常混用。严格而言，泥岩是指含量>50%

泥级颗粒的一类细粒碎屑沉积岩，包括粉砂岩、黏土岩、泥岩、板岩和页岩。

与泥岩不同，页岩由页理广泛发育的细纹层组成。狭义上，页岩油是指通过对未熟油页岩进行干馏（热解）所产出的石油。但我们将页岩油（有时也称致密油）一词用作从富有机质泥岩中产出的石油。为了与常用词汇相统一，本文中也使用页岩一词，其大致包括各种不同类型的细粒沉积岩。沿袭该用法，页岩气将包含赋存在低渗透的富有机质泥岩中自生自储形成的热成因和生物成因天然气。本文将集中关注并讨论该类非常规泥岩及其生成和富集的油气资源。

常规油气资源与非常规油气资源具有本质意义上的差异，见表3.1。我们认为非常规油气资源为滞留在岩石单元中的油气富集，因烃类流体受本身黏度和基质渗透率的双重影响滞留于细粒岩石中，需要经过压裂等优化措施方可获得产能。因而，天然气水合物和页岩气等均为非常规油气资源，在未采取优化措施的条件下，其储集空间的低渗透率阻碍了烃类气体的有效逸散，包括甲烷气体。同样，油砂也是一种非常规油气资源，生物降解作用形成的高黏度原油在未采取优化措施的条件下，即使在高渗透的砂岩储层中也难以获得产量。常规油气资源的勘探关注油气从烃源岩中生成并运移至储层和圈闭中，油气生成、运移和聚集时间与圈闭形成时间的有效配置至关重要。常规油气资源的大量聚集只能发生在油气生成和运移之前形成的圈闭中。

表3.1 常规与非常规油气资源的主要区别

常规油气资源	非常规油气资源
油气发生运移并在圈闭中聚集	油气滞留在烃源岩（储层）中
原油形成天然气的裂解作用不重要	原油裂解作用非常重要
储集空间以粒间空为主	干酪根热裂解作用产生有机质孔
游离气非常重要	游离气与吸附气的比例很重要

3.1.3 "甜点"的预测方法

现今，对"甜点"进行识别的地球化学方法大都为经验性的，例如，大多数研究方法假定，在高产的非常规岩石单元中，其某些特征可用于类似岩石单元的"甜点"预测中。例如，Jarvie（2012a）依次列出前10位的页岩气主产区的主要参数特征，包括：Marcellus 组页岩、Haynesville 组页岩、Bossier 组页岩、Barnett 组页岩、Fayetteville 组页岩、Muskwa 组页岩、Woodford 组页岩、Eagle Ford 组页岩、Utica 组页岩、Montney 组页岩。在 Eagle Ford 组页岩气的主产区，其烃源岩有效厚度为 47～92m（150～300ft），渗透率为约 1000nD，孔隙度为 6%～14%，碳酸盐类矿物含量约 60%，R_o 约为 1.2%，现今氢指数为 80mg（HC）/g TOC，原始氢指数为 411mg（HC）/g TOC，烃源岩转化率 R_T 为 79%，现今 TOC 为 2.76%（质量分数），原始 TOC 为 4.24%（质量分数），乙烷稳定碳同位素值发生反转（下文讨论）。

非常规油气资源勘探开发的目标为烃源岩中的滞留烃或烃源层中发生近距离运移的烃类，烃源岩的热演化程度及其地球化学特征是关系勘探成功与否的关键。除此之外，非常规油气勘探的目标层系中岩石脆性是工程压裂中油气有效释放的关键参数，下文中进行简单讨论。

前人对岩石的压裂特性进行过详述（Altindag 和 Guney，2010），很多研究者认为，岩石的脆性与岩石本身的杨氏模量与（或）泊松比成比例关系（Rickman 等，2008），也有学者认为，通过岩石的弹性特征来计算其脆性并不具有完全的物理意义（Vernik 等，2012）。总而言之，岩石脆性指数（BI）可进行如下表达：

$$BI=\sigma_c/\sigma_d \tag{3.1}$$

其中，σ_c 为抗压强度，σ_d 为抗张强度（Aubertin 等，1994；Ribacchi，2000）。BI 值越大，表明岩石脆性越大，其屈服点因岩石本身弹性的非线性特征存在较大变化。

式（3-1）中，计算脆性指数需要实验室针对具体样品进行抗压强度和抗张强度的测试。Jarvie 等（2007）以及 Wang 和 Gale（2009）基于岩石矿物的组成，构建了脆性指数的实用公式：

$$BI_{Jarvie}=w_{石英}/（w_{石英}+w_{方解石}+w_{黏土}） \tag{3.2}$$

$$BI_{Wang \& Gale}=（w_{石英}+w_{白云石}）/（w_{石英}+w_{白云石}+w_{方解石}+w_{黏土}+TOC） \tag{3.3}$$

使用岩石矿物三角图（图 3.2）可对岩石脆性进行定量评价。泥岩本身因富含塑性黏土矿物，往往难以产生有效的水力压裂；而含有高丰度的相对脆性的方解石和白云石（如 Eagle Ford 组页岩）或硅质岩（如 Muskwa 组）的泥岩段更利于非常规油气的生产。同时，泥岩中黏土含量作为其塑性指标也具有不确定性，需同时考虑各类黏土矿物的组成对其产生的差异，如蒙脱石相较于高岭石而言，其浅埋阶段便可经化学压实作用形成泥质岩石，且形成泥质岩本身塑性具有差异性（Bjørlykke，1998）。因而，不同黏土矿物类型对泥岩本身塑性的影响需要进一步进行研究。

图 3.2　泥岩（含页岩）的矿物组成可作为水力压裂敏感性的判识指标

菱形为世界范围内页岩矿物组成的平均含量，其他为烃源岩样品的矿物组成（据 Allix 等，2011，有改动）

烃源岩是非常规油气综合研究中的关键因素和重要环节，因为烃源岩本身发生油气的生成和富集作用过程，并成为非常规油气的储层、圈闭和盖层。与之相关的油气地球化学过程与常规油气也存在诸多差异。在常规油气藏中，原油发生二次裂解作用并未受到重要关注。然而，烃源岩和常规油气藏因沉降深埋后，其中滞留的原油均可发生裂解作用继续生成烃类气体。常规油气藏因沉降深埋过程中孔隙度显著减小，因而常规粒间孔孔隙空间发生显著变化，对其中储存的原油和游离气产生重要影响。而在烃源岩中，干酪根向固体沥青、原油和天然气的逐渐转化过程中其有机质孔不断增大（Passey 等，2010；Dahl 等，2012）。这些新产生的有机质孔成为烃源岩中生成油气的新的储集空间。因而，非常规油气资源包括烃源岩孔隙和裂缝空间中的游离烃，也包括干酪根和岩石表层的吸附烃。富有机质烃源岩中其总有机碳含量>10%，其干酪根体积往往>30%，可能形成极其极具规模的油气储集空间。

非常规油气资源大多具有低孔低渗的特征。泥岩储层包含粉砂级（4～62.5μm）至胶体级（1～1005nm）级颗粒，但通常以黏土级（1～4μm）颗粒为主。在一定孔隙度条件下，泥岩渗透率变化大，其数值差异可跨越三个数量级不等（Dewhurst 等，1999）。泥岩储层具有典型的致密特征，其渗透率低至几个纳达西（10^{-6}mD），其连通孔的喉道大小仅有几个甲烷分子的宽度。相比而言，胶结物渗透率变化范围为 0.1～1mD，常规含油气储层渗透率为 100～10000mD。致密的页岩气层为典型的低孔隙度致密储层（可产层仅为总厚度的 10%），并且组成以低渗透贝岩层（<10nD）为主，本身难以具有储集潜力，通常不具备高孔隙度、高渗透率储层夹层。

现今，页岩总有机碳含量至少为 2%，原始有机碳含量可能更高。富有机质页岩本身储气能力取决于有机质孔，Barnett 页岩（得克萨斯州）和 Haynesville 页岩（得克萨斯州、阿肯萨斯州和路易斯安那州）均具有此特征。富有机质页岩显示含油饱和度与总有机碳含量显示明显的正相关，其原因往往是干酪根裂解产生的油气被圈闭在其形成的有机质孔中（Passey 等，2010；Dahl 等，2012）。黏土矿物也可能成为页岩吸附能力的主要补充部分（Gasparik 等，2012）。

富有机质页岩一般分为以下几种类型（Jarvie，2012b）：（1）致密页岩，无明显裂缝发育；（2）裂缝性页岩；（3）混合型页岩，如同时发育具有塑性的富有机质和脆性的贫有机质页岩。细粒岩石单元与粗粒岩石单元并列发育有利于从富有机质页岩中生成的油气运移至贫有机质岩石单元中，进而富集成藏。这种混合型页岩中难以发现饱和度和总有机碳含量具有明显的正相关性。典型的 Bakken 组（Williston 盆地）地层便属于这种混合型页岩层，这种地层更有利于成为致密油气勘探的靶区和主产区，往往有两个原因：（1）混合型页岩层中岩石骨架和裂缝孔隙度因与贫有机质岩石单元相通，故而更为重要；（2）混合型页岩层更有利于富有机质页岩向贫有机质页岩层发生排烃作用或短距离运移（如下 Bakken 组和上 Bakken 组富有机质页岩层向中部中 Bakken 组的贫有机质白云岩层发生运移）。

运移过程中的分馏效应造成细粒富有机质岩石单元中滞留胶质和沥青质，分子量和分子结构更简单的饱和烃、芳香烃更有利于运移至贫有机质岩石单元中（Tissot 和 Welte，1984；Kelemen 等，2006）。

3.2 讨论

3.2.1 有机地球化学与岩石物理表征

岩石热解评价 Rock-Eval、总有机碳含量以及镜质组反射率 R_o 等烃源岩快速评价方法（Peters 和 Cassa，1994），主要可用于以下两个方面：（1）圈定有效烃源岩的分布范围，以预测自烃源岩中生成的油气运移至常规油气圈闭中的可能路径；（2）识别烃源岩层段中甜点的纵向分布，以便更好确定非常规油气资源。有效烃源岩通常为已经发生或正在发生的油气生成或排烃作用过程。适用于常规油气中的油气地球化学评价方法，可以用于对非常规油气目标区的判识，岩石物理性质需要对油气地球化学的评价和解释进行有效补充。高含量碳酸盐岩和硅质岩矿物（图 3.2）形成的脆性岩石组合比塑性岩石组合更有利于通过水力压裂获得油气产量。如上文所述，需要注意的是，并不是所有的黏土矿物均为具有塑性。

3.2.1.1 岩石热解评价

岩石热解评价可以迅速评价岩石中有机质的品质和成熟度（Espitalie 等，1977；Tissot 和 Welte，1984；Peters，1986）。下文将主要进行讨论，Rock-Eval 6 也可以用于对岩石样品的总有机碳含量的确定。称取岩屑样品（约 100mg），以氦气作为载气，在 300℃下保持 5min，样品中所适当的游离烃和吸附烃可在 Rock-Eval 谱图上记录并绘制第 1 个峰型 [S_1，mg(HC)g(岩石)]。通过程序升温，当温度由 300℃以 25℃/min 升温至 600℃时（图 3.3），岩石样品中干酪根裂解产生的热解产物组成了第 2 个峰 [S_2，mg（HC）/g（岩石）]。干酪根在 300～390℃发生热降解所生成 CO_2，可以进行检测并在产物中得以保存，通过红外光谱进行分析得到热解图谱上的第三个峰，即 S_3 [S_3，mg（CO_2）/g（岩石）]。岩石热解分析对产率 S_2 最大时的温度进行记录并测定，称为 T_{max}，T_{max} 可以成为表征有机质热演化程度的重要指标。S_2 和 S_3 的峰面积，通过校正后与有机碳的比值，称为氢指数（HI）和氧指数（OI），单位分别为 mg（HC）/g（TOC）和 mg（CO_2）/g（TOC）。将 S_1/（S_1+S_2）称为产率指数，记做 PI，与转化率意义一致。一些研究实例中 S_1 从烃源岩中排出，造成产率指数偏低，从而与真实转化率相偏离。

我们认为，在常规油气藏的勘探中，对每口井目标区进行的评价，岩石热解和总有机碳含量取样分析和检测的密度为 10m/ 个样品，即约 30ft/ 个样品（Peters，1986）。但是，在非常规油气勘探中，针对岩石单元中甜点区的评价和识别，需要增加样分析的密度（如 1m/ 个样品或者更近）。岩石热解评价中也存在对数据解释的误区，Peters（1986）以及 Peters 和 Cassa（1994）均进行过相关讨论。

3.2.1.2 有机碳

TOC，即总有机碳，其可以表征岩石样品中有机质的数量，但是并不能反映有机质的质量（如，倾油型有机质、倾气型有机质、惰质组等）和有机质的成熟度。假定有机质中含有 83%（质量分数）的有机碳，总有机质含量可以通过将有机碳值乘以 1.2 来进行表达。在早期的研究著作中，并没有认识到碳酸盐岩含量对 TOC 评价的影响，认为含碳酸

井号: EOG Resources Inc.1–05H–N&D，Parshall Field，Mountrail County，North Dakota Williston Basin(33–061–0052101000)

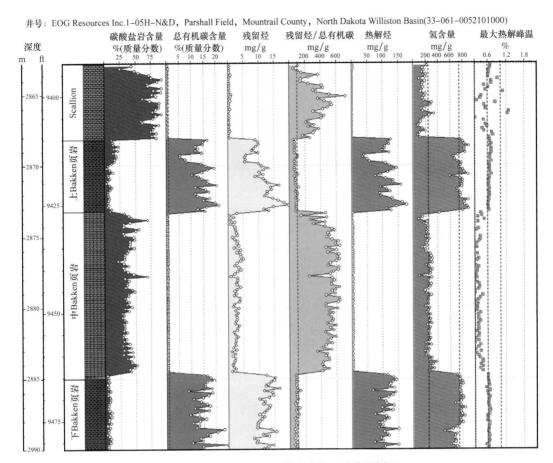

图 3.3　北达科他州一口井的有机地球化学剖面

含油饱和度指数 OSI［OSI＞100mg（烃）/g（岩石）］显示，在该层段具有高脆性矿物含量（如碳酸盐岩）条件下，通过水力压裂很可能获得非常规油气产能。该井的中 Bakken 组具有很高的产能（据 Jarvie，2012b，经 AAPG 2012 年版权，转引请受 AAPG 许可）

　　盐岩矿物烃源岩中与不含碳酸盐岩矿物烃源岩具有一致的 TOC 值（Jones，1987）。优质烃源岩在未成熟状态下其 TOC 通常＞4%。随着成熟度逐渐升高，TOC 减小，在对非常规油气中烃源岩应该 TOC＞2%，这在高成熟的烃源岩中更为合理。因而，对已经处于高成熟阶段的烃源岩，为重构烃源岩的原始 TOC 值，已经提出了很多的研究方法（Peters 等，2005）。这些重构参数是对盆地和含油气系统模拟过程中极为重要的输入源参数（Peters 等，2006）。在进行盆地和含油气系统模拟过程中，烃源岩总厚度需要与井偏移数据、构造复杂度和不具烃源潜力的岩石单元进行校正（Peters 和 Cassa，1994）。

　　大多数沉积岩石样品中均含有有机碳和碳酸盐岩中的无机碳，在对有机碳进行测定时，需要对两者进行有效区分。很多方法都可以对有机碳进行有效定量分析（表 3.2），大多数地球化学方法是基于燃烧法，有机质高温燃烧产生的 CO_2 通过热导率、库仑滴定法或光谱学进行检测分析。这些分析检测方法和其他方法在 Gonzalez 等（2013）中进行了总结和讨论。每一种方法均有其优势和劣势。表 3.2 列出了两类不同方法的 TOC 检测技术：（1）基于地球化学分析方法对岩石样品的分析；（2）基于测井曲线直接或间接对 TOC 进行估算。

下文中的讨论，涵盖了常见的有机和无机法对 TOC 检测的优势和缺点。

3.2.1.3 地球化学方法评价 TOC

最常规的测定 TOC 的地球化学方法是使用 6mol/L 的 HCl 对研磨后的岩屑（岩心）样品在可滤坩埚中进行酸化处理，去除样品中的碳酸盐岩矿物，通过多次冲洗去除滤液，并在约 55℃ 条件下干燥，随后在元素分析仪或在加有金属氧化物助熔剂的 Leco 炉（约 1000℃）中进行燃烧，燃烧产生的 CO_2 采用红外检测器或热导检测器进行分析。酸化处理—燃烧分析，该方法速度快，但其结果往往因有机质含量低、碳酸盐岩含量高或岩石样品成熟度低等因素而不准确。未熟有机质易受加酸水解，在冲洗过程中造成含碳官能团的损失。Peters 和 Simoneit（1982）对用该方法与改进方法对未熟有机质进行检测 TOC 结果进行比较发现，采用不能冲洗坩埚保存加酸水解产物这一改进方法，后者其 TOC 测定值较前者要高 10%。

另一种测定 TOC 的地球化学方法是将一定量的样品分成两等分，对其中一份采用燃烧法测定总碳（TC），对另一份通过库仑滴定法测定产生 CO_2 计算碳酸盐岩中无机碳（C_{carb}），两者差值极为 TOC（表 3.2）。这种间接测定 TOC 的方法通常在有机碳含量低、碳酸盐岩含量高的岩石测定中使用，相较于直接测定有机碳的方法，该方法耗时并对样品量要求较多（研磨后需 1～2g）。

早期的岩石热解评价仪（Rock-Eval 2）对 TOC 的测定是对 600℃ 时氧化残留有机碳所获取热解产物中碳的含量。因而对少量样品而言，岩石热解评价的方法提供了可以与酸解法和库仑滴定法所测 TOC 可对比。但是，对镜质组反射体 R_o 大于 1% 的已成熟样品因其在 600℃ 温度下不能完全燃烧造成 TOC 不准确。Rock-Eval 6 热解和氧化温度可达 850℃，可得到更可靠的 TOC 数据，尤其是对高成熟样品的检测更为准确（Lafargue 等，1998）。

激光诱导热解反应（即 LIPS，Elias 等，2013）可产生高分辨率的有机碳测井曲线（例如：在 100m 岩心中有 10000 个测试点），可用于对其他测井曲线，如伽马曲线的校正。每次进行的激光诱导热解反应包括两个部分：（1）低能激光对岩心表层污染物的清除；（2）高能激光对所测靶区轰击使其发生热解反应并产生热解产物信号。两次激光作用将在该样品表面的靶点处留有一个大约（直径为 1～3mm）的亏损。LIPS 的光离子检测器对碳酸盐岩分解产生的 CO 和 CO_2 值并不敏感，只能检测含有 C—H 键的化合物。但是，LIPS 对不能发生热解反应的有机碳无检测信号，因而只能对具有生烃潜力的残余烃进行检测，故难以反映 TOC 的大小。因而，LIPS 的有机碳组成分析结果针对高成熟样品或高含惰性碳的样品进行的分析要小于常规 TOC 测试方法进行的分析。

漫反射红外傅里叶变换光谱（DRIFTS）是一种快速分析岩心和岩屑 TOC、干酪根和矿物组成的一种方法（表 3.2）。DRIFTS 可能是唯一对样品进行足量的化学分析检测并在钻井现场进行应用的检测方法。红外光谱法将在本章的后面进行介绍和讨论。红外光谱检测化合物在红外光谱区的吸收峰特征。吸收峰的波长特征通过化合物分子的振动频率进行刻画，与化合物组成中特定化学官能团有关。有机物和无机物只要在红外光谱存在吸收特征均可通过 DRIFTS 进行检测。

表 3.2 测定钻孔中总有机碳的一些地球化学和测井方法

测定 TOC 方法	途径	传统方法的缺点	文献
地球化学（岩石样品）			
过滤酸化	6N HCl，冲洗，燃烧	一些有机碳发生水解作用而流失	Peters 和 Simoneit（1982）
无过滤酸化	6N HCl，燃烧	柱箱腐蚀	Peters 和 Simoneit（1982）和 Wimberley（1969）
全部减去库仑滴定量[①]	TOC=TC–C_{carb}	分析速率慢，需要的样品量大	Engleman 等（1985）
热解[②]	TOC=PC+RC	不完全燃烧模式 参照 v.6	Lafargue 等（1998）
激光共聚焦	残余原油生油潜力的活性	要求实验室核心分析，对惰性碳没有响应	Elias 等（2013）
DRIFTS[③]	C—H 键的色谱分析	必须排除油基钻井液，干酪根的类型和热成熟度影响实验结果	Herron 等（2014）
测井分析			
γ 线总值	对于大部分测井值都是有用的	主要对 U 元素响应，没有干酪根	Schmoker（1981）
γ 线光谱	伽马射线校准 TOC	主要依据的因素，如：现场校准 Eh（氧化还原电位）和 p_H（氢离子浓度）；铀矿物的影响：磷酸盐	Fertl 和 Chilingar（1998）
单位体积重量[④]	TOC=（154.497/p）–57.261	假设无机物的密度为 2.69 g/cm^3，泥岩和富碳酸盐岩样的 TOC 含量会被低估	Schmoker 和 Hester（1983）
ΔlgR[⑤]	$lgR=R/R_b-\chi(\rho-\rho_b)$	成熟度影响，泥岩的影响，假设对于基线和富有机质的影响相同	Passey 等（1990，2010）和 Issler 等（2002）
脉冲中子光谱岩性扫描成像测井仪[⑥]	TOC=TC–TIC	要求分离捕获和非弹性光谱测量；钻孔和地层对无机碳的校准	Pemper 等（2009）；Radtke 等（2012）；Charsky 和 Herron（2013）以及 Aboud 等（2014）

① TOC，总有机碳；TC，总碳；C_{carb}，碳酸盐岩中的无机碳。

② PC，可热解碳（即有效碳）；RC，残碳（850℃燃烧后的无效碳）。

③ DRIFTS，漫反射红外傅里叶变换光谱。

④ ρ，总密度，单位：g/cm^3。

⑤ $\rho_{基线值}$，含有机质基线值区段内岩石的密度，单位：g/cm^3；χ，比例因子，确定含有机质区段两曲线基线时计算所得。两条曲线的 ΔlgR 差值与地层成熟度参数校正后用于确定该层段的总有机碳 TOC；R，电阻率，单位：Ω·m；$R_{基线值}$，含有机质区段基线值内岩石的电阻率值；TOC=（ΔlgR）×10（2.297–0.1688LOM）中的 LOM，指有机质变质程度（据 Hood，等 1975）。

⑥ TIC（总无机碳）=0.12（方解石含量）+0.13（白云石含量）。

DRIFTS 检测的是对红外光子发生漫反射的吸收特征，该技术已经在土壤学和沉积物检测中进行了定性和定量的矿物组成和 TOC 分析（Janik 和 Skjemstad，1995；Vogel 等，

2008；Rosen 等，2011），与对干酪根进行的红外光谱分析不同，对完成烃源岩样品的分析检测必须要对有机物和矿物组成产生的叠加峰进行处理。DRIFTS 在对全岩样品的分析中，通过有机化合物组成的特征峰是脂肪烃和芳烃 C—H 键吸收峰在近 2900cm⁻¹ 附近。DRIFTS 可对全岩样品中 CH_2/CH_3 比例与脂肪烃中 C—H_x/芳烃中 C—H 比值进行精确测定。这些峰的比值可以对烃源岩的成熟度进行预测，该区域所分析样品的总信号通过校正因子进行校正，也可用于对 TOC 进行的分析测试。通过对红外光谱吸收峰强度进行的检测并对 TOC 进行定量评价过程中，一直饱受质疑和挑战，因为干酪根的红外光谱信号与岩心或岩屑样品中所包含的任何油基污染物产生的信号相叠加，以及在与 TOC 进行相关性分析中 2009cm⁻¹ 附近吸收峰的强度与干酪根类型和成熟度紧密相关（Dur 和 Espitalie，1976；Painter 等，1981；Fuller 等，1982；Ganz 和 Kalkreuth，1991；Lin 和 Ritz，1993；Ibarra 等，1994，1996；Riboulleau 等，2000；Lis 等，2005）。最近，这些困难已经克服，一种快速去除岩屑样品油基钻井液的方法取得进展，已经得出了不同 C—H 键吸收相对强度与 TOC 之间的相关性。该相关性还使得 DRIFTS 可用于评价烃源岩或干酪根的成熟度，通过 DRIFTS 评价矿物组成的数目和准确度均发生显著提升（Herron 等，2014）。因而，现在 DRIFTS 可以对岩心和岩屑样品的 TOC 含量、成熟度和矿物组成特征进行实时分析。DRIFTS 均可进行实验室的分析检测和钻井现场的分析检测，从而为水平井钻井过程中提供数据参考。需要注意，对岩屑样品中油基钻井液或钻井液处理不净将导致 DRIFTS 分析测试检测的不准确。

3.2.1.4 间接测井曲线评价有机碳

与有机地球化学方法分析测试的样品具有高度的离散型样品不同，通过无机地球化学或测井曲线方法直接或间接地提供连续的 TOC 含量—深度维度的数据，其局限性仅仅与所使用测井曲线在井位深度的分辨率有关。基于经验公式可以使用测井曲线直接或间接地评价岩层中 TOC 含量。

常使用的测井曲线包括：（1）总伽马测井曲线或伽马谱测井曲线；（2）密度测井；（3）ΔlgR 法（表 3.2）。我们建议所有通过测井曲线获得的 TOC 数据需要与基于实验室分析的有机地球化学所得的 TOC 数据进行比对，并校正。

对总伽马曲线或伽马谱曲线（表 3.2）法进行 TOC 计算，我们认为烃源岩样品中 TOC 含量与烃源岩层中铀（U）元素的含量具有相关性。总伽马曲线或伽马谱曲线在纵向井位中的分辨率为 0.6～1.0m（2～3ft），该方法具有相当大的局限性，因为地层中铀（U）元素的组成和含量与多种因素相关，如地层水中原始铀（U）含量、沉积速率、地层的化学性质包括氧化还原电位（E_h）和氢离子浓度（p_H）。对富有机质泥岩中，将铀（U）作为 TOC 评价的一个重要参数需要对地层特征和区域分布等特征进行仔细的校正（Luning 和 Kolonic，2003）。

对总密度测井（表 3.2）而言，我们认为任何密度变化仅仅与 TOC 含量的变化有关。这种评价方法通常具有可信度，在评价区干酪根的密度要远低于同位置发育的无机岩石骨架的密度，在烃源层富集发育的层段不会发生显著的变化。但是，这种方法在岩石骨架密度发生变化的层段不具有适用性，如当存在黄铁矿等物质存在时，其评价结果便受到干扰。

ΔlgR 法是另一种可以评价 TOC 的经验性方法，在该方法的应用中，孔隙度和电阻率的偏移与 TOC 的含量有关（表 3.2）。声波时差、密度和中子测井曲线其在垂向上的分辨率为 0.6~1.0m（2~3ft），并用于对孔隙度的评价中。ΔlgR 法辨识出这种偏移特征（与测试单位进行调整后），在与富有机质岩石的有机质演化程度（LOM；Hood 等，1975）进行校正后，与 TOC 具有很好的相关性。与密度测井曲线类似，该方法所建立的模型同样认为该曲线中任何变化均是基于干酪根和与之相关的孔隙度的变化引起的。发生的任何关于无机岩石骨架所引起的变化均导致 TOC 含量计算的误差。

3.2.1.5 直接测井曲线评价有机碳

直接用测井法评价 TOC 通常比间接测井法评价 TOC 更加准确。直接测井法评价 TOC 的方法主要包括：（1）碳提取；（2）核磁共振—地球化学法；（3）中子脉冲谱伽马曲线（Gonzalez 等，2013）。总碳包括有机碳和无机碳，均可通过无机地球化学录井进行分析。无机元素的分析可通过元素测井对 Ca 和 Mg 以及其他元素分析，进而确定碳酸盐岩含量。碳提取的方法是通过测量总碳和无机碳的差值来评价有机碳。此处 TOC 包括各种形式的有机碳，包括干酪根、沥青、原油和天然气的有机碳。与已经发生运移的油气不同，沥青来源于烃源岩本身，可以通过常用有机溶剂从细粒岩石中进行提取。

核磁共振—地球化学方法评价 TOC（Gonzalez 等，2013）主要为，核磁共振测井确定烃类流体充注的孔隙体积，其中孔隙体积中氢原子分布的空间为充注的体积。核磁共振测井的地球化学方法通常在致密油的应用中最为常见，因为氢原子与孔隙体积的比例可以有效确定原油的含量（而天然气的含量变化很大）。烃源岩中低密度组分（孔隙体积与干酪根体积）可通过密度测井对无机矿物颗粒密度进行评价。所得的体积值与核磁共振所得体积值的差值为干酪根的体积。干酪根中沥青的含量及黏度等参数均影响评价结果。干酪根的体积（V_k）表达式如下：

$$V_k = \left[(\rho_{mg} - \rho_1) / (\rho_{mg} - \rho_k) \right] - \left[\psi_{NMR} (\rho_{mg} - \rho_f) / HI_f (\rho_{mg} - \rho_k) \right] \quad (3.4)$$

其中

$$\rho_1 = \rho_{mg} (1 - V_f - V_k) + \rho_f V_f + \rho_k V_k$$

$$\psi_{NMR} = V_f HI_f$$

式中：V_f 为孔隙流体所占体积；ρ_{mg} 为矿物岩石基质密度，来自地球化学测井的数据（未使用 TOC 校正）；ρ_k 为干酪根密度；ρ_f 为孔隙流体密度；ψ_{NMR} 为总核磁共振谱所得孔隙度；HI_f 为流体的氢指数。

根据 Tissot 和 Welte（1978），干酪根体积向 TOC 含量转化的公式为：

$$w_{TOC} = (V_k / K_{vr}) (\rho_k / \rho_b) \quad (3.5)$$

式中：w_{TOC} 为总有机碳含量，%（质量分数）；K_{vr} 为干酪根的转化因子（如 1.2~1.4）；ρ_b 为总密度。

中子脉冲—伽马谱法（表 3.2）同时检测碳酸盐岩矿物中碳原子及其他主要原子组成，尤其是 Ca 原子和 Mg 原子。TOC 可以通过总碳和无机碳的差值得出，在裸眼测井速度下得出。该方法与常规的基于经验公式得到的 TOC 估测值（Schmoker 密度曲线法和 ΔlgR 法）显示出显著差异。其他的常见评价 TOC 的方法还包括铀（U）测井曲线或伽马曲线，这两种方法均需要进行区域性校正。Schmoker 密度曲线法使用密度测井曲线并认为地层中岩石密度的变化是由于密度小的有机质（约 1.0g/cm³）的出现或缺失造成的，ΔlgR 法是基于声波测井或密度测井与电阻率曲线发生分离，并与有机质热演化程度结合对富有机质岩石中的 TOC 进行测定。

3.2.2 有机地球化学记录及辅助手段

非常规油气含油气组合中的有机地球化学"测井"记录可对甜点区进行有效识别，得益于垂直井中连续密集取样（每 10m/ 个样品即约 30ft/ 样品）所进行的低成本快速分析。图 3.3 所示的北达科他州 Williston 盆地一口井眼中密集取样进行的有机地球化学"测井"记录包括 TOC、岩石热解分析和碳酸盐岩组成。含油饱和度指数（$OSI=100 \times S_1/w_{TOC}$）很高的 Scallion 组因低含油饱和度 [岩石热解参数 S_1, mg（HC）/g（岩石）] 和很低的 TOC 值其数据难以具有可靠性。上 Bakken 组和下 Bakken 组 S_1 值很高，但是含油饱和度指数很低。这些岩石单元即使在水力压力改造条件下也难以形成有效油气产量。但是在中 Bakken 组却形成了客观的油气产量，其 S_1 值较上 Bakken 组和下 Bakken 组低。但含油饱和度指数却很高 [>100mg/g（TOC）]。T_{max} 值 [可通过式（3.6）转换为 R_o 参数] 在中 Bakken 组 S_2 峰的重烃组分的干扰受到抑制。

总之，中 Bakken 组成为甜点区的主要组成部分，同时含有高的含油饱和度指数和有利的岩石物理特征（高含量的脆性碳酸盐岩含量）。高含油饱和度指数并不总可以指示高产油气层段，尤其是在富含黏土矿物，而缺少方解石、白云石、石英和长石等脆性矿物含量的岩石单元（图 3.2）。

下面的关系式可用于将岩石热解参数 T_{max} 值转化为 R_o，应用时需要谨慎

$$R_{o\ 计算值} = （0.0180）T_{max} - 7.16 \tag{3.6}$$

式（3.6）是基于低硫含量的 II 型和 III 型干酪根烃源岩样品的回归值（Jarvie 等，2001）。该方程对很多 II 型和 III 型干酪根的应用具有合理性且吻合度高，但是对 I 型干酪根难以发挥其有效性。

3.2.2.1 范氏图

范氏图基于元素分析通过 O/C 原子比与 H/C 原子比所构建的交会图版刻画烃源岩有机质特征，也见修改后的范氏图使用岩石热解参数中的氧指数 OI 与氢指数 HI 所构建的交会图版（图 3.4）。两种图版在对烃源岩生烃潜力进行评价时均需谨慎（Espitalie 等，1977；Peters 等，1983；Peters，1986；Dembicki，2009）。通常岩石热解参数与元素分析所得结果类似，但其所使用样品量少（约 100mg），更加快速，且成本低，从而成为烃源岩评价工作中的一种重要的研究方法。但是，岩石热解参数中其氢指数 HI 往往低估干酪根及其生烃潜力的品质。因为倾油型干酪根其 H/C 原子比高，但其热解生烃量不一定会高。因而，需要所选干酪根的 H/C 原子比的测试结果，辅助通过岩石热解法进行评价烃源岩中残留有机质的生烃潜力（Baskin，2001）。

3.2.2.2 TOC-S_2 相关图

TOC 与 S_2 相关图是有机地球化学进行烃源岩评价中最常用的图鉴之一，也是评价

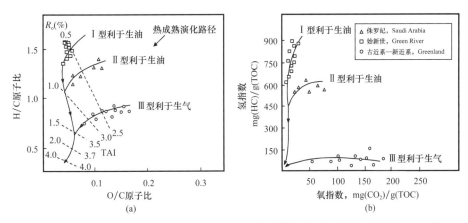

图 3.4 基于元素分析的范氏图（a）和基于岩石热解参数修订版范氏图（b）（据 Peters 等，2005）
图中所示 Ⅰ 型、Ⅱ 型和Ⅲ型干酪根热成熟烟演化路径仅为示意之用。干酪根在同一烃原岩或不同烃源岩中均具有极大的非均质性，很多样品，含有如Ⅱ型/Ⅲ型或Ⅳ型干酪根，其分布于这些演化路径之间，或上部或下部，图（a）中的破折线表示其大致的 R_o 值以及热变指数

岩石单元的氢指数 HI 最好的方法，其克服了与对单一烃源岩的氢指数 HI 进行均值化评价的缺点。例如，加拿大 Alberta（Snowdon，1997）一口名为 Shell Worsley 6-34-87-7W6 井（lat 56.584919，long –119.029623）中的岩屑热解数据 TOC-S_2，显示其来自 Fernie 组（980～1043m）和 Nordegg-Montney 组（1043～1104m）两种不同的有机相。基于六个样品的拟合曲线，我们得出 Fernie 剖面氢指数 HI 为 255 mg（HC）/g（TOC），其相关系数为 0.998；基于 7 个样品的拟合曲线，得出 Nordegg-Montney 剖面氢指数为 680mg（HC）/g（TOC），其相关系数为 0.994。然而，基于每个层段样品分析所得的均值分别对 Fernie 剖面和 Nordegg-Montney 剖面的氢指数评价显示分别为 336 mg（HC）/g（TOC）和 451 mg（HC）/g（TOC），其评价结果与 TOC—S_2 法所得氢指数 HI 出现显著不同。

Shell Worsley 井中的 Belloy 组（1104～1284m）代表第三种有机相，基于对 20 个样品的数据显示，其 TOC 分布为 0.04%～0.69%。因为该层段可能并非烃源岩，故数据并未在图 3.5 中标识。无论其原始氢指数 HI 是多少，对于原始 TOC 含量<1% 或 2% 的烃源岩其排烃效率均很低。Lewan 1987 提出 TOC 含量<2.5% 的岩石难以建立一个连续的有助于排烃的沥青质网格，数据显示与结果相一致。因而，在一个烃源岩层位中，TOC 含量<2% 的烃源岩层段很可能难以在热演化过程中形成有效的排烃，应该在评价过程中予以排除。对于沉积盆地含油气系统模拟研究而言，在一大段烃源岩层位中，非烃源岩层段需要从中剔除，将烃源岩分为几个具有高生烃的亚段。

3.2.2.3 有机岩石学

R_o 作为一种成熟度参数，通常用以描述与原油和天然气生成过程的烃源岩的热演化程度（Bostick，1979；Peters 和 Cassa，1994）。因而，在对烃源岩的评价中，通过 R_o 等值线图对烃源岩进行区域性评价（Demaison，1984）、利用 R_o 的跳跃或间断推测不整合面的隆起剥蚀造成的地层间断等地质过程（Armagnac 等，1989），显得十分重要。单井中的实测 R_o 数据可与动力学计算的 EASY%R_o 数据进行比对（Sweeney 和 Burnham，1990），并对沉积盆地中含油气系统模拟中的模型进行成熟度校对（Schenk 等，2012）。

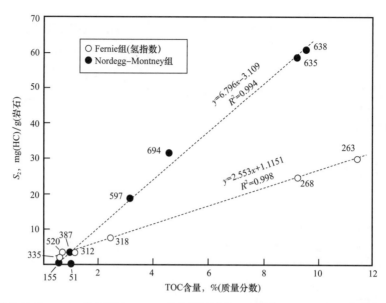

图 3.5　Albert 盆地 Shell Worsley 井中通过 TOC–S_2 相关图显示 Fernie 组和 Nordegg–Montney 组两种有机相烃源岩
图中样品点附近的数据为氢指数 HI 的值

R_o 的测定需要对有机质进行岩相学观测。在进行岩相学测定，通常有两种制样方法：

（1）对极富有机质的样品，如煤（TOC 含量＞50%），可以使用全岩样品进行观测。

（2）对有机质含量并不是很高的样品，如大部分的烃源岩样品，需要对岩石样品进行干酪根提取。然后将提取的干酪根样品与环氧树脂混合、干燥，使用精细的氧化铝制抛光仪打磨抛光（Bostick 和 Alpern，1977；Baskin，1979）。

所用偏光显微镜需配备光度计，可测定样品中油浸镜质组入射光（546nm）与其反射光的比例（Taylor 等，1998）。R_o 报告中通常为 20～100 个测点的中位数或平均值，镜质组的选取由测试者主观判断决定。一些样品中，如倾油型干酪根中，所含有的观测点数＜20 镜质组观测点，将影响 R_o 数据的不确定性。

同一样品由不同观测者进行测定，也可能由于宏观显微组分组成的复杂性以及对镜质组辨识的差异性造成测试结果出现一定差异。镜质组各向异性造成的分析误差在 R_o＞1.0% 时极为明显，从而通过定义 R_{max} 与 R_{min}，分别表示在显微镜旋转时镜质组最大或最小的反射率值。在不能旋转的显微镜上进行测定时，R_r 和 R_m 通常用于表示镜质组反射率的随机值和均值。

所有 R_o 观测值通常会在一张 R_o 频率分布直方图中进行分析，如果频率分布图出现多个分布峰，观测者需要对数据进行正态化处理，去除改造过或污染的镜质组数据，保留原生有机质数据，从而避免因为观测者对镜质组显微组分的误判造成 R_o 解释的误导（图3.6）。每个通过频率分布图所获得的 R_o 均值与深度值交会，形成可以反映该剖面热演化程度的 R_o 与深度关系曲线。

烃源岩中各宏观显微组分其来源具有多样性，将镜质组与其他类脂组或惰质组进行准确区分具有很大难度。有机岩石学的荧光光学特征已被证实为有效的区分宏观纤维组分的手段（Crelling，1983）。类脂组主要来自植物的蜡质组成，与某些镜质组均可见荧光特征。Ottenjann（1988）比对了不同性质煤的镜质组的荧光光谱特征，从而在工业应用方面大部分的钢铁公司均采用有机岩石学实验室对煤的结焦性能进行评估。当前我们将 R_o 与宏观显微组分荧光进行结合的方法是基于每个样品中单个镜质组的测试结果，通常其测试的是不会超过十几次。这样的测试方法较低端，难以应用在工业领域。Wilkins 等（1995）提出的方法可以在 700s 完成一次荧光测试，需要在 12min 完成一次镜质组的荧光检测。

R_o 分析测试所获得的成熟度数据，其数据解释通常集中在以下 4 个方面：（1）倾油型干酪根中宏观显微组分因富含氢从而抑制 R_o 对成熟度准确刻画（Price 和 Barker，1985；Wilkins 等，1992）；（2）钻井过程中一些特定添加剂对宏观显微组分造成污染，或浅层样品的掉落造成烃源岩取样代表性产生误差，均可对成熟度的应用产生影响；（3）观测者对镜质组的主观性误判；（4）测试点数不足，难以支撑有效的 R_o 数据整理和分析。镜质组作为一种大型陆生高等植物演化的结构组成，在志留纪及以早的地质年代中缺失。海相富有机质烃源岩因缺少或微量的陆源高等植物的有效输入，常难以进行准确的 R_o 测定。因而，烃源岩 R_o 的估算通常需要在上下贫有机质的岩层中进行测定并使用内插法进行推测。作为另一种表征成熟的重要参数，岩石热解分析中的 T_{max} 在烃源岩评价中常常难以保证其准确性（图 3.3，右侧）。另外，镜质组来源于木质高等植物，在其埋深演化过程中，对油气生成的贡献极为微弱，因而作为一种判识生油开始和结束的指标（分别为约 0.6% 和 1.4%），还受干酪根的类型、结构以及干酪根组成的生烃动力学参数等的影响（图 3.1）。

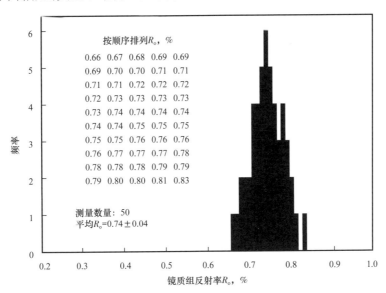

图 3.6　沉积岩样品中镜质组反射率 R_o 频率分布直方图

根据镜质组对入射光的放射率的测定所获得的 50 个测试点，所有直方图中的数据计算 R_o 的平均值。本例子中的素有样品的标准偏差为 0.04%，其意义通常用于评价观测者对镜质组识别准确度的稳定性评价

3.2.3　无机地球化学测井

无机地球化学测井方法在 20 世纪 70 年代首先在套管井测井评价中引入。首次引入主要使用 C/O 原子比评价原油饱和度以及基于 Si、Ca 和 Fe 元素的测定对岩性进行定量评价（Culver 等，1974；Hertzog，1980）。随后的 20 年，扩展至对裸眼井进行元素测井，并在此基础上发展基于对元素含量的评价对地层岩性和放射性评价等方面（Herron 和 Herron，1996；Radtke 等，2012）。

元素俘获谱测井首先是针对裸眼井的地层评价进入商业服务领域。在测井过程中，通过一个放射性中子源向地层中发射高能量中子，随后通过特定元素核进行俘获，并释放出特征的 γ- 射线，通过检测并进行地层解释。更先进的测试方法（Pemper 等，2009；Radtke 等，2012）使用脉冲式中子发射器，并进行实时的 γ- 射线俘获，通过该非弹性散射形成的 γ- 射线光谱可以实现对地层元素的检测并对 TOC 含量进行计算。

现代的中子诱发 γ- 射线或元素测井可以形成岩石组成重要元素的含量测井曲线。例如，LithoScanner 报道了主要元素 Si、Ca、Fe、Mg、S、K、Al、Na 和 C，以及一些微量元素和痕量元素，如 Mn、Ti 和 Gd（Radtke 等，2012；Aboud 等，2014）的含量。这些元素信息有助于评价岩石单元的地球化学行为。图 3.7 显示，B 区中含有高含量的方解石和白云石（中 Bakken 组）处于极为高有机质含量的 A 区和 C 区（上 Bakken 组和下 Bakken 组）之间，表明 B 带岩石组成更具脆性，且更有利于进行水力压裂并获得非常规油气产量。

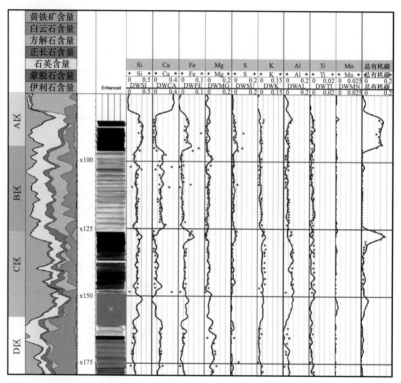

图 3.7　北达科特的一口井的无机地化测井显示 Bakken 组（A—C 区）和三叉组（D 区）
（据 Redcke 等，2012）

比较黑色曲线中岩石扫描获得的元素质量分数与实验室岩心分析的结果（红色点）。显示岩石扫描有机碳与实验室酸化过滤燃烧具有非常好的一致性（最右端，0.2 代表有机碳质量分数 20%）。彩色的岩石矿物组成和岩心图片分别位于深度道的左边和右边。测井速度为 600ft/h（183m/h）

元素含量测井应用在描述 TOC、岩性与矿物组成、岩石基质性质等方面。该测井方法对岩石单元中的矿物组成方面变化显著。广受接受的应用主要包括 Si、Ca 和 S 元素计算总黏土矿物组成；Ca 元素或方解石含量，Ca 和 Mg 计算白云石含量，估算碳酸盐岩含量；通过 S 元素计算无水石膏和（或）黄铁矿含量；石英、长石和云母为剩余矿物组成（Herron 和 Herron，1996）。

3.2.4 储层条件下定量刻画吸附性

烃类流体的吸附能力和吸收特征影响非常规油气评价中的烃类体积（表3.1）。与常规油气藏相比，非常规油气的特征与微孔和大的表面积有关（Nelson，2009）。从而在非常规油气中烃类的吸附能力和储层的特征更为重要。与烃类分子进入固体相所发生的吸收过程存在显著不同，吸附过程是指烃类分子在岩石固体表面的附着。然而，在烃源岩和干酪根等多孔介质中，吸附作用与吸收作用的区别并不明显。当孔喉直径与烃类分子直径可以相比较时，对烃类分子进行吸附或者占据该储集空间已经难以判识。在本章中，我们关注吸附的概念，但是值得注意的是，一些研究实例中吸附作用与吸收作用是非常难以区分的。

吸附作用反映的是烃类中的分子与固体表面的亲和力，在油气藏中通常为一种弱的物理吸附（<50 kJ/mol），而没有化学键的断裂作用过程。吸附力的大小与固体表面的极性和分子的极化性有关。非常规油气中固体表面包括干酪根表面和岩石矿物表面。大多数岩石矿物表面上是非极性的，干酪根表面随成岩作用和深成作用过程中羟基和羰基等官能团的脱落逐渐成为非极性。水等极性分子与极性矿物表面间的亲和力更强，而且水与非极性矿物表面的亲和力要弱于与极性分子间的相互作用。

表3.3显示极性化合物（水）和非极性化合物（甲烷和乙烷）分别在极性和非极性固体表面的吸附值。数据显示，常规和非常规油气储层表面往往都被水膜覆盖，而干酪根表层通常被烃类附着。因为泥岩储层组成的多样性和表层的非均一性，使得泥岩所形成了极为复杂的吸附系统。本章下文重点讨论烃源岩储层中与原位油气富集相关的关键因素。

表3.3 甲烷、乙烷和水在极性与非极性固体表面吸附热对比表　　　　单位：kJ/mol

类别	甲烷	乙烷	水
极性硅酸盐表面 （沸石）	20.0 （Smit，1995）	31.1 （Smit，1995）	43 （Carmo 和 Gubulin，1997）
非极性碳原子表面 （活性炭）	18.5 （Cruz 和 Mota，2009）	31.8 （Cruz 和 Mota，2009）	10 （Groszek，2001）

烃源岩中吸附烃含量由烃源岩本身吸附能力与吸附体的表面积决定，油藏中吸附烃的表面积无法进行直接确定，但是可以通过适当的模型对实验室数据进行校正来估计。对吸附性的描述模型很多，每一个模型均有各自的等温吸附方程（特定温度下是压力的参数）来描述吸附烃含量。最简单的是朗格缪尔模型：

$$\frac{n_{\text{ads}}}{n_{\text{m}}} = \frac{K(p/p^\circ)}{1+K(p/p^\circ)} \tag{3.7}$$

式中：n_{ads} 指单位岩石单元中吸附烃的含量（mol/g）。n_{m} 指单位岩石单元中单分子层吸附能力。从而，$n_{\text{ads}}/n_{\text{m}}$ 指吸附体的表面覆盖率（无量纲）。严格而言，n_{ads} 应该为吸附烃超出量，表示未发生吸附所占有的体积与吸附气量的差值。后者通常用氦气吸附的方法进行测定，假定氦气吸附过程中氦气与固体表面没有任何相互作用。K 指朗格缪尔参数（无量纲）；p 指吸附气的压力；p° 指一个标准大气压（105Pa，1bar，或者14.504psi）。

朗格缪尔系数 K 是吸附热（q，J/mol）和标准吸附熵 [s°，J/（mol·K）] 的函数：

$$K = \exp\left(\frac{q}{RT} + \frac{\Delta s^\circ}{R}\right) \quad\quad (3.8)$$

其中：T 为绝对温度，K ；R 为理想气体参数，取 8.3144J/（mol·K）。

朗格缪尔等温吸附方程有时也写作：

$$\frac{n_{ads}}{n_m} = \frac{p}{p + p_L} \quad\quad (3.9)$$

其中，p_L 为朗格缪尔压力，该压力条件下一半的固体表面被吸附烃类覆盖，并通过以下公式表示：

$$p_L = p^\circ/K \quad\quad (3.10)$$

其中：p° 为一个标准大气压（105 Pa，1 bar，或者 14.504 psi），K 指朗格缪尔参数。

当 q，Δs° 和 n_m 三个参数值确定后，任何压力和温度条件下在朗格缪尔模型下吸附烃量便可以计算出，很多研究（Zhang 等，2012；Ji 等，2012；Gasparik 等，2014；Hu 等，2015）对富有机质页岩中甲烷的吸附烃量进行分析，泥页岩的吸附能力受 TOC 和热演化程度双重影响。Gasparik 等（2014）的研究已经报道吸附能力>2～4nmol/g 的泥页岩样品其 R_o 为 1.3%～2.0%，位于生气窗，其总有机碳含量>2.0%。这样高吸附能力的泥页岩显示其表面积为 200～400m²/g（TOC）（考虑甲烷分子直径为 0.4nm，大部分孔径<3～5nm），与成熟干酪根中表面积的直接测定结果相一致（Suleimenova 等，2014），该泥页岩的吸附能力比前人研究中煤吸附能力 [1mmol/g（TOC），Clarkson 等，1997] 高几倍。

通过式（3.8），q 和 Δs° 可以在不同温度下朗格缪尔等温方程得出，物理吸附合理值 Δs° 应该与三维体积的游离气向二维被吸附体转换熵的损失值相近，其值对甲烷而言为 273～423K-87～-82J/mol（Xia 和 Tang，2012）。q 和 Δs° 的值可通过自然成熟的页岩和干酪根确定，也可通过烃源岩人工熟化确定（Zhang 等，2012；Gasparik 等，2014；Hu 等，2015）。熵变 Δs° 值与吸附热呈稳定的线性变化，其值介于 –120～–60J/（mol·K）时表明其受到来自朗格缪尔系数 K 的补偿效应 [见式（3.8）]。熵变 Δs° 值变化范围需要小于二维吸附的变化范围 [–87～–82J/（mol·K）]，一些被吸附的分子并未附着于固体表面，而是以游离气的形式困囿在孔隙中（Xia 和 Tang，2012）。干酪根和人工熟化的样品中显示具有更强的吸附能力 [q>20kJ/mol 和 $-D_s$>100J/（mol·K）]，表明在实验室条件下人工熟化的作用过程造成了更多的吸附空间，Δs°=–87J/（mol·K）和 q=18kJ/mol 应用于下文方程中。

3.2.5 吸附气对原位气量和产气量的贡献

假定上述参数 n_m=2～4mmol/g（TOC），Δs°=–87J/（mol·K）和 q=18kJ/mol，页岩区块的参数为页岩深度为 3000～5000m，T=80～180℃，p=30～50MPa，局部覆盖率（n/n_m）变化范围为 0.7～0.9。

地下油藏条件下具有特定的温度和压力，根据朗格缪尔模型，其局部覆盖率的变化范围非常窄。因而，影响吸附气量的主控因素为 TOC 和单位页岩层的吸附能力，对一个页岩层系的 TOC 为 4%，n_m 为 2～4mmol/g（TOC），吸附气量为 50～130ft³/t。考虑到页岩区块孔隙度为 5%～10%，游离气含量为 100～400ft³/t 岩石。

有人认为，非常规油气富集中吸附气量与游离气量可以进行比对，但是吸附气对天然气产量贡献却并不显著。随着油藏的逐渐枯竭，游离气的产量随压力衰竭呈指数下降（油藏条件下天然气的压缩系数 z 接近于 1），油藏中解析气的含量直至油藏压力极尽衰减后才显著（图 3.8）。考虑到页岩气的采收率为 30%，吸附气形成的解析气含量小于总产气量的 10%。

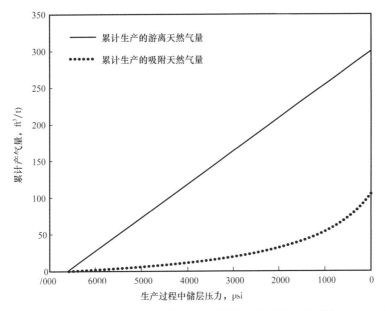

图 3.8　据朗格缪尔模型页岩区块产量衰减过程中游离气超过吸附气的贡献值

3.2.6　烃类的生成、排驱与滞留

与常规油藏不同的是，非常规储层中富集的烃类是指烃源岩及邻近层位中未发生运移或短距离运移的烃类。常规油气藏中的油气运移以二次运移为主，而对非常规油气而言，非常规油藏的生烃史与储层的储空间的关系是最重要的（图 3.9）。

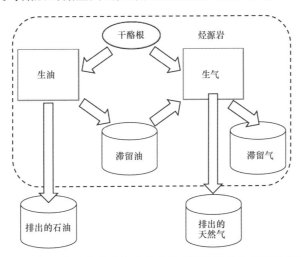

图 3.9　烃源岩（虚线内）发生排烃后烃类的分布特征示意图
排烃作用和油藏的初次运移指烃类排出烃源岩并进入邻近运载层的油气运移。但是，烃源岩中的油气
运移也发生在富有机质层段向多孔渗透的贫有机质层段的运移，注意烃源层中滞留的烃类同时来源于
干酪根的裂解和滞留原油的二次裂解

油气的生成过程可以看作是不同活化能有机质经历的一系列一级化学反应。一级反应的速率方程为：

$$\frac{\mathrm{d}y}{\mathrm{d}t}=k(1-y) \tag{3.11}$$

其中：y 指生烃母质的转化率（无量纲）；t 指时间，s；k 为化学反应常数，s^{-1}。阿伦纽斯方程是另一种可以表征化学反应速率、活化能和温度的方程：

$$k=A\exp(E_a/RT) \tag{3.12}$$

其中：A 为频率因子，s^{-1}；E_a 为活化能，J/mol 或 kcal/mol，1kcal=4184J；R 为气体常数，8.314 J/（mol·K）；T 为绝对温度，K。

实验室的岩石热解实验可确定油气生成动力学参数（Peters 等，2015 及其引文），Xia（2014）应用岩石热解参数和油田现场数据对气态烃类生成的动力学参数进行校正，见表 3.4。这些动力学参数表明干酪根演化至 R_o 为 1.5%～2.0% 时油气生成潜力便已枯竭，在 $R_o>2.0\%$ 的烃源岩样品中保留的天然气主要是早期成熟过程生成的天然气和生成原油的二次裂解气。

表 3.4　Barnett 页岩中气体烃生成过程中生烃动力学参数与生烃母质的最好拟合结果

产物	动力学参数（初次裂解）		生烃母质组成，%（摩尔分数）	
	A，$10^{13}\,\text{s}^{-1}$	活化能 E_a，kcal/mol	初次裂解	二次裂解[①]
CH_4	0.03	51.0～55.0	83.29	74.07
C_2H_6	1	52.9～55.7	10.71	22.22
C_3H_8	1	52.5～55.0	3.57	2.96
iC_4H_{10}	1	53.2～54.8	0.95	0.04
nC_4H_{10}	1	52.3～54.7	0.95	0.56
iC_5H_{12}	1	53.0～54.5	0.29	0.04
nC_5H_{12}	1	52.0～54.4	0.24	0.11

[①] 原油二次裂解 $A=3.85\times10^{16}\,\text{s}^{-1}$（Behar 等，2008）以及活化能 $E_a=65.5$kcal/mol，发生二次裂解/初次裂解的生烃母质比例为 1.5×10^{-3}（以碳原子质量计）。

烃源岩中滞留烃的含量主要由储层存储能力决定，在烃源岩演化的高成熟阶段，烃类的排出量远超过其滞留在烃源岩中的含烃量，在整个烃源岩热演化过程中，先前烃源岩孔隙中滞留的烃类流体被后期产物所取代。在生油窗内，烃源岩中孔隙中仍被孔隙水所占据，因而，生成原油的储集空间由岩石本身孔隙特征和含水饱和度所决定。随着烃源岩生烃作用的不断进行，烃源岩中水几乎被排驱殆尽，并且原油逐渐被后来生成的高成熟的凝析油和天然气所取代。Xia 等（2013）将下文中提及的同位素倒转归因于烃源岩中滞留烃在高成熟阶段裂解。该过程可通过上述的动力学参数进行模拟，并可解释孔隙特征与吸附性能。而关于成熟过程中油气进入不同孔隙发生的组分分馏效应具有显著的不确定性（Xia 等，2014）。

3.2.7　稳定碳同位素倒转

气态烃（甲烷到戊烷）的稳定碳同位素组成最初由干酪根的碳同位素组成决定，随后的研究表明，在天然气生成、排驱和滞留过程中存在同位素的动力学分馏效应（图3.9）。来自单一生源母质（干酪根或原油）的天然气碳同位素组成具有两种不同的碳同位素特征：

（1）随碳原子数增加，正构烷烃 ^{13}C 逐渐富集（如：$\delta^{13}C\ CH_4 < \delta^{13}C\ C_2H_6 < \delta^{13}C\ C_3H_8 < \delta^{13}C_{-n}C_4H_{10}$）。Chung 等（1988）基于大分子量生源母质生成天然气的过程中发生的同位素动力学分馏效应对该碳同位素变重序列机理进行了解释。

（2）同位素动力学效应造成正构烷烃碳同位素逐渐变重，烃类分子中 ^{12}C—^{12}C 键较 ^{12}C—^{13}C 更容易发生断裂，Lorant 等（1998）和 Tang 等（2000）对同位素动力学效应进行定量评价。

典型的正构烷烃碳同位素序列（上文中的第（1）点）发生倒转效应很少在常规油气藏中出现，其出现通常归因于不同气源的天然气发生混合（Jenden 等，1993；Dai 等，2005）。在 Barnett 页岩气中也出现了 $\delta^{13}C\ CH_4 > \delta^{13}C\ C_2H_6$ 的同位素倒转也被认为是气体混合作用所致（Rodriguez 和 Philp，2010）。Xia 等（2013）对导致该种同位素倒转的混合机制进行了定量评价。

与成熟度相关的乙烷和丙烷的碳同位素倒转（上文中的第（2）点）在 Barnett 页岩气中也见报道（Zumberge 等，2012）。天然气湿度（C_{2-5}/C 总气态烃，%）不断降低反映其热演化程度不断升高。如图3.10所示，乙烷碳同位素值随成熟度升高逐渐变重，天然气湿度降低幅度可达10%，随着湿度不断降低、成熟度不断增大，乙烷碳同位素值逐渐变负。这种倒转效应在很多其他页岩气区块中发现，成熟度适用范围更为广泛，在 Appalachian

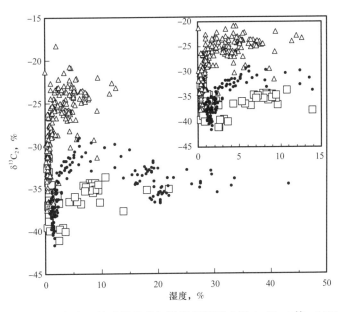

图3.10　天然气中乙烷碳同位素与湿度相关图（据 Goddard 等，2013）

鄂尔多斯盆地（三角形；Dai 等，2005；Xia，2000；Hu 等，2008）、Ford Worth 盆地（原点；Zumberge 等，2012）、Appalachian 盆地（正方形；Burruss 和 Laughrey，2010）。湿度指 C_{2+}（乙烷及更重气体组分）在总气态烃组成中所见的体积比。局部放大显示乙烷碳同位素的倒转效应

盆地的奥陶系 Utica 页岩和泥盆系的 Marcellus 页岩，得克萨斯州南部白垩系 Eagle Ford 组均可见乙烷碳同位素效应。这种现象在页岩区块中并不罕见，类似的乙烷碳同位随成熟度的倒转效应在常规油气藏也见报道，如中国的鄂尔多斯盆地（图 3.10）。

在页岩气的勘探开发实践中，通过烃源岩（TOC 和岩石热解）和烃类流体（天然气组分和同位素分析）的系统分析所获取的全新数据体为烃类的生成和排驱过程提供了崭新信息。非常规岩石单元中显示稳定碳同位素倒转特征，并伴随超压和高产特征，因而同位素的倒转成为识别甜点的一个行之有效的方法。例如，Ferworn 等（2008）研究显示，初始产量和稳产阶段均高产的井均出现在乙烷发生碳同位素倒转的区带内。但是，Madren（2012）发现，在西弗吉尼亚 Marcellus 页岩中在高产和低产页岩区均显示相同的乙烷碳同位素倒转趋势，因而他认为 Marcellus 页岩中高产层段基于孔隙度和渗透率进行的预测比同位素倒转可能更具更高的可靠性。

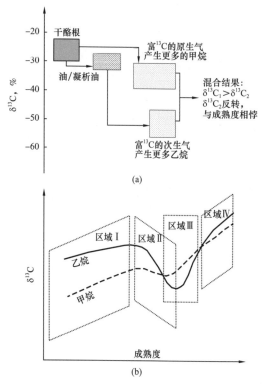

图 3.11　烃源岩封闭体系下干酪根裂解气和原油裂解气混合形成的碳同位素反转示意图（据 Goddard 等，2013）

图（b）甲烷和乙烷碳同位素值与成熟度演化趋势。区域Ⅰ：正常趋势；区域Ⅱ：随成熟度乙烷碳同位素反转；区域Ⅲ：与碳数相关的碳同位素倒转；区域Ⅳ：正常趋势。注意烃源岩中滞留烃早期—晚期的产物的比重与排烃效率有关

Xia 等（2013）通过定量计算认为，一些页岩区块中碳同位素倒转的发生是由于干酪根裂解气和原油二次裂解气的缓和 [图 3.11（a）]。烃源岩中滞留烃类的二次裂解生成的天然气湿度变大（更富含乙烷至戊烷），且碳同位素组成较干酪根裂解气更负，随着成熟度的不断升高，烃源岩中的滞留烃不断裂解生成乙烷，造成乙烷碳同位素变轻。

[图 3.11（b）] 显示天然气碳同位素组成特征随成熟度演化的完成变化序列。低成熟度条件下，未见二次裂解气贡献，形成碳原子数与成熟度正常的演化序列，随着成熟度的不断增大（区域Ⅰ）；原油二次裂解气随成熟度演化逐渐增多，乙烷碳同位素变负（区域Ⅱ）。高成熟的 Barnett 页岩气处于该区域。随着成熟度继续升高，发生甲烷碳同位素比乙烷碳同位素重（区域Ⅲ），中国四川盆地东部（Dai 等，2005）和西加拿大沉积盆地（Tilley 等，2011）该现象常见。在极高成熟演化阶段可能会变回正常的演化序列（区域Ⅳ），其原因可能是二次裂解气贡献有限或干酪根裂解气本身更富集 $\delta^{13}C$。

3.2.8　非稳态流对地球化学参数的影响

很多分析方法集中在对岩心和岩屑所释放的天然气样品研究中（Ferworn 等，2008；Strąpoc 等，2006；Zhang 等，2014）。但是所取样品极性分析天然气样品其化学组成和同位

素特征可能并不能代表原始油藏的组成特征，取样过程难以避免原生天然气样品的散失。其中所发生的脱气过程包括烃类气体的对流、扩散、吸附 / 解析过程。扩散和吸附 / 解析过程通常伴随组分的分馏效应。

Xia 和 Tang（2012）应用一种连续稳定的流动模型对油藏或实验室条件下对天然气从页岩释放的碳同位素分馏过程进行定量分析。这一模型连接了页岩气的扩散和吸附 / 解析过程，并显示了游离气和吸附气最低的同位素分馏效应（甲烷碳同位素在油藏温度下分馏值为 0.2‰~0.5‰）。天然气释放过程中的同位素分馏效应主要由扩散引起。任何化合物的瞬时同位素组成是残留组分和扩散系数的函数：

$$\delta^{13}C = \delta^{13}C_{initial} + 1000\left[1.21 + \ln(1-f)\right]\ln(D^*/D) \tag{3.13}$$

式中：f 为回收系数（解析气与原始气的比例）；D^*/D 为气体分子中含有和不含 ^{13}C 气体分子扩散率的比例。

式（3.13）表明，同位素在地质历史过程中发生同位素的分馏效应很小；同样，在非常规油气藏中，天然气生产过程中的同位素分馏效应同样是微弱的，天然气的运移和生产过程并非以扩散作用为主，因而其对同位素的分馏效应影响很小（$D^*/D \sim 1$）。另外，在地质条件下和油藏中，回收系数 f 也并不是特别接近 1。相反，在实验室条件下，从岩屑和岩心样品中释放出的天然气样品，扩散作用起主导作用（D^*/D 偏离 1），回收系数很接近于 1，并会发生显著的同位素分馏作用（Xia 和 Tang，2012）。图 3.12 显示了对煤样进行的脱气作用中发生的同位素分馏效应。

基于有限的数据，可以推测碳同位素分馏效应可用于对垂直井页岩气带中的"甜点"判识。例如，Barnett 页岩气生产过程中已经实时检测到存在甲烷碳同位素分馏效应（图 3.13）。随着页岩气生产时间的不断延长，生产出的页岩气样品中其甲烷碳同位素值将会更加富集 ^{13}C 而造成甲烷气碳同位素值变重。这种碳同位素的分馏效应可用于预测页岩气的产气特征和产量下降曲线（Goddard 等，2013）。另外，初期的研究成果已经显示，页岩气垂直生产井中吸附气中甲烷从钻井过程中的揭示的上部地层逐渐到粗粒岩层到细粒岩中，显示强烈的同位素分馏效应（Y.Tang，个人交流，2015）。

3.2.9 质量平衡与烃类气体的滞留效率

烃源岩中天然气的滞留效率与烃源岩的成熟阶段有关，并可通过总质量平衡方程和组成质量平衡方程根据其与烃源岩转化率（R_T）的函数关系进行计算（Horsfield 等，2010）。计算结果可直接用于页岩气开发中靶区的优选，故具有重要意义。该方法需要对烃源岩演化至今其转化率的质量平衡考量，对其原始烃源岩热演化数据进行评价。

$$GIP = TOC_o \times R_T \times 滞留效率 \times GOR \tag{3.14}$$

$$PGI = （原有的油气 + 生成的油气）/ 总生油气潜力 = \left[(S_{2o} - S_{2m}) + S_{1o}\right]/(S_{2o} + S_{1o}) \tag{3.15}$$

$$PEE = 排出的油气 /（原有的油气 + 生成的油气）= \left[(S_{2o} + S_{1o}) - (S_{2m} - S_{1m})\right]/\left[(S_{2o} - S_{2m}) + S_{1o}\right] \tag{3.16}$$

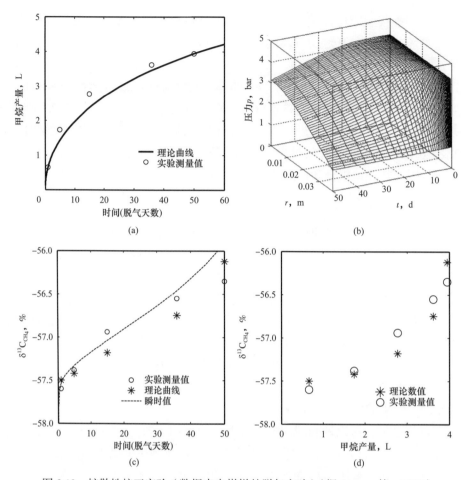

图 3.12 扩散性校正实验（数据来自煤样的脱气实验）（据 Strapoc 等，2006）

（a）脱气甲烷随时间的累积值，理论计算值（参数见表 3.4）和实验测量值；（b）甲烷气体压力随空间（r 值，据样品柱轴心的距离）和时间的变化；（c）同位素组成随时间的变化；（d）同位素组成随甲烷含量的变化实验数据来自样品 V-3/1

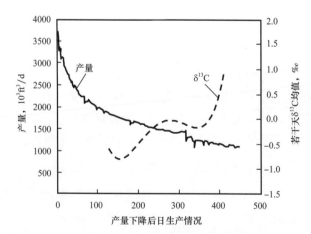

图 3.13 Ford Worth 盆地 Barnett 页岩气井中甲烷碳同位素（甲烷碳同位素均值与实时监测值间的差值）和产能随时间变化曲线（据 Goddard 等，2013，有修改）

虚线来自野外高分辨率的取样和检测并与甲烷碳同位素均值进行多项式回归

其中：GIP 为原位含气量；TOC_0 为原始 TOC；R_T 为转化率；GOR 为汽油比，PGI 为生油气指数，S_{2o} 为岩石热解原始 S_2，S_{2m} 为岩石热解实测 S_2，S_{1o} 为原始 S_1，PEE 为油气排烃效率；S_{1m} 中天然气的耗散量可通过小体积封闭模拟热解实验（MSSV）进行估算。

3.2.10　盆地与含油气系统模拟

一种新型系统的区块评价方法，可通过计算机开展盆地含油气系统的模拟，该方法已经在寻找和评价非常规油气资源中的"甜点"进行了应用（Neber 等，2012）。该方法在勘探早期适用于非常规油气藏的"甜点"识别，并随后对滞留在烃源岩中的油气含量和组成进行预测。例如，当前的盆地和含油气系统模拟软件中已经针对富含气页岩和致密油模型中嵌入特殊的方程和模块，包括基于朗格缪尔（Langmuir）温度—压力变化的吸附模拟、有机质的孔隙度模拟、地应力对地质历史条件下压力演变的模拟。盆地和含油气系统模拟可用于钻前对富含原油、凝析油和烷烃气的页岩区块进行预测。得克萨斯州西南部 Eagle Ford 组页岩的产量趋势分析显示，油气的产出向西南方由正常黑油向凝析油再向干气的原油组成渐变（EIA，2010；Cander，2012；Cardineaux，2012），其分别随温度、压力以及 R_o 值（0.6%～1.1%，1.1%～1.4% 和＞1.4%）相对应。作业者在 Eagle Ford 组进行有效的"甜点"识别，不断借助与成熟度变化趋势相关的组成特征与烃源岩厚度图、高分辨率沉积相图、岩石矿物学特征和地质力学特征（如碳酸盐岩／黏土矿物比例），以及有利的地质构造特征，如断层、裂缝和地层封闭等。该新方法的优势是可以在钻前对甜点区进行有效识别，从而节省了对产量趋势进行分析所用的时间。另外，通过基于朗格缪尔模型的温度、压力变化的吸附模型，盆地和含油气系统模拟可以对吸附在干酪根或矿物岩石表面与岩石孔隙或裂缝中的游离气的相对含量进行预测。朗格缪尔参数最好是烃源岩中岩心或露头样品来获取（Peters 等，出版中）。

非常规油气的地质力学特征也可以提供区域预测的相关信息，对地质压力和张力作用下裂缝可能的发育区带进行预测。Neber 等（2012）提出的地质力学模型包含了流体压力和岩石应力预测的模型，其两者之间是紧密结合的。因为传统的 Terzaghi 模型只考虑纵向上的应力结构，对岩石破裂或地质流体的流动应用极为局限。盆地和含油气系统模拟的发展将该概念应用到三维的岩石孔隙弹性应力模型中（Peters 等，出版中）。该三维岩石应力模型充分考虑现在的地质应力条件和盆地尺度内地质应力演化过程。应力与应变的计算值均可用于提高对盖层封闭性和断裂方向等特征的预测。

对烃源岩中滞留的原油和沥青组成中芳烃和沥青质组成的预测是很难通过标准的生烃动力学模型进行模拟计算的。一种全新的饱和烃—芳香烃—非烃—沥青质（SARA）生烃动力学模型包括 11 种组成单元，主要包括 4 种沥青质组成（饱和烃、芳香烃、非烃、沥青质）、2 种轻质油组成、3 种天然气（甲烷、乙烷、丙烷—戊烷）以及 H_2S 和 CO_2，用于提高烃源岩中滞留沥青质和发生运移的原油的品质（图 3.14；Peters 等，2013）。其他地球化学特征还包括沥青、沥青中溶解气、油型气在多个阶段发生的原油二次裂解，及其沥青组分的吸附特征等。为减少整个模拟的处理过程，这 11 种组成往往与其物理化学性质相关，并发生混合，从而可以对沥青质沉淀或沥青垫的形成进行预测，并对 H_2S 和 CO_2 的成因进行推测。

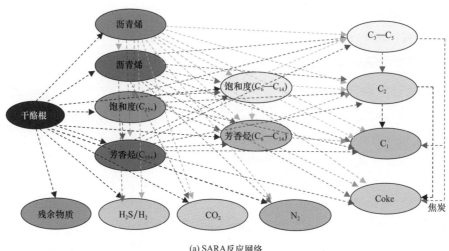

(a) SARA反应网络

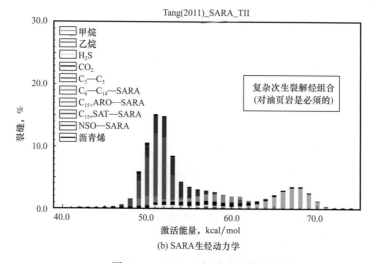

(b) SARA生烃动力学

图 3.14　SARA 生烃动力学模型模拟

（a）SARA 生烃动力学模型包含 11 种组成，主要包括 4 种沥青质组成（饱和烃、芳香烃、非烃、沥青质）、2 种轻质油组成、3 种天然气（甲烷、乙烷、丙烷—戊烷）以及 H_2S 和 CO_2。沥青、沥青中溶解气、油型气在多个阶段发生的原油二次裂解特征等。与常规油气发生二次裂解过程不用的是，SARA 动力学模拟可对烃源岩中各组成的变化进行解释，从而对非常规油气靶区中原油的品质进行有效预测

3.2.11　盆地与含油气系统模拟中页岩气研究实例

挪威和德国西北部的侏罗系 Posidonia 页岩、白垩系 Wealden 页岩、石炭系页岩是页岩气勘探的主要靶区。Bruns 等（2014）应用三维盆地和含油气系统模拟评估了该区域的页岩气前景。两次不同的构造运动对盆地大地热流和构造抬升造成的隆起和剥蚀均考虑到模型中，并使用了地球化学参数进行校正。该模型对该区域性的烃源岩热演化成熟度特征进行了高分辨率成像，并基于烃源岩厚度分布图对 Posidonia 页岩厚度分布图和实验所得朗格缪尔吸附参数对页岩压力、温度和含气量均进行预测。本章所进行的讨论中，集中对 Posidonia 页岩所经历第Ⅰ幕的埋藏和隆起进行主要关注，其对比第Ⅱ幕更有利于天然气的吸附。

基于第Ⅰ幕，Lower Saxony 盆地中的靠近 Osnabruck 的 Posidonia 页岩埋深至 10000m，

温度高至 330℃，极好的转化率（计算值）（图 3.15）。沉积中心平均热成熟度达到干气阶段（$R_o>2.3\%$），但盆地边缘仍停留在生油窗内部。随后的海西隆起和 Lower Saxony 盆地剥蚀造成上覆 8950m 地层缺失。Bruns 等（2014）对 Posidonia 页岩在 Hils 向斜（Gasparik 等，2014）不成熟阶段的页岩样品求得朗格缪尔吸附参数来评价 Posidonia 页岩的吸附性能以及基于气校正的埋藏史和热史评价 Posidonia 页岩的吸附能力和吸附气含量。结果显示 Posidonia 页岩总吸附能力为 1.3×10^6，吸附气含量为 82ft³/t 岩石，表明 Lower Saxony 盆地页岩气具有相当的含油气潜力（图 3.16）。

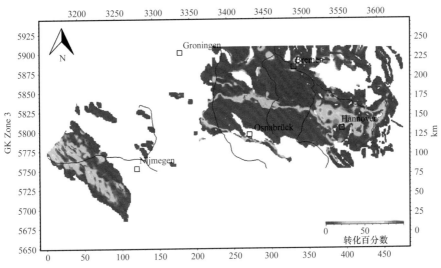

图 3.15　构造Ⅰ幕下 Posidonia 页岩现今转化率（%）的计算值（据 Benjamin Bruns；Bruns 投递发表修改）

3.2.12　干酪根结构推断分析

本章旨在讨论当前对干酪根结构研究的现状，对干酪根结构的深入研究将有助于对非常规油气中"甜点"的识别。但是，像 DRIFTS 这种实际针对应用于甜点识别的研究工作很少，大部分分析方法在钻井现场针对快速、密集的分析均缺少实用性。因而，将当前的分析方法进行改进，深入研究基础机理和作用过程，使之更适合并应用于识别非常规油气"甜点"，意义重大并具有使用价值。

3.2.12.1　元素分析

20 世纪 60 年代早期，Van Krevelen（1993）报道了煤中的 H/C 原子比和 O/C 原子比。煤是一种特殊的沉积岩有机质，其有机质含量很高，常常 TOC 含量超过 50%（质量分数），欧洲与北美地区的煤主要为Ⅲ型干酪根，但也有Ⅰ型和Ⅱ型干酪根的煤岩存在（Peters 等，2005）。沉积岩中有机质的成熟过程是一个 H/C 原子比和 O/C 原子比减少过程（Van Krevelen，1993），伴随发生的是脂肪烃向芳香烃碳数转移、含氧官能团脱落的过程。

干酪根的元素组成和含量与沥青质的类似，干酪根通常含有 85% 的 C 元素，并随干酪根的类型和成熟度变化。其他的主要元素包括 H、N、O、和 S 元素，其相对含量随 C 元素的增加而降低。未熟Ⅰ型干酪根的 H/C 原子比可以 >1.5，其演化成为成熟干酪根后 H/C 原子比 <0.4。干酪根中含量变化最大的是 S 元素，可以从 <1% 到 15%（ⅡS 型干酪根）。

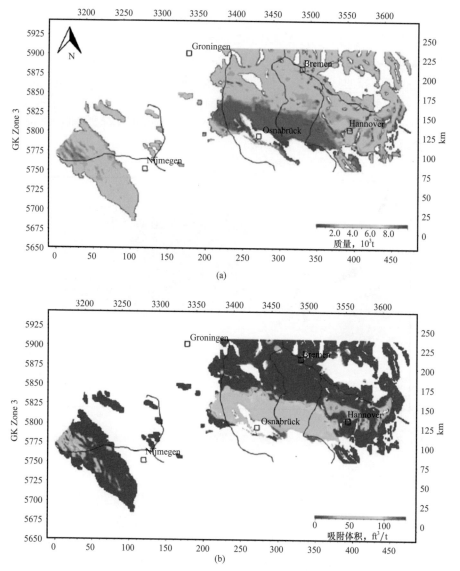

图 3.16 构造 I 幕背景下：（a）Posionia 页岩中现今气体总吸附量计算值（单位网格面积 1km² 内单层页岩厚度质量为 10⁶t）；（b）标准条件下单位质量岩石中所含甲烷体积的平均值，单位 ft³/rock。（据 Benjamin Bruns；Bruns 等，2014，有修改）

3.2.12.2　核磁共振谱

核磁共振谱可用于测定包含 C 原子的类型和平均分子参数，对干酪根和沥青中的碳骨架进行确定。核磁共振表征暴露于外加磁场的 ^{13}C 原子与 ^{1}H 原子核所产生区域性小磁场中的偏移程度。其偏转程度反映元素组成中电子的分布特征，从而表征其化学特征。核磁共振技术已经通用于对可溶性和不溶性烃类混合物的判别，例如煤（Solum 等，1989）、干酪根（Kelemen 等，2007；Werner–Zwanziger 等，2005；Mao 等，2010；Washburn 和 Birdwell，2013a；Cao 等，2013）、沥青（Feng 等，2013；Solum 等，2014）、油气（Korb 等，2013；Ward 和 Burnham，1984）、沥青质（Andrews 等，2011；Lisitza 等，2009；Dutta Majumdar 等，2013）。

局部性产生的磁场偏移可以确定诸如脂肪类和芳香类等不同 C 原子的组成。通过脉冲序列产生极化转移的无损增强技术等的引入，使得核磁共振的研究更进一步（Andrews 等，2011）。极化转移也包括 C 原子与其共轭键质子的磁性转移。C 原子的磁场强度和形态与 C 原子共轭的质子数所产生的翻转角进行脉冲式调整。通过多个角度间的测定，建立了 C 原子与 0 个、1 个、2 个、3 个质子的核磁共振模型。芳烃集合体平均尺寸通过测定桥键 C 原子摩尔分数所获得。分子的平均尺寸可以对集合体平均尺寸进行确定。

核磁共振测试强调干酪根组成的多样性，一部分干酪根以脂肪类碳原子为主（25% 芳香类 /75% 脂肪类），而另一部分以芳香类碳原子为主（82% 芳香类 /18% 脂肪类）。很多差异性在同一层组不同成熟度的干酪根中出现，芳香类集合体化合物中碳原子数 10~20 个不等，且与成熟度差异有关（Kelemen 等，2007）。该种差异性可能形成于脂肪类链烷烃发生裂解产生油气以及环烷烃芳构化等热成熟作用过程。核磁共振谱已经在 Green River 页岩的 I 型油页岩的半开放体系热解实验中所产生的沥青中进行过测定，其成熟度通过 EASY% R_o 进行计算获取（LeDoan 等，2013；Sweeney 和 Burnham，1990；Feng 等，2013）对干酪根而言，其生成的沥青随成熟度的升高，显示显著的芳烃类增多趋势：未熟沥青中 13% 芳烃类、87% 脂肪类变为成熟沥青 74% 芳烃类、26% 脂肪类。如图 3.17 所示，该趋势与 H/C 原子比变化趋势相一致。但有时也存在芳烃集合体的尺寸在沥青中基本保持一致，但干酪根成熟度不断增高。

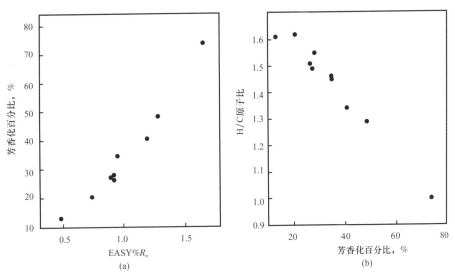

图 3.17　（a）沥青样品中 EASY% R_o 与芳构化相关图（据 Sweeney 和 Burnham，1990）；（b）沥青样品中芳构化与 H/C 原子比，沥青样品来自 Green River 页岩在半开放体系的热解实验（据 Feng 等，2013，有修改）

3.2.12.3　红外光谱

红外光谱是首先引入并应用到干酪根研究中的分析技术之一（Rouxhet 等，1980）。红外光谱测定化合物组成中特定化学官能团的振动频率，特定的化学基团在红外光照射下会产生特征的红外吸收 / 发射光谱，这些光谱通过传输（Painter 等，1981）、漫反射（Fuller 等，1982）、全衰减反射（Washburn 和 Birdwell，2013b）和声光反射（Michaelian 和 Friesen，1990）等模式进行记录，这些信号通过洛伦兹和高斯拟合（Painter 等，1981）形成图谱。

红外光谱图可应用于对单个宏观显微组分的测试分析（Guo 和 Bustin，1998；Chen 等，2012），并为深入理解干酪根和沥青中氧元素的化学行为和碳骨架的总体结构和组成提供分析手段。然而，干酪根和沥青的标准红外光谱分析周期耗时长且仍拘泥于实验室条件，DRIFTS 已经可以在钻井现场快速对岩屑和岩心（去油基）进行分析。

对 Green River 页岩油页岩进行的半开放热解实验，并对干酪根和所生成的沥青样品进行了红外光谱分析，如图 3.18 所示，干酪根和沥青中的红外光谱图显示在 2900^{-1}cm 处的吸收峰以低熟的脂肪链烷烃类 C—H 键为主，随着干酪根和沥青的成熟度不断升高，C—H 键吸收峰强度逐渐变小。对干酪根而言，与 C＝C 键和 C＝O 键相关的低频峰其吸收强度逐渐成为主吸收峰；沥青中，C—H 键仍为主吸收峰。干酪根脂肪链烷中的 C—H 吸收峰逐渐分化为 CH_2 和 CH_3 两个官能团，且 CH_2/CH_3 随干酪根成熟度的增大其比值逐渐减小，可能干酪根成熟过程中的脂肪链烷烃 β 碳原子发生断裂逐渐向芳构化芳环转化，甲基和脂肪链烷烃取代了未成熟干酪根中的长链烷烃并进入至沥青或生成的油气中（Lin 和 Ritz，1993；Riboulleau 等，2000；Lis 等，2005）。另外，沥青为干酪根的分解产物，沥青中的 CH_2/CH_3 比在成熟过程中逐渐升高，可能是由于干酪根中长链烷烃断裂的结果。

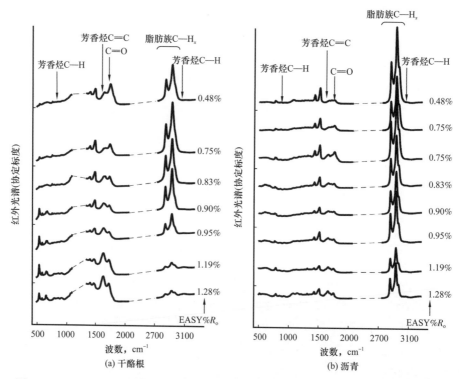

图 3.18　Green River 页岩油页岩进行的半开放热解实验中干酪根与沥青的红外光谱图
光谱图中破折线出谱图中峰未标出

一种红外光谱谱图解析的有效方法是计算 A 因子和 C 因子，分别表示脂肪类 / 芳香类化合物比和羰基 / 芳环比，这两个参数可与岩石热解参数中的氢指数 HI 和氧指数 OI 进行类比，图 3.19 显示类范氏图（pseudo van Krevelen）中对同一干酪根和沥青样品的 A 因子和 C 因子的相关图，其变化趋势与其他研究实例均显示出类似的代表性特征（Painter 等，

1981；Lin 和 Ritz，1993；Lis 等，2005；Ganz 和 Kalkreuth，1991；Dur 和 Espitalie，1976；Ibarra 等，1994，1996）。干酪根样品和沥青中，A 因子随成熟度降低不断减小，表示所测样品芳香烃含量逐渐增加而脂肪链烷烃逐渐减少。沥青中烃类的成熟度要低于干酪根成熟度，干酪根中烃类的变化趋势更为明显。干酪根中 C 因子随成熟度升高而降低，表明随着干酪根成熟，含氧官能团减少且芳构化程度增加。因而，通常同一沉积岩石中沥青较干酪根氧含量更高，这一现象与下文中所提及的其他检测方法所得结论是一致的。

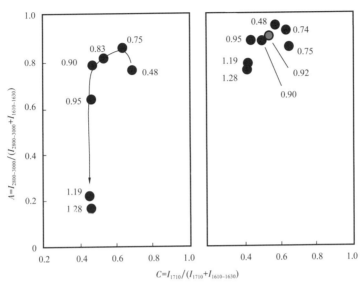

图 3.19 （a）Green River 页岩油页岩进行的半开放热解实验中 I 型干酪根类范氏图 $C—A$ 因子相关图；
（b）为生成沥青的类范氏图 $C—A$ 因子相关图
数据点旁边的数字为等效镜质组反射率（R_{o}，%）

3.2.12.4 X 射线近边吸收结构谱法

干酪根中硫元素含量差异很大，且已有研究表明硫元素影响干酪根性质，如改变干酪根生成油气的化学动力学特征等（Lewan，1998）。除对硫元素总体含量进行分析外，通过 X 射线近边吸收结构谱法（XANES）可对硫元素局部化学成键环境提供信息。XANES 可分析不同含硫元素化学基团的相对含量，包括噻吩（一个芳环中含有硫元素）、硫化物（脂肪链烷烃中含有硫元素）、硫氧化物（硫元素与氧元素形成双键）。XANES 的分析实验可使在硫原子 1s 轨道中的电子跃迁至所形成化合物的 3p 的分子轨道中（Pickering 等，2001）。跃迁所需能量的大小取决于硫元素的氧化态，并可根据硫元素所形成化合物的形态进行成图（Frank 等，1987；George 和 Gorbary，1989）。

实验要求 X 射线为可调谐约 2500eV，因而需要在同步加速器中进行分析，XANES 已经对煤（George 等，1991；Hussain 等，1982；Spiro 等，1984；Huffman 等，1991）、沥青质（Pomerantz 等，2013；George 和 Gorbaty，1989；Waldo 等，1992）、干酪根（Pomerantz 等，2014；Kelemen 等，2007；Wiltfong 等，2005）、沥青（Pomerantz 等，2014）以及石油（Waldo 等，1991；Mitra-Kirtley 等，1998）中的硫化物进行测定。大部分分析使用的样品为大块样品和总量分析，XANES 也能对空间分辨率大于 100nm 的样品进行图像分析检测（Prietzel 等，2011）。

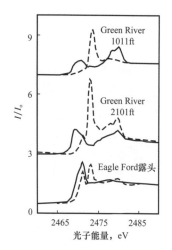

图 3.20　Green River 页岩和 Eagle Ford 组干酪根（实线）和沥青（虚线）所示的硫元素 XANES 谱（据 Pomerantz 等，2014，有修改）

X—Y 轴分别指示激发光电子的强度和荧光强度的归一化值。在 2473eV 附近产生的峰代表亚砜类化合物，其在沥青谱图中为主峰，在干酪根谱图中却极为微弱

图 3.20 显示了 Green River 页岩两个层位的干酪根和沥青的硫元素 XANES 谱图特征。核磁共振和元素分析均显示干酪根和沥青具有相似的元素组成，而干酪根为沉积岩中的不溶有机质，沥青为可溶有机质，二者分子量具有显著差异。而 XANES 分析显示，干酪根与沥青在组成结构上具有显著的不同，沥青中的含硫化合物片段富含含氧基团和极性化合物，如亚砜类；而在干酪根中含硫化合物偏重以贫氧基团和非极性化合物为主，如硫化物和噻吩等。质量平衡方程显示大约有半数的沥青中含有亚砜类化合物。一致性的结果同样出现在对烃源岩的抽提过程中，采用弱极性的溶剂所获取的抽提物其亚砜类化合物含量仅为采用强极性溶剂所获得的抽提物中亚砜类含量的一半。沥青中含有极性亚砜类基团的镶嵌在非极性碳骨架可称为油气运移过程中的一种自然形成的表面活性剂。

干酪根和沥青中的硫化物随其类型与成熟度也发生演化。在干酪根中发现，硫原子与碳原子会模仿碳原子的性质和特征，Ⅲ型干酪根中以及高成熟的干酪根中通常富集高含量的芳构化碳原子和芳构化硫原子；而在富含脂肪类干酪根中，富含碳原子链烷烃也同样富集硫原子链烷烃（Kelemen 等，2007；Riboulleau 等，2000；Wiltfong 等，2005；Sarret 等，2002）。在针对 Green River 页岩进行的半开放热解模拟实验中，低成熟度的沥青以亚砜类化合物为主，逐渐演化至中等成熟阶段为富氧含砜类化合物为主，在高成熟阶段被还原为噻吩类（LeDoan 等，2013）。沥青中的红外光谱分析显示了含氧化合物中类似的成熟演化过程。

3.2.12.5　其他方法

对干酪根和沥青的分析还包括其他的方法，如 X 射线光电子能谱法（Kelemen 等，2007）、拉曼光谱法（Kelemen 和 Fang，2001）、离子回旋共振质谱法（Salmon 等，2011）。对干酪根中孔隙形态的分析方法包括中子小角散射法（SANS）（Thomas 等，2014；Clarkson 等，2013）。将来的研究工作可能还包括一些其他的分析方法，如 X 射线拉曼光谱法（Bergmann 等，2003）和分光法等（Mullins 等，1992）。另外，未来研究的方向可能包括页岩中有机质化学非均质性的图像法分析等。显而易见，对干酪根结构和性质的研究仅仅是万里长征的开始。

3.2.13　干酪根结构与沥青质化学

针对干酪根的常规分析方法包括元素分析（如 H/C 原子比）、岩石热解评价、镜质组反射率以及上文所讨论的主要分析方法。尽管上述的分析检测手段已经在对烃源岩生烃潜力和有机质热演化阶段评价中发挥了有效的应用效果，但针对干酪根分子结构的研究提供的信息仍然十分有限。基于对沥青质的研究，过去的工作已经对提供干酪根精细物理和化学信息的分析技术和方法进行关注。沥青质是指可溶于甲苯但不溶于庚烷的有机物（Mullins 等，2007），而干酪根对上述有机溶剂均不相溶。这些有机化合物的溶解性的差异很大程度上受分子量控制。沥青质来源于干酪根，因而其溶解性特征与相对低的分子量（<1000 Da）使得可对其运用多种方法进行分析，而针对干酪根的分析方法要少很多。另外，针对沥青质的胶体特征的研究著述众多并对干酪根纳米结构的研究提供了有用信息。下文所讨论的来自煤的沥青质与未经改造的原油沥青质的对比研究有助于识别沥青质中反映其生烃母质纳米结构的有效化学参数

尽管干酪根的不溶性阻碍一些有效的分析技术的有效分析检测，但仍有几项分析方法，尤其是固体光谱法，有效地应用于干酪根的分析和研究中，其缺点便是对化学组成的分析误差较大。沥青质的研究本身也存在一定的局限性，沥青质结构具有相似性且受本身溶解性影响较大（Mullins，2010；Zuo 等，2013；Rane 等，2013）。不同盆地中干酪根差异很大，且随成熟度变化其结构不同，但所生成的沥青质存在一定的相似特征。

沥青质分子的主要分子结构和稳定的纳米级胶体结构特征已经确定并建立在 Yen-Mullins 模型中（图 3.21，Mullins，2010）。在有机质溶液或原油中，大约 6 个沥青质分子聚合形成纳米级聚合体，重油中沥青质浓度更高，8 个左右的沥青质聚合体通过集合形成聚合物，纳米级聚合体较其聚合物具有更高键能，使得其在溶剂或原油中的浓度较低。干酪根和沥青质中的多环芳烃具有较高的分子间作用力，从而影响其纳米级胶体的结构、表面相互作用和化学反应特征。芳香族化合物比链烷烃化合物更易发生反应，因而干酪根和沥青之中的很多杂原子组分均发生在芳香环中。图 3.21 显示了多环芳烃化合物的无序叠置和组合，形成了多环芳烃化合物有利的能量分布结构。外围的链烷烃产生的空间位阻效应阻碍了多环芳烃化合物的继续叠置并形成了长链的排列结构。

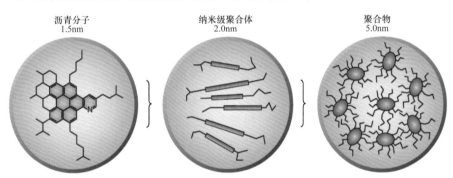

沥青分子
1.5nm

纳米级聚合体
2.0nm

聚合物
5.0nm

图 3.21　沥青质主要分子和胶体结构的 Yen-Mullins 模型示意图
这些原油中的沥青质分子在地质历史中稳定存在

Yen-Mullins 模型是在修正的规则溶液理论中建立的，即 Flory-Huggins-Zuo 状态方程，该模型可应用于各种条件下的油藏，特别是可模拟油藏中溶解态沥青质的平衡梯度（Zuo 等，2013）。此外，该纳米结构模型与 Langmuir 状态方程相联合可更好理解沥青质对油水界面中其界面性质的影响（Rane 等，2013）。所有这些研究进展均是为了更好理解沥青质分子间的相互作用，尤其是沥青质中多环芳烃的核心作用。下文中，本篇综述沥青质的化学性质以期来加强对干酪根的理解。

基于质谱分子和分子扩散测定，沥青质分子量的范围主要在600~750Da（Mullins
等，2007；Mullins，2010；Groenzin 和 Mullins，1999；Pomerantz 等，2009；Pomerantz
等，2015），沥青质分子本身的多分散性也显示其分子量在400~1000Da变动（图 3.22，
Pomerantz 等，2009）。

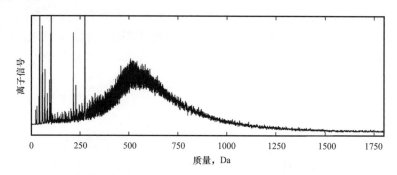

图 3.22　沥青质的激光解析，激光电离质谱分析法（据 Pomerantz，2009）

分子扩散法和双步激光质谱法（L^{2}MS）分析显示每个沥青质分子与一个多环芳烃相对
应。扩散实验显示沥青质中较小的多环芳烃化比较大的多环芳烃其扩散速度快 10 倍，且
彼此间不发生附着（Groenzin 和 Mullins，1999）。双步激光质谱法（L^{2}MS）已经应用于评
价激光分解沥青质以及应用于每个沥青质分子单个或多个多环芳烃的 23 个模型化合物建
立中（Sabah 等，2011，2012）。这些实验显示沥青质及模拟含有单个多环芳烃的化合物具
有稳定性且抗分解，含有两个或多个多环芳烃化合物的模拟化合物在更强激光条件下可发
生分解。这一研究可以支持有些沥青质分子仅含有一份多环芳烃化合物。干酪根与沥青质
分子不同，尽管其多环芳烃化合物交联分布，但仍然具有相当的相似性。

多种分析检测手段均显示沥青质中多环芳烃平均含有 7 个稠环结构，但准确而言可能
含有 4~15 个不等。沥青质的直接分子图像分析显示具有不确定性，沥青质的组成均值为
7 个稠环（Zajac 等，1994）。核磁共振显示沥青质分析平均含有 7 个多环芳烃（Andrews
等，2011；Dutta Majumdar 等，2013）。

Andrews 等（2011）和 Mullins 等（2012）通过单脉冲激发法获取 ^{13}C 核磁共振谱对
多环芳烃中稠环的数目进行估计。通过对核磁共振图谱上的明显切分识别质子化和非质
子化芳烃碳原子（130ppm）可用于评价桥键与外围芳烃碳原子。芳烃碳原子与氢原子结
合的信息可应用 DEPT 核磁共振谱进行获取，并与单脉冲激发谱（SPE）所获取的实验
室 DEPT ^{13}C NMR 数据进行对比。图 3.23 显示来自煤中的沥青质 DEPT 和单脉冲激发谱
（SPE）谱图特征。此研究认为，石油中沥青质中多环芳烃含有 7 个环的多环芳烃，煤沥
青质中多环芳烃为 6 个环的多环芳烃，石油中沥青质分子的类似结果在另外分核磁共振研
究中有报道（Dutta Majumdar 等，2013）。

多环芳烃的分布范围可通过分光法进行获得。每个 π 电子均具有其独特的振荡强度，
因而，所有 π 电子均能观察到其转化特征，较大的多环芳烃其转换波长更大。碳原子的 X
射线拉曼光谱分析显示沥青质中芳香环中 6 个碳原子形成的芳构化结构比单一形成的碳双
键具有更强的稳定性。基于这一理解，沥青质的光学吸收谱可以通过很多多环芳烃吸收谱
的模拟而获得。因而模拟形成的沥青质谱图与实际检测的沥青质谱图可以进行比对，而且
假定的多环芳烃分布形态可通过调整使之相吻合（Ruiz-Morales 和 Mullins，2009）。已经

有研究使用了 523 个多环芳烃化合物形成了合成的沥青质分子并获得其光谱学特征，其结果与观测结果密切吻合（图 3.24；Ruiz-Morales 和 Mullins，2009）

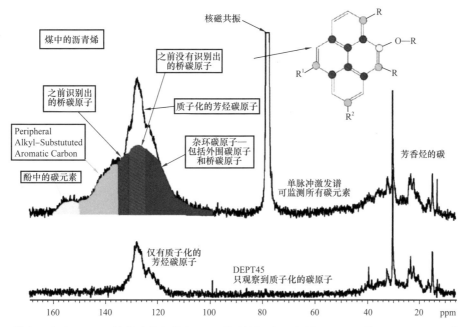

图 3.23　煤中沥青质 DEPT 和单脉冲激发谱（SPE）谱图特征对比图（据 Andrews 等，2011；Mullins 等，2012）
DEPT 谱图识别出已经质子化的芳烃碳原子，单脉冲激发谱（SPE）谱图显示所有的芳烃碳原子。
桥碳原子可明显标示出其差异

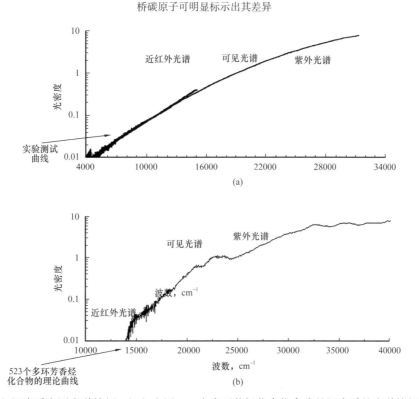

图 3.24　（a）沥青质实测光谱特征；（b）应用 523 个多环芳烃化合物合成的沥青质的光谱特征，其基于
分子轨道计算所得（据 Ruiz-Morales 和 Mullins，2009）

沥青质中多环芳烃与干酪根的关系可以通过光谱或颜色分析进行研究（图3.25）。干酪根颜色越深一般表示其成熟度越高，图3.25所绘制光密度和光电子能在对数和线性坐标系中低能量光的吸收线呈线性。这种线性关系在半导体物理学中称为乌尔巴赫带尾（Urbach Trail），当波长增大时，其所对应的吸收特征呈指数型减小。乌尔巴赫带尾（Urbach Trail）与热作用过程密切相关，这与沥青质在经历成岩演化作用过程中大分子的多环芳烃含量降低相对应。原油和沥青质均出现乌尔巴赫带尾（Urbach Trail）特征，指示密度小、更成熟的原油在较短波长便显示该特征，其多环芳烃化合物更小，从而更利于确定其分布。

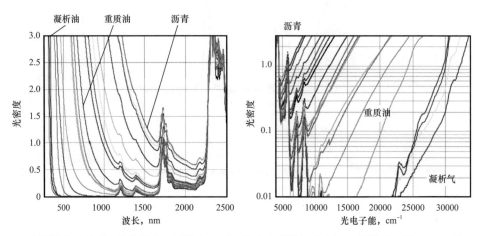

图3.25　从凝析油至重质油的紫外光—可见光—近红外光光谱特征（以沥青质说明，据 Mullins 等，1992）
在光吸收限与光电子能量的对数相关图中呈线性关系，说明随成熟度升高，其造成原有大分子多环芳烃相对浓度的降低，轻质原油相较于重质原油，其组成中缺少多环芳烃

沥青质中多环芳烃能引起广大研究者的兴趣还与其高极性特征有关。海度班溶解度参数是表征材料间相互作用程度的一种有效的溶解度参数（Burke，1984）。根据该溶解度参数，沥青质参数值为 $20.4MPa^{0.5}$，将该参数投射至汉森溶解度参数中其离散度 $19.5MPa^{0.5}$，偶极矩 $4.7MPa^{0.5}$，氢键 $4.2MPa^{0.5}$（Acevedo 等，2010）。这一观测值与沥青质中多环芳烃分子间相互作用力相一致，而沥青质中含有的杂原子分子，通常具有更强的极性和氢键。相比较而言，正庚烷的海度班溶解度参数为 $15.3MPa^{0.5}$，投射至汉森溶解度参数为离散度 $15.3MPa^{0.5}$，偶极矩 $0MPa^{0.5}$，氢键 $0MPa^{0.5}$。

上述陈述的结论便是沥青质的纳米级聚合物是由含有多环芳烃的纳米级聚合体叠置而成（见图3.21，中间），并可通过 X 射线小角度散射（SAXS）和中子小角度散射（SANS）分析进一步说明。X 射线散射优先在沥青质的 C 原子间发生，并在芳环中碳原子格外富集；而中子散射优先在 H 原子中产生，故在外围的链烷烃中广泛存在。图3.26中SAXS-SANS交会图中显示沥青质中芳烃碳原子与饱和烃碳原子以纳米级聚合体形式存在，且长度为1.4nm（Eyssautier 等，2011）。这些数据均表明沥青质聚合物中链烷烃围绕芳环碳核富集分布，其延展长度范围可达 10 个集合体的长度。

多种其他的分析检测技术补充了沥青质聚合物数目的研究。表面增强型激光解吸电离质谱分析与 L^2MS 分析结合认为沥青质聚合度为 8（Wu 等，2014；Pomerantz 等，2015）。直流电导率＋离心分析＋核磁共振分析也得出类似的聚合度结果（Mullins，2010）。其他的很多研究，包括高品质因数超声学分析、直流电导率分析、离心分析以及核磁共振分析，在临界纳米聚合物浓度质量分数为 10^{-4} 的甲苯中均显示类似结果。质量分数为 10^{-4} 甲苯中沥青质形成的聚合物其聚合度为 8，已经得到核磁共振（Dutta Majumdar 等，2013）、SAXS 和 SANS 分析的证实（Eyssautier 等，2011）。结果，聚合物的键能要弱于纳米级聚合体。因而，为理解干酪根的结构与组成，对纳米级聚合体间强键能的研究是至关重要的。

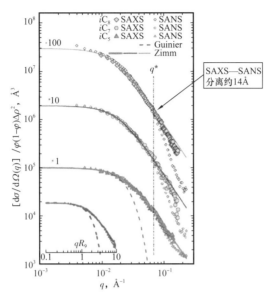

图 3.26　SAXS–SANS 交会图（据 Barre 等，2009 授权发布）

显示沥青聚合物以多环芳烃环为核心外围发育链烷烃，聚合物聚合度可达 10

　　尽管沥青质多环芳烃是分子间相互作用力的主要来源，但沥青质中杂原子化学特征是必须进行有限考虑的。S 元素通常是最重要的杂原子，其质量数可占百分之几，N 元素和 O 元素次之。干酪根杂原子化学特征的研究与沥青质杂原子化学特征的研究相互重叠。

　　沥青质中硫元素的化合物类型可应用 S–XANES 分析进行测定，硫元素通常在非极性化合物中富集，如硫化物和噻吩类化合物。亚砜类也会存在并具有高度极性特征（电偶极距高达约 4 德拜❶，偶极距是水的两倍）。N–XANES 分析显示沥青质中主要的含氮化合物为多环芳烃中的吡咯类化合物和吡啶类化合物。吡啶氮化合物为碱性的，吡咯氮化合物为酸性的，从而引起沥青质中多环芳烃的电荷分离。沥青质中的含氧基团可已通过红外光谱和核磁共振光谱分析，沥青质中含有一小部分羧基酸组分，其他的含氧基团还包括醚类、酚类以及亚砜类。钒、镍主要出现在卟啉中，其浓度非常低，通常小于 10^{-6}。

3.3　结论

　　需要对非常规沉积岩石单元进行优化和改造才能获得滞留的油气，油气在该储集空间的富集受油气本身黏度等物性参数和储层岩石骨架的共同影响。当前对非常规油气"甜点"区平面和纵向上的识别更多是基于经验性的判识，主要依靠对高产层段岩石单元的有

---

❶　译者注："德拜"为电偶极矩单位，用"D"表示，1 德拜 $= 3.335 \times 10^{-30}$ 库仑·米。

机和无机地球化学特征的分析与对比。很多其中的分析方法极为耗时，且难以在油田钻井现场进行现场完成，取样尺度上也难以达到最有效识别"甜点区"。因而需要对当前的工作流程进行改进，主要包括：开发应用于油田钻进现场的快速有效的地球化学分析和地质力学的样品采集手段、与3D盆地和含油气系统模拟充分结合、在地质历史尺度上预测非常规油气靶区。最新的研究趋势主要包括孔隙三维弹性研究、SARA模拟、吸附模型预测岩石应力、储层的压裂敏感性、非常规岩石单元中烃类组成特征与含量预测等方面。

有机和无机地球化学测井分别为"甜点"区的识别提供了独立的分析方法。大部分有机地球化学测井是基于对碳酸盐岩含量和岩石热解的直接检测，这种方法需要在已知深度和特定层位的样品的不连续取样，难以在钻井现场实时完成分析。无机地球化学测井无须采集样品而基于对矿物组成和TOC含量的间接计算，该方法无法对干酪根成熟度和品质进行测定，但却可在实时钻井过程中提供连续的数据，如DRIFTS已经应用了在水平井钻进过程中对岩屑TOC含量、成熟度和矿物组成的分析。

非常规页岩气中烃类气体吸附量的主控因素有两个：一是TOC含量大小；二是单分子层的吸附能力。任何温度和任何压力下吸附烃量的大小可应用Langmuir方程计算得出。在油气生产过程中，吸附气含量与游离气含量相比较仍然很低，这种比例关系伴随油藏压力的衰减逐渐增大。轻烃的化学动力学修正参数显示干酪根 R_o 在1.5%～2.0%时便不再具有生油气潜力，滞留在 R_o >2.0%烃源岩中的烃类主要为早期生成或原油裂解生成的烃类。

综上所述，最新的研究进展集中在对干酪根和沥青质提供更多化学和物理信息的分析技术和方法，这些分析技术和方法有助于加强对"甜点"区分布机理的认知，但是大部分并不能应用于钻井现场对"甜点"的识别。通过对一些分析方法的改进，使得更有利于对非常规油气"甜点"进行表征意义重大。

参 考 文 献

Aboud, M.R., Badry, R., Grau, J., Herron, S., Hamichi, F., Horkowitz, J., Hemingway, J., MacDonald, R., Saldungaray, P., Stachiw, D., Stellor, C., Williams, R.E., 2014. High-definition spectroscopyddetermining mineralogic complexity. Oilfield Review 20, 34–50.

Acevedo, S., Castro, A., Vasquez, E., Marcano, F., Ranaudo, M.A., 2010. Investigation of physical chemistry properties of asphaltenes using solubility parameters of asphaltenes and their fractions A1 and A2. Energy & Fuels 24（11）, 5921–5933.

Acholla, F.V., Orr, W.L., 1993. Pyrite removal from kerogen without altering organic matter : the chromous chloride method. Energy & Fuels 7, 406–410.

Alexander, T., Baihly, J., Boyer, C., Clark, B., Waters, G., Jochen, V., Le Calvez, J., Lewis, R., Miller, C.K., Thaeler, J., Toelle, B.E., 2011. Shale gas revolution. Oilfield Review 23, 40–55.

Allix, P., Burnham, A., Fowler, T., Herron, M., Kleinberg, R., Symington, W., 2011. Coaxing oil from shale. Oilfield Review 22, 4–15.

Al-Salim, A., Meridji, Y., Musharfi, N., Al-Waheed, H., Saldungaray, P., Herron, S., Polyakov, M., 2014. Using a new spectroscopy tool to quantify elemental concentrations and TOC in an unconventional shale gas reservoir : case studies from Saudi Arabia. Society of Petroleum Engineers. http : //dx.doi.org/10.2118/172176-MS. Supplemental info : SPE Saudi Arabia Section Technical Symposium and Exhibition, April 21–24, Al-

Khobar, Saudi Arabia SPE-172176-MS.

Altindag, R., Guney, A., 2010. Predicting the relationships between brittleness and mechanical properties (UCS, TS and SH) of rocks. Scientific Research Essays 5, 2107–2118.

Andrews, A.B., Edwards, J.C., Pomerantz, A.E., Mullins, O.C., Nordlund, D., Norinaga, K., 2011. Comparison of coal–derived and petroleum asphaltenes by13C nuclear mgnetic resonance, DEPT, and XRS. Energy & Fuels 25, 3068–3076.

Armagnac, C., Bucci, J., Kendall, C.G.St.C., Lerche, I., 1989. Estimating the thickness of sediment removed at an unconformity using vitrinite reflectance data. In : Naeser, N.D., et al. (Eds.), Thermal History of Sedimentary Basins. Springer–Verlag, New York, pp. 217–238.

Aubertin, M., Gill, D.E., Simon, R., 1994. On the use of the brittleness index modified (BIM) to estimate the postpeak behaviour of rocks. In : Proceedings of the First North American Rock Mechanics Symposium, Balkema, pp. 945–952.

Barré, L., Jestin, J., Morisset, A., Palermo, T., Simon, S., 2009. Relation between nanoscale structure of asphaltene aggregates and their macroscopic solution properties : Oil & Gas Science and Technology – Review Institut Français du Pétrole 64, 617–628.

Baskin, D.K., 1979. A method of preparing phytoclasts for vitrinite reflectance analysis. Journal of Sedimentary Petrology 49, 633–635.

Baskin, D.K., 2001. Comparison between atomic H/C and Rock–Eval hydrogen index as an indicator of organic matter quality. In : Isaacs, C.M., Rullkötter, J. (Eds.), The Monterey Formation – From Rocks to Molecules. Columbia University Press, New York, pp. 230–240.

Behar, F., Lorant, F., Lewan, M.D., 2008. Elaboration of a new compositional kinetic schema for oil cracking. Organic Geochemistry 39, 764–782.

Behyan, S., Hu, Y., Urquhart, S.G., 2014. Chemical sensitivity of sulfur 1s NEXAFS spectroscopy I : speciation of sulfoxides and sulfones. Chemical Physics Letters 592, 69–74.

Bergmann, U., Groenzin, H., Mullins, O.C., Glatzel, P., Fetzer, J., Cramer, S.P., 2003. Carbon K–edge X–ray Raman spectroscopy supports simple yet powerful description of aromatic hydrocarbons and asphaltenes. Chemical Physics Letters 369, 184–191.

Bjørlykke, K., 1998. Clay mineral diagenesis in sedimentary basinsda key to the prediction of rock properties. Examples from the North Sea Basin. Clay Minerals 33, 15–34.

Bostick, N.H., 1979. Microscopic measurement of the level of catagenesis of solid organic matter in sedimentary rocks to aid exploration for petroleum and to determine former burial temperatures – a review. In : Society of Economic Paleontologists and Mineralogists Special Publication, vol. 26, pp. 17–43.

Bostick, N.H., Alpern, B., 1977. Principles of sampling, preparation and constituent selection for microphotometry in measurement of maturation of sedimentary organic matter. Journal of Microscopy 109, 41–47.

Bruns, B. Unconventional Petroleum Systems in NW–Germany and the Netherlands : A 3D Numerical Basin Modeling and Organic Petrography Study (Dissertation). RWTH Aachen University, Aachen, Germany, submitted for publication.

Bruns, B., Littke, R., Gasparik, M., vanWees, J.–D., Nelskamp, S., 2014. Thermal evolution and shale gas potential estimation of the Wealden and Posidonia Shale in NW–Germany and the Netherlands : a 3D basin modeling study. Basin Research. http : //onlinelibrary.wiley.com/doi/10.1111/bre.12096/abstract (accessed 20.12.14.). Supplemental info : Published online before inclusion in an issue.

Burke, J., 1984. Solubility parameters : theory and application. In : Jensen, C. (Ed.), AIC (American Institute for Conservation) Book and Paper Group Annual, 3, pp. 13–58.

Burruss, R.C., Laughrey, C.D., 2010. Carbon and hydrogen isotopic reversals in deep basin gas : evidence for limits to the stability of hydrocarbons. Organic Geochemistry 41, 1285–1296.

Cao, X., Birdwell, J.E., Chappell, M.A., Li, Y., Pignatello, J.J., Mao, J., 2013. Characterization of oil shale, isolated kerogen, and postpyrolysis residues using advanced 13C solid–state nuclear magnetic resonance spectroscopy. American Association of Petroleum Geologists Bulletin 97, 421–436.

Cardineaux, A.P., 2012. Mapping of the Oil Window in the Eagle Ford Shale Play of Southwest Texas Using Thermal Modeling and Log Overlay Analysis (Masters thesis). Department of Geology and Geophysics, Louisiana State University, 74 p.

Cander, H., 2012. Sweet spots in shale gas and liquids plays : prediction of fluid composition and reservoir pressure. AAPG Search and Discovery. Article #40936. Supplemental info : Adapted from oral presentation at AAPG Annual Convention and Exhibition, Long Beach, California, April 22–25, 2012.

Carmo, M.J., Gubulin, J.C., 1997. Ethanol–water adsorption on commercial 3A zeolites : kinetic and thermodynamic data. Brazilian Journal of Chemical Engineering 14 (3).

Charsky, A., Herron, S., 2013. Accurate, direct total organic carbon (TOC) log from a new advanced geochemical spectroscopy tool : comparison with conventional approaches for TOC estimation. AAPG Search and Discovery. Article #41162. Supplemental info : AAPG Search and Discovery Article #90163©2013AAPG 2013 Annual Convention and Exhibition, Pittsburgh, Pennsylvania, May 19–22, 2013.

Chen, Y., Mastalerz, M., Schimmelmann, A., 2012. Characterization of chemical functional groups in macerals across different coal ranks via micro–FTIR spectroscopy. International Journal of Coal Geology 104, 22–33.

Chung, H.M., Gormly, J.R., Squires, R.M., 1988. Origin of gaseous hydrocarbons in subsurface environments : theoretical considerations of carbon isotope distribution. Chemical Geology 71, 97–103.

Clarkson, C.R., Bustin, R.M., Levy, J.H., 1997. Adsorption of the mono/multilayer and adsorption potential theories to coal methane adsorption isotherms at elevated temperature and pressure. Carbon 35, 1689–1705.

Clarkson, C.R., Solano, N., Bustin, R.M., Bustin, A.M.M., Chalmers, G.R.L., He, L., Melnichenko, Y.B., Radli_nski, A.P., Black, T.P., 2013. Pore structure characterization of North American shale gas reservoirs using USANS/SANS, gas adsorption, and mercury intrusion. Fuel 103, 606–616.

Craddock, P., Herron, S.L., Badry, R., Swager, L.I., Grau, J.A., Horkowitz, J.P., Rose, D., 2013. Hydrocarbon saturation from total organic carbon logs derived from inelastic and capture nuclear spectroscopy. In : Society of Petroleum Engineers, SPE 166297 Presented at the SPE Annual Technical Conference and Exhibition, New Orleans, Louisiana, USA, 30 September–2 October.

Crelling, J.C., 1983. Current uses of fluorescence microscopy in coal petrology. Journal of Microscopy 132, 251–266.

Cruz, J.A.L., Mota, J.P.B., 2009. Thermodynamics of adsorption of light alkanes and alkenes in single–walled carbon nanotube bundles. Physics Review B 79, 1654261–16542614.

Culver, R.B., Hopkinson, E.C., Youmans, A.H., October 1974. Carbon/oxygen (C/O) logging instrumentation. Society of Petroleum Engineers Journal 14, 463–470. SPE–4640–PA.

Dahl, J., Moldowan, J.M., Walls, J., Nur, A., DeVito, J., 2012. Creation of porosity in tight shales during organic matter maturation. AAPG Search and Discovery. Article #40979. Supplemental info : Adapted from oral presentation at AAPG Annual Convention and Exhibition, Long Beach, California, USA, April 22–25, 2012.

Dai, J., Li, J., Luo, X., Zhang, W., Hu, G., Ma, C., Guo, J., Ge, G., 2005. Stable carbon isotope compositions and source rock geochemistry of the giant gas accumulations in the Ordos Basin, China. Organic Geochemistry 36, 1617–1635.

Demaison, G.J., 1984. The generative basin concept. In : Demaison, G.J., Murris, R.J. (Eds.), Petroleum Geochemistry and Basin Evaluation, American Association of Petroleum Geologists Memoir, 35, 1–14.

Dembicki, H., 2009. Three common source rock evaluation errors made by geologists during prospect or play appraisals. American Association of Petroleum Geologists Bulletin 93, 341–356.

Dewhurst, D.N., Yang, Y., Aplin, A.C., 1999. Permeability and fluid flow in natural mudstones. Geological Society of London Special Publications 158, 32–43.

Durand, B., Espitalié, J., 1976. Geochemical studies on the organic matter from the Douala Basin (Cameroon) –II. Evolution of kerogen. Geochimica et Cosmochimica Acta 40, 801–808.

Durand, B., Nicaise, G., 1980. Procedures for kerogen isolation. In : Durand, B. (Ed.), Kerogen : Insoluble Organic Matter from Sedimentary Rocks. Editions Technip, Paris.

Dutta Majumdar, R., Gerken, M., Mikula, R., Hazendonk, P., 2013. Validation of the Yen_Mullins model of Athabasca oil–sands asphaltenes using solution–state 1H NMR relaxation and 2D HSQC spectroscopy. Energy & Fuels 27, 6528–6538.

EIA, 2010. Eagle Ford Shale Play Map. At : www.eia.gov (accessed 2.01.15.) .

Elias, R., Duclerc, D., Le–Van–Loi, R., Gelin, F., Dessort, D., 2013. A new geochemical tool for the assessment of organic–rich shales. In : Unconventional Resources Technology Conference, URTeC 1581024.

Engleman, E.E., Jackson, L.L., Norton, D.R., Fischer, A.G., 1985. Determinations of carbonate carbon in geological materials by coulometric titration. Chemical Geology 53, 125–128.

Espitalié, J., Madec, M., Tissot, B., Menning, J.J., Leplat, P., 1977. Source rock characterization methods for petroleum exploration. In : Proceedings of the 1977 Offshore Technology. Conference, vol. 3, pp. 439–443.

Eyssautier, J., Levitz, P., Espinat, D., Jestin, J., Gummel, J., Brillo, I., Barré, L., 2011. Insight into asphaltene nanoaggregate structure inferred by small angle neutron and X–ray scattering : Journal of Physical Chemistry B 115, 6827–6837.

Feng, Y., Le Doan, T.V., Pomerantz, A.E., 2013. The chemical composition of bitumen in pyrolyzed Green River oil shale : characterization by 13C NMR spectroscopy. Energy & Fuels 27, 7314–7323.

Fertl, W.H., Chilingar, G.V., 1988. Total organic carbon content determined from well logs. In : Society of Petroleum Engineers, vol. 3. SPE–15612–PA.

Ferworn, K., Zumberge, J., Brown, S., 2008. Gas character Anomalies Found in Highly Productive Gas Shale Wells. At : https : //www.google.com/ ? gws_rd=ssl#q=ferworntisotopictrollover (accessed 19.12.14.) .

Frank, P., Hedman, B., Carlson, R.M.K., Tyson, T.A., Roe, A.L., Hodgson, K.O., 1987. A large reservoir of sulfate and sulfonate resides within plasma cells from Ascidia ceratodes revealed by X-ray absorption near-edge structure spectroscopy. Biochemistry 26, 4975-4979.

Freedman, R., Herron, S., Anand, V., Herron, M.M., May, D.H., Rose, D.A., 2014. New method for determining mineralogy and matrix properties from elemental chemistry measured by gamma ray spectroscopy logging tools. Society of Petroleum Engineers. http : //dx.doi.org/10.2118/170722-MS. Supplemental info : SPE Annual Technical Conference and Exhibition, October 27-29, Amsterdam, The Netherlands SPE-170722-MS.

Fuller, M.P., Hamadeh, I.M., Griffiths, P.R., Lowenhaupt, D.E., 1982. Diffuse reflectance infrared spectrometry of powdered coals. Fuel 61, 529-536.

Ganz, H.H., Kalkreuth, W., 1991. IR classification of kerogen type, thermal maturation, hydrocarbon potential and lithological characteristics. Journal of Southeast Asian Earth Science 5, 19-28.

Goddard III, W.A., Tang, Y., Wu, S., Deev, A., Ma, Q., Li, G., 2013. Novel Gas Isotope Interpretation Tools to Optimize Gas Shale Production. Research Partnership to Secure Energy for America (RPSEA) . Report No. 08122.15.final, 90 p.

Gasparik, M., Ghanizadeh, A., Bertier, P., Gensterblum, Y., Bouw, S., Krooss, B.M., 2012. High-pressure methane sorption isotherms of black shales from the Netherlands. Energy & Fuels 26, 4995-5004.

Gasparik, M., Bertier, P., Gensterblum, Y., Ghanizadeh, A., Krooss, B.M., Littke, R., 2014. Geological controls on the methane storage capacity in organic-rich shales. International Journal of Coal Geology 123, 34-51.

George, G.N., Gorbaty, M.L., 1989. Sulfur K-edge X-ray absorption spectroscopy of petroleum asphaltenes and model compounds. Journal of the American Chemical Society 111, 3182-3186.

George, G.N., Gorbaty, M.L., Kelemen, S.R., Sansone, M., 1991. Direct determination and quantification of sulfur forms in coals from the Argonne Premium Sample Program. Energy & Fuels 5, 93-97.

George, G.N., Hackett, J.J., Sansone, M., Gorbaty, M.L., Kelemen, S.R., Prince, R.C., Harris, H.H., Pickering, I.J., 2014. Long-range chemical sensitivity in the sulfur K-edge X-ray absorption spectra of substituted thiophenes. The Journal of Physical Chemistry A 118, 7796-7802.

Gonzalez, J., Lewis, R., Hemingway, J., Grau, J., Rylander, R., Schmitt, R., 2013. Determination of formation organic carbon content using a new neutron-induced gamma ray spectroscopy service that directly measures carbon. In : 54 Annual Logging Symposium, June 22-26, 2013. Society of Petrophysicists and Well Log Analysts (SPWLA), pp. 1-15.

Groenzin, H., Mullins, O.C., 1999. Asphaltene molecular size and structure. Journal of Physical Chemistry A 103, 11237-11245.

Groszek, A.J., 2001. Heats of water adsorption on microporous carbons from nitrogen and methane carriers. Carbon 39, 1857-1862.

Guo, Y., Bustin, R.M., 1998. Micro-FTIR spectroscopy of liptinite macerals in coal. International Journal of Coal Geology 36, 259-275.

Herron, S.L., Herron, M.M., 1996. Quantitative lithology : an application for open and cased-hole spectroscopy. In : Proceedings 37th SPWLA Annual Logging Symposium, New Orleans, Louisiana, USA, 16-19 June, Paper E.

Herron, M.M., Loan, M., Charsky, A., Herron, S.L., Pomerantz, A.E., Polyakov, M., 2014. Kerogen content and maturity, mineralogy and clay typing from DRIFTS. Analysis of Cuttings or Core. Petrophysics 55, 435–446.

Hertzog, R.C., 1980. Laboratory and field evaluation of an inelastic neutron scattering and capture gamma ray spectrometry tool. Society of Petroleum Engineers Journal 20, 327–340.

Hood, A., Gutjahr, C.C.M., Heacock, R.L., 1975. Organic metamorphism and the generation of petroleum. American Association of Petroleum Geologists Bulletin 59, 986–996.

Horsfield, B., Littke, R., Mann, U., Bernard, S., Vu, T.A.T., di Primio, R., Schulz, H.-M., 2010. Shale gas in the Posidonia Shale, Hils area, Germany. AAPG Search and Discovery. Article #110126. Supplemental info : Adapted from oral presentation at session, Genesis of Shale Gas–Physicochemical and Geochemical Constraints Affecting Methane Adsorption and Desorption, at AAPG Annual Convention, New Orleans, LA, April 11–14, 2010.

Hu, A.P., Li, J., Zhang, W.J., Li, Z.F., Hou, L., Liu, Q.Y., 2008. Geochemical characteristics and origin of gases from the Upper, Lower Paleozoic and the Mesozoic reservoirs in the Ordos Basin, China. Science in China Series D–Earth Science 51, 183–194.

Hu, H., Zhang, T., Wiggins-Camacho, J.D., Ellis, G.S., Lewan, M.D., Zhang, X., 2015. Experimental investigation of changes in methane adsorption of bitumen-free Woodford Shale with thermal maturation induced by hydrous pyrolysis. Marine and Petroleum Geology 59, 114–128.

Huffman, G.P., Mitra-Kirtley, S., Huggins, F.E., Shah, N., Vaidya, S., Lu, F., 1991. Quantitative analysis of all major forms of sulfur in coal by X-ray absorption fine structure spectroscopy. Energy & Fuels 5, 574–581.

Hussain, Z., Umbach, E., Shirley, C.A., Stöhr, J., Feldhaus, J., 1982. Performance and application of a double crystal monochrometer in the energy region $800 < hv < 4500$ eV. Nuclear Instruments and Methods 195, 115–131.

Ibarra, J.V., Moliner, R., Bonet, A.J., 1994. FT-i.r. investigation on char formation during the early stages of coal pyrolysis. Fuel 73, 918–924.

Ibarra, J.V., Munoz, E., Moliner, R., 1996. FTIR study of the evolution of coal structure during the coalification process. Organic Geochemistry 24, 725–735.

Ibrahimov, R.A., Bissada, K.K., 2010. Comparative analysis and geological significance of kerogen isolated using open-system (palynological) versus chemically and volumetrically conservative closed-system methods. Organic Geochemistry 41, 800–811.

Issler, D.R., Hu, K., Block, J.D., Katsube, T.J., 2002. Organic Carbon Content Determined from Well Logs : Examples from Cretaceous Sediments of Western Canada. Geological Survey of Canada. Open File Report 4362, 19 p.

Janik, L.J., Skjemstad, J.O., 1995. Characterization and analysis of soils using mid-infrared partial least-squares. II. Correlations with some laboratory data. Australian Journal of Soil Research 33, 637–650.

Jarvie, D.M., Claxton, B.L., Henk, F., Breyer, J.T., 2001. Oil and shale gas from the barnett shale, fort Worth Basin, Texas. American Association of Petroleum Geologists Bulletin 85, A100. Abstract.

Jarvie, D.M., 2012a. Shale resource systems for oil and gas : Part 1–Shale-gas resource systems. In : Breyer, J.A.

(Ed.), Shale ReservoirsdGiant Resources for the 21st Century, American Association of Petroleum Geologists Memoir, 97, 69–87.

Jarvie, D.M., 2012b. Shale resource systems for oil and gas : Part 2dShale–oil resource systems. In : Breyer, J.A. (Ed.), Shale ReservoirsdGiant Resources for the 21st Century, American Association of Petroleum Geologists Memoir, 97, 89–119.

Jarvie, D.M., Hill, R.J., Ruble, T.E., Pollastro, R.M., 2007. Unconventional shale–gas systems : the Mississippian Barnett Shale of North–Central Texas as one model for thermogenic shale–gas assessment. American Association of Petroleum Geologists Bulletin 91, 475–499.

Jenden, P.D., Drazan, D.J., Kaplan, I.R., 1993. Mixing of thermogenic natural gases in northern Appalachian basin. American Association of Petroleum Geologists Bulletin 77, 980–998.

Ji, L., Zhang, T., Milliken, K.L., Qu, L., Zhang, X., 2012. Experimental investigation of main controls to methane adsorption in clay–rich rocks. Applied Geochemistry 27, 2533–2545.

Jones, R.W., 1987. Organic facies. In : Brooks, J., Welte, D. (Eds.), Advances in Petroleum Geochemistry. Academic Press, New York, pp. 1–90.

Kelemen, S.R., Fang, H.L., 2001. Maturity trends in Raman spectra from kerogen and coal. Energy & Fuel 15, 653–658.

Kelemen, S.R., Walters, C.D., Ertas, D., Freund, H., Curry, D.J., 2006. Petroleum expulsion. Part 3. A model of chemically driven fractionation during expulsion of petroleum from kerogen. Energy & Fuels 20, 309–319.

Kelemen, S.R., Afeworki, M., Gorbaty, M.L., Sansone, M., Kwiatek, P.J., Walters, C.C., Freund, H., Siskin, M., Bence, A.E., Curry, D.J., Solum, M., Pugmire, R.J., Vandenbroucke, M., Leblond, M., Behar, F., 2007. Direct characterization of kerogen by X–ray and solid–state 13C nuclear magnetic resonance methods. Energy& Fuels 21, 1548–1561.

Korb, J.P., Louis–Joseph, A., Benamsili, L., 2013. Probing structure and dynamics of bulk and confined crude oils by multiscale NMR spectroscopy, diffusometry, and relaxometry. Journal of Physical Chemistry B 117, 7002–7014.

van Krevelen, D.W., 1993. Coal : Typology – Chemistry – Physics – Constitution. Elsevier Science, 1002 p.

Lafargue, E., Espitalié, J., Marquis, F., Pillot, D., 1998. Rock–eval 6 applications in hydrocarbon exploration, production and in soil contamination studies. Revue de l'Institut Français du Peétrole 53 (4), 421–437.

LeDoan, T.V., Bostrom, N.W., Burnham, A.K., Kleinberg, R.L., Pomerantz, A.E., Allix, P., 2013. Green River oil shale pyrolysis : semi–open conditions. Energy & Fuels 27, 6447–6459.

Lewan, M.D., 1987. Petrographic study of primary petroleum migration in the Woodford Shale and related rock units. In : Doligez, B. (Ed.), Migration of Hydrocarbons in Sedimentary Basins. Editions Technip, Paris, pp. 113–130.

Lewan, M.D., 1998. Sulphur–radical control on petroleum formation rates. Nature 391, 164–166.

Lin, R., Ritz, G.P., 1993. Studying individual macerals using i.r. microspectroscopy, and implications on oil versus gas/condensate proneness and "low–rank" generation. Organic Geochemistry 20, 695–706.

Lis, G.P., Mastalerz, M., Schimmelmann, A., Lewan, M.D., Stankiewicz, B.A., 2005. FTIR absorption indices for thermal maturity in comparison with vitrinite reflectance Ro in type–II kerogens from Devonian black shales. Organic Geochemistry 36, 1533–1552.

Lisitza, N.V., Freed, D.E., Senand, P.N., Song, Y.–Q., 2009. Study of asphaltene nanoaggregation by nuclear magnetic resonance (NMR) . Energy & Fuels 23, 1189–1193.

Lorant, F., Prinzhofer, A., Behar, F., Huc, A.–Y., 1998. Carbon isotopic and molecular constraints on the formation and the expulsion of thermogenic hydrocarbon gases. Chemical Geology 147, 240–264.

Lüning, S., Kolonic, S., 2003. Uranium spectral gamma–ray response as a proxy for organic richness in black shales : applicability and limitations. Journal of Petroleum Geology 26, 153–174.

Mackenzie, A.S., Quigley, T.M., 1988. Principles of geochemical prospect appraisal. American Association of Petroleum Geologists Bulletin 72, 399–415.

Madren, J., 2012. Stable carbon isotope reversal does not correlate to production in the Marcellus Shale. AAPG Search and Discovery. Article #80233. Supplemental info : Adapted from oral presentation at AAPG Annual Convention and Exhibition, Long Beach, California, April 22–25, 2012.

Mao, J., Fang, X., Lan, Y., Schimmelmann, A., Mastalerz, M., Xu, L., Schmidt–Rohr, K., 2010. Chemical and nanometer–scale structure of kerogen and its change during thermal maturation investigated by advanced solid–state 13C NMR spectroscopy. Geochimica et Cosmochimica Acta 74, 2110–2127.

McKenzie, D., 1978. Some remarks on the development of sedimentary basins. Earth and Planetary Science Letters 40, 25–32.

Michaelian, K.H., Friesen, W.I., 1990. Photoacoustic FT–IR spectra of separated western Canadian coal macerals : analysis of the CH stretching region by curve–fitting and deconvolution. Fuel 69, 1271–1275.

Mitra–Kirtley, S., Mullins, O.C., Ralston, C.Y., Sellis, D., Pareis, C., 1998. Determination of sulfur species in asphaltene, resin, and oil fractions of crude oils. Applied Spectroscopy 52, 1522–1525.

Mullins, O.C., 2010. The modified Yen model. Energy & Fuels 24, 2179–2207.

Mullins, O.C., Mitra–Kirtley, S., Zhu, Y., 1992. The electronic absorption edge of petroleum. Applied Spectroscopy 46, 1405–1411.

Mullins, O.C., Sheu, E.Y., Hammami, A., Marshall, A.G., 2007. Asphaltenes, Heavy Oils, and Petroleomics. Springer, New York, 669 p.

Mullins, O.C., Sabbah, H., Eyssautier, J., Pomerantz, A.E., Barré, L., Andrews, A.B., Ruiz–Morales, Y., Mostowfi, F., McFarlane, R., Goual, L., Lepkowicz, R., Cooper, T., Orbulescu, J., Leblanc, J.M., Edwards, J., Zare, R.N., 2012. Advances in asphaltene science and the Yen–Mullins model. Energy & Fuels 26, 3986–4003.

Neber, A., Cox, S., Levy, T., Schenk, O., Tessen, N., Wygrala, B., et al., 2012. Systematic evaluation of unconventional resource plays using a new play–based methodology. Society of Petroleum Engineers (SPE) 158571, 15.

Nelson, P.H., 2009. Pore–throat sizes in sandstones, tight sandstones, and shales. American Association of Petroleum Geologists Bulletin 93, 329–340.

Ottenjann, K., 1988. Fluorescence alteration and its value for studies of maturation and bituminization. Organic Geochemistry 12, 309–321.

Painter, P.C., Snyder, R.W., Starsinic, M., Coleman, M.M., Kuehn, D., Davis, A., 1981. Concerning the application of FT-IR to the study of coal : a critical assessment of band assignments and the application of spectral analysis programs. Applied Spectroscopy 35, 475-485.

Passey, Q.R., Creaney, S., Kulla, J.B., Moretti, F.J., Stroud, J.D., 1990. A practical model for organic richness from porosity and resistivity logs. American Association of Petroleum Geologists 74, 1777-1794.

Passey, Q.R., Bohacs, K.M., Esch, W.L., Klimentidis, R., Sinha, S., 2010. From Oil-prone Source Rock to Gasproducing Shale Reservoir - Geologic and Petrophysical Characterization of Unconventional Shale-gas Reservoirs. Society of Petroleum Engineers. SPE 131350, 29 p.

Pemper, R., Han, X., Mendez, F., Jacobi, D., LeCompte, B., Bratovich, M., Feuerbacher, G., Bruner, M., Bliven, S., 2009. The direct measurement of carbon in wells containing oil and natural gas using a pulsed neutron mineralogy tool. In : SPE 124234, SPE Annual Technical Conference and Exhibition, New Orleans, Louisiana, October 30-November 2.

Peters, K.E., 1986. Guidelines for evaluating petroleum source rock using programmed pyrolysis. American Association of Petroleum Geologists Bulletin 70, 318-329.

Peters, K.E., Simoneit, B.R.T., 1982. Rock-eval pyrolysis of Quaternary sediments from Leg 64, sites 479 and 480, gulf of California. Initial Reports of the Deep Sea Drilling Project 64, 925-931.

Peters, K.E., Cassa, 1994. Applied source-rock geochemistry. In : Magoon, L.B., Dow, W.G. (Eds.), The Petroleum SystemdFrom Source to Trap, American Association of Petroleum Geologists Memoir, 60, 93-120.

Peters, K.E., Whelan, J.K., Hunt, J.M., Tarafa, M.E., 1983. Programmed pyrolysis of organic matter from thermally altered Cretaceous black shales. American Association of Petroleum Geologists Bulletin 67, 2137-2146.

Peters, K.E., Walters, C.C., Moldowan, J.M., 2005. The Biomarker Guide, second ed. Cambridge University Press, Cambridge, U.K. 1155 p.

Peters, K.E., Magoon, L.B., Bird, K.J., Valin, Z.C., Keller, M.A., 2006. North Slope, Alaska : source rock distribution, richness, thermal maturity, and petroleum charge. American Association of Petroleum Geologists Bulletin 90, 261-292.

Peters, K.E., Hantschel, T., Kauerauf, A.I., Tang, Y., Wygrala, B., 2013. Recent advances in petroleum system modeling of geochemical processes : TSR, SARA, and biodegradation. AAPG Search and Discovery. Article #90163. At : http : //www.searchanddiscovery.com/abstracts/html/2013/90163ace/abstracts/pete. htm (accessed 23.12.14.) . Supplemental info : AAPG Annual Convention and Exhibition, Pittsburgh, Pennsylvania, May 19-22, 2013.

Peters, K.E., Burnham, A.K., Walters, C.C., 2015. Petroleum generation kinetics : single versus multiple heatingramp open-system pyrolysis. American Association of Petroleum Geologists Bulletin 99, 591-616.

Peters, K.E., Schenk, O., Hosford Scheirer, A., Wygrala, B., Hantschel, T. Basin and petroleum system modeling of conventional and unconventional petroleum resources : In : Hsu, C.S., Robinson, P. (Eds.), Practical Advances in Petroleum Production and Processing. Springer, New York, in press.

Pickering, I.J., George, G.N., Yu, E.Y., Brune, D.C., Tuschak, C., Overmann, J., Beatty, J.T., Prince, R.C., 2001. Analysis of sulfur biochemistry of sulfur bacteria using X-ray absorption spectroscopy. Biochemistry 40, 8138-8145.

Pitman, J.K., Price, L.C., LeFever, J.A., 2001. Diagenesis and Fracture Development in the Bakken

Formation, Williston Basin : Implications for Reservoir Quality in the Middle Member. U.S. Geological Survey. Professional Paper 1653, 19 p.

Pomerantz, A.E., Hammond, M.R., Morrow, A.L., Mullins, O.C., Zare, R.N., 2009. Asphaltene molecular weight distribution determined by two-step laser mass spectrometry. Energy & Fuels 23, 1162–1168.

Pomerantz, A.E., Seifert, D.J., Bake, K.D., Craddock, P.R., Mullins, O.C., Kodalen, B.G., Mitra-Kirtley, S., Bolin, T.B., 2013. Sulfur chemistry of asphaltenes from a highly compositionally graded oil column. Energy & Fuels 27, 4604–4608.

Pomerantz, A.E., Bake, K.D., Craddock, P.R., Kurzenhauser, K.W., Kodalen, B.G., Mitra-Kirtley, S., Bolin,T.,2014. Sulfur speciation in kerogen and bitumen from gas and oil shales. Organic Geochemistry 68,5–12.

Pomerantz, A.E., Wu, Q., Mullins, O.C., Zare, R.N., 2015. Laser-based mass spectroscopic assessment of asphaltene molecular weight, molecular architecture and nanoaggregate weight. Energy & Fuels 29, 2833–2842.

Price, L.C., Barker, C.E., 1985. Suppression of vitrinite reflectance in amorphous rich kerogenda major unrecognized problem. Journal of Petroleum Geology 8, 59–84.

Prietzel, J., Kögel-Knabner, I., Thieme, J., Paterson, D., McNulty, I., 2011. Microheterogeneity of element distribution and sulfur speciation in an organic surface horizon of a forested Histosol as revealed by synchrotronbased X ray spectromicroscopy. Organic Geochemistry 42, 1308–1314.

Radtke, R.J., Lorente, M., Adolph, R., Berheide, M., Fricke, S., Grau, J., Herron, S., Horokowitz, J., Jorion, B.,

Madio, D., May, D., Miles, J., Perkins, L., Philip, O., Roscoe, B., Rose, D., Stoller, C., 2012. A new capture and inelastic spectroscopy tool takes geochemical logging to the next level. In : SPWLA 53 Annual Logging Symposium, June 16–20, 2012, pp. 1–16.

Rane, J.P., Pauchard, V., Couzis, A., Banerjee, S., 2013. Interfacial rheology of asphaltenes at oil-water interfaces and interpretation of the equation of state. Langmuir 29, 4750–4759.

Ribacchi, R., 2000. Mechanical tests on pervasively jointed rock material : insight into rock mass behaviour. Rock Mechanics and Rock Engineering 33, 243–266.

Riboulleau, A., Derenne, S., Sarret, G., Largeau, C., Baudin, F., Connan, J., 2000. Pyrolytic and spectroscopic study of a sulphur-rich kerogen from the "Kashpir oil shales" (Upper Jurassic, Russian platform). Organic Geochemistry 31, 1641–1661.

Rickman, R., Mullen, M., Petre, E., Grieser, B., Kundert, D., 2008. A Practical Use of Shale Petrophysics for Stimulation Design Optimization : All Shale Plays Are Not Clones of the Barnett Shale. http : // dx.doi.org/10.2118/115258-MS. SPE 115258.

Robinson, L.R., Taulbee, D.N., 1995. Demineralization and kerogen maceral separation and chemistry. In : Snape, C. (Ed.), Composition, Geochemistry and Conversion of Oil Shales, vol. 455. Kluwer Academic Publishers, NATO ASI Series, pp. 35–50.

Rodriguez, N.D., Philp, R.P., 2010. Geochemical characterization of gases from the Mississippian Barnett Shale, Fort Worth Basin, Texas. American Association of Petroleum Geologists Bulletin 94, 1641–1656.

Rosen, P., Vogel, H., Cunningham, L., Hahn, A., Hausmann, S., Pienitz, R., Zolitschka, B., Wagner, B., Persson, P., 2011. Universally applicable model for the quantitative determination of lake sediment composition using Fourier transform infrared spectroscopy. Environmental Science & Technology 45, 8858–8865.

Rouxhet, P.G., Robin, P.L., Nicaise, G., 1980. Characterization of kerogens and their evolution by infrared spectroscopy. In : Durand, B. (Ed.), Kerogen : Insoluble Organic Matter from Sedimentary Rocks. Editions Technip, Paris.

Ruiz-Morales, Y., Mullins, O.C., 2009. Simulated and measured optical absorption spectra of asphaltenes. Energy & Fuels 23, 1169–1177.

Sabah, H., Morrow, A.L., Pomerantz, A.E., Zare, R.N., 2011. Evidence for island structures as the dominant architecture of asphaltenes. Energy & Fuels 25, 1597–1604.

Sabah, H., Pomerantz, A.E., Wagner, M., Müllen, K., Zare, R.N., 2012. Laser desorption single-photon ionization of asphaltenes : mass range, compound sensitivity, and matrix effects. Energy & Fuels 26, 3521–3526.

Salmon, E., Behar, F., Hatcher, P.G., 2011. Molecular characterization of Type I kerogen from the Green River Formation using advanced NMR techniques in combination with electrospray ionization/ultrahigh resolution mass spectrometry. Organic Geochemistry 42, 301–315.

Sarg, J.F., 2012. The BakkendAn unconventional petroleum reservoir system. In : Final Scientific/Technical Report, September 18–December 31, 2011. Office of Fossil Energy, National Energy Technology Laboratory, p. 65.

Sarret, G., Mongenot, T., Conna, J., Derenne, S., Kasrai, M., Bancroft, G.M., Largeau, C., 2002. Sulfur speciation in kerogens of the Orbagnous deposit (Upper Kimmeridgian, Jura) by XANES spectroscopy and pyrolysis. Organic Geochemistry 33, 877–895.

Schenk, O., Bird, K.J., Magoon, L.B., Peters, K.E., 2012. Petroleum system modeling of northern Alaska. In : Peters, K.E., Curry, D., Kacewicz, M. (Eds.), Basin Modeling : New Horizons in Research and Applications, vol. 4. American Association of Petroleum Geologists Hedberg Series, pp. 317–338.

Schmoker, J.W., 1981. Determination of organic-matter content of Appalachian Devonian shales from gamma-ray logs. American Association of Petroleum Geologists Bulletin 65, 1285–1298.

Schmoker, J.W., Hester, T.C., 1983. Organic carbon in Bakken Formation, United States portion of Williston Basin. American Association of Petroleum Geologists Bulletin 67, 2165–2174.

Shanley, K.W., Cluff, R.M., Robinson, J.W., 2004. Factors controlling prolific gas production from lowpermeability sandstone reservoirs : implications for resource assessment, prospect development, and risk analysis. American Association of Petroleum Geologists Bulletin 88, 1083–1121.

Smit, B., 1995. Simulating the adsorption isotherms of methane, ethane, and propane in the zeolite silicalite. Journal of Physical Chemistry 99, 5597–5603.

Snowdon, L.R., 1997. Rock-Eval/TOC Data for SixWells in theWorsley Area of Alberta (Townships 80 to 87 and Ranges 3W6 to 10W6). Geological Survey of Canada. Open File 2492. http : //geogratis.gc.ca/api/en/nrcanrncan/ess-sst/6aa6b720-3ccc-5d29-8f9b-8023d1fa5b29.html (accessed 12.12.14.).

Solum, M.S., Pugmire, R.J., Grant, D.M., 1989. 13C solid-state NMR of Argonne premium coals. Energy & Fuels 3, 187–193.

Solum, M.S., Mayne, C.L., Orendt, A.M., Pugmire, R.J., Adams, J., Fletcher, T.H., 2014. Characterization of macromolecular structure elements from a Green River oil shale, I. Extracts. Energy & Fuels

28, 453–465.

Spiro, C.L., Wong, J., Lytle, F.W., Greegor, R.B., Maylotte, D.H., Lamson, S.H., 1984. X–ray absorption spectroscopic investigation of sulfur sites in coal : organic sulfur indentification. Science 226, 48–50.

Strąpoǒ_c, D., Schimmelmann, A., Mastalerz, M., 2006. Carbon isotopic fractionation of CH4 and CO2 during canister desorption of coal. Organic Geochemistry 37, 152–164.

Suleimenova, A., Bake, K.D., Ozkan, A., Valenza, J.J., Kleinberg, R.L., Burnham, A.K., Ferralis, N., Pomerantz, A.E., 2014. Acid demineralization with critical point drying : a method for kerogen isolation that preserves microstructure. Fuel 135, 492–497.

Sweeney, J.J., Burnham, A.K., 1990. Evaluation of a simple model of vitrinite reflectance based on chemical kinetics. American Association of Petroleum Geologists Bulletin 74, 1559–1570.

Tang, Y., Perry, J.K., Jenden, P.D., Schoell, M., 2000. Mathematical modeling of stable carbon isotope ratios in natural gases. Geochimica et Cosmochimica Acta 64, 2673–2687.

Tilley, B., McLellan, S., Hiebert, S., Quartero, B., Veilleux, B., Muehlenbachs, M., 2011. Gas isotope reversals in fractured gas reservoirs of the western Canadian Foothills : mature shale gases in disguise. American Association of Petroleum Geologists Bulletin 95, 1399–1422.

Taylor, G.H., Teichmüller, M., Davis, A., Diessel, C.F.K., Littke, R., Robert, P., 1998. Organic Petrology. Gebrüder Borntraeger, Berlin, 704 p.

Tegelaar, E.W., de Leeuw, J.W., Derenne, S., Largeau, C., 1989. A reappraisal of kerogen formation. Geochimica et Cosmochimica Acta 53, 3103–3106.

Tegelaar, E.W., Noble, R.A., 1994. Kinetics of hydrocarbon generation as a function of the molecular structure of kerogen as revealed by pyrolysis–gas chromatography. Organic Geochemistry 22, 543–574.

Thomas, J.J., Valenza, J.J., Craddock, P.R., Bake, K.D., Pomerantz, A.E., 2014. The neutron scattering length density of kerogen and coal as determined by CH3OH/CD3OH exchange. Fuel 117, 801–811.

Tian, H., Wang, Z., Xiao, Z., Li, X., Xiao, X., 2006. Oil cracking to gases : kinetic modeling and geological significance. Chinese Science Bulletin 51, 2763–2770.

Tissot, B.P., Welte, D.H., 1978. Petroleum Formation and Occurrence. Springer–Verlag, Berlin, Germany, 538 p.

Tissot, B.P., Welte, D.H., 1984. Petroleum Formation and Occurrence. Springer–Verlag, Berlin, 699 p.

Vernik, L., Chi, S., Khadeeva, Y., 2012. Rock physics of organic shale and its applications. In : 2012 Society of Exploration Geophysicists (SEG) Annual Meeting 4–9 November, Las Vegas, SEG–2012–0184. Society of Exploration Geophysicists.

Vogel, H., Rosen, P., Wagner, B., Melles, M., Persson, P., 2008. Fourier transform infrared spectroscopy, a new cost–effective tool for quantitative analysis of biogeochemical properties in long sediment records. Journal of Paleolimnolpgy 40, 689–702.

Wang, F.P., Gale, J.F.W., 2009. Screening criteria for shale–gas systems. Gulf Coast Association of Geological Societies (GCAGS) Transactions 59, 779–793.

Waples, D.W., Marzi, R.W., 1998. The universality of the relationship between vitrinite reflectance and transformation ratio. Organic Geochemistry 28, 383–388.

Waldo, G.S., Carlson, R.M.K., Moldowan, J.M., Peters, K.E., Penner-Hahn, J.E., 1991. Sulfur speciation in heavy petroleums : information from X–ray absorption near–edge structure. Geochimica et Cosmochimica Acta

55, 801–814.

Waldo, G.S., Mullins, O.C., Penner–Hahn, J.E., Cramer, S.P., 1992. Determination of the chemical environment of sulphur in petroleum asphaltenes by X–ray absorption spectroscopy. Fuel 71, 53–57.

Ward, R.L., Burnham, A.K., 1984. Identification by 13C n.m.r of carbon types in shale oil and their relation to pyrolysis conditions. Fuel 63, 909–914.

Washburn, K.E., Birdwell, J.E., 2013a. Updated methodology for nuclear magnetic resonance characterization of shales. Journal of Magnetic Resonance 233, 17–28.

Washburn, K.E., Birdwell, J.E., 2013b. Multivariate analysis of ATR–FTIR spectra for assessment of oil shale organic geochemical properties. Organic Geochemistry 63, 1–7.

Werner–Zwanziger, U., Lis, G., Mastalerz, M., Schimmelmann, A., 2005. Thermal maturity of type II kerogen from the New Albany Shale assessed by 13C CP/MAS NMR. Solid State NMR 27, 140–148.

Wilkins, R.W.T., Wilmshurst, J.R., Russell, N.J., Hladky, G., Ellacott, M.V., Buckingham, C., 1992. Fluorescence alteration and the suppression of vitrinite reflectance. Organic Geochemistry 18, 629–640.

Wilkins, R.W.T., Wilmshurst, J.R., Hladky, G., Ellacott, M.V., Buckingham, C.P., 1995. Should fluorescence alteration replace vitrinite reflectance as a major tool for thermal maturity determination in oil exploration？ Organic Geochemistry 22, 191–209.

Wiltfong, R., Mitra–Kirtley, S., Mullins, O.C., Andrews, A.B., Fujisawa, G., Larsen, J.W., 2005. Sulfur speciation in different kerogens by XANES spectroscopy. Energy & Fuels 19, 1971–1976.

Wimberley, J.W., 1969. A rapid method for the analysis of total organic carbon in shale with a high–frequency combustion furnace. Analytica Chimica Acta 48, 419–423.

Wu, Z., Pomerantz, A.E., Mullins, O.C., Zare, R.N., 2014. Laser–based mass spectrometric determination of aggregation numbers for petroleum– and coal–derived asphaltenes. Energy & Fuels 28, 475–482.

Xia, X., 2000. Hydrocarbon Potential of Carbonates and Source Rock Correlation of the Changqing Gas Field. Petroleum Industry Press (in Chinese), Beijing, 1–164 p.

Xia, D., 2014. Kinetics of gaseous hydrocarbon generation with constraints of natural gas composition from the Barnett Shale. Organic Geochemistry 74, 143–149. http：//dx.doi.org/10.1016/j.orggeochem.2014.02.009.

Xia, X., Tang, Y., 2012. Isotope fractionation of methane during natural gas flow with coupled diffusion and adsorption/desorption. Geochimica et Cosmochimica Acta 77, 489–503.

Xia, X., Chen, J., Braun, R., Tang, Y., 2013. Isotopic reversals with respect to maturity trends due to mixing of primary and secondary products in source rocks. Chemical Geology 339, 205–212.

Xia, X., Guthrie, J.M., Burke, C., Crews, S., Tang, Y., 2014. Predicting hydrocarbon composition in unconventional reservoirs with a compositional generation/expulsion model. Search and Discovery article #80397. http：//www.searchanddiscovery.com/documents/2014/80397xia/ndx_xia.pdf (accessed 19.12.14.). Supplemental info：Adapted from oral presentation given at 2014 AAPG Annual Convention and Exhibition, Houston, Texas, April 6–9, 2014.

Zajac, G.W., Sethi, N.K., Joseph, J.T., 1994. Molecular imaging of asphaltenes by scanning tunneling microscopy：verification of structure from 13C and proton NMR data. Scanning Microscopy 8, 463–470.

Zhang, T., Ellis, G.S., Ruppel, S.C., Milliken, K., Yang, R., 2012. Effect of organic–matter type and thermal maturity on methane adsorption in shale–gas systems. Organic Geochemistry 47, 120–131.

Zhang, T., Yang, R., Milliken, K.L., Ruppel, S.C., Pottorf, R.J., Sun, X., 2014. Chemical and isotopic composition of gases released by crush methods from organic rich mudrocks. Organic Geochemistry 73, 16–28.

Zumberge, J., Ferworn, K., Brown, S., 2012. Isotopic reversal ('rollover') in shale gases produced from the Mississippian Barnett and Fayetteville formations. Marine and Petroleum Geology 31, 43–52.

Zuo, J.Y., Mullins, O.C., Freed, D.E., Dong, C., Elshahawi, H., Seifert, D.J., 2013. Advances of the Flory–Huggins–Zuo equation of state for asphaltene gradients and formation evaluation. Energy & Fuels 27, 1722–1735.

附录 A：干酪根类型和制备

A.1 干酪根类型

在未熟的煤岩和沉积岩样品中，基于干酪根原始元素组成或氢指数（Peters 和 Cassa，1994），已经可通过范式图将干酪跟划分为 4 种主要类型：

（1）倾油型干酪根，含类脂组为主；H/C 原子比高（≥1.5），氢指数高［>600mg（HC）/g（TOC）］，O/C 原子比低（≤0.1）。

（2）倾油型干酪根，H/C 原子比较高（1.2～1.5），氢指数较高［300～600mg（HC）/g（TOC）］，O/C 原子比较Ⅲ型和Ⅳ型干酪根低，该类型中的部分干酪根含有丰富的有机硫（硫含量达 8%～14%，S/C 原子比≥0.04），也称为ⅡS 型（注意富硫的ⅠS 型和ⅢS 型干酪根也存在，但并不常见）。Ⅱ/Ⅲ型干酪根其 H/C 原子比为 1.0～1.2，氢指数为 200～300mg（HC）/g（TOC）。

（3）倾气型干酪根，H/C 原子低（<1.0），氢指数为 50～200mg（HC）/g（TOC），O/C 原子比高（≤0.3）。该处倾气型往往产生误解，Ⅲ型干酪根通产较Ⅰ型和Ⅱ型产气量更低。

（4）死碳，含惰质组为主，生成很好或不能生成油气。该种类型的干酪根其 H/C 原子比低（0.5～0.6），氢指数低［<50mg（HC）/g（TOC）］，其 O/C 原子比变化较大（≤0.3）。

从组成上来讲，干酪根为各种宏观显微组分的混合体，范式图所划分的Ⅰ型、Ⅱ型、Ⅲ型和Ⅳ型干酪根为不同宏观显微组分间不同比例的中间体。例如，典型的Ⅲ型干酪根可能主要由倾气型的镜质组组成，也可能是Ⅱ型和Ⅳ型干酪根的混合体，从而使其具有倾油型的典型特征。另外，干酪根的类型往往随沉积环境的改变而发生变化，例如，典型的湖相烃源岩可能含有Ⅰ型、Ⅱ型、Ⅲ型和Ⅳ型干酪根同时存在，但具体类型与有机质发育所处沉积盆地位置和沉积环境紧密相关。因而，使用过程中需要避免一些错误定义或结论，如所有Ⅰ型干酪根全部来源于湖相烃源岩，Green River 组 Mahogany Ledge 段便难以解释；如所有的Ⅱ型干酪根全部来源于海相烃源岩，Paris 盆地 Toarcian 页岩便难以解释。

A.2 干酪根制备

干酪根是由沉积岩中的不溶有机质组成（Dur 和 Nicaise，1980；Groenzin 和 Mullins，1999）。焦沥青与焦炭也是不溶于有机质的组分，并往往成为干酪根的重要组成部分。沥青是指沉积岩中可溶于有机溶剂的组分，常见的有机溶剂包括二氯甲烷、吡啶、甲苯等。油气通常指可通过挥发作用、降压等物理作用的过程脱离沉积岩的有机组分。因而，沥青包含所有滞留在沉积岩中的可溶有机质，并可通过有机试剂在索式抽提器中进行提取。有机试剂的选取与其极性相关，较弱极性的有机试剂其获取抽提物的量及组成造成较大差异，故常选用上述具有中等极性的有机试剂（Salmon 等，2011；Pomerantz 等，2014）。

干酪根的制备通常又称为干酪根的分离。索式抽提法使用有机试剂将沉积岩中的可溶有机质去除，而沉积岩中的无机矿物使用酸解法进行去除。盐酸、氢氟酸和硼酸分别可以将碳酸盐岩、硅酸盐和氟化物溶解（Robinson 和 Taulbee，1995），亚铬酸可将上述酸不能溶解的黄铁矿酸解（Acholla 和 Orr，1993；Ibrahimov 和 Bissada，2010）。使用酸解法进行取出矿物已经得到多种光谱法的证实，该方法不破坏干酪根的化学结构，从而确保对所制备的干酪根样品可进行完好的化学分析。因为经典的酸解法要改变干酪根的附存结构和孔径形态，Suleimenova 等发明了一种新型的临界点干燥法，可保存干酪根物理结构并实现对干酪根的提取。

第4章 数字岩心分析表征页岩孔隙尺度气体流动特征

Jingsheng Ma

（*Institute of Petroleum Engineering*，*Heriot-Watt University*，*Edinburgh*，*UK*）

4.1 引言

页岩气藏流动特征的表征，对评价页岩气潜力、气体可采性以及原地可采气的经济性十分重要。与常规气藏不同，对页岩气藏的表征必须考虑亚微米级中占主导的孔隙空间内非理想气体的流动特征。在该类孔隙中，气体流动既不符合达西定律，也不属于滑移流动范畴，而是主要处于过渡流动范畴；在纳米级孔隙中，气体分子是以 Knudsen 扩散作用及表面扩散方式运移。气体输运与发生在孔隙表面的气体吸附作用相互影响。气体分子的表面浓度受控于孔隙几何形状、孔隙表面形貌、固相的化学组成以及原位孔隙压力和温度。这些因素当中的任意一个都能影响游离气的流动，因此会影响对流体特征（如气体渗透率）的预测。

表征页岩样品的气体流动特征很重要。然而，通过何种实验方法来确定气体流动特征存在诸多困难：由于页岩样品中存在很多小孔隙，采用常规实验方法测量气体流动特征过于耗时；即使有更新更高效的实验手段，它们的实用效果目前还不明确。数字岩心分析（DCA）方法，能对室内岩石物理分析方法加以补充。数字岩心分析包括：多孔样品的数字化表征、重构孔隙尺度模型、在构建模型上开展孔隙尺度物理化学过程的数值模拟、确定流动特征。本章突出强调了全面考虑小孔隙中各种气体流态对表征气体流动特征的重要性。

本章第一部分简要回顾了页岩孔隙空间的特点以及用于孔隙表征的数字岩心分析（DCA）方法。第二部分着重介绍了页岩孔隙中的气体流态特征以及非理想气体的非达西流模型和 Knudsen 扩散模型的建立过程。第三部分讲述了利用简化的有效多层吸附模型分析气体吸附作用对游离气流动产生的潜在影响。第四部分考查的是非达西流与气体吸附作用对采用数字岩心分析方法表征的真实页岩模型的气体渗透率预测结果的综合影响。本章结尾部分为结论。

4.2 数字岩心分析（DCA）表征含气页岩

页岩是由非常细粒的沉积物组成的，由于机械变形（如褶皱、裂缝及断裂形成过程）等作用的影响，其内部沉积单元（可表现为内部互层或纹层）内的颗粒结构和化学组分可能表现出非均质性。组成页岩的细粒沉积物粒径一般在 2μm 以下，而页岩内颗粒之间及颗粒内部的孔隙（Loucks 等，2009）大小可在几个数量级范围内变化，通常比非常致密砂岩内的孔隙小得多（Chalmers 等，2012）。完整页岩的渗透率一般为几百纳达西或更低（Heller 等，2014）。含气页岩中富含有机质和干酪根，它们呈颗粒状或较为常见的团块状分布。干酪根中也含有一些亚微米/纳米级孔隙，这可能是生烃过程中产生的（Curtis 等，2012）。这些有机质孔以及与之连通的无机质孔和微裂缝，为岩石"基质"中存在的气体提供了存储空间。在生产过程中，当这些孔隙与天然裂缝或诱导缝连通，游离气就会流入生产井中。

　　由于页岩内的颗粒和孔隙比较小、非均质性强，利用传统的实验分析技术表征含气页岩的岩石物理特征很困难。Chalmers 等（2012）对取自美国各大页岩气田的含气页岩样品进行了分析，他们发现页岩样品中的颗粒及孔隙的类型、大小、形状和它们的空间分布多种多样。图 4.1 为用气体吸附方法测出的页岩样品微分孔容与孔径分布，样品取自美国的几套含气页岩地层。从图中可以明显地看出，所有样品的孔径（孔隙直径）变化范围超过 4 个数量级，而且孔径在 2nm 以下的孔隙占了较大部分。据国际纯化学和应用化学联合会的孔隙分类方案，低于 2nm 的孔隙称为微孔（micropores）或超微孔（ultramicropores）（Sing 等，1985），详见图 4.2。

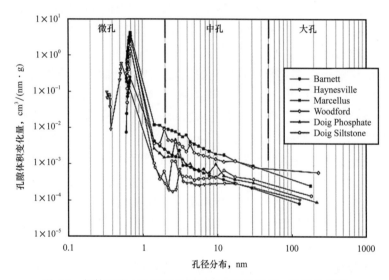

图 4.1　气体吸附方法测得的页岩样品微分孔容—孔径分布图

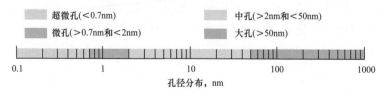

图 4.2　国际纯化学和应用化学联合会（IUPAC）的孔隙分类方案

　　众所周知，许多适用于常规储集岩岩心的标准化分析手段，并不是研究页岩岩心的有效手段。举个例子来说，页岩岩心稳态渗流的测试时间至少是测量砂岩岩心样品所需时间的 100 倍，因此，常规方法并不实用。出于这个原因，有人发明了新的非稳态渗流测量手段，如 Gas Research Institute 技术以及适用于岩心碎样和非碎样的压力脉冲衰减技术（Luffel 等，1993；Cui 等，2009）。虽然这些手段大大加快了测量进程，但是它们预测的流动特征的可靠性和稳固性却是未知的。另外，这些新技术的测量结果，还需要通过数值模型进行解释，而数值模型通常是无法捕捉到全范围的孔隙内不同空间和时间尺度上发生的所有物理过程（进一步的讨论见下一部分）。

数字岩心分析（DCA）由以下几个部分组成：多孔样品成像、孔隙尺度表征和样品重构、重构模型的孔隙尺度物理化学过程数值模拟、宏观特征的确定。数字岩心分析被称为是一项可弥补岩石物理实验技术不足、有潜力的技术。图 4.3 为数字岩心分析的基本步骤（Ma 等，2014c），图中简要地对各步骤进行了解释。

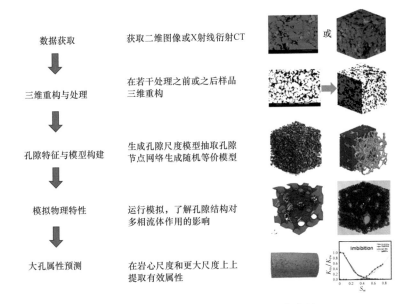

图 4.3　数字岩心分析（DCA）的基本步骤

4.2.1　多孔样品的成像

近年来，成像技术取得了很大进步，已经能够获得样品高分辨率图像、识别亚微米级颗粒和孔隙。对页岩样品进行成像，应用最广泛的方法是将宽离子束/聚焦离子束切割技术和扫描电子显微镜（BIB/FIB/SEM）相结合，生成一幅或一系列图像切片。这种方法能够分辨出切割面上 5nm 左右或 5nm 以下的颗粒和孔隙，两相邻切割面的距离可达 10nm（Bushby 等，2011）。在二维（2D）切片图或者是由 BIB/SEM 和 FIB/SEM 得到的二维切片叠加而成的三维（3D）立体图的每个维度上，视域大小可达成百上千微米（Bushby 等，2011；Desbois 等，2013）。以上手段和能谱分析结合，可以识别出颗粒的化学组成。BIB/FIB/SEM 已经成为对页岩样品孔隙—颗粒进行成像表征的重要手段（Loucks 等，2009；Curtis 等，2010；Klaver 等，2012；Bai 等，2013）。

4.2.2　孔隙尺度表征与模型重构

孔隙表征的一个目的就是建立样品的代表性模型。这样的一个模型不需要将样品所有的几何、形貌、化学组成方面的特征都表现出来，但是需要将选定的对孔隙物理化学过程影响最大的方面表现出来，物理化学过程的模拟需要在重构模型上进行。为了模拟含气页岩孔隙中的气体流动，有必要识别出有机质颗粒、无机质颗粒以及与之伴生的孔隙空间。同时，明确样品内的化学组分分布情况对解释与表面有关的一些过程，例如气体吸附和表面扩散，是有用的，有时候也是很关键的。

在给定样品的三维（3D）立体图的情况下，孔隙尺度表征就是要研究不同类型的颗粒和孔隙，分析它们的几何形状和连通性。出于不同的模拟目的，需要对组成进行合理地简化，比如将小颗粒和小孔隙聚合，以建立合适的模型进行预期的模拟。

替代切片扫描—重构（叠加）方法的另一种方法就是利用二维（2D）图像生成三维（3D）随机模型。在给定一组二维（2D）图片的情况下，比如获得区域的正交面上三幅图像，孔隙尺度的表征就是利用这些二维图片重构一个或多个三维体。Wu 等（2006）提出了一种马尔可夫链蒙特卡罗方法，使用三幅正交的二维二值图重构得到包含固体物质和孔隙空间位置信息的三维体。输入的图像用于建立马尔可夫链的转移概率矩阵。Wu 等发明了单次扫描算法，利用含有 15 个相邻元素的三维模板，对一个二进制系统只需要确定 348 个条件概率，这很大程度上节省了训练和模拟时间。这种方法已被证明可用于重构真实的三维体，能很好地呈现砂岩、粉砂岩、页岩及碳酸盐岩等岩石样品二维图像上的颗粒—孔隙分布的非均质性，也可以延伸至对不同组分颗粒的研究。

孔隙空间的表征是孔隙尺度分析的重要部分，特别是当流体流动和输运成为主要关注点的时候。因为从几何和拓扑学角度来看，天然的岩石介质的孔隙结构通常十分复杂，所以孔隙空间表征并不简单，需要借助于先进的技术手段。一般来说，有两种方法可用于表征孔隙空间：一种是对三维二值图像进行局部统计（Biswal 和 Hilfer，1999）；另一种是将孔隙空间看成是由孔隙元素构成的网络，然后再对网络的特性进行分析（Jiang 等，2007；Dong 和 Blunt，2009）。后一种方法更显优势，主要在于通过合成的网络可以很容易生成简化孔隙网络模型，而流体流动和输运模拟可以在该模型上高效的进行，尽管这样做在定义孔隙空间分割的准则上隐含地或明确地存在一定程度的随意性。

Jiang 等（2007）发展了一种技术，可以将三维二值图像表示的孔隙空间分割成可保留拓扑结构、由节点和管道构成的网络。首先，它计算欧式距离图，并将中轴骨架从孔隙空间内提取出来；其次，将骨架上所有交叉点的体元识别出来，对每个交叉点体元，确定其最大内切球，将所有位于该球内的骨架体元标记为属于同一个节点。剩余的骨架体元被分成若干的骨架体元段，对于每个体元段，将它们标记为一条管道。最后，根据测地距离将剩下的每个孔隙体元，依次分配到最近的节点或管道。在这样的网络体中，每个节点和管道的几何形态和拓扑结构都可以计算和测量得到。这种方法已经用于表征砂岩、粉砂岩、页岩及碳酸盐岩甚至是受拉伸作用的裂缝型岩石的孔隙空间。它也可以生成简化的孔隙网络以模拟单相或多相流体流动，也已经拓展至从一个以上网络生成多尺度随机网络（Wu 等，2007；Jiang 等，2013）。

4.2.3　孔隙尺度物理化学过程模拟

物理化学过程数值模拟可直接在三维图像或在孔隙空间简化形式（例如节点和管道组成的孔隙网络）上进行。基于图像的三维模型提供了关于几何形态、拓扑结构以及组分复杂性的全面信息，而基于图像的模拟模型除了可以模拟孔隙内流体流动，还可以用于模拟物理化学过程，或用于解释机械变形作用、表面反应和扩散过程或者是其他的传输现象（电流或核磁共振响应）。对于单相或多相流体流动过程的模拟，人们已经发现了基于图像的模拟器，利用数值模拟技术解 N—S（Navier–Stokes/Stokes）方程以及描述相态关系的方程（Cahn 和 Hilliard，2013），用格子玻尔兹曼（lattice Boltzmann，LB）模型解 Boltzmann 方程。Ma 等（2010）针对 LB 模型提出了一套模拟方案，降低了对计算机存储空间的要求，特别地对于孔隙度较低的岩石，利用孔隙体元之间的连通性提高计算效率。Zaretskiy 等（2012）发展的 Stokes 求解器可将三维二值图作为输入对象。和其他大部分基于图像的 NS 求解器一样，它并非精准地在图像上的体元上计算，而是在从图像构建的网格上模拟。

基于图像的模拟方法计算量很大，因为三维图像上的体元数目太多，而且在模拟中还需要考虑多物理场，这种方法的效率可能偏低，无法在合理的时间内给出结果。因此，在很多情况下，降低三维图像的复杂程度都不仅是值得做的，而且是必须做的，特别是当需要考虑更多物理作用的时候。很多已提出的数值模型都假定模拟域比较简单。Fatt（1956）开发的模拟流体流动的孔隙网络模型（PNM）就是该类模型中最有名的。这个模型包括由相连的简单柱状单元构成规则格子形状的孔隙网络和一组既定的物理作用，最初是用来模拟毛细管力主导的两相流动［查看综述（Blunt，2001）］，引起了那些对模拟孔隙尺度流体流动感兴趣学者的注意。PNM 已发展为可包含较复杂集合特征的单元，可模拟毛细管力、黏性力及重力驱动下的多相反应流体或非反应流动。关于 PNM，已有大量的文献，其中有部分来自于作者所在的机构（McDougall 和 Sorbie，1997；Bondino 等，2007，2011；Ezeuko 等，2010；Van Dijke 等，2004，2007；Van Dijke 和 Sorbie，2006；Ma 等，2014a）。

PNM 模拟能力上取得的这些进步，推动了基于三维图像建立简化孔隙空间模型方法的发展。由 Jiang 等（2007）提出的方法，可以生成保留拓扑结构的孔隙网络模型，这些模型包含具有圆形、三角形和矩形截面的节点和管道。孔隙网络流动模拟程序经过发展已适用于这种"真实的"孔隙网络模型（Ryazanov 等，2009；Valvatne 和 Blunt，2004）。

4.2.4 确定样品宏观尺度特征

如果得到的数字岩心模型是一个具有代表性的单元体，通过模拟物理化学过程，可以确定出一些物理量来预测样品感兴趣的宏观特征。对于各个维度上都为厘米大小的典型岩性样品，由于成像设备的视域（FOV）大小和分辨率的互相制约，重构出来的模型可能最多代表样品一部分的体积。为得到一份有用的孔隙空间图像，需要选择好视域（FOV），使得孔隙空间各部分均应由一个以上的像素 / 体元表示。对于碳酸盐岩和页岩样品来说，这种限制更具挑战性，因为它们当中的孔隙大小变化范围较大，可能达到甚至超过 4 个数量级。

为了克服这个问题，已经有人做了一些积极的研究，发展多尺度方法，以便于在更大的体积上实现孔隙表征。这个主题明确地要求在切实可行的前提下，有计划地将成像技术、表征技术以及模拟技术整合在一起。Knackstedt 等（2006）提出了一套综合性手段，利用 X 射线衍射形貌术（XRT）和扫描电子显微镜（SEM）分别获取碳酸盐岩样品孔洞型孔隙及大颗粒的三维图像和微米或微米以下的二维孔隙图像，然后将后者插入到前者中，通过图像嵌入可以实现双尺度成像。虽然这个过程也可以用多张扫描电镜照片实现，但是如何系统地完成并不清楚。这种方法的另一个不足就是在三维图像上，它产生的整体模型过于庞大，难以进行表征或模拟。以上两个方面的局限性，阻碍了将这种技术应用到页岩研究中去。

Ma 等（2014c）提出了一套多尺度数字岩心分析（DCA）方案，用于表征页岩气的流动。按照这套方案，页岩样品的表征可以通过以下几个步骤完成：（1）对体积为 2mm×2mm×2mm 的页岩样品进行 X 射线断层扫描（XRT）；（2）将图像细分成 20μm×20μm×20μm 大小的"粗"结构，并进行分组（Ma 等，2014c）；（3）在每一组中，选择一个或多个次一级体积元，进行 FIB/SEM 成像；（4）利用每张 FIM/SEM 图像生成随机孔隙网络（Jiang 等，2012）来填充所有的次一级体积元；（5）开展双尺度模拟，利用灰度 lattice Boltzmann 方法对 X 射线断层扫描（XRT）图像进行模拟（Ma 和 Couples，2004）；同时，通过适用于页岩气模拟的孔隙网络模型对各个孔隙网络进行模拟（Ma 等，2014c）。图 4.4 标出了此套方案的关键要素，其中首行说明了模型的种类，而尾行阐释了应用的方法。其中，X 射线断层扫描灰度图像是粗的"灰度"模型，包含固体（Solids）、未识别出来的孔隙和固体的集合体（Aggregates）以及识别出来的孔隙（Pores），因此被称为 SAP。在小尺度上，通过 FIB/SEB 识别出来的固体—孔隙（Solid–Pore）模型，被称为 SP。还要注意的是，如果通过透射电子显微镜（TEM）可以分辨出来 FIB-SEM 体积元上 10nm 以下的孔隙，那么就可以用 Wu 等（2007）提出的技术生成三维随机模型。接下来，如果可较好地预测识别出来的孔隙与集合体之间的连通关系，那么通过 Jiang 等（2013）的技术，就能将双尺度孔隙网络拼合成一个更大的、更具有代表性的网络。

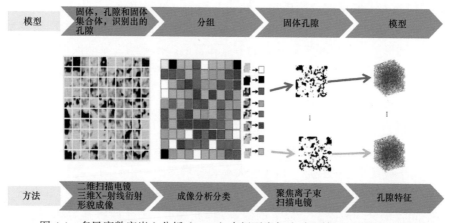

图 4.4　多尺度数字岩心分析（DCA）表征页岩气流动和输运过程的流程图

虽然这套方案可以在实际工作中得到应用，但是如果研究目的是实现油藏尺度的模拟，该方案计算出来的毫米尺度样品的预测结果可能无法直接使用，需要将该尺度上的各种特征粗化到合适的尺度上。我们都知道，粗化过程必须考虑测井、露头及地震资料中观测到的地质非均质性。地质学中的粗化概念及相应的技术的发展经历了从 1990 年开始主要针对油藏［参考综述（Pickup 等，2005）］到此后拓展到 Caprocks 项目（Caprock Project，2004—2013）用于毫米尺度到盆地尺度不同成因单元内的贫有机质页岩（Aplin 等，2012；Ma 等，2013）。现已针对富有机质含气页岩，通过数字岩心分析技术（Ma

等，2013）更进一步的拓展至孔隙尺度。图4.5介绍了基于成因单元对页岩进行粗化的过程。

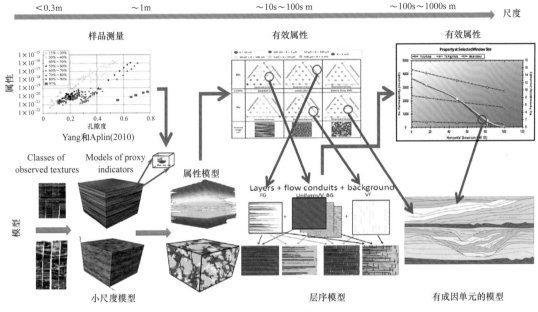

图 4.5　页岩的多尺度粗化流程

总结来说，这部分突出强调了表征页岩气体流动和输运过程中所面临的困难，介绍了数字岩心分析的主要组成部分，阐述了页岩多尺度数字岩心分析流程的发展以及数字岩心分析技术对页岩多尺度粗化流程起到的补充作用。

4.3　页岩孔隙中的气体流态与页岩孔隙网络模型

由于在狭小的空间内，气体分子与孔壁表面的相互作用更频繁，气体流态表现出很大不同（Knudsen，1909；Knenard，1938）。已经有人通过实验和数值模拟在微观尺度上对此进行了研究［参考综述（Nicholson 和 Bhatia，2009）］。这部分总结了小孔隙中的气体流态特征和模型，以及流态与预测得到的流体特征如气体表观渗透率之间的关系。

4.3.1　气体流态

据克努森数 Kn，气体流动在广义上可划分为连续区、滑移区、过渡区和克努森扩散区（Roy 等，2003；Xiao 和 Wei，1992）。Kn 是分子平均自由程与孔隙的特征长度比如孔隙直径之间的比值，平均自由程是一个分子在与另一个分子或孔隙壁碰撞前经过路程的统计平均值。对于给定的孔隙，Kn 与气体压力及孔隙直径的乘积成反比，而与温度成正比。与上面几个气体流态相对应的 Kn 变化范围如下：连续区 $Kn<0.01$；滑移区 $0.01<Kn<0.1$；过渡区 $0.1<Kn<10$；克努森扩散区 $Kn>10$。页岩气流动大部分处于过渡区（Freeman 等，2011）。

现已有从分子和连续介质方法出发建立的气体流动数学模型。在连续区，模型基于Euler 方程和 Navier-Stokes（N—S）方程建立。在滑移区，将 N—S 模型扩展为允许孔隙表面的气体流动速度不为零，壁面非零速度导致了著名的 Klinkenberg 效应（Klinkenberg，1941）。众所周知的还包括一阶麦克斯韦滑移壁面模型（Kennard，1938；Arya 等，2003）及二阶麦克斯韦滑移壁面模型（Beskok 和 Karniadakis，1999）。这些扩展的连续模型在本质上是唯象的（Zhang 等，2012）。在过渡区，N—S 方程就不再适用。由于分子与分子之间及分子与孔隙表面之间的碰撞加剧，需要高阶流体力学方程以描述。Burnet（1935）通过 Boltzmann 方程的 Chapman 求解（Chapman 和 Cowling，1991）推导得到了第一个高阶流体力学方程，在文献中被称为 Burnett 方程。自那以后也有其他的一些 Burnet 型方程被提了出来。但是，Burnett 型模型在预测气体稀薄效应时，存在固有的数值不稳定性和不连续性（Lockerby 等，2005）。现在人们正在努力从分子尺度出发建立合适的动力学模型，如运用 Boltzmann 方程（Meng 等，2011）。在克努森流动区，分子与分子之间的碰撞没有分子与孔隙壁表面的碰撞频繁，这就增强了气体的扩散流动。无碰撞的 Boltzmann 方程很好地反映了克努森扩散。在连续介质方法中，使用正确的扩散率可以表现出克努森扩散，扩散率可以通过气体动力学理论得到（Knudsen，1909），它与平均速度成正比，比值为一个系数。这个系数取决于孔隙空间的几何形状（Gruener 和 Huber，2008；Evans 等，1961）以及假设的气体模型（Mason 和 Malinauskas，1983）。由连续介质方法得到的模型具有更高的计算效率。

由于处理实验室测试结果的需要，连续流动模型已经得到高度重视（Civan，2010；Cui 等，2009；Darabi 等，2012）。由于很难在原位条件下开展实验来获取稳定可靠的预测结果，这类模型在预测含气页岩宏观特征方面也起到了非常重要的作用。想要保持含气页岩岩心原始特征是极其困难的，压力和温度条件发生任何变化都会导致孔隙空间发生变形，产生其他的人造特征。比如说，在将岩心提到地表的过程中，孔隙空间内捕获的气体由于膨胀作用可能会导致页岩基质中出现裂缝（Chenevert 和 Amanullah，2001）。近来，高分辨率成像技术取得了很大进步，能够对孔隙和颗粒进行表征，展现多孔物质的孔隙结构细节，因此数字岩心分析（DCA）方法有很大潜力弥补真实岩心实验方法的不足，甚至有可能会取代不太可靠的真实岩心实验。通过数字岩心分析方法，原则上可以在图像中将前面提到的引入样品中的人造特征识别出来，并将其消除，保证用于计算样品特征参数的模型具有"原始"性。

由于计算效率高，已有按照连续介质方法建立的页岩气流动的孔隙网络模型。由于模拟过渡流动比较困难，大部分已建立的气体流动连续模型基本上是通过连续流动模型的某种形式叠加而来，比如一阶麦克斯韦滑移壁面模型（Kennard，1938；Arya 等，2003），以及 Javadpour（2009）提出的克努森扩散模型（Gruener 和 Huber，2008；Kast 和 Hohenthanner，2000；Mason，1983）。Sakhaee-Pour 和 Bryant 提出了一个孔隙网络模型，考虑了气体滑移和气体吸附 / 脱附作用（见下节讨论部分），但是并没考虑克努森扩散作用，它仅适用于理想气体（Sakhaee-Pour 和 Bryant，2012）。Mehmani 等（2013）在 Javadpour 的模型基础上，提出了一个扩展的孔隙网络模型，考虑了气体滑移及克努森扩散现象，以及模拟单相气体流动时的非理想 PVT 性质，他们将这套模型用于研究页岩基质的孔隙几何形态（如柱状孔隙直径和长度）限制对气体流动产生的影响。独立于那些工作，Ma 等（2014a）提出了一个相似的扩展孔隙网络模型。此模型可以模拟气体及气体—液体在具圆形、三角形、正方形截面孔喉的孔隙网络中的流动。这些学者认为展示了非达西效应会导致气体流动显著偏离连续流动方法预测结果。该模型还被用于模拟质子交换膜燃料电池的纳米孔部分—微小孔层中的气—水流动（Ma 等，2014b）。

式（4.1）明确了每个网络单元的气体表观渗透率，其中滑移流和克努森扩散作用分别在括号内的第二和第三个式子中体现。这个等式最开始是用于研究具圆形截面的孔隙网络，然后再通过修正因子 C_g 对公式进行修改用于研究非圆形截面的孔隙网络。非理想气体（NIG）效应通过在 NIG 系数项采用范德华双参数状态方程来体现。表 4.1 对式（4.1）中的一些参数进行了简要解释。读者们若想了解式（4.1）中每个参数的详细介绍，可以翻阅相关原著（Ma 等，2014a）。

$$K_{\text{NIG}} = \frac{C_g R_h^2 \rho_2}{\mu_2}\left[\frac{\mu_2}{\mu_0}NIG_c + \frac{\mu}{\mu_2^{\text{ig}}}\frac{8}{3}\left(\frac{2-TMAC}{TMAC}\right)Kn_{2h} + \frac{\mu_2}{\mu_0}\frac{64}{9C_g\pi}NIG_kKn_{2h}\right] \qquad （4.1）$$

表 4.1　式（4.1）中的参数介绍

参数符号	参数解释
C_g	圆形、方形或等边三角形截面的修正因子
R_h	水力压裂半径—截面的周长
ρ_2	通过孔隙网络的气体密度
μ_2	非埋想气体通过孔隙网络时的黏度
μ_0	1atm 下气体相对黏度
μ_2^{ig}	非理想气体黏度
NIG_c	非理想气体的连续性系数
NIG_k	非理想气体的克努森系数
$TMAC$	切向动量协调系数
Kn_{2h}	克努森常数

4.3.2　气体表观渗透率特征

从式（4.1）可以明显地看出，滑移流和克努森扩散作用影响着气体表观渗透率。它们的影响可以通过分析圆柱形孔内的气体表观渗透率 K_{app} 和不考虑滑移流和克努森扩散作用的流体渗透率 K_d 的比值获得。切向动量调节系数（TMAC，Tangential Momentum Accommodation Coefficient）位于 [0，1] 区间内，决定了孔隙壁处气体滑移的程度。图 4.6 呈现了 TMAC 分别为 0.01，0.1 和 1 时，K_{app}/K_d 比值与 Kn 之间的关系。假设 TMAC 或滑移程度一定，那么 K_{app}/K_d 会随着 Kn 的增加而呈非线性增加；那就是说，气体越稀薄，K_{app}/K_d 比值越大。假设 Kn 一定，若 TMAC 越小，则滑移性越强，K_{app}/K_d 比值越大。图 4.6（b）呈现的是给定 Kn 条件下 g 值随 TMAC 的变化情况，g 值为滑移项的系数与克努森项的系数之比。虽然这两项中 Kn 数同阶，但是很明显，当 TMAC 接近零的时候，g 值呈指数增加，滑移流变得比克努森扩散作用更强。

该模型［式（4.1）］的另一个重要特点就是它适用于非理想气体。图 4.7 为气体分别被当作是理想气体或非理想气体时，式（4.1）中达西项与克努森项的 *NIG* 系数与 *IG* 系数的相对偏差。对于甲烷来说，这两项的相对偏差可达 80%。处于临界状态时的相对偏差可达 150% 及 −80%［图 4.7（a）、（c）］，即使当处于页岩气作业条件的中间状态时，对应的相对偏差值也可达 30%，20% 和 −60%。这些偏差表明，对不同条件下理想气体，预测的表观渗透率及导流率可能会过高或过低。当用这种类型的连续流动模型处理实验测量结果时，如果没有认识到所指出的问题，这些偏差会使最终得到的流动特征参数出现错误。在较高的温度和压力条件下，系数中的黏度比值会有很大变化，即便是在短小的孔隙中，也会引起额外的误差。这项分析揭示了考虑非理想气体特性的孔隙网络模型的重要性。若读者想要了解更为详细的内容，请参阅 Ma 等的著作（Ma 等，2014a）。

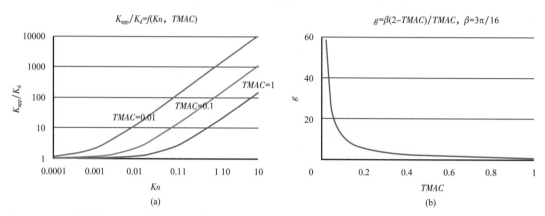

图 4.6 （a）滑脱效应与稀薄效应对气体表观渗透率的影响；（b）滑移流与克努森扩散作用的相对重要性（据 Ma 等，2014a，有修改）

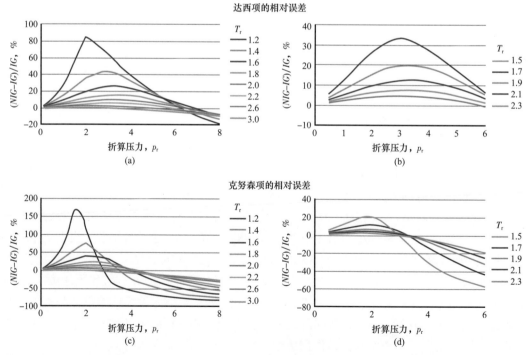

图 4.7 （a）和（c）为各种压力及温度条件下达西项与克努森项中的 *NIG* 与 *IG* 的相对偏差；（b）和（d）是在生产甲烷条件下的达西项与克努森项中 *NIG* 与 *IG* 的相对偏差情况

4.4 表面吸附/脱附与有效多层吸附模型

在储层条件下，大量的气体分子可能会吸附在有机质孔的表面，当气体压力降低如在气体产出过程中，其中的一些气体会脱离孔隙表面进入孔隙中成为游离气，流入到生产井中。这是一种受气体状态控制的过程，游离气和复杂气体流动所在的孔隙空间，正如前一部分讨论的，是与气体吸附作用密切相关的。因此，了解含气页岩的气体吸附与脱附特征，不仅对预测天然气储量、气体最终采收率、制订最大化开采方案很重要，而且对于预测流动参数如渗透率也很重要（Sakhaee-Pour 和 Bryant，2012；Sondergeld 等，2010；Yu 和 Sepehrnoori，2014）。

4.4.1 吸附作用与脱附作用的基础

吸附作用是一个将一种物质—吸附质，黏附于另一种物质—吸附剂表面的物理化学过程，依靠表面力作用和离子间作用力实现吸附过程的分别称为物理吸附作用和化学吸附作用。在物理吸附作用中，范德瓦尔斯力是最基本的相互作用力，它是由感应电偶极子、永久性电偶极子或瞬态电偶极子的相互作用产生，产生弱相互作用能。在化学吸附作用中，以共价键或离子键形式使成键的分子的电子结构发生变化，吸附质与吸附剂的结合能要比物理吸附作用中的更强。在含气页岩中，物理吸附是主要的吸附作用。

在页岩气评价中，预测页岩气的吸附量是最为重要的，但也是最具挑战的。在温度一定的条件下，吸附剂上吸附的吸附质的量或者浓度是压力的函数，被称为吸附等温线。目前有很多不同的实验方法，包括气体容积法和重量法，二者分别测量从气相中减少的量和质量增量。还有静态/动态法测量的是注入气体体积与充满吸附剂周围空间所需的气体体积之差（Sing 等，1985）。

静态或动态气体容积法在常规实验中应用比较广泛，因为从实验过程来看，它们要比重量法更简单，而且它们不需要进行复杂的校准（Sing 等，1985）。容积法的简易装置可由两个恒温室组成，一个是盛装吸附气的，另一个是盛装具有限体积的吸附剂，二者通过一个计量阀连接，可以控制流入的气体的量保持恒定（静态）或者是以缓慢而稳定的速度（动态）进入的。盛装气体的恒温室具有一对进气阀和排气阀，与压力传感器相连，可以记录气体达到平衡态或准平衡态时的压降情况。采用逐点法对累积进气量进行处理，可以得到气体的吸附等温线。在平衡状态下，吸附气体量是进气量与充满吸附剂空间所需气体量之差，后者可以在同样的装置中，在环境大气压、温度为氮气的沸点的条件下，利用非吸附气（如氦气）或氮气确定（Sing 等，1985）。

根据国际纯化学和应用化学联合会提出的物理吸附作用分类（Sing 等，1985），多孔介质的吸附等温线可能会具有如图 4.8 呈现的 6 种类型。Ⅰ类等温线表征的是具微孔的吸附剂。Ⅱ类和Ⅲ类等温线描述的是具宏孔的吸附剂上发生的吸附作用，二者代表的

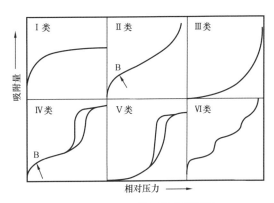

图 4.8　IUPAC 等温线分类图解

分别是强吸附质—吸附剂作用和弱吸附质—吸附剂作用。Ⅳ类和Ⅴ类吸附等温线具有滞后特征。Ⅵ类等温线呈阶梯状，代表的是在均一无孔表面上发生的阶梯式多层吸附作用。

要注意，国际纯化学和应用化学联合会提出的分类方案并非涵盖了所有的等温线类型，只是压临界温度条件下内小部分分类。同样，正如 Donohue 和 Aanovich（1999）指出的那样，吸附等温线不一定是压力的单调函数，他们也提出了一个新的分类方案。

4.4.2 气—固吸附模型

Langmuir（1918）将吸附作用和脱附作用看成是动力学过程，提出的模型是最早的吸附等温线模型之一。他的假设条件如下：（1）在开放平整的吸附剂表面上，具有大小及形状相同的空位或吸附位，且数量固定；（2）在这个过程中，每个空吸附位通过释放等量的热能，只吸引一个气体分子；（3）吸附气分子与游离气分子达到动态平衡。Langmuir 等温吸附模型在页岩气应用章节中已经讨论过（Boyer 等，2006）。

但是，Langmuir 模型也有一些局限性。该模型不适用于预测表面积，因为在超临界条件下，单分子层的假设就不成立（Rexer 等，2013）。当将实验室测得的吸附数据用Langmuir 方程拟合，所得的表面积预测结果偏高，特别是对于那些高压时斜率不为零的实测等温线。这表明吸附作用可以发生在不止一种相态中：吸附剂表面的均一吸附和吸附剂表面之外的层内吸附。因此，将其称为多层吸附作用要更合适。另外，吸附气不再表现为理想的蒸汽相，气体分子间会相互吸引。Langmuir 模型已经得到了修正，以突破这些局限性。Brunauer 等（1938）提出了多层模型，被称为 Brunauer-Emmett-Teller（BET）模型，通过引入大量的简化假设，也就是：（1）除了第一层，所有层具有相同的液化吸附能；（2）随着压力接近饱和压力、吸附相转变为液相，层数增加至无限多。

虽然 Langmuir 模型和 BET 模型已经广泛应用于页岩孔隙表面积的预测，但是它们都是假设孔隙具有理想的平整表面。这很明显与大多数天然多孔介质的情况不同，特别是在页岩中。因此，需要建立更为合适的模型来研究孔隙结构。Dubinin-Radushkevich 等温线是在一套吸附孔隙充填理论基础上建立起来的，它克服了层理论在解释高度微孔介质中的吸附作用的局限性。随着压力增加，有几个因素可能会改变孔隙充填（吸附作用）机制。几个能够影响吸附等温线的形状的主要因素包括吸附剂的化学组成、孔隙度、孔径分布、温度及压力。在孔隙充填阶段，微孔隙主要发生物理吸附作用，大部分局限于单层或少量的浓缩分子层，而中孔及宏孔会经历两期吸附作用，单层吸附及多层吸附作用和毛细管浓缩作用，后者会形成浓度高于液体的吸附质（Lowell，2004；Nguyen 和 Do，2001）。

4.4.3 非均质多层气体吸附与游离气流动

这部分评价的是气体吸附作用对游离气流动的影响，这是由于气体分子的吸附导致有效孔隙变小、渗透率降低。在这里，我们不仅要考虑均一的多层吸附作用，其中每一层分子覆盖了离孔隙表面更近的一层上的全部吸附位，而且要考虑非均质多层吸附作用，其中每一层仅覆盖了更靠近壁面一层上的部分吸附位。通过分子动力学及蒙特卡罗方法得到的表面吸附作用的模拟结果表明，非均质多层吸附作用在不同的压力和温度条件下都能发生（Bojian 和 Steele，1993；Xiang 等，2014；Gensterblum 等，2014；Lee 等，2012）。

我们的目的并不是要研究在某一个孔隙组合与某一种气体条件下会形成何种非均质多吸附层（这个会在另一本著作中有所体现），而是为了简单地回答均质或非均质的多吸附层会对游离气所在的孔隙结构产生什么样的影响。出于这个原因，我们定义了一个"假"非均质多层吸附模型。我们并不直接研究占用吸附位的分布及分子层的数量，而是考虑在孔隙表面上有一个厚度等于 $\beta\theta d$ 的有效层，其中 β 是表示气体层有效厚度的因子，θ 是占用吸附位的比例，而 d 是单个气体分子的直径（图 4.9）。通过这样做，我们实际上是假设在每个吸附位吸引气体分子的概率要比被吸附的气体分子吸引另一个分子的概率大，而距离相应吸附位更近的被吸附的气体分子要比距离更远的吸附气分子吸引另一个分子的概率大。实验模拟结果（Ngugen 等，2013）似乎支持这样的推断，即距离吸附位越远，吸附能力越差。

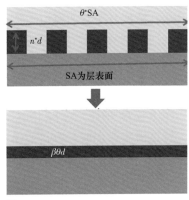

■ 气体分子吸附区或者是等效吸附气层
■ 吸收层

图 4.9　有效层的确定方法

在 Langmuir 方程中［式（4.2）］，θ 代表孔隙表面吸附位被占据的比例，有：

$$\theta = \frac{kp}{(1+kp)} \tag{4.2}$$

其中：k 代表平衡状态时，吸附速率与脱附速率的比值；p 表示气体压力。要注意，在本研究中，我们没有直接使用代表反应速率的 k 值，而是选择了适用于任何气体的包含 k 和临界压力的 α 作为参数。$\alpha = kp_c$，其中 p_c 为气体临界压力。改进后的 Langmuir 方程如式（4.3），其中 $p_r = p/p_c$ 表示的无量纲压力。

我们将无量纲压力与以无量纲压力和温度为自变量的范德华状态方程（Klein，1974）相匹配，并在本研究使用的孔隙网络程序中实现。

$$\theta = \frac{\alpha p_r}{(1+\alpha p_r)} \tag{4.3}$$

图 4.10 为修改的 Langmuir 吸附等温线图，图中反映的是不同的 α 取值时 θ 相对 p_r 变化情况。很明显，α 值越大，吸附气部分越大。

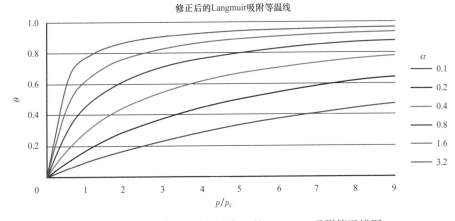

图 4.10　改进的关于无量纲压力 p_r 的 Langmuir 吸附等温线图

为了探索新的"假"多层模型关于吸附效应对气体表观渗透率的影响，我们针对单个柱状孔隙展开了数值模拟实验。实验中用到了两种气体，甲烷气和氮气，它们的特征见表4.2，我们考察了三个参数 α，β 和 $TMAC$ 对气体表观渗透率的影响。

对于半径为 R 的圆柱形孔隙模型来说，孔隙空间的实际半径 r 通过下式求得：

$$r=R-\beta\theta d \tag{4.4}$$

在下面的部分，分析了 K'_{app} 与 K_{app} 比值（K'_{app} 和 K_{app} 分别表示的是有气体吸附作用和无气体吸附作用时计算得的渗透率值）和随无量纲压力的变化。K'_{app} 和 K_{app} 都是在一组给定的 α，β，$TMAC$ 和 p_r 值的条件下通过式（4.1）求得的。通过式（4.1）、式（4.3）和式（4.4），可以发现 K'_{app}/K_{app} 比值是 p_r 的非线性函数，如式（4.5）所示，常量系数 $\alpha_1 \sim \alpha_3$ 取值可精确确定：

$$\frac{K'_{app}}{K_{app}} \sim \frac{\alpha_1 r p_r + \alpha_2 (TMAC) + \alpha_3}{\alpha_1 R p_r + \alpha_2 (TMAC) + \alpha_3} = 1 - \frac{\alpha_1 \beta d \alpha p_r}{\left(\alpha_1 R p_r + \alpha_2 (TMAC) + \alpha_3\right)(1 + \alpha p_r)} \tag{4.5}$$

表 4.2 甲烷和氮气的气体性质

描述方面	单位	甲烷	氮气
摩尔质量	kg/mol	0.01604	0.02801
碰撞直径	m	3.8×10^{-10}	3.75×10^{-10}
临界压力	MPa	4.696	3.3978
临界温度	K	190.5	126.19

式（4.5）表明：（1）K'_{app}/K_{app} 比值随着无量纲压力的增加而降低；（2）吸附层越厚（β 值越大），吸附率越高（α 值越大），K'_{app}/K_{app} 比值与（1）中的值偏差越大；（3）气体滑移越强，例如 $TMAC$ 越小，$\alpha_2 (TMAC)$ 越大，K'_{app}/K_{app} 比值越接近于1。为了展现 K'_{app}/K_{app} 比值的数值，我们将 R 设置为 1nm，计算单层氮气气体分子的 K'_{app}（如 $\beta=1$）和无气体吸附作用的 K_{app}（如 $\beta=0$）。我们将 α 取值为 0.2，0.8 和 3.2，$TMAC$ 取值为 1，0.1 和 0.01。图 4.11 呈现了筛选出来的 K'_{app}/K_{app} 比值相对于无量纲压力的变化图，二者关系与以上分析的结果是一致的。我们注意到，K'_{app} 可以小至 K_{app} 的 2/3，这说明即使是单层气体吸附也会对小孔隙的渗透率值产生显著的影响。

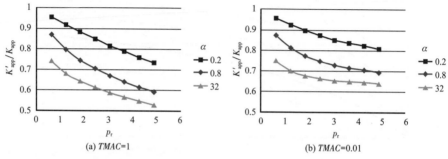

图 4.11 氮气的单层气体吸附表观渗透率（K'_{app}）与无气体吸附作用的表观渗透率（K_{app}）比值

4.5　对预测气体渗透率的总影响

在前面的部分，我们重点强调了非达西流态和气体吸附作用对预测气体渗透率非常重要。在本部分当中，我们将再次介绍之前使用数字岩心分析方法获得的一些结果以及它们在真实页岩样品分析中的重要性。我们从由一块样品的二维图像重构生成真实的三维页岩模型开始。在我们前面的工作中（Ma 等，2014a），用到了瑞士 Mont Terri 岩石实验室的页岩相 Opalinus 黏土样品的扫描电镜（SEM）图像（Houben 等，2013），该样品是在 RWTH Aachen 大学用宽离子束切割方法进行预处理的（Klaver 等，2012）。对样品的扫描电镜灰度图像分割后进行二值化处理，图 4.12 为样品的扫描电镜原始图像和二值图像。

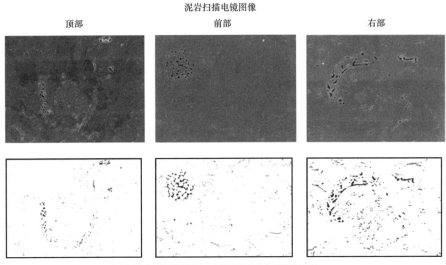

泥岩扫描电镜图像

顶部　　　　　　　　前部　　　　　　　　右部

上排图像展现原始数据，下排图像是图像分割得到的

黑色=孔隙

图 4.12　页岩样品的扫描电镜原始灰度图像（上排）和进行图像分割后的二值图像（下排）

使用马尔可夫链蒙特卡罗方法，利用二维二值图像重构得到三维二值图像模型（Wu 等，2006）。对三维二值图像的孔隙空间进行分析，然后进行抽提获得孔隙空间的孔隙网络（Jiang 等，2007），生成模拟气体流动的简化的孔隙网络模型。图 4.13 呈现的是页岩的三维模型和提取的孔隙网络模型。提取出来的孔隙网络的孔隙度约为 2.9%，其平均配

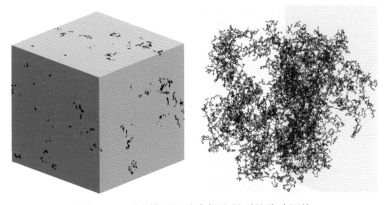

图 4.13　页岩模型及从中提取得到的孔隙网络

位数略低于 3。从孔隙形状来看，有 53% 的管道呈近正方形，有 45% 近矩形，剩下的 2% 近圆形。接着，将上面提到的修改的孔隙网络流动模型应用于该网络，以计算渗透率 K_{app} 和 K_d 的值。不考虑非达西流效率情况下，计算得到的 x、y 和 z 三个方向上的流体渗透率值，与利用 Lattice Bolzmann 程序在三维二值化模型上计算得到的值吻合较好（Ma 等，2010）。这表明，从水力学角度来看，提取出来的孔隙网络是具有代表性的。

此前研究（Ma 等，2014a）的主要成果之一就是得到了将甲烷气视为理想气体时，不同 $TMAC$ 值条件下 K_{app}/K_d 比值与 p_r 的关系，以及将甲烷气当成非理想气体和理想气体时 K_{app} 值的相对差异（图 4.14）。显而易见，随着 p_r 降低至接近 0.5 时，K_{app}/K_d 呈非线性增加，而随着 $TMAC$ 值的减小，K_{app}/K_d 的最大值的增加幅度与 $TMAC$ 降低幅度是相同的。注意，在模拟条件下，克努森数仅为 0.1 左右，克努森扩散作用对 K_{app} 的影响没有滑移流大。若 $TMAC$ 一定，相对差异由达西项的差异主导，当滑移流的贡献增加时，相对差异的大小会降低，当 $TMAC$ 为 1，温度分别为 340K 和 400K 时，对应的相对差异幅度分别为刚好低于 50% 和高于 20%。因此，假设甲烷为一种理想气体，导致气体渗透率低估的情况可能发生在实际压力为 15～20MPa 的条件下。

已有研究对本模型的气体吸附作用对气体渗透率的影响进行了评价（Couples 等，2014）。图 4.15 为 $TMAC$ 取值为 1，0.1 和 0.01，α=3.2 时的单层甲烷气分子层（β=1）与三层甲烷气分子层（β=3）的 K'_{app}/K_{app} 变化情况，后者对应于高吸附等温线。甲烷气被看作非理想气体。基于对圆柱形孔的同样推理思路，在以上两种情况下，对于每个 $TMAC$ 值，K'_{app}/K_{app} 比值会随着气压增加而降低。但是，在两种情况中，对于每个 $TMAC$ 值，无量纲压力位于 0–2 区间内的 K'_{app}/K_{app} 下降速度要比位于 2–6 区间内的下降速率高。开始时，K'_{app}

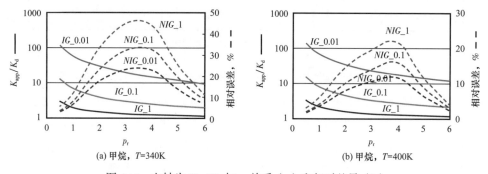

图 4.14　左轴为 K_{app}/K_d 与 p_r 关系（a）和相对差异（b）

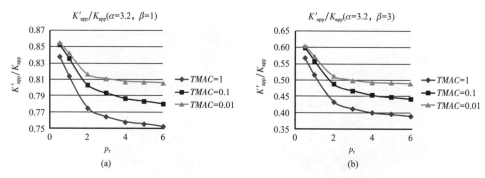

图 4.15　当 $TMAC$ 取 1，0.1 和 0.01 时，单层（a）和三层（b）甲烷分层条件下 K'_{app} 和 K_{app} 随无量纲压力的变化，其中甲烷均为非理想气体

要比 K_{app} 降低的快，可能是由于在较小的孔隙中，气体滑移与克努森扩散作用的影响比较强。而降低速率减缓可能是由于一些孔隙中的克努森数小于 0.1 时克努森扩散作用消失。在单层气体分子层中的降低速率要比在三层的情况下的小，这是因为前面提到的所有作用在高气体吸附（$\theta=3$）中比低气体吸附（$\beta=1$）的要强。如果不考虑气体吸附，那么预测的气体渗透率值会偏高，高出部分可达 K_{app} 的 60%。

4.6　结论

本章内容首先讨论了利用数字岩心方法预测岩石样品的岩石物理特征及涉及的相关技术。这些技术包括成像技术、孔隙—颗粒空间重构、孔隙空间表征、孔隙—网络模拟、宏观岩石物理特征的预测。然后回顾了非达西流态的主要特点，以及用于模拟气体流动和气体吸附的孔隙网络流动模型。文中着重强调了它们对游离气流动的影响：先是分析了单个圆柱状孔隙中的情况，然后对实际的页岩模型进行了剖析。结果表明：

（1）非达西流态对预测气体渗透率影响很大，特别是当气体滑移最强或是克努森数大于 0.1 的时候。

（2）在评估实验测量结果的有效性及对结果进行解释以推断样品在原位条件下的特征时，把气体当成非理想化气体很重要。

（3）气体吸附作用可对游离气流动产生很强的影响，进而影响气体渗透率，在有机质孔中，当发生多层气体分子吸附时，需要考虑气体吸附作用。

参 考 文 献

Aplin, A., et al., 2012. Multi-scale effective flow properties of heterogeneous mudstones. In : Petroleum Systems : Modeling the Past, Planning the Future ; AAPG Hedberg Conference.

Arya, G., Chang, H.-C., Maginn, E.J., 2003. Molecular simulations of Knudsen Wall-slip : effect of Wall morphology. Molecular Simulation 29（10–11）, 697–709.

Bai, B., et al., 2013. Rock characterization of Fayetteville shale gas plays. Fuel 105, 645–652.

Beskok, A., Karniadakis, G.E., 1999. A model for flows in channels, pipes, and ducts at micro and nano scales. Microscale Thermophysical Engineering 3（1）, 43–78.

Biswal, B., Hilfer, R., 1999. Microstructure analysis of reconstructed porous media. Physica A : Statistical Mechanics and Its Applications 266（1–4）, 307–311.

Blunt, M.J., 2001. Flow in porous mediadpore-network models and multiphase flow. Current Opinion in Colloid and Interface Science 6（3）, 197–207.

Bojan, M.J., Steele, W., 1993. Computer simulation studies of the adsorption of Kr in a pore of triangular crosssection. In : Motoyuki, S.（Ed.）, Studies in Surface Science and Catalysis. Elsevier, pp. 51–58.

Bondino, I., et al., 2007. Investigation of Gravitational Effects in Solution Gas Drive via Pore Network Modelling : Results from Novel Core-Scale Simulations.

Bondino, I., McDougall, S.R., Hamon, G., 2011. Pore-scale modelling of the effect of viscous pressure Gradients during Heavy oil Depletion experiments. Journal of Canadian Petroleum Technology 50（2）, 45–55.

Boyer, C., et al., 2006. Producing gas from its source. Oilfield Review 18（3）, 36–49.

Brunauer, S., Emmett, P.H., Teller, E., 1938. Adsorption of gases in multimolecular layers. Journal of the American Chemical Society 60 (2), 309–319.

Burnett, D., 1935. The distribution of velocities in a slightly non–uniform Gas. Proceedings of the London Mathematical Society s2–39 (1), 385–430.

Bushby, A.J., et al., 2011. Imaging three–dimensional tissue architectures by focused ion beam scanning electron microscopy. Nature Protocols 6 (6), 845–858.

Cahn, J.W., Hilliard, J.E., 2013. Free energy of a nonuniform system. I. Interfacial free energy. In : The Selected Works of John W. Cahn. John Wiley & Sons, Inc., pp. 29–38

Caprock Project, 2004–2013. http : //research.ncl.ac.uk/caprocks/project.htm.

Chalmers, G.R., Bustin, R.M., Power, I.M., 2012. Characterization of gas shale pore systems by porosimetry,

pycnometry, surface area, and field emission scanning electron microscopy/transmission electron microscopy image analyses : examples from the Barnett, Woodford, Haynesville, Marcellus, and Doig units. AAPG Bulletin 96 (6), 1099–1119.

Chapman, S., Cowling, T., January 1991. Foreword by Cercignani, C., p. 447. The Mathematical Theory of Nonuniform Gases, vol. 1. Cambridge University Press, Cambridge, UK, ISBN 052140844X.

Chenevert, M., Amanullah, M., 2001. Shale preservation and testing techniques for borehole–stability studies. SPE Drilling and Completion 16 (3), 146–149.

Civan, F., 2010. Effective correlation of apparent gas permeability in tight porous media. Transport in Porous Media 82 (2), 375–384.

Couples, G., Zhao, X., Ma, J., 2014. Pore–scale modelling of shale gas permeability considering shale gas adsorption. In : ECMOR XIV–14th European Conference on the Mathematics of Oil Recovery.

Cui, X., Bustin, A.M.M., Bustin, R.M., 2009. Measurements of gas permeability and diffusivity of tight reservoir rocks : different approaches and their applications. Geofluids 9 (3), 208–223.

Curtis, M., et al., 2010. Structural characterization of gas shales on the micro–and nano–scales. In : Canadian Unconventional Resources and International Petroleum Conference.

Curtis, M.E., et al., 2012. Development of organic porosity in the Woodford Shale with increasing thermal maturity. International Journal of Coal Geology 103, 26–31.

Darabi, H., et al., 2012. Gas flow in ultra–tight shale strata. Journal of Fluid Mechanics 710, 641.

Desbois, G., et al., 2013. Argon broad ion beam tomography in a cryogenic scanning electron microscope : a novel tool for the investigation of representative microstructures in sedimentary rocks containing pore fluid. Journal of Microscopy 249 (3), 215–235.

Dong, H., Blunt, M.J., 2009. Pore–network extraction from micro–computerized–tomography images. Physical Review E 80 (3), 036307.

Donohue, M.D., Aranovich, G.L., 1999. A new classification of isotherms for Gibbs adsorption of gases on solids. Fluid Phase Equilibria 158–160, 557–563.

van Dijke, M.I., et al., 2004. Free energy balance for three fluid phases in a capillary of arbitrarily shaped crosssection : capillary entry pressures and layers of the intermediate–wetting phase. Journal of Colloid and Interface Science 277 (1), 184–201.

van Dijke, M.I.J., et al., 2007. Criteria for three–fluid configurations including layers in a pore with nonuniform wettability. Water Resources Research 43 （12）, W12S05.

van Dijke, M.I., Sorbie, K.S., 2006. Existence of fluid layers in the corners of a capillary with non-uniform wettability. Journal of Colloid and Interface Science 293 （2）, 455-463.

Evans, R.B., Watson, G.M., Mason, E.A., 1961. Gaseous diffusion in porous Media at uniform pressure. The Journal of Chemical Physics 35 （6）, 2076-2083.

Ezeuko, C.C., et al., 2010. Dynamic pore-network simulator for modeling buoyancy-driven migration during depressurization of oil-saturated systems. SPE Journal 15 （04）, 906-916.

Fatt, I., 1956. The Network Model of Porous Media. Society of Petroleum Engineers.

Freeman, C.M., Moridis, G.J., Blasingame, T.A., 2011. A numerical study of Microscale flow behavior in tight Gas and shale Gas reservoir systems. Transport in Porous Media 90 （1）, 253-268.

Gensterblum, Y., Busch, A., Krooss, B.M., 2014. Molecular concept and experimental evidence of competitive adsorption of H2O, CO2 and CH4 on organic material. Fuel 115, 581-588.

Gruener, S., Huber, P., 2008. Knudsen diffusion in Silicon Nanochannels. Physical Review Letters 100 （6）, 064502.

Heller, R., Vermylen, J., Zoback, M., 2014. Experimental investigation of matrix permeability of gas shales. AAPG Bulletin 98 （5）, 975-995.

Houben, M.E., Desbois, G., Urai, J.L., 2013. Pore morphology and distribution in the Shaly facies of Opalinus Clay （Mont Terri, Switzerland）: insights from representative 2D BIB-SEM investigations on mm to nm scale. Applied Clay Science 71, 82-97.

Javadpour, F., 2009. Nanopores and apparent permeability of gas flow in mudrocks （shales and siltstone）. Journal of Canadian Petroleum Technology 48 （8）, 16-21.

Jiang, Z., et al., 2007. Efficient extraction of networks from three-dimensional porous media. Water Resources Research 43 （12）.

Jiang, Z., et al., 2012. Stochastic pore network generation from 3D rock images. Transport in Porous Media 94 （2）, 571-593.

Jiang, Z., et al., 2013. Representation of multiscale heterogeneity via multiscale pore networks. Water Resources Research 49 （9）, 5437-5449.

Kast, W., Hohenthanner, C.R., 2000. Mass transfer within the gas-phase of porous media. International Journal of Heat and Mass Transfer 43, 807-823.

Kennard, E.H., 1938. Kinetic Theory of Gases. McGraw-Hill, New York.

Klaver, J., et al., 2012. BIB-SEM study of the pore space morphology in early mature Posidonia Shale from the Hils area, Germany. International Journal of Coal Geology 103, 12-25.

Klein, M.J., 1974. The historical origins of the Van der Waals equation. Physica 73 （1）, 28-47.

Klinkenberg, L., 1941. The permeability of porous media to liquids and gases. Drilling and Production Practice 200-213.

Knackstedt, M., et al., 2006. 3D imaging and flow characterization of the pore space of carbonate core samples. In : SPWLA 47th Annual Logging Symposium.

Knudsen, M., 1909. The law of the molecular flow and viscosity of gases moving through tubes. Annalen der Physik 28, 75-130.

Langmuir, I., 1918. The Adsorption of Gases on Plane Surfaces of Glass, Mica and Platinum. Journal of the American Chemical Society 40 (9), 1361–1403.

Lee, E., et al., 2012. Effect of pore geometry on gas adsorption : Grand Canonical Monte Carlo Simulation Studies. Bulletin of the Korean Chemical Society 33 (3), 901–905.

Lockerby, D.A., Reese, J.M., Gallis, M.A., 2005. The usefulness of higher–order constitutive relations for describing the Knudsen layer. Physics of Fluids (1994–present) 17 (10), 100609.

Loucks, R.G., et al., 2009. Morphology, genesis, and distribution of nanometer–scale pores in Siliceous mudstones of the Mississippian Barnett shale. Journal of Sedimentary Research 79 (12), 848–861.

Lowell, S., 2004. Characterization of Porous Solids and Powders : Surface Area, Pore Size and Density, vol. 16. Springer Science & Business Media.

Luffel, D.L., Hopkins, C.W., Schettler Jr., P.D., 1993. Matrix Permeability Measurement of Gas Productive Shales. Society of Petroleum Engineers.

Ma, J., Couples, G., 2004. A finite element upscaling technique based on the heterogeneous multiscale method. In : 9th European Conference on the Mathematics of Oil Recovery.

Ma, J., et al., 2010. SHIFT : an implementation for lattice Boltzmann simulation in low–porosity porous media. Physical Review E 81 (5), 056702.

Ma, J., et al., 2013. Determination of effective flow properties of caprocks in presence of multi–scale heterogeneous flow elements. In : 6th International Petroleum Technology Conference.

Ma, J., et al., 2014a. A pore network model for simulating non–ideal gas flow in micro– and nano–porous materials. Fuel 116, 498–508.

Ma, J., et al., 2014b. Flow properties of an intact MPL from nano–tomography and pore network modelling. Fuel 136, 307–315.

Ma, J., et al., 2014c. A multi–scale framework for digital core analysis of Gas shale at Millimeter scales. In : Unconventional Resources Technology Conference. Society of Petroleum Engineers, Denver, CO, USA.

Mason, E.A., Malinauskas, A., 1983. Gas Transport in Porous Media : The Dusty–gas Model. Elsevier, Amsterdam.

Mason, E.A., 1983. Gas Transport in Porous Media. In : Chemical Engineering Monographs, vol. 17.

McDougall, S.R., Sorbie, K.S., 1997. The application of network modelling techniques to multiphase flow in porous media. Petroleum Geoscience 3 (2), 161–169.

Mehmani, A., Prodanovi_c, M., Javadpour, F., 2013. Multiscale, multiphysics network modeling of shale matrix gas flows. Transport in Porous Media 99 (2), 377–390.

Meng, J., Zhang, Y., Shan, X., 2011. Multiscale lattice Boltzmann approach to modeling gas flows. Physical Review E 83 (4), 046701.

Nguyen, C., Do, D.D., 2001. The Dubinin–Radushkevich equation and the underlying microscopic adsorption description. Carbon 39 (9), 1327–1336.

Nguyen, P.T.M., Do, D.D., Nicholson, D., 2013. Pore connectivity and hysteresis in gas adsorption : a simple threepore model. Colloids and Surfaces A : Physicochemical and Engineering Aspects 437, 56–68.

Nicholson, D., Bhatia, S.K., 2009. Fluid transport in nanospaces. Molecular Simulation 35 (1–2), 109–121.

Pickup, G., et al., 2005. Multi–stage upscaling : selection of suitable methods. Transport in porous media 58 (1–2),

191-216.

Rexer, T.F.T., et al., 2013. Methane adsorption on shale under simulated geological temperature and pressure conditions. Energy and Fuels 27 (6), 3099-3109.

Roy, S., et al., 2003. Modeling gas flow through microchannels and nanopores. Journal of Applied Physics 93 (8), 4870-4879.

Ryazanov, A., van Dijke, M.I.J., Sorbie, K.S., 2009. Two-phase pore-network modelling : existence of oil layers during water invasion. Transport in Porous Media 80 (1), 79-99.

Sakhaee-Pour, A., Bryant, S., 2012. Gas permeability of shale. SPE Reservoir Evaluation and Engineering 15 (4), 401-409.

Sing, K.S.W., et al., 1985. Reporting physisorption data for gas/solid systems with special reference to the determination of surface area and porosity (Recommendations 1984). Pure and Applied Chemistry 57 (4), 603-619.

Sondergeld, C.H., et al., 2010. Petrophysical Considerations in Evaluating and Producing Shale Gas Resources. Society of Petroleum Engineers.

Valvatne, P.H., Blunt, M.J., 2004. Predictive pore-scale modeling of two-phase flow in mixed wet media. Water Resources Research 40 (7).

Wu, K., et al., 2006. 3D stochastic modelling of heterogeneous porous media-applications to reservoir rocks. Transport in Porous Media 65 (3), 443-467.

Wu, K., et al., 2007. Reconstruction of multi-scale heterogeneous porous media and their flow prediction. In : International Symposium of the Society of Core Analysts Held in Calgary, Canada (sn).

Xiang, J., et al., 2014. Molecular simulation of the CH4/CO2/H2O adsorption onto the molecular structure of coal. Science China Earth Sciences 57 (8), 1749-1759.

Xiao, J., Wei, J., 1992. Diffusion mechanism of hydrocarbons in zeolitesdI. Theory. Chemical Engineering Science 47 (5), 1123-1141.

Yu, W., Sepehrnoori, K., 2014. Simulation of gas desorption and geomechanics effects for unconventional gas reservoirs. Fuel 116, 455-464.

Zaretskiy, Y., Geiger, S., Sorbie, K., 2012. Direct numerical simulation of pore-scale reactive transport : applications to wettability alteration during two-phase flow. International Journal of Oil, Gas and Coal Technology 5 (2), 142-156.

Zhang, W.-M., Meng, G., Wei, X., 2012. A review on slip models for gas microflows. Microfluidics and Nanofluidics 13 (6), 845-882.

Zhu, J., Ma, J., 2013. An improved gray lattice Boltzmann model for simulating fluid flow in multi-scale porous media. Advances in Water Resources 56, 61-76.

第5章 有机物测井响应特征及页岩和致密碳酸盐岩岩相划分

Y. Zee Ma[1], W.R. Moore[1], E. Gomez[1], B. Luneau[1], P. Kaufman[1],

O. Gurpinar[1], David Handwerger[2]

（1. Schlumberger, Denver, CO, USA; 2. Schlumberger, Salt Lake City, UT, USA）

5.1 引言

5.1.1 页岩油藏的岩相

在页岩油藏的早期勘探和生产中，研究人员刚开始以为其岩相和岩石类型的分析不重要，认为"就是页岩而已"。在历史上，"页岩"这个词有两种含义：一个是岩性（或组成）上的概念，另一个是地层上的（通常是沉积的）概念。在非常规储层中，页岩一般用作地层概念或更为准确的是一种相的概念。因此，将页岩与黏土岩区分开是很重要的。页岩是一种细粒岩，可能含有很多岩石矿物组分，如黏土矿物、石英、长石、重矿物等（Passey 等，2010），而黏土矿物只是常见页岩组分中的一种［图 5.1（a）］。若从粒级的角度考虑，在非常规储层背景下，页岩较为合理的定义应该是指一种经历了一定程度压实作用的泥岩（Jarvie，2012）。由于泥岩的组成一般要比砂岩的更为复杂，所以页岩岩相通常也很复杂。以 Barnett 页岩为例，从薄片和岩心描述上来看，该页岩可以分出很多岩相（Hickey 和 Henk，2007；Loucks 和 Ruppel，2007）。从矿物组成分析和有机碳含量来看，许多知名的页岩资源区与"传统的"页岩都有很大不同（Allix 等，2011；Gamero–Diaz 等，2013）。而且，随着岩层的非均质性增强，页岩的矿物组成特别在垂向上的变化更为强烈［图 5.1（b）］，将该变化特征描述清楚对评价储层和目标优选十分重要（Ajayi 等，2013）。

岩相是综合了岩性特征和相特征的混合变量，代表的是地下非均质体中的中等规模的储层特征（Ma 等，2008）。一方面，岩相是层序地层的特征，因为它们是沉积标志（Passey 等，2010）；另一方面，它们控制了岩石物理性质的特征，因为在不同的岩相中，孔隙度和渗透率的变化范围通常也不同。因此，岩相具有双重特性，一是代表了储层属性的性质，二是在多尺度储层非均质性的描述工作中可以作为建模参考（Ma 等，2009）。然而，岩相数据一般都局限于岩心解释，因为它们不能被直接测出。一些较新的测井方法，如元素俘获谱，能够给出矿物组成信息，可用于描述岩层的岩性特征（Alexander 等，2011），进而可对岩相或岩石类型进行分类（Gamero–Diaz 等，2013）。

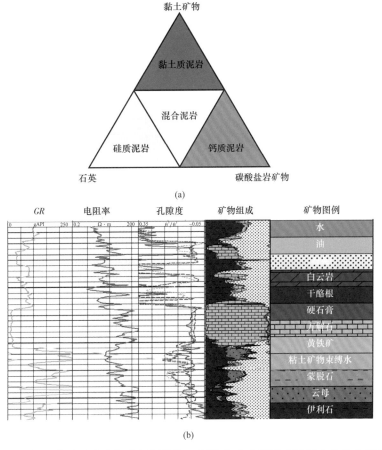

图 5.1　基于三种矿物组分对页岩岩相进行划分的三角图（a）和页岩矿物垂向上的非均质性实例（b）

　　储集岩可以是富含有机质的源岩，通常为泥岩（mudstone），或者是叠覆于烃源岩之上的其他岩相（Jarvie，2012）。比如，在 Bakken 组和 Three Forks 组中，最富油最高产的层段为白云质粉砂岩、粉砂质白云岩、细粒砂岩或者是叠覆在富有机质源岩之上的石灰岩（Pitman 等，2001；Theloy 和 Sonnenberg，2013）。即使源岩就是储层，出于对储层综合性研究的其他考虑，也使得岩相分析十分重要。具体的内容包括矿物组成分析（Gamero-Diaz 等，2013），根据岩相进一步划分岩石类型，以及研究地层中储层与非储层岩相之间的关系。

5.1.2　有机物测井响应特征概述

　　因为页岩储层是由细粒岩组成的，而且具有较低的孔隙度和极低的渗透率，所以这种岩石的测井响应特征与常规粗粒岩的测井响应特征不同。由于细粒岩中含有不同的放射性矿物，所以伽马（GR）曲线值通常较高（Ma 等，2014a）。特别是铀元素的存在，GR 值会大幅增加，而黏土含量不一定很高甚至可能较低。由于亲油有机物质的电阻性质（如含水量低）或是有机质成熟过程中的生烃作用（Passey 等，2010；Lu 等，2015），可能会使电阻率值升高。Passey 等（1990）提出运用电阻率和声波曲线来预测有机质碳含量。由于有机物质如干酪根一般较轻，所以体密度一般会较低，但是重矿物如黄铁矿的存在，在一定程度上会使体密度变高。受到页岩内黏土矿物、干酪根及孔隙流体中的氢元素影响，视中子孔隙度会较高。然而，中子一般没有体积密度和声波（DT）响应强烈，因为富有机质页岩的体密度明显较低，声波速度明显较慢。值得注意的是，声波数据会受诸多因素的影响，与中子测井和密度测井相比，声波数据要比其他储层参数更难校正。总的来说，每一种测井方法对富有机质岩石和对非有机岩石的响应大为不同，因此通过它们的响应特征，可以解释岩石的物质组成性质。表 5.1 总结了几种常见测井方法对富有机质岩石的响应特征。

要注意，由于受到其他变量的影响，测量结果不一定总和表 5.1 列出的典型响应特征一致。比如说，由于润湿性变化及其他生油机制的影响，高有机碳地层的电阻率可能会不高（Al Duhailian 和 Cumella，2014）。

表 5.1　页岩储层的常规测井响应特征（据 Passey 等，1990；Sondergeld 等；2010，有修改）

测井方法	测井响应
自然伽马能谱测井	Ⅱ型干酪根有较高的铀含量
自然伽马测井	有机质中较高的放射性物质聚集导致较高的自然伽马读数
密度测井	有机质密度相比杂基矿物的更小导致较低的密度测井读数
中子测井	有机物质会增加中子孔隙度，有机质成熟度会影响氢指数，并且补偿中子测井对氢指数的变化十分灵敏
声波测井	有机质较小的密度和不同的结构会增加声波测井的时差
电阻率测井	有机质通常为非导体，电阻率读数较高。并且在干酪根向烃转化过程中，由于烃类驱替了孔隙水，电阻率读数会大幅度提高。在过成熟的情况下，有机质会转化为石墨，电阻率读数会较低

常规储层与页岩储层测井响应的一个主要差别就是 GR 与黏土矿物体积（V_{clay}）的关系。在常规储层中，V_{clay} 一般与 GR 相关性很强，且呈正相关关系；相关系数一般在0.7 以上，高 GR 值一般表示含油气潜力低。尽管地质学家们知道页岩不是黏土岩，但在实际应用中，他们把二者看成是一样的。利用 GR 数据计算 V_{clay} 是很常见的（Bhuyan 和Passey，1994）；有时候，研究人员会简单地计算页岩的体积（V_{shale}），用来替代 V_{clay}（Szabo和 Dobroka，2013）。图 5.2（a）展现了 GR 生成 V_{clay} 的三种转变方式（Steiber，1970；Clavier 等，1971）。在实际工作中，为了避免估测值过高，通过 GR 截止值，结合线性模型，也可以得到 V_{shale}，如图 5.2（b）所示，如果 V_{clay} 值较高，则说明净重比较低，常规储层的质量较差。

然而，在非常规储层中，V_{clay} 可能与 GR 的相关性较弱，有时甚至会呈负相关（5.4节有一个例子）。在源岩储层中，高 GR 常常意味着有机碳和干酪根含量高。在一些致密气砂岩储层中，含油气的砂岩具有高 GR 异常，因为放射性元素含量高（Ma 等，2014a）。常规地层中广泛应用的测井方法对比特征，与将同样的方法应用于非常规地层中的对比特征不同，这表现为辛普森悖论—数据分析中一个违背常理的统计现象（Ma 等，2014a）。

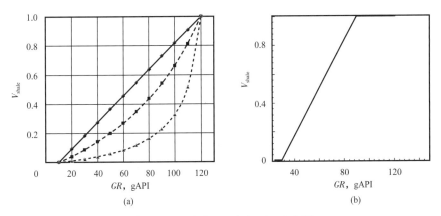

图 5.2　V_{clay}（或 V_{shale}）与 GR 交会图

（a）常规地层中的常见模型：线性、Clavier（略有弯曲）及 Steiber（高度弯曲）；（b）利用常规碎屑岩储层 GR 截止值进行线性变换求得 V_{shale} 的实例，相关系数为 0.795

5.1.3　范围

基于有机质和不同岩相的测井曲线响应特征，本章节提出了对页岩和致密碳酸盐岩储层岩相进行划分的综合性方法。已经有人提出利用数据统计和人工神经网络的方法对页岩储层岩相进行分类（Eslinger 和 Everett，2012；Wang 和 Carr，2012）。然而，这些提出来的方法都集中于自动分类，对地质和岩石物理特征的考虑很少。实际上，其他的岩相分类研究已经证明，涉及专业知识较少的自动分类方法常常无法精确地对岩相进行分类（Ma，2011；Ma 和 Gomez，2015）。首先来回顾一下常规地层的岩相分类方法，它们主要是基于实验分析，这类方法比较受行业认可。然后，讨论如何将这些用于评价常规地层的分类方法延伸到页岩及致密碳酸盐岩储层评价中来。对于其他类型的非常规地层，如致密气砂岩，在岩相分类方面也具有相似性，在另一节中有所讨论（Ma 等，2015）。

在岩相分类过程中，常遇到的一个问题就是要输入几条测井曲线。若用到一条测井曲线，一般要求应用截止值，但若用到许多条测井曲线，那么每条测井曲线对岩相分类起到的作用不同也会引起困惑。后一种方法有时被称为维数灾难（COD）。主成分分析（PCA）方法可以用来克服维数灾难（COD），而且这种方法还有其他的优势，比如可以通过主成分（PCs）研究地质和岩石物理特征，克服多条测井曲线进行对比时出现的相悖现象（如辛普森悖论），避免岩相识别过程中出现最优组分交替现象。

对三种储集体进行了分类：（1）含有黏土岩但无富有机质页岩的致密碳酸盐岩储层；（2）具碳酸盐岩岩相的页岩储层；（3）含有黏土质岩相、硅质岩相及碳酸盐岩岩相三种混合体的页岩储层。然后，提出了一套岩相和岩石类型的多级别分类方案。

5.2　常规地层评价中岩相分类概述

有人已经提出了几种利用测井曲线对常规地层的岩相进行分类的方法（Ma，2011）。在早期的方法中，会用到一条或两条测井曲线，然后利用截止值对岩相分类，这些方法只是探索性的，而不是最理想的。较新的方法包括统计法（Tang 和 White，2008；Ma 等，2014b）和人工神经网络法（ANN）（Wang 和 Carr，2012）。虽然神经网络法和统计法十分有用，但是这两种方法也有一些缺陷，会使分类达不到理想效果（Ma 和 Gomez，2015）。

对于常规碎屑岩储层，*GR* 测井曲线一般用于划分砂岩，页质砂岩，砂质页岩和页岩。或者可以用页岩体积比（V_{shale}）或砂质体积比（V_{sand}）来划分岩相。在岩相分类中，一般会用到截止值。对于碳酸盐岩储层或者是碎屑岩与碳酸盐岩混合型储层，人们一般喜欢用基于实验分析数据和现场数据的中子、声波、密度或光电吸收截面测井的标准图版解释岩相（Dewan，1983；Schlumberger，1989）。统计法和人工神经网络法（ANN）虽然得到了应用（Wolff 和 Pelissier–Combescure，1982；Rogers 等，1992），但是如果没有标准图版的指导，得到的结果会很差（Ma，2011）。

图 5.3 展示了两种常见的标准交会图版。人工神经网络法（ANN）已经用到了常规地层和非常规地层的岩相分类中（Ma，2011；Wang 和 Carr，2012）。图 5.3（c）为利用两条测井曲线将由灰岩、白云岩和砂岩混合物组成的常规储层的岩相划分为三类的实例，该图呈现了由一个隐藏层和 10 个节点构成的反向传播人工神经网络模型（ANN）。不管是单纯的人工神经网络法还是将人工神经网络与主成分分析（PCA）相结合（在本章附录 A 中，有主成分分析的方法指南），若没有岩石物理分析做指导，最终得到的分类结果都是不理想的［图 5.3（d）（e）］。

在使用主成分分析方法时，常见的做法是选出主要的主成分（PCs）用于分类（Wolff 和 Pelissier–Combescure，1982；Everitt 和 Dunn，2002）。在这里举一个对一套由砂岩、石灰岩和白云岩混合物组成的常规储层的岩相进行分类的实例。选出第一主成分（PC1），通过人工神经网络法（ANN）对岩相判别分类，然而结果却与我们熟知的中子—声波岩性模板完全不同。利用主要主成分［（PC（s）］进行分类的做法是基于数学原理，其中主要主成分［（PC（s）］包含的信息要比次要主成分（PC）包含的信息多。然而，在这个例子中，第一主成分（PC1）主要代表孔隙度，却不能反映太多岩相的信息；第二主成分（PC2 或者是此例子中的次要主成分）却携带了区分岩相的重要信息，这就解释了为什么通过人工神经网络法（ANN）直接利用两条原始测井曲线或者是它们的第一主成分进行岩相分类得到的结果是很不理想的。在后面的部分提到的页岩地层的相关实例中（5.6 节），受到有机质的影响，第一主成分（PC1）对岩相划分就很有用。

实际上，从中子—声波标准图版中可以得到两个重要的参数，孔隙度和岩性。它们大概呈正交关系：在交会图中，孔隙度是沿着最大信息轴分布的，而岩性大体上是垂直该轴方向分布的。若将主成分分析（PCA）和人工神经网络法（ANN）与这种岩石物理分析相结合，就会得到一套好的岩相分类。特别地，当用了 PC2，而没用 PC1，那么通过人工神经网络法（ANN）得到的岩相分类结果就与图 5.3（f）的标准图版比较相似了。

5.3 不含有机质页岩的致密碳酸盐岩储层

致密碳酸盐岩作为一种非常规油气资源已经受到越来越多的关注。在这些地下地层中，碳酸盐岩应该是主要的岩相，一般还含有黏土，而有机质泥岩则时有时无。对于这种情况，在利用测井曲线预测岩相的过程中，标准图版［图 5.3（a）、（b）］就很有用处。在这一节中，讨论不含有机质泥岩的黏土岩与致密碳酸盐岩混合物的岩相分类。

由于泥质岩的存在，需要判别的岩相一般要比标准图版中呈现的三种岩性更加复杂［图 5.3（a）、（b）］。自然伽马曲线或者黏土含量在区分黏土质岩相与其他岩相上十分重要。

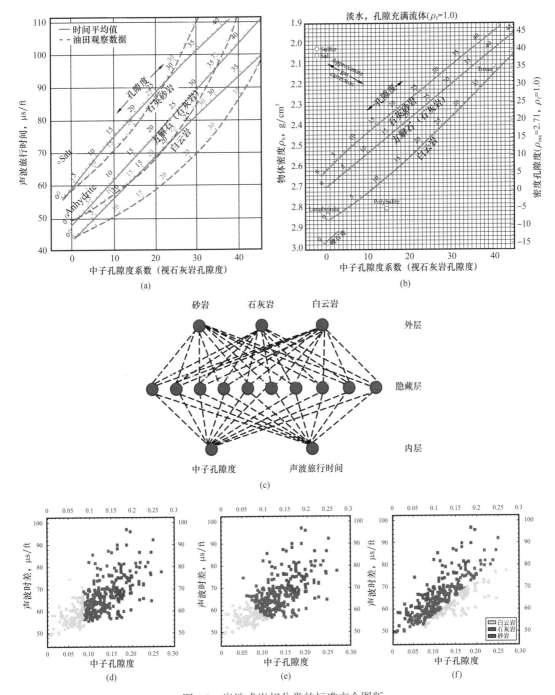

图 5.3　岩性或岩相分类的标准交会图版

（a）中子—密度；（b）中子—声波交会图（据 Schlumberger 修改，1989）；（c）人工神经网络（ANN）设计模型；
（d）人工神经网络（ANN）聚类结果与中子—声波交会图版叠合图；（e）主成分分析—人工神经网络（PCA-ANN）
聚类结果与中子—声波交会图版叠合图；（f）有参照标准指导的主成分分析—人工神经网络（PCA-ANN）分类结果
与中子—声波交会图版叠合图

在岩相分类过程中，可以将中子、声波及密度测井曲线与黏土含量和自然伽马曲线或者其
他测井曲线相结合。在这里，讨论如何利用这些测井曲线划分含有黏土岩和碳酸盐岩混合
物地层的岩相。我们比较了划分混有黏土岩、石灰岩、白云岩及硬石膏的岩相的两种思

路。在两种思路中，自然伽马测井曲线都是用来区分黏土岩的重要识别手段。

在第一种思路中，在图 5.3（a）图版基础上，利用中子孔隙度和声波时差曲线将白云岩与石灰岩区分开 [图 5.4（a）]，密度测井用来区分硬石膏 [图 5.4（b）、（c）]。正如 5.2 节所讨论，这种方法主要是通过测井曲线并借助标准图版，将主成分（PCA）挑选出来，

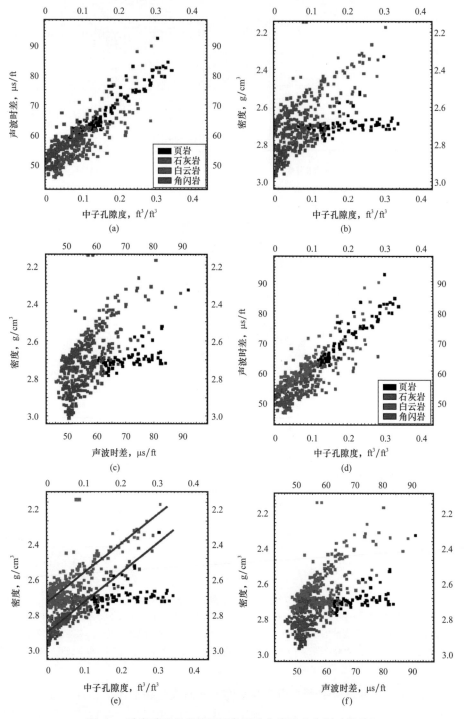

图 5.4　致密碳酸盐岩储层两条测井曲线的交会图（单井）

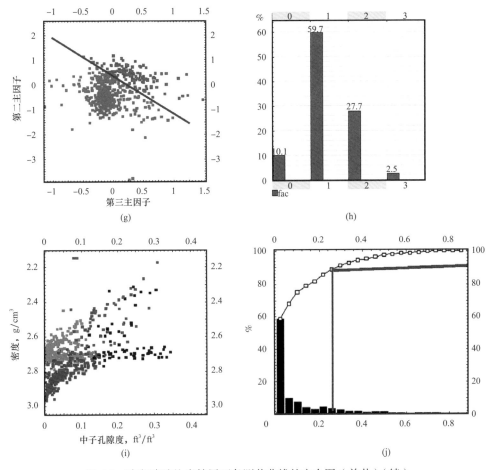

图 5.4　致密碳酸盐岩储层两条测井曲线的交会图（单井）（续）

（a）～（c）分别是中子孔隙度—声波时差交会图，中子孔隙度—密度交会图以及声波时差—密度交会图，图中叠合
了利用自然伽马、中子孔隙度和声波时差结合主成分分析（PCA）得到的岩相分类；仅在区分硬石膏的时候，用到了
密度曲线。页岩是不含有机质的或黏土岩的。（d）～（f）分别是中子孔隙度—声波时差交会
图，声波时差—密度交会
图及中子孔隙度—密度交会图，图中叠合了由自然伽马、中子孔隙度、声波时差和密度结合旋转主成分分析（PCA）
的岩相分类。（g）PC2 与 PC3 交会图，图中叠合了石灰岩和白云岩。（h）每一类岩相所占比例的直方图，0 代表黏土
岩（非有机质页岩），1 代表石灰岩，2 代表白云岩，3 代表硬石膏。（i）中子孔隙度—密度交会图，图中叠合了 ANN
的岩相分类。（j）V_{clay} 的直方图及其累积曲线，图中展示了找到对应于 10% 黏土岩和 90% 其他岩相的截止值的方法。
10% 的黏土岩对应于黏土含量的截止值为 28%

　　然后在忽略 PC1 的情况下，利用 PC2 对岩相分类。然而，由于在区分白云岩与石灰岩的
过程中，并没有用到密度测井曲线，所以在中子孔隙度—密度测井与声波时差—密度测井
的交会图中没有将这两种岩相很好地区分开来。

　　在第二个思路中，通过三种测量孔隙度的测井曲线中子孔隙度、声波时差和密度，进
行了主成分分析（PCA）。三条曲线中，任意两个变量与它们的主成分之间的对比，都列
在了表 5.2 中。PC1 与三条测井曲线相关较高，特别是与声波时差和中子孔隙度。这并不
意外，因为当用到这三条测井曲线时，PC1 主要反映的是孔隙度，在这种情况下，一般无
法区分主要的岩相（Ma，2011）。另外，PC2 和 PC3 都含有大量的岩相分类的信息。

表 5.2　8 个变量^①组合之间的相关矩阵

	中子孔隙度	声波时差	密度	主成分 1	主成分 2	主成分 3	主成分 2_3	黏土含量
中子孔隙度	1							
声波时差	0.898	1						
密度	−0.454	−0.501	1					
主成分 1	0.929	0.945	−0.712	1				
主成分 2	0.230	0.234	0.702	0	1			
主成分 3	0.218	−0.227	−0.018	0	0	1		
主成分 2_3	0.369	0.086	0.595	0	0.860	0.510	1	
黏土含量	0.767	0.780	−0.098	0.646	0.628	−0.097	0.491	1

①这 8 个变量分别为中子孔隙度、声波时差、密度、它们的主成分（PC1，PC2 及 PC3）、旋转因子，PC2_3 和黏土含量（黏土含量不是主成分分析中的部分）。

通过将 PC2 和 PC3 线性组合（Ma，2011），得到了一个新的成分，它与 PC2 的相关系数为 0.86，与 PC3 的相关系数为 0.51。这就能够将白云岩与石灰岩精确地区分开了。岩相分类一般与所有的标准图版相一致［将图 5.4（d）及（e）与图 5.3（a）和（b）相比较］。在 PC2—PC3 交会图中，可以清楚地将两种岩相区分开［图 5.4（g）］，其中分割线就是由 PC2 和 PC3 生成的新成分。从统计角度来看，这个新成分可以解释为 PC2 与 PC3 图中的旋转因子。将这个旋转因子与每条测井曲线进行对比，结果表明密度测井曲线在区分石灰岩和白云岩中的贡献最大。这也解释了为什么第一条思路不太能行得通，因为前者在区分白云岩和石灰岩过程中，没有用到密度测井曲线。

在致密碳酸盐岩地层中，黏土岩的声波时差值常比石灰岩和白云岩的要高［图 5.4（d）和 5.4（f）］。黏土岩的中子测井响应的绝对值一般较高，但是相对于中子孔隙度—声波时差与中子孔隙度密度图版中的趋势线要低［图 5.4（d）、（e）］。当可以用到黏土含量或者自然伽马值时，就可以直接区分非有机质黏土岩与其他岩相。在这个例子中，黏土含量的平均值约为 10%，将黏土含量的截止值界定为 28%，就可以很容易划分出 10% 的非有机质黏土岩［图 5.4（j）］。所有岩相的比例都在图 5.4（h）中做了分类。也要注意，在这个例子中，黏土含量不是主成分分析（PCA）的部分。如果黏土含量和自然伽马不可用，那么可以选择用声波时差或中子孔隙度测井曲线来识别黏土岩或非有机质页岩，因为声波时差和中子孔隙度测井曲线与黏土含量的相关性最高或接近最高（表 5.2）。

这个例子说明，在岩相分类中，将统计法与地质和岩石物理特征相结合是很重要的。通过主成分分析（PCA）对岩相分类做预处理，不仅可以从多条测井曲线中获取综合性信息，而且更为重要的是，可以将地质及岩石物理特征考虑到岩相分类中来。在这套数据集合中，若不用主成分分析（PCA），而是利用 ANN 对岩相分类，得到的结果是很差的，即使得到的岩相分类很明显［图 5.4（i）］。分类较差的主要原因在于分类结果与物理模型或实验结果不一致［对比图 5.4（i）和图 5.3（b）］。这就很难将一个分类赋值于一种岩相，特别是白云岩和石灰岩。而且，每种岩相的比例是非常不符合实际的，比如，硬石膏的比例高于 20%，而不是早期分类中的 2.5%。另外，在前面的分类中，主成分分析（PCA）的应用，将主成分（PCs）与地质和岩石物理特征联系了起来，并通过这些主成分实现岩相分类的最优化。

5.4 含碳酸盐岩相而不含硅质岩岩相的页岩储层

当地层中含有机质泥岩时，将富有机质泥岩与非有机质泥岩区分开是很重要的，特别是当泥质岩相发育的时候。在这些情况下，自然伽马和黏土含量的相关性一般没有常规资源区见到的那么强。许多有名的非常规地层如 Marcellus 和 Bakken 都是这种情况。自然伽马在岩相分类中一般很重要，特别是在区分有机质泥岩和非有机质泥岩（Ma 等，2014a）。但是，在一些情况下，将其他的几条测井曲线综合起来看，可以得到相似的区分效果。如果自然伽马的直方图呈多峰特征，那么就说明有多种岩相，但是岩相的数量可能会比直方图中呈现出来的岩相种类要更多。在后面的部分中给出了一些实例。

图 5.5 为 Marcellus 一口井三种岩相的分类。通过对 5 条测井曲线（自然伽马、黏土含量、中子测井、声波时差及密度）进行主成分分析（PCA），然后通过 ANN 对排在前三位的主成分（PCs）进行判别分类，得到的岩相分类从地质角度看是比较合理的。而富有机质泥岩的自然伽马值较高、声波时差值较高、中子值较高、密度值较低，自然伽马与黏土含量的相关系数仅为 0.323，密度与自然伽马的相关性却很高，为 −0.701，因为有机质页岩的密度值非常低而自然伽马值非常高 [图 5.5（c）和（d）]。在露头研究中，见到了与上面划分的岩相相似的情况（Soeder，2011；Walker-Milani，2011）。要注意，这口井的岩性段显示无二氧化硅，因此没有划出硅质岩相。在下一部分中，对硅质岩相有讨论。

在岩相分类过程中，我们对主成分分析的两种不同应用进行了对比；主要主成分 PC1 在前面岩相分类的实例中没有用到，而在上面的实例中用到了。当三种主要的岩石类型中只存在一种时，如白云岩、石灰岩或砂岩，那么第一主成分（PC1）可能会携带对岩相分类非常有意义的信息，因此第一主成分不能被排除掉。另外，当三种主要的岩石类型中存在两种或三种，而且孔隙度变化范围较大时，第二及第三主成分（PCs）一般会含有对划分主要岩相所必需的信息，而第一主成分携带的更多的是孔隙度信息（Ma，2011）。当然，也有例外，比如，当孔隙度与岩相高度相关，或者每一种岩相对输入曲线（如中子孔隙度、声波时差、密度）的响应仅限于小范围时。

5.5 黏土岩、硅质岩、碳酸盐岩和有机质岩相共存

非常规油气资源有时也会出现在由黏土岩、砂岩和碳酸盐岩组成的混合岩相中。比如，Bakken 和 Three Forks 都含有这些岩相（LeFever 等，1991），虽然在局部位置上只见到这些岩相中的一些。California 的始新世地层中发现了含油的致密岩石，它们常为泥质岩、硅质岩与碳酸盐岩的混合物（Peters 等，2007）。在这里，我们讨论用多种测井曲线，对含有富有机质泥岩的岩相进行分类的例子。

图 5.6 呈现了利用中子孔隙度、密度及声波曲线对 Williston 盆地一口井划分出 4 种岩相的例子。通过 ANN 对 3 条测井曲线判别出来的岩相分类与标准图版中的相当一致 [图5.3（a）（b）]；而不像较早时候提到过的那样，在分类中用到了 PC1。只是因为 PC1 能够

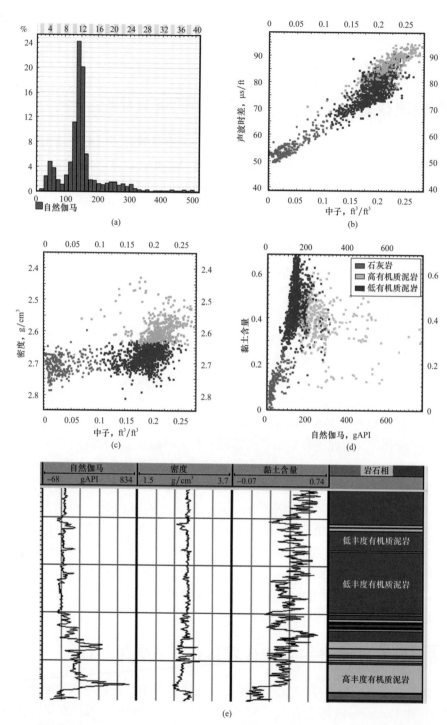

图 5.5 （a）由测井曲线得到的 Appalachian 盆地的自然伽马直方图；（b）中子—密度交会图，图中叠合了 ANN 方法判别的岩相分类，由 5 条测井曲线（自然伽马、黏土含量、中子、声波时差和密度）得到了前三个主成分（PCs）；（c）中子—密度交会图，图中叠合了由 ANN 方法对前三个主成分判别分析得到的岩相分类；（d）自然伽马—黏土含量（黏土体积百分比或黏土含量）交会图，图中叠合了由 ANN 方法对前三个主成分分析得到的岩相分类。要注意，自然伽马与黏土含量之间呈弱相关。（e）井剖面图，呈现了测井曲线及划分出来的岩相。灰色，为低有机质泥岩（Low_org_mud）；绿色，为高有机质泥岩（High_org_mud）；而蓝色，为石灰岩

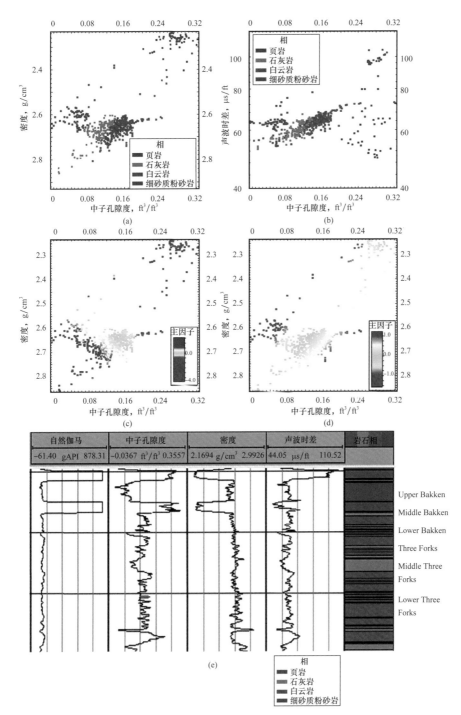

图 5.6 对含有页岩 / 泥岩、粉砂岩、细粒砂岩、石灰岩、粉砂质白云岩及白云岩混合物的 Bakken 组与 Three Forks 组进行岩相分类（单井）的实例

（a）中子孔隙度—密度交会图，图中为 ANN 方法岩相分类判别结果，其中用到了由主成分分析法作用于中子孔隙度、声波时差和密度测井曲线，得到的前三个主成分（PCs）。（b）中子孔隙度—声波时差交会图，图中为 ANN 方法对前三个主成分（PCs）划分出的岩相。（c）中子孔隙度—密度交会图，图中叠合了主成分分析法（PCA）作用于中子孔隙度、声波时差和密度测井曲线得到的第一主成分 PC1。（d）中子孔隙度—密度交会图，图中叠合了主成分分析法作用于中子孔隙度、声波时差和密度测井曲线得到的第三主成分 PC3。（e）井剖面图，呈现了 4 条测井曲线及划分的岩相（分类中没有用到自然伽马）

将有机质页岩与其他岩相区分开来［图 5.6（a）、（c）］。PC3 是区分粉砂岩 / 砂岩与粉砂质白云岩和白云岩的主要区分成分［图 5.6（a）、（d）］。尽管没有用到自然伽马曲线，也可以将有机质岩相与其他岩相很好地区分开来。实际上，通过对中子孔隙度、密度与声波曲线进行主成分分析（PCA）得到的第一主成分（PC1）与自然伽马相关性较高，相关系数为 0.836，这是由于自然伽马与密度相关性高（–0.841），自然伽马与中子孔隙度相关性高（0.749）。这就解释了为什么第一主成分（PC1）在分类中比较有用，也解释了为什么即使不用自然伽马或黏土含量，也能将有机质页岩很好地判别出来。

当将 Bakken 上部及 Three Forks 之下的大套地层段考虑进来，就会发现不仅存在有三种主要的岩相，而且由于孔隙度变化范围较大，它们的测井响应变化也较大。因此，主成分分析（PCA）将会非常有用甚至是必不可少，因为第一主成分 PC1，虽然没有携带关于岩相的信息，但是它却主要承载了孔隙度的信息。通过主成分分析（PCA），在岩相过程中，可以排除掉第一主成分 PC1，以便于利用第二主成分 PC2（也可能是第三主成分 PC3）参照标准图版（图 5.3），将砂岩、石灰岩与白云岩区分出来。

也要注意，在这些交会图中，页岩与其他岩相之间具有明显差别［图 5.6（a）～（d）］。基于混合矩阵和细化分类分析数据是可行的办法（Ma 等，2014b）。

5.6 岩相和岩石类型的多级分类

前面几个部分中提到的岩相分类代表的仅是从岩石组构角度展开的第一级划分，缺少详细的分类。对于非常规油气资源，想要对岩相进行亚类划分，常需要有详细的储层表征。比如，砂岩相可能或多或少地含有黏土；页岩可以划分为含有机质的和非有机质的。这些亚类划分可以基于矿物组成分析。矿物组成在非常规油气资源评价中非常重要，因为通过矿物组成分析可以得到地化元素信息，而这些可能与 TOC 含量或其他的储层质量参数或完井质量更加直接相关。矿物组成分析在非常规资源研究中的盛行，已经引领了细粒尺度的岩相划分的研究，比如将 Marcellus 页岩划出许多亚相（Wang 和 Carr，2012）。

基于矿物组成分析的岩相或岩石类型的详细分类可能会十分有用。页岩可能被划分为有机质页岩、非有机质页岩、硅质页岩或泥质页岩。一般地说，通过多级分类方法划分岩相通常比较方便。在这里呈现的多级分类方法是基于物理特征的多级模拟，或者是逐级分类（Ma，2011）或者是多级混合物分解（Ma 等，2014b）。图 5.7 解释了岩相及岩石类型的多级分类过程。

非常巧，在文学中也有一种分类方法叫作多级分类分析（HCA）（Jain 等，1999；Kettenring，2006），但是它是按顺序执行的，既可以由上而下（分散的）或者是由下而上（汇聚的）。HCA 一般不用物理特征来区分非均质性的不同级别，除非是使用者把物理参数转化为距离制用于分类。

在历史上，利用测井曲线划分岩相被命名为测井相，这样的话，它们可能与岩相相同也可能不同。在一些情况下，测井相与岩相一致，但是一般都不一样，因为这些分类是基于输入的测井曲线，而很少或不考虑地质或岩石物理的综合特征。利用中子及密度曲线进行分类过程中，得到的分类［图 5.3（d）、（e）］常被标记为测井相（Wolff 和 Pelissier-Combescure，1982）。它们并不是岩相，因为它们与以实验分析为基础的标准图版高度不一致。岩相与地质密切相关，因为岩性代表了具有某种结构和地质相的组成矿物的含量特征，一般与沉积环境相关。尽管岩相和测井相在定义上有差别，可以在多级别上对两种相进行模拟（Ma，2011）。这可以通过上面讨论的逐级 PCA-ANNS 方法实现。

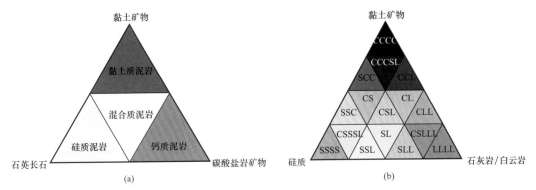

CCCC：黏土岩，CCCCL：钙质硅质黏土岩，SCC：硅质黏土岩，CS：混合质黏土质砂岩，SSC：黏土质砂岩，
CSSSL：黏土质钙质砂岩，SSSS：砂岩，CCL：钙质黏土岩，CL：混合质黏土岩和石灰岩/白云岩，
CSL：三组分混合泥岩，SL：砂岩/石灰岩/白云岩，SSL：钙质砂岩，CLL：黏土质石灰岩/白云岩，
CSLLL：黏土质硅质石灰岩/白云岩，SLL：硅质石灰岩/白云岩，LLLL：石灰岩/白云岩/硬石膏

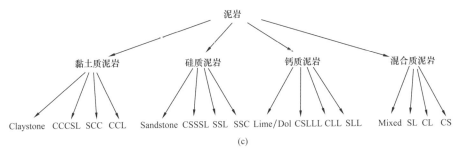

图 5.7 （a）基于矿物组分分析的 4 种主要岩相分类三角图。（b）利用矿物组分分析，划出了含有 16 种岩相的二级分类图。（c）考虑到是否含有有机质，划分的页岩岩石类型

5.7 结论

有机质泥岩最重要的测井响应特征有：高自然伽马、高电阻率、高中子、慢声波速度、低密度、低光电截面吸收（Pe）。大多数非常规地层的岩相都很复杂，常含有页岩、富有机质岩相、碳酸盐岩、粉砂岩及细粒砂岩。岩相表征在非常规油气资源评价中非常重要。由于有机质的存在，通过测井曲线划分页岩储层的岩相与划分常规地层的岩相十分不同。对于后者，不仅单条测井曲线会表现出不同的特征，测井曲线之间的关系也会有所不同。一个极端的例子就是常规地层两条测井曲线与页岩储层测井曲线的对比结果是相悖的，这是辛普森悖论的一种表现。在本章当中，提出了将传统的岩石物理图版与统计法和神经网络法结合起来，应用于岩相分类的方法。特别地，主成分分析（PCA）作为一种预处理方法，为岩相分类选出了合适的主成分（PC 或 PCs）。而且，可以通过变换主成分（PCs）改善岩相识别效果。综合这些方法，再将地质及岩石物理特征考虑进来，可以对岩相进行很好的分类。

参 考 文 献

Abdi, H., Williams, L.J., 2010. Principal Component Analysis. In : Statistics & Data Mining Series, vol. 2. John Wiley & Sons, pp. 433–459.

Ajayi, B., et al., 2013. Stimulation design for unconventional resources. Oilfield Review 25 (2), 34–46.

Al Duhailan, M.A., Cumella, S., 2014. In : Niobrara Maturity Goes Up, Resistivity Goes Down ; What's Going On ? Paper URTeC 1922820, Presented at the URTeC, Denver, Colorado, USA, August 25–27, 2014

Alexander, T., et al., 2011. Shale gas revolution. Oilfield Review 23 (3), 40–57.

Allix, P., et al., 2011. Coaxing oil from shale. Oilfield Review 22 (4), 4–16.

Basilevsky, A., 1994. Statistical Factor Analysis and Related Methods : Theory and Applications. In : Wiley Series in Probability and Mathematical Statistics.

Bhuyan, K., Passey, Q.R., 1994. Clay estimation from GR and neutron–density porosity logs. In : SPWLA 35th Annual Logging Symposium.

Clavier, C., Hoyle, W., Meunier, D., 1971. Quantitative interpretation of thermal neutron decay time logs : Part I. Fundamentals and techniques. Journal of Petroleum Technology 23, 743–755.

Dewan, J.T., 1983. Essentials of Modern Open–Hole Log Interpretation. PennWell Books, Tulsa.

Eslinger, E., Everett, R.V., 2012. Petrophysics in gas shales. In : Breyer, J.A. (Ed.), Shale Reservoirs–Giant Resources for the 21st Century. AAPG Memoir 97, pp. 419–451.

Everitt, B.S., Dunn, G., 2002. Applied Multivariate Data Analysis, second ed. Arnold Publisher, London.

Gamero–Diaz, H., Miller, C.K., Lewis, R., 2013. sCore : a mineralogy based classification scheme for organic mudstones. In : SPE Paper 166284, Presented at the SPE Annual Technical Conference and Exhibition, 30 September–2 October, New Orleans, Louisiana, USA.

Hickey, J.J., Henk, B., 2007. Lithofacies summary of the Mississippian barnett shale, Mitshell 2 T.P. Sims well, Wise County, Texas. AAPG Bulletin 91 (4), 437–443.

Jain, A., Narasimha, M., Flynn, P., 1999. Data clustering : a review. ACM Computing Surveys 31 (3), 264–323.

Jarvie, D.M., 2012. In : Breyer, J.A. (Ed.), Shale Resource Systems for Oil and Gas : Part 2–Shale–Oil Resource Systems. AAPG Memoir 97, pp. 89–119.

Kettenring, J.R., 2006. The practice of clustering analysis. Journal of Classification 23, 3–30.

LeFever, J.A., Martiniuk, C.D., Dancsok, D.F.R., Mahnic, P.A., 1991. Petroleum Potential of the Middle Member, Bakken Formation, Williston Basin, vol. 6. Saskatchewan Geological Society. Special Publication, pp. 74–94, Report #11.

Loucks, R.G., Ruppel, S.C., 2007. Mississipian Barnett shale : lithofacies and depositional setting of a deep–water shale–gas succession in the Fort Worth Basin, Texas. AAPG Bulletin 91 (4), 579–601.

Lu, J., Ruppel, S.C., Rowe, H.D., 2015. Organic matter pores and oil generation in the Tuscaloosa marine shale. AAPG Bulletin 99 (2), 333–357.

Ma, Y.Z., Gomez, E., 2015. Uses and abuses in applying neural networks for predicting reservoir properties. Journal of Petroleum Science and Engineering 133, 66–75.

Ma, Y.Z., 2011. Lithofacies clustering using principal component analysis and neural network : applications to wireline logs. Mathematical Geosciences 43 (4), 401–419.

Ma, Y.Z., Moore, W.R., Gomez, E., Clark, W.J., 2015. Tight gas sandstone reservoirs – Part 1 : overview and lithofacies. In : Ma, Y.Z., Holditch, S., Royer, J.J. (Eds.), Handbook of Unconventional Resource. Elsevier.

Ma, Y.Z., et al., 2014a. Identifying hydrocarbon zones in unconventional formations by discerning Simpson's paradox. In : Paper SPE 169496 Presented at the SPE Western and Rocky Regional Conference, April.

Ma, Y.Z., Wang, H., Sitchler, J., et al., 2014b. Mixture decomposition and lithofacies clustering using wireline logs. Journal of Applied Geophysics 102, 10–20. http : //dx.doi.org/10.1016/j.jappgeo.2013.12.011.

Ma, Y.Z., Gomez, E., Young, T.L., Cox, D.L., Luneau, B., Iwere, F., 2011. Integrated reservoir modeling of a Pinedale tight–gas reservoir in the Greater Green River Basin, Wyoming. In : Ma, Y.Z., LaPointe, P. (Eds.), Uncertainty Analysis and Reservoir Modeling. AAPG Memoir 96, Tulsa.

Ma, Y.Z., Seto, A., Gomez, E., 2009. Depositional facies analysis and modeling of Judy Creek reef complex of the Late Devonian Swan Hills, Alberta, Canada. AAPG Bulletin 93 (9), 1235–1256.

Ma, Y.Z., Seto, A., Gomez, E., 2008. Frequentist meets spatialist : a marriage made in reservoir characterization and modeling. In : SPE 115836, SPE ATCE, Denver, CO, 12 p.

Passey, Q.R., Bohacs, K.M., Esch, W.L., Klimentidis, R., Sinha, S., 2010. From oil–prone source rock to gas–producing shale reservoir – geologic and petrophysical characterization of unconventional shale–gas reservoirs. In : SPE 131350, CPS/SPE Intl. Oil & Gas Conference & Exhibition, June 8–10, 2010, Beijing, China.

Passey, Q.R., Creaney, S., Kulla, J.B., Moretti, F.J., Stroud, J.D., 1990. A practical model for organic richness from porosity and resistivity logs. AAPG Bulletin 74 (12), 1777–1794.

Pearson, K., 1901. On lines and planes of closest fit to systems of points in space. Philosophical Magazine 2 (11), 559–572.

Peters, K.E., et al., 2007. Source–rock geochemistry of the San Joaquin Basin Province, California. In : Scheirer (Ed.), Petroleum Systems and Geologic Assessment of Oil and Gas in the San Joaquin Basin Province. USGS, California.

Pitman, J.K., Price, L.C., LeFever, J.A., 2001. Diagenesis and Fracture Development in the Bakken Formation, Williston Basin. USGS professional paper 1653, 19 p.

Rogers, S.J., Fang, J.H., Karr, C.L., Stanley, D.A., 1992. Determination of lithology from well logs using a neural network. AAPG Bulletin 76 (5), 731–739.

Schlumberger, 1989. Log Interpretation Principles/Applications, 3rd print, Houston, Texas.

Soeder, D.J., 2011. Petrophysical characterization of the Marcellus and other gas shales. In : Presentation for PTTC/DOE/RSPEA Gas Shales Workshop, September 28, 2011. AAPG Eastern Section Meeting, Arlington, Virginia.

Sondergeld, et al., 2010. Petrophysical considerations in evaluating and producing shale gas resources. In : SPE 131768, presented at the 2010 SPE Unconventional Gas Conference 23–25 February, Pittsburgh, PA, USA.

Steiber, 1970. In : Pulsed Neutron Capture Log Evaluation in the Louisiana Gulf Coast (SPE 296 1) : Paper Presented at SPE 45th Annual Fall.

Szabo, N.P., Dobroka, M., 2013. Extending the application of a shale volume estimation formula derived from factor analysis of wireline logging data. Mathematical Geosciences 45, 837–850.

Tang, H., White, C.D., 2008. Multivariate statistical log log–facies classification on a shallow marine reservoir. Journal of Petroleum Science and Engineering 61, 88–93.

Theloy, C., Sonnenberg, S.A., 2013. In: Integrating Geology and Engineering: Implications for Production in the Bakken Play, Williston Basin. Unconventional Resources Tech. Conference, Paper 1596247, 12 pages.

Walker–Milani, M.E., 2011. Outcrop Lithostratigraphy and Petrophysics of the Middle Devonian Marcellus Shale in West Virginia and Adjacent States (M.S. thesis). West Virginia University.

Wang, G., Carr, T.R., 2012. Marcellus shale lithofacies prediction by multiclass neural network classification in the Appalachian basin. Mathematical Geosciences 44, 975–1004.

Wolff, M., Pelissier–Combescure, J., 1982. FACIOLOG – automatic electrofacies determination. In: Proceeding of Society of Professional Well Log Analysts Annual Logging Symposium, Paper FF.

附录 B   主成分分析（PCA）教程

主成分分析（PCA）是由 Pearson（1901）提出来的，它将相关的变量经过正交变换，生成一组非线性相关变量，如主成分（PCs）。每个主成分都是原变量加权而来的线性组合。主成分（PCs）的数量等于原变量的数目，但是有用的主成分（PCs）个数可能会少一些，这取决于原始变量之间的相关关系。

正交变换是这样定义的，即尽可能在任意一组元素都正交的条件下，从所有线性组合中，选出方差最大的作为的第一主成分（the first PC）。然后在正交条件下，接下来按顺序选出的主成分都是与前一主成分不相关且是线性组合中方差最大的。因此，各主成分（PCs）之间是不相关的。

从数学角度讲，主成分分析（PCA）的定义为将数据变为一种新的坐标系的线性变换，正如第一主成分在坐标系中的投影数据方差最大，而第二主成分在坐标系中具有第二大方差，等等。这一过程包含几个步骤：

（1）从样品的数据中，计算（多变量）协方差或相关矩阵；

（2）计算协方差或相关矩阵的特征值及特征向量；

（3）生成主成分（PCs）；每个主成分都是原变量最优加权的线性组合，如：

$$P_i = b_{i1}X_1 + b_{i2}X_2 + \cdots + b_{ik}X_k \tag{B.1}$$

其中，P_i 表示的是第 i 个主成分，b_{ik} 表示的是变量 X_k 的权重（有人称为回归系数）。通常将所有的变量 X_k 标准化为零均值及一个标准方差比较方便。

加权值 b_{ik} 是通过协方差或相关矩阵计算出来的。由于协方差或相关矩阵是对称正定矩阵，它能生成特征向量的正交基，每一个都有一个非负特征值。这些特征向量，乘以原始输入值［式（B.1）］，相当于主成分（PCs）和特征值，与主成分分析解释的方差呈正比。想要详细地了解主成分分析的数学分析过程，读者可以参考 Basilevsky（1994），Everitt 和 Dunn（2002）以及 Abdi 和 Williams（2010）的著作。

主成分分析（PCA）是一种非参数统计方法，基于线性代数求得解析解；统计矩，如均值和协方差，是在没有任何假设的条件下由数据简单计算而来。由于主成分分析法在消除冗余数据，提取有效解释信息方面具有高效性，所以该方法应用较广泛，几乎涉猎从计算机视觉到神经系统科学的所有行业。实际上，主成分分析（PCA）是最常用的多变量统计工具；在数据大爆炸的现今社会，它的应用不断增加。

在这里讲解一个含有中子和密度两个岩石物理变量简单实例，来进一步解释一下这种方法。通过主成分分析（PCA），由中子测井曲线和密度测井曲线，得到了两个主成分（PCs）叠合在了中子—密度交会图中［附图 B.1（a）、（b）］。第一主成分（PC1）代表了最大轴，代表的是数据中的最大方差；第二主成分（PC2）表示的是最小轴，描述的与第一主成分不相关的第二大方差。在这个例子中，最大轴，PC1，近似表示孔隙度；而最小轴 PC2，近似表示岩性。这就解释了为什么通过 ANN 或统计分类方法利用第一主成分（PC1）得到的岩相分类是很不理想的［附图 B.1（c）］，但是用第二主成分（PC2）划出的岩相就与标准图版比较一致［附图 B.1（d）］。而在其他的实例中，最大主成分 PCs，如 PC1 是很重要的；有时候，单纯依靠第一主成分 PC1 进行岩相分类也足够了（Ma 等，2011）。

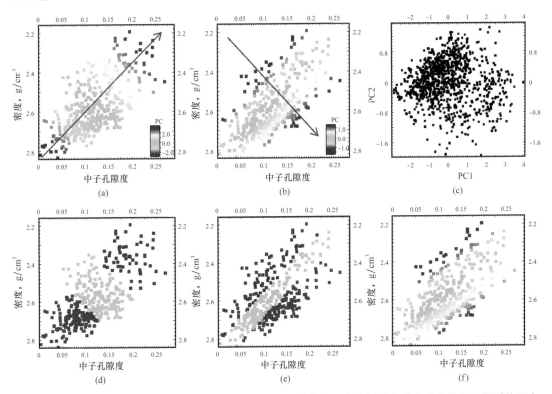

附图 B.1　中子密度交会图或 PC1—PC2 交会图，中子测井曲线和密度测井曲线主成分分析法得到的两个主要成分的图解

（a）中子—密度交会图中叠合了 PC1（箭头表示的是 PC1 定义的坐标）；（b）中子—密度交会图中叠合了 PC2（箭头表示 PC2 定义的坐标）；（c）PC1—PC2 交会图（它们的相关性为 0）；（d）中子—密度交会图中叠合了通过 ANN 由 PC1 划分出的岩相（红色，砂岩；绿色，石灰岩；蓝色，白云岩）；（e）中子—密度交会图中叠合了通过 ANN 由 PC2 划分出的岩相；（f）中子—密度交会图中叠合了 PC2 的旋转变换结果

主成分可以进行旋转变换，生成更有意义的物理量。这点可以通过下面的例子加以解释，在进行旋转之前，对两个原变量进行了同等加权。在中子—密度分析中，中子和

密度相当于对 PC1 和 PC2 都有贡献。但是，比如在确定孔隙度过程中，如果中子比密度更为重要的话，PC1 可以经过旋转变换成为与中子相关性更高。附图 B.1（e）为旋转因子，与中子相关性增强，而与密度相关性变弱（附表 B.1）。相似地，如果在判别岩相的时候，密度比中子更为重要，那么 PC2 可以经过旋转变换成为与岩相相关性更高的。附图 B.1（f）展示的是由 PC2 得来的旋转因子，它与密度相关性增强，而与中子相关性变弱（附表 B.1）。在这个例子中的两个旋转因子并不需要正交。旋转变换的主要原则就是使主成分具有物理意义。

附表 B.1　6 组变量之间的相关矩阵

变量	中子	密度	主成分 1	主成分 2	主成分 1 旋转因子	主成分 2 旋转因子
中子	1					
密度	−0.693	1				
主成分 1	0.920	−0.920	1			
主成分 2	0.392	0.392	0	1		
主成分 1 旋转因子	0.960	−0.867	0.993	0.119	1	
主成分 2 旋转因子	0.028	0.737	−0.414	0.910	−0.302	1

注：中子（NPHI），密度（RHOB），它们的主成分 PCs（PC1 和 PC2），两个旋转因子（PC1_rotated 和 PC2_rotated）。

　　主要的主成分可以重构原始数据。重构原始数据的大体公式可以表达为如下矩阵方程：

$$D = PC'\sigma + uM'$$ （B.2）

其中 D 是重构出来的 k 行 n 列的数据矩阵（k 是变量的数目，n 是样品的数量），P 是 q 行 n 列的主成分的矩阵 [q 为主成分（PCs）的个数，小于等于 k]，C 是 k 行 q 列的主成分（PCs）与变量之间的相关系数的矩阵，t 定义的是转置矩阵，σ 是 k 行 k 列变量的标准差的对角矩阵，u 是 n 行 n 列的单元向量，M 是含有 k 行 k 列变量的平均值的向量。

　　当数据高度相关时，在所有主成分（PCs）中，有一部分可以很好地重构数据。主成分分析（PCA）在消除冗余数据方面十分有效，这一点可以通过下面的地震振幅随炮检距变化（AVO）的实例加以解释 [附图 B.2（a）]。将炮检距当作变量，而共中心点当做是观测点或取样点。由主成分分析（PCA）得到的第一主成分 [附图 B.2（b）] 的方差占总方差的 99.6% 以上，可以用来重构原始数据。这可以简单地通过将第一主成分（PC1）及其相关系数的一维（1D）向量与经过各自的标准差和平均值标准化的炮检距相乘得到 [附图 B.2（c）]。所得结果与原始 AVO 数据十分相似 [对比附图 B.2（a）和（d）]。

　　在上面的 AVO（振幅随炮检距变化）的实例中，将 q 设置为 1，因为第一主成分（PC1）代表了数据中 99% 以上的信息。这就解释了为什么可以简单地通过两个不同大小的一维函数向量乘法及标准差和均值的标准化，可以出人意料地重构出二维图 [附图 B.2（d）]。

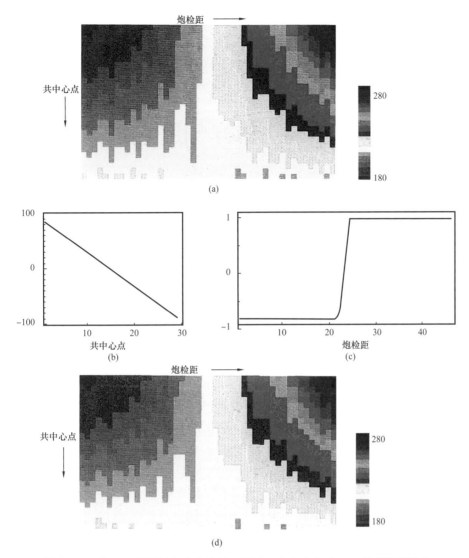

附图 B.2 对 AVO 数据的主成分分析，通过一个主成分对 AVO 数据进行重构

（a）原始 AVO 数据；（b）PC1（共中心点（CMP）的函数）；（c）PC1 与每个炮检距之间的对比；（d）利用 PC1 重构出来的 AVO 数据，如将每个炮检距的各自的标准差和均值标准化的（b）和（c）进行向量相乘

第 6 章　孔隙对流体 PVT 的控制及富流体页岩储层的产液组成

Deepak Devegowda[1]，Xinya Xiong[2]，Faruk Civan[1]，Richard Sigal[3]

（1. *Petroleum Engineering*，*University of Oklahoma*，*Norman*，*OK*，*USA*；2. *Gas Technology Institute*，*Chicago*，*IL*，*USA*；3. *Independent Consultant*，*Las Vegas*，*Nevada*，*USA*）

6.1　引言

富有机质页岩对美国国内能源政策和能源安全的意义体现在原油进口的大幅降低和可预见的美国能源独立（EIA，2013）。页岩开发活动的增加很大程度归因于先进的钻完井技术能够通过多分支水平井和多级水力压裂连通巨大的多产油气藏体积。但是，由于页岩主要是纳米级孔喉和孔隙分布（Curtis 等，2011），很难利用常规工具探测，富油气页岩油藏采收机制仍知之甚少。

最近，随着页岩纳米孔隙内气体运移模拟的进展人们已经认识到考虑流体运移中孔隙尺寸效应的非达西流模型的必要性（Michel，2011；Fathi 等，2012；Swami 等，2012；Civan 等，2013）。尽管关于模型的选择目前看来还没有达成一致，但现有进展已经表明，目前可用的模拟工具可能并不适用于描述页岩纳米孔隙内气体的运移。当考虑纳米尺度孔径分布（Curtis 等，2010；Michel，2011）、页岩中有机质的分布和连通性、吸附作用（Sakhaee-Pour 和 Bryant，2012；Xiong 等，2013）、润湿性的非均质性（Sigal，2013）、微裂缝和天然裂缝体系（Tinni 等，2012）时，这些复杂的影响更加难以定量。

虽然我们对页岩纳米孔隙内单组分气体的运移理解有限，但是与此相关的气体保存机制因为涉及储量定量评价、井产能分析和采收系数评估而得到了广泛关注。

Ambrose（2011）研究发现，当评价游离气所占的有机孔体积时，需要考虑吸附气体体积，同时如果忽略了吸附作用，对于最小的有机孔，原地气量估算结果可能高估达25%。Ambrose（2011）还提出了考虑多组分烃类吸附及其对气藏储量计算影响的模型。Sigal（2013）扩展了上述发现并发展了新的模型，定量获得了富有机质页岩纳米孔隙内的总含气量，它是孔隙压力的函数。模型考虑了孔隙的可压缩性及压力对游离和吸附的影响。

描述单组分烃类储存和采收机制的进展在很大程度上归因于认识到孔隙邻近效应对受限流体的影响。在大尺度孔隙中，比如常规储层的孔隙，流体分子间作用力被认为是控制流体行为的主要作用力（Peng 和 Robinson，1975；McCain，1990）。这是因为有相当部分流体分子位于孔隙壁面的影响范围之外。因此，油藏组分模拟中的 PVT（压力—温度—体积）性质可从实验室内代表性流体样品的实验中获得。另外，在页岩孔隙大小的空间内，流体分子数量可能有限。例如，直径 2nm 孔隙的，仅比甲烷分子直径大 5 倍。这是大尺度孔隙与页岩纳米孔之间的关键差异。在页岩纳米孔内，大部分流体分子可能处于十分邻近孔隙壁面的空间内，流体与孔壁的相互作用可能与流体中分子间相互作用相当，一同控制流体密度和储存（Ambrose，2011；Michel 等，2011；Didar，2012），多组分相行为（Sapmanee，2011；Devegowda 等，2012；Alharthy 等，2013；Zhang 等，2013；Travalloni 等，2014），多组分烃类运移（Xiong 等，2013）。由于缺少现成的将上述进展应用到复杂的页岩孔隙网络中的方法，工程实际中通常选用常规模拟工具，这些工具缺乏必要的物理机制以描述有机孔和无机孔体系内孔隙邻近效应对流体行为的影响。

因此，随着富流体页岩区带勘探和开发活动的持续增加，考察极低渗透率的纳米孔介质中多组分、多相运移和采收机制是非常必要的。

我们的工作包括对相关问题的文献回顾，对页岩中常见的有机孔和无机孔体系中受孔隙邻近效应影响的相行为和流体性质变化的试探性模拟研究，以及相行为和流体性质变化对井产能和流体运移的影响。这些研究都基于从已发表的文献中获得的相关问题的信息，因此，这一试探性工作的结果应属于指导性的。对于具有复杂孔隙集合形态和更宽孔喉分布的页岩中流体采收率的模拟，十分有必要进一步完善上述关于孔隙壁面邻近效应对受限流体影响的进展，并对模拟器设计进行相应的修改。

本章组织如下：首先展示了最近定量研究孔隙邻近效应对多组分流动体相（译者注：大量流动仅受分子间相互作用影响时的相态称为体相）行为的文献综述。其次比较了考虑受限流体行为与经典组分油藏模拟两种情况，通过模拟研究定量给出两者的页岩油井产液动态和泄油面积的差异。当前商业模拟器无法实现流体性质随着孔隙大小变化，所以这类模拟可做的研究非常有限。因此，我们接着讨论关于利用状态方程将受限效应模拟扩展到复杂孔径分布情况下的最新进展。最后讨论了一些需要进一步细化的问题。这些问题的解决有助于形成一个有效且准确的组分模拟模型，用于预测富有机质页岩的生产动态、储量评价和采收率确定。

我们开发了一个单相气体运移的扩展以考虑包括气相和液相的多组分流体。在这一节，我们描述了多组分吸附及其在控制相行为和页岩有机质纳米孔流体储集性中发挥的作用及其对产出流体组成的影响。

6.2 孔隙限制效应对流体性质的影响

典型页岩层孔喉直径在 0.5～100nm（Ambrose，2010），而直链烃的链直径在 4～6Å（Mitariten，2015）（10Å=1nm）。因此，在页岩中流体分子大小和孔隙具有可比性。然而，有关孔隙限制效应对页岩气采收机制的认识仍然有限。尽管对其中一些效应的认识已有一些年，但是仍存在大量的知识空缺。例如，一些学者已经记录了性质发生改变的证据，如北极永久冻土带页岩黏土束缚水的凝固点降低（Civan 和 Sliepcevich，1985；Civan，2010）。化学工程文献里也包含一些在纳米毛细管中流体性质明显与体相行为存在显著偏离的例子（Morishige 等，1997；Beskok 和 Karniadakis，1999；Kalluri 等，2011；Hu 等，2014）。

通常，分子之间相互作用和分子与孔隙表面之间的作用可以改变流体性质，因为随着孔隙大小降低，单位体积的可利用的孔隙表面增加。这些改变也是有限数量的分子在孔隙内出现增加了流体分子之间（范德华作用）以及流体与孔隙表面的相互作用的重要性的结果。因此，受限流体的热物理和动力学特征可能与大孔隙内或者大的 PVT 单元内测定结果存在显著偏差。一些进展显示，在碳纳米管内烷烃临界性质、吸附性、水中溶解性、黏度、界面效应等发生变化（Kanda 等，2004；Chen 等，2008；Singh 等，2009；Singh 和 Singh，2011；Moore 等，2010；Trcalloni 等，2010；2014）。精确地估算上述性质对精确模拟页岩油气藏生产非常关键。

6.2.1 孔隙限制效应对烷烃临界性质的影响

纳米孔中流体性质的研究由于长度尺度原因无法通过物理实验测量方法，继续分子动力学模拟的虚拟实验逐渐成为研究不同表面特征的孔隙内流体分布和流体行为的首选方法。分子动力学模拟通过求解牛顿运动方程以获得特定流体—流体以及流体—孔壁之间分子相互作用下流体分子行为。

初期的工作聚焦于合成纳米管内的吸附，通过实验验证了其中许多化学组分的气—液临界温度相对于体相流体情况降低，这种偏差与孔径尺寸具有强相关性（Morishige 等，1997；Morishige 和 Shikimi，1998）。紧随这些工作，Zarragoicoechea 和 Kuz（2004）尝试利用非吸附孔壁的纳米孔内受限的兰纳—琼斯流体的广义范德华状态方程对校正临界温度的偏移进行相关分析。

Hamada 等（2007）利用巨正则蒙特卡罗数值模拟方法研究缝状和圆柱体孔隙体内受的限兰纳—琼斯颗粒的行为和热力学特征。研究表明，流体相行为、热力学性质、流体和孔隙壁间的界面张力受纳米多孔介质的孔隙大小影响。他们将这归因于势能、分子间以及分子和孔壁之间的相互作用的增加。

Singh 等（2009）得出不同烃类组分临界性质的偏差特征。他们利用巨正则转移矩阵蒙特卡罗数值模拟器和修正 Bucklingham 指数形式的分子间作用势研究了甲烷、正丁烷、正辛烷在 0.8～5nm 宽的纳米缝内的行为。在巨正则模拟体积中，化学势（μ）和温度保持恒定，颗粒数量（密度）和能量波动。他们得出，当临界温度随孔隙减小呈指数下降，理论上当孔隙大小接近 0 时，临界温度接近于 0 [（图 6.1（b）]。然而，他们发现正丁烷和正辛烷的临界压力随着孔隙大小降低首先增加到高于体相流体对应值，接着随着孔隙大小的进一步减小，降低到低于原始体相值 [图 6.1（a）]。此外，他们还认为，甲烷、正丁烷和正辛烷的临界性质变化会随着不同孔隙表面而变化，例如云母和石墨。因为页岩具有有机和无机孔隙系统，依据表面化学构成可分别由石墨和云母做合理近似，Singh 等（2009）的工作对描述页岩纳米孔内流体性质非常有意义。Singh 等（2009）得到的临界温度和临界压力相对变化定义如下：

$$\Delta T_c = \frac{T_{cb} - T_{cp}}{T_{cb}} \tag{6.1}$$

$$\Delta p_c = \frac{p_{cb} - p_{cp}}{p_{cb}} \tag{6.2}$$

其中，p_{cp} 和 T_{cp} 是受限孔隙内临界压力和临界温度，p_{cb} 和 T_{cb} 是相应的体相值。

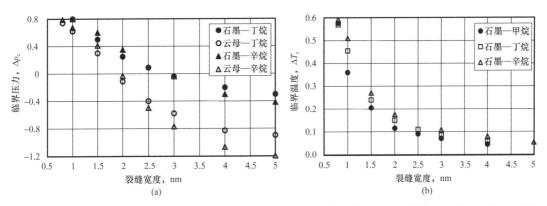

图 6.1 （a）丁烷和辛烷在石墨孔隙和云母缝状孔中临界压力的相对偏差；（b）甲烷、丁烷和辛烷在石墨封装孔中临界温度的相对偏差。（据 Singh 等，2009，有修改）

Singh 和 Singh（2011）在 Singh 等（2009）后，也证实临界温度和临界压力在吸附和非吸附缝状与圆柱体孔隙内随孔隙大小变化。图 6.2 显示的其中的一个例子，乙烷的变化。临界温度随着孔隙大小单调变化，而临界压力并非单调变化，取决于孔隙表面的是否可吸附。图 6.2 显示了非吸附孔和吸附孔的差异。

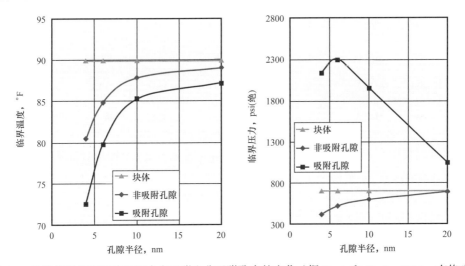

图 6.2 乙烷临界温度和临界压力在吸附和非吸附孔内的变化（据 Singh 和 Singh，2011，有修改）

Sapmanee（2011），Devegowda 等（2012）、Alharthy 等（2013）和 Zhang 等（2013）证实了这些偏差对于富流体页岩内不同烃类混合物采收率的影响。这些偏差将在后面的部分讨论。

因此，鉴于上面描述的临界温度和临界压力变化，一些最常用的状态方程如 Peng-Robinson 状态方程（1975）可被用于定量表示页岩特定大小纳米孔隙内烷烃或者烷烃混合物的 PVT 行为。

6.2.2 孔隙限制效应对多组分混合物相行为的影响

利用表 6.1 中提供的不同孔隙直径的临界温度和临界压力数据说明孔隙限制效应对受限的多组分烃类混合物的相行为的影响。这些结果来自 Singh 和 Singh（2011）且在 Xiong 等（2013）文中出现，包括非吸附孔隙和吸附孔隙。在页岩中，吸附孔隙对应有机质干酪根孔隙而非吸附孔隙对应非有机孔体系。需要注意的是，这些数据对应的是强吸附和非吸附的圆柱状孔隙。实际上，对于页岩的孔隙几何特征和孔隙表面化学的认识十分有限，两者均是关于矿物组成和热成熟度的高度复杂函数。因此，这里提供的数据代表的是纳米多孔岩石内烃类流体相行为的上下限。

表 6.1　体相流体和受限流体的临界温度（据 Zhang 等，2013）

组分		临界温度，℉							
		C_1	C_2	C_3	nC_4	nC_5	C_6	C_{7+}	C_{10}
体相流体		−116.7	89.9	206.1	305.6	385.8	453.6	729.3	652.0
非吸附性孔隙	4nm	−104.4	80.5	184.4	273.5	345.3	405.9	652.7	583.5
	6nm	−110.2	84.9	194.6	288.6	364.3	428.3	688.6	615.6
	10nm	−114.0	87.9	201.3	298.6	377.0	443.2	712.6	637.1
	20nm	−115.5	89.0	204.1	302.7	382.1	449.2	722.3	645.7
吸附性孔隙	4nm	−94.1	72.5	166.2	246.5	311.2	365.9	588.3	525.9
	6nm	−103.5	79.8	182.9	271.2	342.4	402.6	647.3	578.7
	10nm	−110.7	85.3	195.5	290.0	366.0	430.4	692.0	618.6
	20nm	−113.2	87.2	199.9	296.5	374.2	440.0	707.5	632.4

案例研究集中在两种不同的油，各自的组分参见表 6.2。一种是合成的混合油，另一种是从 McCain（1990）获得的混合物。在以纳米尺度孔喉系统为特征的超致密岩层内，流体分子和孔壁相互作用可以引起储存流体相行为的显著改变。在商业的 PVT 软件包中可以很容易地利用特定烃类的临界点数据，使用合适的状态方程生成修改后的相包络线。在这一章，我们将表 6.1 和表 6.3 提供的临界性质输入到商用的 PVT 模拟软件包（CMG WinProp TM，2008）中，得到了非吸附性和吸附性的圆柱孔内合成油和黑油的相图，如图 6.3 和图 6.4 所示。图中显示了利用偏移后的临界性质预测的相包络线与利用体相性质得到的预期行为存在明显的偏差。值得注意的是，大孔（20nm）的相图接近体相流体的预期值。但是，如果页岩以非常窄、孔径分布在小于 20nm 范围内的孔隙为特征，其相行为将完全不同。

表 6.2　合成油、黑油流体组分研究

组分	摩尔分数，%		分子摩尔质量 lb/mol
	合成油	黑油（修改自 McCain，1990）	
	储层温度 250 ℉	储层温度 150 ℉	
C_1	53.01	37.54	16.043

组分	摩尔分数，%		分子摩尔质量 lb/mol
	合成油	黑油（修改自 McCain，1990）	
C_2		9.67	30.070
C_3		6.95	44.097
nC_4	10.55	5.37	58.123
nC_5		2.85	72.150
C_6		4.33	86.177
C_{7+}		33.29	218.000
C_{10}	36.44		142.285

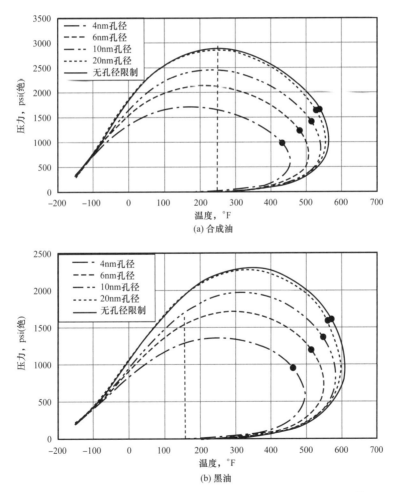

图 6.3　表 6.2 中的合成油和黑油在不同直径的非吸附性孔隙中的相图（据 Xiong 等，2013，有修改）

图中垂直虚线指示储层温度

表 6.3　体相流体和受限流体的临界压力（据 Zhang 等，2013）

组分		临界压力 p_c，psi（绝）							
		C_1	C_2	C_3	nC_4	nC_5	C_6	C_{7+}	C_{10}
体相流体		666.4	706.5	616.4	550.6	488.6	483.0	318.4	305.2
非吸附性孔隙	4nm	393.7	417.4	364.2	325.3	288.7	285.4	188.1	180.3
	6nm	495.4	525.2	458.2	409.3	363.2	359.1	236.7	226.9
	10nm	567.1	601.2	524.6	468.6	415.8	411.0	271.0	259.7
	20nm	657.8	697.3	608.4	543.5	482.3	476.7	314.3	301.2
吸附性孔隙	4nm	2025.0	2146.8	1873.1	1673.1	1484.7	1467.7	967.5	927.4
	6nm	2175.6	2306.5	2012.4	1797.5	1595.1	1576.9	1039.5	996.4
	10nm	1849.5	1960.7	1710.7	1528.1	1356.0	1340.5	883.7	847.0
	20nm	989.9	1049.5	915.7	817.9	725.8	717.5	473.0	453.4

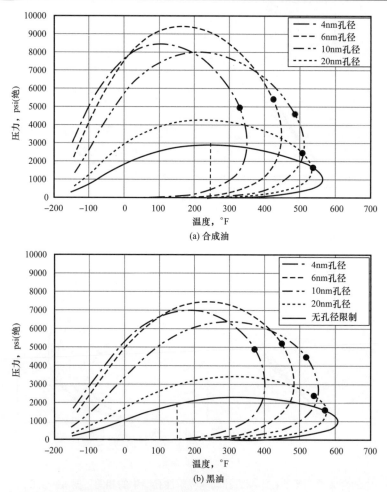

图 6.4　表 6.2 中的合成油和黑油在不同直径的吸附性孔隙中的相图（据 Xiong 等，2013，有修改）

图中垂直虚线指示储层温度

另外，上述图也表明，在很大的温度范围内，无机非吸附性孔隙中存在严重的泡点抑制，延迟了到两相区的过渡。这些结论也被 Sapmanee（2011）、Devegowda 等（2012）、Firincioglu（2013）和 Alharthy 等（2013）报道过。这表明流体进入油气两相流动之前的很长时间内在非有机质孔隙运移呈单相流流动。油气两相流动及其伴随的相对渗透效应可能阻挡油的流动。或者说，如果岩石大部分孔隙是无机孔，孔隙邻近效应可能是有利的。例如 Bakken 区带，大部分产量贡献自中 Bakken 组白云岩，孔隙大部分小于 100nm（Ramakrishna 等，2010）。

有机吸附性孔内受限流体的相行为与体相流体存在明显差异。但是在吸附孔内，由于临界压力相较于体相流体增加，亦导致泡点压力增加。泡点压力增加意味着在足够高压力情况下，一些孔隙发生两相流动，两相流动效率一般较单相流低。由毛细管压力效应和孔隙表面润湿性引起的相滞留进一步降低有机质孔内中—重质烃类组分的运移能力。但是，吸附效应可能减缓油气速率的下降，因为随着储层压力的下降，脱附的烃类对原位流体混合的贡献增大。页岩具有相当数量的有机孔，可能具有这种行为特征。这样的例子包括 Eagle Ford 页岩区带、Barnett 页岩区带、Woodford 页岩区带和 Marcellus 页岩区带（Sondhi，2012；Curtis 等，2011）。

图 6.4 的结论在图 6.5 中也得到强化，图中显示不同孔径下液体摩尔分数随孔隙压力的变化。在一给定温度和孔隙压力下，非吸附孔内流体呈液相，相同条件下的吸附孔由于孔壁势能的吸附特性而呈现两相。流体混合物中的重质组分很有可能在孔壁表面形成吸附膜，其中吸附相的密度与液体密度相当。剩余流体为较轻组分很可能呈现气相。因此，有机质孔内流体的流动主要为两相流动。

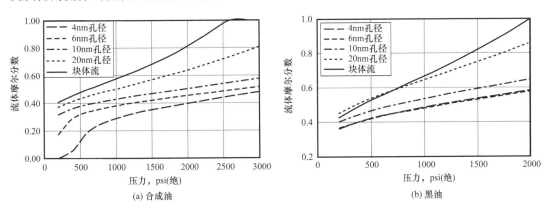

图 6.5　表 6.2 中的合成油和黑油的流体摩尔分数与孔隙压力的关系曲线图（据 Xiong 等，2013，有修改）
储层温度 250°F、在体相状态和大小不同的吸附性有机质孔隙的条件下

上述结果的另一结论是在一给定温度和压力条件下，流体混合物可能在一些孔内呈单相液体或在其他孔内由于孔隙大小的不同而呈现不同饱和度的油气两相。这又给描述页岩纳米孔隙内多相储存和运移增加了一层复杂度，因为相对渗透率的概念是基于特定的饱和度推得的，可能不完全适用。孔隙很少以孤立孔隙形式存在，更多是一些不同孔喉和孔隙体彼此联通的复杂网络。为了描述真实多孔介质内的流体行为，十分有必要精确刻画给定储集孔隙的几何形态下的流体赋存。具有一定孔隙分布的体系内的流体临界性质变化的已有相关研究。Ortiz 等（2005）的蒙特卡洛数值模拟表明，研究中选定分布的纳米管束的临界温度有效偏差要小于大小均一的纳米管束情况。因为页岩孔隙大小的可能变化范围为

0.5～100nm，因此要准确模拟这样体系内的流体行为必须考虑孔隙邻近效应。

然而，在更大的油藏或岩石体积内描述有效流体相行为仍存在挑战。如何将单一孔隙获得的公式拓展到具有孔隙大小分布的页岩中值得进一步研究。但是，目前对页岩中有机孔、无机孔的连通性认识不够（Curitis 等，2010）。孔隙几何形态与受限流体行为的复杂相互作用预计在未来一段时间里仍然是研究前沿。

6.3 纳米孔内多组分流体运移

孔隙邻近效应和孔壁与流体的相互作用不仅影响受孔隙大小和孔隙表面化学特征控制的气液饱和度，也为不同烃类组分的原位分馏创造了条件。这是由于孔壁处的滑脱作用。因为在纳米孔隙不同气体分子的滑脱速度不同，孔隙邻近效应也可能影响产液组分随时间的变化。Xiong（2012）提出对有机孔和无机孔内单组分表观渗透率的校正。不同烃类组分表观渗透率不同。对富流体页岩油藏，多组分化合物表观渗透率的校正应对混合物中每种气体分子使用各自的平均分子自由程。Freeman（2009）使用理想气体定律得到了多组分气体混合物中第 i 个单一气体组分的平均自由程 λ_i：

$$\lambda_i = \frac{v_i}{\sum_{j=1}^{n} \pi d_i d_j \sqrt{v_i^2 + v_j^2} \dfrac{N_A p_i}{RT}} \tag{6.3}$$

式中：N_A 是阿佛伽德罗常数；R 是气体常数；T 是温度；d_i 和 d_j 分别是分子 i 和分子 j 的兰纳—琼斯势参数；p_i 是压力；v_i 和 v_j 是混合气体中组分 i 和组分 j 的平均速度。兰纳—琼斯势参数的定义是势能为 0 的位置，在表 6.4 中给出。在析出液体的孔隙中，水力半径将会随着气体可流动体积的变化而变化。在两相流动区的有效水力半径（R_{eff}）使用气相饱和度 S_g 修正：

$$R_{eff} = R\sqrt{S_g} \tag{6.4}$$

每个组分都有一个 Knudsen 数，见 Xiong 等（2012），对应于各组分的平均自由程和相应的渗透率校正因子。因为不同烃类组分具有不同的渗透率校正因子，不同组分的分流效应产出流体组分随时间变化可能因为组成会随着时间变化。因此，我们定义了瞬时流动气流组成 y_1 如下：

$$y_1' = y_i \frac{f(Kn_i)}{\sum_{i=1}^{n} f(Kn_i)} \tag{6.5}$$

y_i 是气相中组分 i 的静态组成。多组分混合物的摩尔流量 n 是每个组分的摩尔流量的总和：

$$\dot{n} = \sum_{i=1}^{n} \frac{n_{vi} K_\infty f(Kn_i)}{\mu} \nabla p \tag{6.6}$$

n_{vi} 是气相中组分 i 的物质的量，mol；K_∞ 岩石的绝对渗透率；$f(Kn_i)$ 是渗透率校正或者是对应流体混合物中组分 i 的乘子；μ 是气体混合物的黏度；∇p 为压力梯度。多组分气体混合物的表观渗透率 K_{amix} 的公式如下：

$$K_{amix} = K_\infty \sum_{i=1}^{n} y_i f(Kn_i) \qquad (6.7)$$

另外，我们假定气体的渗透率随着气体饱和度线性变化，这是一个强假设，可能在多孔介质中不适用。然而，考虑到本工作主要起指导作用，在更合理的气体流动定量模型被提出之前，有效气体渗透率 K_g 和有效油渗透率如下：

$$K_g = K_{amix} S_g$$
$$K_o = K_{amix} S_o \qquad (6.8)$$

式中，S_o 是油相饱和度。

表 6.4　兰纳—琼斯势能参数

组分	C_1	C_2	C_3	nC_4	nC_5	C_6	C_7	C_{10}
兰氏参数 10^{-10}m	4	4.8	5.5	6.1	6.7	7.3	7.9	9.6

6.3.1　产出流体组成变化

6.3.1.1　合成油实例研究

本实例讨论的是具有表 6.2 中组分定义的合成原油在油藏温度为 250 ℉的油藏中从原始地层压力 3000～200psi（绝）的产出情况。每个组分在汽相的摩尔总数通过体相流体的常规 PVT 模型模拟得到。对于纳米孔内的受限流体，通过偏移的、适合无机孔隙和有机孔隙临界温度和临界压力值修订常规方法。甲烷、正丁烷和正葵烷相应的组成变化分别见图 6.6、图 6.7 和图 6.8。图 6.6（a）、图 6.7（a）和图 6.8（a）是通过 PVT 模型预测的给定大小的无机孔隙内静态流体组成；而图 6.6（c）、图 6.7（c）和图 6.8（c）给出了有机质孔隙内的相应趋势。图 6.6（b）、图 6.7（b）和图 6.8（b）给出考虑了每一组成的滑脱效应，利用式（6.5）预测无机非吸附性孔隙内流体的组成，而图 6.6（d）、图 6.7（d）和图 6.8（d）提供了有机吸附性孔内的相应结果。

这些图表明孔隙邻近效应在很宽的压力范围内显著影响流动流体的组成，产生组成分馏效应。这是因为在孔隙邻近作用下，不同烃类组分的移动速度与式（6.3）预测值存在差异。此外，流动流体的组成明显不同于体相流体的预测。但是，当孔隙大小接近 20nm 的时候，流体行为接近体相流体的 PVT 行为。事实上，这显示如果最小的孔隙贡献了大部分的总孔体积和孔隙连通性，流体的相行为和流动流体的组成将明显不同于常规 PVT 模型预测的结果。

通常，轻质组分具有较大的平均自由程和较大克努森校正，故而运动速度更快。如果主要的烃类储集空间是有机质孔隙系统且小于 20nm 孔隙占总体积较大比例，那么气相组成很可能比常规 PVT 模型预测的组成要轻并使得井口气油比（GOR）更高。

简单采用实验室获得的 PVT 数据，可能忽视孔隙限制效应及干气和液体的孔隙分馏效应。这对评价资源和井产量可能产生严重影响。

气相和液相的渗透率因子（图 6.9）。由于页岩纳米孔内的滑脱流效应，当孔隙大小和孔隙压力一定时，气相的渗透率因子可能超过 1。例如，在低含油饱和度的 4nm 孔隙内，

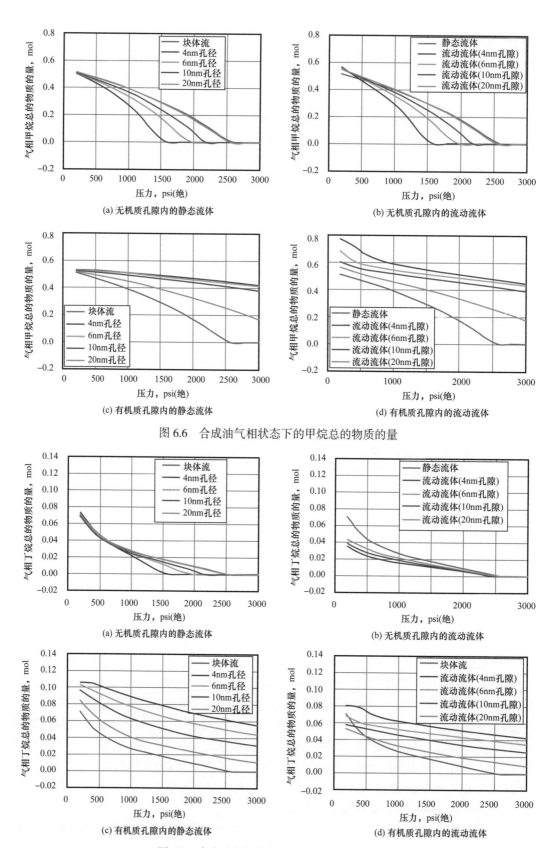

(a) 无机质孔隙内的静态流体

(b) 无机质孔隙内的流动流体

(c) 有机质孔隙内的静态流体

(d) 有机质孔隙内的流动流体

图 6.6　合成油气相状态下的甲烷总的物质的量

(a) 无机质孔隙内的静态流体

(b) 无机质孔隙内的流动流体

(c) 有机质孔隙内的静态流体

(d) 有机质孔隙内的流动流体

图 6.7　合成油气相状态下的丁烷总的物质的量

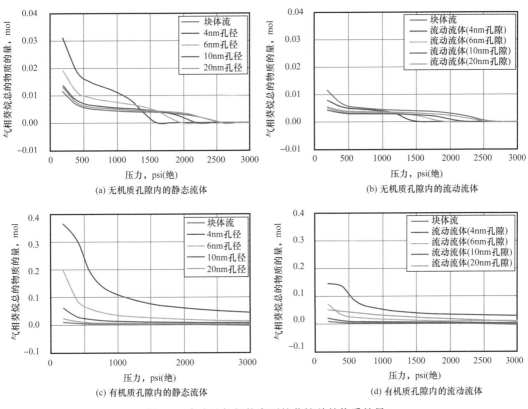

(a) 无机质孔隙内的静态流体　　　　　　　(b) 无机质孔隙内的流动流体

(c) 有机质孔隙内的静态流体　　　　　　　(d) 有机质孔隙内的流动流体

图 6.8　合成油气相状态下的葵烷总的物质的量

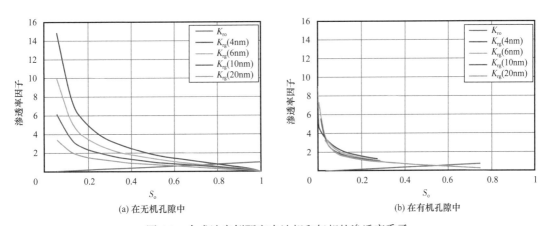

(a) 在无机孔隙中　　　　　　　　　　(b) 在有机孔隙中

图 6.9　合成油实例研究中油相和气相的渗透率乘子

气体渗透率可达绝对渗透率高 15 倍。随着压力降至低于饱和压力，油的渗透率可能严重受限，而气体流动能力随着气相饱和度的增加而显著增加。在吸附孔内，壁面相互作用力阻止流动，导致渗透率因子在很大饱和度范围内降低。

6.3.1.2　黑油实例研究

在 250℉的油藏温度下，针对表 6.2 中描述的黑油开展相似的数值模拟实验，原始地层压力从 3000～200psi（绝）变化。结果见图 6.10 至图 6.12，显示出与上节研究合成流体相似的变化趋势。气相和液相在有机质和无机质孔隙内的渗透率因子见图 6.13。

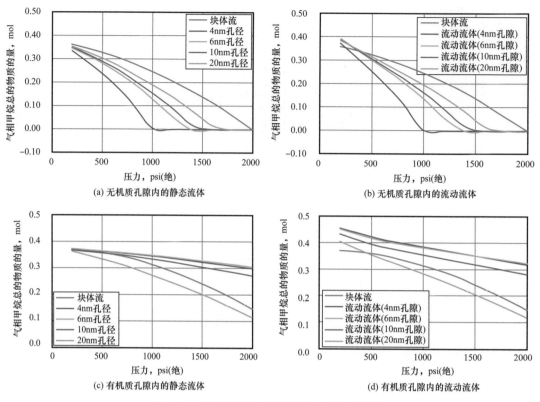

图 6.10 黑油气相状态下的甲烷总的物质的量

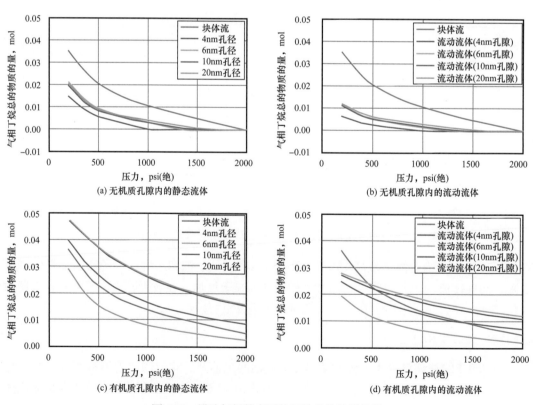

图 6.11 黑油气相状态下的丁烷总的物质的量

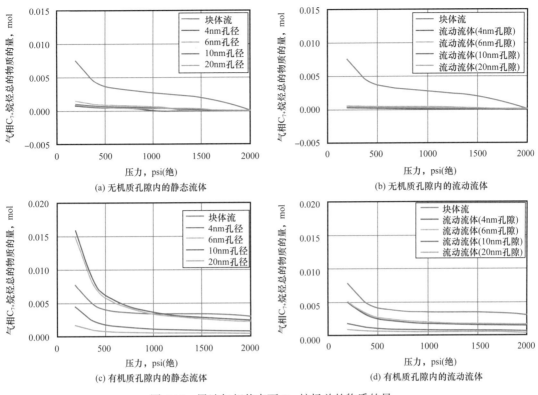

图 6.12 黑油气相状态下 C_{7+} 烷烃总的物质的量

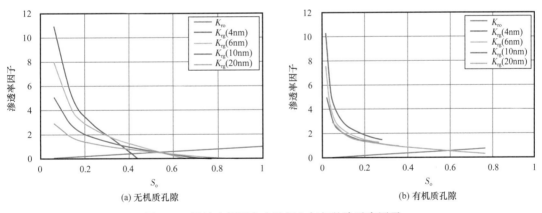

图 6.13 黑油实例研究中油相和气相的渗透率因子

6.4 孔隙邻近效应对井泄油面积和生产的启示

前面一节已经介绍了使用修改的选定大小孔隙内临界性质描述孔隙邻近效应对流体相行为的影响。尽管这里采用的方法的一个关键优势是只需对模拟模型进行简单修改而无须进入模拟器代码，但当前评价孔隙邻近效应仅限于单一孔隙直径。扩展到具有一定孔径分布的真实多孔介质需要进一步研究，并非此次研究范围内。当前还没有一个合适的方法解决这个问题。

然而，这一节论证了上述变化对表 6.2（McCain，1990）所描述黑油的井动态的影响。利用 P–R 状态方程（1975）获得模拟结果揭示了对于富流体页岩储层具有实际意义的一些有意思的结论。然而，需要再次指出，这些结果是探索性质的，忽略了页岩孔隙几何形态的影响，因此只具有指导意义。

本次数字模拟模型描述利用的油藏模型为一口均厚页岩油藏中的直井，其双翼与水力压裂裂缝相连。合成油藏模型具有如下属性（Zhang 等，2013）：

（1）储层均质，孔隙度（ϕ）恒定为 6%，厚度恒定 150ft。原始油藏压力为 6000psi（绝），生产中井恒定井底压力（BHP）500psi（绝）。

（2）储集岩的内部流动结构假定为具有特定、单一孔喉直径的直毛细管束。忽略毛细管数量的影响。

（3）储层模型假定只有无机孔连通，而有机孔体积被认为是烃类储集空间，因此只考虑无机孔隙内的受限流体性质。

（4）储层的绝对渗透率利用 K（nD）$=\phi r^2/8$ 定量。r 是毛细管半径。储层孔喉直径为 4nm 和 8nm 渗透率分别为 30nD 和 120nD。

将具有特定孔径大小的合成油藏的井生产动态与使用具有相同渗透率但具有体相流体性质的相同油藏的结果进行比较。井的油、气产速的比较见图 6.14。一般来说，对比表明，当考虑孔隙限制效应时，由于流体性质的差异，井动态存在显著差异。

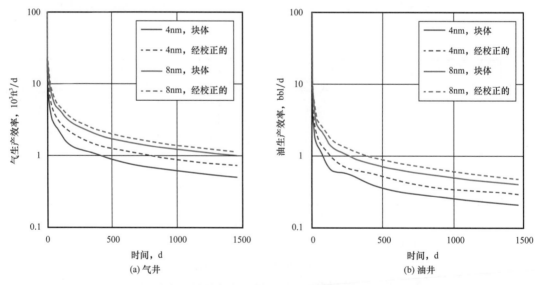

图 6.14　采用考虑纳米孔隙限制效应的特定大小孔隙的流体临界性质时气井和油井的井动态（速率）差异（据 Zhang 等，2013，有修改）

这点在图 6.15 中也有反映，给出了 4 年生产后油藏的压力动态分布。图 6.15 的结果还表明，对于选定的孔径，井的泄油面积相对使用体相流体模拟的结果更大。

图 6.14 和图 6.15 的结果展现出一些有意义的启示。依据体相流体性质预测井生产动态可能是一种不得而为的办法。因为考虑了纳米孔隙的限制后的预测泄油面积不同，所以忽略流体的限制影响很可能影响到井间距的选择。因此本研究的一个关键发现是当定量单井储量、评价井间距和预测凝析气田的露点时需仔细考虑孔隙邻近作用（Sapmanee，

2011）。当有较大比例的孔隙体积由最小孔隙占据的时候，孔隙邻近效应可能占主导，基于体相流体性质得到的预测结果可能是错误的（Zhang 等，2013）。

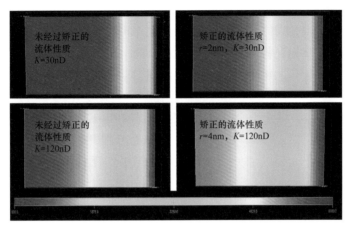

图 6.15　生产 4 年的后期的压力动态（据 Zhang 等，2013，有修改）

左侧两图展现的是采用体相流体性质得到的结果。右侧两图是使用适用于特定孔隙大小的流体临界性质得到的结果。水力压裂裂缝位于右侧

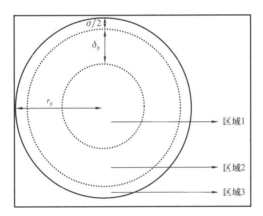

图 6.16　将毛细管横截面划分的三个区域（据 Travalloni 等，2014，有修改）

在区域 2 内，管壁对流体分子有较强的影响。在区域 1 内，流体分子基本不受管壁的影响

6.5　现有状态方程的修订

上面描述的临界性质变化，使得使用者可以使用任何常用的状态方程，如 P-R 方程（1975）和 S-R-K 方程（1972）进行 PVT 行为模拟。这个方法的缺点是文献发表的临界性质变化强烈依赖于假定的流体—孔壁的作用力值。这些值常常是未知的，利用临界性质的变化也仅仅是探究受孔隙大小影响的 PVT 行为的一个合理的出发点。因此，报道的受限流体临界参数也仅仅是为探索性分析限制作用对流体性质的影响提供了一种方法，只能被用作报道目的（Devegowda 等，2012）。然而，干酪根的化学组成可能不同，这取决于成熟度。众所周知，干酪根中的 C/O 原子比和 H/O 原子比随着成熟度显著变化（Vandenbroucke 和 Largeau，2007），也可能影响到孔壁的化学性质（Hu 等，2014），进而影响到流体行为和流体—岩石相互作用，如润湿性、吸附性和输导性（Hu 等，2013）。

相当大部分的工作聚焦于发展新的状态方程或者修改现有的状态方程来克服使用烷烃修改的临界性质的方法的不足，这些临界性质由预先给定流体—岩石相互作用势获得。通常，这些修订包括由定量表示分子和孔壁相互作用的可调参数构成的附加项。Derouane（2007）讨论了对范德华状态方程进行修订以适用于微孔限制作用下的气体，这些修订包括调节吸附分子和孔壁相互作用的吸附相关项。Travalloni 等（2010）也描述了对范德华状态方程进行的修订，并举例展示限制作用对受限 N_2 临界温度和密度的影响。他们得出，当孔隙直径与分子有效值径壁值之比低于 20，孔隙尺度效应对 N_2 临界性质的作用明显。

Travalloni 等（2014）聚焦于修订 P–R 状态方程（PR-EOS）和受限分子与孔壁之间不同相互作用能情况下的限制作用。修订版的气体状态方程 PR-EOS 与传统的状态方程具有相似性；但是式（6.1）一样，当分子—壁面相互作用具有显著影响时，增加了考虑分子与孔壁相互作用的第三项。在孔壁与流体分子相互作用能量 ε_p 和孔隙内随机分布的分子中受壁面吸附场作用的受限分子占比 F_{pa} 的影响下，修改的状态方程 PR-EOS 如下：

$$p = \frac{RT}{V_m - b_p} - \frac{a_p}{V_m^2 + 2bV_m - b_p^2} - \theta\frac{b_p}{v^2}\left(1 - \frac{b_p}{v}\right)^{\theta-1}\left(1 - F_{pa}\right)\left\{RT\left[1 - \exp\left(\frac{N_{av}\varepsilon_p}{RT}\right)\right] - N_{av}\varepsilon_p\right\}$$

（6.9）

式中：V_m 是摩尔体积；N_{av} 是阿佛伽德罗常数。

在式（6.9）中，b_p 是因限制效应而修订的体积参数，有：

$$b_p = \frac{N_{av}}{\rho_{max}}$$

（6.10）

a_p 是因限制而修订的能量参数：

$$a_p = \frac{\sqrt{2}N_{av}^2\varepsilon_p}{\rho_{max}}\alpha$$

（6.11）

F_{pa} 是孔隙内随机分布的分子中受壁面吸附场作用的受限分子占比：

$$F_{pa} = \frac{\left(r_p - \frac{\sigma}{2}\right)^2 - \left(r_p - \frac{\sigma}{2} - \delta_p\right)^2}{\left(r_p - \frac{\sigma}{2}\right)^2}$$

（6.12）

θ 是表示孔径 r_p 与分子直径 σ 和分子孔壁作用势方型势阱的宽度 δ_p 之比的几何项：

$$\theta = \frac{r_p}{\delta_p + \frac{\sigma}{2}}$$

（6.13）

修改版的状态方程考虑了孔隙内存在三个不同区域（以毛细管为例），不同区域内占主导的力不同。图 6.16 显示了毛细管的横截面，描述了上述三个不同区域，依次是区域 1、区域 2 和区域 3。在区域 1，流体分子距离孔壁足够远，流体行为只取决于分子间作用力；在区域 2，流体分子受孔壁影响强烈。假定分子是刚性球体，流体分子直径限制了流体分子仅处于区域 1 和区域 2 内。为了考虑吸引或者吸附和非吸附孔壁，相互作用能量 ε_p 需要加以合理的修改。然而，由于可用数据有限，Travalloni 等（2014）讨论了不同级别的分子—孔径相互作用水平和不同孔径的 PVT 行为和吸附。

6.6 对生产者的影响

页岩有机孔和无机孔内非达西流的最直接影响是井生产的气油比以及产出的蒸汽组成。通常，有机孔与无机孔内行为不一样。然而，如果我们认为页岩中的输运仅局限在有机质孔，相应地自然裂缝或者诱发裂缝体系中不存非达西效应，可能使得产出流体的组分总是比原位流体组分轻。尽管油藏压力下降，一些重质组分脱附，产生的流体组分逐渐变重。这影响气油比值，可预计在井生命周期的后期高气油比降低至低位。这里假定所有流动通过有机孔且有机孔是连通的。

产液的气油比和产液组成可能随着时间变化且取决于有机孔和无机孔的贡献，这对于地表设备设计和工程经济性有重要影响。然而，对于页岩微裂缝还有一些方面知之甚少，除非这些问题完全解决，本章的分析仍只是一项探索富流体页岩中非达西流动的影响的工作。

此外，我们还证明了尽管有机孔内流体相对渗透率是相似的，气体相对渗透率仍取决于孔径大小。由于相对渗透率曲线对产出的气油比具有本质性影响，这对产量预测和项目经济评价起到关键作用。通常，不管孔隙大小，基质气体流动由于滑脱效应可能比达西流预测结果更大得多。这也很可能反过来影响地表设备设计和产液组分的演化。

6.7 结论

在本章中，我们定性地证明在孔隙邻近效应、非达西流和吸附效应的作用下，富流体储层内相行为和蒸汽组成如何变化。新的组成模拟方法预测的流动流体组成与传统的 PVT 方法显著不同。泡点压制或提高可能发生，这取决于流体被限制在无机孔或者有机孔内。同时，当考虑两相流动时，气体滑脱效应可能加速气的产出，使得其具有比达西流和体相流体参数预测结果更高的气油比。如果孔体积主体是小于 20nm 的孔隙，上述情况可能会加剧。

这项探索性工作也聚焦于影响孔隙邻近效应显著的纳米孔隙内流体性质定量化一些挑战和问题。我们的研究基于临界分析、解释和前人在纳米科学领域报道的可用扩展，描述了孔隙邻近效应对流体性质的作用，因此当高质量的信息可用时，例如实验研究或者如分子动力学研究般的模拟，这里呈现的结论应该细化。同时，当前的文章可在一些方面提供指导，比如在极低渗透率多孔介质（如页岩）中精确描述流体行为需要的数据类别。然而，这里的模拟研究为页岩气藏内凝析气运移行为提供了关键认识，而且如本章中一些例子所证明的那样，本研究具有可用在当前数值组分模拟、且不需要对现有代码进行任何修改的优势。

当前的方法特别重要和实用性，因为我们形成了一个简单有效的方法，该方法可在目前可利用为常规油藏设计的、使用体相流体性质的商业模拟器上便捷操作而无须修改孔径影响。

通过本次工作，可以得出以下结论：

（1）本次工作提出的方法可以被用于纳米孔内凝析气物理性质和修改后行为的探索性定性分析工具。

（2）这些考虑所得的启示对于对油藏工程计算，例如储量、井的生产周期和井生产指标，十分重要。

（3）孔隙邻近效应对于大油藏体积和长时间尺度上的流体行为的影响是最小孔体积占比的函数。

参 考 文 献

Alharthy, N., Nguyen, T., Teklu, N., Kazemi, H., Graves, R., 2013. Multiphase Compositional Modeling in Small Scale Pores of Unconventional Shale Reservoirs. Paper SPE166306 presented at the SPE Annual Technical Conference and Exhibition, New Orleans, September 30-October 2.

Ambrose, R.J., Hartman, R.C., Campos, M.D., Akkutlu, I.Y., Sondergeld, C.H., 2010. New Pore-Scale Considerations for Shale Gas in Place Calculations. http：//dx.doi.org/10.2118/77546-MS. Paper SPE 131772-MS, presented at SPE Unconventional Gas Conference, Pittsburgh, Pennsylvania, 23-25 February.

Ambrose, R.J., 2011. Micro-structure of Gas Shales and Its Effects on Gas Storage and Production Performance（Ph. D thesis）. University of Oklahoma, Norman, OK.

Beskok, A., Karniadakis, G.E., 1999. A model for flows in channels, pipes, and ducts at micro and nanoscales. Microscale Thermophysical Engineering 3（1）, 43-77.

Campos, M.D., Akkutlu, I.Y., Sigal, R.F., 2009. A Molecular Dynamics Study on Natural Gas Solubility Enhancement in Water Confined to Small Pores. http：//dx.doi.org/10.2118/124491-MS. Paper SPE124491-MS, presented at SPE Annual Technical Conference and Exhibition, New Orleans, Louisiana, 4-7 October.

Chen, X., Cao, G., Han, A., Punyamurtula, V.K., Liu, L., Culligan, P.J., Kim, T., Qiao, Y., 2008. Nanoscale fluid transport：size and rate effects. Nano Letter 8（9）, 2988-2992.

Civan, F., 2010. Effective correlation of apparent gas permeability in tight porous media. Transport in Porous Media 82（2）, 375-384.

Civan, F., Sliepcevich, C.M., 1985. Comparison of the thermal regimes for freezing & thawing of moist soils. Water Resources Research 21（3）, 407-410.

Civan, F., Devegowda, D., Sigal, R.F., 2013. Critical Evaluation and Improvement of Methods to Determine Matrix Permeability of Shale. Paper SPE 166473 presented at SPE Annual Technical Conference and Exhibition. New Orleans, 12-14 August.

Curtis, M.E., Ambrose, R.J., Sondergeld, C.H., Rai, C.S., 2010. Structural Characterization of Gas Shales on the Micro- and Nano-Scales. Paper SPE 137693 presented at Canadian Unconventional Resources and International Petroleum Conference, Calgary, Alberta, Canada.

Curtis, M.E., Ambrose, R.J., Sondergeld, C.H., Rai, C.S., 2011. Transmission and Scanning Electron Microscopy Investigation of Pore Connectivity of Gas Shales on the Nano-Scale. Paper SPE 144391 presented at the SPE North American Unconventional Gas Conference and Exhibition held in The Woodlands, Texas, USA.

Derouane, E.G., 2007. On the physical state of molecules in microporous solids. Microporous and Mesoporous Materials 104, 46-51.

Devegowda, D., Sapmanee, K., Civan, F., Sigal, R.F., 2012. Phase behavior of gas condensates in shale due to pore proximity effects : implications for transport, reserves and well productivity. In : SPE 160099-MS Presented at SPE Annual Technical Conference and Exhibition Held in San Antonio, Texas, USA, 8-10 October.

Didar, B., 2012. Multi-component Shale Gas-in-place Calculations (Master's thesis) . University of Oklahoma, Norman, OK.

Fathi, E., Tinni, A., Akkutlu, I.Y., 2012. Shale Gas Correction to Klinkenberg Slip Theory. Paper SPE 154977 presented at SPE Americas Unconventional Resources Conference, Pittsburgh, Pennsylvania, USA.

Firincioglu, T., 2013. Bubble Point Suppression in Unconventional Liquids Rich Reservoirs and Its Impact on Oil Production (Ph.D. Dissertation) . Colorado School of Mines, Golden, Colorado.

Freeman, C.M., Moridis, G.J., Ilk, D., Blasingame, T.A., 2009. A Numerical Study of Performance for Tight Gas and Shale Gas Reservoir Systems. Society of Petroleum Engineers. http : //dx.doi.org/10.2118/124961-MS.

Hamada, Y., Koga, K., Tanaka, H., 2007. Phase equilibria and interfacial tension of fluids confined in narrow pores. The Journal of Chemical Physics 127 (8), 084908-1-084908-9.

Hu, Y., Devegowda, D., Striolo, A., Phan, A., Ho, T.A., Civan, F., Sigal, R.F., 2014. Microscopic Dynamics of Water and Hydrocarbon in Shale-kerogen Pores of Potentially Mixed Wettability. Society of Petroleum Engineers. http : //dx.doi.org/10.2118/167234-PA.

Kanda, H., Miyahara, M., Higashitani, K., 2004. Triple point of Lennard-Jones fluid in slit nanopore : solidification of critical condensate. The Journal of Chemical Physics 120 (13), 6173-6179.

Kalluri, R.K., Konatham, D., Striolo, A., 2011. Aqueous NaCl solutions within charged carbon-slit pores : partition coefficients and density distributions from molecular dynamics simulations. The Journal of Physical Chemistry 115, 13786-13795.

McCain, D.W., 1990. The Properties of Petroleum Fluids. Pennwell Books.

Michel, G.G., Civan, F., Sigal, R.F., Devegowda, D., 2011. Parametric Investigation of Shale Gas Production Considering Nano-Scale Pore Size Distribution, Formation Factor, and Non-Darcy Flow Mechanisms. Paper SPE 147438 presented at the 2011 SPE Annual Technical Conference and Exhibition, Denver, Colorado, 30 October-2 November.

Mitariten, M., 2005. Molecular Gate Adsorption System for the Removal of Carbon Dioxide and/or Nitrogen from Coalbed and Coal Mine Methane. Presented at 2005 Western States Coal Mine Methane Recovery and Use Workshop, Two Rivers Convention Center, Grand Junction, CO, April 19-20.

Moore, E.B., de la Llave, E., Welke, K., Scherlisb, D.A., Molinero, V., 2010. Freezing, melting and structure of ice in a hydrophilic nanopore. Physical Chemistry Chemical Physics 12 (16), 4124-4134.

Morishige, K., Shikimi, M., 1998. Adsorption hysteresis and pore critical temperature in a single cylindrical pore. The Journal of Chemical Physics 108 (18), 7821-7824.

Morishige, K., Fujii, H., Uga, M., Kinukawa, D., 1997. Capillary critical point of argon, nitrogen, oxygen, ethylene, and carbon dioxide in MCM-41. Langmuir 13 (13), 3494-3498.

Ortiz, V., Lópezálvarez, Y.M., López, G.E., 2005. Phase diagrams and capillarity condensation of methane confined in single- and multi-layer nanotubes. Molecular Physics 103 (19), 2587-2592.

Peng, D., Robinson, D.B., 1975. A new two-constant equation of state. Industrial & Engineering Chemistry

Fundamentals 15 (1), 59–64.

Ramakrishna, S., Balliet, R., Miller, D., Sarvotham, S., 2010. Formation Evaluation in the Bakken Complex Using Laboratory Core Data and Advanced Logging Techniques. Paper presented at the SPWLA 51st Annual Logging Symposium, Perth, Australia, June 19–23.

Sakhaee–Pour, A., Bryant, S., 2012. Gas Permeability of Shale. Society of Petroleum Engineers. http : //dx.doi.org/10.2118/146944–PA.

Sapmanee, K., September 2011. Effects of Pore Proximity on Behavior and Production Prediction of Gas/ Condensate (M.S. thesis). University of Oklahoma.

Sigal, R.F., 2013. The effects of gas adsorption on storage and transport of methane in organic shales. In : SPWLA D–12–00046, SPWLA 54th Annual Logging Symposium, New Orleans, Louisiana, 22–26 June.

Singh, S.K., Singh, J.K., 2011. Effect of pore morphology on vapor–liquid phase transition and crossover behavior of critical properties from 3D to 2D. Fluid Phase Equilibria 300 (1–2), 182–187.

Singh, S.K., Sinha, A., Deo, G., Singh, J.K., 2009. Vapor–liquid phase coexistence, critical properties, and surface tension of confined alkanes. The Journal Physical Chemistry 113 (17), 7170–7180.

Soave, G., 1972. Equilibrium constants from a modified Redlich–Kwong equation of state. Chemical Engineering Science 27 (6), 1197–1203.

Sondhi, N., 2011. Petrophysical Characterization of Eagleford Shale (M.S. thesis). University of Oklahoma, Norman, USA.

Swami, V., Clarkson, C., Settari, A., 2012. Non–Darcy Flow in Shale Nanopores : Do We Have a Final Answer. Paper SPE 162665 presented at the SPE Canadian Unconventional Resources Conference. Calgary. October 30–November 1.

Tinni, A., Fathi, E., Agarwal, R., Sondergeld, C., Akkutlu, Y., Rai, C., 2012. Shale Permeability Measurements on Plugs and Crushed Samples. Paper SPE–162235 presented at the SPE Canadian Unconventional Resources Conference, Calgary, October 30–November 1.

Travalloni, L., Castier, M., Tavares, F.W., 2014. Phase equilibrium of fluids confined in porous media from an extended Peng–Robinson equation of state. Fluid Phase Equilibria 362, 335–341.

Travalloni, L., Castierb, M., Tavaresa, F.W., Sandler, S.I., 2010. Critical behavior of pure confined fluids from an extension of the van der Waals EOS. Journal of Supercritical Fluids 55 (2), 455–461.

U.S. EIA, 2013. http : //www.eia.gov/oil_gas/ Download on 10.12.13.

Vandenbroucke, M., Largeau, C., 2007. Kerogen origins, evolution and structure. Organic Geochemistry 38, 719–833.

WinProp Phase Behavior and Property Program, Version 2007.11 User Guide, 2008. CMG, Calgary, Alberta.

Xiong, X., Devegowda, D., Michel, G.G., Sigal, R.F., Civan, F., 2012. A Fully–Coupled Free and Adsorptive Phase Transport Model for Shale Gas Reservoirs Including Non–Darcy Flow Effects. Paper SPE 159758 presented at SPE Annual Technical Conference and Exhibition, San Antonio, Texas, USA.

Xiong, X., Devegowda, D., Michel, G.G., Sigal, R.F., Civan, F., Jamili, A., 2013. Compositional Modeling of Liquid–Rich Shales Considering Adsorption, Non–Darcy Flow Effects and Pore Proximity Effects on Phase Behavior. Paper SPE 168836–MS and URTeC 1582144, the Unconventional Resources Technology

Conference, Denver, Colorado, 12-14 August.

Zarragoicoechea, G.J., Kuz, V.A., 2004. Critical shift of a confined fluid in a nanopore. Fluid Phase Equilibria 220 (1), 7-9.

Zhang, Y., Civan, F., Devegowda, D., Sigal, R.F., 2013. Improved Prediction of Multi-Component Hydrocarbon Fluid Properties in Organic Rich Shale Reservoirs. Paper SPE 166290 presented at the SPE Annual Technical Conference and Exhibition held in New Orleans, Louisiana, USA, 30 Septemper-2 October.

第 7 章 非常规储层地质力学

Shannon Higgins-Borchardt[1], J. Sitchler[2], Tom Bratton[3]

（1. *Schlumberger*，*Denver*，*CO*，*USA*；2. *SPE Member*，*Denver*，*CO*，*USA*；

3. *Tom Bratton LLC*，*Denver*，*CO*，*USA*）

7.1 引言

水平钻井和水力压裂等现代技术的使用大大降低了非常规油气田的开采成本，其钻井工艺与地层应力有密不可分的关系。地层力学模型为定量研究地层应力特征提供了可能性，其研究内容主要包括估算岩石强度、孔隙度和应力大小。本章将重点介绍系统地层力学模型在非常规油气田开发过程中的应用。

7.2 地层力学模型

地球系统应力模型能定量描述地下岩石特征、孔隙压力和应力（Plumb 等，2000）。起初，模型应用于解释和预测井眼行为 / 轨迹、降低钻井风险、提高效益，其采用的方法已被地质力学领域广泛采用并成功应用于全球各地的钻井（Last 等，1995）。地层力学模型既可以解决一维跟踪井眼轨迹问题，也可以绘制多维度的地下岩层图。地层力学模型可结合实际情况进行简化或复杂化，根据输入模型数据的质量和工作目的，模型结果通常并不唯一。

随着传统能源开发成本和难度的提高，非常规油气田的开采越来越受到人们的关注。非常规油气田早期的开发，如含油气泥岩，为降低成本通常需要采用水力压裂技术。起初，开采成本相对较高多因采用高密度冲洗液和垂直钻进技术导致，因此，为提高产量、降低成本，石油开采更加注重小区块油气田和水平井开采。非常规油气田开采使得系统地层力学模型在大尺度的井向、地层应力、岩性和完井工艺等方面提出挑战。由于井壁稳定性和水力压裂中裂纹拓展主要受岩性和地层应力的影响，因此，维护井壁稳定与进行水力压裂操作前，要求系统地层力学模型做出相关预测和判断。

本章介绍了系统地层力学模型应用的一般流程，比如在钻井与水力压裂技术中，但该方法并不是万能的，特别对于非常规油气田的开采，该方法所面临的可能挑战与诸多特例在本书中均有论述，这些知识的呈现使得非常规油气田的采收率得到了全面提高。

7.2.1 力学性质

系统应力模型要求岩石变形主要为弹性变形，即应力应变关系明确，这一假设使得该方法能利用有限数据和简单计算模型对实际岩层进行分析。实践证明，即使该方法得到的应力分布与实际情况大相径庭，但在工程上的应用却十分有效。本节对最终应用于计算岩石应力的岩性特征进行描述。

杨氏模量、泊松比和 Biot 系数是三个最常用来定量描述岩石应力的参数，其参数量化需要声波和岩心信息，动态的力学特征多通过声波获得，而静态的力学特征多通过实验室岩心进行力学实验获得。

声波测量结果与密度测量结果结合以获得动态的力学特征，假设地层具有均质线性的弹性特征，可利用式（7.1）、式（7.2）和式（7.3）获得剪切模量（G）泊松比（v）和杨氏模量（E）：

$$G = \frac{\rho}{\left(\Delta t_{\text{shear}}\right)^2} \tag{7.1}$$

$$v = \frac{0.5 \times \left(\dfrac{\Delta t_{\text{shear}}}{\Delta t_{\text{comp}}}\right)^2 - 1}{\left(\dfrac{\Delta t_{\text{shear}}}{\Delta t_{\text{comp}}}\right)^2 - 1} \tag{7.2}$$

$$E = 2G\left(1+v\right) \tag{7.3}$$

其中：ρ 代表密度；Δt_{shear} 表示横波时差；Δt_{comp} 表示纵波时差。

通过对实验室的岩心进行力学实验，通常为三轴实验，可获得岩心的应力—应变曲线，从而计算地层的静态力学特征参数，三轴实验通过向岩心施加侧向围压，然后增加轴向压力直至岩心破碎，此时，其轴向应力和应变的比值即岩心的杨氏模量，其静态杨氏模量在应力—应变曲线中表现为曲线的直线段的斜率，静态泊松比为径向应变和轴向应变的比值。

在油田操作中，声波与密度通常是通过测井获得储层及其相邻组的信息，为连续深度段提供动态弹性性质数据。接着在相同的深度段不连续地采集岩心并开展动态和静态性质测定。在 MEM 处理中，常利用经验校正测井上获得的动态岩石力学性质和岩心测定的静态岩石力学性质。

对非常规油藏而言，烃源岩和储层通常是页岩或者其他有层理地层组，对这些岩石而言，通常假定各向同性是不适用的。力学上意味着弹性性质的变化取决于测试的方向。利用声波测量和层内不同方向取心定量岩石多方向力学性质是可能的。

页岩多为纹理分层，导致其弹性特征具有横观各向同性性质，并以垂直于层理面为对称轴，其横向与纵向的力学测量结果，最大差异可达 400%（Suarez-Rivera 等，2011）。因此，量化非均质岩层的力学性能对非传统油气田的力学分析有重大作用，对维护井壁稳定性和裂缝模拟均有重大意义。

胡克定律认为应力与应变成正相关，结合声波测试结果可求得多向应力分布，对于一个非均质地层，其胡克定律可写成（Sayers，2010）：

$$\sigma_{ij} = C_{ijkl}\varepsilon_{kl} \tag{7.4}$$

其中：σ_{ij} 代表二阶应力张量；ε_{kl} 代表二阶应变张量；C_{ijkl} 代表四阶弹性刚度张量。对于横向均质岩层，其弹性刚度张量可以用常规的二维指数表示，每个指数均包括 5 个独立的刚度系数。

$$C_{ij} = \begin{pmatrix} C_{11} & C_{12} & C_{13} & 0 & 0 & 0 \\ C_{21} & C_{22} & C_{23} & 0 & 0 & 0 \\ C_{31} & C_{32} & C_{33} & 0 & 0 & 0 \\ 0 & 0 & 0 & C_{44} & 0 & 0 \\ 0 & 0 & 0 & 0 & C_{55} & 0 \\ 0 & 0 & 0 & 0 & 0 & C_{66} \end{pmatrix} \tag{7.5}$$

通过声波测量矿床面不同方向的速度便可知道 5 个独立的刚度系数，其中 3 个系数可以基于钻孔方向通过测井方法得到，而另外两个则需要估算。例如，在一个平整矿床面的垂直井眼中，C_{33} 代表垂直方向的偏振纵波，C_{44} 代表垂直方向的偏振剪切波，C_{66} 代表水平方向的偏振剪切波，如图 7.1 所示，动态的弹性特征可由弹性刚性系数获得：

$$E_1 = C_{33} - 2\frac{C_{13}^2}{C_{11} + C_{12}} \tag{7.6}$$

$$E_3 = \frac{\left(C_{11} - C_{12}\right) \times \left(C_{11}C_{13} - 2C_{13}^2 + C_{12}C_{33}\right)}{C_{11}C_{33} - C_{13}^2} \tag{7.7}$$

$$\nu_{31} = \frac{C_{13}}{C_{11} + C_{12}} \tag{7.8}$$

$$\nu_{12} = \frac{C_{33}C_{12} - C_{13}^2}{C_{33}C_{11} - C_{13}^2} \tag{7.9}$$

$$\nu_{13} = \frac{C_{13}\left(C_{11} - C_{12}\right)}{C_{11}C_{33} - C_{13}^2} \tag{7.10}$$

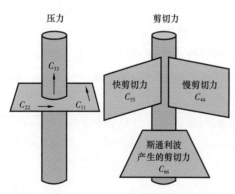

图 7.1　直井打穿水平地层时的强度系数

其中：E_1 代表水平方向上的动态杨氏模量；E_3 代表垂直方向上的动态杨氏模量；ν_{31} 表示垂直轴发生压缩而水平轴发生伸长时的泊松比；ν_{12} 表示一条水平轴发生压缩而另一条水平轴发生压缩时的泊松比；ν_{13} 表示一条水平轴发生压缩而垂直轴发生伸长时的泊松比（Sayers，2010）。

除声波测量可以计算多向应力分布外，还可利用多向变形实验所获得的应力应变关系获得静态时的力学特征。

将不同方向的力学特征进行量化计算，对于非传统油气田开发中的孔壁稳定维持、水力压裂拓展和裂缝预测均有直接效用。

7.2.2　岩石强度

钻孔开挖时，近孔壁的岩石应力分布将决定孔壁是否可以稳定存在或是否发生永久变形，从力学指标看，孔壁稳定性预测与岩石强度、地应力、钻孔几何特征和剪切破坏准则等要素相关。

岩石强度主要包括无侧限抗压强度、抗拉强度、内聚力和内摩擦系数，这些参数主要通过岩心获得，但也可通过测井数据进行经验估算。无侧限抗压强度是指材料在不受侧限压力的情况下，其单轴抗压实验中所获得的最大强度值。间接测量无侧限抗压强度主要通过单级或多级三轴实验、划痕实验或刚性压头实验等结果进行推导获得。材料的抗拉强度多为材料受拉力完全破坏时所获得的最大强度值，实验室可通过岩心抗拉实验直接测得，也可通过巴西实验或弯曲实验间接获得。巴西实验法是通过对具有一定厚度的岩样沿着某一特定方向进行径向压缩，使岩样在平行于载荷施加方向的平面上产生径向相对错动。内聚力和内摩擦系数可通过将实测的单轴或三轴抗压强度值代入摩尔—库伦准则进行计算。

由于许多非常规油气田含有各向异性岩层，其岩石强度与荷载施加方向相关，一般认为，岩石在垂直和平行层理方向的强度比其他方向上大，这一结论对于钻进的实际操作十分重要，即通常钻孔轨迹不沿层理方向或垂直层理方向。

7.2.3　孔隙压力

孔隙压力指地下岩石孔隙内的流体压力，在非常规油气田中，孔隙压力将直接影响地层应力状态、流速和产量，并在渗透地层引起滑钻，甚至导致孔壁不稳定，因此孔隙压力对于非常规开采十分重要，但难以实现定量化。

常规孔隙压力指孔隙压力等于静水压力；低孔隙压力指孔隙压力小于静水压力；高孔隙压力指孔隙压力大于静水压力。低孔隙压力通常由渗漏引起，高孔隙压力则形成于泥沙快速沉降，导致掩埋，由干酪根成熟、隆升和挖掘过程，温度改变和成岩等而产生的液体的过程中。

例如，墨西哥湾海岸的一个被动大陆边缘，其高孔隙压力主要由欠压实作用和成岩作用造成，然而，非常规油气田岩层多为母岩构成，导致其孔隙压力更难被定义或估算。

油田地质力学中，最常用的方法是通过估算岩石的有效应力，将相对流速与孔隙压力联系起来（Eaton，1975；Bowers，1995）。一些油气田可利用岩石物理方法将流速与有效应力联系起来（Ciz等，2005；Sayers，2006）。在连续泥岩地层，如果高孔隙压力由干酪根的发育成熟引起，流速可用于代替有效应力，但关系不唯一，因此，盆地模拟可用于重建地质历史，模拟碳水化合物生成和迁移，预估产生的压力。

当没有进行盆地模拟或建立流速与有效应力关系时，也可通过校核数据的整体趋势获得连续孔隙压力分布。由于测量需要获知地层基质与钻孔之间和地层基质与测量仪器之间流体之间的信号，使得修正数据的测量难度重重。低渗透率使得地层与钻孔之见的高孔隙压力需经过数日、数周甚至数月才能恢复到正常的压力平衡状态，因此，连续孔隙压力的获得将受到间接孔隙压力修正数据的限制，其中包括在有联通气体存在时的泥浆使用量，试产数据……获得的修正数据可帮助获得简单且连续的孔隙压力变化，但这些修正数据要保证有效且同时需要结合一定的地质背景资料。图7.2展示了一张典型的孔隙压力变化图，其中，每一口井均有不同的高孔隙压力的分布与从正常孔隙压力过渡到高孔隙压力的阶段。

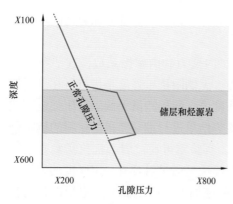

图 7.2　非常规储层内典型的孔隙压力曲线

7.2.4　应力

原位应力状态是地质力学模型的基本构成要素，同时对非传统油气田的钻完井均有重要意义，应力状态由三个垂直的主应力组成，若其中一个为垂直方向，则另外两个为水平方向，分别为最小和最大水平主应力。

7.2.4.1　垂向应力

垂向应力（σ_v）是由于上覆地层的重力引起的，通过对目标地层上覆物质的质量进行积分计算，式（7.11）可用于估算垂向应力大小：

$$\sigma_v\left(Z_0\right)=\int_0^{z_0}\rho_b g \mathrm{d}z \qquad (7.11)$$

其中：ρ_b 代表物质密度；g 代表重力加速度。若能直接通过测井获得从目标地层到地表的密度，则整个计算将很容易，但现场很难直接获得密度参数。因此，大多采用推算的方法来计算密度。

7.2.4.2　最大和最小水平主应力

若垂向应力为主应力之一，那么其他两个主应力则分别为最小和最大水平主应力，最小水平主应力大小将直接影响水力压裂过程的裂缝扩展，最大水平主应力则主要影响钻孔方向和钻孔稳定性，并可能造成水力压裂裂缝的复杂化。

最小水平主应力可以通过注射实验直接获得，注射实验首先将流体泵入地层使其产生裂缝，关闭井口，测量裂缝关闭时的压力值，该闭合压力即为最小水平主应力。该实验可通过使用有线工具实现，但更普遍的做法是使用小型测试压裂技术，其产生的裂缝在主压裂施工前闭合。

通常，最小水平主应力在储层段测量，但临近储层的最小水平主应力对于水力压裂技术也十分重要，因此，需要用可测量的数据进行修复以获得连续的最小水平主应力曲线；同样，对于最大水平主应力，虽然校正数据无法直接获得，但仍然可以获得连续的最大水平主应力曲线。

假设地层为均质的多孔弹性介质，式（7.12）和式（7.13）可以用来计算最大和最小水平主应力：

$$\sigma_h-\alpha_h p_p=\frac{v}{1-v}\left(\sigma_v-\alpha_v p_p\right)+\frac{E}{1-v^2}\varepsilon_h+\frac{Ev}{1-v^2}\varepsilon_H \qquad (7.12)$$

$$\sigma_H-\alpha_H p_p=\frac{v}{1-v}\left(\sigma_v-\alpha_v p_p\right)+\frac{E}{1-v^2}\varepsilon_H+\frac{Ev}{1-v^2}\varepsilon_h \qquad (7.13)$$

其中：σ_h 为最小水平主应力；σ_H 为最大水平主应力；E 为杨氏模量；v 为泊松比；σ_v 为覆盖层应力；p_p 为孔隙压力；α_v 为垂向 Biot 系数；α_H 为水平 Biot 系数；ε_h 为最小水平主应变；ε_H 为最大水平主应变。

对于非均质地层，假设地层为横向均质且关于某垂直方向的轴对称，则下式可用来计算最大和最小水平应力：

$$\sigma_{h} - \alpha_{h}p_{p} = \frac{E_{horz}}{E_{vert}}\frac{v_{vert}}{1-v_{horz}}\left(\sigma_{v} - \alpha_{v}p_{p}\right) + \frac{E_{horz}}{1-v_{horz}^{2}}\varepsilon_{h} + \frac{E_{horz}v_{horz}}{1-v_{horz}^{2}}\varepsilon_{H} \quad （7.14）$$

$$\sigma_{H} - \alpha_{H}p_{p} = \frac{E_{horz}}{E_{vert}}\frac{v_{vert}}{1-v_{horz}}\left(\sigma_{v} - \alpha_{v}p_{p}\right) + \frac{E_{horz}}{1-v_{horz}^{2}}\varepsilon_{H} + \frac{E_{horz}v_{horz}}{1-v_{horz}^{2}}\varepsilon_{h} \quad （7.15）$$

其中，E_{horz} 为水平杨氏模量；E_{vert} 为垂向杨氏模量；v_{horz} 为水平泊松比（水平应变与由水平应力引发的应变比值）；v_{vert} 为垂向泊松比（水平应变与由垂向应力引发的应变比值）。

正交各向异性地层的情况有时也会遇到，例如当水平地层包含水平方向的自然裂缝时，此时可利用下式估算最大和最小水平主应力：

$$\sigma_{h} - \alpha_{h}p_{p} = \frac{C_{13}}{C_{33}}\left(\sigma_{v} - \alpha_{v}p_{p}\right) + \left(C_{11} - \frac{C_{13}C_{13}}{C_{33}}\varepsilon_{x}\right) + \left(C_{13} - \frac{C_{13}C_{23}}{C_{33}}\varepsilon_{Y}\right) \quad （7.16）$$

$$\sigma_{H} - \alpha_{H}p_{p} = \frac{C_{23}}{C_{33}}\left(\sigma_{v} - \alpha_{v}p_{p}\right) + \left(C_{12} - \frac{C_{13}C_{13}}{C_{33}}\varepsilon_{x}\right) + \left(C_{23} - \frac{C_{23}C_{23}}{C_{33}}\varepsilon_{Y}\right) \quad （7.17）$$

其中，C_{ij} 为刚度系数。

α_{v} 为垂向 Biot 系数，α_{H} 为水平 Biot 系数。Biot 系数用来描述孔隙压力反作用于应力的能力的张量（Biot，1941），理论上 Biot 系数也符合岩石各向异性的特征，且基于岩石各组分或整块岩石的体积模量，Biot 系数值会在 0～1 范围内变化，因此，Biot 系数多用于具有理想的连通孔岩石介质中，但在非常规油气田中，岩石往往具有不连通孔、微孔、插槽孔、低孔隙度和异质性，使得 Biot 系数无法成为非常规油气田的孔隙压力的代表参数，虽然这一参数对于获得应力分布起着基础性作用，但对于低孔隙岩石来讲，通过 Biot 方程所计算的 Biot 系数值很小，导致总体水平应力值异常偏高，因此，Biot 系数是否可以作为一个被广泛应用计算有效应力的参数，是通过经验估算而不是通过严格定义进行计算，这些问题都有待讨论。

7.2.4.3 应力方向

水力压裂将会沿着垂直于最小原位应力的方向拓展，因此，在主应力为垂向和水平方向时，平面裂缝将沿水平最大主应力方向拓展。

最大水平主应力的方向可通过多种方法获得：如果有自然裂缝存在，则通过成像测井便可以观察到其发生在最小水平主应力方向；如果有钻井导致的裂缝存在，其裂缝发生方向即为最大水平主应力方向；定向井径测井也可用于探测自然裂缝的方向，而声波测井则利用由应力产生的剪切波获得最大主应力方向；对于具有水平层理结构的垂直井，其剪切波多由应力引起，最大水平主应力方向与最快剪切波的方位一致；对于水力压裂，则可通过监测裂纹扩展方向和收集的微震数据来确定应力方向。

7.2.5 模型可用性及校正

地层力学系统虽然可以获得系统的地下岩层的地质力学特征，但若用于现场决策指导，仍须对数据进行验证和校核处理。校核处理包括对比计算机数据与实测数据，验证处理包括在模拟器或其他工程计算中对数据进行模拟从而对模型数据和实测结果进行比较。

非传统油气田与传统油气田的校核数据一般是不同的，通常，根据实验室岩心所测得的数据对岩石的力学特征和强度进行校对，由于孔隙度很难直接获得，可通过钻井情况进行推测。非常规油气田通过水力压裂进行开采，因此，最小水平主应力通常在小裂缝注射实验中进行封闭测量和校正。

钻井稳定性分析或水力压裂分析常用于非常规油气田开发中由计算机模拟获得的地质力学特征和参数的验证。伴随钻孔稳定分析和由泥浆和钻进过程引起的应力结果，输入地质力学特征，将计算机模拟的近孔壁应力与剪切和拉伸破坏准则进行对比来预测孔壁稳定性，比如孔壁坍塌或由钻进引起的拉伸破坏。然后通过测井图像、井径测量和钻井报告的结果，将井壁不稳定模拟结果与现场数据进行对比。使用水力压裂模拟器、地层力学特征、钻井液、材料和速率预测水力压力和几何特征，并与处理后所得的测量压力对比。如果模拟结果与现场数据吻合，则说明计算机模拟结果可以用来指导钻完井工作。

7.3   非常规油藏的钻井应用

非常规油气田通常需要采用定向井或水平井提高产量，其中地质力学特征和地下岩层参数将极大影响钻井设计和钻进工艺。

7.3.1   井孔稳定性

非常规油气田钻井要求边钻井边护壁，为防止坍塌，工程师可以通过井身的结构设计和钻井液使用来防止孔壁坍塌。通过分析地球力学系统和井壁稳定性结果可以确定防止井涌、坍塌或漏失的安全钻井压力，其值介于发生井涌和漏失的压力值之间，如图 7.3 所示。

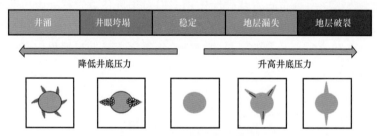

图 7.3   钻井液密度窗口图解

7.3.1.1   反冲

井涌临界压力值等于孔隙压力值，为防止井涌发生，钻井压力必须大于井涌临界压力，但在非常规油气田开采中，其钻井压力经常小于孔隙压力，通常采用欠平衡钻井提高效率，低孔隙压力可以避免井涌的出现。

7.3.1.2   漏失和垮塌

当井底压力超过孔壁坍塌压力和漏失临界压力时，即最小水平应力，井底很可能出现钻井液漏失事故，对于均质地层，通过式（7.18）（Jaeger 等，2007）的计算结果可知，造成孔壁坍塌的是张性破裂。

$$p_B = 3\sigma_3 - \sigma_1 + T_0 \qquad (7.18)$$

其中：p_B 为坍塌压力；σ_1 是最大远场应力；σ_3 为最小远场压力；T_0 为抗张强度。该方程最初用于计算近孔应力和判断孔壁初始裂缝的产生（Kirsch，1898），其破坏压力既可能大于也可能小于漏失门限压力。该公式最常用于均质岩层的分析，但对于非均质地层则会造成估算不准确的现象。也有很多其他公式和分析方法可以用来很好地定量估算和预测非均质地层的破坏压力和弯曲破坏压力（Prioul 等，2011）。

7.3.1.3 井口损伤

为防止钻孔失效，主要包括初始钻孔坍塌或造成初始孔径由于坍塌扩大，其钻孔压力必须大于初始剪切破坏压力，当近井应力超过岩石的剪切强度时，会造成剪切破坏，库伦准则是最常用来预测剪切破坏的公式（Prioul 等，2011），式（7.19）为库伦准则的通用表达式：

$$\tau = C_o + \sigma_n \tan\varphi \qquad (7.19)$$

其中：φ 为岩石的内摩擦系数；C_o 为黏聚力；σ_n 为垂直应力；τ 为剪切应力。其他剪切破坏准则也广泛应用，包括且不仅限这些：Mohr-Coulomb 准则、Mogi-Coulomb 准则、Modified Lade 准则、Hoek–Brown 准则以及 Drucker–Prager 准则（Jaeger 等，2007；Mogi，1966；Hoek 和 Brown，1980；Drucker 和 Prager，1952；Lade，1984）。为模拟近孔应力、孔隙压力和钻孔方向，需要推导钻孔四周的弹性应力分析方程，当钻孔与主应力方向平行时，且假设地层为连续、均质、线性且符合弹性力学特征时，此时方程的特解可以简化为 Kirsch 解（Kirsch，1898）。

孔壁稳定性方程的解大多只有适应于均质岩层，而岩石强度和钻孔失效准则也大多数只适应于常规油气田，对于具有层理结构的非均质岩层则失去了效果，本书将介绍现在正在使用的非均质地层的钻孔稳定性预测方法（Yan 等，2014；Suarez–Rivera 等，2006）。例如，由 Yan 等（2014）提出的考虑非均质岩层的用来预测钻孔稳定性模型和判断失效面的准则（Amadei，1983；Jaeger 等，2007；Lekhnitskii，1963；Yan 等，2014）。

7.3.1.4 破裂深度

当井底压力小于剪切失效极限时，钻孔周围岩石则会发生破坏，且破坏大都发生在地层交叉的位置，导致岩屑破坏掉落孔底，造成扩径的问题。

钻孔破坏的门限压力即保持岩石弹性破坏和防止剪切破坏的最小钻孔压力，但钻孔破坏不代表完全坍塌，由于较低的钻井液压力可以提高钻进速度，在非常规油气田开采中，因此钻进压力通常小于破坏的门限压力，虽然岩石可以发生原位破坏，但一旦破坏开始，岩石也可能由于应力过度释放导致孔壁坍塌。

当材料发生破坏且不可恢复时，将会导致岩石掉落孔底或坍塌，此时，有必要对不同深度岩石的应力梯度进行定量模拟，从而对钻井事故做出预测（Higgins–Borchardt 等，2013）。分析方法包括线性的弹性力学方程或热孔隙弹性力学分析方程（Frydman 和 da Fontoura，2000），可以得到不同孔段连续的压力分布，从而对不同孔段钻井风险进行预测（图 7.4）。

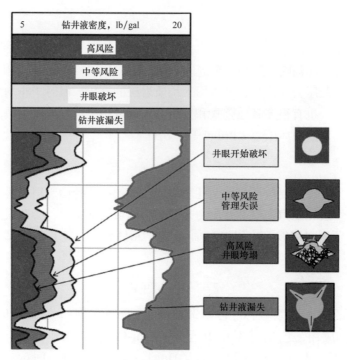

图 7.4　井壁破坏深度示意图

7.3.2　偏差与方位角

井壁稳定性主要受钻井方向和原位应力的影响，通过量化地层岩石强度，地层压力和原位应力估算任意钻进方向和方位的井壁稳定性和所需钻井液量，进而优化井身结构，帮助现场顺利钻井。

在正应力区块，应力满足 $\sigma_h < \sigma_H < \sigma_v$，水平孔沿平行于最小原地应力方向进行，即裂缝朝横向而非水平方向拓展，其钻井过程相比裂缝沿平行最大水平应力方向拓展更安全。

如果应力状态为逆断层的一种，即 $\sigma_v < \sigma_h < \sigma_H$，水平孔沿最大水平主应力方向进行，其钻井过程相比裂缝沿最小水平主应力方向拓展更安全，但由于水力压力裂缝沿水平而非垂直方向拓展将导致产量降低。

如果应力状态为走滑状态，即 $\sigma_h < \sigma_v < \sigma_H$，最安全的钻进方向取决于垂向应力与其他两个水平应力的哪一个更大。

7.4　非常规油藏的完井应用

非常规油气田开采通常采用水力压裂技术，这一技术的成功不仅需要足够的压裂裂缝，而且需要裂缝维持足够的时间。水力裂缝扩展及其几何特征在很大程度上取决于地层力学特征，特别是地应力的大小。压裂裂缝的垂直拓展主要看目标地层与临界地层中哪一个最小水平主应力更大。当然，地层力学特征、裂缝韧性、层理脆弱面、岩石组构和天然裂缝等参数也将影响水力压裂过程中的裂缝拓展。

由于裂缝的复杂度及其立体分布能最大化压裂裂缝和孔隙的接触面积，因此，通常裂缝发育的复杂度及其立体分布往往成为钻井研究的关注点，裂缝复杂度主要受应力状态、自然裂缝发育特征、钻井液及加入的支撑剂、岩石组构和层理脆弱面等因素的影响（Suarez-Rivera 等，2013a，2013b）。

正如前文所述，当应力满足 $\sigma_h < \sigma_H < \sigma_v$ 时，水力压裂裂缝将会沿垂直方向拓展，即最大水平主应力方向。钻井的最优钻井速度主要取决于钻孔方向、裂缝扩展方向和裂缝半长的大小。

非常规油气田中高密度水平井及水力压裂均会出现不对称的裂缝分布（Mata 等，2014）。生产井中，随着油气的开采，孔隙压力也会降低从而影响地应力大小。对于生产井附近的新井，其裂缝更容易沿着采空区方向而不是原始地层拓展，因此，需要充分考虑完井的进度。

7.5 结论

地质力学在地下油气的勘探与开发中起着举足轻重的作用，而地层力学模型可以描述岩石力学特征、孔隙压力和地应力，对于钻井和水力压裂技术有十分重要的作用。

地层力学模型流程中所涉及的岩石孔隙和弹性特征已经在本章进行了讨论，虽然对实际情况进行了简化，但地层力学模型仍然为工程上的实际应用提供了十分重要的估算和设计结果。通过对更复杂情况下的应力和破坏进行深入探讨，可渐进式地提高模型准确度和预测能力，也能为工程师更好地理解非常规油气田的开采行为提高帮助。

参 考 文 献

Amadei，B.，1983. Rock Anisotropy and the Theory of Stress Measurements. Springer-Verlag，Berlin，Germany.

Biot，M.A.，1941. General theory of three-dimensional consolidation. Journal of Applied Physics 12（2），155–164.

Bowers，G.，1995. Pore pressure estimation from velocity data：accounting for overpressure mechanisms besides undercompaction. SPE Drilling and Completion 10（2），89–95.

Coulomb，C.A.，1773. Application des regles de maxima et minima a quelques problemes de statique relatifs al'Architecture. Acad. Roy. Sci. Mem. Math. Phys. 7，343–382.

Ciz，R.，Urosevic，M.，Dodds，K.，2005. Pore pressure prediction based on seismic attributes response to overpressure. APPEA Journal 1，1–10.

Drucker，D.C.，Prager，W.，1952. Soil mechanics and plastic analysis of limit design. Quarterly of Applied Mathematics 10，157–165.

Eaton，B.，September 28–October 1，1975. The Equation for Geopressure Prediction from Well Logs. Paper SPE 5544. 50th Annual Fall Meeting of SPE of AIME，Dallas，Texas，USA.

Frydman，M.，da Fontoura，S.A.B.，October 16–19，2000. Wellbore Stability Considering Thermo-poroelastic Effects. Paper IBP 264 00. Brazilian Petroleum Institute-IBP，Rio Oil & Gas Conference，Rio de Janeiro，Brazil.

Higgins-Borchardt，S.，Krepp，T.，Frydman，M.，Sitchler，J.，August 12–14，2013. New Approach to Geomechanics Solves Serious Horizontal Drilling Problems in Challenging Unconventional Plays. 168675-MS. Unconventional Resources Technology Conference，Denver，Colorado，USA.

Hoek, E., Brown, E.T., 1980. Underground Excavations in Rock, Institution of Mining and Metallurgy. Elsevier Applied Science, London, England.

Jaeger, J.C., Cook, N.G., Zimmerman, R.W., 2007. Fundamentals of Rock Mechanics, fourth ed. Blackwell Publishing, Malden, MA, USA.

Kirsch, E.G., 1898. Die Theorie der Elastizitat und die Bedurfnisse der Festigkeitslehre. Zeitschrift des Vereines Deutscher Ingenieure 42, 797–807.

Lade, P.V., 1984. Failure Criterion for Frictional Materials. Mechanics of Engineering Materials, Wiley, New York, p. 385.

Last, N., Plumb, R., Harkness, R., Charlez, P., Alsen, J., McLean, M., October 22–25, 1995. An Integrated Approach to Evaluating and Managing Wellbore Instability in the Cusiana Field, Colombia, South America. Paper SPE 30464. SPE Annual Technical Conference and Exhibition, Dallas, Texas, USA.

Lekhnitskii, S.G., 1963. Theory of Elasticity of an Anisotropic Body. MIR Publishers, Moscow, Russia.

Mata, D., Cherian, B., Gonzales, V., Higgins–Borchardt, S., Han, H., April 1–3, 2014. Modeling the Influence of Pressure Depletion in Fracture Propagation and Quantifying the Impact of Asymmetric FractureWings in Ultimate Recovery. SPE–169003–MS. SPE Unconventional Resources Conference, The Woodlands, Texas, USA.

Mogi, K., 1966. Some precise measurements of fracture stress of rocks under uniform compressive stress. Rock Mechanics and Engineering Geology 4, 41–55.

Nye, J., 1985. Physical Properties of Crystals. Oxford University Press.

Plumb, R., Edwards, S., Pidcock, G., Lee, D., Stacey, B., February 23–25, 2000. The Mechanical Earth Model Concept and Its Application to High–RiskWell Construction Problems. Paper SPE 59128. IADC/SPE Drilling Conference, New Orleans, Louisiana, USA.

Prioul, R., Karpfinger, F., Deenadayaulu, C., Suarez–Rivera, D., November 15–17, 2011. Improving Fracture Initiation Predictions on Arbitrarily Oriented Wells in Anisotropic Shales. Canadian Unconventional Resources Conference, Calgary, Alberta, Canada.

Sayers, C., 2006. An introduction to velocity–based pore–pressure estimation. The Leading Edge 25 (12), 1496–1500.

Sayers, C., 2010. Geophysics under Stress : Geomechanical Applications of Seismic and Borehole Acoustic Waves. SEG Distinguished Instructor Short Course, Series No 13.

Suarez–Rivera, R., Burghardt, J., Edelman, E., Stanchits, S., June 23–26, 2013a. Geomechanics Considerations for Hydraulic Fracture Productivity. Paper ARMA 13–666. 4th US Rock Mechanics/Geomechanics Symposium, San Francisco, California, USA.

Suarez–Rivera, R., Burghardt, J., Stanchits, S., Edelman, E., Surdi, A., March 26–28, 2013b. Understanding the Effect of Rock Fabric on Fracture Complexity for Improving Completion Design andWell Performance. Paper IPTC 17018. International Petroleum Technology Conference, Beijing, China.

Suarez–Rivera, R., Deenadayalu, C., Chertov, M., Hartanto, R., Gathogo, P., Kunjir, R., November 15–17, 2011. Improving Horizontal Completions on Heterogeneous Tight Shales. Paper CSUG/SPE 146998. Canadian Unconventional Resources Conference, Calgary, Alberta, Canada.

Suarez–Rivera, R., Green, S.J., McLennan, J., Bai, M., September 24–27, 2006. Effect of Layered

Heterogeneity on Fracture Initiation in Tight Gas Shales. Paper SPE 103327. SPE Annual Technical Conference and Exhibition, San Antonio, Texas, USA.

Yan, G., Karpfinger, F., Prioul, R., Tang, H., Jiang, Y., Liu, C., December 10–12, 2014. Anisotropic Wellbore Stability Model and Its Application for Drilling through Challenging Shale GasWells. Paper IPTC 18143–MS. International Petroleum Technology Conference, Kuala Lumpur, Malaysia.

第8章 水力压裂处理、优化和生产模拟

Domingo Mata[1], Wentao Zhou[2], Y. Zee Ma[3], Veronica Gonzales[1]

（ 1. *Technology Integration Group TIG*，*Schlumberger*，*Denver*，*CO*，*USA*；

2. *Production Product Champion*，*Schlumberger*，

Houston，*TX*，*USA*；3. *Schlumberger*，*Denver*，*CO*，*USA*）

8.1 引言

非常规油气田通常采用水力压裂技术开采。水力压裂技术是利用压裂液和支撑剂在地层创造或者重启裂缝，以提高油气采收率。水力压裂过程复杂，包括诸多变量，如完井类型，分段设计，水平段着陆位置，裂缝几何特征，压裂液，支撑剂的类型、尺寸以及泵注程序，裂缝监测，裂缝间距，管柱选择，压裂点选择，同步或顺序压裂，裂缝起裂位置，水力裂缝与天然裂缝的相互作用，射孔方案和产量分析等（Chong 等，2010；King，2010；2014；Allix 等，2011；Baihly 等，2010；Manchanda 和 Sharma，2014）。以上变量会影响裂缝复杂度，储层改造体积和水力压裂施工效率。

水力压裂设计中最重要的最基本的任务量包括压裂液优选、支撑剂优选、储层质量评价（RQ）、完井质量评估（CQ）以及基于岩石力学的裂纹形态和扩展评估。非常规油气开发中完井方案设计要基于地质力学和储层特征的联合分析。这里要重点区分完井过程与完井质量评估，完井质量主要描述影响完井简单或复杂的岩石特征，而完井过程主要描述不同的完井方法和工具，其完井质量和完井过程共同决定完井效率。

岩石和天然裂缝发育特征对增产和采收率具有重要意义，对于富含有机质的页岩或其他致密储层，由于其层状特征及其复杂多变的岩石内部结构，使得水力裂缝形态变得复杂。应力是控制裂缝几何形态的关键参数，而水平和垂直方向的力学非均质性会产生复杂的应力剖面。因此，水力压裂设计时需要对模型进行校正以使得裂缝在缝高方向的扩展得到限制，从而增加裂缝长度和提高油气采收率。

本章首先介绍压裂液与支撑剂的优选原则，再基于地层力学模型（MEM）和地层应力场优化水力压裂设计，其中任务之一是评估裂缝属性，本文将介绍通过压裂压力拟合分析评估水力裂缝形态。

其次介绍产量模型，讨论油气产量的解析和数值分析方法，分析不同方法的利弊；此外，介绍通过整合地质、测井和流体数据建立产量预测模型，并对模型的应用及不确定性进行讨论。

最后，从物流和可操作的层面，举例简要说明优化产能参数对完井的效益影响。

8.2 压裂液和支撑剂优选

压裂设计过程复杂，特别是当数据缺乏而导致压裂模型无法充分修正时。一些重要的参数难以获取或者不确定性太大，如地层渗透率、应力差、导流能力需求以及和地层流体或化学特征。因此，需要应用多学科和迭代的方法来减少不确定性，从而制订最优的增产工艺。针对数据缺乏和模型无法修正的问题，本部分介绍了常用的压裂设计原则。此外，介绍了压裂液和支撑剂的应用。

8.2.1 压裂液优选

压裂液是地下流体和井筒沟通的桥梁，因此，其优选成为压裂设计最重要的环节之一。好的压裂液意味着可降低水力压裂施工难度。本文介绍优选压裂液时应考虑的诸多因素以确保实现支撑剂的输送。

压裂液分为牛顿流体和非牛顿流体，牛顿流体包括水、活性水和滑溜水等。牛顿流体滤失大，不具造壁性能。而相反，具有造壁性能的压裂液通常滤失小，可有效输送支撑剂。但同时，具有大多数造壁性能的压裂液是线性或交联特征的聚合物，会伤害裂缝，降低导流能力。一些黏弹性表面活性剂，可以在增黏传输支撑剂的同时保持支撑剂的渗透性，增加导流能力。

储层评估对于压裂液优选至关重要，其中最重要的参数包括渗透率、应力差、导流能力需求以及地层矿物和流体特征等（表 8.1）。

表 8.1　压裂液优选的重要参数及其应考虑的主要因素

地层特征	可能性	考虑问题	推荐压裂液
地层渗透率	低渗	地层滤失减少	牛顿流体或者低浓度压裂液
	高渗	地层滤失增加	交流冻胶
应力差	应力差小	裂缝高度过度增长	低黏度压裂液
	应力差大	裂高小 / 完全限制	高黏度压裂液或凝胶压裂液
导流能力需求	高	低渗 / 气井	牛顿流体或低黏度压裂液
	低	高渗 / 油气井	交联压裂液，高黏压裂液，黏弹性流体，增能压裂液
地层矿物和流体	膨胀型黏土矿物 /	黏土膨胀，乳化，结垢	表面活性剂和非乳化溶剂
	高含钙	方解石结晶	酸化

地层渗透率影响压裂液选择，对于低渗储层，滤失一般较小，而高渗储层滤失较大。

应力差是影响水力裂缝高度扩展的重要参数之一，当裂隙高度扩展占主导因素时，选择低黏度压裂液可降低净压力增加缝长；而在高应力差地层，高黏度压裂液是首选。

无量纲裂缝导流能力是指裂缝流动能力与储层到裂缝流动能力之比（Economides 和 Nolte，2000），也是影响压裂液优选最重要的指标之一，且与地层渗透率有很大关系。

理解地层的化学特征及与水基和油基压裂液的配伍性有利于压裂液优选，例如，对于有乳化现象的储层，应采用非乳化的添加剂。地层与裂缝之间化学反应的不确定性可能使得压裂增产效果变差。

8.2.2 支撑剂优选

支撑剂用于裂缝闭合时保持储层与井眼间的通道，优选合适粒径和强度的支撑剂需要充分理解油藏特征、裂缝形态、原地应力和成本。

首先，可以从支撑剂目数设计开始。支撑剂目数越大，粒径越小，如100目或者40目/70目（直径0.006～0.0011in），在裂缝中走得越远，但形成的裂缝导流能力太小。图8.1描述了不同支撑剂粒径对裂缝形态和导流能力的影响，模拟采用40目/70目和20目/40目支撑剂，保持压裂液和应力状态相同。40目/70目支撑剂能走得更远，在800ft的裂缝中使裂缝裂隙导流能力达到5～10mD·ft；对于20目/40目支撑剂，导流能力更高（最大60mD·ft），但只能到达500ft的位置。

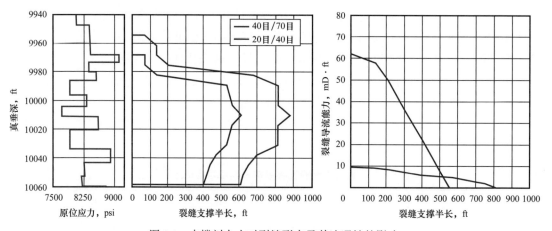

图 8.1　支撑剂大小对裂缝形态及其连通性的影响

支撑剂强度是另一个重要参数，主要是防止在高闭合应力下支撑剂破碎减小支撑剂渗透率。可采用树脂包裹的方法提高支撑剂强度，但是抗高闭合应力的支撑剂通常具有较高的相对密度，导致沉降过快。因此，需要综合以上因素进行优化。

作用于支撑剂的有效应力决定支撑剂强度，有效应力是闭合应力减去井底流压（Economides 和 Nolte，2000）：

$$\sigma_{\text{eff}} = \sigma_{\text{closure}} - p_{\text{wf}} \tag{8.1}$$

当有效应力增加时，裂缝导流能力减少。表8.2列出一些不同支撑剂的主要特征。

表 8.2　基于有效应力选择支撑剂

支撑剂类型	相对密度	支撑剂承受的有效应力，psi	成本
传统石英砂	2.65	＜6000	$$
树脂支撑剂	2.55～2.60	＜8000（＜250℉）	$$-$$$
中等强度支撑剂	2.60～2.90	＜8000（＞250℉）	$$$-$$$$
高强度支撑剂	＞3.0	＞10000	$$$$

此外，应确保所选支撑剂能形成油气流动通道。无量纲裂缝导流能力是裂缝和油藏传导能力之比（Cinco-Ley 等，1978；Cinco-Ley 和 Samamiego，1981），即：

$$C_{FD} = \frac{K_{prop}w}{K_{formation}x_f} \qquad (8.2)$$

式中：K_{prop} 和 $K_{formation}$ 分别为支撑剂渗透率和地层渗透率；w 为裂缝宽度；x_f 为裂缝半长。其中，分子表示裂缝传导流体到井筒的能力，受裂缝宽度与和支撑剂渗透率影响；分母表示油藏往裂缝输送油气的能力，用地层渗透率和裂缝半长乘积表示。

选择支撑剂的主要原则是保证裂缝不影响产量，而裂缝导流能力的需求取决于油气井流动类型。一些研究人员认为，拟稳定流状态下，无量纲导流能力为 2 的裂缝导流能力无穷大，这意味着支撑剂可提供 2 倍于油气流动裂缝的能力，导致无效支撑（Prats 等，1962）。对于非常规油气田，由于油气井主要处于稳定流和非稳定流的过渡状态，通常气藏无量纲导流能力选择 30，富液态储层无量纲导流能力选择 100。

以下举例说明地层闭合应力对支撑剂优选的重要性，如图 8.2 所示。井 1 采用陶粒支撑剂，可抗大于 10000psi 的地层闭合压力；井 2 和井 3 使用中等强度的支撑剂，井 4 采用用常规石英砂支撑剂。第一年，井 1 产量是井 4 的 5 倍，经济效益分析显示在考虑成本后，使用陶粒支撑剂的井是使用石英砂支撑剂井效益的 1.5 倍。

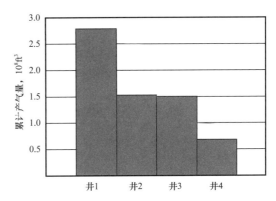

图 8.2 同一区块 4 口井第一年生产情况对比
储层性质基本一致，但由于支撑剂不同，完井质量不同

8.3 压裂优化设计与完井策略

完井数据有助于完井策略的优化，开发非常规油气田时，由于利润低且受油价影响明显，成本控制和工作时间变得非常关键。效益评估需要综合考虑 RQ 和 CQ。测井模型可为产能模拟提供关键输入参数。虽然模型是基于岩心和测井数据建立，并通过历史数据校正，但仍有诸多不确定性。为设计最优增产措施，应重点理解裂缝扩展、净压力和缝间距。图 8.3 展示了校正水力压裂裂缝模型的流程图。

可靠的 MEM 是准确评估裂缝的关键，力学特征和应力计算将直接影响净压力，从而影响裂缝几何形态。优选合适的裂缝模拟器十分重要，而 MEM 的应力计算可为模型模拟提供具体的应力条件。如果弹性特征很明显，裂缝模拟充分，且模拟结果可重复，那测井数据将变得十分重要。

8.3.1 建立校正的地层力学模型

MEM 是地下岩层力学特征的数值表示，岩石密度、泊松比、杨氏模量、孔隙压力和地应力等岩石特征是水力压裂模型的重要输入参数。MEM 在应用于非常规油气田时，其情况是十分复杂的，因为不仅要理解岩石的一维或二维特征，还要理解其三维其至四维特征。大多数商业裂缝模拟软件主要基于一维的 MEM 模拟裂缝的扩展和整体几何形态，而在垂向非均质模型中，裂缝在平面上各向同性。

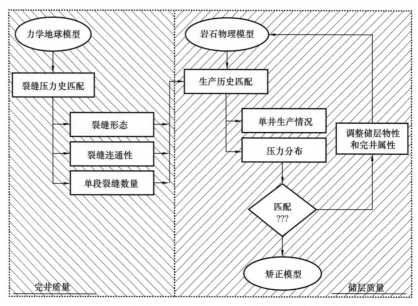

图 8.3　水力压裂模型校正完井质量和储层质量流程图

以下通过建立于 20 世纪 90 年代中期的例子来总体说明一维 MEM 的工作流程。其中，MEM 最主要的输入是最小主应力，它通过岩石通过声波和密度测井数据获得（基于岩石弹性特征、孔隙度和上覆压力）同时考虑构造应力，如式（8.3）所示：

$$\sigma_{\mathrm{h}} = \frac{E_{\mathrm{h}}}{E_{\mathrm{v}}} \frac{v_{\mathrm{v}}}{1-v_{\mathrm{h}}} \left(\sigma_{\mathrm{z}} - \alpha p_{\mathrm{p}} \right) + \alpha p_{\mathrm{p}} + \mathrm{Tectonics} \qquad (8.3)$$

其中，等式右侧第一项是岩性应力分量。

最小水平主应力的准确度主要取决于式（8.3）中各参数的输入情况。然而，由于非常规储层多为非均质岩石，给现在应用于常规油田的方法和设备带来了挑战，因此需要结合多种数据来减少各参数的不确定性。表 8.3 给出常用评估储层和岩石特征的数据来源和技术，可将数据校正到可接受的误差范围。

表 8.3　一般力学性质及其数据获取

性质	数据来源	评价
泊松比	声波数据	动态与静态相关。在勘探阶段，建议通过实验室测量校正
	实验室测量	通常是最可靠的数据来源
杨氏模量	声波数据	动态与静态相关。在勘探阶段，建议通过实验室测量校正
	实验室测量	通常是最可靠的数据来源
上覆应力	体积密度	密度积分（受井眼质量影响）
孔隙压力	钻井数据	在整个钻井过程中，钻井报告可以帮助了解孔隙压力的变化。钻井液密度、漏失、井涌等关键数据应该考虑，并加入到地质力学模型中

性质	数据来源	评价
孔隙压力	测试工具	模块化测试能获得更准确的孔隙压力。此外，可以在不同深度进行测量，更好地了解目的层段孔隙压力的变化。实际上，大多数会做压降试井，帮助校正应力大小
	完井数据	如果完井数据可用，可用于估计孔隙压力值。关井套管压力和瞬时停泵压力是储层压力的上限
Biot 常数	矿物学	使用模型预测矿物可以估算矿物的体积弹性模量，有助于提供更准确的 Biot 系数和流体置换效果（Havens, 2011）
构造应力	闭合测试	构造应力取决于岩石应变，而这个值现在无法测量。因此，如果构造应力的影响存在，则需要矫正。闭合测试通过除去总闭合压力值中静岩压力的部分，估算构造应力的影响

通过井壁稳定性模拟器中井壁崩塌拟合可以得出最大水平主应力，图 8.4 介绍了 Mountrail County 和 North Dakota 地区应用 MEM 的过程。

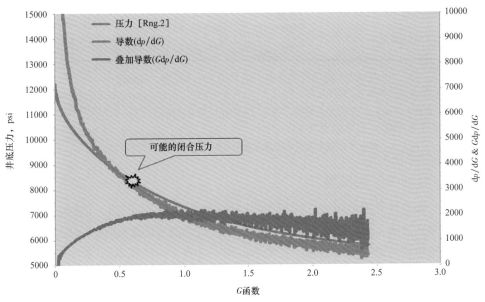

图 8.4　降压试井的 G 函数散点图

瞬间停泵压力为 12000psi。估算闭合压力 8500psi。裂缝净压力 3500psi。

在这个例子中，闭合发生在一个周期内，测试可信度受到影响

有不同方法校正地层应力模型，如通过岩心分析，注入测试和压裂分析。图 8.4 介绍了美国页岩地层中通过注入测试来校正的过程。数据显示，其闭合压力大约为 8500 psi，意味着在短时注入测试中，其净压力约为 3500 psi，但其闭合压力出现在一次作业周期内，影响了其测试的有效性，其原因可能是未能形成有效裂缝，因此，建议多次进行测试以获得更加可靠的闭合压力。如图 8.5 所示，如果注入测试的数据可靠，其结果可用于 MEM 中最小水平应力的校正。

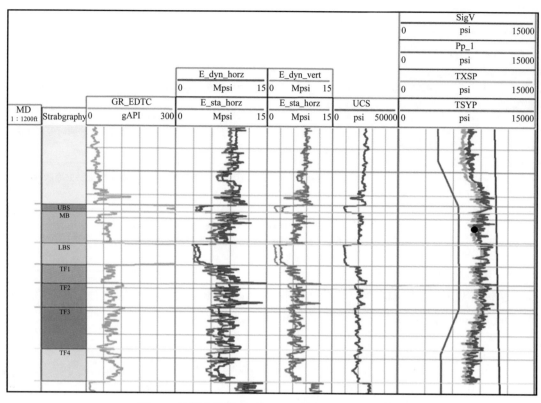

图 8.5 地层力学模型（据 Mata 等，2014b，有修改）

Track 1：测量井深，Track 2：地层层序，Track 3：自然伽马曲线，Track 4：水平杨氏模量，动态（蓝色），静态（橘色），Track 5：垂向杨氏模量，动态（淡蓝色），静态（橘色），Track 6：无围压岩石强度，Track 7：上覆应力（红色），孔隙压力（品红），最小水平应力（绿色），最大水平应力（蓝色）。最小水平应力曲线中的黑点为闭合压力值，为注入测试所得

8.3.2 建立合适的压裂模型

模拟非常规油气井挑战极大，因为各领域都存在较大不确定性，其中包括地质学、地质力学、完井、油藏工程，这就需要评估裂缝几何尺寸的可能变化范围。很多时候，在一个盆地中用理想数据或合成的数据（在录取过程中忽略了一些基本假设）进行分析，完成计算和裂缝模拟。数据缺乏影响模型稳定，甚至会违反关键工程预想。

先导试验井的数据录取有利于过程整合。它对目标区域上方或下方信息的收集以及建模和理解裂缝扩展非常重要。有时候数据采集集中在 RQ 评估而未考虑完井影响。理想情况下应包括先导井的录取数据和水平方向的变化。

在大多数商业裂缝模拟软件中，假设平面裂缝，采用解析或者数值拟三维模型计算缝高，因而导致两种模型的计算结果可能相差甚远，因为拟三维模型中无法计算低应力差下的缝高。此外，裂缝高度扩展方法的力学特征参数常被平均处理，使得无法考虑层状地层和高应力层。推荐在低应力差或薄互层中选用三维数值模拟器，可考虑裂缝网格中每层的力学特征。

传统 3D 裂缝模拟的另一个缺陷是需要放大，这就限制了模型识别岩层之间的变化。保存记录的分辨率对构建一个有效的模型非常重要。

图 8.6 展示三种不同应力分布和射孔起裂点。左图表明没有应力差，中间图表明裂缝起裂于超压段，右图表明裂缝起裂点在受限层内。图下方的方框说明模型的适用性。

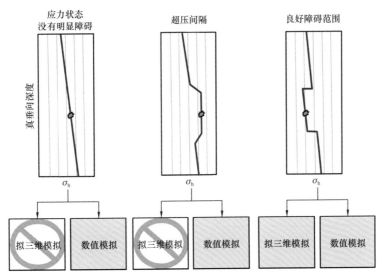

图 8.6　运用拟三维解析和数值对比不同应力状态下的裂缝形态
左图：Uintha-Piceance 盆地，中图：Bakken-Three Forks 体系，右图：Niobrara/Frontier 体系

　　选择适当模拟工具的另一个考虑因素是最大、最小水平主应力差异，因为应力差会促进或限制平面裂缝扩展。当水平主应力差足够大，最有可能产生平面裂缝即使存在弱面（Suarez-Rivera 等，2013a）。而当应力处于各向同性状态，将会出现复杂裂缝，特别是在弱面发育的地层，如天然裂缝性地层。图 8.7（a）显示应力差较小，天然裂缝与最大主应力方位存在夹角时的裂缝扩展形态。图 8.7（b）显示同种情况下但假设应力差较大。图 8.7C 和 d 表明天然裂缝方位与最大主应力平行和垂直时的裂缝扩展形态，以上两种情况都假设主应力差大。

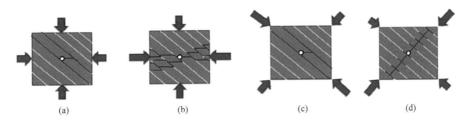

(a)　　　　　　　(b)　　　　　　　(c)　　　　　　　(d)

图 8.7　各种裂缝扩展形态图示（据 Suarez-Rivera 等，2013a，有修改）

　　以上实验总结得出，在水平主应力差较大的状态下，模拟平面裂缝是有效的；而当水平应力差较小时，则需要复杂的模型来评估增产面积（Wu 等，2012）。

8.3.3　评价裂缝属性

　　评价裂缝形态和属性的最好技术之一是压裂历史拟合（FPHM）。该方法用模拟器模拟重建注入压力，模拟中考虑了地层应力、流体流变性、支撑剂的性能、管路摩阻和其他特征参数，从而评估裂缝几何形态、裂缝扩展数量（水平井）、裂缝导流能力和液体效率。

　　需要分析的首要参数是裂缝数量。水平井通常采用投球滑套或者快钻桥塞分段，投球滑套效率更高，但也造成裂缝沟通面积有限；而快钻桥塞效率低，但在同一段内形成多条裂缝，从而沟通更大的储层面积。

多条裂缝扩展取决于多个因素，如裂缝净压力、应力差和流体选择，起裂多条裂缝需要很高的裂缝净压力。在低的应力遮挡中会导致裂缝缝高过度扩展，浪费压裂液，同时，可能造成其他裂缝不能有效延伸。

加砂压裂前的阶梯降测试非常有用，推荐在一口井施工中多次测试以验证结果的一致性。测试得到的近井筒压力有助于理解射孔摩阻、相位角和弯曲度。

图 8.8 显示美国北达科他州威利斯顿（Williston）盆地中一个闭合分析和阶梯降测试。结果显示只等效 1/3 的射孔裂缝起裂。很明显（直观并来自模型中），如果对每一个射孔簇流量平均分配（忽略水平段流体摩阻），每簇的泵注速率太低，可能导致砂堵以及无法实现裂缝干扰。

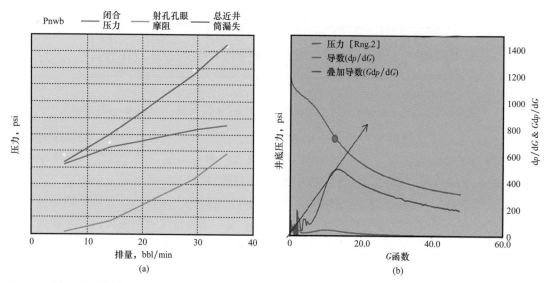

图 8.8　图（a）阶梯降排量测试分析 / 总近井筒漏失（红色）/ 射孔孔眼摩阻（绿色）。图（b）G 函数闭合压力分析。蓝色点代表估算闭合压力值。该参数用于校正地层力学模型（Suarez–Rivera 等，3 月 26 日，2013b）。IPTChttp: //dx.doi.org/10.2523/17018–MS

FPHM 需要应用 MEM、岩石物理性质、压裂液、支撑剂性质和射孔参数（簇数、间距和射孔密度）。调整模型直至模拟的压力响拟合真实施工压力。尽管该方法不能提供一种唯一解，但可以帮助减少不确定性，确定裂缝几何范围。

图 8.9 是一个 FPHM 实例。拟合过程显示：（1）如果只有一条裂缝扩展，不能完全拟合，即使压裂液处于理想状态（在管道中没有摩擦损失），模拟压力仍比实际值高（由近井压力损失控制）。（2）当假设每段有两条或者三条裂缝延伸时，可有效拟合实际压力。因此，FPHM 决定支撑形成两条裂缝。这个研究结论的意义将在下节的产量模拟分析中进一步讨论。

在理解了裂缝扩展之后，下一步是分析裂缝形态。图 8.10 是采用裂缝数值模拟器评估裂缝形态的实例。尽管模拟显示了裂缝支撑长度达到 1400ft，但相当数量的裂缝段砂浓度极低（小于 1.0lb/gal），远小于原始砂浓度。裂缝导流能力剖面证实了该特征，基于以上分析，最大有效裂缝半长度为 500ft（图 8.11）。

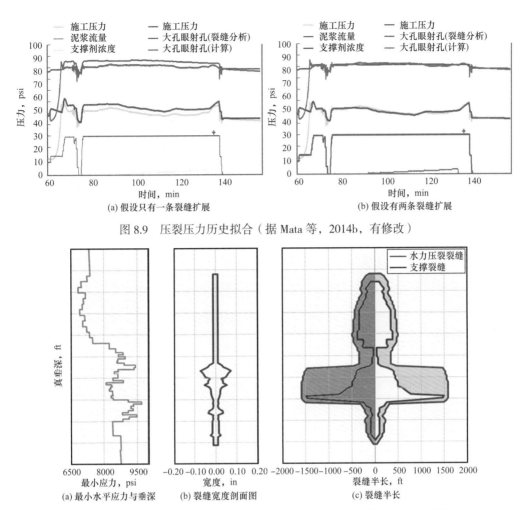

图 8.9 压裂压力历史拟合（据 Mata 等，2014b，有修改）

(a) 假设只有一条裂缝扩展

(b) 假设有两条裂缝扩展

(a) 最小水平应力与垂深

(b) 裂缝宽度剖面图

(c) 裂缝半长

图 8.10 采用裂缝数值模拟器评估裂缝形态，实例（据 Mata 等，2014a，有修改）

裂缝对称黄色（印刷版为浅灰色）的区域对应一条裂缝的，橘色（印刷版为灰色）部分代表裂缝的另一半

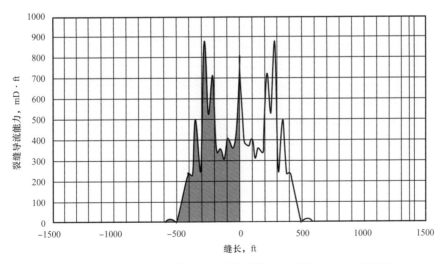

图 8.11 裂缝长度与裂缝渗透率关系图（据 Mata 等，2014a，有修改）

两翼裂缝导流能力相似黄色（印刷版为浅灰色）区域。超过 500ft 的区域导流能力极低可以忽略。

最后，评估裂缝扩展数量，裂缝几何形态和裂缝导流能力非常重要。然而，固有的不确定性需要其他的验证方法多次循环以确定支撑岩石的比例，提高产量。可通过产量模拟来实现。

8.4　产量模型

产量模拟的主要目的有两个：优化前期设计和评估完井的有效性。

对于前期设计，产能模拟可用于多种完井情况，例如，支撑剂和压裂液种类和用量的优选；在现场数据的基础上，设计最优产能方案，以获得最大采油量或净产量（NPV）。

对于后评估，通过拟合关键完井参数对历史产量进行评估，参数包括裂缝半长和导流能力，同时，还可反过来用于优化初始的完井设计方案。

8.4.1　解析模型与数值模拟

不同产量模拟模型均有其优缺点，主要解析模型和数值模拟类型见表 8.4。

表 8.4　产量模型的主要类型

类型	主要类型
解析模型	井底流动动态
	解析储层模拟
数值模型	显示裂缝模型
	隐式裂缝模型

基于流入动态关系的模型中，认为裂缝等效于拟表皮系数，产量是裂缝半长、导流能力、裂缝伤害表皮和地层渗透率等参数的函数，例如，在稳态的压裂井中，其产能可以表达为：

$$PI = \frac{Kh}{141.1B\mu\left(\ln\dfrac{r_\mathrm{e}}{r_\mathrm{w}} + s_\mathrm{f}\right)} = \frac{Kh}{141.1B\mu\left(\ln\dfrac{r_\mathrm{e}}{r'_\mathrm{w}}\right)} \tag{8.4}$$

其中：r'_w 是有效井径，$r'_\mathrm{w} = r_\mathrm{we}^{-s_\mathrm{f}}$；$F_\mathrm{cd}$ 是裂缝无量纲导流能力，与图 8.12 中的拟表皮系数 S'_f 相关。当导流能力较高时，有效井径取 $0.5x_\mathrm{fo}$

在模拟常规油气田的压裂水平井时，可采用 IPR 模型（Raghavan 和 Joshi，1993）。但在极其致密的非常规储层中，IPR 方法不适用。而解析模型更有用。

在多孔介质中，其流体流动受压力扩散方程控制：

$$\frac{\partial_\mathrm{p}}{\partial_\mathrm{t}} = \eta_x \frac{\partial^2_y}{\partial^2_x} + \eta_y \frac{\partial^2_\mathrm{p}}{\partial^2_y} + \eta_z \frac{\partial^2_y}{\partial^2_z} \tag{8.5}$$

方程受到初始条件和边界条件的限制，具体的假设，求解过程和多解的讨论参考 Thambynayagam（2011）。不同的内部边界条件导致单个或多个平面裂缝（Cinco-Ley 和 Samamiego，1981）、正交与非正交的裂隙网络（Zhou 等，2014）。

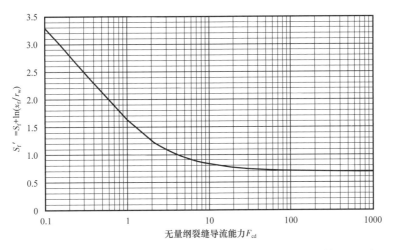

图 8.12 一口有垂直裂缝井的拟表皮因子（转载自 Cinco-Ley 等，1978）.

IPR 方法只适应于稳态流，但解析解却适合所有流型，包括过渡态流型，因此广泛应用于致密和页岩储层中。

图 8.13 描述了一口具有 6 条裂缝的水平井的压力分布，流体流动类型绘制在压力双对数曲线中。

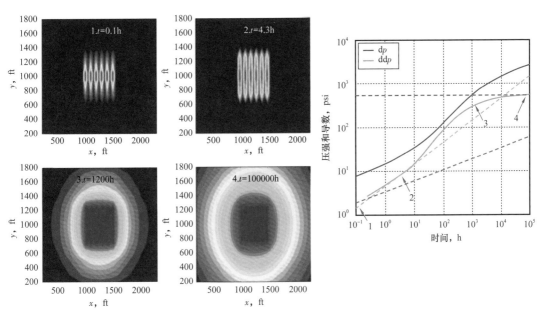

图 8.13 多段压裂水平井的流体动态（据 Zhou 等，2014）
1，2—地层线性流；3—储层改造体积流动；4—拟径向流

该模型广泛用于常规和非常规储层的压力瞬态分析（PTA）和速率瞬态分析（PTA）中，也常用于非常规油气田的前期设计。

解析模型计算快，成本低，易掌握且需要的数据量小。瞬态流体类型对于 PTA 和 RTA 十分必要且容易获得，相反，数值模型则要处理很多数学问题。但解析模型也具有以下局限性：

（1）模型只适应于典型的单层均质岩层，无法处理构造复杂的非均质岩层。

（2）数学分析模型基于单相流体，对于动态的多相流则无法处理，比如水锥进、气锥进和液气锥进。

（3）无法实现液体的成分模拟。

关于数值模型，没有明确的方法处理裂缝，可以使用 IPR 模型相似的井筒表皮或通过在高渗透区域或双孔隙模型中绘制裂缝（Du 等，2009；Fan 等，2010；Li 等，2011），这些模型虽然可以快速评估生产情况，但无法构建完井设计和产量之间的关系。

有些模型将裂缝处理为高渗透性的网格，可以是平面也可以是正交裂缝网络（Xu 等，2011），对于非正交裂缝网络，很难被网格化且不易得出数值解，因此，将非结构化的网格与其他油田模拟技术的优势结合起来是很好的解决方法（Cipolla 等，2011；Mirzaei 和 Cipolla，2012）虽然数值模拟可以解决复杂裂缝，但需要复杂的输入并耗费大量时间，且需要专业人才进行建模和运行。

考虑裂缝类型，平面、正交和复杂裂缝网络，图 8.14 总结了不同的裂缝模拟方法（Zhou 等，2013）。

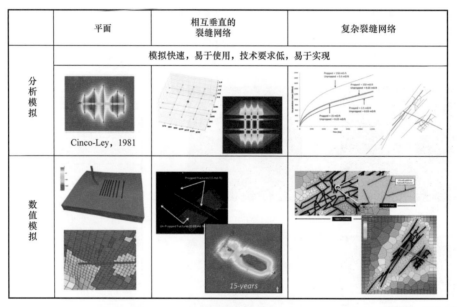

图 8.14　水力压裂井的解析和数值模型（综合多方成果：据 Zhou 等，
2013；Zhou 等，2014；Cipolla 等，2011；Li 等，2011）

解析或数值模拟方法的使用需考虑以下几个方面：

（1）若数据充足，比如测井数据、流体压力、体积和温度、地质资料等，则数值模拟更适合；若数据不充分，则解析模型模拟更合适。

（2）当需要快速反馈，或缺少油藏模拟的专业人才时，最好选择分析模型。

8.4.2　产量预测模型精细化

产能模型通过油层物理、地质和流体输入参数以及水力压裂模拟结果来细化。

其中，油层物理、地质和流体参数包括孔隙度、渗透率和含水饱和度分布、岩石压缩系数、油藏深度和结构、流体高压物性、压力、毛细管压力和相对渗透率曲线。

水力压裂模型包括裂缝的三维几何特征和属性，包括缝宽、支撑剂浓度和导流能力等。

对于平面裂缝，其输入参数较为简单，包括：

（1）裂缝数量（或者分段和每段射孔簇的数量）；

（2）沿井筒分布的裂缝位置；

（3）裂缝方位（横切缝或纵向缝）；

（4）裂缝半长；

（5）裂缝导流能力。

数值模型可以处理更为复杂的情况，除了上述参数，还可以输入复杂裂缝的纵向和横向缝长以及沿缝长方向的导流能力分布。可采用以下几种划分网格的方法：

（1）如图 8.15（a）所示，根据裂缝缝宽划分网格。输入真实的裂缝孔隙度和渗透率网格尺寸可沿地层对数增长。这种划分方法最接近实际，但由于裂缝网格地层网格尺寸的巨大差异容易导致计算问题，且网格数量多。

（2）如图 8.15（b）所示，线性网格划分，裂缝与地层网格尺寸相似。采用传导率表征裂缝孔隙度和渗透率。

$$\bar{K} = \frac{K_f b_f}{\Delta x}, \ \bar{\phi} = \frac{\phi_f b_f}{\Delta x}$$

其中：K_f 表示裂缝渗透率；ϕ_f 表示裂隙孔隙度；b_f 表示裂缝宽度；Δx 表示裂缝网格宽度；$\bar{K}$ 和 $\bar{\phi}$ 指裂缝网格的输入渗透率和孔隙度。

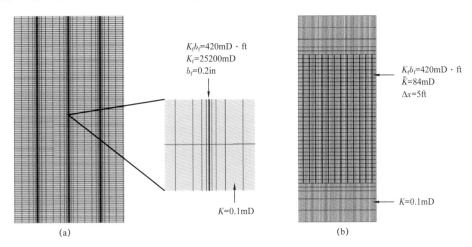

图 8.15　用对数网格表示水力压裂裂缝和裂缝宽度（a）和用线性网格表示水力压裂裂缝（b）

（3）如图 8.16 所示，采用局部网格加密（LGR，Local Grid Refinement）划分网格。该方法的优势是在油藏尺度模拟时无须改变总体网格系统，只对存在裂缝的区域进行网格加密。

若采用解析模型做复杂裂缝网络的模拟，需要输入以下参数：

（1）裂缝网络描述（裂缝位置，裂缝网络之间以及与井筒的连接）；

（2）裂隙网络导流能力。

解析裂缝网络模型如图 8.17（b）所示。

对于数值模型，需要采用高级非结构化网格来处理复杂裂缝网络，如图 8.17（c）所示。可采用小网格来表征裂缝。与平面裂缝类似，数值方法能模拟裂隙长度和高度方向上导流能力的变化。

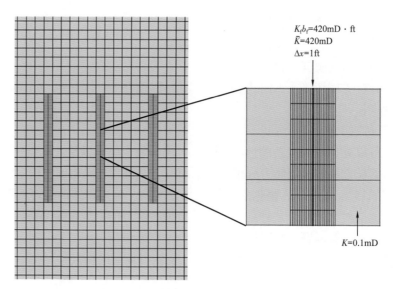

图 8.16 用局部网格加密表征水力裂缝

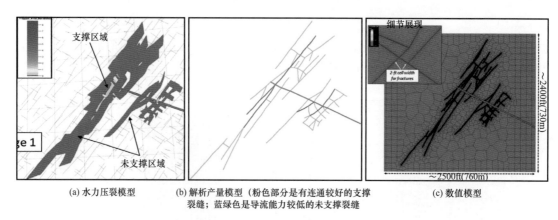

(a) 水力压裂模型   (b) 解析产量模型（粉色部分是有连通较好的支撑   (c) 数值模型
裂缝；蓝绿色是导流能力较低的未支撑裂缝

图 8.17 产量预测模型（据 Cipolla 等，2011；Zhou 等，2014）

8.4.3 不确定管理

与传统直井相比，由于岩层物理特性复杂、输入参数多，非常规储层的压裂水平井模型不确定性更大。

有以下原因导致非常储层生产的复杂：

（1）滑动流，页岩气中小孔隙尺寸导致的克努森效应。

（2）源岩性质，如存在干酪根和气体吸附。

（3）水力压裂及返排过程。

（4）天然裂缝和水力压裂的交互作用。

（5）水平井段中储层和完井质量的非均质性。

（6）水力裂缝的失效。

（7）水平段和直井段流动动态。产量低，井筒大都易造成流动的不稳定。

如上文所述，非常规油气储层产量模型所需的输入参数不确定性也很大，因为：

（1）只有在很少数量的井有充分的测井和岩心数据。

（2）数据多采自直井。在水平方向通常采用各向同性假设。

（3）由于页岩渗透率极低，用测井和岩心解释难度大。

（4）由于渗透率极低，导致很多参数测量不准确，包括压力、渗透率、相对渗透率毛细管压力曲线等。

（5）由水力压裂模型得到的水力裂缝属性参数也具有不确定性。

应采用各种方法，从多个角度来最大限度获取本井和邻井的全套数据。如可通过压裂压力历史拟合，微地震监测和产量历史拟合来获取水力裂缝形态，各种方法获取的参数应交叉对比验证以确保数据的准确。无论是采用数值模型还是解析模型产量历史拟合，是减少不确定性的一种途径。对于影响产量的重要参数，例如地层渗透率、裂缝半长、储层改造体积和相对渗透率曲线端点等，均可通过产量拟合来减少其不确定性。

8.4.4 模型应用

修正后的完井模型可用于：

（1）优化水平段长度。

（2）优化裂缝数量。

（3）优化裂缝参数。

（4）优化钻井单元内的水平井数量。

（5）优化油田开发方案。

8.5 经济与作业考虑

水力压裂设计以及支撑剂/压裂液选择相关的数量、物流和作业应做经济性分析，要通过净现值分析决定投资成本。"泵入的越多，产量越高"是一个昂贵且不可预测的错误定律。从经济性角度，投资回报主要取决于设计参数以及控制预算的可行性。最终，通过科学或者实践方法，建立生产和油藏驱动来评估净现值和总体收益最高点。通过非常规油气的全过程作业周期分析，使投入及相对应的收益点达到峰值。钻井及布井设计时，应考虑压裂增产的投入，因而在产量驱动的净现值曲线存在峰值（图8.18）。在数月或数年时间内，通过建模和统计分析修正生产驱动曲线。建立产量驱动曲线有助于提高作业效率，降低总体投资，获得经济效益。

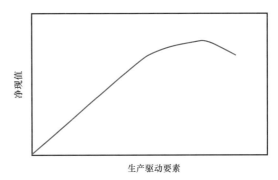

图8.18　建立产量驱动曲线寻找最佳净现值示意图

完善设计优化和净现值计算对理解井的经济性至关重要，但执行设计和运输材料处置同样存在挑战。支撑剂运输、卡车配置和马力需求，需要组建合适的团队和采用合理的设备来执行。设计由技术工程师完成，因此需要对其他一系列因素进行检查如，如操作设备和压裂材料是否可用，也包括压裂材料是否有合适的地方存放，压裂施工是否符合安全标准，是否有足够的泵车等。现场要考虑的因素众多，以上因素是压裂工程师和作业工程师要考察的总体指导意见，只有计划好作业进度，完成压裂材料可行性分析，水力压裂才能顺利完成。

确认压裂设计能否顺利转化为实施非常重要。如压裂设计通过模型分析可能需要三种设置更多种类支撑剂，但在实施时却难以实现。作业者需要考虑每一种支撑剂的输送和存放。若通过模拟分析认为采用两种支撑剂也可达到相同的目的，那么将大大提高现场作业可行性，减小作业风险。

8.6 结论

非常规油气需要采用增产措施来开发。先进的压裂和完井技术可最大限度地提高与储层接触体积。目前已有系列经现场证实的增产技术。水力压裂设计的两个基本工作是基于大量储层参数评价的压裂液和支撑剂优选。

对于油气储层，渗透率是影响压裂液优选和压裂液设计的基础参数，低渗储层因为滤失小，可采用低黏压裂液；相反，高渗储层则需要高黏压裂液，层间应力差对于裂缝高度控制和裂缝生长非常重要。此外，地层流体、矿物组分和裂缝导流能力均会影响压裂液优选。如膨胀性黏土会降低导流能力，也会与一些流体不配伍。闭合应力、导流能力和井底流压则影响支撑剂优选，低应力地层对支撑剂需求小。

如不进行储层描述，通常采用统一的射孔分簇方式而忽略了岩石的变化。可通过考虑应力和其他储层参数的非均质性来提高完井的有效性。水平段的非均质性可导致缝间距优化不合理。顺序压裂时不断修正压裂设计可提高裂缝面积。理解水平段的非均质性有助于优化射孔簇位置，提高油气产量。

融合地层流体和水力压裂设计的产量模型可用于评估生产动态，压前设计和压后分析，有解析和数值两种模型。解析模型基于负表皮的流动曲线，由于解析模型显式处理裂缝，因而可用于压力和产量过渡分析。一些数值模型隐式处理裂缝，如采用负表皮或提高裂缝区域渗透率，也可采用提高裂缝网格渗透率来显式处理裂缝，而复杂裂缝则需要采用非结构化网格和高级油藏模拟技术来建模。与常规模型相比，由于生产机理、水力压裂以及缺乏高质量的数据测量，非常规产量模型不确定性更高。应通过整合所有可用数据，拟合产量历史来减少不确定性以及建立可靠的预测模型。

<h3 style="text-align:center">物理参数及单位注释</h3>

b_f：裂缝宽度，ft；

F_{cd}：裂缝无量纲导流能力；

h：产层厚度，ft；

$\overline{K}$：地层渗透率，mD；

K_f：裂缝渗透率，mD；

p：压力，psi；

q：产量，bbl/d 或 $10^3 ft^3/d$；

r_e：泄油半径，ft；

r_w：井径，ft；

r'_w：有效井径，ft；

S'_f：水力压裂拟表皮系数，$S'_f=S_f+\ln x_f/r_w$；

x_f：裂缝半长，ft；

μ：黏度，cP；

ϕ：孔隙度，分数。

参 考 文 献

Allix, P., Burnham, A., Fowler, T., Herron, M., Kleinberg, R., Symington, B., 2011. Coaxing oil from shale. Oilfield Review 22（4）, 4–16.

Baihly, et al., 2010. Unlocking the Shale mystery：How Lateral Measurements and Well Placement Impact Completions and Resultant Production. Paper SPE 138427 presented at the SPE Annual Technical Conference and Exhibition.

Chong, K. K., Grieser, B., Jaripatke, O., Passman, A., June 8–10, 2010. A Completion Roadmap to Shale–Play Development. SPE 130369, presented at the CPS/SPE International Oil & Gas Conference and Exhibition in China, Beijing, China.

Cinco–Ley, H., Samaniego, V.F., Dominguez, A.N., 1978. Transient pressure behavior for a well with a finiteconductivity vertical fracture. SPE Journal 18（4）, 253–264.

Cinco–Ley, H., Samaniego, V.F., 1981. Transient–pressure analysis for fractured wells. SPE Journal 33（9）, 1749–1766.

Cipolla, C.L., Fitzpatrick, T., Williams, M.J., Ganguly, U.K., October 9–11, 2011. Seismic–to–Simulation for Unconventional Reservoir Development. Paper SPE 146876 presented at the SPE Reservoir Characterisation and Simulation Conference and Exhibition, Abu Dhabi, UAE.

D'Huteau, E., et al., 2011. Open–channel fracturingda fast track to production. Oilfield Review 23（3）, 4–17.

Du, C., Zhang, X., Melton, B., Fullilove, D., Suliman, B., et al., May 31–June 3, 2009. AWorkflow for Integrated Barnett Shale Gas Reservoir Modeling and Simulation. Paper SPE 122934 presented at the Latin American and Caribbean Petroleum Engineering Conference, Cartagena de Indias, Colombia.

Economides, M.J., Nolte, K.G., 2000. Reservoir Stimulation, third ed. John Wiley and Sons.

Fan, L., Thompson, J.W., Robinson, J.R., et al., October 19–21, 2010. Understanding Gas production Mechanism and Effectiveness of Well Stimulation in the Haynesville Shale through Reservoir Simulation. Paper SPE 136696 presented at the Canadian Unconventional Resources and International Petroleum Conference, Calgary, Alberta, Canada.

Havens, J., 2011. Mechanical Properties of the Bakken Formation（Thesis, Faculty and the Board of Trustees of the Colorado School of Mines）.

King, G.E., September 19–22, 2010. Thirty Years of Gas Shale Fracturing. Paper SPE 133456 presented at the SPE Annual Technique and Exhibition, Florence, Italy.

King, G.E., 2014. 60 Years of Multi–Fractured Vertical, Deviated and Horizontal Wells：What Have We Learned？ Paper SPE 17095 presented at the SPE Annual Technical Conference and Exhibition, 27–29 October, Amsterdam, The Netherlands.

Kraemer, C., et al., April 1–3, 2014. A Novel Completion Method for Sequenced Fracturing in the Eagle Ford Shale. Paper SPE 169010 presented at the SPE Unconventional Resources Conference, Held in The Woodlands,

TX, USA.

Li, J., Du, C.M., Zhang, X., January 31–February 2, 2011. Critical Evaluations of Shale Gas Reservoir Simulation Approaches : Single Porosity and Dual Porosity Modeling. Paper SPE 141756 presented at the SPE Middle East Unconventional Gas Conference and Exhibition, Muscat, Oman.

Manchanda, R., Sharma, M.M., 2014. Impact of completion design on fracture complexity in horizontal shale wells. Society of Petroleum Engineers. http : //dx.doi.org/10.2118/159899-PA.

Mata, D., Cherian, B., Gonzales, V., Higgins-Borchardt, S., Han, H., April 1, 2014a. Modeling the influence of pressure depletion in fracture propagation and quantifying the impact of asymmetric fracture wings in ultimate recovery. Society of Petroleum Engineers. http : //dx.doi.org/10.2118/169003-MS.

Mata, D., Dharwadkar, P., Gonzales, V., Sitchler, J., Cherian, B., April 17, 2014b. Understanding the implications of multiple fracture propagation in well productivity and completion strategy. Society of Petroleum Engineers. http : //dx.doi.org/10.2118/169557-MS.

Mirzaei, M., Cipolla, C.L., January 23–25, 2012. A Workflow for Modeling and Simulation of Hydraulic Fractures in Unconventional Gas Reservoirs. Paper SPE 153022 presented at the SPE Middle East Unconventional Gas Conference and Exhibition, Abu Dhabi, UAE.

Prats, M., Hazebrock, P., Stricker, W.R., June 1962. Effect of vertical fractures on reservoir behavior-compressible fluid case. SPE Journal. http : //dx.doi.org/10.2118/98-PA.

Raghavan, R., Joshi, S.D., 1993. Productivity of multiple drainholes or fractured horizontal wells. SPE Formation Evaluation 8 (1), 11–16.

Suarez-Rivera, et al., 2013a. The role of stresses versus rock fabric on hydraulic fractures. In : AAPG Geoscience Technology Workshop, Geomechanics and Reservoir Characterization of Shales and Carbonate.

Suarez-Rivera, R., Burghardt, J., Stanchits, S., Edelman, E., Surdi, A., March 26, 2013b. Understanding the effect of rock fabric on fracture complexity for improving completion design and well performance. In : International Petroleum Technology Conference. http : //dx.doi.org/10.2523/17018-MS.

Thambynayagam, R.M.K., 2011. The Diffusion Handbook : Applied Solutions for Engineers. McGraw-Hill Professional, New York.

Wu, R., et al., 2012. Modeling of Interaction of Hydraulic Fractures in Complex Fracture Networks. SPE 152052 presented at the Hydraulic Fracturing Technology Conference.

Xu, W., Thiercelin, M., Ganguly, U., Weng, X., et al., June 8–10, 2010. Wiremesh : A Novel Shale Fracturing Simulator. Paper SPE 132218 presented at the International Oil and Gas Conference and Exhibition in China, Beijing, China.

Zhou, W., Banerjee, R., Poe, B., Spath, J., Thambynayagam, M., 2014. Semianalytical production simulation of complex hydraulic-fracture networks. SPE Journal 19 (1), 6–18.

Zhou, W., Gupta, S., Banerjee, R., Poe, B., Spath, J., Thambynayagam, M., March 26–28, 2013. Production Forecasting and Analysis for Unconventional Resources. Paper IPTC 17176-MS presented at the 6th International Petroleum Technology Conference, Beijing, China.

第9章　微地震监测在非常规油气藏中的应用

Yinghui Wu[1, 2]，X.P. Zhao[3]，R.J. Zinno[2]，H.Y. Wu[1]，V.P. Vaidya[2]，Mei Yang[2]，J.S. Qin[2]

（1. *China University of Geosciences*，*Beijing*，*China*；2. *Weatherford International*，*Houston*，*TX*，*USA*；3. *ExGeo*，*Toronto*，*ON*，*Canada*）

9.1　引言

因丰富的烃类资源，非常规油气藏成为吸引人的勘探目标。采用水力压裂和水平井技术已经在非常规油气藏中获得商业化天然气。2014 年 8 月，受页岩革命影响，美国原油和凝析油日产超过 8.6×10^6bbl，产量达到 1986 年以来的最高（美国能源信息署网站）。随后，在 2014 年第四季度和 2015 年第一季度，原油价格跳水超过一半。因此，工业界开始将关注点转变到在改善采收效率和生产率上。石油工业需要能够确定水力压裂在多大程度上可优化井产量和油气田开发的方法，这些方法应该提供以下信息：泄油体积、层分离、压裂缝传导、几何形态（高、宽、长及方位角）以及与干扰天然裂缝相关的复杂因素。微地震技术是监测与处理岩石储层周围裂缝变化方面独一无二的方法（Zinno，1999；Zhao，2010），微地震监测数据可以降低资源评价中的不确定性并且经济合理（Ma，2011），同时，能够帮助改进钻井和完井设计，增加可工业化生产油气产量的水力压裂井数量（Zinno，1999）。

非常规油气藏水力压裂中，微地震监测数据可用于油气藏压裂区域的分析与确定（Maxwell，2014）。微地震监测利用尽量靠近处理井安放的声波传感器监测记录地下流体（液体或者气体）运动趋势。当前，在水力压裂过程中，被动声波探测技术是刻画油层与井筒渗流通道的唯一方法。

自世纪之交，微地震监测已经被应用到全球的非常规区带。微地震监测在北美非常规区已作为常规方法被广泛地使用，并已经成功应用到西比利亚（West Siberia）盆地、四川盆地和沙特阿拉伯西南部（Zinno，2013）。由微地震获得的信息已经引起非常规油气藏表征的重大转换。完井工程师利用微地震监测信息提高油气资源的经济可行性。微地震数据已经推动了当前完井方法的发展并改善了经济（Zinno，2011）。

微地震数据与现有的数据结合可以提供对油气藏更详细的认识。整体的方法增加现有数据的价值并最大程度利用了研究的投资。井场发展的交叉功能关系结合了微地震技术与其他学科：地质力学、矩张量、源岩表征、b 值、压裂井和压裂级数调整（例如，拉链式压裂）、工程分析和解释、天然裂缝和断层识别、流体和支撑剂方案优化、完井方法、氮气和二氧化碳压裂、导流研究（Britt 等，2001）。

为追逐效率和生产，油田服务公司现在将提供裂缝图件，以此作为水力压裂操作的一部分。这意味着现今微地震数据在水力压裂操作中被作为常规性的数据采集。软硬件的发展使我们可以实时监测微地震事件。在井场，微地震监测不仅被用来监测油气藏行为，还用来调整压裂参数获取优化结果（Zinno，2011）。当前操作者选择采集微地震数据是因为其提供了必要的信息；在将来这可能成为规定的要求，特别是在要求零排放的敏感区域（Moschovodis 等，2000）。微地震监测在追求高效和生产率方面提供了经济的答案和方法，在不久的将来其应用会更加广泛。

9.2 微地震监测基础

9.2.1 概念与背景

9.2.1.1 什么是微地震？

微地震是天然或者人类活动引起的微弱地球振动。微地震事件被定义为震级通常小于 0 级，频率在 0.1～10kHz 的小级别地震（Young 和 Baker，2001）。因此，在水力压裂操作中，术语微地震与地震记录交换使用。微地震事件可以被激发或者诱导（McGarr 和 Slimpson，1997）。被激发的微地震由小的应力变化引起（例如，构造卸载起主要作用），而当大部分应力变化或产生地震的能量由诱发活动产生时，诱导地震才会发生。人工诱导（压裂）裂缝实际上是由地下工程活动所引起的。

水力压裂通过高压注入水和支撑剂混合物，引起待处理储层的压力场变化，并引发与新裂缝开启或者原来存在的裂缝的活化伴生的宽震级范围的微地震。微地震事件的准确三维定位可提供裂缝几何体和裂缝延展方面的关键信息（Griffin 等，2003）。通过计算监测波来处理和定位根源是利用微地震数据评价工程目标的关键部分。关于微地震技术全面发展的更详细讨论见本章附录 C.1。

9.2.1.2 微地震的应用

单个微地震事件产生的地震能量可以被记录和处理，来提供定位、初始时间以及其他更高级的特征，如矩震级、S/P 比、信噪比、均方根噪声、定位不确定性与残留、角频、表观应力、静态应力降等（Zinno 等，1999）。微地震事件的时间序列和事件簇提供了改造岩石体积（SRV）内裂缝延展的信息。先进的技术还可以用来联系微地震事件与在水力压裂操作中的其他地学信息（Huang 等，2014）。

改造井的微地震监测为石油工业提供了一种分析众多影响完井有效性因素的方法。在采集微地震数据之前，商业的完井设计仅限于井内电测井，井中原地应力测试、泵压曲线分析、生产结果比对（Walker 等，1998）。除了研究联盟偶尔利用矿产收益和岩心调查改造岩石体积外，没有收集关于实际裂缝和井筒外泄油路径的任何信息（Moschovidis 等，2000；Warpinski 和 Branagan，1989）。

水力压裂过程产生的微地震图（图 9.1）提供了有关裂缝网络的主要几何统计：裂缝长度、裂缝高度、连通性、复杂性、时移、裂缝延展。这是时移和三维信息，也可以说是四维图像（x，y，z，时间），这是其他方法不具有的（Walker 等，1998）。

最早的微地震图的解释发现水力压裂和产量衰减受天然裂缝和断层强烈影响的着实证据（Pillips 等，1998；Urbancic 等，2002）。通常，操作者在储层尺度上不能获得微尺度裂缝的信息，同样也没有办法预测那些小结构特征的导流能力。现在，通常用微地震解释展示上述特征，并修改完井设计来适应地质结构影响（Zinno 和 Mutlu，2015）。此外，四维裂缝图通常有多个井眼和射孔区信息，这使得操作者可以观察井间、级间和层间改造的相互激发作用。

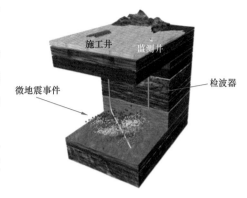

图 9.1　井下微地震监测图解
一系列检波器安置在垂直分支井中，监测水平井
多段压裂情况

地质学家和工程人员在对微地震的应用上已经联合，将微地震数据结果与压裂注水统计以及原位应力张量相结合（Britt 等，2001）。这些集成的时移图像和微地震图能让操作者实时观察裂缝网络几何体变化情况、裂缝延展率以及相应的泵注与生产的关系。例如，压力、水泥浆、排量、支撑剂、压裂液和化学剂、生产流动速率等。该集成方法能让操作者改善完井的质控，例如封隔器和桥塞分离、射孔、完井滑套、转移效率。微地震图的其他直接空间的测量被用来评价完井程序的有效性，预测井的最终泄油面积。那些空间的测量包括总产生裂缝的表面积和总导流网络体积（Zinno 和 Mutlu，2015）。

优化处理是经济和持续开发油气藏并最小化对环境潜在影响的关键。微地震事件提供了一个实时评价处理的效果和油藏岩石特征影响流体传导程度的方法。这是对优化处理和开发方案的关键反馈，包括井方位角、井间距、级间距、着陆深度（层）、压裂方案设计、完井设计、二次压裂方案、裂缝校正和油藏模拟。本章 9.3 节展示了一个关于微地震监测技术使用的实例。

9.2.2　微地震监测与处理

地震检波器或者加速计被用来连续记录由深部岩石破裂诱发的微地震的地面运动。通过记录地震阵列中多个接收器的相干性、起始时间延迟和波形的极性，可以直观地识别由裂缝产生的声信号为地震波"事件"。

这里有两种石油工业中常用的检波器：井下监测和地表监测，如图 9.2 所示。井下监测是最常用的方法（Zinno 等，1998；Maxwell 等，2010），该方法通常在每个级别的工具上使用三分量检波器。不同的供应商工具总数存在差异。当有多口监测井时，可以部署井下多监测阵列。地面监测常使用垂直分量检波器，通常需要数百或数千个地震检波器或者相似的反射传感器。传感器被钉在、埋藏或者部署在浅井中（参考附录 C.3 获得更多关于上述两种方法中工具部署的信息）。

地震记录的微地震事件信息非常丰富，包括位置（地图坐标、深度、时间）、波形信息（表观能量、频率、背景噪声、信噪比）、地质力学信息（原地应力状态、各向异性、震源机制）等。在水力压裂过程中，微地震数据被实时地采集、处理和定位。结果将汇总给工程师用于储层裂缝发育情况评估。监测技术的使用为增产措施的进度和成功性提供直接反馈（Zinno 等，1999）。采集来数据将进行进一步的处理、解释和评估。参考附录 C.2 获得关于微地震处理方法的更详细信息。

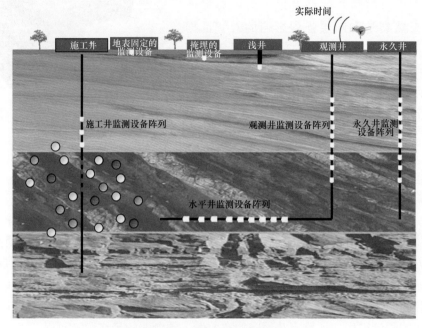

图 9.2 监测设备布置图解
彩球代表微地震活动；白色五边形代表监测设备

9.2.3 重要参数

9.2.3.1 速度

岩石的物理性质决定了其弹性参数和密度。这些特征结合次级特征，如流体饱和度可以引起密度和相应的声阻抗变化。微地震的第一层级信息是依靠对尽可能多的诱导地震事件的位置的精确识别。事件定位的精确性依靠最终旅行时的反转结果，这严重依赖所使用的速度传播模型的精确性。速度模型在改造油藏中通常基于不同的生产井和探井井眼中偶极声波测井或者垂直地震剖面测量，然后通过主动发射或者早期诱导微地震事件进行校正（Pettitt 和 Yong，2007）。一些地层具有强烈的各向异性微地震速度特征。简单的各向异性校正因子可以利用简单阵列解决问题（Walker 等，1998）。然而，由于大量数据来自不同的时间偏移和层测试背离速度模型，之前的各向异性校正很少准确，在数据处理过程中速度模型需要修订。储层改造涉及流体注入和储层裂缝网络与岩石物理性质的改变，反过来导致速度场的进一步变化。因此，为了保持在储层改造的不同阶段保持定位精度（Zhao 等，2013），有必要进一步校准，并在处理过程中对速度模型进行迭代处理。

9.2.3.2 矩震级

矩震级（M_w）是一个无量纲数据，被用来测量微地震事件能量释放的相对大小。矩震级的定义为（Hanks 和 Kanamori，1979）：

$$M_w = 2/3 \lg M_0 - 6.1 \tag{9.1}$$

其中，M_0是地震力矩，通过下面关系计算而来：

$$M_0 = \mu A \Delta u \qquad (9.2)$$

其中：μ 是剪切模量；A 是滑脱接触面积；Δu 是断层的滑动量

9.2.3.3　信噪比

微地震事件被获取的质量和数量取决于采集使用的方法。在现场应用最实用方法的采集数据，但是现场工作的特点意味着在一些采集过程中由于其限制导致达不到最优化方法的效果。例如，使用处理井上的接收器时，采集时的噪声水平增加了，从而降低了信噪比。相应地，微地震数据的信噪比明显降低，意味着信号可能被采集到但是不一定能与噪声分开。优化采集可能实现最高的信噪比。如果噪声不能被消除，可以应用过滤手段，或者通过设计改善信噪比（Liang 等，2009）。不是所有的噪声都是随机的，一些噪声通常可以在处理过程中被识别和处理（St-Onge 和 Eaton，2011）。

9.2.3.4　b 值

b 值是描述地震事件频率和震级的古登堡—里克特幂律关系的一个参数（Gutenberg 和 Richter，1994）。b 值已经在实验室研究岩石形变中被观察到（Scholtz，1968）。

$$\lg N = a - bM \qquad (9.3)$$

其中：M 是震级；N 是级别等于或者大于 M 级地震累计数量；a 和 b 是常数，在事件数与事件震级的二元图中，a 是截距、b 是斜率。

二元图（事件数与事件震级）中产生的斜率和截距在区带边界内被认定是恒定的。b 值被用于判断主要的地震事件是否来自储层内部。较高的 b 值意味着相对于大级别事件，有较多的小级别事件发生，反之亦然。对于微地震数据的统计研究显示，b 值在 1 附近通常与地震活动区相关，b 值大于 2 与天然裂缝及储层内的连接处相关。

9.2.3.5　D 值

另一个分形维数 D 值是一个统计系数，其反映空间分布和事件聚类（Gutenberg 和 Procaccia，1983）。如果事件图呈现在一个点上，D 值等于 0；线性分布 D 值等于 1；平面分布 D 值等于 2；均匀分布 D 值等于 3。

事件震源的空间分布可以通过相关积分分析，计算由小于 r 的距离 R 区分的事件对的数量 N（Gutenberg 和 Procaccia，1983）：

$$C(r) = 2 / N(N-1) \times N(R < r) \qquad (9.4)$$

这里 N 是事件总数。当将积分值 $C(r)$ 与距离范围 r 投到双对数坐标图上，部分分布呈线性。该线性部分的梯度就是 D 值，有：

$$C(r) \propto r^D \qquad (9.5)$$

9.2.3.6　S/P 值

S/P 值是检波器收到的剪切波与压缩波能量的比值。由检波器收到的 P 波和 S 波能量的差异可以提供机械形变信息。例如，Roff 等（1996）利用 S/P 值和事件聚类推断事件群来自同一个震源机制。此外，S/P 值被预测可随裂缝方向改变。

9.2.3.7 震源机制

地震辐射的地震波反映了断层形态和断裂时断层经历的运动。比如，它们可以被用来获得断层动力学。震源机制可利用在一次地震中，地震站间不同方向的辐射地震波初至样式。震源机制可能基于由实际地震波和合成记录拟合的更为复杂的最优波形（Song 和 Toksöz，2011），也可能基于考虑在 P 波和 S 波振幅比值中方位角的变化（Julian 和 Foulger，1996；Hardebeck 和 Shearer，2003），或者仅仅基于简单的"经典"P 波初动的极性读取。后者仍是最常用的大数据处理手段，特别是在短距离和低震级范围内记录时。参考附录 C.4 了解更多关于理论信息、震源机制反演方法。

9.3 微地震在非常规资源开发中的应用

下面的实例研究和分析展示了微地震监测的典型应用。每一个微地震项目的目标可能不同，但是可以通过类比来理解其在大部分非常规油气藏中的应用。任何应用或分析都应该基于数据处理的准确性。

9.3.1 微地震参数

通常，一个微地震事件的信息包括位置、发生时间、矩震级、S/P 能量比、信噪比、RMS 噪声、位置不确定性和残差、角频率、表观压力、静态压降等。表 9.1 列出了典型的时间参数。

表 9.1 典型微地震事件参数

种类	参数描述
事件编号	事件数和类型（噪声、shot、地震）
时间信息	激发事件的时期和时间
事件位置	北向、东向和深度位置；事件位置发生时间
位置误差	北向、东向和深度位置的均方根误差
位置残差	旅行时的位置均方根残差和震源矢量角度残差
到达时间	P 波和 S 波的拾取数量，和 P 波和 S 波应用的数量
源参数	地震矩、矩震级、事件辐射能量、S/P 能量比、表观压力、静态压降、源半径、P 波和 S 波角频率
信号质量	信噪比、RMS 噪声水平
源方案 *	矩张量分解（各向同性、双力偶和补偿线性矢量偶极因子；T 值，K 值），地震断层面解（两潜在断层面的方位角和倾伏角）

注：标记 * 参数只能由震源机制处理提供，并需要多井监测；没有标记 * 的参数可以单井或者多井提供。

9.3.2 应用与实例研究

非常规油气藏的微地震监测可以应用于开发方案的优化，包括井方位角、井间距、级空间、着陆深度（地层组）、压裂方案设计、完井设计、二次压裂方案、裂缝校正、油藏模拟等。操作前，压裂模型提供支撑的裂缝几何体，接着微地震数据可以用来确定裂缝结构体和理解裂缝的延伸（Yang 等，2014）。在压裂项目中，实时微地震数据被作为决策参考的一部分。

9.3.2.1 压裂方位

水平井钻井的一个关键因素是方位设计，这直接与钻遇的裂缝的方位角相关。由于拉张水力裂缝正交于最小应力方向开启，水平井通常垂直于预测的水力裂缝的方位角钻进，所以产生了和储层最大程度接触的横向裂缝。越多的储层接触通常意味着更大的压裂改造体积和泄油面积，这直接影响到油气产量。图 9.3 和图 9.4 分别展示了不成功井与成功井的完井设计。

图 9.3 中水平井钻进方向与裂缝方位角平行，微地震监测显示沿钻井方向每级的裂缝与井筒方向一致，引起泄油面积重叠。因此，从井筒延伸的裂缝沟通网络不会太远。例如，相对低的改造体积，井产量也低于优化的完井设计预期。图 9.4 展示了一个成功的压裂操作，水平井垂直于天然裂缝钻井，因此产生了大量非重叠泄油体积和相对高的产气体积。优化裂缝方位被微地震图证实，微地震定义了每一级微地震事件的横向延伸。

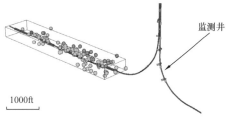

图 9.3 裂缝的方位角与钻井方位角一致
水平井钻井方向与自然裂缝走向平行。每一段的裂缝走向一致并在同一泄油区重叠。这口井的产量相对较小。不同颜色代表微地震活动的不同深度。在多段压裂中，裂缝相互叠置

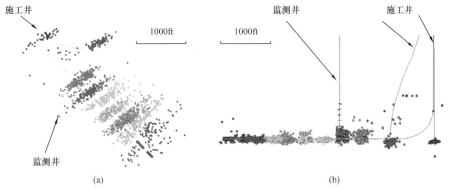

（a）　　　　　　　　　　　　　（b）

图 9.4 一口成功分支井的微地震解释平面图（a）和剖面图（b）以及多段压裂
不同颜色代表不同压裂阶段

9.3.2.2 天然裂缝

微地震测量和其他证据显示在非常规油气藏中，早期存在的复杂裂缝网络在压裂处理过程中的扩展和发育可能是司空见惯的事（Maxwell 等，2002；Fisher 等，2002；Warpinski 等，2005）。生成的裂缝复杂性极大地受早期天然裂缝或者与岩石骨架相比的力学薄弱面以及层内原场压力影响。

图 9.5 显示 Barnett 页岩在首次微地震监测工作中生成的微地震裂缝网络。正如微地震监测的结果显示，原地应力、早期裂缝方向及压裂裂缝样式受早期存在的解理控制。当应力方向与解理组方向不同时，井会高产。在最高产的垂直井中，微地震图像能让我们利用

复杂裂缝模型部署一些实验水平井，并重获成功。因此，地域广阔的 Barnett 页岩具有了商业价值。

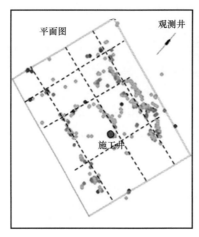

(a) Barnett页岩主裂缝和次级裂缝
图中点为微地震震源

(b) 页岩露头上主裂缝和次级裂缝

图 9.5　Barnett 页岩在第一次微地震监测工作中完成的裂缝网络图

水力压裂裂缝与天然裂缝的相互作用可以导致流体在天然裂缝中漏失，因为剪切或者拉张天然裂缝会扩张膨胀，分支或者改变水力压裂路径，导致裂缝复杂化（Zhao 和 Young，2011；Weng，2014）。

图 9.6 显示，由于早期存在断层，裂缝增长是非对称的且局限于 Bonner 层，但在 Bonner 层压裂发现其向上与 Moore 和 Bossier Marker 砂岩通过断层形成了沟通（Sharma 等，2004），导致明显数量的区外裂缝的高度增加。地震活动在空间和时间上的迁移也表明了这一点。此外，由压力恢复分析和历史匹配获得的支撑或有效的裂缝半长，同微地震定位技术推导的裂缝半长相比明显偏短（Sharma 等，2004）。

图 9.7 显示压裂裂缝沿着天然裂缝方向平行于井筒。钻井沿最小水平主应力方向。微地震活动在第 2 级射孔区域开始，并沿着前一级已开启的裂缝向西延展（事件是浅绿色，井筒左侧）。成像测井证实微地震事件平行于天然裂缝方向。不正确的方位导向导致了相对较低的油气产量。图 9.8 显示了另一个例子，其微地震事件沿断层延伸。

9.3.2.3　实时处理与分析

微地震技术已经发展到实时处理和分析阶段，其被用来对压裂过程中地下裂缝的发育进行成像。这些微地震图像在现场工作中被用来实时优化泵送进度。图 9.9 显示了一个实时分析的例子，裂缝从上部页岩层延伸到第一级下部石灰岩层。起初所有地震事件均发生在浅层的页岩地层，然而后来具有更大的矩震级的事件延伸到更深的石灰岩地层。

图 9.10 显示微地震监测实时记录筛选过程。所有的大事件排成一排指示小断层［图 9.10（a）］。在 3～4 级，裂缝继续向西延伸产生小断裂（标识为红色事件）。然后，一旦通道（裂缝）和射孔贯穿后，立刻泵送压裂液保持小断层。当明显的筛选发生在 3～4 级时，泵送中止。

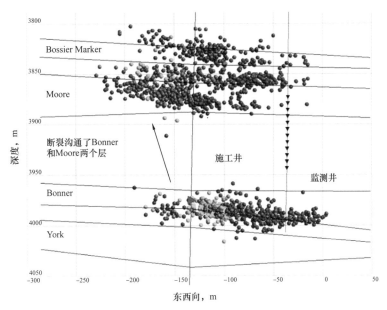

图 9.6　在 Bonner 层记录的微地震数据（彩色充填的圆圈）（据 Zhao 和 Young，2011，有修改）

颜色对应微地震活动的时间（绿色为早期，红色为晚期）。射孔枪被安放在井的 Bonner 层内。

链状接收装置安放在监测井内

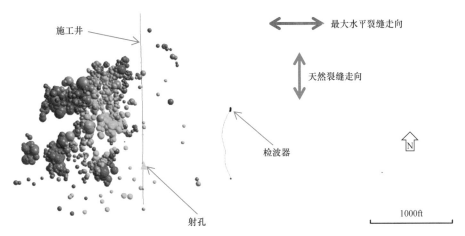

图 9.7　第二阶段微地震活动显示，裂缝垂直于最大水平主应力方向

颜色对应微地震发生的时间。（绿色为早期，红色为晚期）。地震波的强弱对应震幅大小（大球为较大的幅度）。

超过 90% 地震活动的发育在图中井眼的左边，并显示裂缝走向平行于井筒方向

泵机组采用基于微地震结果的建议，应用更少的平台，更多的细砂并改变 5 级及后面级的射孔程序。重新开始后，第 5 级未经筛选从小断层中成功分离。当一些事件位于小断层处（一些红色事件），实时微地震数据再次被用来提醒泵机组并立刻改变压裂程序，更多的压裂改造体积（SRV）在第 5 级［图 9.10（b）］及后面的级中实现。

9.3.2.4　裂缝相遇

图 9.11 展示了一个例子，新的分支井压裂到早期产生的小断层。在两年前的早期工作后，监测到新裂缝。两次微地震工作的结果［图 9.11（b）］结合显示，尖的新裂缝仅沿着早期裂缝路径。因此，两次裂缝在小断层处相遇。

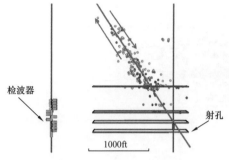

图 9.8 直井延断层裂缝侧视图
颜色对应微地震事件发生的时间（蓝色为早期，红色为晚期）。在第一阶段的处理中，微地震图显示裂缝向上发育进入上覆地层

9.3.2.5 二次压裂与转移

二次压裂是在经历一段时间生产的区域重复开展水力压裂。这项技术在非常规油藏中已应用多年。如果非常规井因为早前低效的完井或油气减产后而遭受低产，就要考虑二次压裂。当前低油价成为石油公司重新对老井或者是成熟油井投资开展二次压裂的一个驱动力。当额外压裂花费可以通过改善的井产量实现收益补偿时，二次压裂变得非常具有吸引力。在二次压裂工作中，转向剂（如分流球或者可降解材料）可以向井下泵送以暂时堵住开启的射孔，从而转移二次压裂压力到新的目标区域（Potapenko 等，2009）。实时微地震成像和压力 / 比率响应可以被用来评估转移的有效性并让工程师采取必要的行动（如增加转向剂量）。

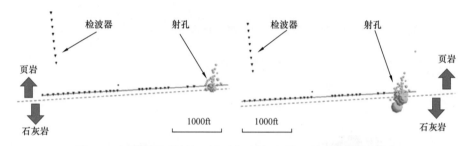

图 9.9 由侧视图可见从上层页岩地层到下部石灰岩地层的裂缝
颜色对应微地震活动的发生时间（浅绿色为早期，深绿色为晚期）。地震波的强弱对应震幅大小（大球为较大的幅度）。所有强震幅都位于石灰岩地层，弱震幅位于较浅的页岩地层

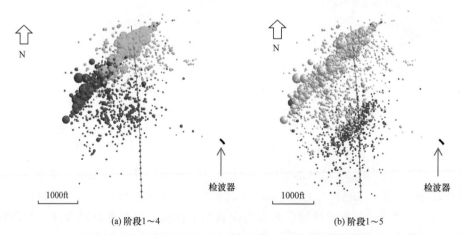

(a) 阶段1～4   (b) 阶段1～5

图 9.10 地震波的强弱与矩震级别（大球为较大的幅度）
如图 9.9 所示，所有在小断层排列的大的地震事件位于石灰岩地层。图（a）地震波由颜色代表时间（绿色 / 红色＝早期 / 晚期）。粗略来说，由于阶段 2 和阶段 3 因筛选而导致较长的停顿，绿色为 1～2 阶段，红色为 3～4 阶段。图（b）微地震活动用颜色区分阶段（灰色为 1～4 阶段，红色为阶段 5）

如图 9.12 所示，微地震成像在最初处理中第一次使用，用来确定水平井中错过部分或者低估的油藏区域作为二次压裂的候选。经过最初阶段的二次压裂，微地震活动发生在

早期处理时相似的区域。经过第一次转向尝试，微地震事件显示只有一些早期裂缝伸展。此外，随着更多的转向剂聚集，微地震显示井的新部位成功造缝。

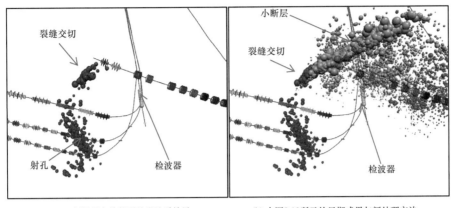

(a) 新处理方法得到的微地震结果　　　　(b) 由图9.10所示的早期成果与新处理方法
　　　　　　　　　　　　　　　　　　　　得到的微地震结果叠加

图 9.11　3D 视角展现了两条断层的交切
观察视角为由底向上看地震波的强弱对应于矩震级（大球为较大的幅度）

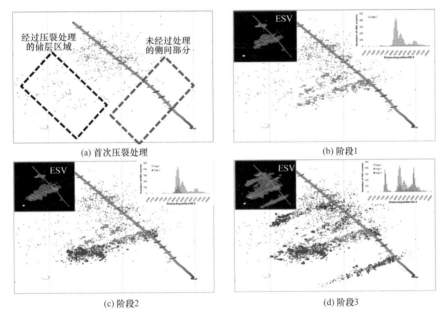

(a) 首次压裂处理　　　　　　　　　(b) 阶段1

(c) 阶段2　　　　　　　　　　　(d) 阶段3

图 9.12　利用微地震成像检测压裂转向技术的效果在水平井不同井段实施压裂的尝试
（据 Cipolla 等，2012，经石油工程师学会许可，转载需申请）
（a）首次激发微地震记录（包括在压裂转向之间不同阶段的微地震记录，同样包括被激发体积的等值线图和沿井地震
事件直方图）；（b）二次压裂准备阶段；（c）在第一次转向尝试微地震活动；（d）更大强度的转向后的微地震活动

9.3.2.6　分离与重叠

微地震可以监测每一个射孔点水力压裂（也可以成为压裂级）中产生的裂缝网络的重叠程度。当多射孔井完井时，也称为"多级压裂"。通常我们称为"级分离和级重叠"，这与压裂效率相关，通过对完成井的相对产量测定。图 9.13 显示了一个效果不好的分离的例子，第 2 级与前面的一级重叠超过 98%。

有效改造体积（SRV）通过产生事件的密度体积计算，其包含了大部分云事件。每一级的体积单独计算（方法1）或者所有事件一起计算（方法2）。重叠多余量［式（9.6）］被用来计算结合级的重叠，这是一个关于整体压裂的参数。级重叠［式（9.7）］被用来计算每级的效率。

$$重叠多余量 = (V_{sum} - V_{com})/V_{sum} \qquad (9.6)$$

其中：V_{sum} 是方法1中所有级的总和；V_{com} 是结合的级数。

$$第\ i\ 级的重叠 = (V_{sum} - V_{com})/V_i \qquad (9.7)$$

其中，i 是级数。通过图9.13中的例子，表9.2总结了应用式（9.6）和式（9.7）计算的重叠结果。

表9.2 某井叠置计算示例

阶段		体积，ft^3	面积，ft^2
计算阶段数量		2	
方法1：单独各阶段	阶段1	9.51×10^8	21833.00
	阶段2	7.06×10^8	16208.00
	各阶段总和	1.66×10^9	38041.00
方法2：综合阶段	综合阶段	9.68×10^8	22223.00
	不同方法1和方法2	6.92×10^8	15818.00
	超额叠置率	71%	
	阶段之间叠置率	98%	
	油藏改造体积	3.46×10^8	7909.00

注：超额叠置率71%是指，叠置部分占两次压裂总体的百分比。阶段2与阶段1的叠置率98%是指，仅有2%油藏改造体积是阶段2产生的。

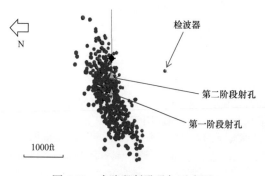

图9.13 多阶段射孔叠加示意图

各阶段用颜色区分：阶段1（蓝色），阶段2（红色），矩震级由球的大小表示（更大的球为更大的矩震级）。在两个阶段之间没有隔离。阶段2与阶段1压裂范围重叠率98%

这并不意味重叠必须是0或者接近这样的数值。然而，尽管不同层的特征存在差异，并且不同操作者其研究、理解和经验也存在不同，但98%的级重叠在大多数情况下是不能接受的。

图9.14显示一个垂直井的级重叠。裂缝在第2级和第3级延伸到第1级，成像测井显示大量垂直裂缝在那个区域出现。

9.3.2.7 不同压裂液

不同的压裂流体的压裂效果存在差异。图9.15为一个来自Barnett页岩的水平井的典型例子，显示了交联凝胶压裂与水力压裂的差异。交联凝胶压裂的裂缝样式较水压裂窄且长，后者更加复杂。

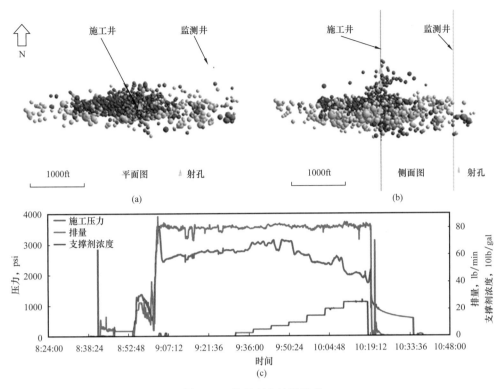

图 9.14　某垂直井的级重叠

（a）（b）为叠置示意图。各阶段由颜色区分（灰色球为阶段 1，浅红色球为阶段 2，绿色球为阶段 3），并由球的
大小表示矩震级的大小。阶段 2，3 始于射孔，在压裂过程中向阶段 1 延展。下方这张图为阶段 3 施工曲线，
显示在第二个处理过程中压力下降。（红色是压力曲线，蓝色为泵送频率，绿色为支撑剂含量）。由于产量与
压裂改造体积（SRV）直接相关，上述例子的产量明显低于另一个具有良好分离的分支井。级分离还可以通过
另外的测量手段或者集成的方法进行识别，例如处理工程记录、半径或者化学压裂液和支撑剂、
温度、压力和声传感器的分布、重力、电阻、井斜等

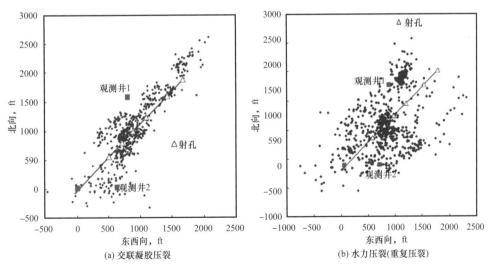

图 9.15　Barnett 页岩水平井交联凝胶压裂和水力压裂的比较

相比于交联凝胶压裂的裂缝特点，水力压裂裂缝更宽更短（据 Warpinski 等，2005；
经美国石油工程师协会许可，转载需申请）

图 9.16 显示滑溜水（井 1）和交联凝胶（井 2）在 Mississippian（密西西比）页岩两个不同层的效果。对两个垂直井采用了两段压裂处理。交联凝胶与滑溜水相比裂缝样式窄且短。阶段 2 的交联处理（井 2）与阶段 2 分隔开，而滑溜水处理（井 1）的裂缝与阶段 2 处理的重叠。图 9.16（c）显示井 1 中阶段 2 随时间发展的地震事件，显示裂缝开始于孔眼，接着破裂进入阶段 1 中先前压裂的层段。

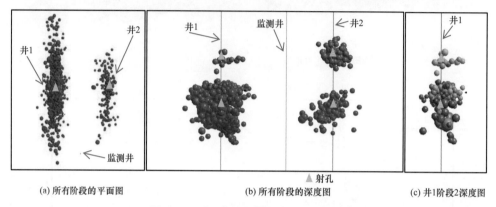

(a) 所有阶段的平面图   (b) 所有阶段的深度图   (c) 井1阶段2深度图

图 9.16 两口直井的滑溜水和交联处理

（b）（c）两图视角为沿裂缝走向。图（a）和图（b）中阶段由颜色区分：蓝色球为阶段 1，红色球为阶段 2；图（c）中时间由颜色区分：绿色球和红色球分别代表时间早和时间晚，并由矩震级确定大小

9.3.2.8 不同的完井

图 9.17 展示了在具有高黏土含量的碎屑岩地层中，尝试利用微地震的成像技术比较三种不同水平井完井方法的结果（jetted port、射孔桥塞连作完井、裸眼完井）。产量结果与产生裂缝网络的大小和复杂性具有可比性。研究了优化各完井流程的方法。那些增加产量的最好流程（推荐修改）被推广在一些其他多井平台上使用。

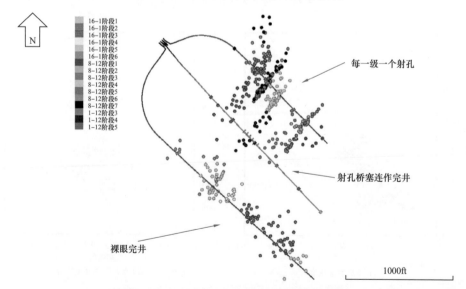

图 9.17 水平井完井中 jetted port、射孔桥塞连作完井和裸眼井完井的比较

各个阶段由颜色区分。微地震监测由水平垂直组合阵列完成。单个 jetted port（右上）产生了最活跃的微地震，裸眼井完井产生中等程度的微地震活动，而在射孔桥塞连作完井中监测到的信号最弱

9.3.2.9 处理井监测

当没有监测井可用时，可使用处理井监测。监测通常在停止泵送和井口压力关闭后立刻开始（Mahrer等，2007）。图9.18展示了一个微地震三维图的例子。

图9.19提供了另一个情况，即在没有钻过水平井的现场，三轴井下微地震（TABS）工具被用来分析裂缝高度和方向。结果惊喜的发现在不同的区域和地层内测量到两个导向方向。由于误差的不确定性及因产生混合的裂缝方向而使整个工区的地震事件重叠，在一个观测井阵列中极大可能观测不到这个现象。我们还观测到以一个层为下界对称发育的币型裂缝，在射孔区之上垂直向上渐弱。

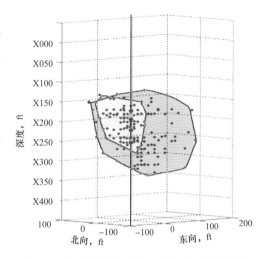

图9.18 微地震活动（小点）和覆盖的裂缝发育区（阴影）（Mahrer等，2007）
绿色区域为凝胶注射处理，红色区域为支撑剂处理。
由大点组成的垂线是井下三轴井下地震阵列

9.3.2.10 长期监测

在操作井中，地震检波器源于持续监测油藏收集数据的能力拓展了一些应用（Hornby和Birch，2008）。三组分宽方位角表面地震数据的使用越来越多。有时是在时延模式下对地下成像并且显示生产对储层的影响。在操作井上使用永久性地震检波器阵列，能使每一个新地震工区在速度和信号上得到油藏级别的标定，从而最大化了获得纯四维（4D）信号的机会。现在可联合监控器使用。单点温度和压力计可以与温度分布相结合，为全井提供一个经标定的温度剖面。利用地震监测的偶尔成像基础和连续微地震监测，系统现在可以与全孔井下流量计结合用于确定多区生产的流动系数。实施这种完整的监测策略就是常说的"智能现场"方法。

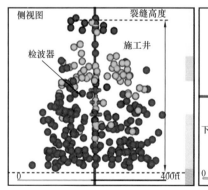
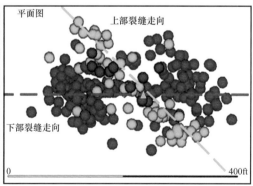

图9.19 三轴井下微地震工具用于裂缝高度和方向的分析示例（据Brooks等，2010）
在试验井的裂缝区域使用三轴井下微地震的优势在于可以增加裂缝高度解释的准确性。
在单个目的层的反馈中可以发现微小的差别

图9.20显示将硫注入含油层前、注入中和注入后进展中的微地震事件。这种长期监测被用来评价系统监测事件的能力，并帮助确定这些事件产生的原因。持续数月近乎实时的监测分析可以帮助解决油藏工程师角度的一些问题。定位的微地震事件涵盖整个

油田和油藏所有深度。油田内有一些明显的簇事件，其可能沿着能产生产量的天然裂缝泄油通道。那些事件与油田的产量一致，当井关停时事件也停止。微地震监测还显示出其他益处，例如描绘裂缝和裂缝网络。如今也在考虑地表地震震源这种长期设备的其他应用。

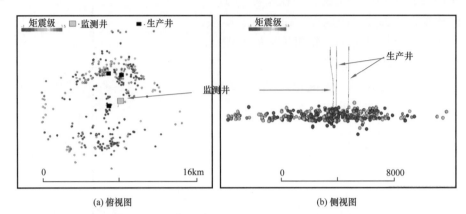

(a) 俯视图　　　　　　　　　　　　　　　(b) 侧视图

图 9.20　生产相关的微地震活动由安装的监测装置记录

地震活动的活动程度由颜色区分。（a）图中黑色方块为生产井位。
小点呈线状和团状也许是裂缝和断裂对注水的反馈，而这也许可以划分储层

9.3.2.11　地质力学

地质力学模型已经用于定量描述关键参数对油气富集的压裂岩石体积复杂性和程度控制的影响（Huang，2014）。微地震数据被用来标定地质力学模型。图 9.21 显示了复杂裂缝网络体与微地震数据及合成微地震事件的耦合。标定后的模型显示相似的半长和覆盖面积。本研究依据一系列从敏感分析中获得的矫正的离散裂隙网络（DFN）性质，其可能被用作最优化压力设计（Huang，2014）。

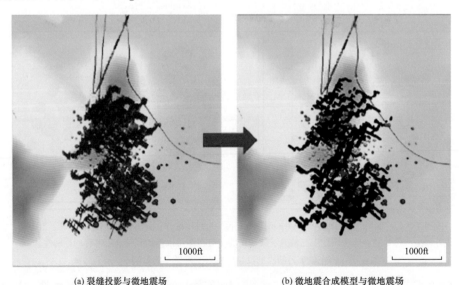

(a) 裂缝投影与微地震场　　　　　　　　　(b) 微地震合成模型与微地震场

图 9.21　加入地质力学模型的耦合微地震活动

（a）展示了微地震数据与地质力学裂缝平面投影模型的耦合；（b）合成模型的匹配

9.3.2.12　震源机制

微地震记录含有丰富的信息，不仅提供事件的位置信息，还可以提供关于裂缝的信息。微地震事件记录中一个最具信息量的观察来源于对事件裂缝机制的解释。压裂裂缝的震源机制可以提供现场压力和应力的直接信息、裂缝延展和压裂操作的关系、比如注入流体和支撑剂（Zhao 和 Young，2011）。

典型的地表或近地表阵列具有足够的焦球覆盖去为记录微地震事件产生沙滩球，通过每个具足够信噪比的传感器记录初动信息。井下单线阵列在源方位角覆盖上存在限制。尽管特定的限制可以用来确定震源机制，更加有效的方法可以通过对事件分类和执行相反的方案获得。选择具有相同波形的事件并组合在一起（Rutledge 等，2004）联合分析共同的机制（Maxwell，2014）。

图 9.22 显示了从三个井眼阵列压裂操作中选择微地震事件记录确定的定位和矩张量方法。事件的颜色通过等光性（ISO）、双力偶（DC）及使用三角颜色描述的全震源机制的线性矢量偶极子（CLVD）组分比例化。事件本身显示了多种机制，显示事件不能够被认为是简单的剪切破坏，而是包含了体积组分的破坏（Baig 等，2010）。

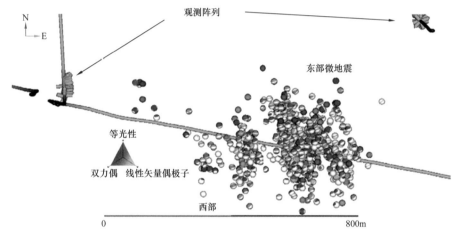

图 9.22　从三个井下监测设备得到的地震活动分布和矩张量
地震活动好像分成了多个线性和近线性簇，而不是沿着区域应力的最大方向分布。并可见裂缝远离试验井生长。三条监测阵列中的两条如图所示

对于现场和合成数据的大量研究发现矩张量存在不确定性，因为可能的定位误差（或其他误差），使用时需小心。这种误差在那些发生在两边都有传感器布置的中层的事件相对较小，但是在位于垂向上较远的部位的事件中误差较大（Du 和 Warpinski，2011）。合成数据分析显示事件位置误差可以通过应用多监测井降低，但是矩张量结果（初动和初至）受随机噪声影响。

9.3.3　统计分析

微地震数据不仅提供几何学信息，还提供统计信息。统计信息的分析可以更好地理解用具、层、岩石力学，帮助理解检测限制、裂缝深度分布、裂缝复杂性、裂缝长度、井间距、岩石力学分析 S/P 比、b 值、D 值和力矩传感器。此外，岩石力学分析帮助理解天然裂缝或早期裂缝最可能的破裂、原地应力相关的等级和方位角、原始岩石中由杨氏模量和

泊松比参数描述的特征，以及震源机制等。

9.3.3.1 矩震级与距离

图 9.23 提供了一个矩震级与相应的源接收机的距离图。最远的检测事件距离工具中心 2140m，矩震级是 –0.3。更加敏感的小井眼阵列在较硬的地层中使用。相反，图 9.24 显示不同的阵列工具在软地层中使用，最远的事件为 1250m，矩震级是 –2.2。可能的检测限制性显示图 9.24 比图 9.23 检测能力低。

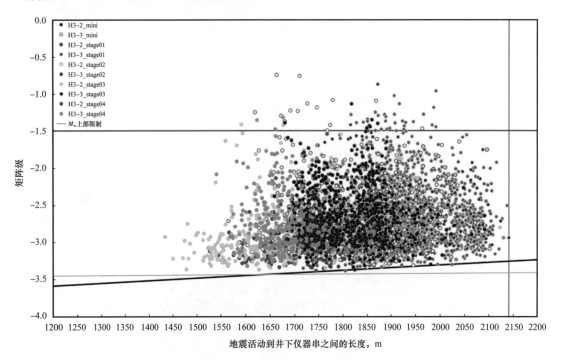

图 9.23 矩震级与距离的交会图

各个阶段由颜色区分，距离是地震活动到井下仪器串之间的长度。矩震级的主要范围在 –3.5～–3.4。距离则在 2100m 以内

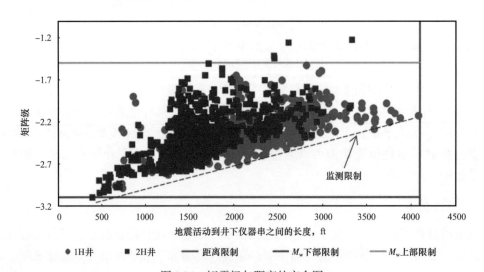

图 9.24 矩震级与距离的交会图

各个阶段由颜色区分，距离为从地震活动位置到仪器串的长度。矩震级的主要范围在 –3.0～–1.6。距离则在 900m 以内

9.3.3.2 深度分布

图 9.25 显示矩震级分布与深度的关系。两口井的最大和最小 M_w 展示出与声波（脆性）具有一致性。

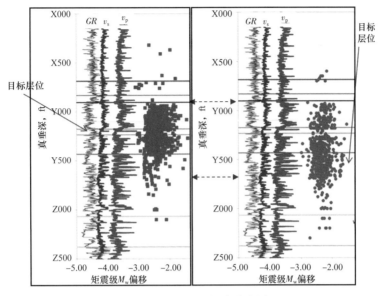

图 9.25　矩震级的深度分布图

x 轴为矩震级的分布；y 轴为地震活动深度。左边的红点代表水平井 1H，右边的蓝点代表水平井 2H

对于 1H 井（左边红色事件），柔软的目标层与上下较硬地层相比具有较少且 M_w 值较低事件，但是当裂缝开始于目标层，与蓝色事件（右边）相比观察到具有较多且 M_w 值较大的事件。此外，对于 2H 井（右边绿色事件），裂缝优先向上延伸，起源于目标层下通过 1H 目标层到达 1H 井的裂缝顶部。与 1H 井相似，较大的 M_w 在较硬的地层出现。

另外，在"A"层之上，"B"层之下零散的事件是由于早期裂缝的影响或者抵消井产量行为。

图 9.26 显示裂缝高度增加的形成在 2H 井的 1～7 段。

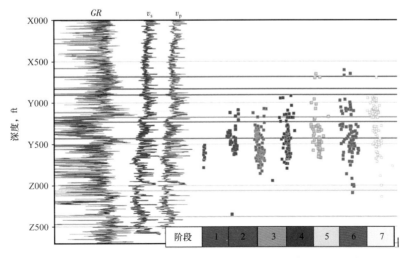

图 9.26　深度对阶段的影响。地震活动由不同颜色的阶段区分

9.3.3.3　裂缝复杂性

裂缝复杂指数（*FCI*）是裂缝网络（微地震云宽度）总宽度与裂缝总长度的比值（图 9.27）。相对于延伸的裂缝网络（裂缝复合物），低的 *FCI* 值指示较长的裂缝网络，大的 *FCI* 指示宽的裂缝网络。

FCI 值的定义如下：

（1）<0.1，非常低复杂性，长且窄的裂缝；

（2）>0.1 但<0.25，低复杂性；

（3）>0.25 但<0.5，中等复杂性；

（4）>0.5 但<0.75，中等—高等复杂性；

（5）>0.75 但<1，高复杂性；

（6）>1，非常高复杂性：短且宽的裂缝复合物。

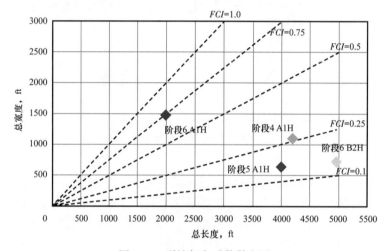

图 9.27　裂缝复杂系数散点图

9.3.3.4　裂缝长度与井间距

井成本是巨大的，所以经济地优化井间距对油藏的有效利用有着重要影响。确定合理的井间距是油田开发决策中的关键，具有重要的经济意义。井间距太大将导致漏掉油藏，井间距太小则增加了井的密度从而提高了成本，也可能因为邻井泄油区域重合间的干扰导致产量降低（Maxwell 等，2011）。

如果裂缝增长到或者接近邻近井，微地震可以用来成像。井间距可以通过分析水力压裂微地震半长和邻井的位置，从而根据预测的泄油空间使每个裂缝重叠或者井空间分开。压裂程度可以从微地震位置直接解译。累积的事件数量与研究井眼的距离的引入有利于对裂缝与井间距关系的理解。如图 9.28 所示，大约 98% 的事件位于距井 900ft 以内，曲线水平接近 900ft。圆点曲线中 90% 的事件位于 600ft 以内，可以认为是高度相通的裂缝，例如裂缝半长。300ft 差异可以理解为天然裂缝相通或者早前开启阶段的活动。利用这个方法计算裂缝半长得到更加稳健的测量结果，建议用这个结果来设计井间距。

9.3.3.5　*S/P* 值

地震波 *S/P* 值可以用来获得断裂力学中剪切或拉张分量相对贡献的信息。张力裂缝与新裂缝的开启有关,而剪切分量指示早期裂缝的重启与生长。这种分析被用来获得不同地质力学领域和模型校正的更多信息。

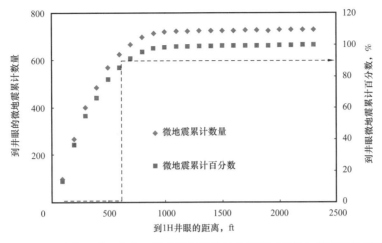

图 9.28　试验井压裂工作中,微地震累计数量和累计百分数与距离的关系图

井下单井阵列特别受限于源的方位角范围。方位角在 P 波和 S 波振幅比中的变化被用来限定震源机制(Julian 和 Foulger,1996;Hardebeck 和 Shearer,2013)。更加有力的思路是通过划分事件获得综合解决方案。选择相同波形的事件进行分组并联合分析常规机制(Rutledge 等,2004)。这可以通过对作为源角度函数的振幅比成图和匹配辐射式模型实现。该方法还可以用于评估机制(图 9.29),通过对事件组进行单源辐射型匹配(Maxwell 和 Cipolla,2011)。源类型差异可以通过将事件以不同的常规机制划分实现。不同机制的模拟对单井监测非常有用,而因为有限的辐射型采样,单事件的机制会不明确。

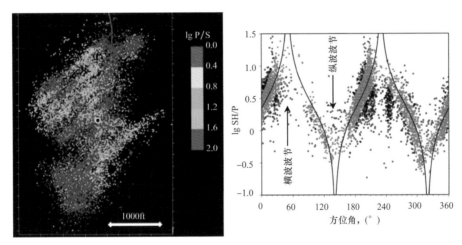

图 9.29　Barnett 页岩(紫色)水平井多阶段压裂示意平面图(a),图中间为微地震监测井(黑点)。地震事件由不同颜色的 P/SH 振幅比记录表示。SH/P 振幅比和方位角的交会图(b),并叠合显示基于辐射式的直立倾滑机制的理论曲线。橙色符号位于理论机制的 15° 内(据 Rutledge 等,2013;经石油工程师学会许可,转载需申请)

9.3.3.6　b 值与 D 值

一些天然现象显示出统计学上的分形特征。两个常见分形维数可以通过振幅的大小分

布（b 值）和空间事件震源（D 值）统计得出。通过上述两维联合分析指示油藏原地应力场的变化（Grob 和 van der Baan，2011）。此外，b 值与天然平均值 1.0 的变化和系统偏差提供了对油藏地质力学行为的理解。

b 值代表记录地震事件的振幅—频率分布（Gutenberg 和 Richter，1944）。相对于大振幅事件，较大的 b 值意味着发生更多的小振幅事件。相反，较小的 b 值意味着发生更多的大振幅事件。b 值被认为是压力场的指标，其影响破裂大小，进而影响事件振幅的大小。Schorlemmer 和 Wiemer（2005）发现，正断层（张性）b 值大于 1，走滑区域 b 值为 1 左右，而反转（压性）类型的应力场 b 值小于 1。

尽管在同一级内，b 值随时间的变化通常被认为与处理参数和油藏力学性质相关。当新的裂缝在该级内延伸而非原地应力转化时，b 值通常展现出与 D 值正相关，其应力场的变化可以通过 b 值和 D 值随时间的变化进行推断。若前一级发生的早期裂缝重新启动时，上面两个分形维数呈负相关。

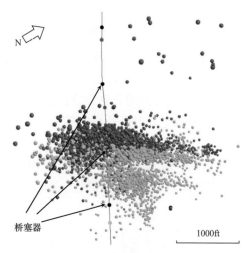

桥塞器

1000ft

图 9.30　水平井段两个选定井段的压裂
效果平面图

微地震活动位置由颜色区分井段，红色为 a 井段，
绿色为 b 井段。箭头代表选定井段封隔器的位置

图 9.30 显示水平井压裂处理中选定的两个段中微地震的位置。显而易见，事件在上面两段中存在重叠。图 9.31 检查了 b 值和 D 值在两段中的时间演化。计算出两个分形维数发生 20 个事件的重叠，我们既可以在早期少数样品内获得段内裂缝的相互作用，也可以利用其他段内样品获得段内裂缝的延伸。对于相邻级的相互作用，如果微地震事件被限制在级内，就可以认为级内 D 值增加，当后面段的事件位置较早先段占主导时，D 值会降低。对于后一种情况，b 值可发生差异变化，这取决于重启早先存在裂缝与扩张新裂缝两者的比例。如同图 9.31 所示，D 值在 "b" 段开始降低与实际位置分布一致（图 9.30）。值得注意的是，b 值在 b 段的开始降低到接近 1 意味着重启早期存在的平面裂缝，D 值接近于 2 也印证如此。D 值与 b 值的相关性在同一段内被用作调整处理操作的依据。

接下来，如果我们拥有足够的样品数据，从仅包括单段事件的位置我们可以在操作中评估原震源机制。在段 "a"，D 值显示水力压裂样式为线性（$D<1.5$）到平面型（$D=2$），而 b 值变化相反。整个过程可能反映出原应力场从正常应力场到反转应力场的转换（Huang 和 Turcotte，1988；Henderson 等，1994；Helmstetter 等，2005）。在另一个 "b" 段内，b 值与 D 值显示出正相关关系。b 值大于 2、D 值为 1.5～2.5 显示张性应力场，产生平面型到均一型的新裂缝延伸。

这种分析的应用可以在大多数处理中受益。分析多级压裂项目可以在优选优化处理参数时提供首选的指导。

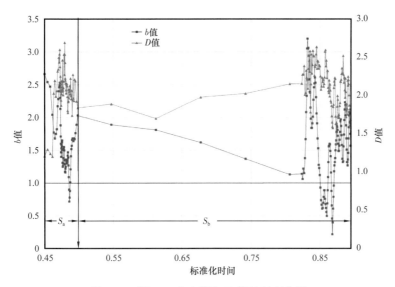

图 9.31　图 9.30 中 b 值和 D 值的时变曲线

时间轴根据总的监测时间标准化。阶段 a 和阶段 b 由平行于纵轴的黑线分开

9.4　结论

20 世纪 90 年代后期，微地震技术和应用发展速度可喜。实验室和现场均证实了微地震监测在水力压裂操作中的实用性。此外，新的方法更加详细地解释了微地震采集的数据并有助于降低不确定性。微地震监测是实现非常规储层高效和高产的一个关键技术。

本章对微地震监测进行了综述，涵盖了基础理论、开发、数据采集和应用工具、处理过程，集中关注了改善效率和生产应用方面。微地震数据降低了非常规储层完井评价中的不确定性。由于开发中经济的挑战增加，微地震技术的应用显得更加重要。

参 考 文 献

Albright，J.N.，Pearson，C.F.，1982. Acoustic emissions as a tool for hydraulic fracture location：experience at the Fenton Hill hot dry rock site. Society of Petroleum Engineers Journal 22，523–530.

Baig，A.，Urbancic，T.，Prince，M.，2010. Microseismic moment tensors：a path to understanding growth of hydraulic fractures. In：Canadian Unconventional Resources & International Petroleum Conference，Calgary，Alberta，Canada，19–21 October. Society of Petroleum Engineers（SPE）. CSUG/SPE 137771.

Bailey，J.R.，Sorem，W.，2005. ExxonMobil logging tool enables fracture characterization for enhanced field recovery. In：SPE Annual Technical Conference and Exhibition. Society of Petroleum Engineers.

Britt，L.K.，Smith，M.B.，Cunningham，L.E.，Hellman，T.J.，Zinno，R.J.，Urbancic，T.I.，2001. Fracture optimization and design via integration of hydraulic fracture imaging and fracture modeling：East Texas Cotton Valley. In：Paper SPE 67205，SPE Production and Operations Symposium，Oklahoma City，Oklahoma，USA，24–27 March.

Brooks，N.，Gaston，G.，Rangel，J.，2010. Three different methods of mapping the characteristics of induced fractures related to both hydraulic frac and production as measured with microseismic array technology from observation wells treatment wells and in a permanent setting. In : SPE Deep Gas Conference and Exhibition. Society of Petroleum Engineers. SPE 131123.

Brune, J.N., 1970. Tectonic stress and the spectra of seismic shear waves from earthquakes. Journal of Geophysical Research 75 (26), 4997–5009.

Chen, C.W., Miller, D.E., Djikpesse, H.A., Haldorsen, J.B.U., Rondenay, S., 2010. Array conditioned deconvolution of multiple component teleseismic recording. Geophysical Journal International 182, 967–976.

Chouet, B., 1986. Dynamics of a fluid–driven crack in three dimensions by the finite difference method. Journal of Geophysical Research : Solid Earth (1978–2012)91 (B14), 13967–13992.

Cipolla, C., Maxwell, S., Mack, M., 2012. Engineering guide to the application of microseismic interpretations. In : Hydraulic Fracturing Technology Conference, SPE 152165.

Du, J., Warpinski, N., 2011. Uncertainty in fault plane solutions from moment tensor inversion due to uncertainty in event location. In : SEG San Antonior 2011 Annual Meeting.

Duncan, P.M., January 2012/26. Microseismic monitoring for unconventional resource development. Geohorizons.

Dyer, B.C., Barkved, O., Jones, R.H., Folstad, P.G., Rodriguez, S., June 1999. Microseismic monitoring of the Valhall reservoir. In : 61st EAGE Conference and Exhibition.

Eaton, D.W., van der Baan, M., Tary, J.B., Birkelo, B., Cutten, S., 2013. Low–frequency tremor signals from a hydraulic fracture treatment in Northeast British Columbia, Canada. In : 4th EAGE Passive SeismicWorkshop.

Eaton, D.W., 2010. Resolution of microseismic moment tensors. SEG Expanded Abstracts 28, 2789–2793.

Fisher, M.K., Davidson, B.M., Goodwin, A.K., Fielder, E.O., Buckler, W.S., Steinberger, N.P., 2002. Integrating fracture mapping technologies to optimize stimulations in the barnett shale. In : Presented at the SPE Annual Technical Conference and Exhibition, San Antonio, Texas, 29 September–2 October. SPE–77441–MS.

Fix, J.E., Adair, R.G., Fisher, T., Mahrer, K., Mulcahy, C., Myers, B., Woerpel, J.C., 1989. Development of Microseismic Methods to Determine Hydraulic Fracture Dimensions. Gas Research Institute. Technical Report No. 89–0116.

Geiger, L., 1912. Probability method for the determination of earthquake epicenters from the arrival time only (translated from Geiger's 1910 German article) . Bulletin of St. Louis University 8, 56–71.

Grassberger, P., Procaccia, I., 1983. Measuring the strangeness of strange attractors. Physica 9D, 189–208.

Griffin, L.G., Sullivan, R.B., Wolhart, S.L., Waltman, C.K., Wright, C.A., Weijers, L., Warpinski, N.R., 2003. Hydraulic fracture mapping of the high–temperature, high–pressure Bossier Sands in East Texas. In : Paper Presented at the SPE Annual Technical Conference and Exhibition, Denver, Colorado, 5–8 October.

Grob, M., van der Baan, M., 2011. Inferring in–situ stress changes by statistical analysis of microseismic event characteristics. The Leading Edge 30 (11), 1296–1302.

Gutenberg, B., Richter, C.F., 1944. Frequency of earthquakes in California. Bulletin of the Seismological Society of America 34 (4), 185–188.

Hanks, T.C., Kanamori, H., 1979. A moment magnitude scale. Journal of Geophysical Research 84 (B5), 2348–2350.

Hanks, T.C., Wyss, M., 1972. The use of body–wave spectra in the determination of seismic–source parameters.

Bulletin of the Seismological Society of America 62（2）, 561–589.

Haldorsen, J.B.U., Miller, D.E., Walsh, J.J., 1994. MultichannelWiener deconvolution of vertical seismic profiles. Geophysics 59, 1500–1511.

Hardebeck, J.L., Shearer, P.M., 2003. Using S/P amplitude ratios to constrain the focal mechanisms of small earthquakes. Bulletin of the Seismological Society of America 93（6）, 2434–2444.

Helmstetter, A., Kagan, Y.Y., Jackson, D.D., 2005. Importance of small earthquakes for stress transfers and earthquake triggering. Journal of Geophysical Research 110, B05S08. http：//dx.doi.org/10.1029/2004JB003286.

Henderson, J., Main, I., Pearce, R., Takeya, M., 1994. Seismicity in north–eastern Brazil：fractal clustering and the evolution of the b value. Geophysical Journal International 116, 217–226.

Hornby, B.E., Burch, T., 2008. Passive "drive by" imaging in a deep water production well using permanent borehole seismic sensors. In：2008 SEG Annual Meeting. Society of Exploration Geophysicists.

House, L., 1987. Locating microearthquakes induced by hydraulic fracturing in crystalline rock. Geophysical Research Letters 14（9）, 919–921.

Huang, J., Turcotte, D.L., 1988. Fractal distributions of stress and strength and variations of b–value. Earth and Planetary Science Letters 91, 223–230.

Huang, J., Safari, R., Mutlu, U., Burns, K., Geldmacher, I., McClure, M., Jackson, S., 2014. Natural–hydraulic fracture interaction：microseismic observations and geomechanical predictions. In：Unconventional Resources Technology Conference, Denver, Colorado, USA.

Julian, B.R., Foulger, G.R., 1996. Earthquake mechanisms from linear–programming inversion of seismic–wave amplitude ratios. Bulletin of the Seismological Society of America 86（4）, 972–980.

Keck, R.G., Withers, R.J., 1994. A field demonstration of hydraulic fracturing for solids waste injection with realtime passive seismic monitoring. In：SPE Annual Technical Conference and Exhibition. Society of Petroleum Engineers.

Leaney, S., Chapman, C., Ulrych, T., 2011. Microseismic Source Inversion in Anisotropic Media. Recovery–2011 CSPG CSEG CWLS Convention.

Liang, C., Thornton, M.P., Morton, P., Hulsey, B.J., Hill, A., Rawlins, P., January 2009. Improving signal–to–noise ratio of passsive seismic data with an adaptive FK filter. In：2009 SEG Annual Meeting. Society of Exploration Geophysicists.

Ma, Y.Z., 2011. Uncertainty Analysis in Reservoir Characterization and Management：How Much Should We Know About What We Don't Know？ AAPG Memoir 96.

Madariaga, R., 1976. Dynamics of an expanding circular fault. Bulletin of the Seismological Society of America 66（3）, 639–666.

Mahrer, K.D., Zinno, R.J., Bailey, J.R., DiPippo, M., 2007. Simultaneous recording of hydraulic–fracture–induced microseismics in the treatment well and in a remote well. In：SPE Hydraulic Fracturing Technology Conference. SPE 106025.

Maxwell, S.C., Cipolla, C., 2011. What does microseismicity tell us about hydraulic fracturing？ In：SPE Annual Technical Conference and Exhibition SPE 146932.

Maxwell, S.C., Urbancic, T.I., Steinsberger, N., Zinno, R., 2002. Microseismic imaging of hydraulic fracture complexity in the Barnett shale. In：SPE Annual Technical Conference and Exhibition. Society of

Petroleum Engineers.

Maxwell, S.C., Rutledge, J., Jones, R., Fehler, M., 2010. Petroleum reservoir characterization using downhole microseismic monitoring. Geophysics 75 (5), 75A129–75A137.

Maxwell, S.C., Cho, D., Pope, T., Jones, M., Cipolla, C., Mack, M., Henery, F., Norton, M., Leonard, J., 2011. Enhanced reservoir characterization using hydraulic fracture microseismicity. In : Hydraulic Fracturing Technology Conference. SPE 140449.

Maxwell, S., 2014. Microseismic Imaging of Hydraulic Fracturing : Improving Engineering of Unconventional Shale Reservoirs. Distinguished Instructor Short Course (No.17). Society of Exploration Geophysicists, Tulsa.

McGarr, A., Simpson, D., 1997. Keynote lecture : a broad look at induced and triggered seismicity, "Rockbursts and seismicity in mines". In : Gibowicz, S.J., Lasocki, S. (Eds.), Proceedings of the 4th International Symposium on Rockbursts and Seismicity in Mines, Poland, 11–14 August, 1997. A.A. Balkema, Rotterdam, pp. 385–396.

McGarr, A., 1976. Seismic moments and volume changes. Journal of Geophysical Research 81 (8), 1487–1494.

MIT OpenCourseWare, Spring 2008. 12.510 Introduction to Seismoloty. http : //ocw.mit.edu/courses/ earthatmospheric–and–planetary–sciences/12–510–introduction–to–seismology–spring–2010/lecture–notes/ lec18.pdf.

Mohammad, N.A., Miskimins, J.L., 2010. A comparison of hydraulic fracture modeling with downhole and surface microseismic data in a stacked fluvial pay system. In : Paper : SPE 134490, SPE Annual Conference and Technology Exhibition, Florence, Italy.

Moschovidis, Z., Steiger, R., Peterson, R., Warpinski, N., Wright, C., Chesney, E., Hagan, J., Abou–Sayed, A., Keck, R., Frankl, M., Fleming, C., Wolhart, S., McDaniel, R., Sinor, A., Ottesen, S., Miller, L., Beecher, R., Dudley, J., Zinno, R., Akhmedov, O., 2000. The Mounds drill–cuttings injection field experiment : final results and conclusions. In : IADC/SPE Drilling Conference. Society of Petroleum Engineers. SPE 59115.

Niitsuma, H., 1997. Integrated Interpretation of Microseismic Clusters and Fracture System in a Hot Dry Rock Artificial Reservoir.

Peterson, R.E., Wolhart, S.L., Frohne, K.H., 1996. Fracture Diagnostics Research at the GR/DOE Multi–site Project : Overview of the Concept and Results (No. CONF–961003–). Society of Petroleum Engineers (SPE), Inc., Richardson, TX (United States).

Pettitt, W.S., Young, R.P., 2007. InSite Seismic Processor : User Operations Manual Version 2.14. Applied Seismology Consultants Ltd, Shrewsbury, UK.

Pettitt, W.S., Young, R.P., Marsden, J.R., 1998. Investigating the mechanics of microcrack damage induced under true–triaxial unloading. In : EUROCK 98. Symposium.

Phillips, W.S., Rutledge, J.T., Fairbanks, T.D., Gardner, T.L., Miller, M.E., 1998. Reservoir fracture mapping using microearthquakes : two Oilfield case studies. In : Paper : SPE 36651.

Pine, R.J., Batchelor, A.S., 1984. Downward migration of shearing in jointed rock during hydraulic injections. International Journal of Rock Mechanics and Mining 21 (5), 249–263.

Potapenko, D.I., Tinkham, S.K., Lecerf, B., Fredd, C.N., Samuelson, M.L., Gillard, M.R., Le Calvez, J.H., Daniels, J.L., 2009. Barnett Shale refracture stimulations using a novel diversion technique. In : Hydraulic

Fracturing Technology Conference. SPE 119636.

Reyes-Montes, J.M., Young, R.P., 2006. Interpretation of fracture geometry from excavation induced microseismic events. In : Proceedings of the European Regional ISRM Symposium, Eurock06. Liege, Belgium.

Rentsch, S., Buske, S., Gutjahr, S., Kummerow, J., Shapiro, S.A., 2007. Migration-based location of the SAFOD target-earthquakes. In : EAGE, 69th Meeting, London.

Roff, A., Phillips, W.S., Brown, D.W., September 1996. Joint structures determined by clustering microearthquakes using waveform amplitude ratios. International Journal of Rock Mechanics and Mining Sciences and Geomechanics Abstracts 33 (6), 627-639.

Rutledge, J.T., Phillips, W.S., Mayerhofer, M.J., 2004. Faulting induced by forced fluid injection and fluid flow forced by faulting : an interpretation of hydraulic-fracture microseismicity, Carthage Cotton Valley gas field, Texas. Bulletin of the Seismological Society of America 94 (5), 1817-1830.

Rutledge, J.T., Downie, R.C., Maxwell, S.C., Drew, J.E., 2013. Geomechanics of Hydraulic Fracturing Inferred from Composite Radiation Patterns of Microseismicicty. SPE 166370.

Scholtz, C.H., 1968. The frequency-magnitude relation of microfracturing in rock and its relation to earthquakes. Bulletin of the Seismological Society of America 58 (1), 399-415.

Schorlemmer,D.,Wiemer,S.,2005. Earth science : microseismicity data forecast rupture area. Nature 434 (7037), 1086.

Sharma, M.M., Gadde, P.B., Sullivan, R., Sigal, R., Fielder, R., Copeland, D., Griffin, L., Weijers, L., 2004. Slick water and hybrid fracs in the Bossier : some lessons learnt. In : Presented at the SPE Annual Technical Conference and Exhibition.

Sondergeld, C.H., Estey, L.H., 1981. Acoustic emission study of microfracturing during the cyclic loading of Westerly granite. Journal of Geophysical Research : Solid Earth (1978-2012)86 (B4), 2915-2924.

Song, F., Tokso ″ z, M.N., 2011. Full-waveform based complete moment tensor inversion and source parameter estimation from downhole microseismic data for hydro- fracture monitoring. Geophysics 76 (6), WC103-WC116. http : //dx.doi.org/10.1190/geo2011-0027.1.

St-Onge, A., Eaton, D., 2011. Noise examples from two microseismic datasets. CSEG Record 36 (8), 46-49.

Thill, R.E., 1972. Acoustic methods for monitoring failure in rock. In : The 14th US Symposium on Rock Mechanics (USRMS) . American Rock Mechanics Association.

Trifu, C.I., Urbancic, T.I., 1996. Fracture coalescence as a mechanism for earthquakes : observations based on mining induced microseismicity. Tectonophysics 261 (1), 193-207.

Truby, L.S., Keck, R.G., Withers, R.J., 1994. Data Gathering for a Comprehensive Hydraulic Fracturing Diagnostic Project : A Case Study. IADC/SPE 27506. In : IADC/SPE Drilling Conference, Dallas, Texas.

Urbancic, T.I., Rutledge, J., 2000. Using microseismicity to map Cotton Valley hydraulic fractures. SEG-2000-144. In : SEG Annual Meeting, Calgary, Alberta.

Urbancic, T.I., Trifu, C.I., Young, R.P., 1993. Microseismicity derived fault-Planes and their relationship to focal mechanism, stress inversion, and geologic data. Geophysical Research Letters 20 (22), 2475-2478.

Urbancic, T.I., Maxwell, S.C., Zinno, R.J., 2002. Assessing the effectiveness of hydraulic fractures with microseismicity. In : Expanded Abstracts : SEG Annual Meeting, Salt Lake City, Utah, USA.

USGS, 1996. Focal Mechanisms. http : //earthquake.usgs.gov/learn/topics/beachball.php.

Vavrycuk, V., 2005. Focal mechanisms in anisotropic media. Geophysical Journal International 161, 334–346. http : //dx.doi.org/10.1111/j.1365–246X.2005.02585.x.

Vavrycuk, V., 2007. On the retrieval of moment tensors from borehole data. Geophysical Prospecting 55 (3), 381–391.

Waldhauser, F., Ellsworth, W.L., 2000. A double–difference earthquake location algorithm : method and application to the northern Hayward fault, California. Bulletin of the Seismological Society of America 90, 1353–1368.

Walker Jr., R.N., Zinno, R.J., Gibson, J.B., Urbancic, T.I., Rutledge, J.T., 1998. Cotton Valley hydraulic fracture imaging project–imaging methodology and implications. In : Paper : SPE 49194, SPE Annual Technical Conference and Exhibition, New Orleans, Louisiana.

Warpinski, N.R., Branagan, P.T., 1989. Altered stress fracturing. JPT 41 (9), 990–997. http : //dx.doi. org/10.2118/17533–PA. SPE–17533–PA.

Warpinski, N.R., Moschovidis, Z.A., Parker, C.D., Abou–Sayed, I.S., 1994. Comparison study of hydraulic fracturing modelsdtest case : GRI staged field experiment no. 3 (includes associated paper 28158). SPE Production and Facilities 9 (01), 7–16.

Warpinski, N.R., Kramm, R.C., Heinze, J.R., Waltman, C.K., 2005. Comparison of single and dual–array microseismic mapping techniques in the Barnett shale. In : Paper SPE 95568, SPE Annual Technical Conference and Exhibition, Dallas, Texas, 9–12 October.

Weng, X., 2014. Modeling of complex hydraulic fractures in naturally fractured formation. Journal of Unconventional Oil Gas Resourc. http : //dx.doi.org/10.1016/j.juogr.2014.07.001.

Wessels, S.A., De La Pena, A., Kratz, M., Williams–Stroud, S., Jbeili, T., 2011. Identifying faults and fractures in unconventional reservoirs through microseismic monitoring. First Break 29 (7), 99–104.

Wu, H., Kiyashchenko, D., Lopez, J., 2011. Time–lapse 3D VSP using permanent receivers in a flowing well in the deepwater Gulf of Mexico. The Leading Edge 30 (9), 1052–1058.

Yang, M., Araque–Martinez, A., Abolo, N., 2014. Constrained Hydraulic Fracture Optimization Framework. IAPG, 165.

Young, R.P., Baker, C., 2001. Microseismic investigation of rock fracture and its application in rock and petroleum engineering. International Society for Rock Mechanics News Journal 7, 19–27.

Zhang, W., Zhang, J., 2013. Microseismic migration by semblance–weighted stacking and interferometry. SEG–2013–0970.

Zhao, X.P., Young, R.P., 2011. Numerical modeling of seismicity induced by fluid injection in naturally fractured reservoirs. Geophysics 76, 169–184.

Zhao, X.P., Collins, D., Young, R.P., 2010. Gaussian–Beam polarization–based location method using S–wave for hydraulic fracturing induced seismicity. CSEG Recorder 35, 28–33.

Zhao, X.P., Reyes–Montes, J.M., Paul Young, R., 2013. Time–lapse velocities for locations of microseismic events–a numerical example. In : The 75th EAGE Annual Meeting, London, UK.

Zhao, X.P., Reyes–Montes, J.M., Paul Young, R., 2014. Analysis of the stability of source mechanism solutions for microseismic events from different receiver configurations. In : Proceedings of EAGE Annual Meeting, Amsterdam, Netherlands.

Zhao，X.P.，2010. Imaging the Mechanics of Hydraulic Fracturing in Naturally-fractured Reservoirs Using Induced Seismicity and Numerical Modeling（Ph.D. Thesis）. University of Toronto.

Zhu，X.，Gibson，J.，Ravindran，N.，Zinno，R.，Sixta，D.，1996. Seismic imaging of hydraulic fractures in Carthage tight sands：a pilot study. The Leading Edge 15（3），218-224.

Zinno，R.J.，Mutlu，U.，2015. Microseismic data analysis，interpretation compared with geomechanical modeling. In：EAGE Workshop on Borehole Geophysics：Unlocking the Potential，Athens，Greece，19-22 April.

Zinno，R.J.，Gibson，J.，Walker Jr.，R.N.，Withers，R.J.，1998. Overview：Cotton Valley hydraulic fracture imaging project. In：Annual Meeting Abstracts. Society of Exploration Geophysicists，pp. 926-929.

Zinno，R.J.，1999. The Cotton Valley Hydraulic Fracture Imaging Consortium：Implications for Hydraulic Stimulation Design and Commercial Passive Seismic Monitoring（MSc Thesis）. Dedman College，Southern Methodist University.

Zinno，R.J.，2010. Microseismic monitoring to image hydraulic fracture growth. In：AAPG Geosciences Technology Workshop，June 28-30，Rome，Italy.

Zinno，R.J.，2011. A brief history of microseismic mapping in unconventional reservoirs. In：EAGE Borehole Geophysics Workshop – Emphasis on 3D VSP，Istanbul，Turkey，16-19 January.

Zinno，R.J.，2013. Microseismic mapping in eastern hemisphere，results and general criteria for successful application，comparisons to North American experience. In：SPE Workshop：Addressing the Petrophysical Challenges Relevant to Middle East Reservoirs，Dubai，UAE，28-30 October.

附录 C　微地震技术介绍

C.1　微地震技术发展历史

脆性岩心的实验测试结果表明，裂缝的产生与微地震能量的释放有关（Thill，1972）。McGarr（1976）对南非的一处深层金矿及发生在日本 Denver 和 Matsushiro 地区的地震进行了研究，提出地震累积强度与移动物质的体积之间具有直接关系。美国科罗拉多州 Rifle 附近多井实验场的天然气研究所展开的研究工作进一步支持了微地震的存在（Warpinski 等，1994；Peterson 等，1996）。

大多数井在增产过程中都会诱发可检测到的地震，它们是由储层内部裂缝的开启或滑脱引起的。检测地震的能力取决于记录系统的灵敏性，从震源到地震检波器的距离，以及地震的强度（Niitsuma，1997）。另外，基于实验研究及理论模型（Sondergeld and Estey，1981；Chouet，1986；Madariaga，1976），水力压裂措施能否诱发微地震取决于局部的一些变量：地层孔隙度及渗透率、岩石的弹性参数、局部应力状态。在压裂过程中，承载应力的致密脆性岩石很可能发生微地震事件。这些变量归结起来可以被概括为某处的地层地质力学特征。

在浅层处理区，区域水平应力强度与垂直应力强度相近，很难形成开启的裂缝（Pine 和 Batchelor，1984），在这种情况下，岩石破裂主要以拉张破裂模式的裂缝为主，但是释放的地震能量没有剪切模式下的强。岩石内薄弱带，如节理及先前存在的裂缝网络的排列方向也对释放的地震能量大小起控制作用（Niitsuma，1997）。

地震学家研发出了许多分析技术（Brune，1970），在采矿、地热、储气、污水回灌、煤层气及石油领域得到了应用，用于对断层及裂缝面进行成像，确定岩石的破裂模式（Hanks 和 Wyss，1972；House，1987；Fix 等，1989）。在 Fenton Hill Hot Dry Rock 实验中，Albright 与 Pearson（1982）记录了流体回灌引发的微地震，并对裂缝进行了成像。在 20世纪 90 年代末，实时微地震监测（Keck 和 Withers，1994）被 ARCO Alaska 股份有限公司用于污水井处理，被 ESG 加拿大有限责任公司用于采矿业中，在北海的 Valhalla 也有应用（Dyer 等，1999）。伦敦帝国理工学院的应用地震学实验室展开了进一步实验，对与扩张及剪切作用有关的岩石破裂微观力学过程实现了定量化描述。

在 1994 年 5 月，Union Pacific Resources 为证明 Carthage Cotton Valley 地层中存在可检测出来的水力压裂诱导地震，开展了一项初步研究（Zhu 等，1996；Zinno 等，1998；Zinno，1999）。他们用市场上可买到的电缆，在一口监测井的井眼中部署了一个三分量测试工具，随后该工具记录了多次地震事件，它们在时间及空间上，均与周围井的压裂及生产活动有关。微地震由 P 波和 S 波组成，在泵送流体及支撑剂之前、过程中及之后，均可成功地记录这两个波。通过矢量分析及 P—S 波到达时间差，可以对记录的微地震进行成像。本次实验得出了两个结论，推动了现今微地震监测的发展：（1）微地震的监测和成像是可能的；（2）信号质量可以反映出岩石破裂机制（Urbancic 等，1993）。Truby等（1994）在从事 ARCO/Vastar Resources 项目过程中所做的详细工作以及 Keck 和Withers（1994），还有 Peterson 等（1996）在 GRI/DOE M-Site 项目中进行的描述对明确裂缝成像过程中存在的设计及操作问题特别重要。在这些早期成果基础上，人们对裂缝的方位、长度及高度有所认知（Rutledge 等，2004），后来将微地震监测引入了商业化轨道。

第一份商业化的微地震监测工作成功地在美国东得克萨斯的 Carthage 气田完成（Zinno，2011）；Barnett 页岩地层中记录了首个页岩气井增产措施（Urbancic 等，2002），对复杂的裂缝网络进行了描绘，发现流体沿着先期存在的裂缝流动（Maxwell 等，2002）。地震采集及处理方法上取得的发展，不断提高的数据处理精度，对非常规储层实现了更为精细的解释，也极大地提高了工作效率及生产力（Zinno 和 Mutlu，2015）。

在这些首次实现商业化的微地震项目之后，微地震监测在非常规油藏开发中的应用与日俱增；微地震监测技术创造了巨大的商业利益及实现了伟大的技术创新（Zinno，2011）。

C.2　微地震处理方法

在对局部地质特征有了详细认识的基础上，建立起精确的深度域速度模型是微地震处理过程中的重要部分。速度模型给出了传播时间，因此可以计算出传播距离。通过偶极子声波测井工具常可以获得 P 波（压缩波）和 S 波（剪切波）的速度，结合局部地质特征，可以建立合适的目标速度模型。

被动地震事件的声波波形是通过三分量地震检波器记录的（附图 C.1）。有两种主要的方法常被用来确定微地震的位置：第一种是传统的 Geiger 定位方法，主张以"到达时间"为基础的方法；第二种是以"偏移"为基础的方法。Geiger 定位方法起源于传统的天然地震学，世代以来已经成为天然地震学的中流砥柱，也是确定地震震源的行之有效的方法（Geiger，1912；Zinno，1999）。这种方法已经在许多行业得到了应用（Zinno，1999），用于分析微地震释放的能量。这个有力的方法的优势在于它已经得到了很好的发展，可以确定地震震源，计算所有已知的地震震源参数。该方法是对很多采集观测系统的概括，即便是检波器的数量有限也能很好地工作，而且计算效率较高，在很大程度上可以控制和优化处理参数的质量，包括复杂速度异常体。利用这种方法定位点震源也有一些不足的地方。有的时候得到的数据是由置于监测井储层附近的单排检波器记录的，在油田应用中通常是这种情况。算法要求波形清晰或信噪比高。当有很多监测井可用时或者是检波器组合在空间上更趋向于三维时，那么信号的质量要求可以不那么严格。这种传统方法存在的另一个问题就是处理器与软件高度交互，虽然可以很好地控制数据质量，调整处理参数，但是也会比较费时，同时对处理器的功能要求较高。不同的处理器得到的结果通常会稍有不同。如果使用者经验不足的话，得到的结果会有很大不同。然而，Geiger 方法在输出数据的多样性及完整性方面表现出特有的优势，而且在采集成本最低的情况下也会很好地运作（Zinno，2011）。

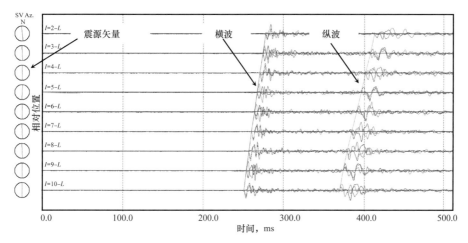

附图 C.1　一次典型的微地震事件

纵轴包含 10 级检波器波形，每个检波器呈现了不同颜色的三分量波形，X 红色，Y 蓝色，Z 黑色。采集速率为 0.25ms。提取了压缩波（P 波）和剪切波（S 波）的到达时间，左侧的震源矢量展示了每个 tool 的 P 波震源矢量

Geiger 方法依赖于 P 波和 S 波的到达时。如附图 C.1 所示，可以识别和提取 P 波和 S 波的到达时。检波器到地震发生点的距离（D）可以通过式（C.1）和式（C.2）得出：

$$\Delta t = t_s - t_p \tag{C.1}$$

$$D = \frac{\Delta t v_p v_s}{v_p - v_s} \tag{C.2}$$

其中：t 代表时间；t_s 表示 S 波的到达时；t_p 表示 P 波的到达时；v_p 为 P 波的速度；v_s 为 S 波的速度。

地震发生的方位可以通过各分量质点随时间的变化或偏振分析确定。同样的分析方法通过矢量分析可以校正传感器的方向，因为在井眼中水平分量的方向是未知的。由于矢量图可以用来确定冲击波的到达方向，那么水平分量的方位在已知地震发生位置，如射孔位置（附图 C.2），井下爆破器位置等的情况下，可以得到校正。

地震发生的深度可以通过不同位置上接收器测得的 P 波与 S 波到达时的延迟时间得到。加上矢量图信息，接收器与震源之间的时差，可以确定地震发生的位置。

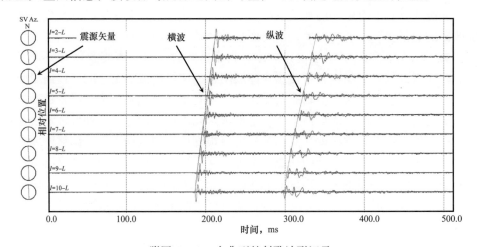

附图 C.2 一个典型的射孔波形记录

纵轴包含 10 级检波器波形，每个检波器呈现了不同颜色的三分量波形，X 红色，Y 蓝色，Z 黑色。采集速率为 0.25ms。所有检波器被定向和旋转到射孔方向

利用交互式搜索方法，通过最小二乘法，将预测的 P 波与 S 波到达时与观测到的 P 波与 S 波到达时之间的时差最小化（Urbancic 和 Rutledge，2000），这可以看成是 Geiger 方法的一种变化。

从反射地震处理到被动地震阵列得到连续地震资料，已经生成了很多不同的"偏移方法"，用来识别可能的微地震，并对其定位。所有的这些偏移方法都是假设正演模型与震源特征具有一致性，但实际情况是相当复杂的，微地震的发生方位也是多变的。因此，通过这些偏移方法确定的震源位置的准确性，取决于这些假设特征的适用性。偏移算法基本上是一种空间信息组合技术。同样地，它们需要用到大量的均匀分布的空间数据节点，进一步需要记录清晰的信号幅度，保证每个节点数据的旅行路径衰减都标准化为正确的值。为了满足这些处理需要，野外采集几何法变得更加复杂，相对于传统的 Geiger 地震位置处理法，用到的接收站更多。

应用比较广泛的几种偏移方法有：逆时偏移法、倾斜叠加法、Kirchhoff 偏移法、Semblance 或震源成像法（Maxwell，2014）。所有的这些方法都将空间信息组合的过程分成离散的三维空间节点数据，每个时间采集点的到达时都一致。通过短时延迟时窗的数据，可以获取最远的节点到稍远的检波器接收站的最长旅行时。空间信息组合法捕获的信号幅度，与算法预测的到达时的正演模型及偏振分析结果相一致。然后，继续这些过程，扫描每个采样时间上的所有空间节点，在空间和时间上寻找震源位置；震源位置对应的旅行时一致且集中（Maxwell，2014）。通过对整个数据进行偏移，基于波动方程的逆时偏移可以找到最大能量聚集点，其中数据包含了所有（假定的）径向上连续的波形可能的衍射路径；这和源于射线追踪模型的单个放射路径不同，如 Kirchhoff 偏移。高斯束（Gaussian-beam）搜索法是向回追踪射线，通过速度模型，沿着矢量分析图的入射角开始，确定震源位置。射线追踪推动形成了有限空间内，对基于 Semblance 加权叠加的原地震数据的偏移（Rentsch 等，2007；Zhao 等，2010）。然后，通过搜索引擎技术，可以在偏移体中，找到

一个最大能量区,即可能是震源位置(Zhang 等,2013)。通过 Semblance-Weighted 反褶积方法,在全波形、矢量、偏移之前,用来明确地震辐射类型及震源参数变量,是"震源成像技术"的代表(Haldorsen 等,1994;Chen 等,2010)。这种方法假设在三维空间内,微地震彼此之间发生的位置比较近,在被动地震阵列中会产生相似类型的不同波形。这些发生在同一地点的微地震的波形,在接收器形成特殊的矢量,可以用来建立反褶积算子,在进行全波形偏移之前对原始地震记录进行预处理,使其符合径向上、时间上均一的震源波形特征的偏移假设。这些偏移方法可以实现全自动处理或半自动处理,减少处理者因个人技能不同产生的影响,但是会保留输出数据的系统错误,也会消除传统的 Geiger 地震定位方法具有的大部分质量控制特性。

一些新兴的"混合法"尝试保留传统 Geiger 技术的质量控制特征,但是加入"偏移"方法的高效部分。有两种这样的混合方法:第一种全波形反演方法,是通过网格搜索技术将正演模拟的全合成地震波形与测得的地震记录匹配起来(Song 和 Toksöz,2011);第二种是相对定位方法,是要找出具有相似时差特征的强振幅的主事件与较弱事件的时间差(Waldhauser 和 Ellsworth,2000;Reyes-Montes 和 Young,2006)。

C.3 工具部署

C.3.1 井下监测

有三种不同的方法可以用来收集井下微地震数据,取决于部署工具的位置。监测工具可以放置于:(1)观测井,观测井可以是垂直的、倾斜的或者是水平的,配备有牵引工具,需要电缆或光纤传输数据,为井下工具与地表记录系统供电;(2)处理井;(3)永久阵列(Brooks 等,2010;Zinno,2011)。

(1)探边井监测。

井下微地震监测是一项成熟的技术,在致密气完井、断层成图、储层成像、水驱效果、钻井污水处理及注入等方面,它可用于了解和提高水力压力的效率和生产力(Baig 和 Urbancic,2010),因此提供了成熟技术能给予的保障。微地震采集工具一般被部署在常规电缆或光纤上,牵引工具用在水平井部署中。

(2)处理井监测。

处理井中的微地震监测可以用到 Triaxial Borehole Seismic(TABS 或 SPEAR)系统(附图 C.3)。TABS 或 SPEAR 系统是一套实时监测工具,与测井工具的使用标准相同,可通过井口注油机在井眼中进行应用。处理井监测技术主要是针对那些没有探边监测井的偏远地区开发的(Bailey 和 Sorem,2005;Mahrer 等,2007)。处理井与观测井的微地震监测结果的对比已经展开,结果表明在合适的条件下,处理井传感器记录的数据要比观测井传感器记录的数据更多(Mahrer 等,2007)。处理井监测方法的优势在于它探测出的距工具较近的裂缝深度及方位比较准确,但是这种方法面临的困难就是井眼内的流体噪声问题。

(3)永久监测。

技术的进步实现了永久监测智能井及 4D 监测(Wu 等,2011)。永久性安装的传感器十分受欢迎,因为通过附近震源可以采集数据。对于海上油井,永久性安装的传感器通过被动地震震源也可能实现地震资料采集(Hornby 和 Burch,2008)。永久性监测工具也可以应用于处理井或注入井,或者生产井,可将工具部署在套管或采油管上(附图 C.4)。

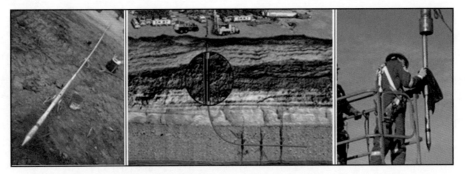

附图 C.3　处理井的阵列部署（据 Zinno，2010；Brooks 等，2010）

TABS 或 SPEAR 阵列通过注油机部署下去，工具本身长 72ft，安装在电缆或 eCoil 上，在抽吸过程中，缓慢下降，工具内部的陀螺仪会识别出检波器的方位。这套工具可以部署在 eCoil 上，用到了穿过油管的七芯导线电缆，通过这种部署，可以将工具推至大角度斜井或水平井中，油管会保证工具的安全部署和撤回。

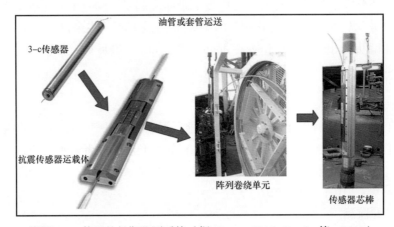

附图 C.4　使用的长期监测系统（据 Zinno，2010；Brooks 等，2010）

长期监测系统可在套管后或者油管和套管之间；传感器可固定或者释放在井底。纤维传感器和电缆不需要井下电子设备，可使用四维监测而不影响井筒操作，比如压裂、生产以及关井。微地震数据可以连续记录压裂、二次压裂、生产流体的运动以及流体类型变化等

C.3.2　地面监测

地面监测微地震是通过置于地表或近地表的检波器组合（埋置检波器）实现的。这种方法的劣势在于地表噪声影响大，距离微地震震源远。由于距离震源远，加上速度模型比较复杂，更加不好确定震源位置。在深度域上确定地震发生位置更是这种情况（Mohammad 和 Miskimins，2010）。小幅度的地震常会使地表获得的到达时及方位不十分准确，通过干涉法或偏移法中的一种可进行数据处理。对地表或近地表的数据采集，需要在靶区覆盖范围足够大，然后进行全波形偏移处理（Duncan，2012）。

地表或近地表观测方法的优势在于可以相对容易地获取地层破裂机制和幅度，这种方法也表明矩张量可以有效地反映局部应力方向（Wessels 等，2011）。

C.3.3　井下与地面监测结合

地表或近地表监测与井下或多井监测相结合的监测方法已经被引入，用于最大化监测范围，提高探测灵敏度，检测震源机制变化情况及确定震源准确性等方面。将地表与井下记录相融合，强化了所有各向异性的速度异常体，而且在很难满足两种接收器设置的前提

下，解决这些问题。虽然每一种监测方法都有优势和劣势，但在实际应用过程中，已经证实将这些方法结合起来会使微地震方法的所有优势都实现最大化。

C.4 震源机制

传统的震源机制是沿着早期存在的断层发生剪切。附图 C.5 解释了发生在垂直断层上的走滑型地震的初动概念。初动既可以是压缩型的（物质向着最初的位置发生位移）也可以是膨胀型的（物质背离最初位置发生位移）。初动定义了 4 个象限，两个压缩型的和两个膨胀型的。象限之间的界限发生在断层面上以及与断层面垂直的面上，即辅助面。互相垂直的面被称作节平面，如果可以找到它们的分布方向，那么就可以知道断层的几何结构。然而，单凭初动并不能区分开断层面和辅助面。还需要其他的一些信息，如地质特征及余震等，用来识别哪一个是真正的断层面。

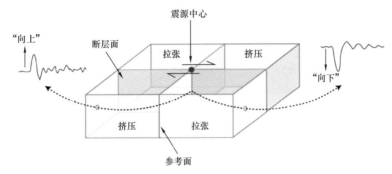

附图 C.5　单纯的走滑型地震的初动断层实例（MIT Open Course Ware，2008）
震源机制以及相关的不同波形的辐射方式通常会呈现在一个赤平球面投影上，代表震源周边的范围，
如"沙滩球"图（附图 C.6）。沙滩球可以解释断层面的方向以及剪切方向。通过剪切波初动，
结合 S 波与 P 波的振幅比，也能判断震源机制。

如附图 C.6 所示，每一种震源机制旁边的方块图都说明了这种震源机制可以代表两种可能的断层运动类型。正如上面提到的，这个问题有时可以通过将两个断层面的方向与小地震及余震发生位置进行比较而得到解决。前面描述断层运动的三个例子都是单纯的水平向的（走滑型）或者垂直向的（正断层或逆断层）。斜向—逆向机制则反映了断层的滑动可能同时包含水平运动及垂向运动。

矩张量反演（MTI）能够提供更好的震源机制解，可以描述多种震源类型包括剪切、拉伸、爆破，或者这些类型的任意组合。矩张量完整地描述了地震点震源的一阶近似等效力。等效力与物理源有关。由波形幅度反演而来的矩张量可以解释成不同类型的震源机制，如爆破／内爆型，Ⅰ类张开型裂纹，Ⅱ类平面裂纹，Ⅲ类反平面裂纹。二阶矩张量的解释是非常重要的，有很多不同的方法用于将 MTI 分解成具体的端元震源类型。通常将微地震震源矩张量分解为 ISO（各向同性）成分、DC（双力偶）成分和 CLVD（补偿线性矢量极偶）成分。

通过井下检波器串和窄范围的地表排列尝试获取微地震震源机制还比较困难，因为震源范围内的采集点有限。为了确定各向同性介质中的完整矩张量（6 个独立的分量），我们必须用到至少三口井眼的 P 波振幅或者是两口井眼的 P 波与 S 波振幅（Vavrycuk，2007；Eaton，2010；Zhao 等，2014）。另外，由于岩石一般会表现各向异性，特别是页岩，所以明确各向异性对微地震震源及其反演产生的可能的影响非常重要（Vavrycuk，2005；Leaney 等，2011）。

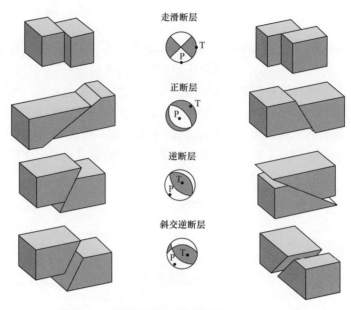

走滑断层

正断层

逆断层

斜交逆断层

附图 C.6　震源机制的示意图（据 USGS，1996）

灰色的象限表示的是张力轴（T），反映的是最小压应力方向，白色的象限表示的是压力轴（P），反映的是最大压应力方向

第10章 天然裂缝对水力压裂模拟的影响

Xiaowei Weng[1]，Charles-Edouard Cohen[2]，Olga Kresse[1]

（1. *Production Operations Software Technology*，*Schlumberger*，*Sugar Land*，*Texas*，*USA*；2. *Production Operations Software Technology*，*Schlumberger*，*Rio de Janeiro*，*Brazil*）

10.1 引言

在许多现场尺度的水力压裂试验中，在形成裂缝的地层开采或取心，以此来直接观察到人工裂缝的几何形状，能观察到人工裂缝和天然裂缝的相互作用可以使天然裂缝产生分支，因而形成了复杂裂缝（Warpinski 和 Teufel，1987；Jeffrey 等，1994；Jeffrey 等，2009；Warpinski 等，1993）。图 10.1 显示了水力裂缝扩展穿过天然裂缝和区域边界所产生的复杂的平行裂缝和分支的例子，是 Warpinski 和 Teufel（1987）在一个野外取样试验中观察到的。

然而，并不清楚这些复杂性相对于更大尺度的平面裂缝是否只是小尺度的裂缝，以及它们是否也能在更深部的地层中形成。在天然气研究中心／能源部发起的多井试验中直接观察，通过对水力压裂过的地层取心（Warpinski 等，1993），显示出多级密集的水力诱导裂缝被剩余的压裂液充填。多年来，基于类似观察认识到了水力诱导裂缝的潜在复杂性，但模拟水力压裂改造设计还是基于平面裂缝模型。

2005 年开始，随着 Barnett 页岩水平钻井和多段压裂的成功，页岩气和页岩油储层的勘探和钻井活动在美国以及其他地区突飞猛进。这些储层的经济开采大部分取决于水力压裂模拟改造的有效性。微地震测量和其他证据显示，在非常规储层压裂改造期间产生复杂裂缝网络很常见（Maxwell 等，2002；Fisher 等，2002；Warpinski 等，2005）。人工裂缝的复杂性主要受到地层中天然裂缝和地应力的影响。裂缝模拟可以提供影响短期和长期产量的参数，如诱导裂缝的长度和高度、支撑和未支撑裂缝的表面积、支撑剂分布和导流能力，而这些参数不能从微地震测量中获得（Cipolla 等，2011）。

然而，模拟人工裂缝网络的产生以及水力诱导裂缝与天然裂缝间相互作用有许多技术挑战。近几年，在复杂裂缝模型开发方面

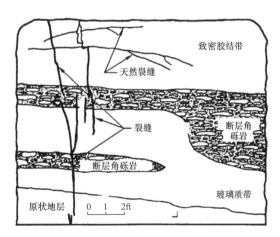

图 10.1 在野外取样试验中观察到的复杂裂缝
（据 Warpinski 和 Teufel，1987）

进步显著，与常规平面裂缝模型相比，复杂模型更适合非常规储层的压裂设计。但复杂断裂过程对整体裂缝形态的影响或者重要性还未被完全理解。

压裂设计的难点之一是压裂改造期间缺乏对产生裂缝复杂性性质的清晰理解。微地震监测的分辨率足以准确描绘水力裂缝平面。微地震事件的主要机制是沿着水力裂缝附近的天然裂缝或断层发生剪切破坏（Rutledge 等，2004；Williams-Stroud 等，2012）。事件云图表征为水力裂缝附近的"晕环"。在常规砂岩地层中，微地震事件宽度相对狭窄；反之，在非常规储层中，通常事件点分布更宽（Fisher 等，2002）。宽的微地震事件带可能是由于深部流体渗入到页岩的天然裂缝中，但水力诱导裂缝保持平面或简单状态（Savitski 等，2013），也可能是产生了复杂人工（张力的）裂缝网络来解释。尽管压裂液可渗入到深部高渗透性和连接良好的天然裂缝网络中（Zhang 等，2013），但非常规储层有效渗透率极低，而岩心观察显示出页岩中大多数天然裂缝是充填的（Gale 等，2007；Gale 和 Holder，2008；Han，2011；Williams-Stroud 等，2012）。因此，在渗透率极低的页岩中，只有有限的流体渗入到天然裂缝网络中。流体能渗入到天然裂缝是因为天然裂缝发生剪胀，但多发生在应力各向异性较大以及天然裂缝与主应力方向夹角为 30°~60° 的条件下（Murphy和 Fehler，1986）。而对构造环境较松弛且水平应力差很小的页岩储层来说，宽的微地震事件带表明张性人工裂缝网络较为复杂，尽管人工裂缝可能会沿着天然裂缝的路径扩展。Fisher 等（2002）提到，Barnett 页岩的一个现场实例，压裂液意外地连接到不在预期裂缝带上的邻井，并使邻井产量降低，从而证实产生了复杂人工裂缝网络。在另一个 Barnett实例中，Cipolla 等（2010）展示了平面裂缝模型预测的裂缝长度远远超过微地震数据显示的裂缝长度，除非在模拟中假定压裂液效率极低（低于 10%），从而允许平面裂缝容纳大量的注入流体，但如此低的效率与在页岩地层泵注后的关井期间压力递减很慢不一致。相反，复杂人工裂缝网络能够解释大量的压裂液储存在具有相同的整体长度的裂缝网络中，以及滤失较低导致的较高压裂液效率。然而，在构造应力强的地质背景中，剪切破坏可能是引起微地震事件带较宽的原因。建立合适的复杂裂缝模型和（或）地质力学模型能够帮助回答以上问题并为优化裂缝设计和完井策略提供工具。

对于含天然裂缝的地层中水力裂缝的扩展，或者相对于岩石基质的物理弱面，人工裂缝（HF）和天然裂缝（NF）之间的相互作用可能导致压裂液滤失进入天然裂缝里，剪切力或张力导致天然裂缝的扩张，或者是分支或人工裂缝路径改变，产生复杂裂缝。图 10.2描述了当泵注时，压裂液通过水平井的射孔簇可能产生的人工裂缝网络（Weng，2014），并给出了一些人工裂缝和天然裂缝相互作用导致裂缝分支和复杂性的情况：

（1）正交。当一个天然裂缝黏聚力较大和（或）正应力较高时，张应力集中在人工裂缝的末端，使得人工裂缝容易穿过天然裂缝面到达相对面的岩石中，使岩石受到张性破坏，人工裂缝直接穿过天然裂缝扩展，不改变方向。因此，人工裂缝像水平裂缝一样在地层中扩展。然而，如果流体压力超过施加于天然裂缝的闭合应力，它将在张力作用下打开并变成人工裂缝空间网络的一部分。

（2）人工裂缝被天然裂缝阻止。当天然裂缝界面比岩石基质薄弱，并且应力状态导致裂缝面在剪切和滑动下破坏。因此，侵入人工裂缝末端的张应力不能充分被传播到天然裂缝面的对面，不能使岩石在张力下破坏，导致人工裂缝的扩展被天然裂缝阻止。如果人工裂缝中的流体压力持续增加，它将超过施加于天然裂缝的闭合应力，导致天然裂缝被张力打开，变成人工裂缝网络的一部分。

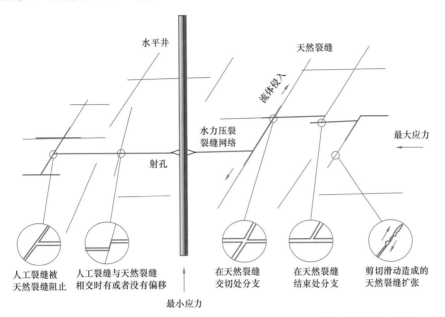

图 10.2　人工裂缝与天然裂缝相互作用的不同情形图示，能导致裂缝分支和复杂性（据 Weng，2014）

$\upsilon_{h\,max}$，$\upsilon_{h\,min}$——最大和最小应力

（3）偏移横穿。在实验室和矿场取样试验中常常能观察到，当一条人工裂缝与一条天然裂缝相交时，可能在界面上产生一个小的偏移，如图 10.2 所示。偏移通常为 1in 至几英寸（Jeffrey 等，2009）。偏移是由于天然裂缝面局部分离以及天然裂缝与人工裂缝交点的剪切滑移造成的，这个过程改变了应力集中点，使得它远离相交点，转移到打开/剪切滑移区域（Thiercelin 和 Makkhyu，2007）。

（4）天然裂缝相交。当流体压力超过天然裂缝的闭合应力时，天然裂缝在张力作用下开启，变成人工裂缝网络的一部分。如果天然裂缝贯穿另一条天然裂缝，当流体前缘到达缝面时，只要流体压力超过天然裂缝的闭合应力，人工裂缝就可能在相交处再次分支。

（5）在天然裂缝末端分支或转向。如果人工裂缝沿着天然裂缝的路径直到末端，末端不再有薄弱面让流体优先打开。因此，人工裂缝或者转变方向与主裂缝方向一致，从而产生一个 T 形分支。

（6）沿着天然裂缝剪切滑移。如果天然裂缝中的流体压力保持低于它的闭合应力，裂缝面将不会因承受张力而分离。然而，它会在剪切应力下破坏。剪切诱导的层间滑移导致扩张，并增加了天然裂缝的渗透率，这可能会增加产量。剪切破坏的发生取决于在天然裂缝上施加的正应力和剪应力，反过来，取决于主应力差、天然裂缝相对于最大主应力的夹角、流体压力（取决于天然裂缝中的压力扩散）和界面摩擦性能。

复杂人工裂缝数值模拟中的一个主要挑战是由于问题呈现出的不同尺度，在裂缝相交点控制不同现象的机制是一个非常局部的现象。对于一个综合的复杂裂缝模拟装置，需要对大尺度网络和局部相交过程建模。在大尺度裂缝网络模拟中，人工裂缝之间的作用也需考虑。在大多数非常规储层的水平井完井中，由多个段组成多级射孔簇决定了多级裂缝的起点。甚至在平面裂缝中，裂缝中的相互作用能导致裂缝扩展的不均匀。大多数常规平面裂缝模型不考虑裂缝的相互作用，即应力阴影效应。至于复杂裂缝网络，由于裂缝密度更高，故裂缝相互作用更强。因此，水力裂缝模拟必须考虑应力阴影。

本章主要研究和论证在存在天然裂缝的地层中压裂时，天然裂缝的性质如何影响人工裂缝网络形态，进而如何影响支撑裂缝表面积和产量。

10.2 水力压裂与天然裂缝相互作用

如上所述，在含有天然裂缝地层的水力压裂时，人工裂缝和天然裂缝之间的相互作用是产生裂缝复杂性的一个决定性因素。对人工裂缝和天然裂缝相互作用的控制机制的理解和正确建模是解释水力压裂期间观察到的裂缝复杂性和微地震事件的关键，最后，能够正确地预测裂缝几何形状和储层产量。

当一条人工裂缝与一条天然裂缝相交时，人工裂缝能穿过或被天然裂缝阻止，人工裂缝能随后打开（扩张）天然裂缝（图10.2）。如果人工裂缝穿过天然裂缝，它保持平面，如果在相交处的流体压力超过了施加于天然裂缝的正应力，有可能打开横断的天然裂缝。如果人工裂缝没有穿过天然裂缝，它能扩张并最终扩展到天然裂缝末端，形成一个更复杂的裂缝网络。因此，相交准则很大程度上影响着裂缝网络的复杂性。

人工裂缝和天然裂缝的相互作用取决于原地应力、岩石的力学性质、天然裂缝性质和水力压裂参数，包括压裂流体性质和注入速率。过去10年，研究人员开展了大量的人工裂缝—天然裂缝相互作用的规则的理论和实验工作（Warpinski和Teufel，1987；Blanton，1982，1986；Renshaw和Pollard，1995；Hanson等，1982；Leguillon等，2000；Beugelsdijk等，2000；Potluri等，2005；Zhao等，2008；Gu和Weng，2010；Gu等，2011），也开展了大量数值模拟来模拟相互作用中的断裂机理（Heuze等，1990；Zhang和Jeffrey，2006b，2008；Thiercelin和Makkhyu，2007；Zhang等，2007a，2007b，2009；Zhao和Young，2009；Chuprakov等，2010；Meng和dePater，2010；Dahi-Taleghani和Olson，2011；Sesetty和Ghassemi，2012；Chuprakov等，2013）。下文简要总结如何采用数值和分析方法模拟人工裂缝—天然裂缝的相互作用（Weng，2014）。

若简化裂缝扩展端部的应力场，则可采用相对简单的解析相交准则来判断（Warpinski和Teufel，1987；Blanton，1982，1986；Renshaw和Pollard，1995；Gu和Weng，2010）。Blanton（1982，1986）准则基于线弹性断裂力学，不考虑人工裂缝和天然裂缝之间的力学作用，主要取决于应力差以及人工裂缝与天然裂缝之间的相互作用角。Warpinski和Teufel准则（1987）基于库仑摩擦定律定义了界面上的剪切滑移条件，并规定了具有渗透性的天然裂缝与人工裂缝和（或）天然裂缝扩张的简单相交准则。Renshaw和Pollard（1995）基于线弹性断裂力学开发了一种预测裂缝是否正交于裂缝穿过摩擦界面的简要准则，用于解决裂缝端部附近的应力问题，即界面相对面上的应力多大可剪切张开一条裂缝。

Renshaw和Pollard相交准则如下：

$$\frac{-\sigma_H}{T_0 - \sigma_h} > \frac{0.35 + \dfrac{0.35}{\lambda}}{1.06} \tag{10.1}$$

式中：σ_H 和 σ_h 分别是水平应力（正张力）的最大值和最小值；T_0 是岩石抗拉强度；λ 是天

然裂缝界面摩擦力系数。准则经过实验验证。而 Polturi 等（2005）总结了天然裂缝的开启和相交条件以及从天然裂缝端部或缺陷再开启人工裂缝的规律。

地层中天然裂缝通常与同一时期的主地应力方向不一致，因此，人工裂缝与天然裂缝的相交角介于 0° 与 90° 之间。相交角对相交有显著影响，Gu 和 Weng（2010）把 Renshaw 和 Pollard 准则延伸到非正交角度的裂缝相交。他们的工作显示当相交角从 90° 减少时，人工裂缝穿过界面变得越来越难。这种相交准则（在本章中称为 Renshaw 和 Pollard 扩展版，或者 eRP 准则）与来自区块的实验室结果一致性较好（图 10.5，Gu 等，2011）。

因以上分析准则不考虑应力场以及和尖端初步接触后的岩石变形的细节，显得相对简单。准则获取了裂缝相交角、天然裂缝摩擦系数和原地应力的一维效应，但不考虑影响人工裂缝形态的流体注入参数以及接触后流体渗透到天然裂缝，但矿场和实验室观察均显示流体性质很重要，应进一步修正模型以做出合理解释。

Beugelsdijk 等（2000）以及 dePater 和 Beugelsdijk（2005）的实验研究显示，流速和压裂液黏度极大地影响压裂人工裂缝复杂性。当注入速率 Q 和压裂液黏度 μ 的乘积数值（$Q\mu$）较小时，流体易于漏进岩石间断面，并沿着断面产生弯曲的裂缝路径；而当 $Q\mu$ 值较大时，人工裂缝易于穿过弱面，裂缝路径近乎连续（图 10.3）。

在 Barnett 页岩，采用微地震监测对同一口井使用滑溜水和冻胶压裂进行观察，（Warpinski 等，2005），如图 10.4 所示。初次压裂采用交联冻胶，重复压裂采用滑溜水。交联冻胶以 70bbl/min 的速度泵注，持续 3h，砂浓度逐步增加至 3lb/gal。微地震事件点显示出纵向裂缝，天然裂缝少量激活，

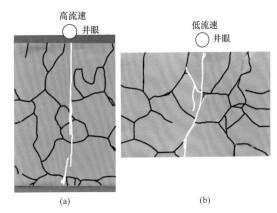

图 10.3　岩样截面图（据 dePater 和 Beugelsdijk，2005）

黑色是干缩裂缝，白色是人工裂缝。图（a）是具有高流速的基础方案，图（b）是低流速实验。高流速产生了一条新的人工裂缝，而低流速导致流体流入干缩裂缝

改造裂缝网络狭窄（距离井眼小于 500ft），如图 10.4（a）所示，储层改造体积（SRV）等于 $430 \times 10^6 \text{ft}^3$。几个月后整体重复压裂，大多数井压裂排量为 125～130bbl/min，共泵入 60000bbl 的滑溜水和 285000lb 的砂，施工时间持续了 6.5h。改造网络大约为 1500ft 宽，3000ft 长［图 10.4（b）］，裂缝高度也大幅度增加，总储层改造体积达到 $1450 \times 10^6 \text{ft}^3$。很明显，重复压裂改造体积远远超过了初次冻胶压裂（$1450 \times 10^6 \text{ft}^3$ 对 $430 \times 10^6 \text{ft}^3$），而且微地震显示裂缝沿北—东和北—西两个方向扩展（Warpinski 等，2005）。

为了改善对人工裂缝—天然裂缝相互作用的描述，Chuprakov 等（2013）开发了一个更加精细的，考虑人工裂缝开启的力学影响以及天然裂缝渗透率的解析相交模型。这个模型解决了天然裂缝与不锋利的人工裂缝交点的弹性扰动问题，以均匀的开启位置为代表（因此命名为 OpenT）。在结点 w_T（钝形尖端）人工裂缝的打开在接触后发展很快，接近人工裂缝平均打开值 $\overline{w}$，由注入速率 Q 和流体黏度 μ 决定。新的 OpenT 相交模型根据岩石性质的影响（局部水平应力、岩石抗拉强度、韧性、孔隙压力、杨氏模量、泊松比）、天然裂缝性质（摩擦系数、韧性、内聚力、渗透率）、人工裂缝和天然裂缝之间的相交角、

压裂液性质（黏度、端压力）和注入速率来定义相交准则。

模型计算了沿着界面和活化天然裂缝附近的弹性应力场，并决定了打开和剪切滑移区域的大小，通过检测产生的应力场来确定张应力位置。应力和能量准则组合判断裂缝是否能重启，如果满足裂缝启动准则，在界面的相对面开启次要裂缝，出现正交（如果启动位置恰好位于相交点）或偏移相交（如果启动位置远离相交点）的情形。

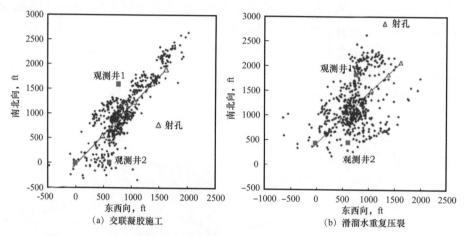

图 10.4　Barnett 页岩水平井单井微地震事件位置（据 Warpinski 等，2005）

方程显示了打开和滑动区域的空间幅度极大地取决于天然裂缝激活部分内部的流体压力。内部流体压力越大，天然裂缝打开和滑动区域就越大。因此，预计人工裂缝接触天然裂缝之后，注入的压裂液将会逐渐以有限渗透率 K 渗透到天然裂缝中，从而提高了天然裂缝内的流体压力，通过渗透到裂缝中的流体计算天然裂缝内的平均压力。在高渗透性天然裂缝或采用低黏度压裂液流体压力更容易增加，因此人工裂缝被阻止的可能性更大。相反地，高黏度流体难以渗透入天然裂缝中，因而人工裂缝更易穿过天然裂缝。经过验证，OpenT 模型与实验和严格的数值模型相悖（Thiercelin 和 Makkhyu，2007；Chuprakov 等，2013）。

为了更准确地描述人工裂缝—天然裂缝的相互作用，需要采用数值模型。Zhang 等（2007a）和 Zhang 等（2009）建立了一个无限弹性介质中对任意裂缝表面 Ω 的广义二维（2D）弹性方程：

$$\left. \begin{array}{l} \sigma_n(x) - \sigma_n^\infty(x) = \int_\Omega \left[G_{11}(x,s)w(s) + G_{12}(x,s)v(s) \right] \mathrm{d}s \\ \tau(x) - \tau^\infty = \int_\Omega \left[G_{21}(x,s)w(s) + G_{22}(x,s)v(s) \right] \mathrm{d}s \end{array} \right\} \qquad (10.2)$$

其中：$\boldsymbol{x} = (x, y)$ 是裂缝表面 Ω 上的一点；$\mathrm{d}s$ 是沿着裂缝的无穷小长度增量；$\sigma_n(\boldsymbol{x})$ 和 $\tau(\boldsymbol{x})$ 是施加于裂缝面的正应力和剪应力；σ_n^∞ 和 τ^∞ 是由 x 点裂缝远程原地应力诱导的正应力和剪应力；w 和 v 是沿裂缝的张开位移和剪切位移；G_{ij} 是 Zhang 等（2005，2007a）给出的超奇异格林函数。式（10.2）包含了应力和位移的法向分量和横向分量，当 $\sigma_n(\boldsymbol{x}) = p(\boldsymbol{x})$，$\tau(\boldsymbol{x}) = 0$ 时，方程适用于开启的人工裂缝，当剪应力 $\tau(\boldsymbol{x})$ 不为 0 时，也可应用于闭合裂缝。相应的数值模型（MineHF2D）建立了质量守恒方程和裂缝中牛顿流体或幂律流体的流动方程，考虑闭合裂缝缝隙的表面粗糙度 $\overline{\omega}$。对于闭合裂缝系统部分，库仑摩擦定律同样适用，闭合裂缝孔径是有效正应力和剪切位移的函数。当施加于裂缝界面的剪应力达到库仑摩擦定律指定的最大剪应力时，界面滑动。这种剪切滑移导致了界面扩大，例如，$\overline{w}$ 增加导致流体流动导流能力增加。在 Zhang 等（2007a）的表述中，力学缝隙引起孔隙度增加，认为是简单人工裂缝。尤其当力学裂缝很小时，两个数量可显著不同。详细讨论可参考 Zhang 等（2009）以及 Yew 和 Weng（2015）。

把裂缝分成相同大小的小元素，使用位移不连续法（DDM）把控制方程离散化（Crouch 和 Starfield，1983），得到的耦合非线性系统方程可以求解压力、开启宽度和沿着裂缝的应力。采用该模型，Zhang 和 Jeffrey（2006a，2006b，2008）、Zhang 等（2007a，2007b，2009）以及 Jeffrey 等（2009）研究了各种问题，如人工裂缝穿过天然裂缝或层理面，裂缝偏移效应，从界面重新启动的多重裂缝相互作用。在 Zhang 等（2007a）的论文中，对硬—软界面和软—硬界面两种情况，研究了地层界面处裂缝被阻止对压力响应的影响。MineHF2D 模型的结果在工业界得到了广泛认可，并与实验观察结果进行了比较，见图 10.5，模型也被用来验证解析 OpenT 模型（图 10.6）。

其他数值相交模型还有 Cooke 和 Underwood（2001），Chuprakov 等（2010），Sesetty 和 Ghassemi（2012）和 Dahi-Taleghani 和 Olson（2011）的模型，以及 Weng（2014），以下会简要说明。

数值模型已成功应用于应力场模拟，并能描述人工裂缝—天然裂缝相互作用的复杂过程，但模拟计算强度大，因为即使是二维问题，也需要细分单元和复杂的流固耦合过程。因此很难应用这些模型来模拟储层尺度的问题，因为尺度更大，且有三维几何学（具有有限的裂缝高度），并可能包含大量的天然裂缝。相反，解析模型由于运算效率高，更适合更大尺度的复杂裂缝模拟。

图 10.5 是 Blanton（1986）以及 Gu 和 Weng（2010，eRP 在图 10.4 中）的不同解析模型，OpenT 模型（Chuprakov 等，2013），Gu 等（2011）的实验性结果，以及使用 MineHF2D 模拟结果（Zhang 和 Jeffrey，2006a，2006b，2008；Zhang 等，2007b）的比较。解析模型和数值模型都与实验一致，实现了对一维穿过—捕获行为的描述。

为了补偿实验室数据的缺乏，使用 MineHF2D 模型来做数值实验，评估注入速率对裂缝相交的敏感度。变参数运行的结果见图 10.6。OpenT 模型与数值结果非常一致，它获取了随着流速改变，穿过—捕获行为的转换（Kresse 等，2013）。以下将采用该模型来研究天然裂缝性质对复杂人工裂缝网络产生的作用。

10.3　模拟复杂缝网

已有多个方法模拟复杂天然裂缝网络的地层内压裂裂缝的扩展（Weng，2014）。这里，使用非常规裂缝扩展模型（UFM）和以上描述的 OpenT 穿透准则研究在天然裂缝发育层内天然裂缝的性质对压裂裂缝扩展样式的影响（Weng 等，2011，2014；Kresse 等，2012）。UFM 模型是一个复杂的扩展模型，能够模拟裂缝扩展、岩石变形、存在天然裂缝网络地层内的流体流动。该模型解决了压裂诱导裂缝网络内流体流动与裂缝弹性变形之间的全耦合问题，而且与传统的拟三维裂缝模型（P3D）具有相似的假设和控制方程。但是，UFM 模型解决了复杂裂缝网络的方程，而没能解决单平面裂缝问题。缝高增长的模拟与常规的拟三维裂缝模型（P3D）一样。采用三层支撑剂运移模型模拟支撑剂在裂缝网络中的运移，运移模型从底至上依次为支撑剂、滑溜水和清洁液。UFM 模型和传统的平面压裂模型核心的差异是，采用本章较早讨论的解析 OpenT 穿透模型，实现压裂缝与天然裂缝之间相互作用的模拟。此外，UFM 模型通过计算相邻裂缝对裂缝的应力阴影考虑水力压裂裂缝之间的相互作用。

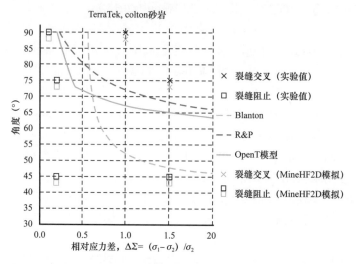

图 10.5　实验室"穿过—捕获"数据和解析模型（Blanton，eRP），新解析模型 OpenT 和 MineHF2D 模拟结果的比较（据 Chuprakov 等，2013）

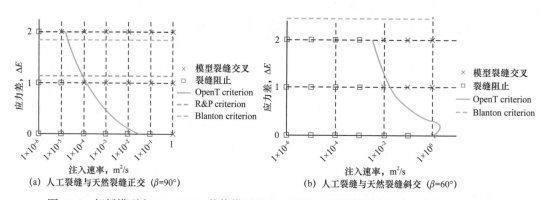

图 10.6　解析模型和 MineHF2D 数值模型的人工裂缝—天然裂缝"穿过—捕获"行为比较（据 Chuprakov 等，2013）

红色的十字叉和正方形分别代表来自 MineHF2D 模型的穿过和捕获行为，实线绿色曲线相当于使用 OpenT 准则的解析预测，虚线黄色曲线相当于 Blanton 准则，虚线蓝色代表 eRP 准则。研究不同注入速率和相对应力差的相互作用，代表两个不同人工裂缝—天然裂缝接触角的例子，β=90°（左边），β=60°（右边）

UFM 模型使用的基本方程包括控制裂缝网络中流体流动的方程、质量守恒、裂缝变形和裂缝扩展 / 相互作用准则。在每个裂缝网络分支内的质量守恒（连续）方程为：

$$\frac{\partial q}{\partial s}+\frac{\partial\left(H_{\mathrm{fl}}\overline{w}\right)}{\partial t}q_{\mathrm{L}}=0,\ q_{\mathrm{L}}=2h_{\mathrm{L}}u_{\mathrm{L}} \qquad (10.3)$$

其中：q 是在压裂裂缝中沿长度的局部流动速度；w 是位置 $S=(x, y)$ 处横切面的平均开启宽度；$H_{\mathrm{fl}}(s, t)$ 被流体占据裂缝的局部高度；q_{L} 是穿过压裂缝壁到岩石基质单位长度的滤失体积速率（滤失高度 h_L 乘以滤失速率 u_L），可以通过 Carter 滤失模型表达。裂缝端部扩展为陡峰形状，在时间 t 时，整个压裂缝网的总长度被定义为 $L(t)$。

泵入流体的流变特性表征：幂律流体使用幂律指数 n' 和稠度指数 K'。支撑剂充填层裂缝中的流体流动，可以使用不同定律分别描述相应的层流、紊流或者达西流。以给定裂缝分支的层流为例，其流体流动方程为：

$$\frac{\partial p}{\partial s} = -\alpha_0 \frac{1}{\overline{w}^{2n'+1}} \frac{q}{H_{fl}} \left| \frac{q}{H_{fl}} \right|^{n'-1} \tag{10.4}$$

其中

$$\alpha_0 = \frac{2K'}{\phi(n')^{n'}} \cdot \left(\frac{4n'+2}{n'} \right)^{n'}; \quad \phi(n') = \frac{1}{H_{fl}} \int_{H_{fl}} \left(\frac{w(z)}{\overline{w}} \right)^{\frac{2n'+1}{n'}} dz \tag{10.5}$$

对于紊流动方程为：

$$\frac{\partial p}{\partial s} = -\frac{fp}{\overline{w}^3} \frac{q}{H_{fl}} \left| \frac{q}{H_{fl}} \right| \tag{10.6}$$

这里 $w(z)$ 代表裂缝宽度，是深度 z 和当前位置 $s(x, y)$ 的函数；f 是紊流中的范宁摩擦因子。裂缝宽度与流体压力相关关系见弹性方程 10.7。岩石的弹性特征（假定均质、各向同性、线性弹性材料）用杨氏模量 E 和泊松比 v 表述。

在多层储层中，横切面的裂缝宽度剖面和裂缝高度依赖于裂缝高度范围内每个层的流体压力、原位压力、裂缝韧性、层厚度和弹性模量。忽略垂向流动，对于层介质第 i 层分片常应力为 σ_I，裂缝顶底端部的应力强度因子 K_{Iu} 和 K_{Il}，裂缝宽度剖面 w 可以直接计算分析，方程如下（Fung 等，1987；Mack 和 Warpinski，2000）：

$$w(z) = \frac{4}{E'} \left[p_{cp} - \sigma_n + \rho_f g \left(h_{cp} - \frac{h}{4} - \frac{z}{2} \right) \right] \sqrt{z(h-z)} + \frac{4}{\pi E'} \sum_{i=1}^{n-1} (\sigma_{i+1} - \sigma_i) \times$$
$$\left[(h_i - z) \operatorname{csch}^{-1} \frac{z \left(\frac{h-2h_i}{h} \right) + h_i}{|z - h_i|} + \sqrt{z(h-z)} \cos^{-1} \left(\frac{h-2h_i}{h} \right) \right] \tag{10.7}$$

$$K_{Iu} = \sqrt{\frac{\pi h}{2}} \left[p_{cp} - \sigma_n + \rho_f g \left(h_{cp} - \frac{3}{4} h \right) \right] +$$
$$\sqrt{\frac{2}{\pi h}} \sum_{i=1}^{n-1} (\sigma_{i+1} - \sigma_i) \left[\frac{h}{2} \cos^{-1} \left(\frac{h-2h_i}{h} \right) - \sqrt{h_i(h-h_i)} \right]$$
$$K_{Il} = \sqrt{\frac{\pi h}{2}} \left[p_{cp} - \sigma_n + \rho_f g \left(h_{cp} - \frac{h}{4} \right) \right] + \tag{10.8}$$
$$\sqrt{\frac{2}{\pi h}} \sum_{i=1}^{n-1} (\sigma_{i+1} - \sigma_i) \left[\frac{h}{2} \cos^{-1} \left(\frac{h-2h_i}{h} \right) - \sqrt{h_i(h-h_i)} \right]$$

其中 h_i 是第 i 层顶部到裂缝底端的距离；p_{cp} 是参考（完全）深度 h_{cp} 底端测定的流体压力；ρ_f 是流体密度。

裂缝每个位置的裂缝高度可以通过将公式（10.8）中 K_{Iu} 和 K_{Il} 匹配到含裂缝端部层的裂缝断裂韧性 K_{Ic} 确定。

通过式（10.8）直接输出的裂缝高度可以认为是平衡高度。通过按照裂缝顶部和底部速度增加成比例的增加表观韧性，考虑垂直方向端部区域流体流动产生的压力梯度，该方法可以扩展到非平衡高度增长的计算（Mack 和 Warpinski，2000）。

除了上述方程，整体体积平衡条件必须满足：

$$\int_o^t Q(t)\mathrm{d}t = \int_0^{L(t)} h(s,\,t)\,\overline{w}(s,\,t)\,\mathrm{d}s + \int_{H_L}^t \int_o^t \int_o^{L(t)} 2u_L \mathrm{d}s\mathrm{d}t\mathrm{d}h_L \qquad （10.9）$$

换言之，到时间 t 时，泵入流体的总体积要等于裂缝网络内流体体积和裂缝漏失到基质中的体积之和。边界条件需要流速、净压力、所有裂缝端部缝宽等于零。总裂缝网络体系不仅仅包含裂缝，还包括射孔和井眼。裂缝网络通过泵入单元连通可解释射孔孔眼摩阻，射孔簇通过井筒单元相连可解释套管摩阻。

式（10.3）至式（10.9）和初始及边界条件，加上井眼和通过射孔的流体流动控制方程，代表了一个完整的控制方程组。结合这些方程，离散裂缝网络成小的单元，导致在每个单元内的流体压力都是非线性方程组，简化为 $f(p)$ =0。在每个时间步长内，通过基于原地流体速度和裂缝端部应力强度因子扩展准则，每个裂缝端部沿最大水平主应力方向扩展增加距离（说明应力阴影效应）。检查裂缝端部是否与天然裂缝相交，如果与天然裂缝相交，则使用 OpenT 穿透模型（Chuprakov 等，2013；Kresse 等，2013）确定端部穿过天然裂缝还是被天然裂缝阻止，相应的调整使用的裂缝网格。通过阻尼牛顿—拉夫逊方法求解系统方程 $f(p)$ =0，得到裂缝网络中的新压力和流体分布。支撑剂输送方程解决后，更新了裂缝中支撑剂的运动和沉降，裂缝高度和应力阴影也被更新。更详细的模型描述见 Weng 等（2011）、Kresse 等（2012）和 Weng 等 2014。

裂缝网络增长模式受邻近裂缝的力学相互作用影响。通常被称为应力阴影效应，作用于每个裂缝上的应力场受其他相邻裂缝的开启或者剪切位移量扰动。在二维平面应变位移不连续方案中，Crouch 和 Starfield（1983）描述了作用在一个裂缝单元上的正应力和剪应力（σ_n 和 σ_s）（图 10.7），其中该裂缝单元由所有裂缝单元开启和剪切位移非连续（D_n 和 D_s）诱发：

$$\left.\begin{aligned} \sigma_n^i &= \sum_{j=1}^N A^{ij} C_{ns}^{ij} D_s^j + \sum_{j=1}^N A^{ij} C_{nn}^{ij} D_n^j \\ \sigma_s^i &= \sum_{j=1}^N A^{ij} C_{ss}^{ij} D_s^j + \sum_{j=1}^N A^{ij} C_{sn}^{ij} D_n^j \end{aligned}\right\} \qquad （10.10）$$

其中 C^{ij} 是二维、平面应变弹性影响系数。这种方法也称为二维不连续位移方法（2D DDM），用该模型计算诱导一个裂缝单元取代临近单元的额外应力。此外，引入 Olson（2004，2008）提出的 3D 校正因子 A^{ij}（也称增强的 2D DDM），用来修订上面方程中的影响系数 C^{ij} 来解释 3D 效果。因为当距离增加时，限定裂缝高度导致两个裂缝单元之间相

互作用衰减。在 UFM 模型中，由应力阴影
增加的正应力在每个时间步都可计算，在压
力和宽度迭代增加每个裂缝单元的起始原地
应力场。应力阴影，包括剪切应力对裂缝端
部扩展方向变化的影响是合理模拟裂缝网络
扩展模式的关键（Wu 等，2012）。

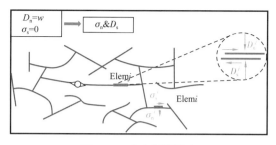

图 10.7　应力阴影效应

UFM 模型吸收增强的二维 DDM 方法，
对全 2D DDM 模拟器 MineHF2D 进行验证，
吸收 Zhang 等（2007a）提出的耦合弹性和流体流动方程的完成解决方案在非常大裂缝高
度的极限情况（因为 2D DDM 方法没考虑细小裂缝高度的 3D 效果）。两个近距离扩展裂缝
对相互扩展路径影响的比较见 Wu 等（2012）和图 10.8。

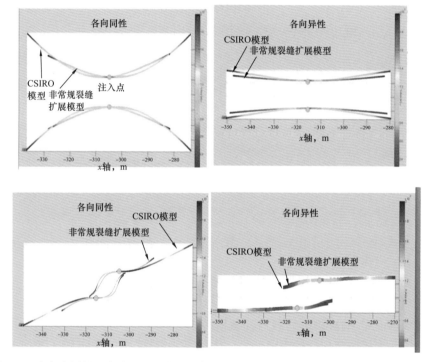

图 10.8　在各向同性和各向异性的应力场条件下，有分支或者没有分支的两条原本平行的
裂缝的发育路径对比

应力阴影效应对裂缝几何形态的作用受一些参数严重影响。图 10.9 为例，显示 UFM
模型预测的裂缝几何形态，水平井中 5 个裂缝扩展，射孔簇的间距分别为 10m，20m 和
40m。当裂缝间距变大（大于裂缝高度），应力阴影效应消失，裂缝具有相似的维数；当
裂缝间距离减小，应力阴影效应变大，明显观察到裂缝内部的宽度和高度均减小。这些发
现与 Castonguay 等（2013）的三维模拟一致。

在天然裂缝的地层中，水力压裂缝网的扩展在很大程度上受水力压裂缝分支相互作用
（应力阴影效应）和水力压裂缝与天然裂缝相交相与规则控制。

为了显示 OpenT 穿透准则的有效性，在 UFM 模型中考虑了泵入流体的性质，现场实
例为 Warpinski 等（2005）稍早的图 10.4 中的结果。在 Gale 等（2007）主要裂缝组方向为

北西向 70° 的基础上使用诱导裂缝模型，UFM 模拟的水力压裂缝网与微地震事件和压裂改造体积非常一致，见图 10.10（Kresse 等，2013）。使用不同类型流体模拟的诱导裂缝网络差异与 Warpinski 等（2005）观测的微地震云趋势相匹配。这表明使用 OpenT 穿透模型的 UFM 模型可以准确展现现场产生的水力压裂模式的区别。

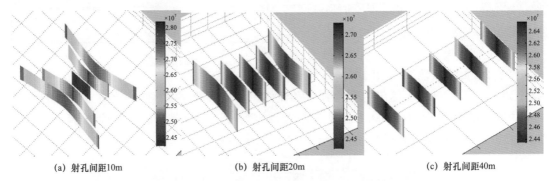

(a) 射孔间距10m   (b) 射孔间距20m   (c) 射孔间距40m

图 10.9　水平井中 5 条裂缝发育的几何形态和流体压力

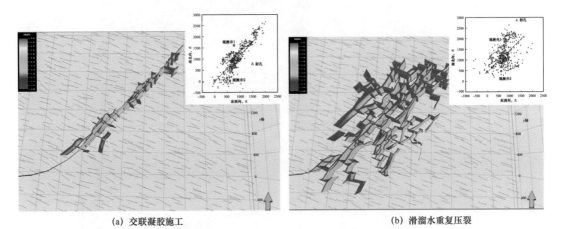

(a) 交联凝胶施工   (b) 滑溜水重复压裂

图 10.10　UFM 非常规裂缝模拟系统模拟的 Barnett 页岩水力压裂裂缝网络
蓝色细线为水平面上天然裂缝轨迹。微裂缝插图来自 Warpinski 等

如图 10.4 所示，UFM 模型已经与油藏模拟结合。裂缝—油藏结合的模型可用来评价天然裂缝地层水力压裂模拟后的产液行为，优化完井参数，如 Cohen 等（2014）的展示。

表 10.1　储层特性

区域编号	层顶真垂深 ft	储层压力 psi	最小水平主应力 psi	最大水平主应力 psi	原始渗透率 mD	孔隙度 %	杨氏模量 psi	泊松比
1	5559.86	2787	4620	4820	0.0003	5	3750000	0.23
2	5600.00	2803	3950	4150	0.0003	5	3750000	0.23
3	5653.41	2813	4150	4350	0.0003	5	3750000	0.23
4	5683.41	2833	4220	4420	0.0003	5	3750000	0.23
5	5715.00	2844	4540	4740	0.0003	5	3750000	0.23
6	5750.00	2864	4050	4250	0.0003	5	3750000	0.23

区域编号	层顶真垂深 ft	储层压力 psi	最小水平主应力 psi	最大水平主应力 psi	原始渗透率 mD	孔隙度 %	杨氏模量 psi	泊松比
7	5775.00	2884	4400	4600	0.0003	5	3750000	0.23
8	5895.00	2922	4100	4300	0.0003	5	3750000	0.23
9	5847.75	2932	4900	5100	0.0003	5	3750000	0.23

UFM 模型被广泛用来预测非常规储层的压裂缝网（Cipolla 等，2011；Kennaganti 等，2013；Liu 等，2013）。该模型在后面被用来分析天然裂缝对压裂缝网（HFN）结果的影响。

10.4　天然裂缝对诱导裂缝网络的影响

如上所述，在天然裂缝地层中水力压裂裂缝扩展方式受多因素影响，包括岩石性质、压裂液性质、排量、应力各向异性、不同裂缝相互作用产生的应力干扰以及人工缝和天然裂缝之间相互作用。

以下利用 UFM 复杂裂缝模型对不同天然裂缝类型对压裂裂缝网络的影响进行了参数研究，分析结果说明了天然裂缝方向、密度和长度如何影响人工裂缝网络。

输入参数采用 Cohen 等（2014）给出的典型马塞勒斯页岩储层参数。储层特性见表10.1。应力剖面和射孔深度见图10.11。油藏渗透率是 300nD、孔隙度为 5%、平均油藏压力为 2800psi、水平应力差是 200psi，初始油藏温度为 175℉（井底静态温度）。本研究中认为未支撑水力压裂的导流能力忽略不计（0.001mD·ft）。

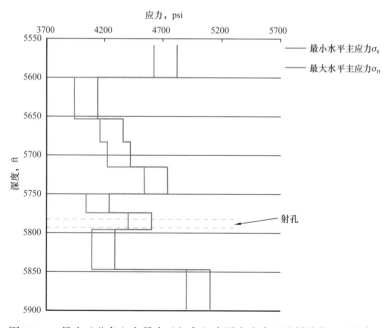

图 10.11　最小（蓝色）和最大（红色）水平主应力以及射孔位置（绿色）

分析的基础案例中，泵注使用单一流体（滑溜水），排量为 60bbl/min、单一支撑剂（40 目 /70 目），4 簇射孔，天然裂缝方向与最大水平应力方向夹角为 90°，天然裂缝平均长度为100ft、平均间距为100ft（表10.2）。

分析案例汇总见表10.3。

（1）泵入流体黏度的影响：滑溜水（SW）、线性胶（LG）、交联凝胶（XL）；

（2）天然裂缝摩擦系数的影响：0.1，0.5，0.9；

（3）离散裂缝网络（DFN）方向的影响：与水平最大主应力 σ_H 的夹角为0°～90°；

（4）离散裂缝网络（DFN）间距的影响；

（5）离散裂缝网络（DFN）长度的影响；

（6）多组离散裂缝网络（DFN）设置影响。

表10.2　基本案例泵注程序

步骤	流量，bbl/min	流体体积，gal	流体类型	支撑剂颗粒大小，目	支撑剂浓度，ppa
1	60	20000	滑溜水	无	0
2	60	60000	滑溜水	40/70	0.5
3	60	60000	滑溜水	40/70	1
4	60	30000	滑溜水	40/70	1.5
5	60	30000	滑溜水	40/70	2

表10.3　分析案例汇总

摩擦系数	流体类型[①]	长度，ft	角度	压裂间距，ft	案例研究
0.1 0.1 0.1	SW	100	90	100	摩擦系数和流体黏度
	LG	100	90	100	
	XL	100	90	100	
0.5	SW	100	90	100	
0.5	LG	100	90	100	
0.5	XL	100	90	100	
0.9 0.9 0.9	SW	100	90	100	
	LG	100	90	100	
	XL	100	90	100	
0.5	SW	100	10	100	
0.5	SW	100	30	100	
0.5	SW	100	45	100	
0.5	SW	100	60	100	
0.5	SW	100	75	100	
0.5	SW	100	90	100	
0.5	SW	50	90	100	自然裂缝长度
0.5	SW	100	90	100	
0.5	SW	200	90	100	
0.5	SW	400	90	100	

摩擦系数	流体类型[①]	长度, ft	角度	压裂间距, ft	案例研究
0.5	SW	100	90	25	
0.5	SW	100	90	50	
0.5	SW	100	90	100	
0.5	SW	100	90	200	
0.5	SW	100	0 和 100	50 和 100	
0.5	SW	100	0 和 100	100 和 100	
0.5	SW	100	0 和 100	200 和 100	
0.5	SW	100	0 和 100	400 和 100	
0.5	SW	100	45 和 135	50 和 100	
0.5	SW	100	45 和 135	100 和 100	
0.5	SW	100	45 和 135	200 和 100	
0.5	SW	100	45 和 135	400 和 100	

① SW—滑溜水；LG—线性凝胶；XL—交联凝胶。

10.4.1 天然裂缝摩擦系数与流体黏度影响

本小节研究水力压裂缝网（HFN）形态与压裂液黏度以及天然裂缝摩擦系数 f 之间的关系。图 10.12 显示了分别采用滑溜水、线性凝胶和交联凝胶，在天然裂缝摩擦系数 f = 0.1，0.5 和 0.9 情形下，压裂后产生的水力压裂缝网形态。

首先证实的是在非常规储层，流体黏度对水力压裂裂缝形态会产生较大的影响（Kresse 等，2013；Cohen 等，2013）。使用高黏度流体，水力压裂缝更多的是穿越正交天然裂缝，产生较少的复杂缝网。相反，像滑溜水等低黏度流体产生的水力裂缝容易被天然裂缝捕获，形成复杂的缝网形态，较高黏度的流体更容易产生更多的宽裂缝。因此，在泵入排量相同的情况下，低黏度流体能产生比高黏度流体更大的裂缝表面积。图 10.12 还通过色级显示了裂缝中支撑剂的分布。对于交联凝胶，支撑剂在裂缝中垂直分布；而对于滑溜水，支撑剂主要沉淀在裂缝的底部。

我们还研究了天然裂缝的摩擦系数对裂缝扩展的影响。水力裂缝缝网在摩擦系数在 0.1 和 0.5 情况下有很大变化，而在摩擦系数 0.5 和 0.9 的情况下基本一样。因为在正交的天然裂缝和油藏条件下，用交联

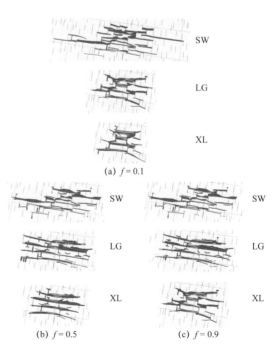

(a) f = 0.1

(b) f = 0.5   (c) f = 0.9

图 10.12 天然裂缝地层形成的水力压裂裂缝网络并分别注入滑溜水（SW）、线性凝胶（LG）和交联凝胶（XL）。通过颜色等值线可见裂缝网络中支撑剂分布。粉色区域对应的裂缝区域支撑剂浓度为零。冷色（蓝色）对应的区域支撑剂浓度较低。暖色（红色）和黄色对应区域支撑剂浓度较高

凝胶和线性凝胶处理，若摩擦系数为 0.5 和 0.9，压裂缝网主要穿过天然裂缝；若摩擦系数为 0.1，则大部分被天然裂缝捕获。值得注意的是，摩擦系数为 0.5 和 0.9 时，尽管裂缝缝网穿越了天然裂缝，由于作用在天然裂缝的流体压力超过天然裂缝闭合压力天然裂缝仍然开启，仍能发育一些复杂的裂缝。使用滑溜水压裂，大部分水力裂缝被天然裂缝捕获。由于低黏度流体时裂缝形态对摩擦系数比较敏感，不同的天然裂缝摩擦系数下的预测的裂缝形态会有所差异。

10.4.2 离散裂缝网络方向影响

天然裂缝的方向对诱导水力压裂缝影响巨大。图 10.13 展示了天然裂缝摩擦系数等于 0.5，使用滑溜水的例子。当天然裂缝与最大水平主应力方向（水力压裂延展方向）近乎平行时，水力压裂受天然裂缝的影响不明显，产生较长的平面裂缝（图 10.13 中的例子，天然裂缝与最大主应力方位夹角为 10°）。压裂缝与天然裂缝之间夹角越大，越容易观测到复杂的缝网。由于压裂缝偏离原始路径较大，具有和更多天然裂缝相交的机会，直接导致压裂缝被天然裂缝捕获并使压裂液进入天然裂缝中。

图 10.14 和图 10.15 显示了天然裂缝方向对诱导裂缝网络延伸以及总的或者支撑剂支撑表面积的影响。图 10.14 显示随着天然裂缝角度向 90° 增加，总裂缝的表面积降低。更有趣的是，随着天然裂缝角度变化，有效裂缝面积几乎不变。这是因为在低黏液中，支撑剂的分布受滑溜水中相对较高的沉降速度控制。

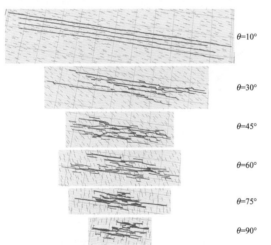

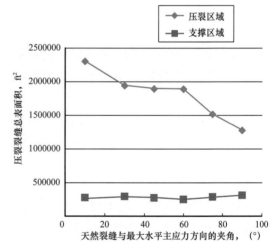

图 10.13　在与天然裂缝不同夹角（θ）情况下，水力压裂裂缝的发育情况
天然裂缝摩擦系数 0.5，压裂液为滑溜水

图 10.14　总表面积和有支撑剂支撑的水力压裂裂缝面积受天然裂缝与最大水平应力的夹角的影响
（摩擦系数 0.5，压裂液为滑溜水）

裂缝表面积比有效裂缝面积受影响大，主要是因为本实例中泵入低黏度流体，即使裂缝网络变得更复杂，通过大量节点和次级裂缝可以定性表征，随着天然裂缝与应力夹角增加，总表面积降低，主要是因为沿着主裂缝方向的裂缝网络延伸快速降低，如图 10.15 所示（后面进一步讨论）。在 30°～60° 之间总表面积相对恒定，产生的次级裂缝所增加的表面积被网络体整体延伸的减小抵消。然而，如果考虑单位体积油藏的表面积，该值随着天然裂缝角度增加。这意味着当天然裂缝与压裂缝角度增加时，给定的油藏体积会产生更多

的表面积，因此需要更多的井（例如，减小井间距）来覆盖相同的油藏体积。

图 10.15 显示最大与最小水平主应力方向的压裂缝网的平均最终长度与天然裂缝方向的关系。在本次研究中，压裂改造缝网长度通过每个射孔簇计算得到，所以平均压裂缝网长度被定义为所有四簇的平均值。在其他节中，我们认为压裂缝网长度就是平均值。图 10.15 的结果显示，随着角度的增加，压裂缝网长度在最大主应力方向明显降低，最小主应力方向压裂缝网程度略有增加。这一方面是因为随着角度的增加，天然裂缝与压裂缝相交的结合作用，另一方面是由于净压力的提升。由于流体压力需要超过天然裂缝的闭合压力才能够保持天然裂缝的开启，随着天然裂缝角度增加，净压力也增加，导致了早期裂缝宽度的增加而裂缝网络长度变短。

图 10.16 是估计的压裂改造体积与天然裂缝方向的关系图。这里使用表面积（ft²）指示压裂改造体积，因为高度变化可以忽略，因为主要考察水平方向上水力压裂缝网的程度。压裂改造体积通过最小主应力方向与最大主应力方向的平均压裂缝网程度乘积来估算。本实例的结果显示，天然裂缝角度 30° 时产生最优的压裂改造体积。值得注意的是，这里使用的压裂改造体积是产量的指标之一，井的实际产量还受裂缝密度的影响，如裂缝表面积、压裂改造体积以及裂缝导流能力。

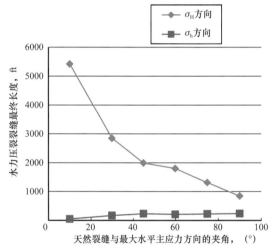

图 10.15　在最大和最小应力方向上水力压裂缝网长度受天然裂缝与和最大水平主应力夹角的影响
摩擦系数 0.5，压裂液为滑溜水

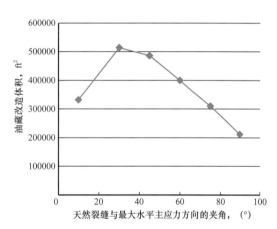

图 10.16　油藏改造体积受天然裂缝与最大水平应力夹角的影响
摩擦系数 0.5，压裂液为滑溜水

10.4.3　离散裂缝网络长度的影响

天然裂缝长度对水力压裂网络的影响如图 10.17 和图 10.18 所示。天然裂缝的长度从 50ft 增加到 40ft，评价水力压裂缝网对天然裂缝长度的敏感性。图 10.17 显示对于小的天然裂缝，水力压裂缝网主要沿着最大水平主应力方向延伸。这是因为压裂缝与天然裂缝相交的概率更低并且次级裂缝主要沿着天然裂缝延伸。对于长的天然裂缝，缝网延伸方向沿天然裂缝方向，因为裂缝沿着天然裂缝增长。

进一步显示见图 10.18，比较了最大和最小水平主应力方向压裂缝网的延伸，其与天然裂缝长度为函数关系。一个重要的结论是，当天然裂缝长度超过平均裂缝间距时，天然裂缝开始起主要作用并控制水力裂缝缝网的方向。在这种情况下，在与天然裂缝相交之前，压裂缝在岩石基质中穿越长度不能大大超过裂缝宽度，当被天然裂缝阻止时，将沿着天然裂缝延伸。总之，天然裂缝的长度与天然裂缝的方向可以改变压裂缝延伸的路径。

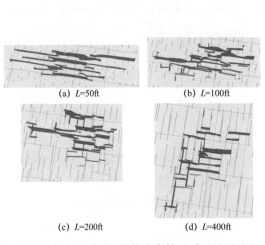

(a) L=50ft　　　　　(b) L=100ft

(c) L=200ft　　　　　(d) L=400ft

图 10.17 水力压裂裂缝最终发育情况受天然裂缝长度（L）的影响
摩擦系数 0.5，压裂液为滑溜水

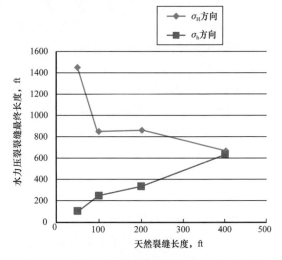

图 10.18　水力压裂裂缝最终发育情况受天然裂缝长度的影响
摩擦系数 0.5，压裂液为滑溜水

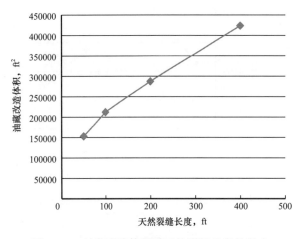

图 10.19　油藏改造体积受天然裂缝长度的影响
摩擦系数 0.5，压裂液为滑溜水

图 10.19 显示随着天然裂缝长度的增加，压裂改造体积明显增加且近乎呈线性，显示天然裂缝长度加大可能帮助增加产量。然而，图 10.18 显示天然裂缝长度与天然裂缝间距的比值增加，压裂改造体积达到压裂缝网的延伸在两个方向几乎相等，优化了其表面积。一步增加天然裂缝的长度很可能优先在最小主应力方向延伸，降低压裂改造体积，因此很可能降低产量。

10.4.4　离散裂缝网络间距影响

天然裂缝间距也是影响压裂缝网的重要参数，因为其控制天然裂缝的密度。图 10.20 显示天然裂缝间距 25～250ft 的水力压裂缝网。

通过模拟发现（图 10.20 和图 10.21）：随着裂缝间距的增加，水力压裂缝网在最大水平应力方向的延伸增加，而在最小水平应力方向由于较少的天然裂缝与水力压裂裂缝相交而降低。对于较小的天然裂缝间距，我们可以看到水力压裂缝网主要沿着天然裂缝方向延伸。裂缝延伸路径被附近的天然裂缝改变，产生较小的压裂改造体积，但更复杂的缝网形态。因为天然裂缝间距与天然裂缝密度直接相关，图 10.20 和图 10.21 中的趋势均显示随着天然裂缝密度的增加，天然裂缝对水力压裂缝网方向控制增加。

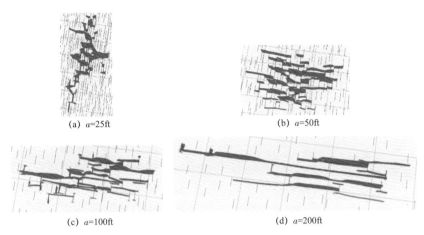

(a) *a*=25ft
(b) *a*=50ft
(c) *a*=100ft
(d) *a*=200ft

图 10.20 水力压裂裂缝最终发育情况受天然裂缝间距 *a* 的影响

摩擦系数 0.5,压裂液为滑溜水

这个结果与图 10.18 的观测一致。为弄清天然裂缝密度和水力压裂缝网形状之间的关系,图 10.22 依据图 10.18 和图 10.21 的结果,将平均天然裂缝长度与平均天然裂缝间距的比值与最大水平主应力方向与最小水平主应力方向水力压裂缝网的比值绘图。结果显示,如果固定天然裂缝长度及其间距,水力压裂缝网扩展同样是天然裂缝长度与间距比值的函数。

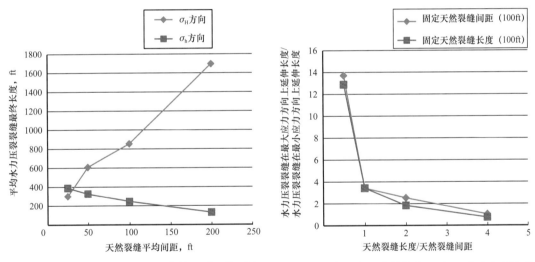

图 10.21 水力压裂裂缝最终发育情况受天然裂缝间距的影响

摩擦系数 0.5,压裂液为滑溜水

图 10.22 将水力压裂裂缝在 σ_H 和 σ_h 方向上延伸长度之比作为天然裂缝长度与间距之比的函数关系

图 10.23 显示,压裂改造体积随着天然裂缝间距增加而增加,小的裂缝间距范围内增速较快,该范围内裂缝间距小于裂缝长度,天然裂缝密度高阻止了水力压裂缝网在最大水平主应力方向的延伸。

10.4.5 多组天然裂缝影响

通常,裂缝油藏具有多组天然裂缝,且具有不同的性质和方向。本节阐述在不同的条

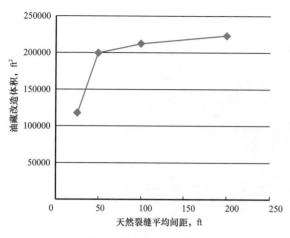

图 10.23　油藏改造体积受天然裂缝间距的影响
摩擦系数 0.5，压裂液为滑溜水

件下，一组天然裂缝对水力压裂缝网的影响如何从明显变化到可忽略不计。

图 10.24 比较了两组正交天然裂缝的水力压裂缝网。两组裂缝的间距为 100ft。图 10.24（a）显示与最大水平主应力方向夹角为 0° 的第一组和 90° 第二组产生的水力压裂缝网。

结果发现，水力压裂缝网与第一组裂缝长度之间没有任何明显关系，说明水力压裂缝网形态主要受与最大水平主应力正交的裂缝组控制。图 10.24（b）除了第一组天然裂缝角度为 45° 与第二组方向为 135° 外，其余显示相似的结果。这意味着两组均与最大水平主应力方向夹角为 45°。

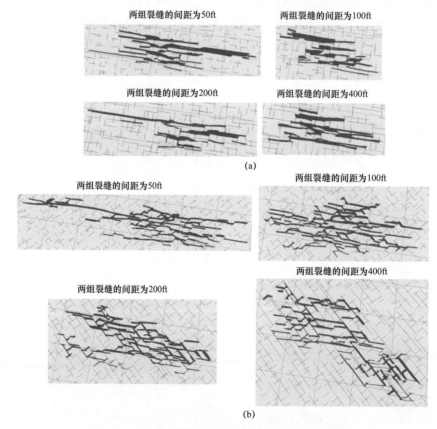

图 10.24　两组正交天然裂缝的水力压裂缝网比较
摩擦系数 0.5，压裂液为滑溜水。图（a）第一组裂缝走向 0°，第二组走向 90°；图（b）第一组裂缝走向 45°，
第二组裂缝走向 135°

我们发现，如果天然裂缝的长度和角度与最大水平应力方位在某个范围内，水力压裂缝网结构体可以主要受天然裂缝方向控制。如图 10.25 所示，比较了天然裂缝角度为

0°～90° 和 45°～135° 的情况，在最大水平主应力方向压裂缝网是第一组天然裂缝长度的函数。如果天然裂缝方向与最大水平主应力方向一致，天然裂缝长度对压裂缝网影响很小；如果角度为 45°，最大应力方向压裂缝网的最终延伸会随着第一组天然裂缝长度的增加而明显降低。最后发现夹角为 45° 的一组比水平主应力正交方向的一组可提供更大更复杂的压裂改造体积，而与天然裂缝长度无关。

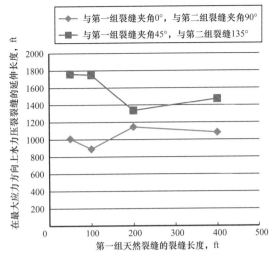

图 10.25　水力压裂缝网络最终发育情况受两组裂缝长度和走向的影响
摩擦系数 0.5，压裂液为滑溜水

通过研究我们可以得出，改造的压裂缝网通常与微地震事件云相关，受天然裂缝性质影响大。天然裂缝方向可以改变压裂裂缝的首要延伸方向，天然裂缝的长度可以极大地影响压裂缝网在最小水平应力方向的延伸程度。当出现多组天然裂缝时，与压裂裂缝方向夹角较大的裂缝组对复杂裂缝的产生影响更大。

10.5　离散裂缝网络的不确定性对水力压裂缝网模拟的影响

在上一节中，我们计算了天然裂缝参数对诱导水力裂缝网络形态的影响。天然裂缝需要重点考虑的一个特征是它们的统计性质，因为天然裂缝的参数和裂缝分布是通过统计方法获得的，例如，从井眼成像测井资料推断裂缝数量，但不能确定天然裂缝的确切位置和在地层中的形态。对于描述天然裂缝系统的统计参数，根据概率分布存在多种情况。离散裂缝的不同又可能导致水力压裂网络的不同，因此水力压裂改造结果也会产生不同程度的不确定性。以上不确定性对压裂设计优化带来了较大挑战，例如，通过参数分析，发现模拟结果中有固有的误差。理解固有不确定性和不确定性的定量描述对压裂工程师开展更合适的参数研究和模拟结果更有意义。本章节介绍了基于统计的天然裂缝不确定性分析，以此量化的改造结果的不确定性。

前人采用统计工具来分析影响页岩气产量参数的不确定性，如渗透率、水力压裂半长。例如，Hatzignatiou 和 McKoy（2000）使用蒙特卡罗方法分析天然裂缝在测井响应上的不确定性。

这里介绍一种考察各参数之间关系的参数研究，例如天然裂缝长度、密度和方向对于产量和生产不确定性的影响研究。该方法从天然裂缝系统统计参数可能存在的情况入手开展研究，而复杂水力压裂网络是根据给定的模拟条件而产生的，采用 UFM 模型进行模拟，产量模拟则是通过非常规的生产模型（UPM）来实现预测的，如图 10.26 所示。

为了实现数量较大的模拟，采用自动化工作流程完成所有模拟，并生成可视化的输出和报告。大量的模拟工作对累计产量的预测提供了一个统计分布，采用平均值和一个标准偏差来表示。工作流程如图 10.27 所示。该参数研究流程揭示了两个统计参数之间以及天然裂缝参数的关系。本节算法采用 DFN 的参数来研究和输出结果。

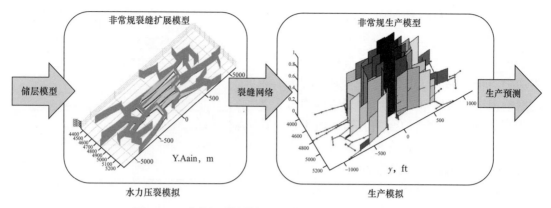

图 10.26 非常规裂缝模拟和非常规产量模拟流程示意图

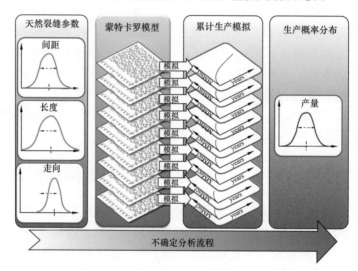

图 10.27 不确定性分析的工作流程示意图

10.5.1 随机生成的天然裂缝网络

UFM 模型需要一个预先设定的二维 DFN 参数作为输入。在这项研究中，使用指定的统计参数，来产生二维 DFN 参数，包括裂缝间距、方位角和长度，解决的主要问题就是裂缝在二维空间中的分布。通过沿平均裂缝方位角的法线方向的平均间距重新分配"种子点"开始。沿裂缝方位方向上的间距（定义为中心相邻的裂缝之间的距离）假设是平均间距加上平均裂缝长度。一旦种子点被定义了，每个种子点由 dx 和 dy 取代，根据裂缝间距的规定标准偏差随机确定，被取代的种子点成为天然裂缝的中心，其实际方位和长度随后根据各自的平均值和标准偏差随机生成。重复此过程确定所有种子点。

10.5.2 基本案例

油藏描述如表 10.4 所示。渗透率 200nD，水平应力各向异性为 1%。未支撑裂缝的导流能力设定为 0.001mD·ft。水平井完井，每段 4 个射孔簇，簇间距为 100ft，垂深（TVD）为 5794～5784ft。总压裂液和支撑剂分别是 224576gal 和 183700lb，泵注排量 80bbl/min，见表 10.5。泵注程序由 18% 的前置液后跟着支撑剂浓度为 1lb/gal 的携砂液。为使参数研究简单，假定压裂液具有牛顿流体性质。

表 10.4　储层特性

区块	层顶垂深 ft	厚度 ft	储层压力 psi	σ_h psi	σ_H psi	杨氏模量 10^6psi	泊松比	渗透率 mD	孔隙度 %
1	5653	60	2832	4137	4178	2	0.23	0.0002	8
2	5713	114	2363	4117	4158	2	0.23	0.0002	8
3	5827	40	2930	4124	4165	2	0.23	0.0002	8

表 10.5　泵注程序表

步骤	排量，bbl/min	流体体积，gal	支撑剂浓度，lb/gal	流体类型	支撑剂尺寸，目
1	80	40832	0	滑溜水	40/70
2	80	183733	1	滑溜水	40/70

支撑剂类型为 40 目 /70 目，其平均直径为 0.01106，相对密度为 2.65。井底流压恒定，为 1000psi。

天然裂缝网络设置为平均长度 200ft，平均间距 200ft，以及平均方位向北 0°（平行于钻井孔，裂缝方向 90°）。长度标准偏差是 200ft，裂缝的角度标准偏差是 10°。垂直天然裂缝延伸了全部三个区域。

98 个天然裂缝网络实例，具有相同的平均值和长度的标准偏差，采用此输入研究累计产量的分布。图 10.28 展示了生产的三个不同时期的累计产量分布（6 个月、1 年和 3 年）。图的 y 轴表示"频率"的情况，它是实例的数量，包括累计产量下降到 $\pm 7.5 \times 10^6 \text{ft}^3$ 的范围。

图 10.28 显示，累计产量看起来是遵循正态分布的。它还表明，均值和标准偏差随时间而增加。主要是由于早期产量来自井眼周围的储层，只有有限数量的天然裂缝对流体进入水力压裂网络有作用。在较长的时间，较大部分的产量来自更深的裂缝网络，增加了与储层生产区域天然裂缝的相互作用的数量，不同性质引起产量差别的可能性随着时间而增加。

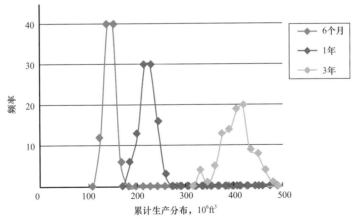

图 10.28　三个不同时间段累计产量分布（6 个月、1 年和 3 年）讨论

因为每个实例模拟都需耗时，接下来的问题是：如何用最小的实例描述一个可接受的产量分布情况？图 10.29 和图 10.30 表明了产量的平均值和相对标准偏差的演变过程函数。相对标准偏差是标准差除以平均值。图 10.29 和图 10.30 显示，平均值比相对标准偏差需要少数实例来描述。因此在以下讨论中，只基于 30 个天然裂缝网络的实例和模拟计算相对标准偏差和平均值。

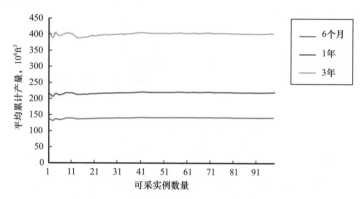

图 10.29　不同实例的平均累计产量（6 个月、1 年和 3 年）

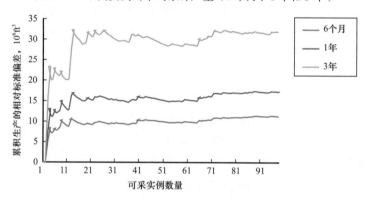

图 10.30　不同实例累计产量的相对标准偏差（6 个月、1 年和 3 年）

10.5.3　天然裂缝长度

我们研究的第一个参数是天然裂缝的长度。图 10.31 表明，平均产量随着天然裂缝的长度的增加而增加。这个可以在 10.4.3 小节的结论中得到解释，其表明当 NF 长度增加时，HFN 在 NF 方向上，即最大主应力方向延伸，产生更大的 SRV，如图 10.18 和图 10.19 所示。

图 10.32 显示相对标准偏差似乎对 NFS 的长度不敏感。图 10.32 也表明，相对标准偏差是几乎保持恒定的（8% 左右），即天然裂缝长度影响不明显。

10.5.4　天然裂缝间距

图 10.33 表示了平均累计产量（6 个月、1 年和 3 年）与天然裂缝间距的关系数。有意思的是，6 个月的累计产量随着天然裂缝间距增加而减少，而 3 年累计产量在 200ft 间距是达到峰值，说明天然裂缝间距存在一个最佳值。

小的天然裂缝间距时，尽管水力裂缝网络密集，但 SRV 一致。这种情况下，早期产气在 SRV 网络边界内，局部上，裂缝网络密集较大限度地提高了产量。但长期来看，由于其规模有限，SRV 已经明显耗尽，大部分的产量来自 SRV 边界外，限制了产量。在裂缝间距 50～400ft 时，SRV 的不同和水力裂缝网络的密度如图 10.34 所示。此外，该结论和图 10.23 的结果一致，即长期的产量主要与 SRV 相关，图 10.33 和图 10.23 的对比表明，累计产量和 NF 间距（25～100ft）的关系与相同范围的 SRV 之变化趋势相似。

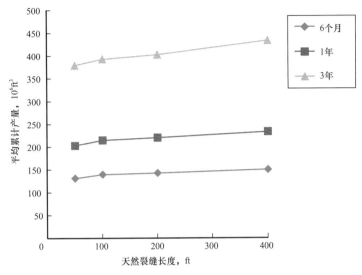

图 10.31　平均累计产量与平均天然裂缝长度的关系（6 个月、1 年和 3 年）

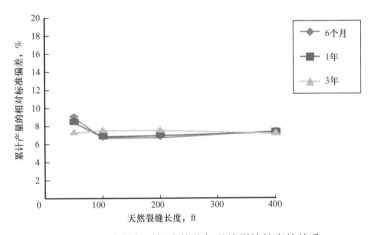

图 10.32　产量相对标准偏差与天然裂缝长度的关系

图 10.35 是累计产量的标准偏差与天然裂缝间距的关系函数。其结果表明，随着间距的增加，标准偏差迅速下降，从 50ft 的 18% 到下降到 800ft 的 4% 左右。另一个结论是与天然裂缝长度的影响类似（图 10.32），相对标准偏差不取决于生产时间。Hatzignatiou 和 McKoy（2000）在他们的研究中发现，相对标准偏差为 25%，大于此项研究的最大 18%，可能是因为他们的天然裂缝密度比此项研究大。

10.5.5　天然裂缝角度

本节研究了天然裂缝角度和平均累计产量、相对标准偏差之间的关系。图 10.36 表明，天然裂缝角度对平均产量几乎没有影响。这一结果可能是由于裂缝密度较低引起的

（200ft 间距）。天然裂缝角度在 40° 时存在一个最佳产量，图 10.16 显示天然裂缝角度在 30° 时存在最大的 SRV。图 10.37 表明，累计产量相对标准偏差在 6%～13%，没有明显的变化的趋势。

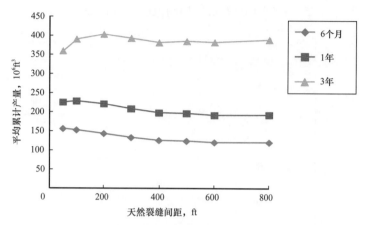

图 10.33　平均累计产量作为平均天然裂缝间距的函数（6 个月、1 年和 3 年）

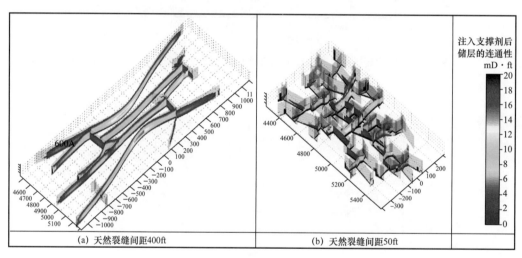

图 10.34　压裂后的储层连通性对比
两幅图的比例尺相同

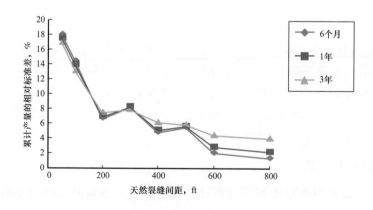

图 10.35　产量的相对标准偏差与裂缝间距的关系

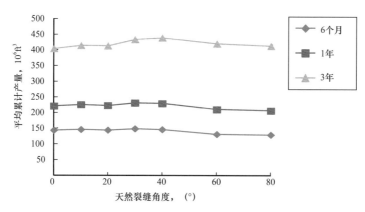

图 10.36 平均累计产量与天然裂缝角度的关系

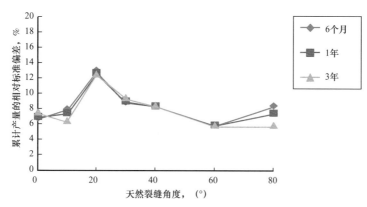

图 10.37 累计产量标准偏差与天然裂缝角度的关系

10.6 结论

即使在理解影响水力裂缝与天然裂缝之间的相互作用机制方面取得了重大进展，但是精确的预测裂缝几何形状挑战仍然巨大。基于 UFM 模型，本章介绍了天然裂缝网络对水力压裂影响的一些观察实验。

天然裂缝对改造结果的影响对压裂完井设计和评价提出了新的挑战。在裂缝模拟时，由于天然裂缝的高度不确定性和随机性，模型预测中具有较大的不确定性。理解储层特征，正确描述天然裂缝系统，是模型模拟和减少不确定性的重要基础。其他的测量方法，例如微地震监测和压力数据，对校准模型和不确定参数减少有极大的帮助。即使如此，在井产能预测和工程决策中仍需要考虑预测结果的不确定性。

本研究采用 UFM 模型进行裂缝模拟说明天然裂缝几何属性如何影响诱导裂缝网络，总结如下：

（1）在较低摩擦系数的天然裂缝中，压裂液黏度对天然裂缝模式敏感。

（2）支撑剂铺置更多由沉降速度控制，而不是水力裂缝网络的延展控制，因此，采用低黏压裂液时，支撑面区域对水力裂缝网络属性的不确定性不敏感。

（3）天然裂缝的方位对人工裂缝复杂性具有较大影响。总的来说，天然裂缝和最大水平主应力方向的夹角越大，人工裂缝网络越复杂。然而，当夹角接近 90° 时，其复杂性较大程度上取决于水力—天然裂缝相互作用相交行为。本文提出的参数研究表明，SRV 最大化要求在水力裂缝网络延伸方向在最大和最小主应力水平之间。

（4）对于天然裂缝与最大水平主应力方位成一定角度的情况，更长的裂缝长度、更小的裂缝间距，水力裂缝网络扩展更多。天然裂缝网络在最小和最大水平主应力方向延伸长度的比值似乎是一个天然裂缝的长度—间距比的简单函数。

（5）由于大量的水力裂缝与天然裂缝的相交，当天然裂缝相对于最大水平主应力的角度增加，最大水平主应力方向上的裂缝网络的横向延伸减小，人工裂缝网络的总表面积降低。由于净压力的增加主要用于克服作用于天然裂缝上的高闭合应力，使主要的裂缝分支上裂缝宽度变大。

（6）当存在多组天然裂缝时，与最大水平主应力夹角较大的裂缝组，对垂直于最大水平主应力方向上裂缝网络的扩展有更大影响，通过平行于最大水平主应力的裂缝组间距增加。

（7）因为早期产量更多的是对靠近井筒的天然裂缝密度的响应，而长期的产量主要取决于储层改造体积的大小，不同时期的最大累计产量与天然裂缝网络间隔变化趋势不同。

虽然天然裂缝是原生的、不可控的，但认识其对水力裂缝网络的影响，可以使工程师更好地优化井间距以及优化储层的封闭和生产。不同天然裂缝特性的储层应采用不同类型的压裂设计，以实现水力裂缝系统的最佳产能。对于与最大水平主应力方位成一定角度的天然裂缝性储层，滑溜水和小尺寸的支撑剂有助于天然裂缝的连接，形成一个复杂裂缝网络和较大的裂缝表面积，从而提高超低渗透储层的产量。反之，如果地层天然裂缝有限，或天然裂缝与最大水平主应力方位一致，主要形成平面裂缝，此压裂设计应集中在实现最佳的支撑长度和导流能力上。

参 考 文 献

Beugelsdijk, L.J.L., de Pater, C.J., Sato, K., 2000. Experimental hydraulic fracture propagation in a multifractured medium. In : SPE 59419, SPE Asia Pacific Conference in Integrated Modeling for Asset Management, Yokohama, Japan, 25–26 April.

Blanton, T.L., 1982. An experimental study of interaction between hydraulically induced and pre-existing fractures. In : SPE 10847, SPE/DOE Unconventional Gas Recovery Symposium, Pittsburgh, Pennsylvania, USA, 16–18 May.

Blanton, T.L., 1986. Propagation of hydraulically and Dynamically induced fractures in naturally fractured reservoirs. In : SPE 15261, SPE Unconventional Gas Technology Symposium, Louisville, Kentucky, USA, 18–21 May.

Castonguay, S.T., Mear, M.E., Dean, R.H., Schmidt, J.H., 2013. Prediction of the growth of multiple interacting hydraulic fractures in three dimensions. In : Paper SPE 166259, SPE Annual Technical Conference and Exhibition, New Orleans, Louisiana, USA, 30 September–2 October.

Chaudhri, M.M., 2012. Numerical modeling of multi-fracture horizontal well for uncertainty analysis and history matching : case studies from Oklahoma and Texas shale Gas Wells. In : SPE 153888, SPE Western Regional Meeting, Bakersfield, California, USA, 21–23 March.

Chuprakov, D.S., Akulich, A.V., Siebrits, E., Thiercelin, M., 2010. Hydraulic fracture propagation in a naturally fractured reservoir. In : SPE 128715, SPE Oil and Gas India Conference and Exhibition, Mumbai, India, 20–22 January.

Chuprakov, D., Melchaeva, O., Prioul, R., 2013. Injection–sensitive mechanics of hydraulic fracture interaction with discontinuities. In : ARMA 47th US Rocks Mechanics/Geomechanics Symposium, San Francisco, California, USA, 23–26 June.

Cipolla, C.L., Williams, M.J., Weng, X., Mack, M., Maxwell, S., 2010. Hydraulic fracture monitoring to reservoir simulation : maximizing value. In : SPE 133877, SPE Annual Technical Conference and Exhibition, Florence, Italy, 19–22 September.

Cipolla, C.L., Weng, X., Mack, M., Ganguly, U., Gu, H., Kresse, O., Cohen, C., 2011. Integrating microseismic mapping and complex fracture modeling to characterize fracture complexity. In : SPE 140185, SPE Hydraulic Fracturing Technology Conference and Exhibition, The Woodlands, Texas, USA, 24–26 January.

Cohen, C.E., Xu, W., Weng, X., Tardy, P., 2012. Production forecast after hydraulic fracturing in naturally fractured reservoir : coupling a complex fracturing simulator and a semi–analytical production model. In : SPE 152541, SPE Hydraulic Fracturing Technology Conference and Exhibition, TheWoodlands, Texas, USA, 6–8 February.

Cohen, C.E., Abad, C., Weng, X., England, K., Phatak, A., Kresse, O., Nevvonen, O., Lafitte, V., Abivin, P., 2013. Analysis on the impact of fracturing treatment design and reservoir properties on production from shale gas reservoirs. In : IPTC 16400, International Petroleum Technology Conference, Beijing, China, 26–28 March.

Cohen, C.E., Kamat, S., Itibrout, T., Onda, H., Weng, X., Kresse, O., 2014. Parametric study on completion design in shale reservoirs based on fracturing–to–production simulations. In : IPTC 17462, International Petroleum Technology Conference, Doha, Qatar, 20–22 January.

Cooke, M.L., Underwood, C.A., 2001. Fracture termination and step–over at bedding interfaces due to frictional slip and interface opening. Journal of Structural Geology 23, 223–238.

Crouch, S.L., Starfield, A.M., 1983. Boundary Element Methods in Solid Mechanics, first ed. George Allen & Unwin Ltd, London.

Dahi–Taleghani, A., Olson, J.E., 2011. Numerical modeling of multistrand hydraulic–fracture propagation : accounting for the interaction between induced and natural fractures. SPE Journal 16 (3), 575–581. SPE 124884–PA.

de Pater, C.J., Beugelsdijk, L.J.L., 2005. Experiments and Numerical Simulation of Hydraulic Fracturing in Naturally Fractured Rock. ARMA/USEMS 05–780.

Fisher, M.K., Davidson, B.M., Goodwin, A.K., Fielder, E.O., Buckler, W.S., Steinberger, N.P., 2002. Integrating fracture mapping technologies to optimize stimulations in the barnett shale. In : SPE 77411, SPE Annual Technical Conference and Exhibition, San Antonio, Texas, USA, 29 September–2 October.

Fung, R.L., Viayakumar, S., Cormack, D.E., 1987. Calculation of vertical fracture containment in layered formations. SPE Formation Evaluation 2 (4), 518–522.

Gale, J.F.W., Reed, R.M., Holder, J., 2007. Natural fractures in the barnett shale and their importance for hydraulic fracture treatment. AAPG Bulletin 91 (4), 603–622.

Gale, J.F.W., Holder, J., 2008. Natural fractures in the barnett shale : constraints on spatial organization and tensile strength with implications for hydraulic fracture treatment in shale–gas reservoirs. In : ARMA 08–096, 42nd US Rock Mechanics Symposium and 2nd Canada Rock Mechanics Symposium, San Francisco, California, USA, 29 June and 2 July.

Gu, H., Weng, X., 2010. Criterion for fractures crossing frictional interfaces at non–orthogonal angles. In : 44th US Rock Mechanics Symposium and 5th US–Canada Rock Mechanics Symposium, Salt Lake City, Utah, USA, 27–30 June.

Gu, H., Weng, X., Lund, J.B., Mack, M., Ganguly, U., Suarez–Rivera, R., 2011. Hydraulic fracture crossing natural fracture at non–orthogonal angles, a criterion, its validation and applications. In : SPE 139984, Hydraulic Fracturing Conference and Exhibition, The Woodlands, Texas, USA, 24–26 January.

Han, G., 2011. Natural fractures in unconventional reservoir rocks : identification, characterization, and its impact to engineering design. In : ARMA 11–509, 45th US Rock Mechanics/Geomechanics Symposium, San Francisco, California, USA, 26–29 June.

Hanson, M.E., Anderson, G.D., Shaffer, R., Thorson, L.D., June 1982. Some effects of stress, friction, and fluid flow on hydraulic fracturing. SPE Journal 321–332.

Hatzignatiou, D.G., McKoy, M.L., 2000. Probabilistic evaluation of horizontal wells in stochastic naturally fractured gas reservoirs. In : CIM 65459, SPE/Petroleum Society of CIM International Conference on Horizontal Well Technolog, Calgary, Alberta, Canada, 6–8 November.

Heuze, F.E., Shaffer, R.J., Ingraffea, A.R., Nilson, R.H., 1990. Propagation of fluid–driven fractures in jointed rock. Part 1 – development and validation of methods of analysis. International Journal of Rock Mechanics and Mining Sciences and Geomechanics Abstracts 27 (4), 243–254.

Jeffrey, R.G., Bunger, A., Lecampion, B., Zhang, X., Chen, Z., As, A., Allison, D.P., de Beer, W., Dudley, J.W., Siebrits, E., Thiercelin, M., Mainguy, M., 2009. Measuring hydraulic fracture growth in naturally fractured rock. In : SPE 124919, SPE Annual Technical Conference and Exhibition, New Orleans, Louisiana, USA, 4–7 October.

Jeffrey, R.G., Weber, C.R., Vlahovic, W., Enever, J.R., 1994. Hydraulic fracturing experiments in the great Northern Coal Seam. In : SPE 28779, SPE Asia Pacific Oil & Gas Conference, Melbourne, Australia, 7–10 November.

Jeffrey, R.G., Zhang, X., Thiercelin, M., 2009. Hydraulic fracture offsetting in naturally fractured reservoirs : quantifying a long–recognized process. In : SPE 119351, SPE Hydraulic Fracturing Technology Conference, The Woodlands, Texas, USA, 19–21 January.

Kennaganti, K.T., Grant, D., Oussoltsev, D., Ball, N., Offenberger, R.M., 2013. Application of stress shadow effect in completion optimization using a reservoir–centric stimulation design tool. In : SPE 164526, SPE Unconventional Resources Conference USA, The Woodlands, Texas, USA, 10–12 April.

Kresse, O., Weng, X., Wu, R., Gu, H., 2012. Numerical modeling of hydraulic fractures interaction in complex naturally fractured formations. In : ARMA–292, 46th US Rock Mechanics/Geomechanics Symposium, Chicago, Illinois, USA, 24–27 June.

Kresse, O., Weng, X., Chuprakov, D., Prioul, R., Cohen, C., 2013. Effect of flow rate and viscosity on complex fracture development in UFM model. In : International Conference for Effective and Sustainable Hydraulic Fracturing, Brisbane, Australia, 20–22 May.

Leguillon, D., Lacroix, C., Martin, E., 2000. Interface debounding ahead of primary crack. Journal of the Mechanics and Physics of Solids 48, 2137–2161.

Liu, H., Luo, Y., Zhang, N., Yang, D., Dong, W., Qi, D., Gao, Y., 2013. Unlock shale oil reserves using advanced fracturing techniques : a case study in China. In : IPTC 16522, International Petroleum Technology Conference, Beijing, China, 26–28 March.

Mack, M.G., Warpinski, N.R., 2000. Mechanics of hydraulic fracturing. In : Economides, Nolte (Eds.), Reservoir Stimulation, third ed. John Wiley & Sons (Chapter 6).

Maxwell, S.C., Urbancic, T.I., Steinsberger, N.P., Zinno, R., 2002. Microseismic imaging of hydraulic fracture complexity in the barnett shale. In : SPE 77440, SPE Annual Technical Conference and Exhibition, San Antonio, Texas, USA, 29 September–2 October.

Meng, C., de Pater, C.J., 2010. Hydraulic fracture propagation in pre–fractured natural rocks. In : ARMA 10–318, 44th US Rock Mechanics Symposium and 5th US–Canada Rock Mechanics Symposium, Salt Lake City, Utah, USA, 27–30 June.

Murphy, H.D., Fehler, M.C., 1986. Hydraulic fracturing of jointed formations. In : SPE 14088, SPE 1986 International Meeting on Petroleum Engineering, Beijing, China, 17–20 March.

Olson, J.E., 2004. Predicting fracture swarms – the influence of subcritical crack growth and crack–tip process zone on joint spacing in rock. In : Cosgrove, J.W., Engelder, T. (Eds.), The Initiation, Propagation, and Arrest of Joints and Other Fractures. Geological Society of London Special Publication 231, pp. 73–87.

Olson, J.E., 2008. Multi–fracture propagation modeling : applications to hydraulic fracturing in shales and tight sands. In : 42nd US Rock Mechanics Symposium and 2nd US–Canada Rock Mechanics Symposium, San Francisco, California, 29 June–2 July.

Potluri, N., Zhu, D., Hill, A.D., 2005. Effect of natural fractures on hydraulic fracture propagation. In : SPE 94568, SPE European Formation Damage Conference, Scheveningen, The Netherlands, 25–27 May.

Renshaw, C.E., Pollard, D.D., 1995. An experimentally verified criterion for propagation across unbounded frictional interfaces in brittle, linear elastic–materials. International Journal of Rock Mechanics and Mining Sciences and Geomechanics Abstracts 32 (3), 237–249.

Rutledge, J.T., Phillips, W.S., Meyerhofer, M.J., 2004. Faulting induced by forced fluid injection and fluid flow forced by faulting : an interpretation of hydraulic–fracture microseismicity, Carthage Cotton Valley Gas field, Texas. Bulletin of the Seismological Society of America 94, 1817–1830.

Savitski, A.A., Lin, M., Riahi, A., Damjanac, B., Nagel, N.B., 2013. Explicit modeling of hydraulic fracture propagation in fractured shales. In : IPTC 17073, International Petroleum Technology Conference, Beijing, China, 26–28 March.

Sesetty, V., Ghassemi, A., 2012. Simulation of hydraulic fractures and their interactions with natural fractures. In : ARMA 12–331, 46th US Rock Mechanics/Geomechanics Symposium, Chicago, Illinois, 24–27 June.

Thiercelin, M., Makkhyu, E., 2007. Stress field in the vicinity of a natural fault activated by the propagation of an induced hydraulic fracture. In : Proceedings of the 1st Canada–US Rock Mechanics Symposium, vol. 2, pp. 1617–1624.

Warpinski, N.R., Teufel, L.W., 1987. Influence of geologic discontinuities on hydraulic fracture propagation (includes associated papers 17011 and 17074). SPE Journal of Petroleum Technology 39 (2), 209–220.

Warpinski, N.R., Lorenz, J.C., Branagan, P.T., Myal, F.R., Gall, B.L., August 1993. Examination of a cored hydraulic fracture in a deep gas well. SPE Production and Facilities 150–164.

Warpinski, N.R., Kramm, R.C., Heinze, J.R., Waltman, C.K., 2005. Comparison of single– and dual–array microseismic mapping techniques in the Barnett shale. In : SPE 95568, SPE Annual Technical Conference and Exhibition, Dallas, Texas, USA, 9–12 October.

Weng, X., Kresse, O., Cohen, C., Wu, R., Gu, H., 2011. Modeling of hydraulic fracture network propagation in a naturally fractured formation. In : SPE 140253, SPE Hydraulic Fracturing Conference and Exhibition, The Woodlands, Texas, USA, 24–26 January.

Weng, X., Kresse, O., Chuprakov, D., Cohen, C.E., Prioul, R., Ganguly, U., December 2014. Applying complex fracture model and integrated workflow in unconventional reservoirs. Journal of Petroleum Science and Engineering 124, 468–483.

Weng, X., 2014. Modeling of complex hydraulic fractures in naturally fractured formation. Journal of Unconventional Oil and Gas Resources 9 (2015), 114–135. http : //dx.doi.org/10.1016/j.juogr.2014.07.001.

Williams–Stroud, S.C., Barker, W.B., Smith, K.L., 2012. Induced hydraulic fractures or reactivated natural fractures ? Modeling the response of natural fracture networks to stimulation treatments. In : ARMA 12–667, 46th US Rock Mechanics/Geomechanics Symp., Chicago, Illinois, 24–27 June.

Wu, R., Kresse, O., Weng, X., Cohen, C.E., Gu, H., 2012. Modeling of interaction of hydraulic fractures in complex fracture networks. In : SPE 152052, SPE Hydraulic Fracturing Technology Conference, The Woodlands, Texas, USA, 6–8 February.

Yew, C.H., Weng, X., 2015. Mechanics of Hydraulic Fracturing, second ed. Gulf Professional Publishing.

Zhang, X., Jeffrey, R.G., Detournay, E., 2005. Propagation of a fluid driven fracture parallel to the free surface of an elastic half plane. International Journal of Numerical and Analytical Methods in Geomechanics 29, 1317–1340.

Zhang, X., Jeffrey, R.G., 2006a. Numerical studies on fracture problems in three–layered elastic media using an image method. International Journal of Fracture 139, 477–493.

Zhang, X., Jeffrey, R.G., 2006b. The role of friction and secondary flaws on deflection and re–initiation of hydraulic fractures at orthogonal pre–existing fractures. Geophysics Journal International 166 (3), 1454–1465.

Zhang, X., Jeffrey, R.G., 2008. Reinitiation or termination of fluid–driven fractures at frictional bedding interfaces. Journal of Geophysical Research–Solid Earth 113 (B8), B08416.

Zhang, X., Jeffrey, R.G., Thiercelin, M., 2007a. Effects of frictional geological discontinuities on hydraulic fracture propagation. In : SPE 106111, SPE Hydraulic Fracturing Technology Conference, College Station, Texas, 29–31 January.

Zhang, X., Jeffrey, R.G., Thiercelin, M., 2007b. Deflection and propagation of fluid–driven fractures as frictional bedding interfaces : a numerical investigation. Journal of Structural Geology 29, 390–410.

Zhang, X., Jeffrey, R.G., Thiercelin, M., 2009. Mechanics of fluid–driven fracture growth in naturally fractured reservoirs with simple network geometries. Journal of Geophysical Research 114, B12406.

Zhang, F., Nagel, N., Lee, B., Sanchez–Nagel, M., 2013. The influence of fracture network connectivity on hydraulic fracture effectiveness and microseismicity generation. In : Paper ARMA 13–199, 47th American Rock Mechanics Symposium, San Francisco, California, USA, 23–26 June.

Zhang, Y., Sayers, C.M., Adachi, J., 2009. The use of effective medium theories for seismic wave propagation and fluid flow in fractured reservoirs under applied stress. Geophysical Journal International 177, 205–221.

Zhao, J., Chen, M., Jin, Y., Zhang, G., 2008. Analysis of fracture propagation behavior and fracture geometry using tri–axial fracturing system in naturally fractured reservoirs. International Journal of Rock Mechanics and Mining Sciences and Geomechanics Abstracts 45, 1143–1152.

Zhao, X.P., Young, R.P., 2009. Numerical simulation of seismicity induced by hydraulic fracturing in naturally fractured reservoirs. Paper SPE 124690, SPE Annual Technical Conference and Exhibition, New Orleans, Louisiana, 4–7 October.

第二部分　专题篇

第 11 章　有效的岩心取样校正测井和地震数据

David Handwerger[1]，Y. Zee Ma[2]，Tim Sodergren[3]

（1. Schlumberger，Salt Lake City，UT，USA；2. Schlumberger，Denver，CO，USA；3. Alta Petrophysical LLC，Salt Lake City，UT，USA）

11.1　引言

岩心分析在评价非常规油藏中有两个主要目标：一是收集测井曲线不容易获得的数据；二是获得标定好的真实数据校正测井。这些数据通常被用来构建或者定量控制目标油藏参数与测井之间的关系模型，这样测井数据可以用来获得目标区域的油藏特征或者产生三维油藏模型。然而，这种关联校正模型通常不是最优，因为不仅构建时没有结合一些统计学模拟的基本原理，而且构建时使用了主观性的样品。

使用岩心、测井和地震属性预测油藏性质时，线性回归是常用的统计技术（Woodhouse，2002；Zhu 等，2012），且线性回归便于使用。例如，输入岩心、测井或地震属性，像收集分散的岩心样品和测井测试，然后通过数据间交会图或者通过数学相关数据建立一个模型，最小化误差。例如，最小二乘法通过线性描述，实现预测值和测量数据之间的均方差的最小化。即使模型不具备线性关系，我们也关注线性模型，因为它最常用。

关于线性回归这里有几点的考虑常常被忽略。第一，每次输入时，预测和观察之间的差异通常为正态分布；第二，平均残差接近零；第三，每个输入的残差具等方差性（通常称为方差齐性，Weiss 和 Hassett，1982）。这些假设意味着回归擅长获取因变量的均值，而不擅长获取极值（Hook 等，1994）。换言之，回归趋向平均。此外，在这部分，需要考虑相关系数（或者 R^2）真正告诉我们的是什么？是相关性"好"或者"坏"（对应的是"有用"或者"无用"）（Fisher 和 Yates，1963）？本章附录 D 详细讨论了使用线性回归多峰性和非高斯分布输入的缺陷。

然而，附录 E 中的例子通常是为解释非高斯分布输入而构建的，接下来需要考虑的是，当这种趋势或者偏差没有那么明显的时候，如何使用测井与岩心数据。在常规油藏里，测井响应的特征刻画出砂岩相、碳酸盐岩相和页岩相。上述警告是很好接受的（即使没明确承认），这也是为什么一些测井解释图版将测井划分成相（Schlumberger，1991）。然而，这种趋势在非常规油藏不那么明显，因为矿物对测井响应具控制性影响，它还与有机物一起控制孔隙度和饱和度（Sondergeld 等，2010；Passey 等，2010）。

此外，岩心、测井和地震数据在尺度上的差异常常引起油藏变量表述在统计意义上的变化，包括油藏非均质性和油藏参数之间相关性的表述。这些问题影响校正质量和使用不同地球科学数据开展非常规资源评价有效性。

如果考虑非常规油藏固有的非均质性并优化不同数据在不同尺度的融合，使用回归或者其他统计模型技术时，大部分问题可以解决。非均质性是非高斯数据分布的主要来源，油藏分离到具有相似高斯数据分布的区域可以改善回归结果，所以每个区可以形成单独的模型。输入的多变量划分可以在测井数据上完成，改变取岩心样品在一定程度上可以优化模型结果。

认可线性回归模型的固有前提是地层非均质性，构建模型不需要采集很多样品，只需要有效采样，或更适合用途的采样。要实现这些，拆析测井响应到具有相似总材料特征的几个区域，用统计学相关的方式在每个区域取样是非常有用的。所谓的统计相关意味着可以是现实问题的函数，例如某种类型的测试价格昂贵、流程复杂，但是基础水平的基于统计意义的采样相对于基于一些预定偏倚的采样（例如，岩石是非均质的，但是只在认定是甜点的区域开展采样）能改善模型。

在这一章，我们将阐明与油藏内所有数据均可建立单一模型这个假设相关的问题，展示了使用合适条件数据系列和不合适条件系列的数据间差别。随后对如何应用到非常规油藏的合理预测、如何发挥测井数据优势最大化采集岩心的价值以及通过测井改善模型获取岩心属性进行论述。

11.2 测井数据中的样式识别

要改善岩心和测井的校对，多峰型分布的输入必须小心，如测井对非常规地层的响应。从非均质数据系列中分离出接近高斯分布数据的方法是对输入数据开展非监督聚类分析（Ma 等，2014a）。相比于全部数据系列，非监督聚类分析可以产生更接近高斯分布的群组。

图 11.1（a）显示了美国一个非常规气田收集的测井以及相关的非监督的聚类分析测井数据。在非监督的聚类里输入的是搜集的感兴趣区域的测井，使用者可定义群组的数量，聚类之前对数据开展了主成分分析并将低阶主成分通过噪声门限剔除。群组数量的选择是群组间最大化特征性竞争的影响与特定岩石组内最小化输入的数据分布的平衡结果。一些运算法则倾向将数据划分为近似等方差的组。组间最大化特征性条件帮助在后续高级分类中使用该结果。这个特殊方面超出这章的范围，在其他地方有讨论（Handwerger 等，2012，2014；Suarez-Rivera 等，2013）。每组内最小化数据分布的条件基于假定每组内岩心数据的分布基本模仿该组测井的分布，将在 11.3 节讨论。

主成分分析的额外好处是可以通过减少输出维数更完整地展示数据结构。主成分分析中的第一主成分见图 11.1（b），这代表最大相关性输入维数。主成分是一项技术，由确定一组正交轴组成，正交轴方向沿多变量数据中最大变量方向。成分本身由投影到每一个轴上的数据组成，这样第一主成分就代表数据中最大的变化，接下来投影到正交轴上代表减少了统计学上的变量数。数学上讲，主成分分析是输入数据与其他输入数据相关系数矩阵的特征值。每个主轴的变量百分数是其特征值与所有特征值的比值，输入数据在新轴上的投影是输入数据和相应的特征值。更详细的主成分分析描述见 Ma 等［2016（本卷）］。

在实例（图 11.1）中，第一主成分占据输入的 6 个测井 57.6% 数据结构，意味着多个输入测井间 57.6% 的相关性可降低到一维第一主成分。所有的主成分（主成分数量与输入一致）加起来是 100%，但减少反映了总方差的输入。图 11.1（b）标注的数据整体不是非高斯分布。然而，如果对那些数据进行聚类操作，则样式形成不同的组群 [11.1（c）、（d）]。深蓝色组群可立刻作为一个样式分离出来，剩下的大部分输入数据作为一个较大的第二样式。附加的组群划分可以划分为更小的样式，相比于整体模拟 [图 11.1（c）]，每一个样式可形成更加紧密的近似高斯分布，产生的预测能力也有所增加。回归模拟在更精细水平上应该提供更准确的预测，每个组群的残差应该小于整体模拟，即使每个组群的 R^2 低于所有数据作为一个整体产生的模型。（作为解释，见附录 D 注意到 R^2 不仅仅是反映分散数据的回归趋势，对于所给定的数据来说，也有回归自身的意义）。

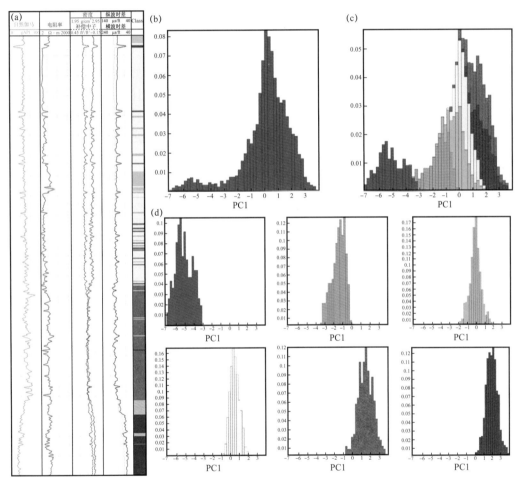

图 11.1　美国某非常规气田气井的测井以及非人为控制的聚类分析测井数据

图 11.1 图（a）美国气井的测井数据（b）由主成分分析得到的第一个主要成分的直方图（这代表了输入数据结构的 57.6%）。（c）数据与图（b）相同，并根据类别用颜色区分。图（d）单独每一类的分布，每个子图中 x 轴是相同的，y 轴根据数据不同进行标准化

聚类分析产生的每个群组的输入被定义为特殊样式并具有近似等方差。图 11.2 显示前三个主成分一起的两个视图（超过 6 个输入测井总变量的 90.0%）。每个点被涂成聚类分析后分配的群组颜色。前面提到的深蓝色群族由较小样式的双峰分布数据组成 [图 11.1（b）、（c）]，而剩余群组占据主要的输入数据样式。

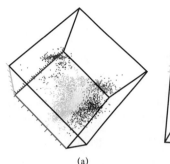
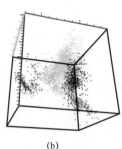

(a)   (b)

图 11.2　由主成分分析图 11.1 测井数据得到的
前三个主成分数据绘制的立体交汇图并将
测井数据进行聚类分析

可见每类测井数据都有其特别的分布特征。这三个主成分数
据代表了数据结构的 90%。用颜色区分的每类数据都有相
近的方差。深蓝色标注的这类代表了双峰分布输入的一种模
式，而其他每类都属于其他分布模式

11.3　校对样品的采集

如果恰当的测井系列对选择岩石的结构和组成变化敏感（例如，Triple Combo），聚类更能代表具有相似总体特征的区域，可以提供比全部更符合条件的输入系列。材料科学的基本原理规定材料的宏观性质是结构和组成的函数（Carter 和 Paul，1991）。因此，如果在测井上可以分离出约束结构和组成的区域，可以认为该类区域在统计学上具有相似的整体材料性质。在选择样品位置时，材料的性质可以不提前知晓，相似的区域具有相似的特征，不同的区域具有不同的特征（Handwerger 等，2012）。如果测试结果显示油藏中两者无关，那么不是数据不能区分岩石结构和组成，就是还存在测井不能响应的其他因素影响基线性质（例如，气体吸附的孔隙压力效应）。

通常，测井通过非监督聚类算法分割时，并不能定量各个组群代表的材料性质（除非其他一些岩石物性建模）。然而，聚类结果可以用来确定如何采集储层段样品来获得组群特征。例如，如果假定在任何一个组群内采集的样品具有相似的整体材料性质（在统计约束的组内），该假设可以用于帮助决策在什么地方优化采样位置和获取岩石。例如，样品分布涵盖每个组很好的测试材料性质的变化。这可以改善合理回归模型定义的能力，预测高采样率的取心井测井的每个参数，或者在后续井和地震数据中使用。

广泛的可获得的岩心测试（从简单到复杂），优化采样的意涵是实用的细节级别的函数。举个最简单的例子，如过测试复杂且价格高，可以每个组群选择一个样品，利用该结果描述该组的平均行为。如此，测井响应中每个可量化的独特包是平均意义上的表征，可以呈现该段的整体非均质性。

如上所述，每个组群的平均测井响应是最有效的取样方法。这将提供最接近从每个组群输入数据评估的平均属性响应，并进一步刻画测井聚类中分离的非均质尺度的广泛变化。此外，如果每个组群一个样品可提供足够数据建立广泛的全球回归模型（假定输入数据适合这个任务，见附录 D），训练数据将最能代表感兴趣区域的整体数据分布。例如，一元回归可以建立在全部岩心数据之上（每个组群一个样），提供足够的存在组群获得数据点的相关数开展任何线性拟合的评价，输入满足前面讨论回归模型的假设。图 11.1 所示数据，意味着剔除深蓝色组群，因为它代表着不同于总体数据分布中绝大部分的分离模式。当然，从 6 个族群中挑出 5 个将只有 5 个数据点（每个组群一个样），任何线性回归模型 R^2 的结果必须超过 0.77 才是统计上的有效表达 95% 置信水平的数据趋势，超过 0.91 是 99% 置信（见附录 D 中关于 Fisher 和 Yates 准则的讨论）。

这里大部分岩心样品是有保证的，两步法采样也应该被考虑：第一步，输入测井数据聚类分析提供一个基线刻画层内非均质性。第二步，如果想在组群级别建立回归模型，每个族群需要合理的采样。上述可以通过分析每个组群的测井分布完成，通过频率分布采样足够最大化统计相关模型的似然值（附录D）。

主成分分析不仅可用来减少输入维数到更容易分析的数量，还可以聚焦输入之间的相关性到一个成分，从而更容易识别"平均"整体测井响应。图11.3展示了平均测井响应对特定黄色组群识别的场景。黄色族群平均响应最容易通过寻找最接近前三个主成分平均值的位置来识别，三个主成分占据了绝大多数原输入测井几乎全部的变异性。这比仅第一主成分峰值更好地代表了宏观响应的平均值，其柱状图见图11.3。事实上，可以看到在柱状图上提出的采样位置并没有完全在第一主成分的峰值。每个测井的平均响应和相应的主成分在柱状图下使用黑点标注，提出的采样位置非常接近前三个主成分的平均值。

对要增加数量的样品，采样可以分散开来刻画每个组群中测井的分布。不是每个组群一个样，采样位置可沿着分布间隔分布以尽可能保证采样完整。每个组群的划分，假设图13.3中黄色组群可被构建，在测井剖面（有岩心）的深度可被突出，因为它们与测井分布给定的位置接近。此外，如果使用主成分距离做，更容易评估任何样品的合适性，可用维数数目也有效地降低而没有过分损失变量信息。

11.4 实例研究

11.4.1 研究1

图11.4中例子展示了一个井的两段岩心，一个来自上部区域一个来自下部区

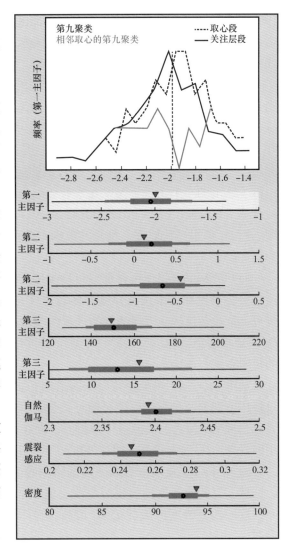

图11.3 样品选择方法

位于图中顶部的黑色线代表了测井数据中第一个主成分的分布，用于所有出现的橄榄绿色一类的数据，是从目标区块测井资料通过聚类分析得到的。黑色的粗线代表了取心井段第一主成分的分布。橄榄绿色的线代表了被查询类的连续区块上的分布。垂直的蓝色虚线为第一主成分在特定深度的值。在顶部的曲线图之下的数据图代表测井数据中前三个主成分数据的分布。每一个黑点代表了平均响应，倒三角代表同一深度点，并且它的测井响应与一类的总体测井分布相对应。这里平均值的意义是选择的位置的值与测井数据前三个主成分的平均值相近，而不仅仅是第一主成分分布的峰值

域。测井数据的非监督聚类显示两个区域具有不同的宏观测井响应，每段展现出不同的集合类。因此，不能期望每段内相关数据与其他数据严格线性相关。每个区域的核心是筛选利用测井显示非均质性，使用实际采集岩心限制（例如，每类也存在取心段之外的区域）。然而，对于气体孔隙度的预测，依靠对下部采集岩心样品使用两步法（Draper 和 Smith，

1998）建立多线性回归模型并应用到上部区域。然后上部区域岩心数据绘图只用做比较。结果显示，仅使用下部岩心的模型过高预测了上部岩心段的气体孔隙度。这是一个非代表抽样的例子（在勘探与开发中不可避免）。

此外，图 11.4（a）和（b）中远右手边的道展示了每个组群内测井相关的训练数据与用来做垂向剖面预测的测井响应之间的马氏距离（D_m），根本上导致全段半监督分类与训练数据的分离。D_m 是每个数据点与所用聚类模型之间的方差归一化欧氏距离，是一组测井与那些定义组群之间的相似度测量。这是监督分类中的有用度量，例如，可以知道选定的组群——最可能模型与实际上是否足够接近并合适。D_m 过大的位置，即使是最接近的组群（选定的一个）也不是"足够接近"，这是一个信号表明在模型中存在一个组群不能被代表（Handerger 等，2012；2014；Suarez-Rivera 等，2013）。在这种情况下使用预测模型，在 D_m 值很高的地方，预测的数据点落在所用回归模型数据云之外，因此预测被标记为可疑。

回归分析应该仅使用在那些可以与创建模型相当的区域（Hook 等，1994）。可以使用监督分类确定在一个预测井或者区域中什么位置特定聚类模型是合适的。由于大部分监督分类算法会挑选靠近训练群的进行匹配而不考虑在模型空间里这种匹配是否接近，因此 D_m 应该被考虑。所以，需要一个独立的度量来确定什么组成"足够接近"适合使用给定的模型。

从图 11.4（a）可见，完全依据来自下部岩心的训练数据，上部岩心常 D_m 升高，提醒只使用下部岩心分类的模型可能不适合上部岩心。上部岩心中 D_m 低的位置，预测趋势与岩心测量结果接近。为涵盖下部岩心，存在训练数据的位置，正如预期的那样，训练模型用回自身，D_m 通常较低，通过外推调节测井数据。

图 11.4（b）显示依靠训练数据预测的两段岩心。结果是大幅改善了预测，在两个取心区域，气测孔隙度的预测值与测量值非常接近。此外，D_m 在每个取心段内非常低。然而，取心段之外的区域标记 D_m 值高，显示依据可利用的岩心能完全代表的聚类模型不存在。

对那些 D_m 较高的区域，接下来的问题就是如何做。这里有两个主要的可能：第一个是预先定义一个"整体"相关性，在预测中忽略非均质性而增加间隔尺寸，假定所有数据符合条件；第二个是不管怎样使用聚类模型，然而必须清楚这可能不合适。不管怎样，高 D_m 应该是作为两种选择实施无效的标记。此外，标记可以显示由 Hook 等（1994）提出的上述关注的位置，使用的回归模型超出了输入训练数据的范围。在实例（图 11.4）中，一个整体模型叠加到与训练数据高 D_m 的位置和训练数据不能预测统计相关趋势的位置（见本章附录 D 中 Fisher 和 Yates 标准的讨论）。

另一个同样的预测实例见图 11.5。依据多线性回归有两个分离的训练方案来预测气体孔隙度。在不同情况下，选择 14 个原始岩心点，但是开展不同范例。在前一种情况下，选择 14 个样品作为每个组群的平均响应。在第二种情况下，选择 14 个样品作为整个取心区的平均响应而不考虑组群。在第二个方案引入各自偏差，因为大分布样品来自取心区域 1，只有少量点来自取心区域 2。然而，第二个方案的训练数据在预测实际气体孔隙度时更糟糕。这是因为采样没有考虑测井数据的变化，甚至第一阶，但是整体平均测井响应的聚类。

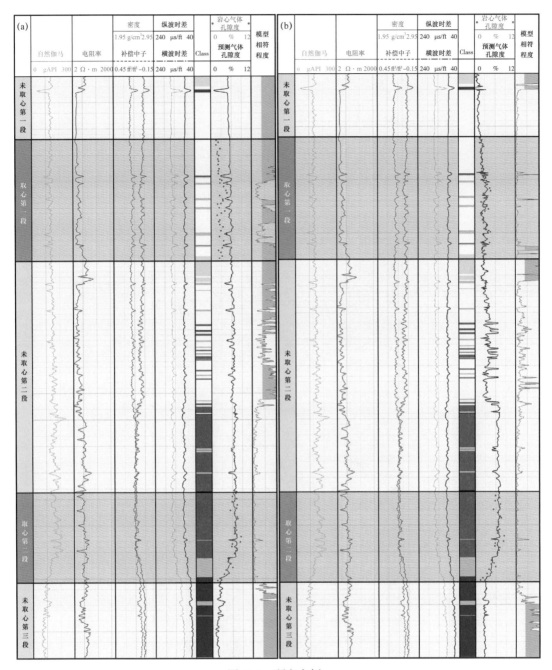

图 11.4　研究实例 1

图（a）由回归模型预测含气孔隙度，该模型针对来自第二次取心的岩心数据，但回归模型被广泛运用。预测和第一次取心拟合并不好，也证实分类并不相同。最右边一道显示超出训练模型的测井数据与用于回归模型的测井数据的相符程度，度量标准为马氏距离。图（b）由岩心数据构建出回归模型，岩心数据来自两次取心段。马氏距离比大多数取心段都低很多，建议要更好的代表整个取心段

11.4.2　研究 2

图 11.6（a）显示另一个偏差抽样影响的例子。对测井深电阻率大于 $10\Omega\cdot m$ 的那些样品岩心数据需过滤［图 11.6（b）］。高电阻率通常与烃类体积增加有关，同时"只

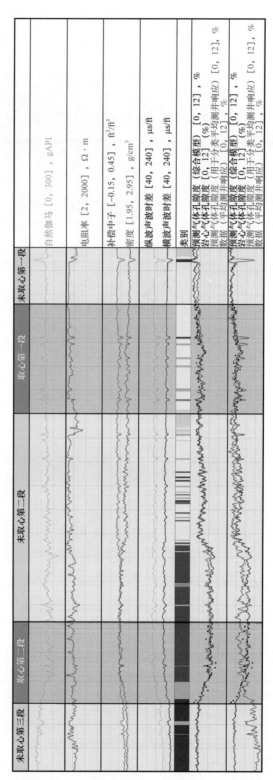

图 11.5　研究实例 2——基于两种不同采样方法的含气孔隙度预测

左边的是基于筛选后的 14 个岩心样品数据，这些数据都是每类数据中最接近测井响应的。

右边是筛选出的 14 个岩心样品，都与测井响应十分符合，并不考虑不同类数据的影响（红色曲线）。

黑点为剩下的岩心数据不用与培训而是用来与预测结果对比

采集储层"内样品会产生取样偏差也不意外。当用这些被选样品的气体孔隙度数据训练时，预测的气体孔隙度非常接近测量数据，在训练点只有很小的残差，但是在其他地方的预测非常差，特别在上部岩心，其预测结果几乎系统性偏高测量值（通过匹配训练数据采集点的测量值）。在没有取心的区域怎么样我们没有真实数据而只能推测，但是偏差可质疑预测任何结论的合理性。考虑到上半部分未取心区域 2 主要是黄色组群，上面取心区域 1 有岩心数据在黄色组群显示气体孔隙度预测结果偏大，我们可以认为在未取心区域 2 结果也相似。同样，考虑到整个取心区 2 训练数据主要是红色组群，可以假设红色组群在下半部分未取心区 2 的预测合理。还请注意，最高电阻率对应的样品也不是系统性具有最高气体孔隙度。因此，偏差存在于电阻率和气体孔隙度之间相关的假设，而不是在气体孔隙度值自身里。相似的气体孔隙度值可以有较高的电阻率或者较低电阻率。

图 11.6（c）显示全部样品的预测和观测岩心气体孔隙度的比较，而不仅仅是上面方案中选择的训练样。样品依据采样区域着色。由于大部分训练数据来自取心区域 2，仅在该部分展现出最佳的匹配关系。正如上文所述，在取心区域 1 存在非常明显的预测偏差，但是在取心区域 2 却没有。

在取心区域 1 没有最佳拟合线，依据该预测方案预测与观测数据之间很明显有较小相关性，事实上，压轴回归分析最佳拟合（没有投点）的 R^2 计算结果是 0.02，这意味着统计学上是无意义的趋势（更不必说对所有样品变量的合理数量是多少的差解释）。取心区域 2 的压轴回归分析最佳拟合相关性 R^2 结果是 0.71，非常有意义。然而，最佳拟合线的斜率大于 1，显示在低气体孔隙度部分的预测偏高，而在高气体孔隙度部分的预测偏低。事实上，在低气体孔隙度部分，偏高大约 1p.u.，这对气体孔隙度 2% 的测定值而言误差是50%。

上述讨论显示非均质层代表性采样的数量。当尝试利用那些数据通过回归模型模拟全部变量的时候，仅采集那些认为的"储集岩"能引入偏差；另外，是不是储层仅依靠测井也隐含着偏差。所有变化在采样时可发生偏差（见例子，图 11.5）。与常规储层相比，这些偏差的作用可能在泥岩这样的较强非均质性地层更突出。

11.4.3　研究 3

多变量输入的聚类模型与综合模型相比的取样优点在这里有讨论（实际例子见附录 D 中附图 D.1 和附图 D.3）。图 11.7 比较了利用综合模型预测岩心有效孔隙度（EPOR），测井输入也一同处理，每个组群都建立预测的编译模型。首先，聚类模型相较于综合模型能较好地与岩心整体匹配。这在图 11.8 中会进一步论述，每个方案预测有效孔隙度值与岩心有效孔隙度值交会成图。在综合模型中［图 11.8（a）］，孔隙度呈中等双峰型分布（柱状图沿每个交会图顶部），但是这种双峰型在预测值中不明显（柱状图沿右手轴）。对聚类模型［图 11.8（b）］，双峰型预测更加明显，预测值甚至在中等岩心有效孔隙度值处出现间断。这表明聚类模型相较于综合模型，更能有效捕获岩心数据的数据结构。但是请注意，单个聚类模型的基础是近高斯分布的数据。当全部预测构建自单个模型，聚类模型与整体数据结构更匹配。

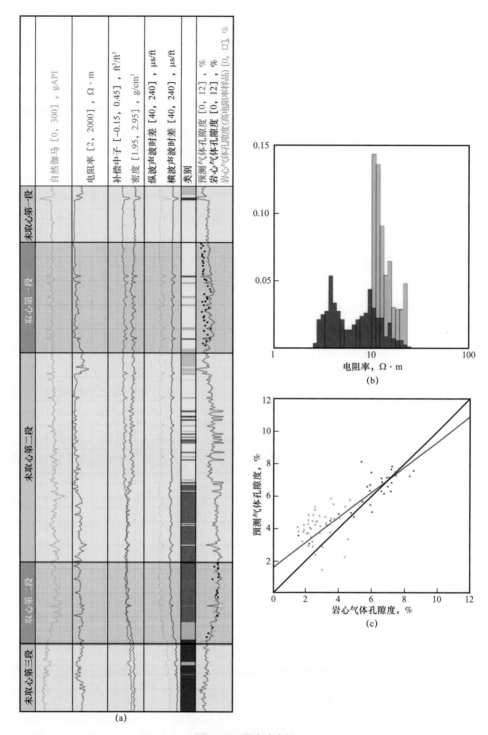

图 11.6　研究实例 3

图（a）基于岩心数据（深侧向电阻率≫10Ω·m）预测含气孔隙度。这代表了 76 个样品中的 23 个。这些岩心样品被
绿色标记。黑点代表了岩心数据的平衡，并为质量控制而显示出来。黑点的数据并不用于构建回归模型。图（b）输
入数据直方图。蓝色柱子是深侧向电阻率测井在两个取心段的数据，绿色柱子代表深侧向电阻率测井数据，并用来建
立回归模型（样品的深侧向电阻率＞10Ω·m）。图（c）预测和观察得到的含气孔隙度对比。第一次取心的数据为蓝
色，第二次取心为红色。黑线为 1∶1 的线，红线是第二次曲线数据最好的拟合曲线，其相关性系数为 0.71。而与第
一次取心数据拟合最好的曲线的相关性系数仅为 0.02。除此之外，GFP 值的预测不是高估就是低估

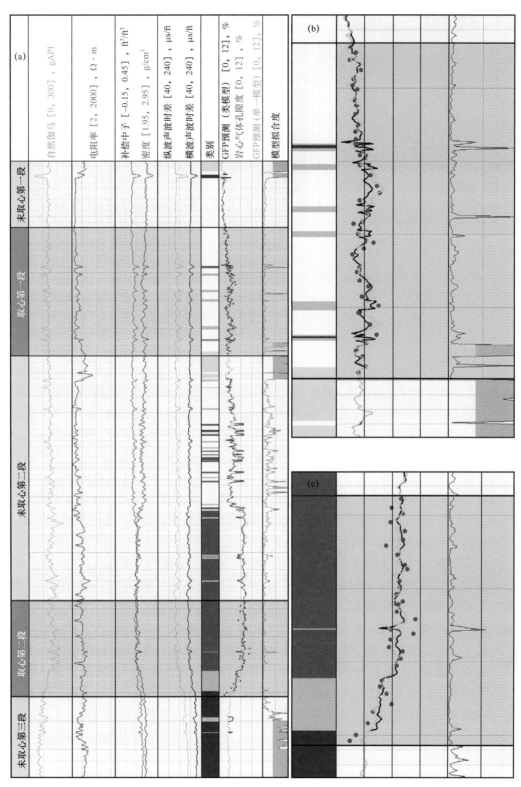

图 11.7　综合模型预测对比（绿色）和模型预测（黑色）有效孔隙度

聚类模型能很好的与岩心数据匹配，这在图 11.8 中表现的更明显

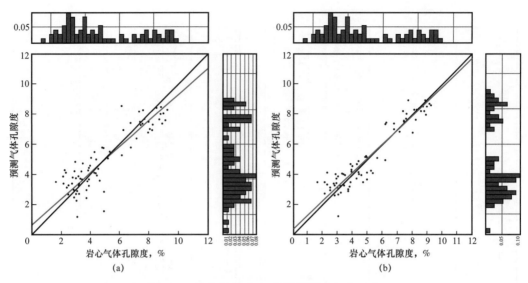

图 11.8 综合模型（a）和聚类模型（b）对比

从直方图的每个坐标轴来看，用聚类模型可以将岩心数据的双峰特点表现得更好。在综合模型中，岩心数据的双峰特征并不明显，也证实综合模型并不合适

11.5 讨论

一旦从回归分析中获得预测，通常下一步就是收集数据开展模拟。模拟通常需基于以岩层为单位，输入各个层的平均性质（Wei 和 Holditch，2009；Waters 等，2011）。此外，岩石分类可通过利用属性扩大反演地震体（Suarez-Rivera 等，2013；Borgos 等，2013；Handwerger 等，2014），同时，其结果也可以用来开展模拟（Rodriguez-Herrera 等，2013）。在任何情况下，层是输出项，统计每个层的相关参数是输入项。那些性质可以来自收集数据的统计描述，也可以来自测井预测的岩心数据。在任何情况下，聚类在定义层方面非常有用，主要是因为这可以按照相同材料性质将储层分区，而不是从纯地质的角度假定这种相关结果。

考虑到页岩的频繁非均质性可能导致多峰分布，多变量聚类通过分离模型并产生每类近高斯分布的数据（图 11.1），可能是一个对数据施加一定程度正态性的有效方法。如果想要得到岩心性质的分布（不管是从岩心数据中直接获得还是基于回归分析预测），也需要确定岩心数据是近高斯分布，或者将其分解成几个性质组群。当大量岩心数据可用时，按理说后者更容易。例如，中心极限定理（见附录 E）表明当有足够多的随机选择变量，$N \geq 30$ 时平均 $\bar{x}$ 呈正态分布（Weiss 和 Hassett，1982）。然而，每类通常不超过 30 个岩心样品，每类常常超过 30 个测井测量。因此，如果每类测井数据可以建立近正态，那么可以假设与其相关的岩心性质也是近正态，全系列测井响应确定的类可用来采样。因此，高斯框架内的样品采集应该与中心极限定理一致。为进一步增加岩心性质类，由于测井取样通常比岩心要多很多，可以使用预测代替。此外，回归分析可以用来刻画岩心获得一个更近似的高斯空间。

图 11.9 通过展示一个样品前面例子用到的所有输入测井与每个组群的测井的正态性的柯尔莫诺夫 - 斯米尔诺夫（Kolmogorov-Smirnov）校验方法（简称 K-S 校验）（Massey，1951）扩大对图 11.1 的讨论。当所有测井数据中的主要变化一起考虑时，通过第一主成

分柯尔莫诺夫－斯米尔诺夫校验失败，显示测井数据作为包含储层段的整体不符合似正态分布。第一主成分的累积分布函数展现在图11.9（a）中一个"完美"正态分布旁边。柯尔莫诺夫－斯米尔诺夫检验计算了数据代表正态分布的可能性是10^{-63}，这基本意味着是"0"。如果观察一下取心段两个主要组群的相同展示时［图11.9（b）（c）］，每个分布测试均正态分布在95%置信水平内。

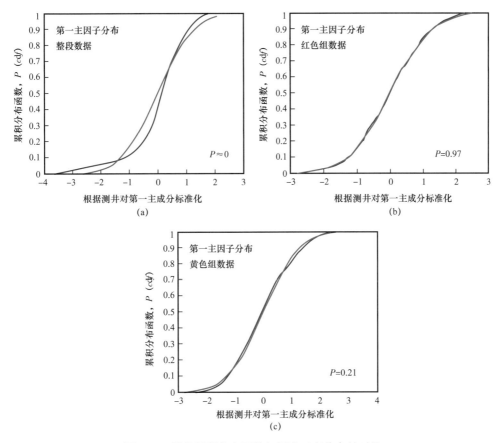

图 11.9　测井累积分布函数与标准正态分布的对比

测井由主成分分析得到的第一主成分代表。第一主成分经过标准化，其分布可以用 Kolmogorov–Smirnov 校验方法与标准分布对比。检测结果的 P 值反映在图中。如果 P 值＞0.05，则测试分布（测井的第一主成分）是正态分布的可靠性为95%。图（a）为整段测井数据。整体上，结果显示测井数据并不是正态分布。图（b）组成红色组测井数据和图（c）黄色组测井数据。在取心段有两个最有代表性的数据，其为正态分布的可靠性均为95%

　　这延伸到岩心数据，图11.10中全部的有效孔隙度岩心数据弱近似高斯分布，通过柯尔莫诺夫－斯米尔诺夫校验，置信水平仅为0.08%（尽管这可能看字面上不好，K-S 校验中有一个自由度分量，岩心数据的数量很少足够去获得比"字面上"好的统计结果）。然而，如果看一下特定组群的 K-S 校验结果，将看到巨大改善。图11.10（b）和（c）展示了两个主要取样组群的有效孔隙度结果。黄色组群显示85%可能是正态分布，而红色组群显示93%可能。这意味着聚类模型比相同的综合模型更合适参数统计计算，其假设高斯分布非常脆弱。

　　因此，在后面的模型依赖层输入，聚模型统计应该更有前景。事实上，可以从图11.11看到当考虑整体预测范围的时候，聚模型比宏观模拟预测的孔隙度结果更接近高斯分布。

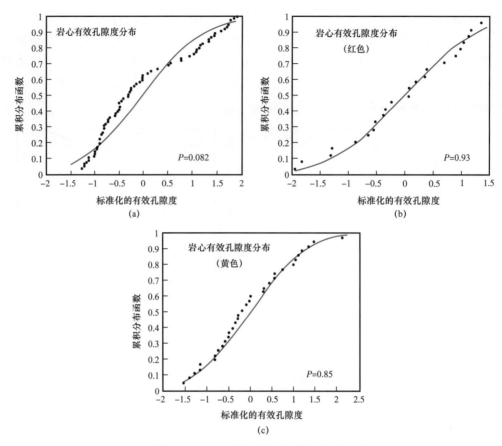

图 11.10 岩心数据（黑点）分布和标准正态分布（红色曲线）对比

有效孔隙数据经过数字化，可以通过 Kolmogorov-Smirnov 校验方法与标准正态累积分布函数校验。校验结果用 P 值反映在图中。P 值>0.05 时，有效孔隙分布是正态分布的可信度为 95%。P 值越高，经检测的分布是正态分布的可能性越大。只有红色和黄色两类有足够的岩心数据做比较。图（a）所有的岩心数据只有微弱的正态分布特征。图（b）红色一类的岩心数据有较强的正态分布特征。图（c）黄色一类岩心数据的正态分布特征也很强

要将数据扩展到地震尺度时，那些关注也开始起作用。如上所述，使用地震属性反演的监督分类，分类可以扩展到地震剖面。Suarez-Rivera 等（2013）和 Handwerger 等（2014）采用的方法使用了基于训练数据高斯分布拟合的最大似然估计方法（Borgos 等，2013）。

图 11.12 展示了通过地震剖面扩展的分类。由于地震体的分类与测井分类相关，依据测井的分类统计分布可以通过地震数据展示其三维分类。

11.6 结论

在像页岩这种地层中，黏土和有机质是测井变化的主控因素。结果使储层特征的测井解释比常规储层更具挑战性，因为测井信息更"干净"。因此，在评价页岩储层时有必要解决更高程度的非均质性。岩心数据通常被用来校正测井，提供更详细的层特征信息。为此，岩心数据经常被用来与测井建立关系模型，因此测井可以被看作预测工具。在常规储层中，只要砂岩、碳酸盐岩和页岩被区分，更深程度的非均质性不需要也不被考虑。然而，在非常规储层中，岩石的非均质性更突出也更隐蔽，对储层性质的影响更广泛。因为

非均质性作用在测井上很难表征，其中的非均质性更加隐藏，通常也很难定量。此外，在非常规储层中，岩石对测井响应的作用也不是主导因素，因为低流体含量和低孔隙体积，也就比"端元"更加"灰度梯度"。

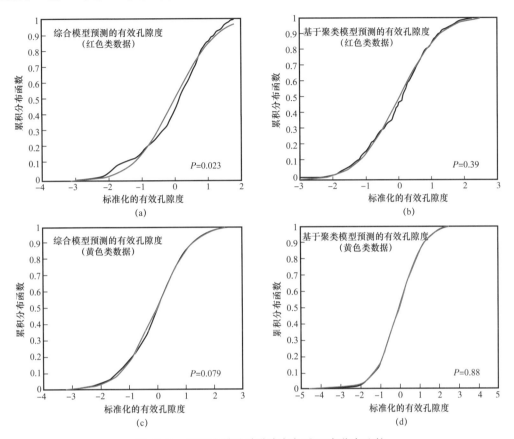

图 11.11 预测有效孔隙分布与标准正态分布比较

预测有效孔隙数据（黑色）经过标准化可以与经过 Kolmogorov–Smirnov 校验的标准正态累积分布函数对比，对比结果用 P 值反映在图中。当 P 值>0.05 时，试验分布是正态分布的可靠性大于 95%。图（a）综合模型预测的红色类数据。图（b）聚类模型预测的红色类数据。图（c）综合模型分析的黄色类数据。图（d）聚类模型的黄色数据。这几类数据中，只有两类有足够的样品可以得到可靠的回归模型。在一般情况下，综合模型预测可信度较低的高斯分布而基于聚类的预测可信度较高（P 值更高）

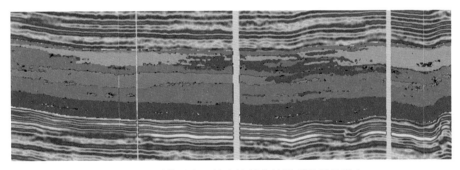

图 11.12 测井尺度上的岩性划分扩展到地震尺度上

运用监督分类法是依据最大可能性预测，该方法是基于地震属性分布的高斯模型，并可识别各类岩性

因此，在使用回归分析建立岩心数据和测井数据关系时，需要考虑非均质性及其对回归分析中基本假设的影响。由于大部分常规储层相对均质，经常不考虑；但是在非常规储层中，假设均质可导致回归模型不能作为一个有效预测工具并错误地评价储层特征。基于本章中的研究讨论，如果可以定量定义非均质性还能满足成功回归模拟的条件，那这样的模型可以提供强有力的储层性质预测。然而，下面的这些不足需要加以考虑。

回归模型的基本前提假定输入数据近似高斯分布，因此为单峰型。本章展示的一些概念例子显示了当实际数据不是高斯分布而假定其符合高斯分布的缺陷。当遇到像页岩这样的非均质性岩层时，那样的假设是脆弱的。然而，输入测井方差划分无监督多变量聚类可以在测井层中分离单个模型，提供的分类可以更加靠近满足线性回归模型中的隐含假设。接下来，涉及取样和建立模型时，可以策略性地选择样品优化，并建立组群级别的回归，这样的模型比起将组作为一个整体更有前景。

在采样分析程序中，与建立计算模型相关的陷阱可以在采样选择中消除。当这种模型成为采样分析程序中的一部分时，只要在样品采集过程中考虑了这些，缺陷可以被消除。例如，这有利于减少采集样品中的偏见，并能考虑非常规储层中固有的非均质性。此外，采样的方式也应该从假定的某测井或测井响应是感兴趣参数变化的通用判断（例如，高电阻率等于增加烃类含量）里跳出。

参 考 文 献

Bertin, E., Clusel, M., 2006. Generalized extreme value statistics and sum of correlated variables. Journal of Physics A : Mathematical and General 39, 7607–7619.

Blyth, C.R., 1972. On Simpson's paradox and the sure-thing principal. Journal of the American Statistical Association 67（338）, 364–366.

Borgos, H.G., Dahl, G.V., Lima, A.L., Sonneland, L., Handwerger, D., Suarez-Rivera, R., 2013. Shale reservoir characterization using 3D Markov field classification. Extended Abstract. In : 75th EAGE Conference & Exhibition, London, UK, June 10–13, 2013.

Carter, G.F., Paul, D.E., 1991. Materials Science and Engineering. ASM International, Materials Park, OH, USA.

Draper, N.R., Smith, H., 1998. Applied Regression Analysis. Wiley-Interscience, Hoboken, NJ USA.

Fisher, R.A., Yates, F., 1963. Statistical Tables for Biological, Agricultural and Medical Research, sixth ed. Oliver and Boyd, Edinburgh. p. 63（Table VII）.

Handwerger, D.A., Sodergren, T., Suarez-Rivera, R., 2012. Scaling in tight gas shales. In : Monograph of the 2011 Warsaw Symposium "The Evolution of the Mental Picture of Tight Shales", pp. 191–210.

Handwerger, D.A., Martinez, C., Castañeda-Aguilar, R., Dahl, G.V., Borgos, H., Ekart, D., Raggio, M.F., Lanusse, I., Di Benedetto, M., Suarez-Rivera, R., November 3–7, 2014. Improved characterization of Vaca Muerta formation reservoir quality in the Neuquén Basin, Argentina, by integrating core, log and seismic data via a combination of unsupervised and supervised multivariate classification. In : Gas IX Congresso de Exploración y Desarrollo de Hidrocarburos, Simposio de Recursos No Convencionales. Instituto Argentino del Petrolero y del, Mendoza, Argentina, pp. 479–497.

Hook, J.R., Nieto, J.A., Kalkomey, C.T., Ellis, D., 1994. Facies and permeability prediction from wireline logs and core – a North Sea case study. In : SPWLA 35th Annual Logging Symposium, June 19–22, 1994.

Huber, P.J., 2011. Data Analysis : What Can Be Learned from the Past 50 Years. Wiley, New Jersey.

Kaminski, M., 2007. Central limit theorem for certain classes of dependent random variables. Theory of Probability and Its Applications 51 (2), 335–342.

Louhichi, S., 2002. Rates of convergence in the CLT for some weakly dependent random variables. Theory of Probability and Its Applications 46 (2), 297–315.

Ma, Y.Z., Wang, H., Stichler, J., Gurpinar, O., Gomez, E., Wang, Y., 2014a. Mixture decompositions and lithofacies clustering from wireline logs. Journal of Applied Geophysics 102, 10–20.

Ma, Y.Z., Moore, W.R., Gomez, E., Luneau, B., Handwerger, D., 2016. Wireline Log Signatures of Organic Matters and Lithofacies Classifications for Shale and Tight Carbonate Reservoirs. In : Ma, Y.Z., Holditch, S.A., Royer, J.-J. (Eds.), Unconventional Oil and Gas Resources Handbook : Evaluation and Development, pp. 151–172.

Ma, Y.Z., et al., April 2014b. Identifying Hydrocarbon Zones in Unconventional Formations by Discerning Simpson's Paradox. Paper SPE 169496 presented at the SPE Western and Rocky Regional Conference.

Mahalanobis, P.C., 1936. On the generalized distance in statistics. Proceedings of the National Institute of Sciences of India 2 (1), 49–55.

Massey, F.J., 1951. The Kolmogorov–Smirnov test for goodness of fit. Journal of the American Statistical Association 46 (253), 68–78.

Passey, Q.R., Bohacs, K.M., Esch, W.L., Klimentidis, R., Sinha, S., 2010. From oil-prone source rock to gasproducing shale reservoir – geologic and petrophysical characterization of unconventional shale–gas reservoir. In : SPE 131350, CPS/SPE International Oil & Gas Conference and Exhibition in China, Beijing, China, June 8–10, 2010.

Rodriguez-Herrera, A.E., Suarez-Rivera, R., Handwerger, D., Herring, S., Stevens, K., Marino, S., Paddock, D., Sonneland, L., Haege, M., 2013. Field–scale geomechanical characterization of the Haynesville shale. In : ARMA 13–678, American Rock Mechanics Association 47th US Rock Mechanics/ Geomechanics Symposium, June 23–26, 2013.

Schlumberger, 1991. Log Interpretation Principles/Applications 1989. Schlumberger Wireline & Testing, Sugar Land, TX, USA.

Simpson, E.H., 1951. The interpretation of interaction in contingency tables. Journal of Royal Statistical Society Series B 13 (2), 238–241.

Sondergeld, C.H., Newsham, K.E., Comisky, J.T., Rice, M.C., Rai, C.S., 2010. Petrophysical considerations in evaluating and producing shale gas resources. In : SPE 131768, SPE Unconventional Gas Conference, Pittsburgh, PA USA, February 23–25, 2010.

Suarez-Rivera, R., Handwerger, D., Rodriguez-Herrera, A., Herring, S., Stevens, K., Dahl, G.V., Borgos, H., Marino, S., Paddock, D., 2013. Development of a heterogeneous earth model in unconventional reservoirs, for early assessment of reservoir potential. In : ARMA 13–667, American Rock Mechanics Association 47th US Rock Mechanics/Geomechanics Symposium, June 23–26, 2013.

Waters, G.A., Lewis, R.E., Bentley, D.C., 2011. The effect of mechanical properties anisotropy in the generation of hydraulic fractures in organic shales. In : SPE 146776, SPE Annual Technical Conference and

Exhibition, Denver, CO USA, October 30–November 2, 2011.

Wei, Y.N., Holditch, S.A., 2009. Multicomponent advisory system can expedite evaluation of unconventional gas reservoirs. In : SPE 124323, SPE Annual Technical Conference and Exhibition, New Orleans, LA USA, October 4–7, 2009.

Weiss, N., Hassett, M., 1982. Introductory Statistics. Addison–Wesley Publishing Co., Philippines.

Woodhouse, R., 2002. Statistical line–fitting methods for the geosciences : pitfalls and solutions. In : Lovell, M., Parkinson, N. (Eds.), Geological Applications of Well Logs : AAPG Methods in Exploration No. 13, pp. 91–114.

Zhu, Y., Xu, S., Payne, M., Martinez, A., Liu, E., Harris, Ch, Bandyopadhyay, K., 2012. Improved Rock–Physics Model for Shale Gas Reservoirs. SEG Annual Meeting, Las Vegas, NV, USA. http : //dx.doi.org/10.1190/segam2012–0927.1.

附录 D   线性回归的陷阱

附图 D.1（a）给出了一个双变量线性回归的例子。最佳拟合线性回归是从数据中推导出的，其中 R^2=0.73。最佳拟合方程可在后续数据集中使用。这些数据集包含解释变量，用于对响应变量的预测。

鉴于 R^2=0.73 的高值，很多人认为，这是一个很好的模型，输入 X 值后可预测 Y 值。但对数据进一步分析后，能找出更好的方法。附图 D.1（b）的直方图表示 X 轴上的输入值。显而易见，该数据既不近于高斯分布，也不是单峰分布。从附图 D.1(a)中也可看出，该数据在回归线周围并不对称（违背了平均残差为零），且残差不是同方差［见附图 D.1（c）］。这些观测值说明，附图 D.1（a）中的回归是否恰当应受到质疑。

附图 D.2（b）中直方图显示至少有 2～3 个模式，这在附图 D.1（c）的残差中更加明显。因此，如附图 D.2 所示，一个据 X 值预测 Y 值的更好机制应包括将数据分成三组，并能建立三个独立的线性模型。另外，附图 D.2（b）表明，与整体相比［附图 D.1（b）］，在附图 D.2（a）散点图中隔离的三组中的每一组确实更近正态分布。

附图 D.2（c）展示了从附图 D.2（a）三个不同模式中计算出来的残余物，应该值得我们关注的是，每个种类的残余物比附图 D.1(c)总体模式的残余物具有更好的线性关系，每组的残余物大约接近零。绝对残余物值的分布第三类型模式最少在 –4～4 之间，除去数据异常点后，范围为 –2～2，因此这种模式可以很好地预测一个数据系统所有数据点的极值。最后，附图 D.1（c）说明分组的偏差是很小的。

附图 D.1（a）的单独模式展示了预测值和响应值之间具有相反的关系；当三个组是单独存在，如附图 D.2（a），预测值和响应值（蓝色和红色）具有很好的相关性，仅仅只有一个相反的趋势（绿色）。辛普森悖论就是这样一个实例（Simpson, 1951；Blyth, 1972；Huber, 2011；Ma 等, 2014b）。另外，附图 D.1（a）单一模式的 R^2 值比附图 D.2（a）任何独立模式的 R^2 值都要高。因此，三个分离模式比单一模式更接近预测值；同时，当使用三个模式的时候，残余物的含量更低［附图 D.2（c）］。这种疑惑引起了很多思考，也指出了仅仅依靠 R^2 去判断模式的质量是很有局限性的。R^2 值用来描述 Y 值与 X 值之间的偏差的百分比（Weiss 和 Hassett, 1982），但 R^2 值对于 Y 值偏差的绝对分布的意义不大。如果某个预测的趋势的方差小，如独立的红组趋势所示［附图 D.2（a）］，那么实际趋势和

R^2值更高（更小数据的分布趋势）的假设趋势之间的整体区别就不怎么显著，残差分析而非单纯的回归分析可以阐明这点。实际上，残差分析和回归分析这两个概念相辅相成。红色数据的走势十分平缓，意味着当 X 的分布相对更大时，Y 的整体方差是有限的。红色数据的绝对残差介于 $-1 \sim 1$（单位）之间，可见是非常精准的，尤其是考虑到尽管全球趋势的 R^2 值要比单独的红色类别的 R^2 值要大得多，整体趋势下的红色等级（或类别）部分的数据残值仍然在 -3 和 3 间波动。因此，或许另一种更佳的提问方式是，红色等级（或类别）的特定回归分析中的 R^2 值能否作为红色数据变化趋势的恰当描述符。

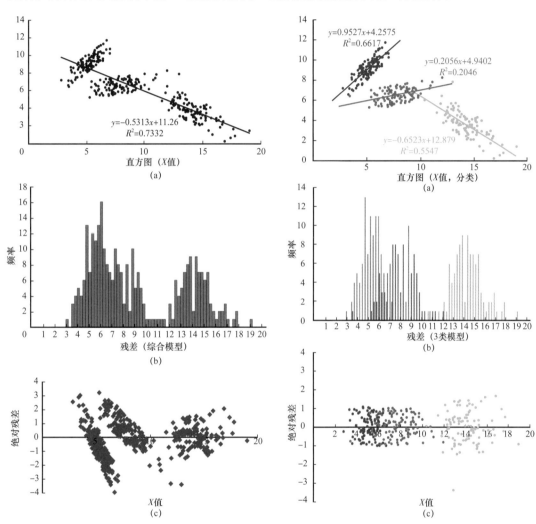

附图 D.1 图（a）一些普通数据的线性回归模型。x 轴为自变量（预测和说明），y 轴为因变量。图（b）输入数据的分布。图（c）综合模型残差。由残差可见，拟合图的数据的回归模拟违反了每个线性回归拟合的假设（X 的平均残差为零，任意 X 的残差都为正常分布，是同方差的）

附图 D.2 图（a）与附图 D.1（a）相同的数据，但被分成了三个部分，每部分有自己的线性回归方程。图（b）每部分的输入数据的分布，每部分数据都从附图 D.2（a）的散点图中分离出来。相比整体［附图 D.1（b）］，每部分的更像是正态分布。图（c）在应用三个不同模型的情况下的数据组的绝对残差。相比用单一的综合模型［附图 D.1（c）］，每组数据的残差的方差也更加相近

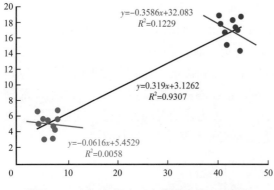

附图 D.3 用回归拟合于十分明显的双峰数据

虽然能够得到较高的相关系数，但是只有在数据服从单峰和高斯分布的情况下，相关性系数才能衡量数据的相关性。在这个案例中，数据显然不符合上述的条件。单个模型的相关性系数与每个模型并没有固有联系，Fisher 和 Yates threshold 的相关性系数 R^2 跟 P_{95} 一样十分重要，对于 10 个数据点，相关性系数只有 0.4

因此，单一模型在技术上是不恰当的，因为数据量整体上违反了固有的线性回归模型假设。附图 D.3 显示了另一个辛普森（弱）悖论相同概念更为极端的例子。在明显的双峰分布中，（应用不当）最佳拟合线出现了一个峰值 R^2，但很少有人会认为这是一个恰当的趋势。事实上，最佳拟合线 R^2 阐述了各自的亲属关系，并通过低可释方差（R^2）建议每种趋势的低预测值及每种未能描述数据中有效趋势的回归。

可解释的方差之外，样品所给的数据的相关系数同样显示了最佳拟合线所描述的趋势是否在统计上与可信度内的零值结果不同。也就是说，所报告的 R^2 可以评估包含回归模型的最佳拟合线是否为数据趋势的恰当描述符，而不是一个随机值。附图 D.4 显示了样本点使用数字［0 指趋势，R（R^2 平方根）］值，提出趋势为来源于 t 测试（改编自 Fisher 和 Yates，1963）的 95%～99% 数据的有效描述。这是一个意义深远的图表，其中提出一些数据点，一个需要非常高的 R^2 以提出最佳拟合线为数据趋势恰当的模型，但很多数据点，低 R^2 能继续产生有效趋势。然而，这种解释同样要求满足特定情况的回归模型的固有假设。

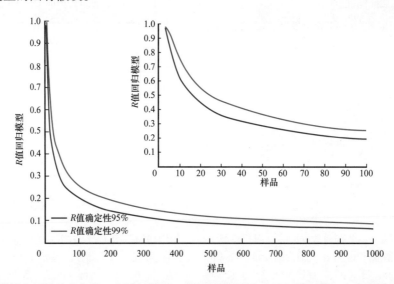

附图 D.4 数据之间的关系产生一个回归模型，R 值需要证明这个回归模型是一个合理的解释，不管这种确定性是 95%（蓝色）或是 99%（红色）。插图为主图的扩大，从 0～100 个数据而不是 0～1000 个样品数据

附录 E　中心极限定理

设 X_1, X_2, X_3, $\cdots$, X_n 为一组序列，包含 n 个独立同分布的随机变量，数学期望为 μ，方差为 σ^2。中心极限定理（CLT）表明，无论原始分布的形态如何，随着样本量 n 不断增长，样本均值的分布近似服从均值为 μ，方差为 σ^2/n 的正态分布。然而，经典中心极限定理只是一个基于渐近极限的定义，并假设各独立同分布的随机变量具有有限方差。有时候这些假设条件不适用于自然现象。涉及因变量和有限样本量的扩展中心极限定理提供了理论支持（Louhichi，2002；Bertin 和 Clusel，2006；Kaminski，2007）。

中心极限定理的进一步应用表明，对一个服从正态分布的整体进行随机抽样，所得的抽样样本也服从正态分布，且具有同样的 $\bar{x}$ 和方差（Weiss 和 Hassett，1982）。这意味着如果能证明预期的属性总体是正态分布的，那么属于它的一个较小的随机抽样能表示它的均值和方差。属性总体分布中正态性的证明是通过受其影响的对数分布的正态性假定的。

第12章 水力压裂一体设计与井动态分析

Mei Yang[1], Aura Araque-Martinez[1], Chenji Wei[2], Guan Qin[3]

（1. *Weatherford International*, *Houston*, *TX*, *USA*；2. *PetroChina Coalbed Methane Company Limited*, *Beijing*, *China*；

3. *University of Houston*, *Houston*, *TX*, *USA*）

本章主要介绍水力压裂设计方法学，集成了岩石物理、地质力学和井动态分析和完井优化。介绍流程的关键内容是基础水力压裂设计、依据动态分析和动态校正压裂设计以及完井优化。首先介绍了经典的压裂设计，包括岩石力学、裂缝延伸理论、泵注程序设计和压裂诊断。其次，讨论了井的生产动态，理解有效裂缝形态和不同因素对井产能的影响。最后，将讨论完井策略和重复压裂时机的优化。目前，重复压裂被认为是减缓非常规油气藏产量衰减的最实用手段。因此，选择最合适的井对增加重复压裂成功率非常重要。此外，介绍了选择适合重复压裂井的系统方法、水力压裂设计与多种油藏数据结合优化完井设计。

12.1 水力压裂延展与模拟概况

本节包含岩石力学、压裂设计和优化的基本概念。水力压裂裂缝是对地层增压的结果，在将压裂液注入地层时，井筒压力和油藏原始压力之间就会产生压力差，随着泵注速率的增加，上述压力差也增加并在井筒周围产生额外的压力，如果压力差足够大，当诱导应力超过岩石的破裂应力就形成会裂缝，之后支撑剂泵入到裂缝内保持裂缝开启，从而在储层和井筒之间形成一定路径，增强了裂缝导流能力。压裂过程监测和压后分析对理解裂缝位置的有效性非常重要。

12.1.1 线弹性断裂力学

岩石的应力应变行为非常的复杂。最常用的方式是将岩石应力应变关系理想化和简化为线弹性（Jaeger 等，2007）。线弹性断裂力学机制（Rice，1968；Ahmed，1985；Fung 等，1987；Rahim 和 Holditch，1995）可预测裂缝延伸所需要的应力大小。该机制假定线弹性变形后会脆性破裂，这意味着弹性变形或者其他作用中没有能量损失，材料的全部能量均转换成裂缝的延展。

如果应力（能量）达到平衡裂缝就停止生长，或者说裂缝韧性与应力强度在末端相等。一些因素，如原地应力、弹性特征、裂缝韧性或者应力强度因子、延展性、渗透性以及界面粘合力都影响邻近层是否可以作为隔层。断裂强度因子可以通过式（12.1）计算，其中裂缝沿着 y 轴从 $-a\sim+a$，见图 12.1（Yang，2011）。平衡的高度满足条件：垂直端（顶底端）应力强度因子与层的裂缝韧度相等。裂缝两端应满足式（12.2）（Anderson，

1981；Van Eekelen，1982；Warpinski 和 Teufel，1987；Clifton 和 Wang，1991；Barree 和 Winterfeld，1988；Smith 和 Shlyapobersky，2000；Jeffery 和 Bunger，2009；Cipolla 等，2011）。

$$k_1 = \frac{1}{\sqrt{\pi a}} \int_{-a}^{a} p(y_m) \sqrt{\frac{a+y_m}{a-y_m}} \mathrm{d}y_m \qquad (12.1)$$

$$k_{\mathrm{I}} = k_{\mathrm{IC}} \qquad (12.2)$$

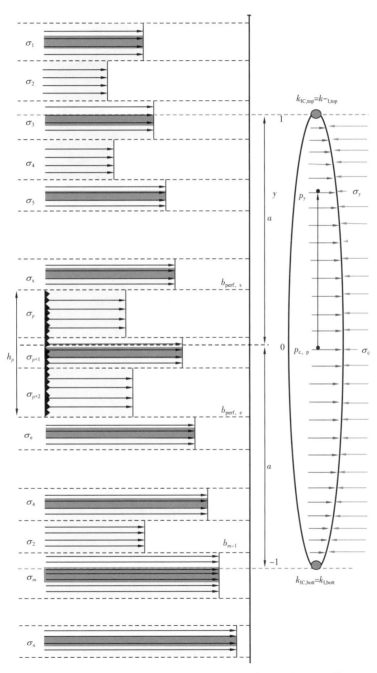

图 12.1　多层油藏内裂缝高度增长及在压力平衡点停止（据 Yang 等，2012）

12.1.2 经典裂缝延伸模型

对二维裂缝模型而言,PKN(Perkins 和 Kern,1961)和 KGD(Kristianivch–Zheltov,1995;Geertsma 和 deKlerk,1969)是最常用的模型。PKN 模型(附录 F.1)使用垂向平面应变假定,适合于长裂缝;KGD 模型(附录 F.2)使用水平向平面应变,适合短裂缝(图 12.2)。

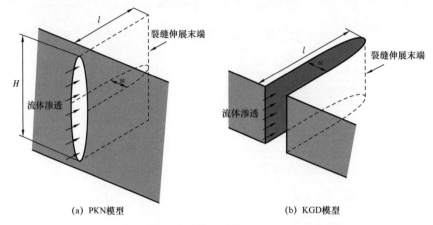

(a) PKN模型　　　　　　　　　　　　　(b) KGD模型

图 12.2　裂缝模型(据 Yang,2011)

12.1.3 泵注程序设计

泵注程序设计通过下面方法来获得预期的裂缝几何体。

通过注入时间(t_i)解决物质平衡:

$$\frac{q_{i,\,1wing}}{h_f x_f} t_i - 2C_L \sqrt{t} - 2S_p - w_{avg} = 0 \tag{12.3}$$

然后,注入的滑溜水体积可以用下面公式计算:

$$V_{i,\,1wing} = q_i t_i \tag{12.4}$$

因此,流体效率是:

$$\eta = \frac{h_f x_f w_{avg}}{v_{i,\,1wing}} \tag{12.5}$$

平台注入时间通过 Nolte(1986)确定。

$$c = c_e \left(\frac{t - t_{pad}}{t_i - t_{pad}} \right)^{\varepsilon} \tag{12.6}$$

其中 $t_{pad} = \varepsilon t_i$,$\varepsilon = \dfrac{1+\eta}{1-\eta}$,$c_e = \dfrac{m_{i,\,1wing}}{\eta V_{i,\,1wing}}$

在压裂液注入之后,通过搅拌器混合后的携砂液浓度是:

$$c_{add} = \frac{c}{1 - \left(\dfrac{c}{\rho_p} \right)} \tag{12.7}$$

使用质量平衡关联注入时间内输入支撑剂的浓度确定泵程结束时裂缝中存在的支撑剂浓度。泵入工作结束时，支撑剂的浓度可以假定与结束时刻的支撑剂浓度一致。或者通过平流效应模拟不同支撑剂运输机制和沉降机制计算得到更"精确"的结束时刻支撑剂浓度。

利用固定长宽比或者净压力计算压力对比和裂缝韧度，应重新计算裂缝高度和支撑剂的效率直到裂缝闭合。

12.1.4 裂缝诊断与裂缝几何形态约束

压裂诊断测试是现场中更好地理解储层压力场、滤失的常用手段（Economides 和 Martin，2007）。

12.1.4.1 Nolte-Smith 分析

Nolte–Smith 分析是通过净压力与泵注时间的双对数曲线图来预测裂缝几何形态。负斜率通常表示裂缝高度无限增长，形成"圆形"（短而高）的裂缝形态。斜率为正时，值小表示裂缝高度受到限制，缝长可无限扩展；值大表示裂缝长度延伸受限，压裂出现脱砂，而脱砂并不一定发生在裂缝端部，也可能在井眼周围。施工过程中，脱砂将导致不断注入的压裂液在裂缝中产生超过井身或井口安全限制的压力，并需要在恢复施工前进行洗井作业。最后，斜率较平缓时，表示缝长延伸放缓，这可能是裂缝纵向延伸开始，或由于天然裂缝张开引起的滤失量增加。

12.1.4.2 阶梯降排量测试

压裂阶梯排量测试是用来确定储层破裂前可能的最大注入排量。该测试是通过向储层注入逐级递增的排量，使每个排量注入阶段压力保持稳定，并记录每个注入排量相应的压力。当注入排量的增加不能与注入压力的增长相对应时，达到破裂压力。此时做出注入压力与注入排量关系图即可确定破裂压力。

12.1.4.3 测试压裂

小型测试压裂分析是用来确定原始地应力、最小水平主应力、最大水平主应力和滤失系数。压裂液注入井内使井底压力增加，从而在储层中形成裂缝。为了在储层形成裂缝，井底压力必须大于破裂压力（第一阶段的顶点）。在裂缝形成后，井底压力降低同时裂缝在储层延伸。停泵后，裂缝闭合压力可以计算出来。闭合压力见图 12.3。第二阶段和

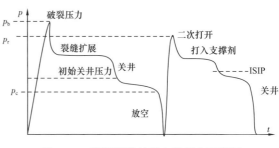

图 12.3　裂缝延伸过程中的压力示意图
（据 Economides 等，2002）

第一阶段几乎完全相同，但是相比在储层中的破裂压力（p_b），重新开启裂缝（裂缝重启压力 p_r）所需的井底压力更低（$p_b > p_r$）。

12.1.4.4 微地震

微地震监测可以用来优化压裂设计和修正压裂模拟结果。微地震监测可以帮助理解裂缝延伸，裂缝几何形态（包括长、高、宽），裂缝复杂性，井、段和地层间的相互影响。

它同时也是一种用来确定天然裂缝、断层、地应力等影响的方法，可以用它来校正压裂模型和优化压裂设计。可以在每段、井或丛式井组施工后校正压裂设计。微地震实时监控数据可以用来修正正在施工中的压裂泵注程序表。

12.2　井动态分析

油（气）井动态分析（WPA）是储层分析和储层描述一个重要部分。它主要用于校准油层物性、解释油层物性的变化对产量预测的影响，以及对油井动态做出假设。在某个特定地区的几个不同油井上进行油井动态分析（WPA），可以更好地理解这个地区，同时还能在动态分析中识别该地区的油井生产过程中的相似与不同之处。

一般来说，油（气）井动态分析（WPA）将回答下列问题：

（1）油井如何开采以及预估最终采收率是多少？

（2）从典型井的动态分析中可以得到什么经验？

（3）影响最终采收率的不确定因素及其影响？

（4）是否存在和常规动态分析相关的异常情况？

（5）将来的油井是否有改进的空间？

（6）对于某个给定的研究区域/层是否存在好的借鉴？

（7）压力瞬时分析、小型测试压裂，微地震监测和生产测井工具（PLT）等特殊测试对油井动态意味着什么？

关键数据主要包括油层数据（例如地质学、岩石学、地球物理学和地质力学）和井数据（例如产量和压力历史情况，流体性质，完井、改造及钻井报告）。

油井动态分析（WPA）工作流程（图12.4）开始于数据的质量评估/质量控制（QA/QC）。首先是识别油井异常情况、异常数据和数据类别。这些数据可大致分为4类：地质学、岩石力学、流体性质和井数据。

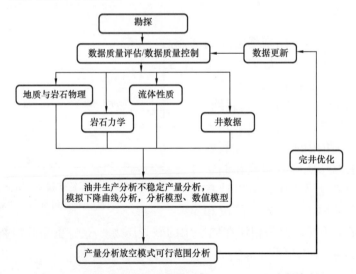

图12.4　油井动态分析流程图（据Weatherford内部资料）

（1）地质和岩石物性模型用于描述岩石性质（脆性）和储层品质［原地初始烃含量（OHIP）］。

（2）流体性质需要能解释相态特征及从地表进入地层后的流体性质的变化。

（3）钻井、完井和动态数据等资料是对井动态进行预测的关键：实际历史数据用来校准动态分析中的模型数据。

（4）将地质/裂缝模型调入动态模型进行模拟，可以用来确定完井特征（裂缝几何形态）。

根据数据来源和流体类型，可用的油井动态分析工具会发生变化。最常用的工具是：速率瞬态分析、压降曲线分析和数值模拟。

每种方法在其假设条件、时限和结论上都有一定的局限性。因此，最终使用者可以根据他们的判断选择一个特定的工具来分析井数据。

一旦历史数据被校准，油井性能诊断将会为油井动态、储层改造体积、OHIP 和渗透率与裂缝几何分析可行的范围提供最可能的解释。

由单个油井动态分析到多井（井组）油井动态分析为一个总体趋势，如果可以，绘制每个油井映射的参数也是更广泛地了解研究区域的一个有用工具。

12.2.1　井动态影响机制

本节主要讲述了影响非常规储层油井产能的三个因素：

（1）压力相关的渗透性变化；

（2）压力变化引起的裂缝导流能力损失；

（3）裂缝几何形态的复杂性。

12.2.1.1　与压力相关的渗透率

从综合模型中得到的所有敏感性结论表明，压实指数（α）越高，越偏离诊断图原始曲线，如图 12.5 所示。即使井没有显示内部损耗或边界控制流，图中的偏差也已经偏离了线性流。因此，当渗透性随压力变化时，可能会出现过渡阶段的误差（Araque-Martinez，2010）。

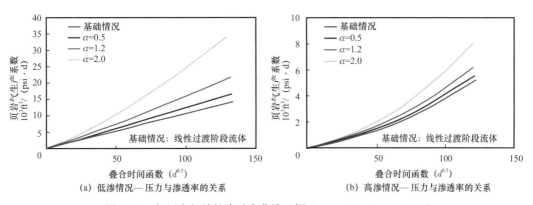

图 12.5　与压力相关的渗透率曲线（据 Araque-Martinez，2010）

12.2.1.2　与压力相关的裂缝导流能力

裂缝导流能力下降有突然性，导致产能瞬间降低（图 12.6 的蓝色曲线）。结果表明，裂缝导流能力降低是一个局部现象（Araque-Martinez，2010）。

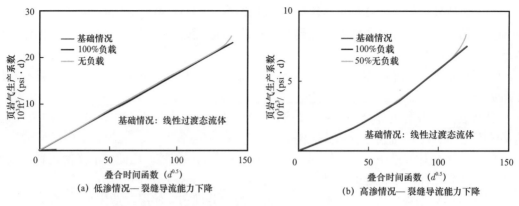

图 12.6　裂缝导流能力降低（据 Araque-Martinez，2010）

12.2.1.3　裂缝复杂性

保持压裂面积不变并减少压裂间距会增加裂缝的复杂性。这些模型包括 4 种裂缝情况，通过只有 25% 缝长和 25% 压裂间距的压裂与常规压裂相对比，结果显示：在高渗透率情况下，两个连续线性流动时期更明显（图 12.7）。第一个线性流动时期与微裂缝或复杂网络结构相关，第二个线性流动时期与水力压裂裂缝相关（Araque-Martinez，2010）。

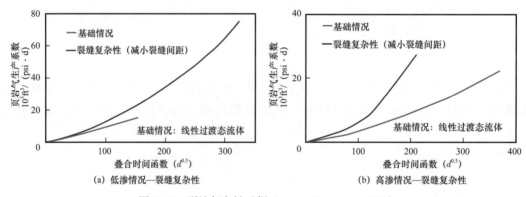

图 12.7　裂缝复杂性（据 Araque-Martinez，2010）

12.2.1.4　影响机制对比

裂缝导流能力降低对估算最终储量（EUR）的影响不大。然而，当在低和高渗透率情况中存在压实作用或复杂裂缝时，30 年的采收率将大幅下降（图 12.8）（Araque-Martinez，2010）。

12.2.2　分层储层中的瞬态线性流

非常规储层渗透率极低，因此瞬态效应更为明显。实际上，在大多数非常规储层井中，瞬态线性流可以持续很长一段时间（＞1 年），录取这些瞬态效应是非常重要的。

对于采用水力压裂直井，Cinco-Ley 和 Samaniego（1981）确定了 4 种不同的流态，如图 12.9 所示。

我们通常使用双对数坐标图来诊断井的流态（图 12.10）。在早期的流动中，采油指数作为时间的函数反映了双线性流、线性流和边界控制流三种流态。每种流态展示了不同的特点，并通过不同的斜率来区分。

非常规储层通常是非均质的，因此工程师希望完井后可以从目标区域的不同流动单元中产油。基于这些情况，具有一个或多个流动的单元体在渗透率方面呈现出巨大差异，在垂向上排驱方式也呈现出明显的不同，这主要是因为每个流动单元都具有不同的瞬态流动方式。在这种情况下，以提高渗透率的方法促使产层的每个流动单元重新生产会变得困难，而常规的平均法也不适用。事实上，在高渗层出现时，通常的平均渗透率不会再产生多层的效果。这个问题在之前的一些压力瞬态分析中已经探讨过。实际上，一些作者（Frantz Almehaideb，1996；Fetckovich，1990；Frantz，1992；Gao，1987；Lefkovits，1961，Lolon 等，2008）已经在多层油藏试井分析中对含隔层油藏流态应用做了研究并提出了解决方案。大体来说，这些研究显示能量部分衰竭的重要性及其对最终采收率的影响。他们还提出当存在部分能量衰竭时，使用从试井结果得出的单一的储层渗透率平均值会导致过于乐观的预测。

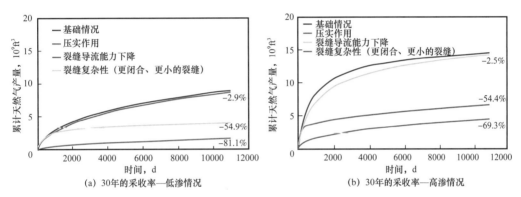

图 12.8　30 年最终采收率对比（据 Araque–Martinez，2010）

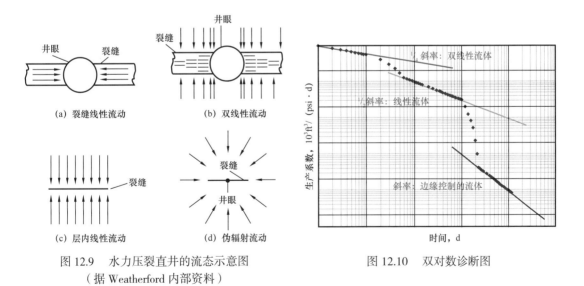

图 12.9　水力压裂直井的流态示意图　　　　　图 12.10　双对数诊断图
（据 Weatherford 内部资料）

在这里，我们阐述了在瞬态线性流中的平均渗透率，通过比较不同渗透率比下多层和单个平均层模型对误差进行了量化（Araque–Martinez，2011）。

对于瞬态平均渗透率的推导说明如下。

假设一个持续作用的储层井筒压力恒定，我们使用以下早期的无量纲式模拟扩散系数近似方程：

$$q_{\mathrm{D}} = \frac{1}{\sqrt{\pi t_{\mathrm{D}}}} \tag{12.8}$$

对于直井的径向流（模拟低压）：

$$q_{\mathrm{D}} = \frac{p_{\mathrm{sc}} T \mu_{\mathrm{g}} z}{\pi K h T_{\mathrm{sc}} \Delta \psi} q_{\mathrm{sc}} \tag{12.9}$$

和

$$t_{\mathrm{D}} = \frac{Kt}{\phi \mu C_t r_{\mathrm{w}}^2} \tag{12.10}$$

混合生产无交叉流动的两层的总产量：

$$q_{\mathrm{sc}}^T = q_{\mathrm{sc}}^1 + q_{\mathrm{sc}}^2 \tag{12.11}$$

结合式（12.9）和式（12.11），并假设气体性质不变，式（12.11）变成：

$$q_{\mathrm{D}}^T = \frac{K_1 h_1}{Kh} q_{\mathrm{D}}^1 + \frac{K_2 h_2}{Kh} q_{\mathrm{D}}^2 \tag{12.12}$$

无量纲产液率指数（q_{D}），上标 T 表示总层数，第一层用"1"表示和第二层用"2"表示。

把式（12.8）和式（12.10）代入式（12.12）并整理得到：

$$\bar{k} = \frac{\phi_1 \phi_2 \left(K_1 h_1 \sqrt{\frac{K_2}{\phi_2}} + K_2 h_2 \sqrt{\frac{K_1}{\phi_1}} \right)^2}{\bar{\phi} \bar{h}^2 K_1 K_2} \tag{12.13}$$

瞬态平均渗透率方程（12.13）表明，在瞬变流动过程中，产能不仅取决于过流能力，也取决于每一层产量与可采储量比率（产储比）（Araque-Martinez，2011）。在多层的情况下，式（12.13）变为：

$$\bar{k} = \frac{1}{\bar{\phi} \bar{h}^2} \left(\sum_{i=1}^{n} \frac{K_i h_i}{\sqrt{\frac{K_i}{\phi_i}}} \right)^2 \tag{12.14}$$

下面，我们将描述如何评估在裂缝的几何形状不变情况下各小层不同渗透率的影响。通过在合成的双层模型中改变不同渗透率比来评估不同的情况。在这里我们只阐述最常用的案例，使用常用的单层模型下的平均渗透率及与之相对的所谓瞬态平均渗透率（Araque-Martinez，2010，2011）

案例 A 和案例 B 的渗透率比值均为 100，案例 B 的渗透率相对低一些。因此，案例 B 的瞬态流周期比案例 A 长一些。案例 B 的单层模型的平均渗透率与多层模型的瞬态平均渗透率结果匹配的时间较长（图 12.12）。相反，在案例 A 中，260 天后线性流结束时，单层模型的平均渗透率严重高估预测了采收率（图 12.11）。最后，案例 C 的渗透率比为 3，储层渗透率相似。在这种情况下，瞬态渗透率和算术平均渗透率彼此非常相似，并与个别层的渗透率相似；因此，在没有出现主要衰减层的情况下，单层模型与多层模型结果相匹配（图 12.13）。

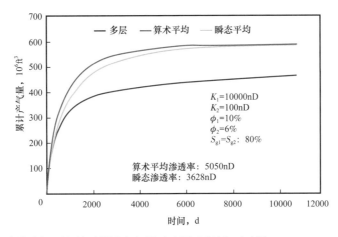

图 12.11　直井中恒压条件下累计产气量对比图（案例 A）（据 Araque-Martinez，2011）

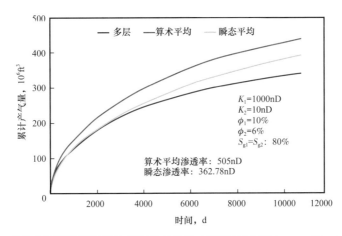

图 12.12　直井中恒压条件下累计产气量对比图（案例 B）（据 Araque-Martinez，2011）

在渗透率比为 1，生产时间为 3 年，此时经济效益更多地受油井产能影响，图 12.14 呈现了单层模型和多层模型的百分比差异。结果表明，二者之间的差异随渗透率比及时间的增加而增加，然而，使用瞬态平均渗透率时，第一年降低误差约 15%，第三年误差降低 13%。当渗透率比率达到 5 时，使用算术或瞬态平均值时，多层和单层模型的结果没有如此大的区别。渗透率比值大于 5 时，从主要衰减层来看，误差大幅增加，但在所有情况下使用瞬态平均渗透率降低了误差。这是因为在多层模型中的部分衰减层不会在单层模型继续贡献产能。

12.2.3　瞬态线性流中的不确定性分析

如前所述，在非常规油层井中，瞬态线性流动可能会持续很长一段时间（＞1 年）。

在此流态下，唯一可以确定的动态数据是裂缝面积和渗透率的平方根的乘积 $A_\mathrm{f}\sqrt{K}$，所以油井的流动能力有很大的不确定性。换句话说，方程不是唯一解，可能有不同的裂缝面积和储层渗透率组合来拟合历史生产数据。尽管解非唯一，但最大渗透率可以用假设从线性流到衰竭流的转变时间点来确定，这个时间点可能发生在历史数据的末端或者在此时间点之前。在流态模型中测试不同渗透率值及相应的裂缝面积，从而在历史生产数据中找到流态改变的解。图 12.15 给出了一个油田实例，在案例中，通过测试不同的裂缝面积和计算渗透率，采用多个历史拟合解决定渗透率上限和裂缝半长下限。不可能出现的解包括流量消耗发生在油井处于线性瞬态流动形态。因此，在瞬态线性流期间，对于确定特定参数可能的取值范围是至关重要的，如从经济角度分析，储层渗透率和裂缝面积取值可以导致相应可能的估算最终储量（EUR）范围变化。随着开发的进行，有了更多的生产数据，这些参数的取值将更加准确，并能更准确地估算最终储量。在案例中，估算最终储量（EUR）是在渗透率在 1.8×10^{-4} mD 和 2.55×10^{-5} mD 之间计算得到的。

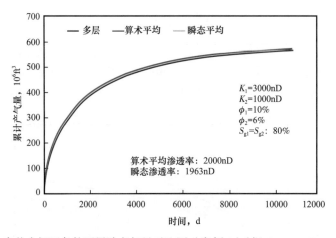

图 12.13　直井中恒压条件下累计产气量对比图（案例 C）（据 Araque-Martinez，2011）

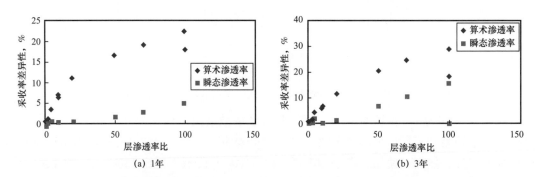

图 12.14　直井多层模型在 1 年和 3 年时的采收率的区别（据 Araque-Martinez，2011）

12.3　整体水力压裂设计流程

本节主要介绍了水力压裂设计流程，此流程包括了水力压裂设计优化或重复压裂设计优化。虽然两者的设计流程非常相似，但重复压裂设计包含一个关键步骤——储层优选，以增加重复压裂成功率。这些工作流程将动态和静态数据整合到了最优的完井设计之中。

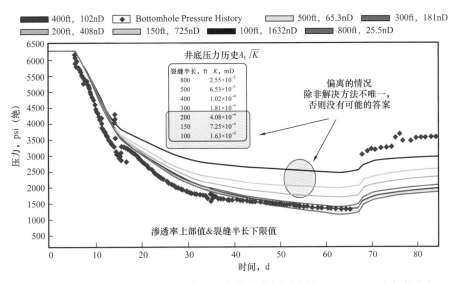

图 12.15　线性瞬态流动中渗透率极大值估算的例子（据 Weatherford 内部报告）

12.3.1　水力压裂设计优化

图 12.16 所示是水力压裂设计流程，通过研究已压裂井的压裂设计、施工过程和压裂特征，为以后的完井方案优化提供参考（Yang 等，2014）。

如图 12.16 所示，该设计流程首先通过对测井曲线和岩心 / 岩屑的分析解释进行储层描述，并初步建立地质力学模型。接下来，如果有可用微地震数据，利用微地震数据对压裂模型进行对比修正。最后，修正压裂模型后，还需要使用动态数据决定有效裂缝区域，而有效裂缝几何形态基于井的产能校核。通过以上分析即可诊断压裂伤害、流态特征和井间干扰等井筒和完井问题。

单井优化设计及油气田开发（丛式井、海上平台等）是一套系统的方法。

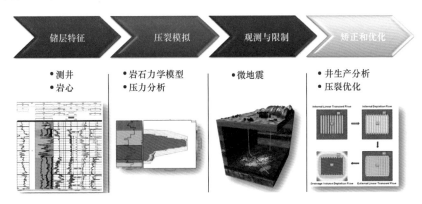

图 12.16　水力压裂设计流程（据 Yang 等，2014）

12.3.2　重复压裂优化

重复压裂是一种常用的恢复单井产量的作业方法，可能因为初次压裂失败导致产量过低，或随时间推移油井产能下降至低于技术或经济极限产能，或油井中存在有开采价值而未压裂的储层等。任何没有达到预期压裂效果的储层都可以是重复压裂的候选层。导致压裂效果未达预期的因素主要包括压裂设计不合理、施工队伍能力不足和压裂液选型不合理等。压裂井优选是重复压裂改造成功的关键。为了预测重复压裂效果，我们应对储层潜力、初次压裂效果、历史生产数据以及井筒状况等因素进行分析（Araque-Martinez 和 Boulis，2014）。

图 12.17 是一个重复压裂的流程图，它包括了完整的重复压裂改造过程。

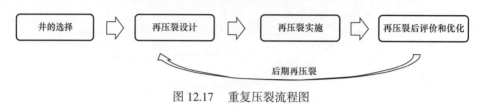

图 12.17　重复压裂流程图

12.3.2.1　重复压裂井的选择

重复压裂如何选井是重复压裂流程的一个关键部分。从数据收集和数据质量评估/质量控制（QA/QC）开始。分析数据包括地质参数、岩石物性和岩石力学数据、钻完井报告、压裂完井报告、压裂报告、生产历史和修井报告，需要检查所有相关数据。这个过程很艰苦，但非常重要。一旦验证了数据，就可以开始筛选过程了，主要包括以下两个筛选过程。

（1）初步筛选。

首先是对大量的原压裂井的井况（固井情况和套管完整性）进行初步检查，以及通过诊断图（线性流和双对数图）快速进行动态评估。主要目的是：

① 确保需要重复压裂的井况良好，不会因井筒条件问题而中断施工。

② 提供一个增产潜力的定性评估。

（2）全面诊断。

对少数的油井进行剩余储量和初次完井效率更全面的筛选和评估，包括：

① 储层评估。第一步是分别通过地层脆性和烃含量确定岩性和储层质量。对岩石物理和地质力学参数进行评估，如总有机碳（TOC）含量、孔隙度、含水饱和度、脆性指数、杨氏模量、泊松比、应力剖面。

② 水力裂缝模拟。压后报告和裂缝监测/修正可应用于确定裂缝几何形态。通过迭代模拟计算，直到裂缝几何形态在限制数据范围内。这些限制数据包括微地震、从偶极子声波测井获取的地层各向异性、生产测井和示踪剂数据，从而确定目前裂缝的方位和几何形态。

③ 动态分析。使用岩石物性解释、井史分析以及之前步骤中得到的初始裂缝几何形态和动态参数来校准压力和采油曲线。这一步是整合动态数据来确定有效裂缝可能的范围和储层渗透率，正如在 12.2.3 小节中讨论的一样。

重复压裂井的优选基于全面诊断的结果。通过对初次压裂效果、储层和岩石品质、目前井况特征和井史等参数进行归一化处理，从而生成一个油井指数。

油井指数有两个无量纲系数构成，储层系数和裂缝可改善系数。对比完所有井后，选择拥有好的储层潜力系数（储层系数）和好的裂缝可改善系数的井（图 12.18）。

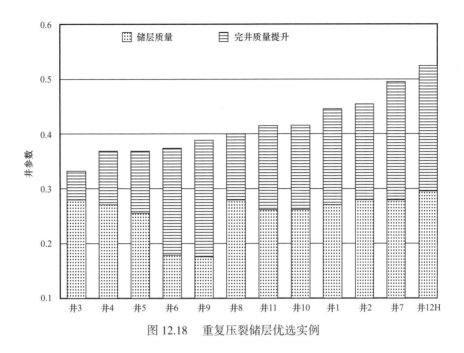

图 12.18　重复压裂储层优选实例

12.3.2.2　重复压裂设计

一旦确定了重复压裂井，这些井就需要进行敏感性分析，来评估不同压裂方案和它们各自的采油曲线。通过实际操作和理论上的净现值（NPV）分析，确定最终的重复压裂设计。这个设计包括泵注程序表、压裂液类型、裂缝起裂位置、支撑裂缝用的支撑剂类型及其浓度和（或）其他压裂类型的酸／凝胶类型及浓度。

12.3.2.3　重复压裂实施

封隔现有射孔段很重要，但使用目前的井下工具作业存在挑战。可选择封隔工具有机械式和化学式两种。压裂时可选择连续油管跨隔压裂、套管重新修补后压裂、投球滑套封隔器、可开关滑套以及化学封堵。化学暂堵由于其成本低、适应性好而越来越受关注；可降解球可封堵而不需要的射孔段，并且几天后会自动降解。所有选择都要从成本、操作复杂性和有效性进行评估，以确保重复压裂成功执行。之后按优化的重复压裂泵注程序进行实施。在压裂返排和洗井后油井即可开始产油。

12.3.2.4　评估与校正

油井重复压裂后将进行产量监测，通过产量动态分析确定流动状态、压裂改造区域和重复压裂效果。

如果在后续工作中得到了新数据（测井、微地震、生产测井、示踪剂），需对所有模型进行更新和调整。每次重复压裂施工总结和油井动态分析都对储层及岩性的认识进一步深化，从而能减少模型的不确定性，而减少模型的不确定性是制订针对性压裂方案和降低成本的关键。

重复压裂优化设计的理念是"动态的压裂模型动态的压裂设计"，而这需基于先进的检测、建模和优化技术。

12.4 结论

整体水力压裂设计流程可实现非常规油气藏的水力压裂裂缝模拟、油井生产动态分析和动态参数取值研究。通过水力裂缝模型得到裂缝几何形态和支撑剂浓度分布等初步信息，之后采用 Nolte-Smith 分析、压裂测试、阶梯排量测试和微地震监测的结论来修正，最后，再依据油井动态分析结果来确定有效裂缝面积和优化完井设计。本章也讨论了影响油井动态分析解释的关键因素，推荐使用瞬态平均渗透率技术以避免高估压后产量。此外，本章也介绍了用于恢复油井产量的重复压裂技术，而重复压裂选井是其成功的关键。它需要评估储层潜力、完井产量提升空间和井史。最终的重复压裂优化设计还需考虑操作限制以获得最高净现值（NPV）。本文介绍的整体压裂设计流程是实现最佳完井设计的系统方法。

物理参数及单位注释

A：油藏泄油面积，L^2，acre

A_t：裂缝表面积，L^2，ft^2

b：储层位置

$b_{perf, s}$：射孔段上界面

$b_{perf, e}$：射孔段下界面

c：砂浓度，m/L^3，lb/gal

c_e：施工结束砂浓度，m/L^3，lb/gal

c_{dded}：增加的支撑剂浓度，m/L^3，lb/gal

C_{fD}：无量纲裂缝导流能力

C_L：滤失系数，$L/t^{0.5}$，$ft/min^{0.5}$

d：实际井深

E：杨氏模量，m/Lt^2，psi

E'：平面应变模量，m/Lt^2，psi

h_f：裂缝高度，L，ft

h_n：油层厚度，L，ft

h_p：射孔段厚度，L，ft

Δh_d：裂缝进入储层下边界的高度，L，ft

Δh_u：裂缝进入储层上边界的高度，L，ft

I_x：溶合比

J：油井采油指数，L^4t^2/m，bbl/psi

J_D：油井无量纲采油指数

K：基质渗透率，L^2，mD

k_{00}：裂缝中心压力，m/Lt^2，psi

k_1：净压力梯度，m/L^2t^2，psi/ft

K_f：支撑的裂缝渗透率，L^2，mD

k：流变学稠度系数，m/Lt^2，$lbf \cdot s^{npr}/ft$

k_I：裂缝应力强度系数，$m/L^{0.5}t^2$，$psi \cdot in^{0.5}$

$k_{I, bottom}$：裂缝底界面应力强度系数，$m/L^{0.5}t^2$，$psi \cdot in^{0.5}$

$k_{I, top}$：裂缝顶界面应力强度系数，$m/L^{0.5}t^2$，$psi \cdot in^{0.5}$

k_{IC}：裂缝韧性系数，$m/L^{0.5}t^2$，$psi \cdot in^{0.5}$

k_{IC2}：油层顶部裂缝韧性系数，$m/L^{0.5}t^2$，$psi \cdot in^{0.5}$

k_{IC3}：油层底部裂缝韧性系数，$m/L^{0.5}t^2$，$psi \cdot in^{0.5}$

k'：内聚力系数，$m/L^{0.5}t^2$，$psi \cdot in^{0.5}$

M_{prop}：支撑剂质量，m，lb

$M_{prop, stage}$：阶段支撑剂质量，m，lb

n：流体流变系数

N_{prop}：支撑剂数量

ΔP：压力变化系数 m/Lt^2，psi

P_b：破裂压力 m/Lt^2，psi

P_c：闭合压力，m/Lt^2，psi

$P_{c, p}$：孔眼中心压力，m/Lt^2，psi

$P_{c, y}$：y 点的地层压力，m/Lt^2，psi

P_r：裂缝重新开启压力 m/Lt^2，psi

P_{net}：射孔段中心净压力 m/Lt^2，psi

P_{nw}：裂缝中心净压力，m/Lt^2，psi

$P_{n(x)}$：x 方向上净压力 m/Lt^2，psi

$P_{n(y)}$：y 方向上净压力 m/Lt^2，psi

q_i：单侧注入速度，L^3/t，bbl/min

q_p：采油速度，L^3/t，bbl/min

r_e：油藏泄油半径，L，ft

S_f：裂缝刚性，m/L^2t^2，psi/in

S_p：初滤失系数，L，ft

t_e：注入时间，t，min

t_{pad}：加砂时间，t，min

T_0：抗拉强度，m/Lt^2，psi

u_{avg}：压裂液平均速度

V_f：压裂体积，L^3，ft^3

V_i：入地液量，L^3，ft^3

V_{pad}：填充体积，L^3，ft^3

V_{prop}：支撑剂体积，L^3，ft^3

V_{res}：储层体积，L^3，ft^3

V_{stage}：阶段入地液量，L^3，gal

w：支撑裂缝宽度，L，in

$\overline{w}$：平均裂缝宽度，L，in

$w_0(x)$：任意位置裂缝宽度的最大值，L，in

$w_{w,0}$：井筒最大裂缝宽度，L，in

x_e：储层长度，L，ft

x_f：裂缝半长，L，ft

y：无量纲的垂直位置

y_d：无量纲的底部射孔段垂直位置

y_u：无量纲的顶部射孔段的垂直位置

γ：变形因子

γ_w：裂缝的表面能，mL/t^2，psi·ft^2

ε：应变

k：Nolte's 函数

η：压裂液效率

η_0：净裂缝体积与总裂缝体积比：

ϕ_p：充填裂缝的孔隙度

ρ_p：支撑剂密度，m/L^3，lb/ft^3

σ：正应力，m/Lt^2，psi

$\sigma(y)$：在 y 方向上的任何位置法向应力，m/Lt^2，psi

σ_h：最小水平地应力，m/Lt^2，psi

σ_h：最大水平地应力，m/Lt^2，psi

$\Delta\sigma_{avg}$：平均应力差，m/Lt^2，psi

$\Delta\sigma_d$：储层和下部地层的压力应力差，m/Lt^2，psi

$\Delta\sigma_u$：储层和上部地层的应力差，m/Lt^2，psi

τ：剪切应力，m/Lt^2，psi

μ：黏度，m/Lt，cP

μ_e：牛顿黏度，m/Lt，cP

μ_f：摩擦系数，L，in

ν：泊松比

参 考 文 献

Almehaideb, R.A., October 1996. Application of an Integrated Single Well Model to Drawdown and Buildup Analysis of Production from Commingled Zones. SPE 36987.

Ahmed, U., 1985. Hydraulic Fracture Treatment Design of Wells with Multiple Zones. SPE paper 13857.

Anderson, G.D., 1981. Effects of Friction on Hydraulic Fracture Growth Near Unbounded Interfaces in Rocks. http://dx.doi.org/10.2118/8437-PA. SPE 8347-PA.

Araque-Martinez, A., December 2010. Mechanistic Study on Haynesville Shale. White Paper, Object Reservoir.

Araque-Martinez, A., March 2011. Single Average Layer Investigations and its Effect on Ultimate Recovery When High Perm Streaks Are Present. White Paper, Object Reservoir.

Araque-Martinez, A., Boulis, A., November 2014. An innovative approach for refracturing optimization in shale and tight reservoirs. In: Presented at CONEXPLO 2014, Mendoza, Argentina.

Barree, R.D., Winterfeld, P.H., 1998. Effects of Shear Planes and Interfacial Slippage on Fracture Growth and

Treating Pressure. SPE 48926.

Cinco-Ley, H., Samaniego, V.F., 1981. Transient pressure analysis on fractured wells. Journal of Petroleum Technology 33 (9), 1749–1766.

Cipolla, C., Maxwell, S., Mack, M., Downie, R., 2011. A Practical Guide to Interpreting Microseismic Measurements, SPE 144067.

Clifton, R.J., Wang, J.J., 1991. Modeling of Poroelastic Effects in Hydraulic Fracturing. SPE 21871.

Economides, M.J., Martin, T., 2007. Modern Fracturing, pp. 20–425.

Economides, M.J., Oligney, R., Valko, P.P., 2002. Unified Fracture Design : Bridging the Gap between Theory and Practice. Orsa Press, Alvin Texas, pp. 23–129.

van Eekelen, H.A.M., 1982. Hydraulic Fracture Geometry : Fracture Containment in Layered Formations. SPE.

Fetckovich, M.J., et al., September 1990. Depletion performance of layered reservoirs without crossflow. SPE Formation Evaluation 310–318.

Frantz, J.H., et al., 1992. Using a Multi-layer Reservoir Model to Describe a Hydraulically Fractured, Lowpermeability Shale Reservoir. SPE 24885.

Fung, R.L., Vilajakumar, S., Cormack, D.E., 1987. Calculation of vertical fracture containment in layered formations. SPE Formation Evaluation 2 (4), 518–523.

Gao, C., March 1987. Determination of parameters for individual layers in multi-layer reservoirs by transient well tests. SPE Formation Evaluation 43–65.

Geertsma, J., de Klerk, F., 1969. A rapid method of predicting width and extent ot hydraulically induced fractures. Journal Petrol Technology 21, 1571–1581.

Jaeger, J.C., Cook, N.G.W., Zimmerman, R., 2007. Fundamentals of Rock Mechanics, fourth ed. 106–144.

Jeffrey, R.G., Bunger, A.P., 2009. A detailed comparison of experimental and numerical data on hydraulic fracture height growth through stress contrasts. SPE Journal 14 (3), 413–422.

Khristianovich, S.A., Zheltov, V.P., 1955. Formation of vertical fractures by means of highly viscous liquid. In : Proc. 4-th World Petroleum Congress, Rome, pp. 579–586.

Lefkovits, H.C., et al., March 1961. A study of the behavior of bounded reservoirs composed of stratified layers. Society of Petroleum Engineers Journal 43–58.

Lolon, E.P., Blasingame, T.A., June 2008. New Semi-analytical Solutions for Multi-Layer Reservoirs. SPE 114946.

Nolte, K.G., 1986. Determination of Proppant and Fluid Schedules from Fracturing Pressure Decline. http : // dx.doi.org/10.2118/13278-PA. SPE 13278-PA.

Perkins, T.K., Kern, L.R., 1961. Width of hydraulic fractures. JPT 937 (49). Trans. AIME 222, 937–949.

Rahim, Z., Holditch, S.A., 1995. Using a three-dimensional concept in a two-dimensional model to predict accurate hydraulic fracture dimensions. Journal of Petroleum Science and Engineering 13, 15–27.

Rice, J.R., 1968. Fracture : an advanced of treatise. In : Liewbowitz, H. (Ed.), Mathematical Analysis in the Mechanics of Fracture. Academic Press, New York City New York, pp. 191–311.

Settari, A., Cleary, M.P., November 1986. Development and testing of a pseudo-three-dimensional model of hydraulic fracture geometry. SPE Production Engineering 449–466.

Smith, M.B., Shlyapobersky, J.W., 2000. Basic of Hydraulic Fracturing. In : Reservoir Stimulation, 5. Wiley,

Malden Massachusetts，13–26.

Warpinski，N.R.，Teufel，L.W.，1987. Influence of geologic discontinuities on hydraulic fracture propagation. Journal of Petroleum Technology 39（2），209–220.

Yang，M.，2011. Hydraulic Fracture Optimization with a Pseudo–3D Model in Multi–layered Lithology. Texas A&M Univ. Lib，pp. 29–35，44–45.

Yang，M.，Valkó，P.P.，Economides，M.J.，2012. Hydraulic Fracture Production Optimization with a Pseudo–3D Model in Multi–layered Lithology. SPE 150002.

Yang，M.，Araque–Martinez，A.，Abolo，N.，November 2014. Constrained hydraulic fracture optimization framework. In：Presented at CONEXPLO 2014，Mendoza，Argentina. IAPG，p. 165.

附录 F

F.1　PKN 裂缝几何模型

PKN 模型（Perkins 和 Kern，1961）假设条件：每一个垂直剖面及延伸方向均为平面应变，压裂层与上下层之间无滑移；在有限的储层区域，裂缝高度是一个常数，裂缝宽度与裂缝高度成正比；裂缝剖面为椭圆形；中心的最大宽度与该点的净压力成正比，裂缝端部净压力为零。

最大裂缝宽度可以使用式（F.1）计算：

$$w_0 = \frac{2h_f p_n(n)}{E} \tag{F.1}$$

h_f 是裂缝高度，$p_n(x)$ 裂缝正向压力，E' 是平面应变模量，见式（F.2）：

$$E' = \frac{E}{1 - v^2} \tag{F.2}$$

由于裂缝端部净压力为零，在传播方向上的流体压力梯度由一个狭窄的椭圆流动通道上的流动阻力决定：

$$\frac{\partial p_n(x)}{\partial x} = -\frac{4\mu q_i}{\pi w_0^3 h_f} \tag{F.3}$$

当裂缝端部净压力为零，结合式（F.1）和式（F.3），可以推导出裂缝传播方向上的任意位置的最大裂缝宽度，见式（F.4）。

$$w_0(x) = w_{w,0}\left(1 - \frac{x}{p_n}\right)^{1/4} \tag{F.4}$$

$w_{w,0}$ 是井筒最大的水力裂缝宽度，在单位制表中有提供（见结束时的术语表）：

$$w_{w,0} = 3.27\left(\frac{\mu q_i x_f}{E'}\right)^{1/4} \tag{F.5}$$

上面的方程给出了井筒的最大裂缝宽度。平均裂缝宽度 $\bar{w}$ 等于最大宽度 $w_{w,0}$ 乘以一个形状因子，$\gamma = \pi/5$，是 $\pi/4$ 的乘积。该因子为垂直平面上椭圆的平均宽度，并且一个横向平均系数等于 4/5。可见：

$$\bar{w} = \gamma w_{w,0} = \frac{\pi}{5} w_{w,0} \qquad （F.6）$$

假设 q_i，x_f 和 E' 是已知的，在计算最大裂缝宽度的式（12.5）中唯一未知量是动态流体黏度 μ。它可以使用在有限椭圆截面中流动的幂律流体的等效牛顿黏度在下列公式中计算：

$$\mu_e = K \left[\frac{1 + (\pi - 1)n}{\pi n} \right]^n \left(\frac{2\pi \mu_{avg}}{w_0} \right)^{n-1} \qquad （F.7）$$

μ_{avg} 平均线速度：

$$\mu_{avg} = \frac{q_i}{h_f w} \qquad （F.8）$$

结合式（12.18）至式（12.21），井筒的最大裂缝宽度为：

$$w_{w,0} = 3.98 \frac{n}{2+2n} 9.15 \frac{1}{2+2n} K \frac{1}{2+2n} \left[\frac{1 - (\pi - 1)n}{n} \right] \frac{n}{2+2n} \left(\frac{h_f^{1-n} q_i^n x_f}{E'} \right) \frac{1}{2+2n} \qquad （F.9）$$

F.2 KGD 裂缝模型

Kristianovich 和 Zheltov（1955）推导得出了在水平平面应变时水力裂缝扩展的解析解。因此，裂缝宽度不取决于裂缝高度，只受井筒边界条件影响。裂缝为矩形截面，其在垂面的宽度是不变的，因为假设是基于平面水平应变。裂缝传播方向上的流体压力梯度由沿着水平方向上的宽度可变的狭窄矩形裂缝的流动阻力决定。

PKN 模型和 KGD 的最大裂缝宽度剖面是相同的，KGD 裂缝宽度方程是：

$$w_{w,0} = 3.22 \left(\frac{\mu q_i x_f^2}{E' H_f} \right)^{1/4} \qquad （F.10）$$

该模型的平均裂缝宽度（没有垂直分量）：

$$\bar{w} = \gamma w_{w,0} = \frac{\pi}{4} w_{w,0} \qquad （F.11）$$

最终的 KGD 模型最大裂缝宽度公式是：

$$w_{w,0} = 3.24 \frac{n}{2+2n} 11.1 \frac{1}{2+2n} K \frac{1}{2+2n} \left(\frac{1+2n}{n} \right) \frac{n}{2+2n} \left(\frac{q_i^n x_f^2}{E' h_f^n} \right) \frac{1}{2+2n} \qquad （F.12）$$

F.3 标准压裂设计

在给定支撑剂量情况下，《标准压裂设计》（Economides 等，2002）给出一种确定裂缝尺寸以获得最大产量的优化方法。油井无量纲采油指数 J_D，代表油井的采油速率。表达式：

$$J_D = \frac{141.2 q_p B_\mu}{Kh\Delta p} \quad\quad (\text{F.13})$$

N_{prop} 是支撑剂系数，是无量纲参数，有：

$$N_{prop} = I_x^2 C_{fD} \quad\quad (\text{F.14})$$

I_x 是渗透率，C_{fD} 是无量纲裂缝导流能力：

$$I_x = \frac{2x_f}{x_e} \qu\quad (\text{F.15})$$

x_f 是裂缝半长，x_e 是储层有效半径。

$$C_{fD} = \frac{K_f w}{K x_f} \quad\quad (\text{F.16})$$

$$A = r_e^2 \pi = x_e^2 \quad\quad (\text{F.17})$$

把式（12.30）和式（12.31）代入式（12.29），根据关系，支撑剂数量可以写成：

$$N_{prop} = \frac{4K_f x_f w}{K x_e^2} = \frac{2K_f}{K} \frac{2x_f w h_n}{x_e^2 h_n} = \frac{2K_f V_{prop}}{K V_{res}} \quad\quad (\text{F.18})$$

而 V_{prop} 是支撑裂缝的体积。为了使用支撑剂的质量来估计 V_{prop}，它需要乘以支撑裂缝高度与裂缝高度的比值：

$$V_{prop} = \frac{M_{prop} \eta_0}{(1-\phi_p)\rho_p} \approx \frac{M_{prop}\left(\dfrac{h_n}{h_f}\right)}{(1-\phi_p)\rho_p} \quad\quad (\text{F.19})$$

通过估算支撑剂系数，利用附图 F.1（Yang 等，2012）能计算出最大的无量纲采油指数。之后，用式（F.15）至式（F.17）计算渗透率、裂缝半长和支撑裂缝宽度。需特别注意的是，支撑剂系数仅指注入并到达储层的那部分。

得到最佳无量纲裂缝导流能力后，最优裂缝尺寸，即最佳支撑裂缝半长（$x_{f,\,opt}$）和支撑裂缝宽度（$w_{p,\,opt}$）可以表示为：

$$x_{f,\,opt} = \sqrt{\frac{K_f V_f}{C_{fD,\,opt} K h_n}} \quad\quad (\text{F.20})$$

$$x_{p,\,opt} = \sqrt{\frac{C_{fD,\,opt} K V_f}{K_f h_n}} \qu\quad (\text{F.21})$$

对于致密地层 $K \ll 1\text{mD}$，用式（F.20）和式（F.21）估算裂缝几何形状；而中高渗地层 $K \gg 1\text{mD}$ 时，用式（F.22）和式（F.23）来估算，用数值 1.6 来代替式（F.20）和式（F.21）中的最优裂缝导流能力。随着渗透率的增加，压裂时难以产生足够的裂缝宽度，也难以形成长裂缝。在高渗储层中，可采用端部脱砂获得足够的裂缝宽度。

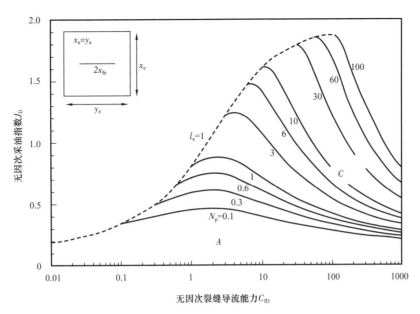

附图 F.1　无量纲采油指数与无量纲裂缝导流能力关系图

$$x_{f,\ opt} = \sqrt{\dfrac{K_f V_f}{1.6 K h_n}} \qquad\qquad (F.22)$$

$$w_{p,\ opt} = \sqrt{\dfrac{1.6 K V_f}{K_f h_n}} \qquad\qquad (F.23)$$

第 13 章 开发致密储层时地质力学性质对完井的影响

S. Ganpule[1], K. Srinivasan[2], Y. Zee Ma[2], B. Luneau[2], T. Izykowski[2],
E. Gomez[2], J. Sitchler[1]

（1. *SPE Member*，*Denver*，*CO*，*USA*；2. *Schlumberger*，*Denver*，*CO*，*USA*）

13.1 引言

地质力学模型已经成为非常规油气资源勘探与开发越来越重要的一个工具。地质力学模型评估弹性性能、岩石强度、孔隙压力和应力，是评价井筒条件的关键。在第 7 章讨论了迭代处理涉及的地质力学模型重建和校正（Higgins-Borchardt 等，2015）。这里我们讨论那些地质力学性质对完井的影响。通常，开发页岩储层时完井设计应基于地质力学和储层特征。对压裂设计重要的影响因素包括：（1）杨氏模量，其控制压裂缝的宽度；（2）应力对比，其控制裂缝容量和长度；（3）天然裂缝出现，影响水力裂缝的复杂性；（4）应力方向，决定裂缝延展方向；（5）渗透率，帮助确定最优的压裂液。应力大小和储层质量对完井设计也有影响，如低地应力梯度增加天然裂缝、好的储层质量则被优先考虑。

完井优化的主要驱动是准确预测孔隙压力（Couzens-Schultz 等，2013；Xia 和 Michael，2015）。孔隙压力可减轻穿越岩石结构框架的力。应力与孔隙压力之间的差被称为有效应力，依据太沙基理定义如下：

$$\sigma_e = \sigma_T - p_p$$

其中：σ_e 是有效应力；σ_T 是总应力；p_p 是孔隙压力。

尽管测定低渗透非常规储层的孔隙压力非常困难，但还是存在一些数据和方法可以评估孔隙压力。钻井数据（Kicks、influxes、connection gas）、压裂注入实验、生产测试中的累积（biuld-up）曲线均可以用来评估孔隙压力。

Eaton 通过孔隙度和垂直有效应力沿压实趋势线的关系评价孔隙压力（Eaton，1975）。Bowes 方法通过声波速度和加入超压相关的主要参数包括卸载计算有效压力（Bowers，1995）。High-tire 声波测井被用来计算压力，通过 mini fall off test 估算校正闭合。

孔隙压力对应力变化起直接作用，而且在非常规区带变得越来越重要，这是因为在非常规区带超低渗透岩石内生烃和排烃引起超压很常见（Meissner，1978；Xia 和 Michael，2015）。增加的压力由于低渗透和持续的以及地层内压力状态的增加不能消失。因此，评价盆地内孔隙压力变化成为分析压力分布对完井有效性影响的一个重要前提。

13.1.1 超压系统

在非常规区带，通常引起超压的因素包括欠压实（不均衡压实）和流体膨胀，例如埋藏中的热、烃类成熟和黏土成岩过程。Meissner（1978）引入与岩石物理特征，热成熟度、Bakken 组超压相关的观测和概念。Meissner（1978）和其他调查者观察到 Bakken 源岩热成熟度、超压以及裂缝必要性与早期直井获得经济产量的一致性。Bakken 和其他非常规超压区带开发程度已经证实了 Meissner 的观点。成熟区间内的烃类生成引起 Bakken 和相邻区内异常高流体压力。油的生成与排驱引起的流体压力异常导致随着埋藏深度的增加有效压力增大、固体承压干酪根变为液体、非承压可动油和相应的体积变化。超低渗透的上覆和下伏地层能长时间保持这种非均衡。

13.1.2 Bakken 孔隙压力实例

上覆 Lodgepole 组和下伏地层正常压实，上 Bakken 组、中 Bakken 组、下 Bakken 组和 Three Fork 组上部地层单元均超压。盆地内孔隙压力变化受地质、地球化学、地应力过程控制。为优化非常规区带完井，地质学、地球化学、岩石物理、地质力学、完井和油藏工程领域的多学科一体化表征孔隙压力和应力场是非常必要的。

最早期的声波速度（Meissner，1978）观测显示垂直孔隙压力剖面从上覆 Lodgepole 常压过渡到三个 Bakken 地层单元的超压。这被大量井测量结果证实。依据多种来源压力校正数据（如 DFIT 和 ISIP）Three Fork 组的上 Benches 也显示超压信号在下部 Benches 和下部老地层恢复常压。

13.1.3 研究范围

这一章我们主要突出实用问题：能否在油田或盆地内利用一个增产设计而不影响产量、储量和采收率？还是应该改变增产设计以反映原地应力？这个问题是目标储层风险被高增产或者低增产的根本。当在盆地内使用不依据孔隙压力和原地压力变化修改的"复制—粘贴"方式处理设计时，低增产将导致低的增产处理尺寸。尽管这里的例子都是致密油藏，这个观点可以在原岩应力环境变化的其他致密储层中应用。

具体而言，我们讨论地应力如何影响完井。在我们的调查中，考虑了多个孔隙压力剖面和它们相应的应力剖面去评价应力对模拟压裂缝网的影响。为此，我们首先给出了水力压裂和生产模型；接着讨论了地应力特征对完井和页岩油藏开发评价的影响。其次，讨论地应力特征、储层质量和优化生产与油田开发的完井策略之间的关系。最后，依据地应力特征和储层质量得出页岩储层完井的结论。

13.1.4 数据

图 13.1（a）显示了用来计算 Bakken 含油气系统水平应力的 4 个不同孔隙压力剖面。剖面 A 从地表到 TD 保持正常孔隙压力（0.435psi/ft）。剖面 B、剖面 C 和剖面 D 假定地表正常压力，从上 Bakken 顶部 75ft 处开始增加到超压状态（0.7psi/ft）。剖面 B 在下 Bakken 组底部迅速回到正常压力。剖面 C Bakken 单元和下伏 Three Fork（TF）Benches 内保持超压。剖面 D 超压经过 Three Fork–2（TF2）Benches 逐渐回到正常压力。在本章中下面的缩写被用来表示各区：Lodgepole（LgP）。上 Bakken 页岩（UBS）、中 Bakken 页岩（MB）、下

Bakken 页岩（LBS）、三叉 –1（TF1）、三叉 –2（TF2）、三叉 –3（TF3）和三叉 –4（TF4）。

在孔—弹水平应力模型中，静态弹性特征结合孔隙压力信息用来评价最小水平压力和最大水平压力。图 13.1（b）显示利用前面列出的 4 个孔隙压力剖面（粉红）计算最小水平压力（绿）和上覆应力（红）。

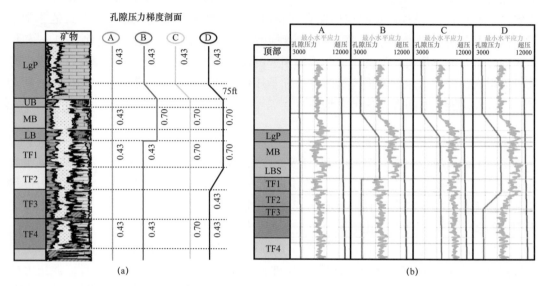

图 13.1 （a）用于评估在 Bakken 含油气系统中不同水平应力计算对水力压裂结构体模型影响的孔隙压力分布示意图。（b）在 Bakken 油气系统中由于孔隙压力估算变化对最小水平应力计算的影响。TXSP—最小水平应力（绿）；SigV—上覆应力（红色）；p_p—孔隙压力（粉红色）

13.2　水力压裂与生产模型概述

在非常规储层中，合适的理解地应力和岩石物理性质是优化完井设计的关键。尽管这里没有一个完美的模型可以预测那些水平井的完井和生产特征，图 13.2 中的流程可以很好地降低那些不能直接测量性质的不确定性。例如，水力压裂模型循环结合多种现场测量，现场 DFIT、3D 地质力学测井测试、现场压裂压力数据以及数字裂缝模型可以在较高置信度上确定裂缝几何形态和导流能力。

岩石物理的测量包括核磁、矿物鉴定、自由流体体积估算，可以合理评估那些地层组的有效渗透率、孔隙度和含水饱和度。压裂液漏失机制和完井所用流体类型会明显影响那些参数的测量。岩石物理特征可以利用压裂前评估模型中的裂缝几何和储层敏感特征与生产历史匹配校正，进而提高那些参数的置信水平。

对中 Bakken 组和三叉组设计的增产工作自从北达科特原油 2008 年开始激增一直在演化完善中。大多数操作者已经开始明白优化限制压裂段数、每段的射孔簇数目、每段的流体 / 支撑剂的体积。表 13.1 中的泵主程序表是现在大多数操作者使用的典型设计。然而每段上主要裂缝的延伸数目主要受压力场、应力隔层的厚度、开采效果等支配，通常认为每级上 2～4 个裂缝取决于压裂液类型和泵排量。为此在这个例子，我们将假定每级上 2 个裂缝来评价地质力学对裂缝几何的影响。

图 13.3 显示了利用地质力学模型（原地应力和孔隙压力梯度）作为输入（左侧显

示）的有限元数值裂缝模型中典型裂缝几何剖面。模型的输出包括井筒处的裂缝宽度（w），支撑长度（$x_{f支撑}$）和压裂长度（$x_{f压裂}$）。

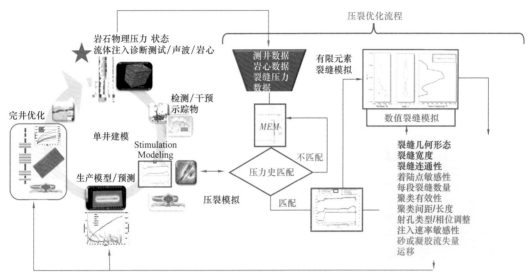

图 13.2　完井优化流程（据 Ganpule 等，2015，有修订）

表 13.1　本次研究中使用的水力压裂增产设计

压裂级数名称	送液量 bbl/min	压裂剂名称	凝胶浓度 lb/mgal	压裂剂体积 gal	支撑剂名称	支撑剂含量（皮帕斯卡）	支撑剂质量 lb	钻井液量 bbl	时间 min
井眼体积	35	WF130	30	12000	无	0	0	286	8
注入流体	35	#130HTD	30	16000	无	0	0	381	11
0.5lb 支撑剂 /gal	35	#130HTD	30	10000	EconoProp30/50	0	5000	243	7
1lb 支撑剂 / gal	35	#130HTD	30	10000	EconoProp30/50	1	10000	249	7
1.5lb 支撑剂 / gal	35	#130HTD	30	10000	EconoProp30/50	1	15000	254	7
2lb 支撑剂 / gal	35	#130HTD	30	10000	EconoProp30/50	2	20000	259	7
2.5lb 支撑剂 / gal	35	#130HTD	30	8000	EconoProp30/50	2	20000	212	6
3lb 支撑剂 / gal	35	#130HTD	30	8000	EconoProp30/50	3	24000	216	6
4lb 支撑剂 / gal	35	#130HTD	30	6000	EconoProp30/50	4	24000	168	5
5lb 支撑剂 / gal	35	#130HTD	30	44000	EconoProp30/50	5	22000	117	3
关井	0	无	0	0	无	0	0	0	30
				94400			140000	2385	98

　　尽管本次研究使用的压力模型是全数值，模拟结果的精度足以用来估计裂缝几何形态，低置信的输入需要实际油田测试校正模型，从而使模拟可复验。例如，模型中计算的净压力可以与压裂压力、静水压力和流体摩擦计算的静压力相比。通过 step-down 测试计

算的井筒附近压力可以与净压力比较，确定每段上主裂缝延展数。微地震测试可以覆盖数值模拟的裂缝几何调节流体效率。此外，像分布式声发射检测（DAS）、分布式温度检测（DTS）、示踪剂等实时测量可以对压后工作进行评估，从而进一步降低裂缝几何的不确定性，并最后反馈到产量模型。

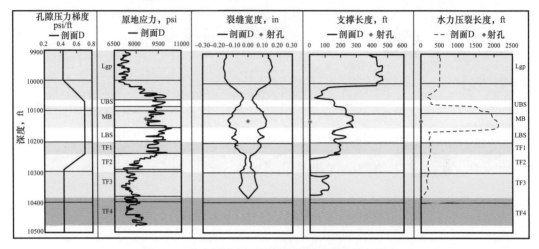

图 13.3　给定压力剖面下裂缝模拟的裂缝几何形态

一旦裂缝模型建立并校正，支撑剂分布与导流能力结合用来识别上部生产半长和有效裂缝导流能力。将几何信息反馈到生产模型，匹配生产历史，实现岩石物理测试的校正。一些岩石物理性质要加载到生产模型需要 PVT 测试、特殊的岩心分析以及盆地尺度上的知识才能获得长时间生产历史的较好匹配。有效渗透率、有效孔隙度、相对渗透率、毛细管压力的不确定性使非常规油藏的历史拟合更具挑战性。挑选一个生产时间较长、能涵盖从双线性流到拟径向流的多相流区域的井非常重要。瞬时速度分析可以用来评估有效裂缝导流能力和从双线性流和线性流形成区域各自的生产半长，然后与生产模型比较。一旦有了可复验的模型，可做一系列的敏感运行和预测来定性压裂参数对采收率的影响。还可以与详细的经济和风险分析结合优化完井。

生产历史拟合通过结合岩石和油藏特征、裂缝几何形态和生产条件（通过流体测试获得的井底流压）提供了更进一步的验证。可能一些输入数据需要迭代和修订，直到结果收敛到能满足单井模拟涉及的所有方法。生产历史拟合过程结果见图 13.4。

模拟模型中的压力网格生产一年后见图 13.4（b），给出了中 Bakken 井周缘衰减程度的可视化显示。衰减对评估不同压力剖面的泄油面积的影响在下节讨论。

13.3　地质力学性质对完井的影响

完井优化最主要的是降低完井成本，同时增加产量。由于非常规区带的油气公司操作关注钻井效率和钻井速度，在成熟盆地内进行反复试验摸索完井设计非常昂贵。不同的油区对 Bakken 组和三叉组的岩石非均质性已经非常忽视，因此，采用"千篇一律"方法即复制相邻操作者成功的完井设计，并认为能在盆地内大多数获得成功。然而，那些设计不一定是最优的。这种情况在操作者的回报高过油价时会高兴，但是发生油价低于收支平衡点时则需下功夫去优化方法。

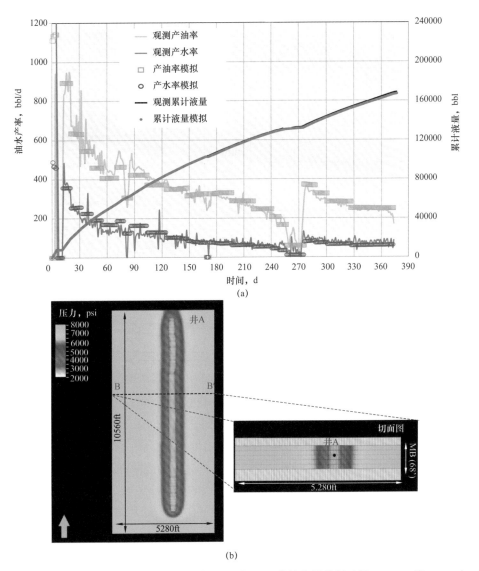

(a)

(b)

图 13.4 （a）历史拟合 A 井生产与裂缝长度为 150ft 校正 A 井的产量数据（据 Ganpule 等，2015）；（b）
产量历史拟合模型显示的 A 井周缘中 Bakken（MB）区压力衰减（据 Ganpule 等，2015）

　　压裂位置受多变量控制，复合作用导致最终的几何是非线性的。那些变量通常包括
但不仅限于目的层的厚度、应力场、应力隔层大小和厚度、孔隙压力以及薄层 / 纹层的出
现。对垂直应力随深度的变化的理解非常关键，可以获得应力变化对裂缝高度和宽度的影
响，随后影响质量平衡法获得的裂缝长度。通常，源岩作为应力隔层，由于低渗透和高黏
土含量特征，即使遇到裂缝穿过也不能明显影响产量。在这种情况下，实现水平着陆区域
较长生产半长、避免无关层高度增长或非生产层支撑剂的漏失是非常重要的。哪些因素也
影响井间距的考虑和资本支出的评价。

　　本次研究的另一部分是通过标准的泵注设计评估一些孔隙压力突变及其对原场应力和
裂缝几何的影响（图 13.5）。对任一情况，假定裂缝开始于中 Bakke（MB），闭合压力下检
查导致半长、裂缝宽度和高度。

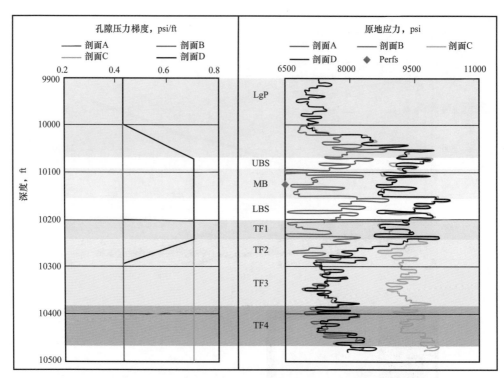

图 13.5　孔隙压力和原地应力剖面模拟中 Bakken 和三叉组裂缝几何形态的变化

剖面 A 假定从地表到最大埋深压力梯度为 0.435psi/ft，是正常压力梯度。这种假定不是非常现实的，因为没有考虑任何超压广泛观测到的生烃增压。然而，应力剖面作为本次研究的一部分显示出完井不考虑超压区较高应压力的不足。

剖面 A 得到的裂缝几何见图 13.6。可以看到裂缝高度被限制了，支撑半长大于 400ft。大部分裂缝高度向下延伸到三叉组，如果目标连接两个产层，裂缝闭合的时候保持它们开启可能有利。然而，在 Williston 盆地微地震实验显示大部分开始于中 Bakken 的裂缝的高度向上延伸进入到 Lodgepole 组。

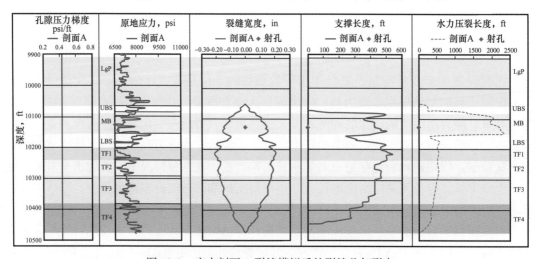

图 13.6　应力剖面 A 裂缝模拟后的裂缝几何形态

剖面 B 假定压力梯度从地表到 Lodgepole 组为常压,从 Lodgepole 组底部(大约 75ft)的常压平稳增加到上 Bakken 页岩顶部的超压状态(压力梯度 0.7psi/ft)。孔隙压力梯度 0.7 psi/ft 保持到下巴肯页岩底部,在三叉组顶部迅速恢复到正常孔隙压力。这也是不合理的压力假设,因为三叉组包含下 Bakken 页岩生成的烃类。然而,由于勘探早期缺少三叉组孔隙压力数据,才假定属于正常压力。

剖面 B 得到的裂缝几何见图 13.7。裂缝高度增加与剖面 A 非常相似,然而大部分裂缝延伸发生在三叉组。下 Bakken 页岩和三叉 –1 界面处裂缝宽度在闭合压力下非常低,显示了裂缝最终会随时间闭合。这也意味着中 Bakken 具有非常短的支撑半长,中 Bakken 完井的井产量会快速衰减而且三叉组的产量贡献很小或者没有。

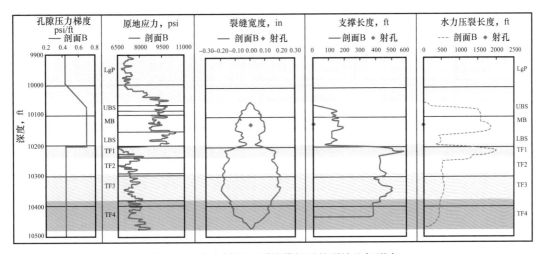

图 13.7 应力剖面 B 裂缝模拟后的裂缝几何形态

剖面 C 的应力剖面与 B 非常相似,除了超压状态扩展到三叉组底部。由于三叉组主要烃源为下 Bakken 页岩,水饱和度随深度增加。历史上,由于高含水下三叉组完钻的水平井不太多,因此没有太多数据可用来了解那些下面 Benches 的孔隙压力。

图 13.8 显示了利用压力剖面 C 获得的裂缝几何体。中 Bakken 裂缝的支撑长度($x_{f prop}$)接近 280ft,不包含中 Bakken 和和三叉 Benches。压裂模拟显示大量裂缝在 Lodgepole 组增长,没有在 TF–4 中增长。

与剖面 A 和剖面 B 不同,裂缝先进入三叉组,然后进入上 Bakken 页岩,裂缝高度增长不受限,高度增加到 Lodgepole 组。由于假定 Lodgepole 组属于低孔隙压力,裂缝净压力超过开始压裂区(中 Bakken)和压力隔挡(上、下 Bakken 页岩)的压力差,高度增加不可避免。在中巴肯裂缝增加长度也合理,但是将近一半的裂缝泵入支撑剂在 Lodgepole 组漏失(Lodgepole 组没有产量),在上 Bakken 页岩界面尖灭。

剖面 D 假定在地表为正常压力梯度,大概在下 Bakken 页岩上部 75ft 平缓增加到超压状态并进入上三叉组,然后在下三叉组迅速恢复到正常压力。剖面 D 得到的裂缝几何形态见图 13.9。与剖面 C 非常相似,裂缝开始进入上三叉组后,裂缝高度增加到 Lodgepole 组。中 Bakken 组和三叉组之间的下巴肯页岩在压力下保持裂缝开启并最终随着井的生产尖灭。中巴肯和三叉组的连通性在这种情况下自始至终都是挑战,因为下 Bakken 页岩分隔的两个区具有较高的应力场，而且较高的黏土含量能导致支撑剂嵌入而迅速损失裂缝导流能力。

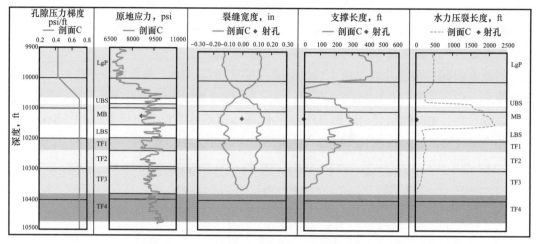

图 13.8　应力剖面 C 裂缝模拟后的裂缝几何形态

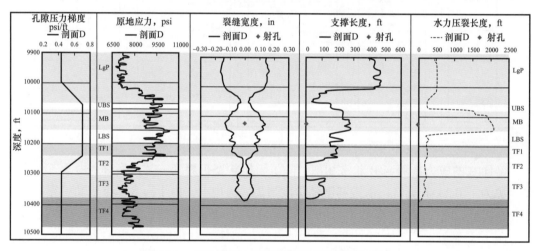

图 13.9　应力剖面 D 裂缝模拟后的裂缝几何形态

　　总结上面所有裂缝剖面，理解孔隙压力场对评价应力剖面和他们对完井的作用是非常重要的。在剖面 A 和剖面 B 中，裂缝高度没有太大增加，大部分裂缝的延伸都在含烃组内。在所有讨论的剖面里，在中 Bakken 组剖面 A 显示出最大的支撑长度，剖面 B 具有最小的支撑长度。最有效的压裂工作就是能更好地控制裂缝高度延伸到 Lodgepole 组。

　　剖面 C 和剖面 D 显示不受控裂缝高度延伸到 Lodgepole 组，在两种情况下 Lodgepole 组的支撑半长的长度超过了中 Bakken 组。这显示压裂中泵入的支撑剂一半损失在 Lodgepole 组导致压裂效率低。这种裂缝高度延伸可以通过泵入低黏度流体和提高泵排量的方法来控制裂缝。在压裂和输送支撑剂的区域，越能保持支撑长度越好，因为这样越能提供烃类流向井筒的导流路径。操作而言，低黏度流体限制支撑剂的浓度，因为随泵进入的支撑剂会快速沉降。上述剖面的裂缝几何体和连通区域总结见表 13.2。

表 13.2　裂缝模拟结果总结

剖面	中 Bakken 组裂缝压裂长度 ft	中 Bakken 组裂缝支撑长度 ft	中巴肯组和三叉组 连通性①	Lodgepole 组裂缝 发育
A	2200	400	高	无
B	1700	125	低	无
C	2200	280	中等	最高
D	2100	225		高

① 连通性是一个定性标志，在当前的技术环境下不容易测得。

13.4　地质力学性质对资产开发的影响

井间距离毫无疑问是驱动 Bakken 等致密油资源开发的关键。井间距显示，开发致密油资源需要一定的井数，因此错误的井间距可能轻易导致项目丧失经济性。本次研究中，收集生产数据按我们的流程模拟并结合长期的生产数据获得的泄油信息评估井间距。理想的情况是，长期的生产应该是有足够长的时间保证流动区域达到拟径向，尽管在致密油藏中可能不常用。图 13.10 显示了井 A 一年生产 16×10^4 bbl 流体后的生产模型剖面。横截面图显示过水平井 A 压裂段（井轨迹与纸平面正交）。泄油指标的两个性质是：压力和衰减百分比，如下：

$$衰减\ \% = \left[\left(p_i - p_t \right) / p_i \right] \times 100$$

其中：p_i 是开始时的单元压力（原始条件压力）；p_t 是生产时间 t 后的单元压力（例如井生产 6 个月或者一年后的压力）。

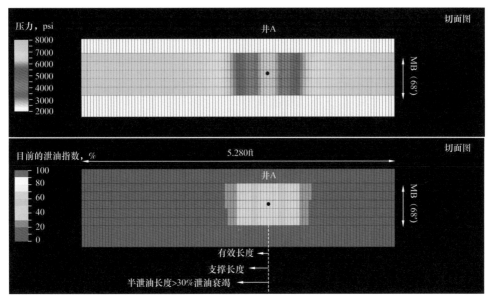

图 13.10　井 A 生产模型横截面显示井周缘的泄油
压力和衰减百分比是一年生产 16×10^4 bbl 流体后泄油指数

井 A 使用的压裂模型假定剖面 D 中的孔隙压力梯度和压力剖面，导致 2100ft 水力压力长度中只有 225ft 是支撑的。生产模型显示 225ft 中只有 150ft 是流向井筒的有效流动。然而，经过一年产出 160000bbl 流体后，泄油区增加到 550ft（如果考虑泄油井的两侧应该是 1100ft）泄油衰竭达到了 30%，见图 13.10。这种情况下井间距评估是 1200ft，包括 1100ft 的泄油长度和井 A 与直接补偿完井之间 100ft 的偏距。例如，如果井 A 按照（表 13.1）标准压裂设计泵入操作，然后按照剖面 D 中的压力梯度和压力剖面，生产一年后井间距离大概是 1200ft。因此开发一个单元需要 4～5 口井有效泄油增压提高油气采收率。保守估计每口井需要 500 万美元的资本支出，开发成本要在 2000 万～2500 万美元。

其他应力剖面的结果见表 13.3。结果强调开发单元需要井数的宽度范围，这取决于孔隙压力梯度和压力剖面。剖面 A 需要 2 口井，而剖面 B 需要不少于 7 口井。因此，开发单元的资本支出范围是 1000 万～3500 万美元。

表 13.3 突出了假定孔隙压力和应力剖面的风险，因为它可能低估或者高估资本支出要求。例如，一个操作者可能在评估中认为剖面 A 当作最佳的选择，当实际利用剖面是 D 时，每个单元的评估开发成本大概是 1000 万～1500 万美元。这将导致产量和采收率降低，因为有效开采油藏本来需要 4～5 口井，结果只钻了 2～3 口井。另外，如果是认为是剖面 B，实际是剖面是 D 时，那么每个单元的价格标价为 3000 万～3500 万美元可能导致项目被认为不具经济性。因此，不合理的表征应力的变化可能过早地停止资源盆地的进一步开发。

表 13.3　4 个应力剖面产量模拟结果总结（单元井数和资本支出范围）

剖面	中 Bakken 组裂缝压裂长度，ft	中巴肯组裂缝压裂有效长度，ft	半排长度＞30% 消耗 ft（A）	井间距，ft（B）=（A）×2+100	中 Bakken 组钻井需要数量（C）=（5280–100ft）/（B）	资本支出，10^6 美元（D）=（C）×5×10^6 美元
A	400	265	950	2000	2～3	10～15
B	125	95	350	800	6～7	30～35
C	280	185	725	1550	3～4	15～20
D	225	150	550	1200	4～5	20～25

非常规油气资源的有效资产开发策略的组成部分是具备预测多年资本需求的能力。通常这种预测需求是在开发阶段之前。准确和及时的评价资本支出是有效管理井费用和整个项目的必要之事。控制那些费用可能是判定是否具经济性前景的决定因素。

13.5　讨论：地质力学性质、储层质量和完井策略

非常规油气资源的评价与开发中，通常最有用的是将完井质量从储层质量中区分出来。地质力学特征与完井质量更相关，但是也与储层质量相关。通常，产量与储层质量、完井质量以及完井效果（水力压裂措施）正相关，但是这种相关性不一定一直很高。产量与储层质量的相关性例子见图 13.11（a），图中储层质量很低的产量也较低。当储层质量为中到高时，产量与完井质量和完井成果正相关。在本例中，没有太多的完井成果应用到非常低储层质量的地层中，因为完井质量和完井成果即使很高而产量还是很低。换言之，储层质量是完井策略和产量的基础，高效完井还是要选择中到高的储层质量。

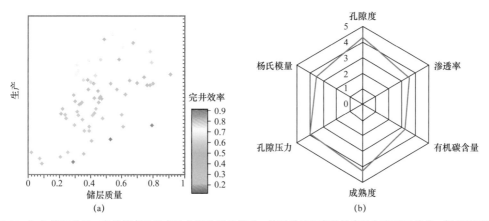

图 13.11 （a）储层质量、完井效率以及产量之间关系的例子。储层质量和完井效率均与产量正相关，但是储层质量达到一定水平完井才有效。储层质量和完井效率范围为0～1；（b）雷达图分析储层和完井变量质量的例子。在这个例子中，质量级别指数在0～5之间，5是最高的质量

产量不一定始终与相应的储层和完井变量高相关（Jochen 等，2011；Miller 等，2011；Gao 和 Du，2012；Ma，2015）。低相关或者不相关通常是因为多变量系统内变量之间的相互作用。如果其他条件一样，好的完井质量导致容易完井且居高的产量，但是其他条件通常不同，因此产量与相应储层和完井变量之间的相关性会变低或者相反（Ma，2015）。

页岩油气藏的产量在一个油田中随位置变化，因为储层质量和完井质量具有非均匀性。储层质量、完井质量和完井成果均影响产量。为理解产量的非均匀性（Baihly 等，2010），不仅需要分析储层质量和完井质量对产量的影响，通常分析各自物理变量也很重要。例如，储层质量中的干酪根、总有机碳含量、孔隙度、流体饱和度、渗透率；完井质量中力学性质、完井成果中的侧向长度、支撑剂吨数以及压裂级数。实际中由于数据有限，仅有少量参数可以评估。也要注意储层和完井质量参数可能不是线性组合，也不是直接可以获得质量的组合分数。雷达图提供了一个直观有效分析储层质量的集成方法［图 13.11（b）］。

地球科学家可能将地质力学性质归到完井质量。事实上，地质力学性质也指示储层质量，因为它们具有相关性。例如，杨氏模量通常被当做完井质量准则，但是 Britt 和 Schoeffler（2009）展示了一个例子，通过静态和动态杨氏模量关系区分有利页岩和非有利页岩；另外，储层质量和完井质量相关性不明显甚至反关系的情况也常发生。定义产量关键驱动因素以及它们的内在相关性对完井优化非常重要。图 13.12 显示了一个例子的流程图，其储层质量和完井质量驱动因素在三维上结合指示储层质量。

13.6　结论

在本研究中，多学科结合强调表征孔隙压力场以及它们对应力剖面在致密油区带高效完井策略中的必要性。总之，孔隙压力和原地应力通常在页岩层的垂向和水平向均有变化。准确表征孔隙压力剖面和应力剖面是设计和优化压裂措施的关键。我们不能在盆地内不考虑应力和力学性质的非均质性，而广泛使用一个增产设计。在盆地内使用一个标准处理设计"复制—粘贴"模式可导致页岩油藏过高增产或者增产不足。调整措施设计对不同的孔隙压力和应力剖面，突出应用"复制—粘贴"措施设计的不足，才能提供较好的泄油面积。

储层质量

特性	理想情况	作用效应
构造倾角	低	油气生成
热成熟度	理想区间内	油气生成
岩石硬度类型	高质量	最佳储层特性
气体孔隙度	高	油气量
PHI/Suo/k	High	HC volu me

完井质量

特性	理想情况	作用效应
压力	超压	压力释放或封闭
最小水平应力	低	释放
最小水平应力	可变	封闭
应力各向异性	低	复杂
可压裂性	高	裂缝产生与裂缝复杂性

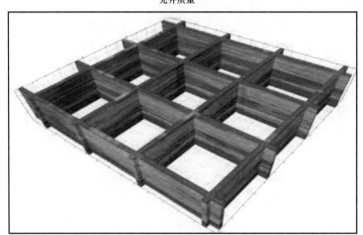

完井质量

图 13.12　储层质量和完井质量在三维模型中结合的例子
相对质量指数可以用于钻井和完井优化

　　孔隙压力及其引起的应力变化控制裂缝几何体，裂缝几何体反过来也影响泄油长度和井间距离的估算。在中 Bakken 组的例子中，如果孔隙压力剖面采用不合适，单元内的井数可能增加 100%，这种错误的计算可能影响经济评价结果。

参 考 文 献

Baihly, et al., 2010. Unlocking the Shale Mystery：How Lateral Measurements and Well Placement Impact Completions and Resultant Production. Paper SPE 138427 presented at the SPE Annual Technical Conference and Exhibition.

Bowers, G.L., June 1995. Pore pressure estimation from velocity data：accounting for overpressure mechanisms besides undercompaction. SPE Drilling & Completion 89–95.

Britt, L.K., Schoeffler, J., September 23–25, 2009. The Geomechanics of a Shale Play. Paper SPE 125525 presented at the SPE Annual Technical Conference and Exhibition, New Orleans, LA, USA.

Couzens-Schultz, B.A., Axon, A., Azbel, K., Hansen, K.S., Haugland, M., Sarker, R., Tichelaar, B., Wieseneck, J.B., Wilhelm, R., Zhang, J., Zhang, Z., 2013. In : Pore Pressure Prediction in Unconventional Resources. International Petroleum Technology Conference, Beijing, China, March 26–28, 2013. IPTC paper #16849, 11 p.

Eaton, B.A., 1975. In : The Equation for Geopressure Prediction from Well Logs. SPE 50th Annual Fall Meeting, Dallas TX, September 28–October 1, 1975. SPE paper #5544, 11 p.

Ganpule, S.V., Srinivasan, K., Izykowski, T., Luneau, B., Gomez, E., 2015. In : Impact of Geomechanics on Well Completion and Asset Development in the Bakken Formation, SPE Hydraulic Fracture Technology Conference, the Woodlands, Texas, USA, Febraury 3–5, 2015. SPE paper #173329.

Gao, C., Du, C., October 8–10, 2012. Evaluating the Impact of Fracture Proppant Tonnage on Well Performances in Eagle Ford Play Using the Data of Last 3–4 Years. Paper SPE 160655 presented at the SPE Annual Technical Conference and Exhibition, San Antonio, TX, USA.

Higgins-Borchardt, S., Sitchler, J., Bratton, T., 2015. Geomechanics for unconventional reservoirs. In : Ma, Y.Z., Holditch, S., Royer, J.J. (Eds.), Unconventional Resource Handbook : Evaluation and Development (2015). Elsevier.

Jochen, V., et al., 2011. Production Data Analysis : Unraveling Rock Properties and Completion Parameters. Paper SPE 147535 presented at the., Calgary, AB, Canada.

Ma, Y.Z., 2015. Unconventional resources from exploration to production. In : Ma, Y.Z., Holditch, S., Royer, J.J. (Eds.), Unconventional Resource Handbook : Evaluation and Development (2015). Elsevier.

Meissner, F.F., 1978. Petroleum geology of the bakken formation, Williston Basin, North Dakota and Montana. In : Rehrig, D. (Ed.), The Economic Geology of the Williston Basin. Montana Geological Society, Montana, North Dakota, South Dakota, Saskatchewan, Manitoba, pp. 207–227.

Miller, C., Waters, G., Rylander, E., June 14–16, 2011. Evaluation of Production Log Data from Horizontal Wells Drilled in Organic Shales. Paper SPE 144326 presented at the SPE Americas Unconventional Conference, The Woodlands, Texas, USA.

Xia, X., Michael, G.E., 2015. Pore pressure in unconventional petroleum systems. In : Ma, Y.Z., Holditch, S., Royer, J.J. (Eds.), Unconventional Resource Handbook : Evaluation and Development (2015). Elsevier.

第 14 章　致密砂岩气储层（第 1 部分）：概况与岩相

Y. Zee Ma[1]，W.R. Moore[1]，E. Gomez[1]，W.J. Clark[1]，Y. Zhang[2]

（1. *Schlumberger，Denver，CO，USA*；

2. *University of Wyoming，Laramie，WY，USA*）

14.1　引言

尽管页岩气富集区近些年处于全球瞩目的焦点，但是致密砂岩中的天然气实际上也是一种重要的油气资源。在很多情况下，致密砂岩气资源会比页岩气储层更加容易开发，因为在这种岩石中通常有更高的石英含量，并且更具脆性，更易形成产能。

本章首先对致密砂岩气储层进行一个总体回顾，包括它们的沉积环境和其他储层特征。然后，提出了一种针对岩相分析和建模的综合方法。由于鉴定岩相和岩石类型对于表征储层类型很关键（Rushing 等，2008），我们利用测井来讨论岩相划分。我们提出了从测井到三维（3D）模拟如何增加岩相数据，同时讨论每一种致密气层建模方法的优缺点。

下一章是致密砂岩气储层的第 2 部分，介绍了岩石物性分析、地层评价以及岩石物理性质的三维模型。

14.1.1　背景

致密砂岩气储层是常规砂岩储层的自然延伸，但是具有更低的渗透率和有效孔隙度。传统上，油气主要产自具有高孔隙度和渗透率的砂岩和碳酸盐岩储层中。渗透率低于 0.1mD 的砂岩储层在历史上不具有经济可采意义，然而储层改造技术的进步使从这些致密地层中产出油气成为可能。目前，对致密砂岩气储层的定义有一些混乱，它们有时被称为深盆气藏、盆地中心气藏，或者大面积分布的砂岩气藏（Meckel 和 Thomasson，2008）。1978 年的美国天然气政策法把致密气层归类为那些原地渗透率小于 0.1mD 的地层（Kazemi，1982）。因此，不管它的沉积环境，只要是砂岩气藏内地层平均渗透率低于 0.1mD，就属于致密气区。这些储层可以在很多种环境中形成，包括河道化的河流体系（例如，Greater Green River 盆地，Law，2002；Shanley，2004；Ma 等，2011）、冲积扇、三角洲扇、斜坡扇和海底扇河道沉积（Granite Wash，Wei 和 Xu，2015），还有陆架边缘（Rushing 等，2008）。有些致密气砂岩包含了不同的沉积相，例如 Cotton Valley 组包含了堆叠的临滨/障壁沙坝沉积、潮道、潮汐三角洲、内陆架和障壁后沉积。由于砂岩沉积环境的多样化和其他变化，因而没有典型的致密砂岩气储层（Holditch，2006a）。虽然开发致密砂岩储层的钻井、钻井设计和完井技术经常与开发页岩气储层类似，但是两者的勘探和资源评价却有很大不同（Kennedy 等，2012）。

致密气的生产最初始于美国西部的圣胡安（San Juan）盆地；大规模地开发致密砂岩气藏比大规模地开发页岩气藏的历史要长。截至 1970 年，美国每年大约生产 $1 \times 10^{12} ft^3$ 致密砂岩气（Naik，2003）。Meckel 和 Thomasson（2008）了提出了致密砂岩气藏评价和生产的三个发展时期：前范式时期（1920—1978 年）、范式时期（1979—1987 年）和扫尾时期（1988 年至今）。范式时期以 Master 的文章（1979）为标志，讨论了致密地层中油气资源的广泛存在。当时北美许多含有致密气的盆地已经处于勘探或生产阶段，而且在北美的能源格局中起到重要作用。事实上，随着在世界上很多地方都发现了碎屑岩地层，致密砂岩气成为世界范围内一种重要的资源类型。Rogner（1997）预计全世界致密气资源大约有 $7500 \times 10^{12} ft^3$，但是其他估计的资源量更大（Naik，2003）。相比之下，全世界的页岩气资源评估有 $16100 \times 10^{12} ft^3$（Rogner，1997）。

14.1.2 盆地中心连续沉积或常规圈闭

关于致密砂岩气储层的地质控制因素有两种观点：连续的盆地中心藏气或简称为 BCGAs（Law，2002；Schmoker，2005）和常规圈闭中低渗透率致密砂岩中的天然气藏（Shanley 等，2004）。这两种理论的区别对于致密砂岩中的天然气勘探战略和全世界致密砂岩中的天然气资源的评估有巨大影响（Aguilera 和 Harding，2008）。

事实上，常规圈闭代表那些十分受限的、能够使天然气在生成和运移之后聚集的有利构造和（或）地层组合，显然它们更加受限于特定的地质环境。另外，BCGAs 理论则暗指在全盆地都是一个连续的天然气聚集区，或者至少在一个盆地内广泛地分布。Law（2002）认为 BCGAs 包含了非常大的天然气资源，而且是经济上更加可行的非常规天然气资源之一，尽管围绕饱含天然气储层特征的定义已经开展了非常多的重要工作，但目前对 BCGAs 的理解仍然十分有限。这些研究包括 Masters（1979）对加拿大艾伯塔盆地深部、美国新墨西哥州和科罗拉多州的 San Juan 盆地的研究以及美国西部的 Greater Green River 盆地和 Great Divide 盆地的研究（Law 和 Spencer，1989；Law，1984；Spencer，1989）。据 Law（2002）的研究成果，BCGAs 必须满足以下 5 个条件（Camp，2008）：（1）大面积分布，直径达到数十英里；（2）低渗透率，小于 0.1mD；（3）异常压力（超压或低压）；（4）饱含天然气；（5）下倾方向无气水接触面。图 14.1 阐述了 BCGAs 理论的主要特征。该理论的一个重要特征是封闭机制为由扩散的毛细管压力封闭，而不是常规油藏由构造或地层控制。

但 Shanley 等（2004）则认为低渗透率油气藏，比如在 Greater Green River 盆地中发现的并不属于 BCGAs 的实例，他们提出只有那些天然气的聚集主要受吸附作用控制的油气系统才是真正的连续型气藏。对 Greater Green River 盆地中一些致密砂岩气储层的研究表明，用隐伏构造和地层圈闭解释油气聚集的主要控制因素可能更为合适（Camp，2008）。

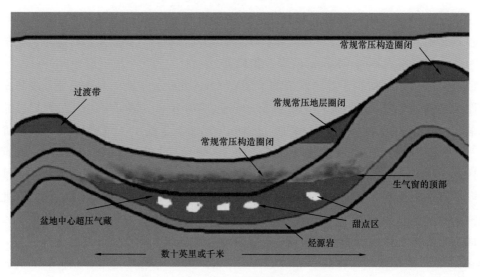

图 14.1 盆地中心天然气聚集模型图解

14.1.3 致密砂岩气储层一般特征

尽管 BCGAs 和常规圈闭机理这两种理论关于致密砂岩气储层的勘探战略具有很大不同，但是它们都不否认针对一个特定的致密气区，气藏的形成评价十分重要。

14.1.3.1 烃源岩

烃源岩对所有的油气资源聚集来说都很重要。对于致密砂岩气而言，一方面，烃源岩应该与多孔的沉积物毗邻以便排烃作用能够驱使天然气进入其中并成藏（Meckel 和Thomasson，2008），而且烃源岩的总有机碳含量应该足够高从而能够产生大量的烃类。另一方面，烃源岩在埋藏过程中，在达到生气窗时，还需要经历一个热转换过程。因此，在选择勘探目标时，选择那些毗邻富有机质的层段是非常好的做法（Coleman，2008）。

14.1.3.2 异常压力

通常情况下，致密砂岩气藏的高产层段都具有异常压力，不是超压就是欠压（Meckel 和Thomasson，2008）。地层压力取决于构造、地层和盆地史。一般而言，当烃源岩在致密地层中产生大量天然气时，天然气不容易及时排出就会在地层中产生超压（Meckel 和 Thomasson，2008）。而当一定数量的天然气从超压区域的上倾边缘逃逸出来时，超压区域的附近就可能产生低压环带。因此，在气藏开发之前，有必要开展测量工作以弄清楚压力特征。

Burnie 等（2008）讨论了致密砂岩气藏中超压和欠压的形成机制。被泥质烃源岩包围的低渗透率砂岩能够被天然气充满，一旦开始充注，压力就会形成，致密砂岩将要变为超压，同时位于它们上方的低渗透率隔水层也充注天然气。压力一旦达到某一临界值，天然气将通过低渗透率隔水层开始泄漏并向上倾方向逃逸。这将使压力降低至正常，最后达到欠压状态。图 14.2 展示了这一压力演化、气体生成、有机质成熟度之间的关系模型。在有机质达到成熟之前，系统的压力基本上正常。随着有机质成熟度变高，也就是天然气开始大量生成阶段，压力增强，系统变为超压。在后生气阶段，系统压力减小，最终变为欠压。

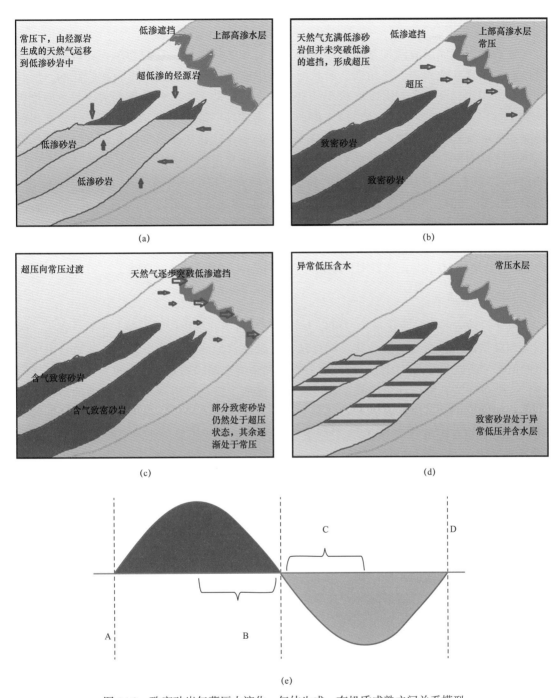

图 14.2　致密砂岩气藏压力演化、气体生成、有机质成熟之间关系模型

图（a）烃源岩控制生气，低渗透砂体控制天然气的聚集。超低渗的遮挡可以防止天然气斜向上运移进含水层。压力从正常压力逐渐变为超压。图（b）天然气充注致密砂岩，形成超压。天然气和少量水产出。图（c）随着压力增到，达到临界压力，天然气突破低渗遮挡，斜向上运移至含水层。致密砂岩内压力开始降低至异常低压。此时可采出大部分天然气，但含水量增加。图（d）天然气的逸散停止，致密砂岩压力为异常低压。或许在有利区带还有天然气聚集并含水。图（e）致密砂岩储层的压力演化模型红色是异常高压，粉色是异常低压。A—正常压力，开始生气；B—超压，天然气在致密砂岩内聚集；C—由于异常高压，盖层失效，天然气斜向上运移直到压力稳定；D—正常压力降低至异常低压，致密砂岩内天然气聚集

14.1.3.3 叠加模式

致密砂岩气储层有两种基本类型：叠置砂岩和席状砂岩；它们与沉积环境有关。叠置砂岩常出现在浊积岩、三角洲、辫状河沉积中；而席状砂岩通常出现在广泛的、层状的浅海沉积中。叠置砂岩由厚度达 5～15ft、分布有限的多个砂体叠置而成，其总厚度可达数千英尺；而席状砂岩可薄可厚，但典型的席状砂一般较厚（20～30ft），且分布规模较之叠置砂大得多。叠置砂岩通常需要垂直或近垂直钻井从而尽可能钻穿多的砂岩体以达到增产的目的，而层状席状砂岩则需要水平钻井。当然，也有可能是这两种类型砂体的组合，同时，夹有常规的储层段。高压叠置砂岩储层的例子包括 Pinedale（Webb 等，2004；Ma 等，2011），Jonah（Cluff，2004；Jennings 和 Ault，2004）和 Wamsutter 等 油 田（Barrett，1994）；中等压力叠置砂岩储层的例子包括 Piceance 盆地 Williams Fork 组（Hood，和 Yurewicz，2008）和 East Texas 盆 地 的 Travis Peak 组。Green River 盆 地 Frontier 组 和 Piceance 盆地的 Mancos B 砂岩则是席状砂岩（Finley，和 O'Shea，1985）。

14.1.3.4 储层质量

致密气砂岩的成分变化很大，可以大部分都是石英，也可以是石英、长石、黏土、碳酸盐和黄铁矿组分变化的混合物。同样地，其杂基含量变化幅度也很大，从教科书中给出的值非常高或非常低，因此，用实际岩石资料来确定储层的复杂性很重要。在一些储层中，一个单一的孔隙度计算结果（密度或声波速度）就足以得到一个有价值的解释，但是在其他储层中，可能需要黏土和非黏土成分都是变量的多矿物模型。许多已知的致密气砂岩的平均孔隙度在 7%～10% 之间变化，但是更低或更高的平均孔隙度也是可能的（Meckel 和 Thomasson，2008）。而平均渗透率大约为 0.01mD。天然裂缝对于致密砂岩气的可采性可能很重要，但同时它们也可能会增加产水量。

基于岩相特征和岩石物性评价，完井技术和质量将驱动着每个含气区带的经济可行性。下一章会详细讨论储层质量。

14.1.4 钻井、完井和开发方案

与常规天然气储层开发相比，由于致密气砂岩的低渗透率，需要钻更多的井来开发这些气藏。初始高产率如果能够快速下降到一个稳定产率，一口井的寿命会延长。超过致密气的开发期限时，相对于常规天然气储层的开发而言，会对其进行长期适度的投资（David 和 Stauble，2013）。

通常，叠置砂岩储层最好垂直钻井，而席状砂岩最好为水平钻井。然而，一些堆叠砂区带也有许多成功的水平井（Wei 和 Xu，2015）。实际上，理解砂体的空间分布，包括它们的大小和几何形态，利用一种综合方法来开发致密砂岩气藏是很关键的。Pranata 等（2014）介绍了一个利用综合储层表征方法来获得高产率的实例和不用水力压裂法的双侧向水平井技术。

致密砂岩的钻井挑战包括由于天然裂缝或低压导致的井漏、页岩层坍塌、储层伤害、泥浆侵入和钻头磨损（Pilisi 等，2010）。就开发致密砂岩气藏而言，许多钻井方法都是可行的，包括常规钻井、套管钻井、连续油管钻井、欠平衡钻井、超平衡钻井和控制压力钻井，每一种方法都有各自的优点和局限性（表 14.1，也可以参见 Pilisi 等，2010）。

表 14.1　不同钻井方法对比

钻井方法	传统钻井	套管钻井	连续油管钻井	过平衡钻井	欠平衡钻井	控制压力钻井
钻井问题：循环漏失，卡泵	可能增加	减少	没有影响	可能更多问题	减少	减少很多问题
减少对地层损失	不会	少量	不会	不会	不会	会
井涌预测				是	是	是
设备复杂性	底	中等	中等	底	高	高
钻速提升	不提升	少量增加	提升（井眼直径较小）	不提升	提升	提升

对于叠置砂岩储层而言，设计水力压裂处理方法应该基于地层评价，特别是岩相分层几何形态，而完井方法则应基于被垂直流阻挡层分隔开的产油带（Holditch，2006）。例如，可以根据砂体和泥质隔水层的几何形态的叠加模式来确定压裂段的数量。根据砂岩层和页岩层的厚度以及地应力，有时可以采用一种压裂方法来实现多层增产，可以在一个阶段内完井和增产，实现混合（多个）层位同时产气。另外，当一套层厚的页岩隔层把两个生产层分隔时，则应该建立多段水力压裂方法，尤其是地层压力差别很大时。

在致密砂岩气储层完井时，选择一种合适的分隔方式十分重要（表 14.2，也可参考 Holditch 和 Bogatchev，2008；Wei 等，2009）。许多分隔技术都是可行的，每一种都有特定的优点、缺点和局限性（Wei 等，2010）。分隔技术的选择应该基于以下参数：

（1）岩层数量；

（2）每一层的深度；

（3）每一层的净产油层厚度；

（4）每一层的有效孔隙度；

（5）每一层的含水饱和度；

（6）每一层的排水面积；

（7）每一层的压力和温度；

（8）天然气相对密度。

表 14.2　开发致密砂岩气各个阶段的注意事项和决策

评价	钻井	完井	生产
盆地分析和区域地质	钻井方法选择	段数	气流速度
层序／构造分析	钻井液循环漏失	钻井轨道偏移技术	产水量
地震解释和属性分析	卡泵	射孔设计	人工举升
基于测井和岩心的储层评价	储层伤害	压裂剂选择	油管设计
三维储层模型	井涌，井壁坍塌	支撑剂选择	套管尺寸

14.2 岩相与岩石分类

由于致密砂岩气储层属于硅质碎屑岩层，基于颗粒大小，它们的岩相通常包括砂岩、粉砂岩和页岩；或者，它们可以划分为砂、砂质页岩、泥质砂和页岩。岩相建模通常足够描述致密砂岩气储层特征，尽管可能需要小心谨慎地评估在测井中矿物的影响（Ma 等，2011，2014a）。例如，基于沉积特征，河流沉积通常包括以砂为主的河道相、以页岩为主的泛滥平原相、还有砂和页岩混合的决口扇相。Rushing 等（2008）从 26 个砂岩储层的研究中总结了一系列岩石类型的定义。由于所使用的划分方案不同（基于沉积的、岩相学的；基于测井或水力学的），目前关于岩石类型的定义存在许多争论。沉积岩石类型是在大尺度地质格架的环境中被定义的，代表了沉积时岩石的性质，通常把这种环境称为沉积相，例如河道、河漫滩、决口扇。而岩相学岩石类型基于小尺度、显微的岩石性质，通常需要借助于不同的成像工具来定义（Rushing 等，2008）。基于测井的岩石类型通常称为测井相，代表测井曲线的特征（Wolff 和 Pelissier-Combescure，1982）。而水力的岩石类型主要基于岩石流动性质，例如流动带指标或者 FZI（Amaefule 等，1993）。因为地下地层受多重地质过程控制，包括沉积作用、侵蚀作用、再沉积作用、压实作用和成岩作用，因此这些岩石类型的定义往往大相径庭；正因为此，两种不同的定义之间常常不一致。三种最常用的定义包括隐含沉积相和岩性的岩相，利用测井定义、但不一定非要经过地质校正的测井相，和基于 FZI 或其他岩石物性和（或）工程标准的岩石类型。岩相与地质关系密切，因为岩性代表了组成矿物的含量并且地质相与沉积环境高度相关。因此，从测井相到岩相的校正能够把测井和地质联系得更加紧密，但并不总是简单的对应联系。利用岩相的优点是可以运用地质倾向分析将它们模式化，这样基于沉积和层序地层分析之后，三维岩相模型就与概念沉积模型相一致了（Ma，2009）。当数据有限时，这种方法尤为重要。

我们讨论测井相和岩相划分方法，但侧重于岩相。测井相是从测井定义的，在校正到地质解释之前，它们可能是也可能不是岩相。此外，在一个处于层级顺序的岩相中，小尺度的测井相也能够被模式化。利用分级方法可以实现（Ma，2011）。

14.2.1 致密气砂岩岩相与测井

由于测井方法能够测量岩层的某些特征，从而能够为评价岩石物理性质提供基础数据源。测井直方图可以用来评估不同岩相区分的可能性（Ma 等，2014a）。多种岩相混合在一起时，其最显著的特征是测井直方图表现出多峰性。这也解释了为什么测井直方图很少显示正态分布，而是多峰直方图或在直方图中呈斜歪的长尾巴。在测井直方图中，沉积相或岩相通常是导致包括多峰性和歪斜在内的非正态性的主导因素。

更具体地说，致密砂岩层测井的直方图（图 14.3）通常显示出双峰性（有时多于双峰），但需要注意的是，双峰性可能隐藏了多于两种混合岩相的存在。例如，GR（伽马射线）直方图［图 14.3（a）］不能分解成两个准正态直方图，而是分解成三个准正态直方图（Ma 等，2014b）。这是由于伽马射线测井表现出三种岩相的混合。图 14.3 中的电阻率和孔隙度测井曲线也反映出三种岩相的混合。通常情况下，测井携带了关于岩相的信息，但是没有一种能够单独准确地区别出这些岩相。由于测井中岩相混合物的重叠，通常需要两种或更多种测井来准确地区分单独的岩相。

多元分析的一种基本工具是包括任意两个相关变量之间相关系数的归一化或相关矩阵。图形显示，比如交会图和二维（2D）直方图，通常能够非常有效地分析出两个变量之间的关系和岩相混合特征。例如，伽马射线和电阻率对数的二维直方图［图 14.3（d）］表现出三种模式，然而伽马射线和电阻率的单变量直方图只表现出两种模式［图 14.3（a）~（c）］。同样地，孔隙度和伽马射线的二维直方图表现出三种模式，尽管不是特别明显［图 14.3（e）］。理论上，多维联合概率直方图可以更清晰地揭示混合岩相的数据结构，但是目前还没有有效的方法用图形来展示；二维直方图矩阵可以用于了解不同测井之间的多元关系（Ma 等，2014b）。

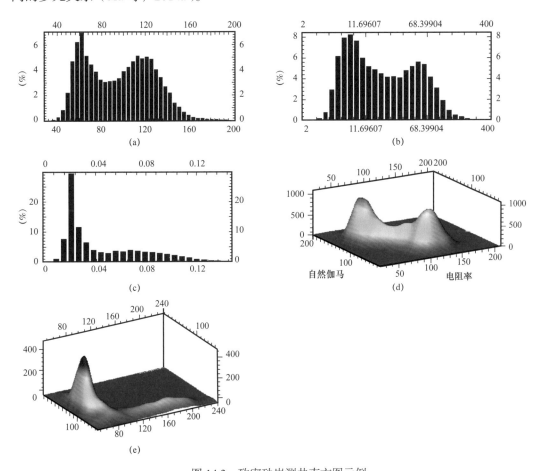

图 14.3　致密砂岩测井直方图示例

图（a）自然伽马曲线；图（b）对数电阻率；图（c）孔隙度；图（d）2 维自然伽马—对数电阻率直方图；
图（e）2D 孔隙—自然伽马直方图（孔隙度范围在 0~15%，为显示方便，坐标调整为 0~250）

14.2.2　致密气砂岩层测井岩相划分

致密气储层岩相划分的重要性在于可以利用测井识别潜在的天然气区，因为可采天然气主要富集在以砂为主的岩相中，少量赋存在粉砂质岩相中。

14.2.2.1　截值法的问题

单个测井直方图（图 14.3）中的两种模式往往指示存在两种以上的岩相。在伽马测井直方图中［图 14.3（a）］，双峰特征表现得十分明显，较小的峰值约为 60°API，较大的峰值约为 120°API。习惯上，利用截值法，可将低伽马值划为砂质岩相，将中伽马值划为粉砂岩相，将高伽马值划为泥质岩相，如图 14.4（a）中的例子所示。然而，基于岩心数据，这三种岩相在伽马曲线分布中相当部分是重叠的［图 14.4（b）］。只有最小或最大的伽马值（小于 60°API 或大于 120°API）没有明显的重叠，但是 60°～120°API 之间的伽马值是所有三种岩相的混合（Ma 等，2011，2014a）。

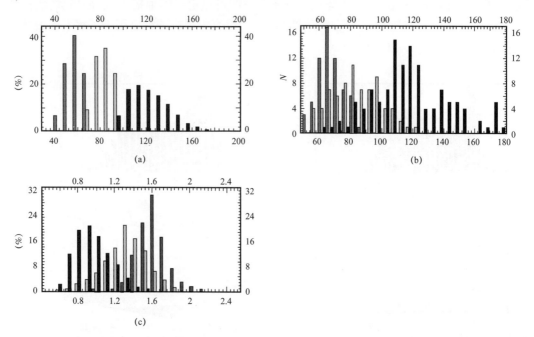

图 14.4　图（a）将图 14.3（b）图拆分成三个直方图。橙色为河道沉积；绿色为决口扇沉积，黑色为河漫沉积。图（b）自然伽马曲线直方图，资料来源于 Greater Green River 盆地钻井取心。图（c）三种岩石相电阻率直方图。图（b）、图（c）中三个不同岩石相的直方图并没有标准化，但每个直方图经过标准化。因此直方图并不能显示每个直方图的相对比例

　　因此，应用截值对伽马测井数据进行岩相划分的方法不是最佳的，因为它导致了在不同伽马带都会存在这三种岩相（即重叠）。因此，单独利用伽马曲线会把一些样品划分到错误的岩相中。许多伽马值介于 85°～95°API 的砂质和泥质样品会被错误地划分为粉砂岩。而许多伽马值低于 80°API 或高于 100°API 的粉砂岩样品则会被错误地划分为砂岩或泥岩样品。由于砂质岩相含油气而泥质岩相是非储层岩石，因此把泥质岩相错误地划分为砂质岩相会导致误报，相反则会导致漏报。当利用两种或多种测井数据时，截值法对岩相划分时使用门限逻辑，但门限逻辑也不是最佳的，因为它会导致许多边界效应。因此，需要采用不同的方法更加精确地把重叠的伽马或其他测井样品区分成不同的岩相。

14.2.2.2　利用测井混合分解法划分岩相

　　尽管许多测井直方图只显示出双峰态，但在建模时，并不能据此将作为两种正态分布或准正态分布，但是有些可以适当地纳入三种准正态分布。这是由于粉砂质岩相的单个测井信号的概率分布通常与砂质和泥质岩相的测井信号完全重叠，并且它们的峰值隐藏在直方图中。岩相混合分解法的主旨在于利用多种测井来区分单独测井中的重叠部分。

当不存在含水层时，电阻率通常是岩相划分的首选，这种不含水的情况在致密砂岩气储层中很常见（Law等，1986，2002；Naik，2003；Aguilera和Harding，2008）。然而，泥质岩相由于不含天然气以及较多的束缚水，通常表现为低电阻率响应，而砂岩由于含烃以及较少的束缚水含量，则显示出更高的电阻率。自然伽马和电阻率测井通常是负相关的；在图14.5的实例中，电阻率取对数，两者的相关系数是 –0.821。电阻率测井也显示出与伽马射线直方图类似的双峰，但自然伽马中较大的峰对应电阻率值较小的峰，自然伽马中较小的峰对应电阻率值中较大的峰。这是因为两种测井方法是负相关的，并且在岩层中，泥质比砂质明显要多。

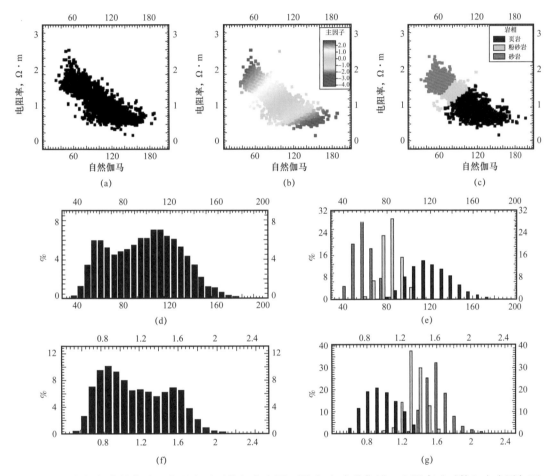

图14.5　图（a）自然伽马—电阻率（对数）交会图。图（b）自然伽马—电阻率（对数）交会图与两次测井主成分分析得到的第一主成分的叠加图。图（c）自然伽马—电阻率（对数）交会图与三类岩石相叠加。图（d）自然伽马直方图。图（e）三种岩石相自然伽马直方图。图（f）对数电阻率直方图。图（g）三种岩石相对数电阻率直方图。橘色代表砂岩；黑色代表页岩，绿色代表粉砂岩。
图（f）、图（g）请参考图14.2

　　主成分分析法，或 PCA，能够联合两种或多种测井方法来划分岩相。在这里，我们展示利用主成分分析法联合两种测井方法划分三种岩相的案例：自然伽马和电阻率。利用主成分 1 聚类的三种岩相如图14.5所示。注意除了那些由于岩心数据不全的非正常直方图外，三种成分直方图与基于岩心数据的实验直方图相似。同样的，这三种岩相在电阻率为 9～40Ω·m 之间存在重叠；三种岩相之间存在重叠电阻率值意味着仅利用电阻率测井不能正确划分出这些岩相，但是在岩相划分中，电阻率直方图可以被分解为三种成分的直方图［图14.5（e）］。在统计学上，这可以被看作是混合分解，即把成分直方图从原始直方图中分离出来（Ma等，2014b）。尽管这个例子仅使用了两种测井方法，但是三种或更多的测井方法也可以应用到相同的工作流程中，因为主成分分析对于处理多个岩相划分的输入变量非常有效。读者可以在Ma等（2014a）中找到一个用三种测井方法划分岩相的例子。

此外，主成分分析法可以突出其中一种测井相对于其他测井方法的重要性（Ma，2011）。三种或更多测井也可以利用主成分分析来划分岩相（Ma，2011；Ma等，2014b）。

14.2.2.3 确定不同岩相类型的比例

在分类过程中，确定每一种岩相的比例很重要，因为它会影响对油田整体储层质量的评价。在致密砂岩气储层中，由聚类分析获得的砂质岩相的比例高于真实比例会导致对于储层过于乐观的误判，而泥质岩相比例过高则会导致悲观的看法。理想情况下，来自岩心的岩相数据是充足的并且具有代表性的，没有抽样偏差，因此可以将基于岩心获得的各岩相所占比例作为参考值比例。不幸的是，岩心的岩相通常是有限的并且在统计学上很少具有代表性。全自动化方法，包括无人监督的人工神经网络（ANN）和统计方法，不足以获得准确的岩相比例。在砂岩层中，人工神经网络通常趋向于将其划分为粉砂岩，因为自动化方法趋向于把所有的聚类变为相似的比例，除非聚类明显不同。此外，对多种测井方法而言，比如伽马、电阻率和有效孔隙度，粉砂岩通常具有中间值，但是中间值并不总是对应粉砂岩。对于大多数自动化方法而言，大量重叠的中间值很容易导致过多地划分为粉砂岩，从而导致粉砂岩比例大于真实值。

与人工神经网络方法相比，主成分分析（PCA）有一个优点，就是它能够利用选中的主成分或旋转的主成分的累积直方图来确定每一种聚类岩相的比例。由于人工神经网络划分岩相纯依赖于数据结构，因此不能体现每一种输入测井资料的重要性。例如，在上一个例子中，基于自然伽马和电阻率的人工神经网络聚类给出了不真实的聚类，如图14.6（a）所示，某些低伽马和高电阻率的样品被划分为粉砂岩，而一些高伽马和低电阻率的样品被划分为砂岩。将主成分分析和人工神经网络进行结合有可能解决上述问题，也就是人工神经网络只运用第一个主成分，如图14.6（b）所示。

这里介绍的方法包括：（1）利用截值法对精心挑选的、具有代表性的主成分识别岩相；（2）利用识别出的数据作为有人监督的人工神经网络的训练数据。用主成分分析法划分岩相时，从原始直方图中分解出来的准正态分布数量可用作初始估算相似岩石物性特征的岩相的数量。每一种岩相的比例则可通过直方图的分解推测出来。三个成分直方图的累积概率和合成的伽马直方图的累积概率的比率是相应岩相之间的比例。一旦某一个成分，例如主成分1，被选择用于聚类，就能够直接找到截值，从而给出每一种岩相的预定比例，就像图14.6（c）中阐述的那样。在该例中，聚类的页岩有60.3%、粉砂岩有13.9%、砂岩有25.8%。相比之下，通过人工神经网络聚类［图14.4（a）］获得的结果为：页岩37.4%、粉砂岩35.6%、砂岩26.9%。后者的比例与露头观察和其他分类方法获得的数值相差甚远。

这种利用累积直方图来定义岩相聚类比例的方法是很常见的，它可以与任何变量或成分一起使用。例如，它甚至可以和单一测井一起用于截值法，但是我们已经展示了使用单一测井的局限性。此外，需要注意到图 14.6（c）中是一个原始的主成分的例子，但是这个成分可以变成一个旋转的成分，这个旋转的成分代表了从许多原始主成分中得到的信息。

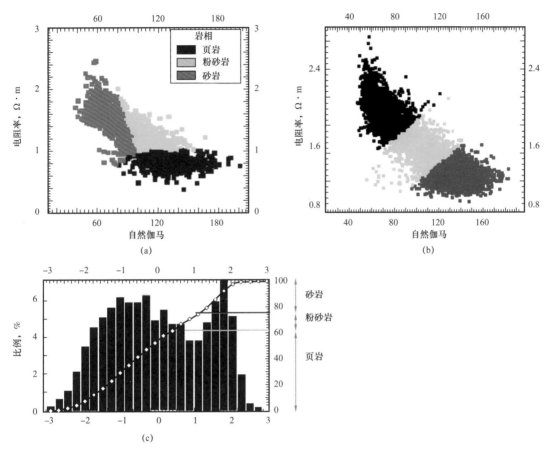

图 14.6　截值法、主成分分析法和人工神经网络方法分析不同岩相比例

图（a）自然伽马—电阻率（对数）交会图与岩石相叠加，岩石相聚类运用人工神经网络方法。

图（b）自然伽马—电阻率交会图与岩石相聚类分析叠加，运用人工神经网络方法和第一主成分分析方法。

图（c）截值法示例和主成分累计直方图显示三类岩石相所占比例（直方图以背景显示）

14.2.3　岩相类型划分对叠置方式与沉积解释的影响

不同岩相划分的方法对于沉积解释、净毛比（NTG）和叠置方式有显著的影响。最典型的是利用截值法划分岩相会产生太多的中间质量的岩石，例如粉砂岩或决口扇相。图 14.7（a）比较了分别利用截值法、主成分分析法和人工神经网络方法获得的岩相的垂向序列，仍然是以上文讨论过的一口井（图 14.4 和图 14.5）为例。和主成分分析法相比，伽马截值法识别获得更多的粉砂岩和更少的砂岩。另外，与主成分分析法相比，人工神经网络方法识别出更多的砂岩和更少的页岩。在研究范围内，这一规律对所有的井都成立。此外，对利用这三种方法产生的岩相的垂直比例剖面（VPPs）也进行了比较（图 14.7）。

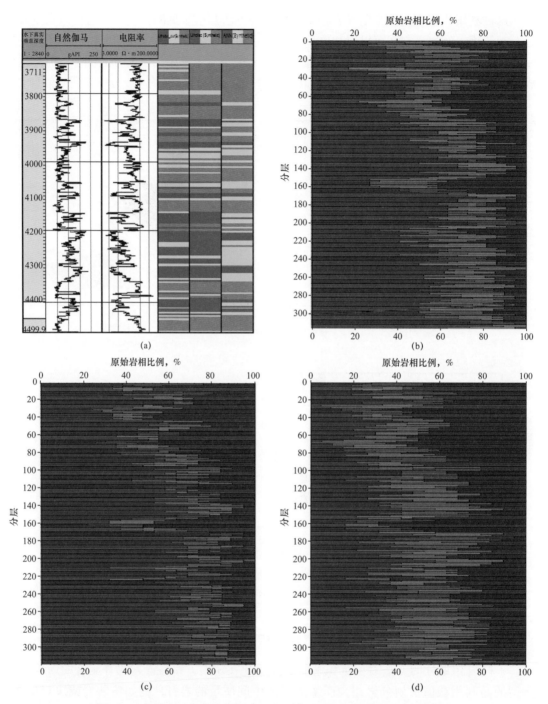

图 14.7 截值法、主成分分析法和人工神经网络方法获得的岩相划分

图（a）测井曲线第一道为自然伽马曲线，第二道为电阻率曲线，第三道为用自然伽马曲线对各个岩石相的划分，第四道为同时运用自然伽马曲线和电阻率曲线主成分分析得到的岩石相划分，第五道是用人工神经网络得到的岩石相划分。图（c）用 20 口井的资料主成分分析得到岩石相划分。图（d）用 20 口井的资料人工神经网络分析得到岩石相划分。橙色代表砂岩相，黄色代表粉砂岩相，黑色为页岩相（Great Green River 盆地）

利用伽马截值法得到的三种岩相的比例分别是页岩 55.3%、粉砂岩 22.3%、砂岩 22.4%；利用主成分分析方法得到的三种岩相的比例分别是页岩 60.3%、粉砂岩 13.9%、

砂岩25.8%；利用人工神经网络方法得到的三种岩相的比例分别是页岩35.6%、粉砂岩26.9%、砂岩37.4%。对于每一个垂直比例剖面而言，每一个地层单元的这些岩相都是不同比例的。三种岩相的相对比例在每一层都不相同。岩相的垂直比例剖面代表了一种"平均"的叠置方式，并且可以用于分析和模拟沉积相的垂向层序序列（Ma等，2009）。

岩相的方差图通常表现出一个所谓的"洞"的效应，它反映了岩相的周期性（Jones和Ma，2001）。对于席状砂岩而言，这种周期性主要发生在垂向上，因为席状砂的横向延伸范围非常大。而对于置叠的透镜状砂岩，这种周期性可以在纵向和横向上都出现，但是由于岩相沉积序列，通常在纵向上表现得更强一些。岩相中纵向上的周期性与叠置方式和垂向比例剖面高度相关。

14.3　致密砂岩层岩相三维模拟

利用井中的岩相数据构建一个三维岩相模型通常需要将岩相样品扩展到3D网格，因为测井通常是半英尺的采样率，而3D网格单元更大。所有已知的扩大分类变量的方法在统计学上是有偏见的，因为它们均使用"赢家通吃"方法（Ma，2009）。最合理也是最常见的一种方法叫作"最多值法（most-abundant-value）"，该方法趋向于扩大主要岩相，减小次要岩相。如果井区的岩相资料是从测井曲线预测而得，那么该问题就可以忽略。用来预测岩相的连续变量可以利用一种无偏见方法升高为空间栅格，而不是在测井尺度上创造岩相，在栅格单元尺度它们可以用来直接划分岩相（Ma等，2011）。该工作流程的细节超出了本文的范畴，在三维模拟之前，我们假定井区扩展的岩相数据是有效的。

对于席状砂岩储层，当有足够的井时，地层对比相对来比较简单，岩相模型的构建也可以采用相对简单的方法，比如，利用带有大的横向方差图范围的序贯指示模拟（SIS），由于大的侧向连续性。在这里，对于叠置的河流相砂岩储层，我们比较了4种常见的岩相建模的方法。这4种建模方法类别变量参见附录G。在这些技术中，面向对象建模（OBM）通常更加适用于对地质体形态进行定义，例如河道和沙坝。而当沉积相的顺序明确时，截断的高斯方法更合适。序贯指示模拟是地质统计学方法中最为常用的岩相建模方法之一，因为它能够整合不同的数据。特别是，岩相的概率图或体积在序贯指示模拟模型中比在其他模拟方法中能够更容易整合在一起来约束岩相体的位置。用面向对象建模和序贯指示模拟两种方法建立的模型之间，使用自定义对象方法的模型通常具有空间特征。

图14.8（a）展示了一个有20口井的小研究区，该区的岩相资料是基于伽马和电阻率测井采用主成分分析法（PCA）获取的（前已述及）。在没有其他资料的情况下，仅靠对河流体系本身作为一种沉积环境的认识是很难确定在三维岩相建模中哪一种方法是最好的。仍然考虑是有20口井的河流体系为例，图14.8（b）～（e）给出了利用4种不同方法获得的三维岩相建模结果。由于没有概率作为控制条件，序贯指示模拟模型［图14.8（b）］主要靠指标变差函数和井数据驱使。由于缺乏数据，沉积相的分布通常具有随机性，尤其是在没有控制点的区域。而使用河流的面向对象建模方法（OBM）［图14.8（c）］主要模仿河流沉积特征，包括河道的迁移和河道之间的合并和交叉。［图14.8（d）］显示了利用带有圆形底座的椭圆建立的三维岩相模型。使用这种已定义对象类型的岩相模型通常具有介于河流面向对象建模模型和序贯指示模拟模型之间的特征。

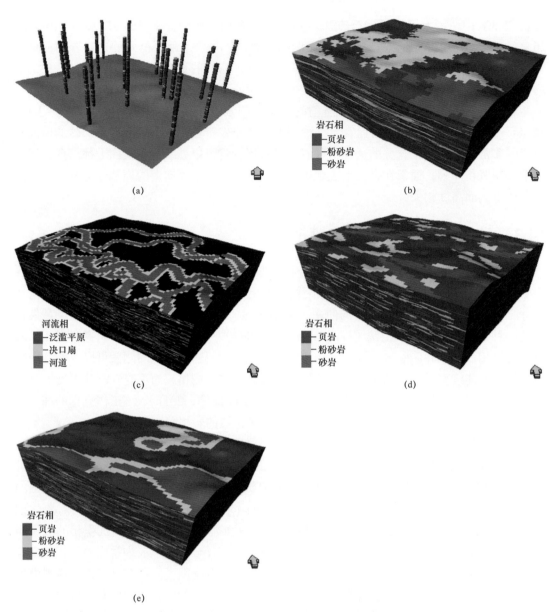

图 14.8　不同方法获得的三维岩石相数据和模型

图（a）20 口钻井的岩石相数据，由主成分分析分类。图（b）用图（a）中的数据通过层序指示模拟构建的三维岩石相模型。图（c）基于目标的河流模拟构建的三维岩石相模型。图（d）运 "user-defined object" 构建的三维岩石相模型。图（e）高斯模拟构建的三维岩石相模型，可见粉砂岩在砂岩外围环绕沉积

　　需要注意的是，在利用截断高斯模型法获得的模型中［图 14.8（e）］，围绕着砂岩相的粉砂岩环带（即中间岩相）。这是由于截断高斯模拟在不同岩相之间强加了一个过渡层序，这在有些情况下会成为一个缺点。这个问题可以通过一种增强方法来缓解，这种方法被称之为截断多高斯模拟（Galli 等，1994；Hu 等，2001）。

　　河流面向对象建模技术的一个局限性是决口扇相的几何结构可能不能被真实地建模，因为许多模拟的决口或斜面不能形成从河道冲开的小扇体。对于沉积过程建模，这将会是一个严重的问题。然而在储层建模中，相和岩石物理性质高度相关，而岩石物理性质直接决定了油气储集空间和流体流动。使用相来指示岩石的储层质量是非常重要的。

在实践中，每一个地层单元通常具有不同的相比例和相组合。以河流水道沉积为例，每套地层的河道特征都不相同，包括方向、宽度和厚度。河道特征的不确定性，包括方向、弯曲度、宽度和厚度，可以用三角函数、均一函数、高斯函数或截断高斯函数的概率分布来表示。在模型中的每一个地层带，岩相叠置方式与相函数有关。岩相垂直剖面中的垂直比例曲线、对象尺寸和井中的相数据至少在某些程度上可以兑现。在所讨论的例子中，在沿着主沉积方向（北西到南东）的河道中，储层连续性最好，而河道的弯曲与决口相的横向和纵向合并十分明显（图14.8）。连井对比表明储层具有很好的连续性，特别是沿着北西到南东方向，该方向也是河道的优选方向。

14.4　结论

致密气砂岩储层可形成于多种沉积环境。一个接近真实情况的岩相模型十分重要，因为它影响了主要储层性质的空间分布。一个好的岩相模型应该真实地捕获重要的储层非均质性。通常情况下，对于全油田的储层分析往往缺少岩心岩相资料，因此，主要通过测井数据获得岩相。我们将传统岩石物性分析与统计方法和神经网络结合来进行岩相聚类分析。这些方法能够综合地质和岩石物性解释来划分岩相。

为了实现多级沉积相建模，所有的分类建模技术都可以按等级排列进行一次或多次建模，例如，可以先利用河流的基于对象建模（OBM）方法或截断的高斯法（TGS）进行建模，之后，在OBM或截断的高斯法构建的模型基础之上，利用SIS法再次建模。这是因为基于对象建模法和截断的高斯法在建模过程中通常产生大尺度的相目标，而SIS则可以进一步用来模拟小尺度的非均质性。实际上，在基于对象建模方法或截断的高斯法建模之后再采用SIS法进行沉积相建模的工作流程已经被广泛应用于油气田开发的实例当中，包括碳酸盐岩缓坡和浅海沉积环境。在Cao等（2014）的研究成果中，还可以找到一个在基于SIS建模之后再采用对象建模法构建沉积相模型的典型实例，在该例中，首先利用SIS建模法构建一个带有概率图的砂泥岩沉积相模型，然后再利用河流的基于对象建模方法生成带有决口扇的河道。

由于地质沉积的复杂性，构建沉积相模型，在沉积趋势可确定的大尺度模型中，能够同时结合沉积趋势构建沉积相概率图或立方体（Ma，2009）；这些概率图或立方体，以及井数据能够用来约束三维岩相模型。

参 考 文 献

Amaefule，J.O.，Altunbay，M.，Tiab，D.，Kersey，D.G.，Keelan，D.K.，1993. Enhanced reservoir description：using core and log data to identify hydraulic（flow）units and predict permeability in uncored intervals/wells：SPE 26436. In：68th Annual Technology Conference and Exhibition Houston，Texas.

Aguilera，R.，Harding，T.G.，2008. State-of-the-art tight gas sands characte rization and production technology. Journal of Canadian Petroleum Technology 47（12）.

Barrett，F.J.，1994. Exploration and development of almond tight gas sands along the Wamsutter/Creston Arch，Wasahakie-red Desert basins，Southwest Wyoming. AAPG Search and Discovery. Article #90986，presentedat AAPG Annual Convention，Denver，Colorado，June 12-15，1994.

Burnie，S.W.，Maini，B.，Palmer，B.R.，Rakhit，K.，2008. Experimental and empirical observations supporting a capillary model involving gas generation, migration, and seal leakage for the origin and occurrence of regional gasifers. In : Cumella, S.P., Shanley, K.W., Camp, W.K. (Eds.), Understanding, Exploring, and Developing Tight Gas Sands, 2005 Vail Hedberg Conference, AAPG Hedberg Series, vol. 3, pp. 29–48.

Camp, W.K., 2008. Basin–centered gas or subtle conventional traps ? In : Cumella, S.P., Shanley, K.W., Camp, W.K. (Eds.), Understanding, Exploring, and Developing Tight Gas Sands, 2005 Vail Hedberg Conference, AAPG Hedberg Series, vol. 3, pp.49–61.

Cao, R., Ma, Y.Z., Gomez, E., 2014. Geostatistical applications in petroleum reservoir modeling. Southern African Institute of Mining and Metallurgy 114, 625–629.

Clement, R., et al., 1990. A computer program for evaluation of fluvial reservoirs. North Sea Oil and Gas Reservoirs–II.

Cluff, S.G., Cluff, R.M., 2004. Petrophysics of the Lance Sandstone Reservoirs in Jonah Field, Sublette County, Wyoming, in AAPG Studies in Geology #52, Jonah Field : Case Study of a Tight–Gas Fluvial Reservoir pp. 215–241.

Coleman, J.L., 2008. Tight gas sandstone reservoirs : 25 years of searching for "The Answer". In : Cumella, S.P., Shanley, K.W., Camp, W.K. (Eds.), Understanding, Exploring, and Developing Tight gas Sands, AAPG Hedberg Series, vol. 3, pp. 221–250. Tulsa, OK.

David, F., Stauble, M., 2013. Developing a sustainable unconventional business in China. In : SPE Paper 167051, Presented at the SPE Unconventional Resources Conference and Exhibition–Asia Pacific, Brisbana, Australia, November 11–13, 2013.

Deutsch, C.V., Journel, A.G., 1991. Geostatistical Software Library and User's Guide. Oxford Univ. Press, 340 p.

Finley, R.J., O'Shea, P.A., 1985. Geologic and engineering analysis of blanket–geometry tight gas sandstones. In : SPE–Doe Joint Symposium on Low Permeability Gas Reservoirs, Denver CO, March 13–16, 1985.

Galli, A., Beucher, H., Le Loc'h, G., Doligez, B., 1994. The pros and cons of the truncated Gaussian method. In Geostatistical Simulation. Quantitative Geology and Geostatistics 7, 217–233.

Holden, L., et al., 1997. Modeling of fluvial reservoirs with object models. In : AAPG Computer Applications in Geology, vol. 3.

Holditch, S.A., 2006a. Tight gas sands. Journal of Petroleum Technology (June)86–93.

Holditch, S.A., 2006b. Optimal Simulation Treatments in Tight Gas Sands. SPE 96104.

Holditch, S.A., Bogatchev, K.Y., 2008. Developing Tight Gas Sand Adviser for Completion and Stimulation in Tight Gas Sand Reservoirs Worldwide. Paper SPE 114195, presented at the CIPC/SPE Gas Technology Symposium 2008 Joint Conference, Calgary Alberta, Canada, 16–19, June.

Hood, K.C., Yurewicz, D.A., 2008. In : Assessing the Mesaverde Basin–Centered Gas Play, Piceance Basin, Colorado. AAPG Hedberg Series, vol. 3, pp. 87–104. Tulsa, OK.

Hu, L.Y., Le Ravalec, M., Blanc, G., 2001. Gradual deformation and iterative calibration of truncated Gaussian simulations. Petroleum Geosciences 7, S25–S30.

Jennings, J.L., Ault, B.P., 2004. Jonah Field Completions : An Integrated Approach to Stimulation Optimization with an Enhanced Economic Value, in AAPG Studies in Geology #52, Jonah Field : Case Study of a Tight–gas Fluvial Reservoir, pp. 269–279.

Jones, T.A., Ma, Y.Z., 2001. Geologic characteristics of hole–effect variograms calculated from lithology–

indicator variables. Mathematical Geology 33（5），615–629.

Journel，1983. Nonparametric estimation of spatial distribution. Mathematical Geology 15（3），445–468.

Kazemi，H.，October 1982. Low–permeability gas sands. Journal of Petroleum Technology.

Kennedy，R.L.，Knecht，W.N.，Georgi，D.T.，2012. Comparison and contrasts of shale gas and tight gas developments，North American experience and trends. In：SPE Paper 160855，Presented at the SPE Saudi Arabia Section Technical and Exhibition，Al–khobar，Saudi Arabia，8–11 April.

Law，B.E.，1984. In：Law，B.E.（Ed.），Structure and Stratigraphy of the Pinedale Anticline，Wyoming，USGS Open–File 84–753.

Law，et al.，1986. Geologic Characterization of Low Permeability Gas Reservoirs in SelectedWells，Greater Green River Basin，Wyoming，Colorado，and Utah，AAPG SG 24，Geology of Tight Gas Reservoirs，pp. 253–269.

Law，B.E.，Spencer，C.W.，1989. Geology of Tight Gas Reservoirs in Pinedale Anticline Area，Wyoming，and Multiwell Experiment Site，Colorado. In：US Geologic Survey Bulletin 1886.

Law，B.E.，2002. Basin–centered gas systems. AAPG Bulletin 86（11），1891–1919.

Ma，Y.Z.，2009. Propensity and probability in depositional facies analysis and modeling. Mathematical Geosciences 41，737–760. http：//dx.doi.org/10.1007/s11004–009–9239–z.

Ma，Y.Z.，2011. Lithofacies clustering using principal component analysis and neural network. Mathematical Geosciences 43，401–419.

Ma，Y.Z.，et al.，2014a. Identifying hydrocarbon zones in unconventional formations by discerning Simpson's paradox. Paper SPE 169496 presented at the SPE Western and Rocky Regional Conference，April，2014.

Ma，Y.Z.，Wang，H.，Sitchler，J.，et al.，2014b. Mixture decomposition and lithofacies clustering using wireline logs. Journal of Applied Geophysics 102，10–20. http：//dx.doi.org/10.1016/j.jappgeo.2013.12.011.

Ma，Y.Z.，Gomez，E.，Young，T.L.，Cox，D.L.，Luneau，B.，Iwere，F.，2011. Integrated reservoir modeling of a Pinedale tight gas reservoir in the Greater Green River Basin，Wyoming. In：Ma，Y.Z.，LaPointe，P.（Eds.），Uncertainty Analysis and Reservoir Modeling. AAPG Memoir 96，Tulsa.

Ma，Y.Z.，Seto，A.，Gomez，E.，2009. Depositional facies analysis and modeling of Judy Creek reef complex of the Late Devonian Swan Hills，Alberta，Canada. AAPG Bulletin 93（9），1235–1256.

Masters，J.A.，1979. Deep basin gas trap，Western Canada. AAPG Bulletin 63（2），152.

Meckel，L.D.，Thomasson，M.R.，2008. Pervasive tight gas sandstone reservoirs：an overview. In：Cumella，S.P.，Shanley，K.W.，Camp，W.K.（Eds.），Understanding，Exploring，and Developing Tight Gas Sands，AAPG Hedberg Series，vol. 3，pp. 13–27. Tulsa，OK.

Naik，G.C.，2003. Tight gas reservoirs–an unconventional natural energy source for the future. Retrieved from：www.sublette–se.org/files/tight_gas.pdf.

Pilisi，N.，Wei，Y.，Holditch，S.A.，2010. Selecting Drilling Technologies and Methods for Tight Gas Sand Reservoirs. Society of Petroleum Engineers. http：//dx.doi.org/10.2118/128191–MS. Paper SPE 128191，presented at the 2010 IADC/SPE Drilling Conference in New Orleans，Louisiana，USA，2–4 Febraury.

Pranata，H.M.，Su，W.，Huang，B.，Li，J.，et al.，2014. A Horizontal Drilling Breakthrough in Developing 1.5 m Thick Tight Gas Reservoir. Paper IPTC 17486，presented at the IPTC，Doha Qatar，January 20–22，2014.

Rogner，H.H.，1997. An assessment of world hydrocarbon resources. Annual Review of Energy and the Environment 22，217–262.

Rushing, J.A., Newsham, K.E., Blasingame, T.A., 2008. Rock Typing–Keys to Understanding Productivity in Tight Gas Sands. SPE 114164.

Schenk, C.J., Pollastro, 2002. Natural Gas Production in the United States. US Geological Survey Fact Sheet FS–113–01, 2 p.

Schmoker, J.W., 2005. U.S. Geological survey assessment concepts for continuous petroleum accumulations. In: Chapter 13 of Petroleum Systems and Geologic Assessment of Oil and Gas in the Southwestern Wyoming Province, Wyoming, Colorado and Utah. U.S. Geological Survey Digital Data Series DDS–69–D.

Shanley, K.W., 2004. Fluvial Reservoir Description for a Giant Low–permeability Gas Field, Jonah Field, Green River Basin, Wyoming, in AAPG Studies in Geology #52, pp. 159–182.

Shanley, K.W., Cluff, R.M., Robinson, J.W., 2004. Factors controlling prolific gas production from lowpermeability sandstone reservoirs. AAPG Bulletin 88 (8), 1083–1121.

Spencer, C.W., 1989. Review of characteristics of low permeability gas reservoirs in western United States. AAPG Bulletin 73 (5), 613–629.

Webb, J.C., Cluff, S.G., Murphy, C.M., Pyrnes, A.P., 2004. Petrology, Petrophysics of the Lance Formation (Upper Cretaceous), American Hunter, Old Road Unit 1, Sublette County, Wyoming, in AAPG Studies in Geology #52 pp.183–213.

Wei, Y.N., Cheng, K., Holditch, S.A., 2009. Multicomponent advisory system can expedite evaluation of unconventional gas reservoirs. In: SPE 124323, SPE Annual Technical Conference and Exhibition, New Orleans, LA, USA, October 4–7, 2009.

Wei, Y., Cheng, K., Jin, X., Wu, B., Holditch, S.A., 2010. Determining Production Casing and Tubing Size by Satisfying Completion Stimulation and Production Requirements for Tight Gas Sand Reservoirs. Paper SPE 132541, presented at the SPE Tight Gas Completions Conference, San Antonio, Texas, USA, November 2–3, 2010.

Wei, Y., Xu, J., 2015. Development of liquid–rich tight gas sand plays – granite wash example. In: Ma, Y.Z., Holditch, S., Royer, J.J. (Eds.), Unconventional Resource Handbook: Evaluation and Development. Elsevier.

Wolff, M., Pelissier–Combescure, J., 1982. FACIOLOG – automatic electrofacies determination. In: Proceeding of Society of Professional Well Log Analysts Annual Logging Symposium, Paper FF.

附录 G　三维岩相建模方法

G.1　指示克里格法和序贯指示模拟法（SIS）

由于一个指标变量代表了二元状态，有两种可能的结果：存在或不存在，三种或更多岩相的指标变量可以依据一种岩相来定义，结合其他的来指示缺少挑选的岩相。一个一个地分析每一种岩相，因此可以模拟所有的岩相。

指示克里格法最初发展成为空间分布的非参估计（Journel，1983），它提供了在连续变量阈值处的有条件的累积分布函数（ccdf）的最小二乘法估计。然而，现在更常用它来模拟类别变量，例如岩相。考虑 k 个互相排斥的岩相或岩石类型；由于任何地方只能有一种岩相，可以用简单指示克里格法来估算 k 的概率（Deutsch 和 Journel，1991，p.73，p.148）：

$$I^*(x) = \text{Prob}\{I_k(x) = 1\} = p_k + \sum w_i\left[I_k(x_i) - p_k\right] \tag{G.1}$$

式中：p_k 是岩相 k 的全部或全球比例；w_i 是数据 i 的质量；$I_k(x_i)$ 是 x_i 处指示变量的状态，也就是，岩相 k 存在或不存在。换句话说，用一个线性估计量来估算一种岩相的概率，包括它的全球比例和相邻的数据。可以使用简单克里格系统来解决这个等式：

$$\sum w_i c_{ij} = c_{oj} \quad (i = 1, \cdots, n) \tag{G.2}$$

c_{ij} 和 c_{oj} 分别是 x_i 与 x_j 之间和 x_o 与 x_j 之间的滞积距离的指标变量的协方差指标。固定指示器随机函数的协方差指标和指标变差函数之间的关系和协方差函数和变差函数之间的一般关系一样，也就是，

$$\text{Covariance}(h) = \text{Variance} - \text{Variogarm}(h) \tag{G.3}$$

虽然指示克里格法很少用于储层建模，它的随机模拟副本却常用于岩相和岩石类型建模。本章讨论了用于岩相建模的指标变差函数和序贯指示模拟。

G.1.1　指标变差函数

岩相的指标变差函数通常显示了具有可定义稳定阶段的二阶平稳性（Jones 和 Ma，2001）。观察穿越地层的岩相变差函数如同滞积距离函数一样具有周期性。在地质统计学中把这称为空穴效应变差函数（Jones 和 Ma，2001）。空穴效应变差函数的周期和振幅受每种岩相的相对丰度和岩相体大小的变化强烈影响。

采样密度对准确描述实验变差函数非常重要（Ma 等，2009）。在砂岩含量较低的储层中，如果单个砂岩或其他岩相体的采样密度足够，那么实验变差函数可能显示空间相关性，可能具有周期性。然而，如果单个岩相体观察一次就取样，实验指标变差函数很可能波动在一个稳定阶段，即使对于短暂的滞积距离，因此表现为金块效应。地质学不是随机的，但是稀疏采样能使它看起来像随机的。数据计算得出的实验变差函数符合理论模型，例如球面函数或者指数函数，可能具有局部金块效应。金块效应的相对比例越大，岩相模型的随机性就越强。岩相垂直或水平空间分布的周期可以用空穴效应变差函数来更好地模拟。

G.1.2　序贯指示模拟法（SIS）

序贯指示模拟法循序地模拟了指标变量，它基本上是序贯高斯模拟的类别变量模拟副本，为了连续变量模拟（Deutsch 和 Journel，1991）。为了模拟岩相，在每个网格单元，依据式（G.1）和式（G.2）第一次实现指示克里格法；然后定义了岩相有序化，也定义了概率分布介于 0～1 的累积分布函数类型的尺度分析；然后画一个随机数，确定模拟岩相。这个过程沿着一个随机路径被重复，直到所有的网格单元都被模拟了。当它们在定义的邻域之内时，以前模拟的数据和原始数据都用于指示克里格法［式（G.2）］，用来调节模拟。

G.2　基于对象建模

一个常见的使用基于对象建模（OBM）方法是河流基于对象建模，产生了河道，其宽度、厚度和弯曲度具有界定范围（Clement 等，1990；Holden 等，1997）。河道建模也可以与附加的裂缝 / 张开相结合，它可以界定宽度和厚度的范围。定义为基于对象建模的河道参数包括不确定范围，基于区域地质、地震属性分析、河流沉积类似物和盆地沉积

学。Pinedale 的 Greater River 盆地的曲流河道建模中定义的参数的一个例子可以在 Ma 等（2011）中找到。

更一般的基于对象建模使用用户定义对象。对象的形状通常包括椭圆、半椭圆、四分之一椭圆、管形、下半部分管、上半部分管、盒子、风扇叶、风成沙丘和牛轭湖。部分对象可以用指定的形状来建模，例如圆形的、圆弧底、圆弧顶或锐利边缘。物体形状应该基于沉积特征来确定。

G.3　截断高斯模拟

一些沉积环境显示出一个清晰有序的岩相转变；序贯指示模拟能够凭借使用概率地图试图模拟这种转变，但是序贯指示模拟模型通常不能令人满意地复制转变。截断高斯模拟（TGS）可以用于更适当地岩相转变建模。这种方法能够确保模型中指示变差函数和交叉变差函数之间的一致性（Galli 等，1994）。通常，一个相的转变代表了非平稳性，但是截断高斯方法可以处理岩相横向和垂向的非平稳性。

在截断高斯模拟之前，通过截断累积分布函数，把相代码转变成连续正常分数空间。这种转变基于相代码和相的概率（如果没有指定趋势，就是相的目标分数）。截断高斯模拟接着完成了正常分数连续值上的高斯随机函数模拟或者序贯高斯模拟（SGS）。理论上，球形变差函数，是最常用的变差函数，不能用于这种方法。

第15章 致密气砂岩储层（第2部分）：岩石物性分析与储层建模

W.R. Moore[1]，Y. Zee Ma[1]，I. Pirie[1]，Y. Zhang[2]

（1. *Schlumberger*，*Denver*，*CO*，*USA*；2. *University of Wyoming*，*Laramie*，*WY*，*USA*）

15.1 引言

我们讨论测井的岩石物性分析、地层评价方法和评价致密砂岩层的问题。致密气砂岩测井解释最关心的问题包括孔隙度解释、了解黏土对测井响应的影响、准确计算含水饱和度和渗透率测定（Kukal 等，1985）。此外，基于测井的岩石物理学（考虑常规和特殊岩心分析，试井和岩相学）参数确定对于建立可靠的解释模型十分重要。

岩石物性分析在某种程度上能够帮助评价生烃潜力，评估天然气地质储量以及致密砂岩的可生产性；完井技术推动每一个区带的经济可行性。许多致密气砂岩层被称为"戏弄"段—有气显和气侵，但是在常规测试中没有或只有少量产量。钻井和完井方面的技术进步使得从许多致密砂岩储层中开采天然气成为可能。针对这些储层类型，一套合适的增产计划对把井变得有经济价值是很关键的。

为了实现对油田最优开发，综合所有数据的储层模型对于计划钻井、完井和生产设计都是非常有价值的。综合数据应该包括地质学的（包括沉积上的和岩相，例如前一章讨论过的）、岩石物理的及工程数据。本章中，首先回顾致密气砂岩测井岩石物性分析中的一些常见问题；其次讨论基于测井和岩心数据的三种主要的储层性质，包括孔隙度、渗透率和含水饱和度。基于测井数据，这些特性的三维建模构成了储层模型。此外，还讨论致密气砂岩储层的动态建模。

15.2 致密气砂岩岩石物性分析中的常见问题

致密气砂岩测井主要包括基础测井和高级测井。基础测井是中子孔隙度测井、密度孔隙度测井、电阻率测井、声速测井和伽马射线测井之中 3 种或 4 种的组合。与常规储层一样，这些基础测井对确定一些储层参数是非常有效的。然而，由于异常压力和低孔隙度，轻微的烃类和黏土的影响可能会被夸大。在表征致密气砂岩储层时，需要校正这些问题。

自然电位测井（SP）是一种基础的测井手段，有效且实用，但也常常出现偏离基准值太小或很难解释的情况。自然电位测井的偏差不仅能够指示渗透率，并且能用于评估地层水的电阻率。但在钻井中，如果是油基钻井液，钻井液系统将导致自然电位测井无效。

高等测井主要包括光谱伽马射线、元素光谱学、二维和三维声偶极子速度、核磁共振、电介质测量测井。光谱伽马射线测量能够识别铀的存在并且能够帮助确定黏土类型和检测储层带。元素光谱学工具可以用于确定岩石中矿物组分百分比，因此可以更加准确地计算孔隙度和黏土体积。二维和三维声偶极子测井能显示各向异性，剪切—压缩数据，这些数据能作为直接的烃类指标。核磁共振（NMR）数据能用来独立地测量孔隙度，但是会受天然气和轻质烃的影响。在天然气存在的情况下（低氢指数），密度磁共振处理通常用于致密气中，来校正核磁共振孔隙度和随后的渗透率评价。利用外孔隙度，介电常数测井可用于测定含水饱和度。已有的工作表明，核磁共振和介电色散测井能用于确定流动类型、渗透率和残余饱和度（AI-Yaarubi 等，2014）。

在致密气砂岩中，钻孔冲刷和粗糙度是一个问题，会影响所有的测井。在勘探地区，测井数据可能会比较老，由于当时致密气层不是目的层，因此，可能缺失关键数据或很难解释。图 15.1 是一个例子，显示了井中的冲刷和牵引产生无效的数据。大约每 200in 中就有 120in 受测井牵引和冲刷的影响。这就需要反复运行目的层段可用的数据进行识别和校正。

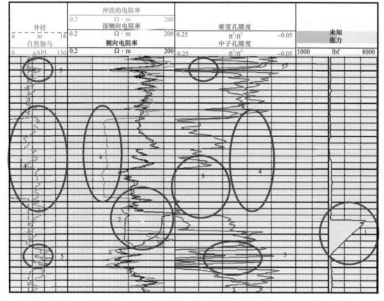

典型复杂井眼测井难点：
1. 张力会影响所有测井；
2. 由于拉张导致测井曲线平直；
3. 由于拉张中子和密度孔隙度无效；
4. 关闭测径规减小拉张，密度测井和冲洗带测井无效；
5. 测径规显示，钻井冲刷使得中子和密度测井产生尖峰

图 15.1　复杂井眼的典型测井问题

伽马射线测量会受到干酪根和与黏土含量无关的放射性影响（Ma 等，2014a）。由于在许多致密含气砂中有浅侵现象，中子孔隙度亏损是地层含气的一个很好的指示标志。大量的中子孔隙度或中子—密度交会图对指示页岩/黏土非常有用。中子孔隙度和伽马射线测量的叠合可以被用作黏土/孔隙流体标志。在储层的含气部分，中子孔隙度通常低于伽马射线。在储层顶部，水的存在能够翻转这种关系，利用这一点可以确定普遍或持续含气的顶部。这项技术对厚层叠置砂岩非常有用，但是不适用于单独的或有限的砂岩沉积。尽管这项技术并不总是准确的，但却是一种快速评价厚层置砂岩段的方法。图 15.2 说明了这一过程。

受低渗透率和可能的高压影响，在致密气储层中存在有限的气侵，鉴于此，中子孔隙度和密度孔隙度需要做轻质烃和含气效应的校正。如果井与井之间数据类型不同，这些数据可能需要进行标准化处理以便于对比。在进行标准化处理时，沉积环境、岩石类型、钻孔尺寸都应该考虑到。

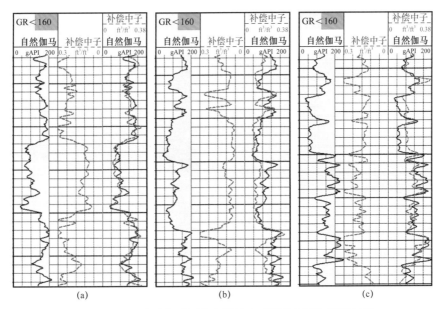

图 15.2　运用自然伽马测井和补偿中子测井识别气层的示例

图（a）在钻井底部，将自然伽马曲线和补偿中子曲线叠加。图（b）在钻井井中部，补偿中子测井相比自然伽马测井受页岩影响较小。图（c）在上段自然伽马测井相比补充中子测井受页岩影响较小，可能是在离散状天然气之上。

（a）、（c）之间相隔大约 3000ft

图 15.3 至图 15.6 是某些实例产层段叠置砂岩和席状砂岩的伽马射线、电阻率、中子和密度孔隙度图，说明致密气砂岩段各种测井特征。

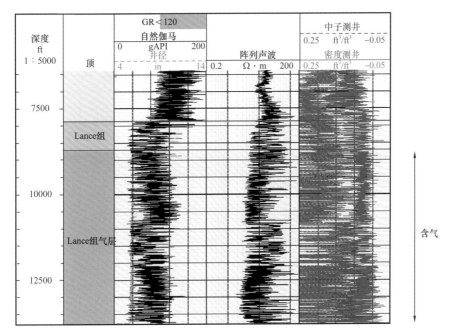

图 15.3　Pinedale 背斜产层段砂岩的测井特征

图 15.3 展示了美国怀俄明州 Greater Green River 盆地 Pinedale Lance 组超压叠置砂岩的一段（厚 5000ft）。受中—高黏土含量影响，伽马射线、中子孔隙度、电阻率、密度孔隙度曲线都显示出相当大的偏差幅度。

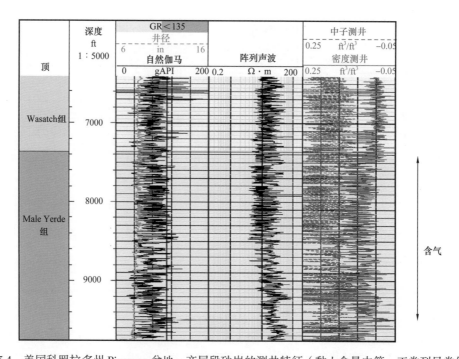

图 15.4 美国科罗拉多州 Piceance 盆地，产层段砂岩的测井特征（黏土含量中等，正常到异常低压）

　　图 15.4 是美国科罗拉多州 Piceance 盆地 Mesa Verde 组一套 3000ft 厚的正常到欠压的叠置，伽马射线、电阻率和中子孔隙度响应特征反映了低黏土含量。

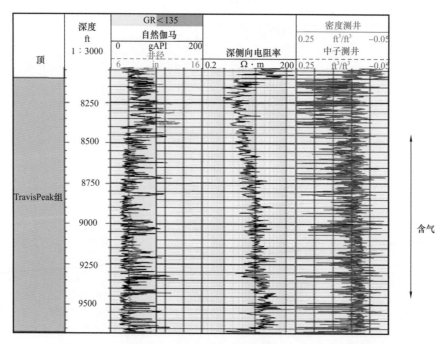

图 15.5　美国 East Texas 盆地 Travis Peak 组产层段砂岩的测井特征
（黏土含量较少，异常低压到异常高压）

　　图 15.5 展示了美国得克萨斯州 East Txas 盆地 Travis Peak 组的一套 1300ft 厚的微超压—欠压叠置砂岩。这套砂岩相当干净，因此在测井中很少有黏土的响应。

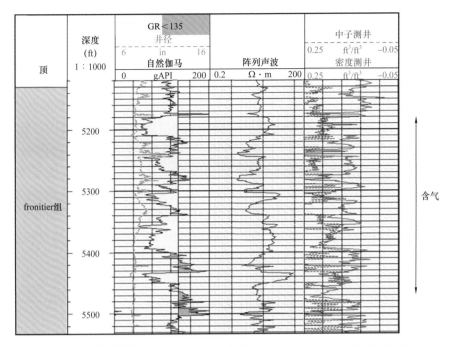

图 15.6 美国怀俄明州 Power River 盆地 Frontier 组产层席状砂测井特征

图 15.6 展示的是美国俄怀明州 Powder River 盆地 Frontier 组一套 300ft 厚的席状砂岩。这套砂岩是微超压的，黏土含量中等。

15.3 岩石物性分析储层性质

利用测井计算的主要储层性质包括孔隙度、流体饱和度和渗透率。在这里将讨论利用测井和岩心来解释这些性质。

15.3.1 孔隙度

总孔隙度被认为是粒间连通孔隙度、孤立（不连通）孔隙度和黏土孔隙度的组合。有效孔隙度被认为是粒间连通孔隙度。致密气砂岩孔隙度通常介于 2%～12%。经过成岩作用，原生孔隙度可能在原生孔隙系统中会由于石英次生加大而减小，同时，在长石和黏土中可能会产生次生孔隙度。最好的储层可能并不等同于最干净的储层，因为最干净的岩层通常表现出低孔隙度和低的可产性（Byrnes，1997）。

在致密气砂岩分析中，应用测井方法大体上和常规储层中的方法相似。从测井中获取孔隙度利用两大主要的方法。传统方法是通过使用黏土体积测井进行过环境校正的测井来计算有效孔隙度和含水饱和度，通常用伽马射线、中子孔隙度或组合测井来计算。基础测井的组合（密度孔隙度—中子孔隙度—声速—伽马射线测井）在评价孔隙度方面非常有效，但是可以通过使用岩心数据和高级测井来提高解释水平。许多分析员单独使用由体积密度和多变的颗粒基质计算出来的密度孔隙度来校正测量区域中的矿物组成（黄铁矿和黏土矿物）和流体相对密度低于 1 来补偿不完全冲洗。该过程能够为有效地层孔隙度提供可接受值（Byrnes 和 Castle，2000）。然而，只有有限数量的矿物（黄铁矿、干酪根、石英）能用基础测井组合来建模。在利用多矿物方法时，在能定义矿物和流体类型以及它们的测井结束点模型中，使用经过环境校正的测井数据。计算矿物类型和体积、孔隙度和饱和度，以匹配模型中的输入数据。传统方法实施起来更简单，但它并没有明确解释矿物的变化。多矿物方法更复杂，因为它需要更多的信息来定义矿物类型和结束点。

受黏土的影响，利用中子孔隙度和声速测井解释得到的致密气砂岩的总孔隙度显得很高。在许多地区，由于超压或欠压造成的冲刷和不规则井眼会影响测井读数，使解释变难，尤其对于密度孔隙度测井而言。井眼问题或增加的泥浆气的典型反映是增加了钻井液密度，导致了更多的冲刷和井眼问题。因此，应该对所有的测井实施环境校正（井眼大小、压力、流体类型、盐度和温度），以获得最佳的数据集（Holditch，2006；Moore 等，2011）。基于 Eslinger 和 Pevear（1988）的早期研究，图 15.7 总结了测井测量、岩心测量、孔隙类型、黏土、岩石骨架和流体类型之间的一般关系。

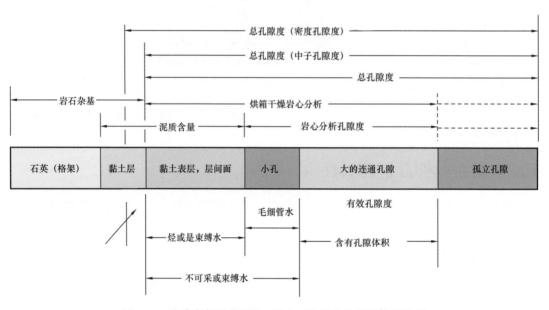

图 15.7　孔隙度与测井测量、岩心、孔隙和地层流体的关系

岩心数据可用于验证测井解释的孔隙度的有效性。在干净砂岩区（指砂岩中泥质含量低），测井和岩心应该给出相似的读数，但是它们通常是低孔隙度岩层。有时，更好的储层可能是"页岩含量高"的区域，这类储层段由于干酪根中的铀，或者能从有更高伽马射线的岩石如长石中分解形成的孔隙度，因此，伽马射线可能更高。在这些区域，岩心能够指导建立解释模型和参数选择。岩心孔隙度一般介于总孔隙度和有效孔隙度之间，这取决于在获得和分析过程中是如何处理岩心的。岩心分析结果并不是绝对的，随不同的实验室（Luffel 和 Howard，1987）或者使用不同技术（Morrow 等，1991）而变化。需要指出的是，在分析之前如何处理岩心也会严重影响测得的绝对和相对渗透率（Morrow 等，1991）。如果现有数据是从较旧的、公开的报告中所得，且不知道方法或没有标明方法，那么岩心孔隙度的误差可能是不能接受的。

在致密气砂岩中，根据测井计算出的总孔隙度一般情况下会稍高于测量的岩心孔隙度，根据测井计算出的有效孔隙度接近于或稍低于测量的岩心孔隙度。然而，许多变量可能影响岩心—测井孔隙度关系。当黏土含量低时，根据测井计算出的总孔隙度通常高于测量的岩心孔隙度，根据测井计算出的有效孔隙度稍高于或稍低于测量的岩心孔隙度。当黏土含量（长石分解—高伊利石、绿泥石和膨胀黏土）高时，根据测井计算出的总孔隙度比测量的岩心孔隙度高很多，根据测井计算出的有效孔隙度可能比测量的岩心孔隙度高。此外，基质和胶结物中重矿物（黄铁矿、菱铁矿、白云石和方解石）的存在也会影响上述的岩心—测井孔隙度关系。可以用一个多矿物模型来校正多变的成分，但是通常没有足够的专用岩心分析数据（例如 X 射线衍射—傅里叶变换红外光谱学—X 射线荧光光谱学）或者足够的测井数据（例如光谱学）来区分矿物。

总之，与致密气砂岩中孔隙度解释有关的常见问题包括：

（1）低渗透率和普遍的高地层压力可能导致气侵很浅，因此对气体效应的测井校正很重要。

（2）如果不做说明的话，重矿物的存在，甚至很少的量，都能使计算出的孔隙度减小。

（3）由于成岩作用因素，最干净的岩层可能是最致密的，因而可能不是最佳储层。

（4）在叠置砂岩层段，当超压气存在时，识别它的顶部是很重要的，因为分析中的重要参数水的盐度、阿尔奇指数 m 和 n、页岩 / 黏土点）在改点可能发生变化。

（5）冲刷、粗糙孔、log-pull 盲点在致密气岩层中是很常见的，坏孔模型需要被用于那些重复溜井未能提供可用数据的地方。

15.3.2　流体饱和度

分析致密气砂岩流体饱和度的常见问题包括：

（1）束缚水饱和度可以很高，也可能变化很大，取决于岩石类型。

（2）通常，即使估计的含水饱和度很高，但致密气砂岩中的产水量并不太多，产生的水可能是来自气相的低盐度蒸汽。在致密的含页岩的砂岩中利用来源于传统方法的参数，阿尔奇饱和度方程可能给出异常高的含水饱和度值。在这种情况下，岩心毛细管压力与和真实产量关联的含水饱和度曲线能够用来取消可能更有代表性的盐度值。

（3）虽然大部分致密气砂岩不产生大量的水（甚至对于高含水饱和度地区也是如此），但是孔隙度和渗透率越高的岩层能产生更多的水（产水率随岩石孔隙度、渗透率增高而变大）。

（4）盐度随致密气砂岩厚度变化。

致密气砂岩的束缚水饱和度可以相当高，而且原生水的电阻率是可变的。因为计算含水饱和度的阿尔奇方程是在实验室中用高孔隙度纯砂岩的经验数据建立的，用它来计算致密气砂岩层的含水饱和度会给出错误的结果。阿尔奇方程的指数通常是未知的，用来校正用于方程中的测井曲线的黏土含量会被高估或低估。黏土校正过的阿尔奇方程（如 Simandoux、Indonesian、Dual Water）通常可以使用，但也存在不确定性。单独使用测井数据计算束缚水饱和度不太可靠；最好用岩心分析（汞注射毛细管压力测量）来指导可生产区域的特定的毛细管特性是什么。调整饱和度参数来匹配毛细管压力测量和生产结果可能对地层解释非常有用。来自岩心数据的饱和度和胶结作用指数以及阿尔奇指数 m 和 n，如果能获得将非常有用，由于如上讨论的岩心处理 / 分析不一致，所以应该慎重地用。图 15.8 是岩心测量过的阿尔奇指数 m 与置叠砂岩中的岩心孔隙度关系的一个例子。利用线性或非线性的拟合可以用来计算一个变量 m，但是相关性的置信会很低，如数据的散点图指示的一样。对不同岩石类型、流动状态和岩相，应该建立更多精确的关系。

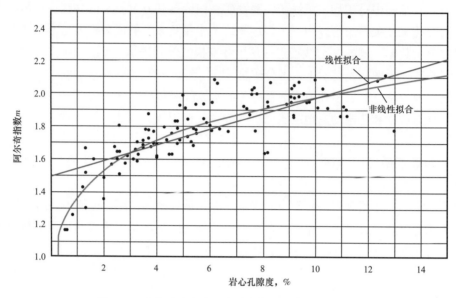

图 15.8　致密砂岩中岩心孔隙度与阿尔奇指数散点图

在叠置砂岩层中，通常存在一个顶部持续气点，在该点之下为异常压力，之上为正常压力或欠压。对持续气点之上的区域使用不同分析参数（盐度、阿尔奇指数 m 和 n、黏土点）能给出更多可信的结果。通常，地层水盐度会减小，阿尔奇指数 m 和 n 参数会增加超过气区；因此，保持参数恒定可能会导致错误的烃类指示。可以用不同方法来选择这个点——泥浆气增加，渗入的天然气增加，标准化 GR/NPHI（伽马射线和中子孔隙度）的叠加散度是常用的。分析致密气岩层的许多参数取决于流体、压力和岩石类型。其中有中子孔隙度校正、密度和声速流体校正、阿尔奇指数 m 和 n 值。

不仅现在计算出的饱和度，饱和度历史也能影响产量。储层模型可能需要包含静态的（岩石类型）和动态的（流动单元）条件来获得真实情况（Kaye 等，2013；Spain 等，2013）。如果涉及的地区遭受过多重埋藏史或多期成岩作用事件，应该研究饱和度历史来理解产量。自吸和排水的多个实例表明，饱和度历史会影响储层的饱和度和相对渗透率，可能对储层开发很重要。

毛细管压力曲线对定义储层类型很重要。图 15.9 展示了致密气砂岩中典型的毛细管压力—含水饱和度之间的关系。有三种毛细管压力—含水饱和度关系。甜点砂岩是厚层的致密气砂岩中的常规储层砂岩，显示出最低的束缚水饱和度（15%～20%）和最低的毛细管压力曲线。而致密气砂岩有更高的束缚水饱和度（50%）和更高的毛细管压力。页岩和粉砂岩显示了最高的束缚水饱和度（超过 60%）和最高的毛细管压力。

尽管致密气砂岩具有相当高的含水饱和度，但是仍然能够无水采气。

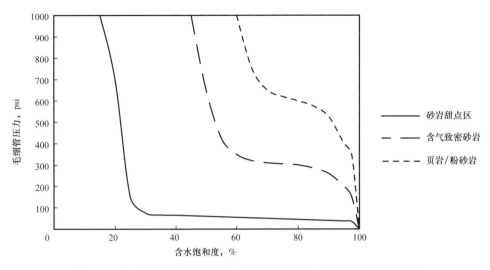

图 15.9　在三种不同类型储层中毛细管压力和含水饱和度的概念模型

15.3.3　渗透率

低渗透率是致密气砂岩的一个特征，通常小于 0.1mD，大多为 0.0001~0.01mD。渗透率可能和孔隙度、岩石类型、矿物学、地层学和其他变量有关。可以用岩心渗透率数据来得出渗透率和其他岩石物理变量的关系，但通常情况下，这些变量之间相互作用的关系十分复杂。压力、应力、岩石类型、成岩作用和天然裂缝都能影响渗透率。有时，多重孔隙度和渗透率关系可能对正确表征渗透率是必要的（Kukal 和 Simons，1985；Wells 和 Amaefule 等，1985；Luffel 等，1989；Davies 等，1991；Deng 等，2013）。

小规模测试（测井电缆或钻杆）在验证有效渗透率和孔隙度—渗透率关系中十分有用，但这种测试可能会采取一套彻底的压裂方法，延伸流动并增强对致密气砂岩层中渗透率和孔隙度—渗透率关系的正确评价的分析。但需要注意的是，在大套的厚层中，更高的渗透率和孔隙度区域可能意味着会产水。

通过岩心测量得到的气体渗透率需要校正气体滑脱的克林肯伯格效应。在一个两相的气—水储层流体系统中，相对渗透率作为流体饱和度的函数推动着流体产量，这种情况当绝对原生渗透率在微达西尺度时，例如致密砂岩中，尤其显著。精确测量或预测以含水饱和度为函数的气体有效渗透率，能够使产气量最大化并控制水侵。

Cluff 和 Cluff（2004）阐述了如何使用在储层净围压应力的岩心渗透率测量值和一些最小围压应力的岩心测量值的关系。更典型的是，数据体只包含了空气渗透率和克林肯伯格校正的渗透率值。图 15.10（a）是一个多井岩心数据体，显示了在许多真实数据体中存在的散布。空气渗透率没有被报道过与克林肯伯格渗透率有相同的精度，相关性也不确定。图 15.10（b）使用最优拟合线穿过所有数据，似乎给出了一个乐观的渗透率。图 15.10（c）消除了较低的渗透率数据，很可能只代表致密气岩层中的甜点。挑选出来的低渗透率数据给出了一个更加真实的解释［图 15.10（d）］。最恰当的解决方案是结合图 15.10（c）、（d）中的模型，使用岩石分类或另一种建模技术来得到更精确的相关性。在没有充分理解的情况下，相关性是主观的，需要小心选择合适的数据。如果用截值的渗透率来确定产层，应该意识到模型中的相关性可能带有很大的不确定性，导致一个不确定的采收率评价，也许影响完井设计。

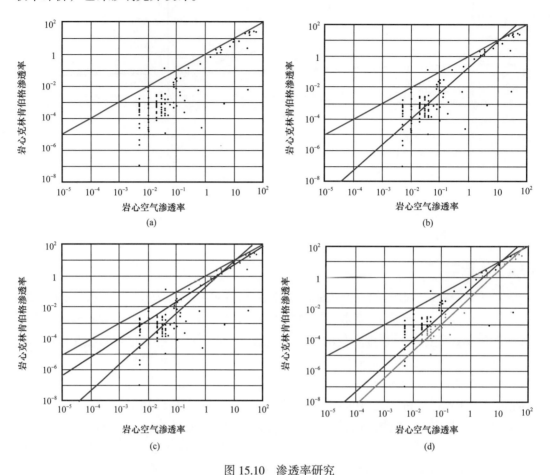

图 15.10　渗透率研究

图（a）典型岩心空气渗透率与 Klinkenberg 渗透率数据组的关系。图（b）使用所有数据用于相关性研究。

图（c）非品红色点是致密气岩石，作为校正的一个子集。图（d）绿色点为致密砂岩，

作为数据的一个子集用于相关性研究。红色曲线是一对一拟合作为参照

15.3.4　岩石物性解释讨论

对探井和探边井的评价有许多策略。如果冲刷和不规则井眼问题较大，那么可以开展岩土力学评价，以获得一个安全的钻井液密度窗口，从而能够帮助保持井孔压力平衡并使井眼冲蚀达到最小，使得井眼冲蚀不会对传统三重组合测井很不利。对目的层段进行重复测井或向下测井对获得可用数据是十分必要的。高等测井可以获得更好的储层分析。如果岩心数据缺乏，或现存的岩心数据测量值质量不可靠，就需要更多的岩心数据。

通过测井解释获得的孔隙度如果与岩心分析获得的孔隙度一致，则这些孔隙度值就可以用于模型开发。特殊岩心分析应与常规岩心分析一起来建立模型：用 X 射线衍射—傅里叶变换红外光谱学—X 射线荧光光谱学分析储层的矿物学成分，用压汞法分析岩石类型，岩石力学测试来帮助校正地球力学模型并提高水力压裂设计。对于厚层的叠置砂岩段，应尽可能分析多的数据点，这非常重要，因为压力状态可能会改变（目的层很厚）。

具体到某一个油田而言，通常情况下只有少量井有岩心数据、常规和特殊测井，为了尽可能得到最好的分析结果，要么选择传统方法、要么选择多矿物方法。这时可将岩石物理模型简化并将其应用于那些测井资料不全和没有岩心资料的井。在区域上和垂直方向上的岩心数据分布尽可能完整，这点很重要，以保证充足的岩心描述。岩石类型对岩石物理参数选择非常重要（Chapin 等，2009；Liu 等，2012）。在整个致密气岩层段都可能分布有甜点，因此，致密气带参数可能并不都相似。使用岩心数据来约束计算出的测井孔隙度通常是一种好的做法，尤其是测井数据有限的时候。如果没有针对所有岩石类型的岩心数据，孔隙度误差将非常大。这时如果有充足的刻画和验证，岩石类型能加强储层表征。

总之，研究者需要调整测井解释使其与现有数据相符。粗略的储层物性一般很容易获得，但是要准确地确定这些物性则需要综合储层和岩石物理数据，推出物性与生产之间的关系。高等测井数据，如果有的话，可以被用来进一步改善测井解释模型。由于没有哪一种基本测井和高等测井的组合能够在任何时候都发挥很好的作用，因此，对于一个给定的储层，每一种组合可能都很重要，都应该深入研究，从而确定其有效性。使用一整套综合的测井可以提高对储层的解释和评价。

15.4 储层特征的三维模拟

储层特征最重要的一些参数包括孔隙度、流体饱和度和渗透率，其中，孔隙度是最基本的变量，它描述地下岩层中储存流体的孔隙空间。在井筒及其附近，对岩心和测井数据的分析和解释可以描述储层特征，但在远离井孔的地方，油气资源与开采还是依靠于储层特征的分布。主要储层特征的三维建模能够实现对全油田孔隙体积和油气储集空间的计算，以及对储层特征非均质性的评价。

由于孔隙度是最基本的储层变量之一，而且它的数据通常比流体饱和度和渗透率数据更容易获得也更可靠，因而孔隙度建模通常早于含水饱和度和渗透率建模。当岩相或沉积相模型可靠时（在上一章讨论过），孔隙度模型应受到岩相或沉积相模型的约束。这是因为在储层非均质性的多尺度、多级别建模过程中，岩石物理性质特征受控于地质相或岩相（Ma 等，2009）。孔隙度建模的地质统计学方法包括克里格法和随机模拟，可以用岩相模型来约束（Cao 等，2014）。

在致密气砂岩中，孔隙度、流体饱和度和渗透率通常与岩相相关，它们之间本身也是相关的（Ma 等，2011）。由于与孔隙度有相关性，流体饱和度和渗透率的建模应该涉及孔隙度。研究人员也通常会专注于利用这种相关性来预测；实际上，流体饱和度和孔隙度之间相关性的精确模型不仅是为了预测，也对地质储量估算有影响。同样地，孔隙度—渗透率关系的精确模型不仅是为了更好地预测渗透率，也对油气资源的采收率有影响。

15.4.1 构建静态模型

15.4.1.1 模拟孔隙度

模拟孔隙度的地质统计学方法包括克里格法和随机模拟。克里格法产生平滑的结果，因为克里格法模型的方差小于数据的方差。常用的随机模拟方法包括连续高斯模拟或 SGS

（Deutsch 和 Journel，1992）和高斯随机函数模拟或 GRFS（Gutjahr 等，1997）。

在早期油田开发时，可用数据很少，克里格法可能是一个产生孔隙度模型的选择，移动平均法是一个有效的、可选择的技术。当钻井越来越多，而且随着利用测井资料和地质分析对地层开展深入的评价时，随机方法对模拟孔隙度可能是更好的选择，尤其是对叠置砂岩储层来说。一些院校认为，由于数据有限和高度不确定性，随机模拟对早期油田开发的储层性质建模更好，这对综合分析不确定性很适合。然而实际上，数据非常有限时，随机模型通常没有价值。另外，当更密集取样的地震数据可用，并能用孔隙度校正时，孔隙度和地震数据联合模拟非常有用（Cao 等，2014）。

利用 SGS 或 GRFS 建模时，可以利用岩相模型对孔隙度空间分布进行约束，因为在很大程度上，沉积相或岩相控制孔隙度的空间和频率特征。虽然孔隙度在单个岩相中仍然是变化的，但是利用岩相的孔隙度统计通常显示，这种变化是较小的（Ma 等，2008）。

图 15.11 比较了上一章展示的利用 4 种不同岩相模型建立的两个孔隙度模型。

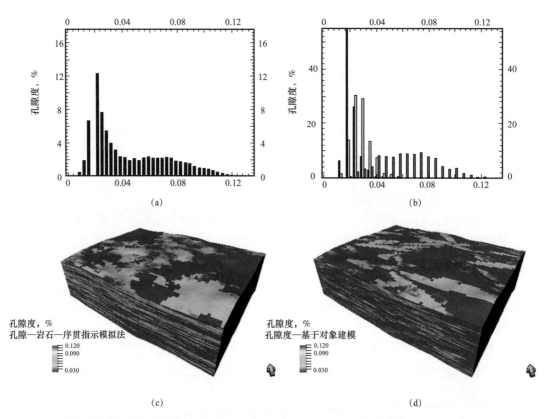

(a)   (b)

(c)   (d)

图 15.11　利用 4 种不同岩相模型建立的两个孔隙度模型

图（a）由测井资料得到的孔隙度直方图。图（b）岩石相组分直方图。黑色为页岩孔隙度，绿色是粉砂岩，
红色是砂岩。图（c）受层序指示模拟岩石相模型［图 14.8（b）］约束的孔隙度模型。
图（d）受基于目标的岩石相模型［图 14.8（d）］约束的孔隙度模型

利用测井曲线获得的有效孔隙度直方图显示出典型的双峰分布［图 15.11（a）］，但是一个双峰的出现通常隐藏了三种或更多岩相中的一些成分，如图 15.11（b）所示。隐藏和没有隐藏的形态可以通过混合分解法来建模（Ma 等，2014b）。在该例中，岩相包括砂岩、粉砂岩和页岩，使用 SIS 构建的岩相模型和确定的基于对象的建模技术被用于约束孔隙度模型，同时，通过沉积相，尊重测井数据、直方图和方差图等数据，利用 GRFS 构建孔隙度建模。模型如图 15.11（c）和（d）所示，其中页岩的有效孔隙度被赋值为零，尽管它有一些总孔隙度。

15.4.1.2　模拟水饱和度与渗透性

致密气砂岩储层中的孔隙度、含水饱和度（S_w）和渗透率具有相关性，如图 15.12 所示。因此，含水饱和度和渗透率建模应该涉及孔隙度，因为孔隙度有更可靠的数据并且它的模型最先被建立。有时孔隙度和含水饱和度之间的相关性可能仅仅是中等的；研究人员可能决定对它们进行独立建模，因为统计文献通常依据使用相关变量来进行预测。如何对流体饱和度和孔隙度的相关性建模将影响对地质储量的估计。不同于预测，当两个物理变量相关时，甚至是中等相关，它们的相关性可能需要建模，因为相关性影响其他物理性质。就流体饱和度和孔隙度而言，如何对它们的相关性建模将影响对地质储量的估计，因此应该建模。

在尊重孔隙度和含水饱和度或渗透率之间的关系（Ma 等，2008；Cao 等，2014）的前提下，含水饱和度和渗透率可以采用同位协同克里金法或同位协同联合建模（CocoSim）。在接受测井含水饱和度数据及其直方图、方差图以及它和基于测井曲线数据的孔隙度之间的相关性的前提下，CocoSim 能模拟含水饱和度。使用 CocoSim 建立含水饱和度模型的一个例子如图 15.12（d）所示；当接受井中的含水饱和度数据、孔隙度和含水饱和度的相关性以及孔隙度和含水饱和度之间的协调方差图时，模型受 SIS 岩相模型［上一章的图 15.8（b）］约束。

同样地，用受岩相模型约束，同时接受测井渗透率数据、孔隙度和渗透率之间的相关性以及孔隙度和渗透率之间的协调方差图［图 15.12（e）］时，可以用 CocoSim 构建一个三维渗透率模型。关于使用 CocoSim 对渗透率建模的其他优点，已有学者（Ma 等，2008；Cao 等，2014）在其他地方讨论过。需要注意的是，真实数据中孔隙度—渗透率（对数）关系是非线性相关（图 15.12）。一个线性变换，例如对从孔隙度得到的渗透率对数的回归，会因为平均值指数比指数的均值小（Vargas-Guzman，2009；Cao 等，2014）而降低渗透率。

由于孔隙度、含水饱和度和渗透率之间高度相关，含水饱和度和渗透率模型通常也是高度相关的。这种相关性可以是模拟孔隙度和含水饱和度的相关性和孔隙度和渗透率的相关性导致的隐式建模，也可以使用 CocoSim 显式建模。

15.4.2　动态模拟

静态模型是典型的高分辨率、可以表达地质非均质性的一种建模方式，在叠置砂岩储层中尤为重要。这些高分辨率模型可升级为更简略的网格从而开展动态模拟。为了保持精细网格模型中的非均质性，这种升级需要选择合适的方法。能够保持非均质性、相对较好的升级技术包括剩余最优化方法（Li 和 Beckner，1999）和约束优化方法（King 等，2006）。对于相对小的扇形模型，可能不需要升级（Apaydin 等，2005）。

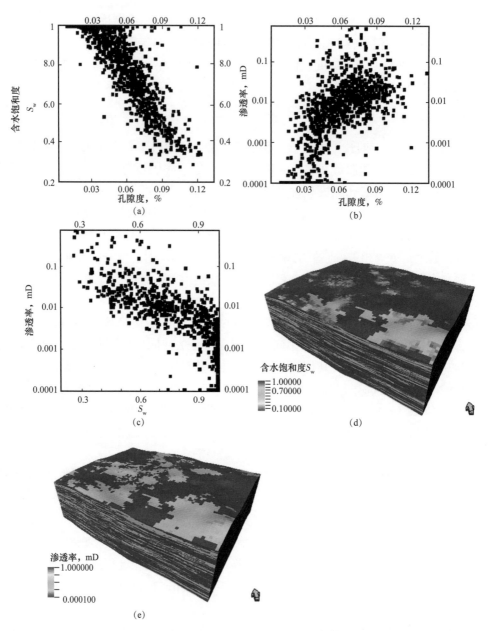

图 15.12　基于致密砂岩测井数据的储层特性关系

图（a）孔隙度—含水饱和度交会图（相关性 –0.894），图（b）孔隙度—渗透率（对数）交会图（相关性 0.843）。
图（c）含水饱和度—渗透率（对数）交会图（相关性 –0.855）。图（d）用联合模拟构建的含水饱和度模型，
联合模拟式受岩石相模型、含水饱和度数据、含水饱和度和孔隙度的相关性约束。图（e）用联合模拟构建
渗透率模型，联合模拟受岩石相模型、渗透率数据、孔隙度和渗透率相关性约束

　　动态模拟的主要任务之一是模型和生产数据的历史拟合，包括来自监测井的压力
数据、历史流动井底压力和生产井的历史水和气产量（Iwere 等，2009；Diomampo 等，
2010）。或者，完井、历史产量和压力数据可以统一并直接输入到一个流动模拟器中。源
于油田生产的边界条件可以用来作为井的生产控制，天然裂缝和水力压裂性质归属于模型
中每口井的裂缝单元（Apaydin 等，2005）。流线模拟也可以用来分析储层连通性、波及系
数和其他储层特征。

预测致密气砂岩储层加密井的执行情况可以通过维持目前模型中的井位来实现，当钻遇挑选出来的井网和密度时；或通过移除目前模型中的井位来实现，当放置新井带有挑选出来的井网和密度时（Diomampo 等，2010）。

研究表明，岩相建模方法对预测井动态有重大影响（Apaydin 等，2005）。典型地，SIS 模型比基于对象的模型整体上有更高的连通性，并且"产生"更多的气和水。另外，使用河流的基于对象模拟的岩相模型趋向于有更高的各向异性：在河流方向上具有高的连通性，在垂直方向上具有低的连通性。基于椭圆形态对象模拟的岩相模型可使序贯指数模拟和河流的模式之间存在联系，因为该方法可使得结果更灵活，河道砂体既可以是单一的点坝，也可以是相互叠置的席状砂体。

15.5 结论

基于测井曲线的岩石物性分析是致密气砂岩储层地层评价的基础。本章讨论了与分析致密气砂岩测井曲线相关的一些问题。孔隙度是油气资源评价中最重要的储层变量之一，它描述了地下岩石中储存流体的孔隙空间。基于可靠测井资料的精确孔隙度数据对有效孔隙体积的估算非常重要。

体积，包括全油田孔隙体积和油气储集空间，不仅依赖于井中的数据，更重要的是孔隙度分布规律和油田岩层的流体饱和度。应该对孔隙度和流体饱和度的相关性进行建模，但这种建模不是为了预测，而是对地质储量物理性质、估计的准确性有很重要的影响。同样地，孔隙度和渗透率的相关性以及流体饱和度和渗透率的相关性影响了生产中流体的采收。在一个储层模型中，以高物性和高连通性为特征的通道先排出流体，更孤立和非均一的砂岩体可能后期才排出流体，或者残留在储层中。

由于致密气砂岩储层开发的不确定性和风险，所有的开发阶段，包括钻井、完井、增产和生产，都应该实现最优化。

参 考 文 献

Al-Yaarubi, A., Onyeije, R., Lukmanov, R., Faivre, O., 2014. Advances in tight gas evaluation using improved NMR and dielectric dispersion logging. In : SPWLA-2014-PPPP, 68th Annual Technology Conference and Exhibition, Abu Dhabi.

Apaydin, O., Iwere, F.O., Luneau, B.A., Ma, Y.Z., 2005. Critical Parameters in Static and Dynamic Modeling of Tight Fluvial Sandstones. Paper SPE 95910, presented at the 2005 SPE Annual Technical Conference, Dallas.

Burnie, S.W., Maini, B., Palmer, B.R., Rakhit, K., 2008. Experimental and empirical observations supporting a capillary model involving gas generation, migration, and seal leakage for the origin and occurrence of regional gasifers. In : Cumella, S.P., Shanley, K.W., Camp, W.K. (Eds.), Understanding, Exploring, and Developing Tight-Gas Sands, 2005 Vail Hedberg Conference : AAPG Hedberg Series, vol. 3, pp. 29-48.

Byrnes, A.P., 1997. Reservoir characteristics of low-permeability sandstones in the rocky Mountains. Mountain Geologist 34, 39-51.

Byrnes, A.P., Castle, J.W., 2000. Comparison of core petrophysical properties between low-permeability sandstone reservoirs : Eastern U.S. Medina Group and Western U.S. Mesaverde Group and frontier formation. In :

60304-MS SPE Conference Paper-2000.

Cao, R., Ma, Y.Z., Gomez, E., 2014. Geostatistical applications in petroleum reservoir modeling. Southern African Institute of Mining and Metallurgy 114, 625-629.

Chapin, M.A., Govert, A., Ugueto, G., 2009. Examining Detailed Facies and Rock Property Variation in Upper Cretaceous. Tight Gas Reservoirs, Pinedale Field, Wyoming. AAPG Search and Discovery Article #20077.

Cluff, S.G., Cluff, R.M., 2004. Petrophysics of the lance sandstone reservoirs in Jonah field, Sublette County, Wyoming. In : AAPG Studies in Geology #52, Jonah Field : Case Study of a Tight-gas Fluvial Reservoir, pp. 215-241.

Davies, D.K., Williams, B.P.J., Vessell, R.K., April 15-17, 1991. Reservoir geometry and internal permeability distribution in fluvial, tight, gas sandstones, travis peak formation, Texas. In : SPE Rocky Mountain Regional Low Permeability Reservoirs Symposium and Exhibition, Denver, CO.

Deng, J., Hu, X., Liu, X., Wu, X., 2013. Estimation of porosity and permeability from conventional logs in tight sandstone reservoirs of North Ordos Basin. In : 163953-MS SPE Conference Paper – 2013.

Deutsch, C.V., Journel, A.G., 1992. Geostatistical Software Library and User's Guide. Oxford Univ. Press, 340 p.

Diomampo, G.P., Roach, H., Chapin, M., Ugueto, G.A., Brandon, N., Fleming, C.H., 2010. Integrated Dynamic Reservoir Modeling for Multilayered Tight Gas Sand Development. Society of Petroleum Engineers. http : //dx.doi.org/10.2118/137354-MS.

Eslinger, E., Pevear, D., 1988. Clay Minerals for Petroleum Geologists and Engineers. SEPM Short Course 22.

Gutjahr, A., Bullard, B., Hatch, S., 1997. General joint conditional simulation using a fast Fourier transform method. Mathematical Geology 29 (3), 361-389.

Holditch, S.A., 2006. Tight gas sands. Journal of Petroleum Technology (June)86-93.

Iwere, F.O., Gao, H., Luneau, B., 2009. Well Production Forecast in a Tight Gas ReservoirdClosing the Loop with Model-Based Predictions in Jonah Field, Wyoming. Society of Petroleum Engineers. http : //dx.doi.org/ 10.2118/123296-MS.

Kaye, L., Webster, M., Spain, D.R., Merletti, G., 2013. The importance of saturation history for tight gas deliverability. In : 163958-MS SPE Conference Paper-2013.

King, M.J., Burn, K.S., Wang, P., Muralidharan, V., Alvarado, F.E., Ma, X., Datta-Gupta, A., 2006. Optimal Coarsening of 3D Reservoir Models for Flow Simulation. Society of Petroleum Engineers. http : // dx.doi.org/ 10.2118/95759-PA.

Kukal, G.C., Biddison, C.L., Hill, R.E., Monson, E.R., Simons, K.E., March 13-16, 1985. Critical problems hindering accurate log interpretation of tight gas sand reservoirs. In : SPE-DOE Joint Symposium on Low Permeability Gas Reservoirs, Denver, CO.

Kukal, G.C., Simons, K.E., May 19-22, 1985. Log analysis techniques for quantifying the permeability of submillidarcy sandstone reservoirs. In : SPE-DOE Joint Symposium on Low Permeability Gas Reservoirs, Denver, CO.

Li, D., Beckner, B., 1999. A Practical and Efficient Uplayering Method for Scale-Up of Multimillion-Cell Geologic Models. Society of Petroleum Engineers. http : //dx.doi.org/10.2118/57273-MS.

Liu, S., Spain, D.R., Dacy, J.M., June 16-20, 2012. Beyond volumetrics : petrophysical characterization using rock types to predict dynamic flow behavior in tight Gas sands. In : SPWLA 53rd Annual Logging Symposium.

Luffel, D.L., Howard, W.E., May 18–19, 1987. Reliability of laboratory measurement of porosity in tight gas sands. In : SPE–DOE Joint Symposium on Low Permeability Gas Reservoirs, Denver, CO.

Luffel, D.L., Howard, W.E., Hunt, E.R., March 6–8, 1989. Travis peak core permeability and porosity relationships at reservoir stress. In : SPE Joint Rocky Mountain Regional Low Permeability Reservoirs Symposium and Exhibition, Denver, CO.

Ma, Y.Z., et al., 2014a. Identifying Hydrocarbon Zones in Unconventional Formations by Discerning Simpson's Paradox. Paper SPE 169496 presented at the SPE Western and Rocky Regional Conference, April, 2014.

Ma, Y.Z., Wang, H., Sitchler, J., et al., 2014b. Mixture decomposition and lithofacies clustering using wireline logs. Journal of Applied Geophysics 102, 10–20. http : //dx.doi.org/10.1016/j.jappgeo.2013.12.011.

Ma, Y.Z., Gomez, E., Young, T.L., Cox, D.L., Luneau, B., Iwere, F., 2011. Integrated reservoir modeling of a Pinedale tight–gas reservoir in the Greater Green River Basin, Wyoming. In : Ma, Y.Z., LaPointe, P. (Eds.), Uncertainty Analysis and Reservoir Modeling. AAPG Memoir 96, Tulsa.

Ma, Y.Z., Seto, A., Gomez, E., 2009. Depositional facies analysis and modeling of Judy Creek reef complex of the Late Devonian Swan Hills, Alberta, Canada. AAPG Bulletin 93 (9), 1235–1256. http : //dx.doi. org/10.1306/ 05220908103.

Ma, Y.Z., Seto, A., Gomez, E., 2008. Frequentist meets spatialist : A marriage made in reservoir characterization and modeling. SPE 115836, SPE ATCE, Denver, CO.

Moore, W.R., Ma, Y.Z., Urdea, J., Bratton, T., 2011. Uncertainty analysis in well log and petrophysical interpretations. In : Ma, Y.Z., LaPointe, P. (Eds.), Uncertainty analysis and reservoir modeling, memoir, 96. AAPG, Tulsa, Oklahoma, pp. 17–28.

Morrow, N.R., Cather, M.E., Buckley, J.S., Dandge, V., April 15–17, 1991. Effects of drying on absolute and relative permeabilities of low–permeability gas sands. In : SPE Rocky Mountain Regional Low Permeability Reservoirs Symposium and Exhibition, Denver CO.

Spain, D.R., Merletti, G., Webster, M., Kaye, L., 2013. The Importance of Saturation History for Tight Gas Deliverability. SPE 163958.

Vargas–Guzman, J.A., 2009. Unbiased estimation of intrinsic permeability with cumulants beyond the lognormal assumption. SPE Journal 805–809.

Wells, J.D., Amaefule, J.O., May 19–22, 1985. Capillary pressure and permeability relationships in tight gas sands. In : SPE–DOE Joint Symposium on Low Permeability Gas Reservoirs, Denver, CO.

第 16 章　花岗质砂岩致密气储层

Yunan Wei，John Xu

（*C&C Reservoirs Inc.*，*Houston*，*TX*，*USA*）

16.1　引言

大量烃类聚集在低渗透率储层中。这些低品质油气资源被称为非常规储层，包括致密含气砂。20 世纪 70 年代，美国政府定义致密气储层为气体流动渗透率期望值小于等于 0.1mD。然而，这个定义是一个"政治的"定义，州政府和联邦政府机构都使用这一概念，为选择从非常规储层中生产天然气的经营者建立奖励机制。Holditch 在他的美国石油工程师协会（SPE）特聘作者系列文章中（Holditch，2006），定义致密气储层为"不能以经济速率生产，也不能采收有经济产量的天然气，除非用大尺度的水力压裂处理来增产，或使用水平井或分支井来生产的储层"。花岗质砂岩（GW）致密气砂区带是一个开发致密气砂储层很好的例子。

花岗质砂岩区带（Granite Wash Play）（GW）是一个富液体的致密砂区带，大约 160mile 长、30mile 宽，包括美国得克萨斯州和西弗吉尼亚州 Hemphill 县、Roberts 县和 Wheeler 县，以及俄克拉何马州西南部 Beckham 县、Custer 县、Roger Mills 县和 Washita 县（图 16.1 和图 16.2）。前者通常被称为得克萨斯州西弗吉尼亚州花岗质砂岩，而后者被称为殖民地花岗质砂岩。总可采资源潜力是 $500 \times 10^{12} \text{ft}^3$ 当量，包括天然气、凝析油和石油。区带位于阿纳达科（Anadarko）盆地，是美国最深的盆地之一，包含了从寒武系到二叠系的重要剖面。花岗质砂岩储层岩石沉积于宾夕法尼亚纪，物源来自阿马里洛—威奇托（Amarillo-Wichita）隆起的风化作用，之后被压实成叠置的、层状不连续的砂岩和粉砂岩朵叶，砂岩和粉砂岩被页岩或合并成的席状砂岩分隔开。该区有典型的 3～20 个这样的叠置层，其中顶部三层通常是富油的。9000～15000ft 真垂向井深（TVD）（平均真垂向井深 12000ft）的花岗质砂岩地层总厚度为 1500～3500ft（平均 2000ft）。单个储层厚度介于 20～200ft（平均 100ft），净额 / 总额比率为 0.05～0.70（平均 0.56）。渗透率为 0.0005～100mD（平均 0.001mD），孔隙度为 1%～16%（平均 8%）。

1956 年，最早钻遇花岗质砂岩地层的两口勘探井分别是由菲利普斯石油公司钻探的位于得克萨斯州 Hutchinson 县的 Price F 1 号井和由联合石油公司钻探的位于得克萨斯州 Roberts 县的 Lard 1 号到 3 号井，两口井的垂直钻进总深度分别为 8070ft 和 9362ft。经过测试，Price F 1 号井以 81bbl/d 石油（BOPD）的速度生产，Lard 1 号井生产 39bbl/d。该区带从那时开始生产油气，主要是作为一个较小的油 / 气区带，直井目标是相当致密的储层岩石，在必要的地方通过传统单级水力压裂来增产。2006 年之前，几乎所有报道的花岗

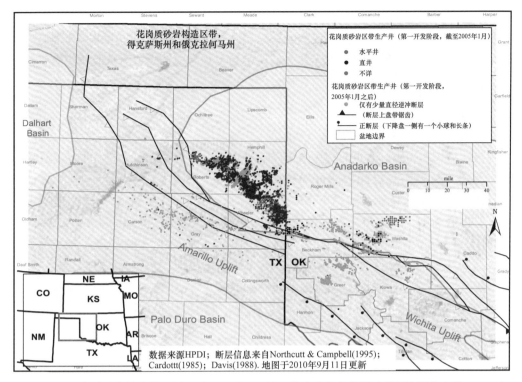

图 16.1 花岗质区带构造单元图以及 2010 年 11 月区带内井位和井别（美国能源信息署，2010）

大部分井集中在得克萨斯州 Robert、Hemphill 和 Wheeler 郡和俄克拉何马州 Washita/Roger Mills 郡

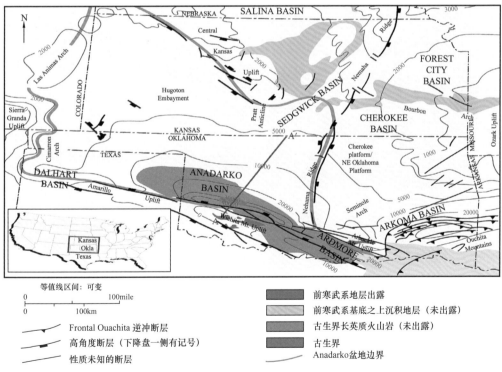

等值线区间：可变

Frontal Ouachita 逆冲断层

高角度断层（下降盘一侧有记号）

性质未知的断层

前寒武系地层出露

前寒武系基底之上沉积地层（未出露）

古生界长英质火山岩（未出露）

古生界

Anadarko 盆地边界

图 16.2 Anadarko 盆地和周缘的区域构造单元展示构造顶底面埋深（据 Forster 等，1998，有修改）

A—A′ 剖面见图 16.3

质砂岩井都是直井（Rajan 和 Moody，2011）。从那时开始，新技术，诸如水平钻井和多级水力压裂，产生了新的效益，并为成熟的花岗质砂岩区带带来了新的生机。花岗质砂岩组迎来了应用新技术从而更好地采出天然气的好机会，并为这个成熟的富液体天然气区带带来新的生机。

16.2　盆地演化

阿纳达科（Anadarko）盆地是一个前陆盆地，形成于早宾夕法尼亚世南美洲和非洲板块与北美克拉通南缘之间的碰撞导致的威奇托（Wichitan）造山运动期间（Thomas，1991）（图 16.2）。这导致了阿马里洛—威奇托（Amarillo-Wichitan）褶皱的褶皱运动和逆冲断层带的隆起，并切穿早古生代裂谷之上的热凹陷盆地。盆地向北有一个宽阔平缓的陆棚区，向南为增厚的由上寒武—二叠系组成的厚达 40000ft 的沉积剖面，该套沉积位于前陆盆地前缘［紧邻南方的褶皱和冲断带（图 16.3）］大于 7000ft 的中寒武世裂谷型火山岩之上。Anadarko 盆地西部被希拉格兰德隆起和拉斯阿尼马斯背斜包围，北部被中堪萨斯隆起包围，东部被尼马哈隆起包围（图 16.2）（Clement，1991；Keighin 和 Flores，1993）。

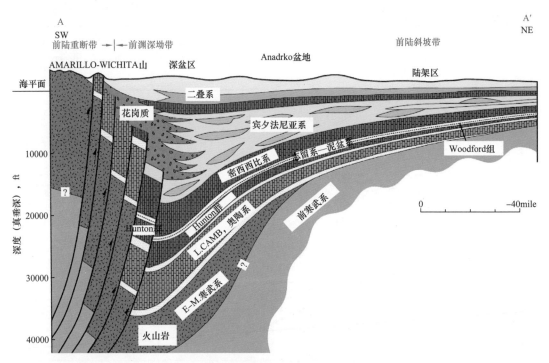

图 16.3　过 Anadarko 前渊和前缘隆起的西南—东北向地质剖面图（据 Johnson，1989，有修改）
剖面图见图 16.2

中寒武世裂谷作用停止之后，Anadarko 盆地几乎被一套完整的古生代沉积充填，并在盆地的某些地区现今的体系中形成油气。裂陷之后开始形成厚达 8000ft 的上寒武统—下奥陶统沉积，主要是台地碳酸盐岩（Timbered Hills 和 Arbuckle 群）（图 16.4）；接着是中—上奥陶统海相陆棚砂岩和碳酸盐岩沉积；之后紧接着沉积了晚奥陶世—泥盆纪的 Hunton

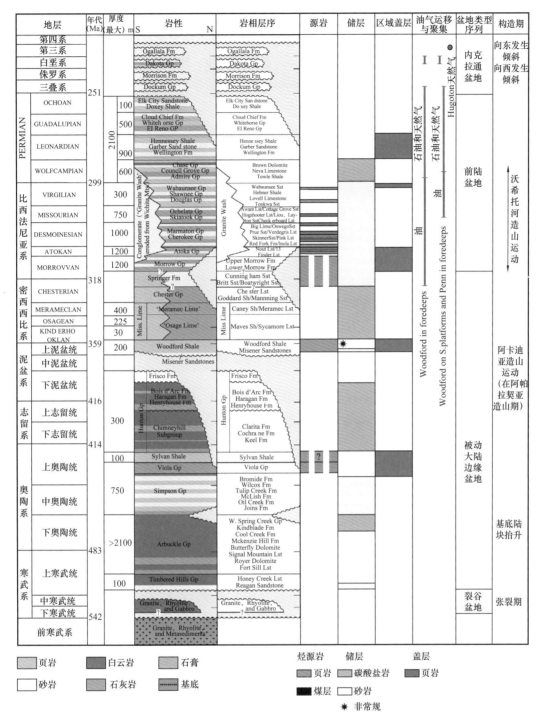

图 16.4　Anadarko 盆地地层概要展示了巨层序、油气系统单元和构造历史
（据 Johnson，1989；Clement，1991；以及其他来源汇编）

群的碳酸盐岩。早泥盆世末期和中泥盆世末期的区域不整合，与阿卡迪亚（Acadian）造山运动期间的隆起和向盆地方向的倾斜有关，向盆地边缘截断渐老的地层单元（Adler，1971）。晚泥盆世—早石炭世的海侵导致了富有机质 Woodford 页岩的聚集，是盆地主要的烃源岩。密西西比纪沉积物主要是沉积于大陆架的碳酸盐岩和页岩，该陆架逐渐分化为稳

定的北部和南部迅速沉降的沉积中心。前宾夕法尼亚纪储层主要是碳酸盐岩，在构造圈闭中含有油气。宾夕法尼亚纪早期，碎屑沉积物从北部充满盆地，形成 Springer 和 Morrow群的砂岩储层和页岩（Clement，1991；Davis 和 Northcutt，1991）。

威奇托（Wichitan）造山运动从晚 Morrowan 期随着东—南东向阿马里洛—威奇托造山带的出现开始强烈地改造盆地，该造山带的出现提供了粗碎屑沉积物的南部物源（图16.3）（Rascoe 和 Adler，1983）。含砾砂岩、碎屑白云岩和"花岗质砂岩"的一套厚层楔状体向北涌入一个邻接隆起的深凹槽，并和盆地页岩及石英质碳酸盐岩互相穿插（Lyday，1990）。在北部陆架区，贯穿宾夕法尼亚纪的构造脉动和频繁的海平面变化导致了以碳酸盐岩为主、少量河流—三角洲到浅海页岩和砂岩单元的沉积旋回，形成了地层圈闭。一些构造圈闭出现在更新的深层构造中。二叠纪沉积作用开始时，中心和滨海沉积陆架碳酸盐岩，盆地边缘沉积陆相砂岩。中—晚二叠世，干旱气候主导地位，持续沉积了厚达 6000ft的蒸发岩、白云岩、大陆红层和风成砂岩，最后覆盖了剥蚀的阿马里洛—威奇托隆起。晚宾夕法尼亚世的构造静止导致了更广泛的砂岩沉积并填充至南部凹槽。二叠纪碳酸盐岩在地层圈闭中产生烃类，但是砂岩储层更普遍包含构造圈闭型烃类。三叠—侏罗纪沉降较少，而白垩纪沉积物可能厚达 4000ft。

16.3　烃源岩评价

花岗质砂岩气系统受多源注充（LoCricchio，2012）。两种最可能的源岩是晚泥盆世到早密西西比世 Woodford 页岩和分开各套花岗质砂岩的多个宾夕法尼亚纪洪泛面页岩（图16.4）（Gilman，2012）。

下伏于花岗质砂岩组（Granite Wash Formation）的 Woodford 页岩，是明显的区域烃源岩，生成了 Anadarko 盆地中绝大多数的烃类（Wang 和 Philp，1997）。它包含Ⅱ型干酪根，平均总有机碳含量（TOC）为 4%～6%（最大值为 26%）。Woodford 页岩现在的热成熟度从盆地的北缘、西缘和东缘的早期石油成熟到盆地南缘深部的气成熟和过成熟变化。宾夕法尼亚纪页岩的洪泛面可能是控制花岗质砂岩组的烃源岩（图16.4）。然而，这些洪泛面的烃源岩质量不同。德莫阶和密苏里统中数个洪泛面的烃源岩分析显示密苏里统页岩单元包含了高达 7% 的 TOC 和Ⅱ型、Ⅲ型干酪根，为生油成熟阶段，然而德莫阶页岩单元不是优质烃源岩。宾夕法尼亚纪 Morrow 页岩包含了Ⅲ型干酪根，TOC 含量为 1.4%～2.8%，最大有机质丰度接近于阿马里洛—威奇托山前。

16.4　圈闭与盖层

花岗质砂岩区带覆盖 Anadarko 盆地南部大约 4800mile^2（图 16.1 和图 16.5）。盆地向北缓缓倾斜，在南部被主要断层分隔，与阿马里洛—威奇托隆起分隔开。盆地中的花岗质砂岩组（Granite Wash Formation）厚为 1500～3500ft（平均 2000ft），包含了层状致密砂岩和夹层页岩。它出现在 9000～15000ft TVD（平均 12000ft TVD），在多个储层区包含多个构造和地层油气圈闭。在区带的某些部分，在 17000ft 深度发现天然气（Dar，2010）。多种圈闭机理，例如侧向沉积尖灭、大规模不整合、超覆、褶皱和断层，为

重要的具有商业开采价值的油气聚集提供合适的地质条件（Srinivasan 等，2011）。以
Cheyenne West 油田的 9 个宾夕法尼亚纪储层段（花岗质砂岩）的圈闭为例，该圈闭中，
主要油藏 Puryear，从一个缓缓倾斜的单斜层中的地层圈闭中产出油气，该圈闭由砂岩—
砾岩扇三角洲叶朵远端向北、东、西侧向尖灭形成（Puckette 等，1996）。尽管与区域
阿马里洛—威奇托断层系统相关的断层横切了 Cheyenne West 油田的南部，但并不影响
生产。

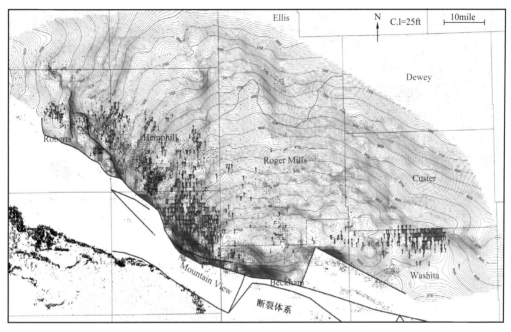

图 16.5　Desmoinesian 阶花岗质组一个单元的 Marnaton Wash 区域构造图
（据 LoCricchio，2012；AAPG，2012）

　　致密砂储层中的圈闭有部分或完全封闭的地层密封。圈闭的侧向密封由侧向沉积尖灭
变为页岩形成，而顶部密封由每套储层单元顶部的海相页岩提供。

16.5　地层与沉积相

　　早二叠世到宾夕法尼亚纪花岗质砂岩是物源来自阿马里洛—威奇托隆起，由砂岩、
页岩和粉砂岩叠置而成的一套非均质沉积序列。从地质上来说，该区带是弗吉尔统、密
苏里统、德莫阶和阿托克统的组合。整个区带以非常复杂、具有多种矿物的非均质岩石
为特征。花岗质砂岩这一名字实际上是许多油气产层的统称，产层主要是宾夕法尼亚
纪期。因此，花岗质砂岩油田中的生产层的地层学术语变化较大。分类方法随着许多
公司计划的不同而变化，名称包括 Marmaton，Kansas，Cherokee，Red Fork，Cleveland
和 Atoka washes（表 16.1）。对于致密气分类，花岗质砂岩 –A（Granite Wash–A），或
Cherokee 标志层通常用来指代伽马测井的顶部岩层。花岗质砂岩的底部通常以 13 Finger
Lime 或 Morrow 页岩的顶部作为识别标志（LoCricchio，2012）。一些公司也把地层称为
弗吉尔阶（Tonkawa）、密苏里统（包括 Lansing、Kansa 和 Cleveland）、德莫阶花岗质

砂岩（包括 Carr、Britt、A、B、C、D、E 和 F）和阿托卡砂岩（包括 A、B、C、D、E）（表 16.1）（Shipley，2013）。

表 16.1　不同公司花岗质气田产层的地层术语（显示分类变化在一些公司内部）

统	阶	分类 1（LoCricchio，2012）（来自 Cordillera Energy）	分类 2（Shipley，2013）（来自 Linn Energy）	分类 3（Farris，2014）（来自 Apache）
下二叠统	狼营统	雨果顿 / 庞托托克（棕色白云岩） Chase/ 康瑟尔格罗夫 Admire		雨果顿（棕色白云岩） Chase/ 康瑟尔格罗夫 Admire
宾夕法尼亚亚系	弗吉尔阶	沃邦西 肖尼 道格拉斯 通卡瓦	通卡瓦	Upper Virgil 道格拉斯 通卡瓦
	密苏里统	科提吉格罗夫 Hoxbar/Hogshooter Checkboard 克利夫兰	兰辛 堪萨斯 克利夫兰	科提吉格罗夫 Hogshooter Checkboard 克利夫兰
	狄莫阶	Marmaton 群（Glover/Big Line/ 奥斯维戈） Cherokee（Skinner/ 粉色石灰岩 / Red Fork）	Carr Britt A/GW A B/GW B C/GW C D/GW D E/GW E F/GW F	Marmaton 群 Oswego Cherokee Skinner Red Fork
	阿托克阶	阿托克石灰岩 13 Finger 石灰岩	"A" 到 "C" LWR "C" 到 "E"	Atoka 13 Finger 石灰岩
	Morrowan	Morrow 页岩 /Dornick Hill 页岩		Morrow 页岩 Morrow 砂岩
密西西比亚系	契斯特群 梅拉梅克群 欧塞季克群 肯德胡克群	Springer Meramec 石灰岩 /St Louis Osage 石灰岩 /Osage 硅质岩 Kinderhoo/Sycamore 石灰岩		
上泥盆统		Woodford Hunton		

花岗质砂岩沉积于叠置的冲积扇、扇三角洲、斜坡和海底扇水道环境（图 16.6），具有粗碎屑和海相页岩及碳酸盐岩交替的叠置次序（Rothkopf 等，2011）。花岗质砂岩沉积之前，下古生界单元沉积于稳定的浅海大陆架，被陆缘海周期性覆盖。威奇托造山运

动导致一个被称为阿马里洛—威奇托隆起的大型地块沿着北西—南东走向的阿纳达科（Anadarko）前陆盆地的南部边缘隆起。随着山体发生剥蚀作用，阿马里洛—威奇托山前成为沉积来源。最后的沉积物代表了最初上升地层的倒转。花岗质砂岩碎屑颗粒来源于花岗岩、流纹岩、辉长岩、砂岩、硅质岩、石灰岩和白云岩。证据是这些岩石中存在的石英、钾长石、斜长石、方解石、燧石和岩石碎屑（Crawford 等，2013）。这些花岗质砂岩主要沿南西—北东方向沉积，进入 Anadarko 盆地，脱离山体，作为扇三角洲和海底扇堆积（Natural Gas Intelligence，2014）。早古生代沉积物和隆起顶部的前寒武纪花岗岩基底的剥蚀作用导致邻近阿马里洛—威奇托断层北部边界的盆地中的沉积了细粒到粗粒、分选差的厚层楔状长石砂岩沉积。大多数花岗质砂岩沉积物沉积于阿托克阶到德莫阶时期。构造隆升一旦停止，该地区就经历沉降和埋藏，随后沉积了作为花岗质砂岩层序盖层的二叠纪蒸发岩和红层沉积（Rothkopf 等，2011）。

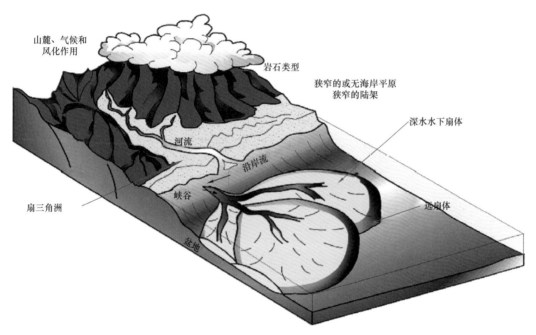

图16.6　花岗砂岩沉积模式（据 Casero 等，2013）

16.6　储层结构与性质

花岗质砂岩组由不连续的砂岩和粉砂岩楔构成，向北减薄。沉积砂体在几何上是透镜状的，储层性质变化显著。典型测井曲线表明该地层可以被分为若干由高伽马的页岩层分隔的储层带（图 16.7）。这些页岩在盆地中广泛分布，但是向隆起方向尖灭（Rothkopf 等，2011）。通常有 3～20 个产层。单个独立的砂层组厚度是 20～200ft（平均 100ft），而整个花岗质砂岩组厚度可达 1500～3500ft（平均 2000ft）。净额 / 总额比率为 0.05～0.7（平均 0.56）（Casero 等，2013）。基于测井的详细分析和有效渗透率显示了动态校正过的产层有效厚度为 244.5ft，净厚度为 1130ft，总厚度为 1580ft（Rushing 等，2009）。

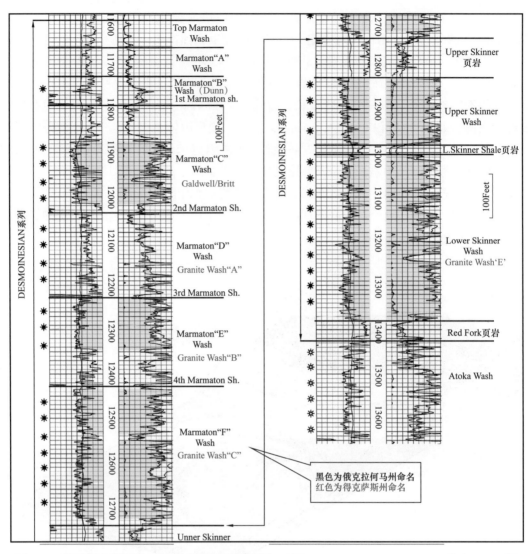

图 16.7　美国得克萨斯州 Wheeler 县 R&E 调查区块 16 区 Devon#16–4 Truman–Zybach 井中 1500ft 厚
Desmoinesian 花岗质系列的典型测井曲线（据 Mitchell，2012）

　　花岗质砂岩沉积过程中的动力学性质导致了高度变化的粒径和渗透率。通常储层岩石成分从剖面顶部的富石英和长石到剖面底部的更多碳质的更细粒的成分变化（Srinivasan等，2013）。花岗质砂岩（Morrowan）的下段主要由燧石组成，阿托克统花岗质砂岩由燧石到碳酸盐岩变化，中下 Cherokee 花岗质砂岩主要由碳酸盐组成。Red Fork 花岗质砂岩由碳酸盐和花岗质物质组成，其数量由沉积时的排水面积控制（Grieser 和 Shelley，2009）。井孔内很短的垂直距离内，粒径、分选和岩性就可以显著变化。例如，在数英尺之内，粒径可以从很粗向粉砂粒径变化（图 16.8）。

　　花岗质砂岩致密气砂的孔隙度从 1% 到 16% 变化（平均 8%），气渗率从 0.0005 mD到 100 mD 变化（平均 0.001 mD）。低渗透率归于重要的成岩作用，包括压实作用、胶结作用，和绿泥石的存在，能够充填 65% 的有效孔隙空间（Rothkopf 等，2011）。碎屑石英和长石，以及较少量的岩屑组成了骨架颗粒的主体。自生的孔隙充填成分包括石英次生加大、方解石和绿泥石，占据了全岩总体积的 15%（Rothkopf 等，2011）。

图 16.8　美国得克萨斯州 Wheeler 县 75ft 段的成像测井展示的花岗组内颗粒大小范围
（据 Ingram 等，2006）

16.7　资源与流体性质

该区没有原始地质资源量的报告，据 2012 年估算，其总可采资源潜力约为 $500 \times 10^{12} ft^3$ 当量（LoCricchio，2012）。在储量估算时，致密气砂储层对油藏工程师带来了挑战，由于达到拟稳定阶段流型需要很长的周期，所以应用传统油藏工程技术钻达这些储层中是有问题的。因此，从井中准确地估计最终采收率很难。当应用到没有建立持续引流区域的致密气储层中时，发现递减曲线和物质平衡原理有缺点（Cox 等，2002）。Holditch（2006）总结出对致密气砂最佳的储量评价技术是谨慎地应用双曲递减曲线和足够多层位的储层建模。已经识别出致密气储层中急剧升降的初始递减率和长期的瞬变流动，Kupchenko 等（2008）总结出使用瞬变生产数据能够导致的不准确预测。作为一种解决方案，他们建议使用 Arps 初始方程和固定的指数限制来获得更好的预测效果。通常，花岗质砂岩区带中，每口井的估算最终储量（EUR）气当量，对水平井来说，是（31.4～170）$\times 10^{8} ft^3$ 当量（平均为 $64.9 \times 10^{8} ft^3$），对垂直井来说，是（6.7～15）$\times 10^{8} ft^3$（平均为 $10.6 \times 10^{8} ft^3$）。

花岗质砂岩区带富液体，同时产气和凝析油，后者占总产量的30%~40%（Natural Gas Intelligence，2014）。凝析油由丙烷、丁烷、戊烷、己烷和庚烷组成（Rothkopf等，2011）。压力梯度为0.47~0.7psi/ft，盆地中大部分的储层是正常压力，但也有一些超压区域。产生的凝析油按照美国石油学会（API）的标准，API重度是43°~61.3°API（平均56°API）。随着储层深度和位置不同，凝析油产量从10~100bbl（凝析油）/10^6ft^3（天然气）变化（平均30bbl（凝析油）/10^6ft^3（天然气））。例如，得克萨斯州狭长地带的花岗质砂岩上部的凝析油产量是60~70 bbl（凝析油）/10^6ft^3（天然气），但是到下部就减少到10bbl（凝析油）/10^6ft^3（天然气）。压力体积温度（PVT）分析表明存在一个2900psi（绝）的露点（图16.9）。如图所示，在井的开采期限以内，储层的凝析油产量随着储层压力下降（从露点下降到约2300psi（绝）而下降，随后再次上升（Rothkopf等，2011）。气—水相对渗透率曲线显示花岗质砂岩岩石具有水润湿性，有约70%气—水交叉点含水饱和度（图16.10）。典型储层温度约为200℉。

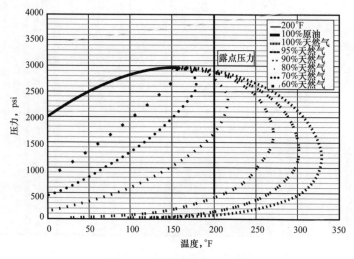

图 16.9　花岗质气的 PVT 图

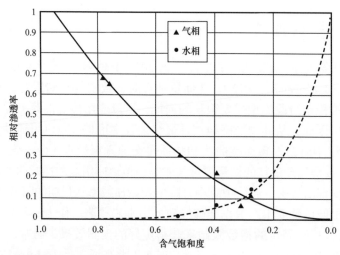

图 16.10　美国得克萨斯州 Panhandle 地区花岗质储层的气水相对渗透率曲线（据 Rushing 等，2009）

16.8 生产历史

花岗质砂岩从 1956 年开始生产油气，在 2006 年之前几乎都是垂直井（Rajan 和 Moody，2011）。这些垂直井把致密储层岩石作为目标，并用传统单级水力压裂来增产。2004 年 11 月，20 acre downspacing 在 Buffalo Wallow 油田被批准之后，开发迅速加快。2003—2008 年，纵向加密钻井受到经营者的追捧，使用一种集中于成本降低的装配线方法来获得经济上的成功。然而，由于直线下降的天然气价格，垂直井数在 2009 年迅速下降。同时，水平钻井和完井的优势使得水平井成为首选的开发方式。截至 2012 年，得克萨斯州狭长地带超过 70% 的井是水平井，由多级水力压裂完成，以连接尽可能多的含气带（Kennedy 等，2012）。

由于区块巨大、经营者多、涉及两个不同的州（得克萨斯州和俄克拉何马州）以及对凝析油和液化天然气（NGL）的不同定义，只有不同来源的产气率能够大致匹配，因此，对生产历史的分析主要基于产气率。该区的产气历史可以分为 5 个阶段，包括开发阶段（1956—1985 年）、稳定阶段（1986—1988 年）、下降阶段（1989—1993 年）、成熟阶段（1994—2003 年）和回春阶段（2004 年至今）（图 16.11）。1964—1974 年，花岗质砂岩的完井数量相对平稳。在 1977—1985 年的最后一个蓬勃发展时期，生产井的数量激增到近 2000×10^6 bbl。结果，在 1986—1988 年生产进入了稳定期。下一个完井数量的激增出现在 2003—2008 年，由于高气价的驱使，增加了超过 1000 口垂直井。因此，花岗质砂岩开发中的产气量迅速增加，从 2003 年的约 190×10^6 ft^3/d 到 2008 年的约 619×10^6 ft^3/d。到 2007 年，该区带生产了总计 1.88×10^{12} ft^3 天然气加上 61×10^6 bbl 凝析油。2012 年最初的 8 个月中，花岗质砂岩区带（Granite Wash Play）产出了超过 1.8×10^6 bbl 凝析油和 2500×10^8 ft^3 天然气。IHS 剑桥能源研究协会公司（IHS CERA）计划到 2025 年，花岗质砂岩开采的天然气将会超过 30×10^8 ft^3/d、凝析油 140000bbl/d（Rajan 和 Moody，2011）。

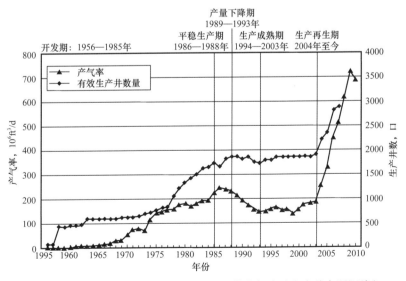

图 16.11 从 1956 年到 2010 年花岗质区带产气史（由多种来源汇编）

16.9　水平井

因为花岗质砂岩组（Granite Wash Formation）有多期叠置产油层，储层最初是用垂直井钻井，以接触尽可能多的产油层，重点是把井的费用最小化。然而，南西到北东方向的海底扇水道沉积的横向连续特点使得水平井开发花岗质砂岩是理想的。由于矿物的非均质性、孔隙压力以及多变的烃类，生产潜力在整个岩层中变化非常大。因此，确定最佳完井方法很困难，必须谨慎评估。在过去的几年中，经营者改进了钻井设计和操作方法，例如使用新的钻头技术和固井过程，更快速地达到目标深度，用更干净、更便宜的天然气代替柴油用于钻塔燃料，垫块钻井来减少运输和钻塔移动费用。

自 2006 年，经营者从垂直井转向多级水力压裂水平井，以更好地采出单个层位的油气（图 16.12）（Rajan 和 Moody，2011）。在得克萨斯州狭长地带，例如，超过 70% 的井是水平的（Kennedy 等，2012）。由于低渗透率，于是需要小井距（比如 80acre，代表了一个典型的 $7.0 \times 10^6 ft^3$ 天然气 EUR/ 井）。因此，需要大量的井来开发花岗质砂岩区带（Granite Wash Play）。已认识到大约有 3300 口垂直井可以利用新技术进行重新检查，例如水平侧钻，来增加产量，同时减少成本。

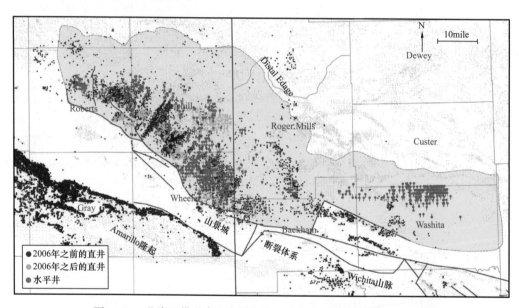

图 16.12　花岗区带垂直和水平完井显示自 2006 以来水平井是主体
（据 Locricchio，2012；AAPG，2012）

砂岩中复杂的矿物组成使得通过裸眼测井数据来定量分析油气储集空间很困难。相比之下，可以用垂直井生产测井来识别目标区域，它们具有最高的气体流速和最低的产水量（Rothkopf 等，2011）。

成熟的花岗质砂岩区带（Granite Wash Play）能够成功回春的关键在于长距离水平井（平均侧向长度为 4500ft）中应用多级水力压裂技术。许多花岗质砂岩水平井的初始生产率高达垂直井的 20 倍（图 16.13）（Rothkoft 等，2011）。典型水平井中的平均第一月产气率从（5～8）$\times 10^6 ft^3$/d 变化，然而每口井的 EUR 天然气为（3～17）$\times 10^6 ft^3$（平

均 $6.49 \times 10^6 \text{ft}^3$）。基于目标花岗质砂岩段的深度，这些井位于 9000～15000ft TVD（平均 12000ft TVD）。地应力最大值通常是西—东方向的。因此，水平井通常在北—南方向钻井，这样水力压裂可以向钻井孔横向发展（图 16.12）。大多数井的侧向长度为 700～9500ft（平均 4500ft）。所有报道的水平井都是成功的，（2～27）$\times 10^6 \text{ft}^3$（当量）/d，在一些最高效率的井中最初生产流速（平均 $22 \times 10^6 \text{ft}^3$（当量）/d，来自新油田最高效率的 7 口井）。Apache 报道第一月石油当量速率总计为 2500～4700bbl（油当量）/d（平均 3200bbl（油当量）/d），含有 48% 的液体。最高产单井是在得克萨斯州狭长地带 Stiles Ranch 地区的黑 50–1H 井，有 24h 最初生产（IP）流速为 $27.0 \times 10^6 \text{ft}^3/\text{d}$，带有 3190bbl/d（凝析油）和 3530bbl/d 的液化天然气，代表了 $60.2 \times 10^6 \text{ft}^3$（当量）/d［或者 10035bbl（油当量）/d］（Linn Energy，2010）。然而，像所有非常规储层中的井一样，在前几个生产年中，这些井显示出高的下降速率（图 16.14）。

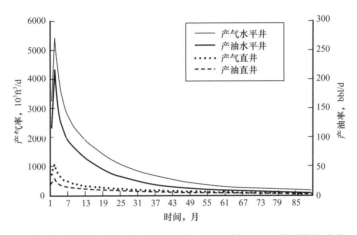

图 16.13　花岗质区带内水平井和垂直井的典型生产剖面显示水平井大大优于垂直井（据 Rajan 和 Moody，2011）

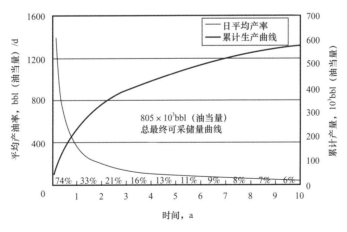

图 16.14　Chesapeake 能源公司 Colony 花岗典型井衰减曲线，显示较快的初始递减率和累计产量（据 Chesapeake 能源，2014）

Linn Energy 操作的一个水平井的例子是被设计钻进 12000ft TVD，侧向 5500ft，在 20 个阶段内进行水力压裂。井筒施工由 3 套管柱或 4 套管柱设计构成，这取决于在上覆于花岗质砂岩储层岩石上棕色白云岩钻井液漏失严重程度。生产尾管是 $4^1/_2$in13.5 1b/ft，裸眼多级系统是尾管的完整部分。为了易于实现管系安装和未来井的干预操作，生产尾管顶部安装与垂直切面尽可能近（Casero 等，2013）。最初的水力压裂设计是一个减水阻压裂方法，用氮气进行辅助：每个阶段都有 4000~5000bbl 减水阻和 100000lb 的 20 目 /40 目白砂。为了最大化井筒附近的导电性，这个初始设计随后修正为减水阻和线性凝胶液的混合，后来进一步优化为线性凝胶液和交联凝胶的混合，支撑剂含量高达 6lb/gal（Casero 等，2013）。因此，水容量稳定地下降到 3000bbl/ 阶段，然而，基于储层厚度，支撑剂数量增加到 150000~175000lb 的 20 目 /40 目网眼白砂 / 阶段。

由于技术进步，花岗质砂岩水平井的性能持续改进。例如，2007 年，俄克拉何马州西部的花岗质砂岩中最高产的井生产了 1.1×10^9ft³ 天然气和 73092bbl 油，2008 年生产了 2.8×10^9ft³ 天然气和 234672bbl 油，2009 年生产了 4.5×10^9ft³ 天然气和 270996bbl 油（Srinivasan 等，2011）。相同的趋势在得克萨斯州狭长地带也发生了。例如，2007 年最高产井的初始生产率是 4.67×10^6ft³/d 天然气和 127.8bbl/d 油，2008 年是 20.5×10^6ft³/d 天然气和 851bbl/d 油，2009 年是 22.7×10^6ft³/d 天然气和 1696bbl/d 油（Srinivasan 等，2011）。

16.10　水力压裂

由于花岗质砂岩中矿物学、孔隙压力和烃类别的变化，生产潜力在整个岩层中变化很大。确定最优完井方法很难，必须谨慎评估。

完井方案优化需要确定裂缝最佳数，这能最大化采收率和经济效益。对于 4000ft 长的水平井和平均花岗质砂岩组储层性质而言，储层模拟显示最佳裂缝数是 20~40（图 16.15）（Rothkopf 等，2011）。

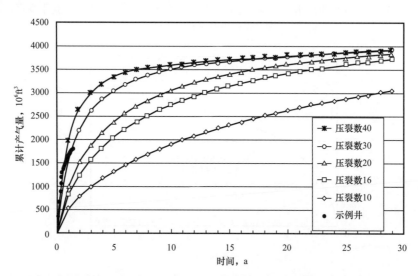

图 16.15　多个数量压裂校正的储层模拟的计产气量与时间相关图，展示花岗水平井的压裂数最优为 20~40（据 Rothkopf 等，2011）

应用到花岗质砂岩涉及多级水力压裂的完井方法主要有两种：（1）固衬管桥塞—射孔方法；（2）裸眼多级压裂系统（OHMS）。一些井也使用连续油管技术来进行压裂。这些方法的目的是通过沿着水平钻井孔全长的诱导裂缝来更接近储层（Edwards 等，2010）。PnP 完井包括水平钻井孔的固井和套管、井壁桥塞射孔以及增产。尾管中的机械隔离由设置桥塞实现，使用抽真空测井电缆或连续油管（CT），随后进行射孔和压裂。胶结剂提供了环带中的机械分隔，而桥塞提供了尾管中的机械分隔。这个过程在每个阶段都被重复。所有阶段完成以后，用连续油管来钻出复合塞来生产。裸眼多级压裂系统使用裸眼封隔器来隔离井筒。这些封隔器通常有橡胶元素，能扩展到密封井筒，不需要移除（Edwards 等，2010）。系统有滑套工具在封隔器之间创建端口。这些工具可以在特定的压力下用水压打开，或通过掉落指定大小的驱动球进入系统来改变套筒并暴露端口。裸眼多级压裂系统允许压裂过程在单一连续的泵送作业中完成，不需要钻机。一旦压裂完成，井可以立即返排并生产。研究总结，使用任何一种方法，在井的最初生产中没有显著差别（Kennedy 等，2012）。两种方法都有优点和缺点。然而，PnP 方法能更广泛地应用到花岗质砂岩中（70% 的水平井），由于 PnP 方法的好处包括：（1）从操作的角度来看，易于实施；（2）在当地有很多供应商；（3）允许以更高的速率抽泵，因为压裂施工是泵下套管（Castro 等，2013）。

随着改善井的性能，从 2007 年到 2009 年，水力压裂的主要参数显著增加（图 16.16）。例如，在得克萨斯州狭长地带，平均射孔长度从 2007 年的 1500ft 增加到 2008 年的 2250ft，2009 年增加到 3100ft。支撑剂质量从 2007 年的约 700000lb 增加到 2008 年的约 1200000lb，2009 年增加到超过 2000000lb。2007 年到 2009 年，平均支撑剂浓度从约 0.3lb/gal 增加到约 0.5lb/gal 和约 0.9lb/gal。分析这些数据显示出随着平均侧向长度的增加，总支撑剂、支撑剂浓度和阶段数也增加。例外是总流体体积在 2008 年稍微减少，2009 年增加了一点。支撑剂和支撑剂浓度增加的趋势表明改善了裂缝导流能力。井的性能对支撑剂浓度和总支撑剂质量改变的响应比对流体体积改变的响应大（Srinivasan 等，2011）。相同的趋势也出现在俄克拉何马州西部。增加主要压裂参数的有效性可以通过比较俄克拉何马州西部和得克萨斯州狭长地带的井的性能来证明。俄克拉何马州西部的压裂参数比得克萨斯州狭长地带的参数大（除了总流体）。因此，俄克拉何马州西部的井通常比得克萨斯州狭长地带的井的性能要好（图 16.16）。

实际上，花岗质砂岩水平井压裂用 7～20 个阶段（平均 16 个），270～550ft（平均 400ft）的站程，包括三个射孔群，带有约 3 孔 /ft 的射孔密度（Castro 等，2013）。支撑剂质量的数量从 1500000lb 到 3680000lb 变化，20 目 /40 目，30 目 /50 目，40 目 /70 目和 100+ 网眼砂或树脂涂层砂（Castro 等，2013；Rajan 和 Moody，2011）。压裂液以 40～100bbl/min 的速度注入。产生的人工裂缝的裂缝半长约 300ft。花岗质砂岩岩层中的裂缝趋向于具有单一的线性几何学（Rothkopf 等，2011）。一个典型的压裂处理使用氮气辅助以减水阻压裂方法，每个压裂阶段用 4000～5000 bbl 减水阻和 100000lb 的 20 目 /40 目白砂抽泵。这种设计发展成减水阻 / 线性凝胶液的混合，和新近的线性凝胶液 / 交联混合设计，其支撑剂浓度高达 6lb/gal。由于应用混合设计，水体积稳定地下降到 3000 bbl/阶段，基于储层厚度，支撑剂数量增加到 150000～175000 lb 的 20 目 /40 目白砂 / 阶段（Casero 等，2013）。

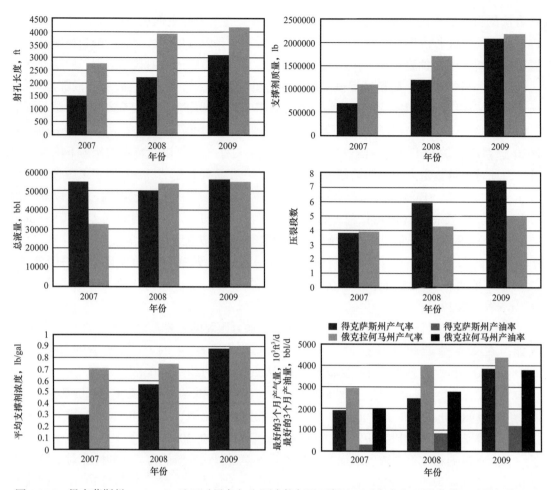

图 16.16　得克萨斯州 Panhandle 地区（黑色）和阿克拉何马西部地区（灰色）压裂参数显示增加处理可改善井动态（据 Srinivasan 等，2011 有修改）

16.11　分支井

分支井被用来达到常规储层和非常规储层中的复油层，取得了巨大成功。它们也可能用来达到来自单一表面位置的花岗质砂岩岩层中的复油层。与单一水平井相比，花岗质砂岩中一个典型的分支井能使储层的暴露量翻倍，然而，仍要考虑到主钻孔和侧向立柱选择的压裂方式。井可以被设计成具有两个 5000ft 长的支线，每一个支线要在 10～15 个阶段内被压裂（Durst 和 Vento，2013）。Linn Energy 指导的研究来评价花岗质砂岩中两个堆叠支线的压裂，来确定叠覆的人工裂缝和两个生产层段之间连通性处理的范围：上部支线目标是 Carr 花岗质砂岩，下部支线目标是 Britt 花岗质砂岩。两个地区被富黏土的 Caldwell 岩层所分隔，它可能作为一个阻挡层，使裂缝高度生长，阻止储层的有效排水不包含在支线中（Crawford 等，2013）。目的是确定 Caldwell 阻挡层能否被裂缝模拟克服，或者 Britt 和 Carr 地区适当的排水是否需要单独的支线。采用不同的完井技术，包括拉链压裂、体积调节、射孔密度和相变、泵速变化，来确定裂缝几何形态是否会受这些变化的影响。使用微震监测，结合泵送处理和来自多偏移位置的压力数据来分析处理评估。微震数据表明，综合处理局限于目标支线。化学追踪记录证实了缺乏通信和干扰。分析表明需要多支线来充分地排出两个花岗质砂岩层中所有的储量（Crawford 等，2013）。

得克萨斯州狭长地带 Hemphill 县的两个分支井是西马莱克斯能源公司钻孔的，包括花 84-11H 井和沃希托农场 22-1H 井。花 84-11H 井设计有两个 3000ft 长的支线，每个支线在 10～15 个阶段内被压裂（Goodlow 等，2009）。这口井的下部支线使用裸眼封隔器系统来完井。每个阶段被抽泵进计划水和砂体积。然后一个球被抽泵进下一个接着套管的井眼，将压裂处理转移到下面的岩层。下部主钻孔用了 11 个阶段进行压裂，总流体体积为 6510000gal，总支撑剂质量为 2200000lb。压裂液以 72lb/min 的速度被注入，平均压力为 7200psi。支撑剂浓度开始于 0.25lb/gal，增加到最大值 1.5lb/gal，多扫整个运行的平均抽泵时间为每个阶段 3.75h。上部支线用了 10 个阶段进行压裂，其中 9 个成功完井。处理的总流体为 5544000gal 和 2150000lb 支撑剂，代表每个阶段平均 546000gal 流体和 215000lb 支撑剂。井的初始速率相当于每个支线 $6 \times 10^6 \text{ft}^3$/d，几乎相当于相同地区两个单独的水平井。相比于钻井和完井两口单独的井，实现了节省费用。花井的钻井费用比钻两口单独井的平均费用少了 17%，而完井费用比压裂两口单独井少了 15%。在钻井和完井方面，有平均 13% 的费用节省，这两口井被证实是成功的（Goodlow 等，2009）。

16.12　结论

对花岗质砂岩区带（Granite Wash Play）的地质数据和生产数据进行分析可以得到以下结论：

（1）阿纳达科（Anadarko）盆地下二叠统—宾夕法尼亚系花岗质砂岩岩层是一个岩性复杂的非常规富液体气区带，由河流扇、扇三角洲、斜坡和海底扇通道沉积的砂岩、粉砂岩、碳酸盐岩和页岩非均质堆叠构成。理解储层建造和非均质性为接下来的钻完井技术提供了基础。

（2）约 2000ft 厚的地层由 3～20 个产层段组成（在 12000ft 垂直深度处）。储层是典型的致密气砂岩，其孔隙度为 1%～16%，渗透率为 0.0005～100mD（平均 0.001 mD）。这为世界上其他盆地相似致密气区带提供了一个鲜活的对比标杆。

（3）2006 年以来使用水平井和多级水力压裂是成熟的花岗质砂岩区带（Granite Wash Play）重新复兴的关键。每口井的最终可采气当量为（3.14～17）$\times 10^9 \text{ft}^3$（平均 $6.49 \times 10^9 \text{ft}^3$）。在花岗质砂岩区带（Granite Wash Play）成功应用的新技术为相同区带内将来使用水平井和多级压裂提供了借鉴。

参 考 文 献

Adler, F.J., 1971. Future Petroleum Provinces of the Mid-continent, Region 7. AAPG Memoir, No. 15-2, pp. 985-1042.

Casero, A., Adefashe, H., Phelan, K., 2013. Open hole multi-stage completion system in unconventional plays : efficiency, effectiveness and economics. In : SPE Middle East Unconventional Gas Conference and

Exhibition, Muscat, Oman, SPE 164009.

Castro, L., Bass, C., Pirogov, A., Maxwell, S., 2013. A comparison of proppant placement, well performance, and estimated ultimate recovery between horizontal wells completed with multi-cluster plug & perf and hydraulically activated frac ports in a tight gas reservoir. In : SPE Hydraulic Fracturing Technology Conference, The Woodlands, Texas, SPE 163820.

Chesapeake Energy, 2014. Focus on Value Delivering Growth- Analyst Day. Oklahoma City, Oklahoma, 135p.

Clement, W.A., 1991. East Clinton. In : Foster, N.H., Beaumont, E.A. (Eds.), Stratigraphic Traps II, AAPG Treatise of Petroleum Geology, Atlas of Oil and Gas Fields. AAPG, Tulsa, OK, pp. 207-267.

Cox, S.A., Gilbert, J.V., Sutton, R.P., Stoltz, R.P., 2002. Reserve analysis for tight gas : SPE Eastern Regional Meeting, Lexington, Kentucky. SPE 78695.

Crawford, E.M., Tehan, B., Launhardt, B., 2013. Examination of treatment connectivity between Granite Wash layers using microseismic, tracer, and treatment data. In : SPE Production and Operations Symposium, Oklahoma City, Oklahoma, SPE 164496.

Dar, V., 2010. The Granite Wash : An Emerging Tight Sands Natural Gas Play in the U.S. seekingalpha.com/article/181187-the-granite-wash-an-emerging-tight-sands-natural-gas-play-in-the-u-s.

Davis, H.G., Northcutt, R.A., 1991. Anadarko Basin. In : Gluskoter, H.J., Rice, D.D., Taylor, R.B. (Eds.), Economic Geology, U.S. : The Geology of North America, Decade of North American Geology, vol. P-2. Geological Society of America, pp. 325-338.

Durst, D.G., Vento, M., 2013. Unconventional shale play selective fracturing using multilateral technology. In : SPE Middle East Unconventional Gas Conference and Exhibition, Muscat, Oman, SPE 163959.

Edwards, J.W., Braxton, D.K., Smith, V., 2010. Tight gas multi-stage horizontal completion technology in the GraniteWash. In : SPE Tight Gas Completions Conference, San Antonio, Texas, USA, Paper SPE 138445, 9 p.

Farris, S., 2014. Apache Investor Day. Houston, TX, 175 p.

Forster, A., Merriam, D.F., Hoth, P., 1998. Geohistory and thermal maturation in the Cherokee Basin (Mid-Continent, USA) : results from modeling. AAPG Bulletin 82, 1673-1693.

Gilman, J., 2012. Depositional Patterns, Source Rock Analysis Identify GraniteWash Fairways. The American Oil & Gas Reporter.

Goodlow, K., Huizenga, R., McCasland, M., Neisen, C., 2009. Multilateral completions in the Granite Wash : two case studies. In : SPE Production and Operations Symposium, Oklahoma City, Oklahoma, SPE 120478.

Grieser, B., Shelley, B., 2009. What can injection falloff tell about job placement and production in tight-gas sand. In : SPE Eastern Regional Meeting, Charleston, West Virginia, SPE 125732.

Holditch, S.A., 2006. Tight gas sands. JPT 58 (6), 86-93. http : //dx.doi.org/10.2118/103356-MS. SPE 103356-MS.

Ingram, S., Paterniti, I., Rothkoft, B., Stevenson, C., 2006. Granite wash field StudydBuffalo wallow field, Texas Panhandle. In : SPE Eastern Regional Meeting, Canton, Ohio, Paper SPE 10456, 13P.

Johnson, K.S., 1989. Geological evolution of the Anadarko Basin. In : Johnson, K.S. (Ed.), Anadarko Basin Symposium, 1988: Oklahoma Geological Survey Circular, No. 90, pp. 3-12.

Keighin, C.W., Flores, R.M., 1993. Petrology and sedimentology of Morrow/Springer rocks and their relationship to reservoir quality. In : Anadarko Basin, Oklahoma : Oklahoma Geological Survey Circular, No. 95, 25 pp.

Kennedy, R.L., Knecht, W.N., Georgi, D.T., 2012. Comparisons and contrasts of shale gas and tight gas developments. In : SPE Saudi Arabia Section Technical Symposium and Exhibition, AlKhobar, Saudi Arabia, SPE-sas-245.

Kupchenko, C.L., Gault, B.W., Mattar, L., 2008. Tight gas production performance using decline curves. In : CIPC/ SPE Gas Technology Symposium 2008 Joint Conference, Calgary, Alberta, Canada, Paper SPE 114991.

Linn Energy, 2010. Linn Energy announces 60.2 MMcfe per day horizontal Granite Wash well.

LoCricchio, E., 2012. Granite Wash Play Overview, Anadarko Basin-stratigraphic Framework and Controls on Pennsylvanian Granite Wash Production, Anadarko Basin, Texas and Oklahoma. AAPG, Search and Discovery Article #110163, 43 p.

Lyday, J.R., 1990. Berlin Field-USA, Anadarko Basin, Oklahoma. In : Beaumont, E.A., Foster, N.H. (Eds.), Stratigraphic traps I : AAPG treatise of petroleum geology. Atlas of oil and gas fields, pp. 39–68.

Mitchell, 2012. The Anadarko Basin Oil and Gas Exploration-past, Present, and Future. SM Energy Co., Tulsa, Oklahoma, 61 p.

Natural Gas Intelligence, 2014. Information on the Granite Wash. www.naturalgasintel.com/granitewashinfo.

Puckette, J., Abdalla, A., Rice, A., Al-Shaieb, Z., 1996. The Upper Morrow reservoirs : Complex fluviodeltaic depositional systems : Oklahoma Geological Survey Circular. no 98, 47–84.

Rajan, S., Moody, W., 2011. Rejuvenation of mature plays. In : Granite Wash Reborn, IHS CERA Decision Brief, September.

Rascoe, B., Adler, F.J., 1983. Permo-Carboniferous hydrocarbon accumulation. Mid-Continent, USA : AAPG Bulletin 67, 979–1001.

Rothkopf, B., Christiansen, D.J., Godwin, H., Yoelin, A.R., 2011. Texas Panhandle Granite Wash formation : horizontal development solutions. In : SPE Annual Technical Conference and Exhibition, Denver, Colorado, SPE 146651.

Rushing, J.A., Newsham, K.E., Pergo, A.D., Comisky, J.T., Blasingame, T.A., 2009. Beyond decline curves lifecycle reserves appraisal using an integrated workflow process. In : Unconventional Reservoirs Workshop, Oklahoma Geology Survey, 29 p.

Shipley, K.A., 2013. Dynamic Mud Cap Drilling in the Granite Wash Formation downloaded from : http ://www. aade.org/app/download/7129857204/DynamictMudCaptDrillingt-tLINNtEnergy.pdf.

Srinivasan, K., Dean, B., Olukoya, I., Azmi, Z., 2011. An overview of completion and stimulation techniques and production trends in GraniteWash horizontal wells. In : SPE North American Unconventional Gas Conference and Exhibition, The Woodlands, Texas, SPE 144333.

Srinivasan, K., Dean, B., Belobraydic, M., Azmi, Z., 2013. Evolution of horizontal well hydraulic fracturing in the Granite Washdunderstanding well performance drivers of a liquids-rich Anadarko Basin formation. In : SPE Hydraulic Fracturing Technology Conference, The Woodlands, Texas, SPE 163857.

Thomas, W.A., 1991. The Appalachian-Ouachita rifted margin of southeastern North America. Geological Society of America Bulletin 103, 415–431.

U.S. Energy Information Administration, 2010. GraniteWash Play, Texas and Oklahoma downloaded from : http : // www.eia.gov/oil_gas/rpd/shaleusa10.pdf.

Wang, H.D., Philp, R.P., 1997. A geochemical study of Viola source rocks and associated crude oils in the Anadarko basin, Oklahoma. In : Johnson, K.S. (Ed.), Simpson and Viola Groups in the Southern Midcontinent, 1994 Symposium : OGS Circular 99, pp. 87–101.

第 17 章 煤层气评价与开发：以中国沁水盆地为例

Yongshang Kang[1, 2]，Jianping Ye[3]，Chunlin Yuan[1]，Y. Zee Ma[4]，Yupeng Li[5]，Jun Han[6]，Shouren Zhang[3]，Qun Zhao[7]，Jing Chen[1]，Bing Zhang[3]，Delei Mao[6]

（1. *College of Geosciences*，*China University of Petroleum*，*Beijing*，*China*；2. *State Key Laboratory of Petroleum Resourcesand Prospecting*，*China University of Petroleum*，*Beijing*，*China*；3. *CNOOC China Limited*，*Unconventional Oil & Gas Branch*，*Beijing*，*China*；4. *Schlumberger*，*Denver*，*CO*，*USA*；5. *EXPEC ARC*，*Saudi Aramco*，*Dhahran*，*Saudi Arabia*；6. *PetroChina Coalbed Methane Company Limited*，*Beijing*，*China*；7. *Langfang Branch of Research Institute of PetroleumExploration and Development*，*PetroChina*，*Hebei*，*China*）

17.1 引言

17.1.1 概况

煤层气（CBM），指煤中吸附的天然气或煤裂缝中的游离气，通过甲烷菌对煤的生物化学作用以及煤的热裂解作用而形成。在世界范围的资源中，煤层气的资源量是相当巨大的，大约超过 $9000 \times 10^{12} ft^3$（Rogner，1997；Jenkins 和 Boyer，2008）。因为大部分煤生成的天然气都保存在煤中，主要是因为天然气吸附在煤的基质中，煤既是烃源岩也是储层。煤层气的勘探和开发需要掌握煤中流体储存的特征、运移过程以及如何完井才能采出具有商业价值气体的相关知识（Clarkson 和 Barker，2011）。

人们对煤层气的开采兴趣最早来自提前排出煤层中的甲烷从而使煤矿开采更加安全（Clarkson 和 Bustin，2011）。20 世纪 70 年代的"能源危机"助推了美国进行商业开采煤层气的可行性研究（Flores，1998）。第一口煤层气井钻于 1971 年，位于阿拉巴马州黑勇士（Black Warrior）盆地。宾夕法尼亚州也开始通过采矿之前的钻孔排放生产煤层气。大规模的实验性钻探开始于 1976 年，烟煤的商业性开发则始于 20 世纪 80 年代（Schraufnagel 和 Schafer，1996；Bodden 和 Ehrlich，1998；Markowski，1998）。20 世纪 90 年代中期，粉河（Powder River）盆地古新统 Fort Union 和始新统 Wasatch 组中亚烟煤和褐煤的商业开采证明了低阶煤中的煤层气具有商业开发价值（Jenkins 和 Boyer，2008）。煤层气的商业开发拓展到加拿大及澳大利亚，不过总体上限于褐煤、亚烟煤以及烟煤。

煤是烃源岩、储层以及储存大量甲烷和少量其他气体的圈闭。不同于常规天然气资源，煤层气资源的独特性在于气体的赋存包括多种状态：（1）直径 2nm 的微孔隙中的吸附分子；（2）煤基质孔隙中的捕获气；（3）煤节理和裂缝中的游离气；（4）煤裂缝中地层水的溶解气（Bustin 和 Clarkson，1988）。然而，大部分甲烷吸附在煤微孔隙中的内表面，仅一小部分甲烷以游离态储存在次生孔隙中（Jamshidi 和 Jessen，2012）。

煤层气在煤化过程中形成，大部分甲烷和其他气体通过吸附过程滞留在煤中。游离气同样赋存在裂缝和孔隙系统中，与吸附相的气体保持平衡。如果煤层被非渗透层封盖，裂缝—孔隙网络中的游离气与围岩地层流体静压力平衡。若煤层上覆地层为渗透性地层，游离气就会向上部地层渗透，最终散失。游离气的散失打破了其与吸附气之间的平衡，解吸作用就开始。解吸作用是吸附作用的逆作用，当裂缝—孔隙系统中游离气压力下降导致其与吸附气之间的相态失去平衡时发生。游离气的压力变化可发生在穿过渗透地层逐渐向上渗漏或者沿着煤层压力差异而侧向运移。这两种机制都需要相互贯通断裂系统，包括裂缝（Ulery，1998）。

煤层气的总量与煤层岩石学特性、保存和聚集成藏条件高度相关。煤层气的保存和成藏主要受地质、水文条件（Kaiser 等，1994；Bachu 和 Michael，2003；Liu 等，2006；Hamawand 等，2013）以及构造演化史（Fan 等，2005；Song 等，2005，2007；Wang 等，2006）和古水流循环（Mao 等，2012）控制。煤层气通常随着压力和煤阶上升而上升（Ulery，1988；Li 等，2010）。在含煤地层中，断层、背斜和向斜等局部构造控制着天然气的成藏。通常，煤层气在向斜的轴部比背斜的轴部聚集程度更高（Li 等，2005）。断层，尤其正断层，通常对煤层气的聚集有负面效应（Qin 等，2013）。

煤层通常被分为双孔隙类型储层，天然气优先以吸附相存储于煤基质，而次生孔隙系统（割理）提供了流向生产井的渗透性（Jamshidi 和 Jessen，2012）。煤层气的生产通常需要对煤层排水和降压，使煤层可以释放出吸附的甲烷气（Colmenares 和 Zoback，2007；Jenkins 和 Boyer，2008；Kang 等，2008）。对于干煤层，就像西加拿大白垩系 Horseshoe 峡谷，煤层气可以不排水直接采出（Clalson 和 Bustin，2007；Jenkins 和 Boyer，2008；Palmer，2010）。

煤层气的产能和可采性受地层水的水文体系和煤层渗透率影响强烈，也会受到煤层有效压力系统的控制。地层水的流量在煤层气生产中扮演了一个非常重要的角色（Bachu 和 Michael，2003）。含气饱和度也是影响煤层气开发的首要因素（Jenkins 和 Boyer，2008；Li 等，2008）。在煤系地层中，像断层、背斜以及向斜等局部构造，都对煤层气井的生产有着强烈的控制作用。在背斜高部位的井通常产量较高且产水率低（Zhao 等，2012a）。断层，尤其是正断层，由于其在周围含水地层中较高的供水路径导致对煤层气的生产产生负作用（Kang 等，2013a）。

另一个因素是煤储层的吸附时间，同样需要考虑在内。吸附时间影响产气率峰值的持续时间和体积以及可采的资源量（King 和 Ertekin，1986；Li 等，2008）。

17.1.2 沁水盆地煤层气背景

中国的煤层气开发始于 1989 年。最初，中国原地煤层气资源在 2000m 深度以上的煤层中预计有 $36.81 \times 10^{12} m^3$（Liu 等，2009a）。至今，沁水盆地仍是中国最成熟的煤层气勘探和开发盆地，初始原地资源量大概有 $3.85 \times 10^{12} m^3$（Ye，2013），吸引了国营和私营公司的勘探和开发兴趣。沁水盆地东南部无烟煤的生产证实了其经济价值（Liu 等，2004；Rao 等，2004）。而美国粉河盆地低阶煤在 20 世纪 90 年代中期实现商业开发。从此，中国的煤层气井开始猛增。截至 2006 年，已钻超过 1183 口井（包括 19 口水平分支井），而到 2012 年钻井数增长到 12547 口，这些井大部分分布在沁水盆地和鄂尔多斯盆地。两个盆地同属中国北方克拉通盆地。

沁水盆地的高阶煤储层的渗透率相对较低。煤层与泥岩、砂岩和碳酸盐岩互层；有三个可采煤层气的煤层。砂岩含水且影响煤层中水的排泄以及煤层气井的生产效果。煤储层的渗透率是应力相关的，一个精细的排水方案控制是效益开发低渗透储层重要的部分。

本章讨论了沁水盆地地质条件、天然气以及煤层气生成；沁水盆地煤层气开发上的挑战也同样被提及。

17.2 盆地演化与生气过程

沁水盆地面积 $32000 km^2$，位于中国中部山西省（图 17.1）。沁水盆地的东部和东南部为太行山隆起，西部为霍山隆起，北部为五台山隆起，西南是中条山隆起。沁水盆地是一个向斜，北北东到南南西走向（Su 等，2005）。盆地内部常见褶皱，主要是高角度正断层且延伸较大；一组断层从南—南西向向北—北东走向，另一组从西南—西方向向东北—东走向。

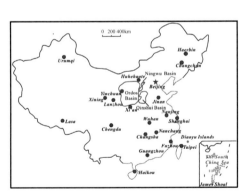

(a) 地理位置

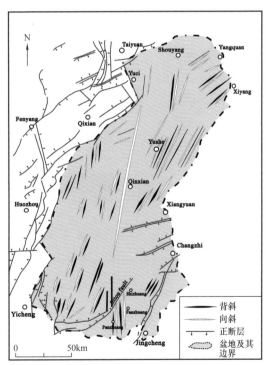

(b) 沁水盆地的主要构造单元

图 17.1 中国中部沁水盆地的地理位置以及主要构造单元

盆地地层发育寒武系、奥陶系、石炭系、二叠系、三叠系、侏罗系、白垩系和第四系。地层在北部和南部边缘相对平缓，而在盆地中心较陡。宾夕法尼亚系太原组以及二叠系山西组为主要煤系地层（图17.2，Su 等，2005）。

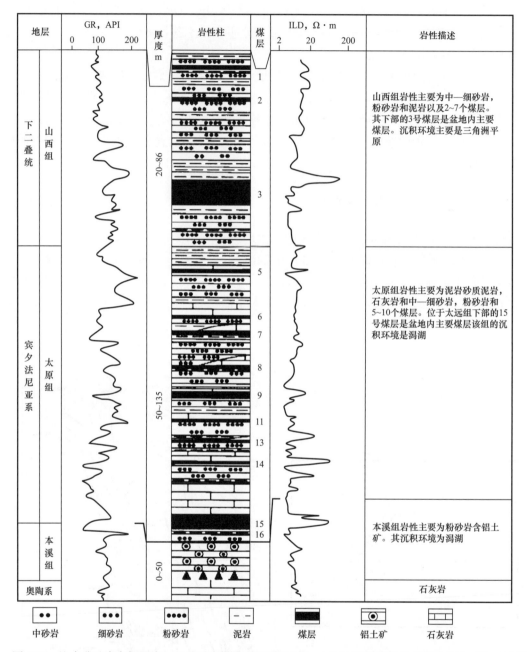

地层		GR, API 0 100 200	厚度 m	岩性柱	煤层	ILD, Ω·m 2 20 200	岩性描述

图 17.2　沁水盆地东南部石炭—二叠系含煤地层柱状图和 Js-1 井地球物理测井曲线（据 Su 等，2005）

在宾夕法尼亚纪（太原）阶段和二叠纪（山西）阶段，沁水盆地是中国北部克拉通盆地的一部分。太原组煤分布广泛，为河流三角洲沉积环境，受浅海—湖影响；二叠系山西组的煤系主要为湖相沉积。沉积后，煤化作用开始循序渐进地将植物有机质转化（变质）为泥炭、褐煤、烟煤以及更高阶的煤。

在三叠纪印支期，造山运动和侏罗纪到白垩纪燕山造山运动，许多构造盆地，包括沁水盆地，和隆起发育在晚古生代中国北部地台上。宾斯法尼亚—二叠纪煤层埋藏到最深3000~4000m，直到晚三叠世（图17.3，Song等，2005），达到了它们第一个热成熟高峰，伴随着最高的镜质组反射率，R_o大约1.2%（中间挥发含沥青）在一个正常的古低温梯度下（2~3℃/100m；1.1~1.7℉/100ft），沁水盆地东南部晋城地区的天然气生成估计为81.45m³/t（Liu等，2004）。

一个构造热事件发生在晚侏罗世到早白垩世燕山造山运动时期，尤其发生在沁水盆地南部和北部的活动，发现了许多中生代岩浆侵入（Sun等，2005）。沁水盆地西南部黑色花岗岩放射性同位素K—Ar定年显示其形成于91~138Ma前，古地温梯度预计比5.5℃/100m更高（Wang等，2006）。岩浆侵入使得沁水盆地南部、北部和东部的煤成熟度度高于中部和西部地区。沁水盆地东南部晋城地区R_o最高值等于或高于4%（Rao等，2004）。这个热事件提高了煤的成熟度且使得生气达到二次高峰，沁水盆地东南部晋城地区的天然气生成达到359.10m³/t（Liu等，2004）。

从晚白垩世时期到现今，沁水盆地二叠—宾斯法尼亚系煤层进一步抬升，它们的埋深由于喜马拉雅造山运动和太平洋板块俯冲于欧亚板块之下而减小；在一些地区，埋深由于新近系到第四系沉积而小幅增加（图17.3），而地温梯度也下降到正常（2~3℃/100m；1.1~1.7℉/100ft，Liu等，2004；Wang等，2006）。

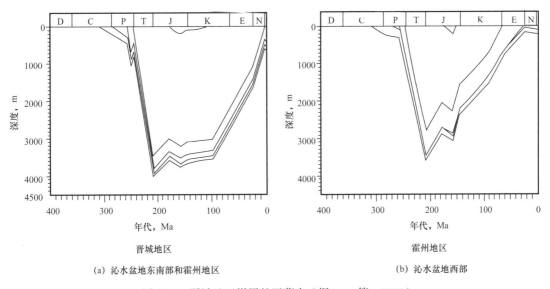

(a) 沁水盆地东南部和霍州地区　　　　　　　　(b) 沁水盆地西部

图17.3　晋城地区煤层的埋藏史（据Song等，2005）

如今沁水盆地的二叠—宾斯法尼亚系煤层的成熟度显示差异，北部区域的R_o总体高于2.13%，而南部高于2.97%，煤阶为半无烟煤至无烟煤。

岩浆侵入或高地温异常对煤层气的开发有很大的积极作用（Eddy，1984；Gurba和Weber，2001）。在沁水盆地二叠—宾夕法尼亚系高阶煤经历了深成变质作用直到晚三叠世时期，然后从晚三叠世到早白垩世时期受热变质作用。这些作用促进了生气作用以及煤层气的开发（Rao等，2004；Wang等，2006）。

17.3　煤层气储层表征

煤层气勘探和开发的主要目标煤层是二叠系山西组地层 3 号煤和宾夕法尼亚系太原组 15 号煤（图 17.2）。其他煤层，包括宾夕法尼亚太原组 8 号煤和 9 号煤（图 17.2），是盆地北部的第二目标煤层。前人做过许多关于沁水盆地的煤层气成藏机制（Chi，1998；Ye 等，2001；Hu 等，2004；Li 等，2005；Qin 等，2005；Liu 等，2006；Chen 等，2007），含气量（Ye 等，2002；Li 等，2005；Liu 等，2009b）以及渗透率（Fu 等，2004；Ye 等，2014）和吸附解吸附特性的研究（Li 等，2008；Liu 等，2010；Ma 等，2011）。沁水盆地煤层气的主要特征包括地层厚度，含气量，渗透率，含气饱和度以及煤储层的吸附时间在下文中论述。

17.3.1　厚度与含气量

沁水盆地二叠—宾夕法尼亚系的总厚度在盆地的大部分地区平均大于 10m，但在一些局部地区的厚度范围是 5.8～9m（表 17.1）。3 号煤和 15 号煤的区域分布有一些不同。3 号煤在盆地南部较厚而在北部较薄，而 15 号煤的分布正好相反（表 17.1）。

表 17.1　沁水盆地二叠系—宾夕法尼亚系煤层的厚度（据 Ye，2013）　　　　单位：m

厚度	寿阳	阳泉	沁源	何左—襄垣	屯留—长子	高平—樊庄	沁北—霍东	晋城
总和	10.64	13.71	5.79	11.21	11.05	11.51	8.98	13.03
3 号煤	1.5	1.8	1.00	1.6	2.00	5.00	5.50	6.00
15 号煤	3.5	5.00	3.00	3.5	2.50	2.00	1.80	2.60

含气量与镜质组反射率高度相关，也会受其他地质因素影响，包括围岩的岩性；局部的褶皱（Ulery，1988）和断层（Dou 等，2013）构造。在不同的煤阶，煤层气聚集成藏的变化主要受煤骨架孔隙大小分布、煤的显微组分和化学性质影响（Decker 等，1986）。煤层气总体随深度和煤阶增大而增多，决定因素是古深度、古地温梯度（温度）以及最高温度的持续时间（Markowski，1998）。煤层气的富集主要受构造位置、热事件、上覆岩层有效厚度和水文地质条件（Wang 等，2006）控制。

沁水盆地二叠系—宾夕法尼亚系煤层主要为含气量很高的半无烟煤到无烟煤（表 17.1），大部分地区高于 10m³/t（表 17.2 和图 17.4）。沁水盆地的含气量向盆地中心有逐渐增加的趋势。

17.3.2　渗透率

煤层气储层特征描述中最重要的两个变量就是渗透率和含气饱和度。渗透率主要由气和水的流速决定。Markowski（1998）研究发现，东宾夕法尼亚探井的天然气产率较低，主要归因于割理系统不发育以及较低的渗透率影响。由吸附解吸附测试得出的含气饱和度也会影响天然气的产率。

没有足够高的含气饱和度，天然气流量就不具有经济性。煤层气储层的含气饱和度一般要大于 70% 才具备经济性（Moore，2012）；但基于其他的因素，也有前人提议 60% 为含气饱和度下限（Li 等，2010）。

现今应力场的大小和方向，结合煤割理和裂缝的方向，是控制渗透率的两个重要因素（Gentzis 等，2007）。前人研究了煤层气储层渗透率的控制因素（Fu 等，2001），渗透率变化与有效压力（Deng 等，2009）及深度有关（Ye 等，2014）。此外，前人也分析了沁水盆地二叠系—宾夕法尼亚系煤层中天然气的采收率的控制因素（Ma 等 1998；Zhou 等，1999；Ma 等，2003；Lou 等 2004；Wan 和 Cao，2005；Zhang 等，2006；Qin 等，2013；Dou 等，2013）。

在抽样中，沁水盆地二叠系—宾斯法尼亚系煤层中的割理主要封闭或被方解石、黏土及少量黄铁矿充填（图 17.5，Su 等，2001；Liu 等，2008 也有报道），浅层矿采地区也有一些例外，Chen（1998）观察到了打开以及没有被充填的割理。充填在割理中的伊利石的 K—Ar 测年得出伊利石形成于从中侏罗世到早不同地质阶段（Liu 等，2008）。割理形成后伴随构造活动以及流体的影响而封闭或者被充填，使得煤储层的渗透率变低（表 17.2）。

表 17.2　沁水盆地南部柿庄区块和北部寿阳区块二叠系—宾夕法尼亚系煤层气的主要地质特征

区块	参数	煤层					
		3 号		9 号		15 号	
		范围	平均值	范围	平均值	范围	平均值
沁水盆地北部寿阳	厚度，m	0.7～3.6	2.1	0.4～3.8	1.67	0.3～5.4	2.8
	$R_{o,max}$，%	1.798～2.393	2.128	2.099～2.545	2.38	2.183～2.649	2.405
	气体含量[①] m³/d	2.55～22.23	13.31	3.99～20.32	13.38	1.83～20.28	11.61
	吸附时间，d	14～155	54.5	17～123	79.67	15～155	73.27
	含气饱和度 S_g，%	12.73～71.52	50.06	46.76～73.39	55.6	20.25～71.02	46.54
	孔隙度 ϕ[②]，%	5.01～7.32	5.74	5.145～6.548	6.038	5.146～6.68	5.84
	渗透率 K[③]，mD	0.02～1.07	0.25	0.02～0.74	0.3	0.03～1.43	0.57
沁水盆地南部寺庄	厚度，m	3.3～9.2	6	—	—	1～6.8	3.8
	$R_{o,max}$，%	2.37～3.57	3.01	—	—	2.14～3.68	2.97
	气体含量[①] m³/d	9.0～23.0	13.7	—	—	8.1～20.3	15.8
	吸附时间，d	9.0～23.0	29.1	—	—	1.2～50.6	22.6
	含气饱和度 S_g，%	4.3～59.4	63.38	—	—	50.79～80.69	64.4
	孔隙度 ϕ[②]，%	4.72～5.96	5.41	—	—	4.97～5.95	5.34
	渗透率 K[③]，mD	0.04～1.1	0.33	—	—	0.02～0.81	0.31

① 干燥无灰基；

② 实验室测试结果；

③ 现场注射/脱落试验结果。

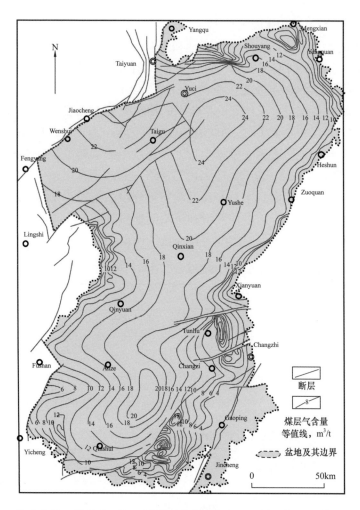

图 17.4　沁水盆地二叠系山西组 3 号煤的含气量分布（干燥无灰基）（据 Ye，2013）

图 17.5　沁水盆地西南部，晋城，二叠系山西组的煤中充填在割理中的方解石（据 Su 等，2001）

17.3.3　含气饱和度

煤层的含气饱和度定义为吸附气含量与吸附容量的百分比。这个值可以由一个煤样品在一个既定油藏压力和温度下比较解吸附数据与吸附等温线来得出。含气饱和度的变化是煤储层非均质性的基本方面（Pashin，2010）。在最大埋藏深度的热成因气的生成几乎确定了气体含量与 Langmuir 体积相等。盆地抬升时，温度降低，热成因生气作用停止。冷却作用可以使得气体的容量上升，因此更倾向未达到饱和的储层条件。沁水盆地大部分地区的储层未达到饱和，含气饱和度从 12.75% 至 85.67% 都有分布（表 17.1）。作为对比，悉尼（Sydney）盆地的含气饱和度范围是 2%～85%（Bustin 和 Clarkson，1998）。

17.3.4 吸附时间

扩散效应可以用吸附时间来定量（Zuber，1996）：

$$\tau = \frac{s_f^2}{8\pi D} \qquad (17.1)$$

式中：τ 为吸附时间，d；s_f 是割理的空间，ft；D 是扩散系数，ft^2/d。

吸附时间一般由罐解吸附测试获得。煤的骨架孔隙结构在样品解吸附体积测试标准化条件下是影响吸附时间的主要因素。吸附时间与煤阶高度相关，高阶煤的吸附时间较长（Li 等，2008）。

沁水盆地二叠系—宾夕法尼亚系煤的吸附时间从不到 30 天到大于 70 天都有分布（表17.1）。作为对比，圣胡安盆地和中阿巴拉契亚盆地分布范围为 1～5 天；黑勇士盆地为 1～30 天，北阿巴拉契亚盆地为 800～200 天（Masszi，1991；Bodden 和 Ehrlich，1998；Li 等，2008）。

17.4 煤层气开发挑战

17.4.1 完井

美国大部分商业开发的煤层气的渗透率都在 3～30mD，很少会低到 1mD。但是，许多浅层煤以及深层煤的渗透率会低于 1mD。西加拿大盆地的 Horseshoe 峡谷的渗透率分布为 0.1～100mD，且煤层较干。干煤的产气速率是湿煤的 10 倍，以解释 Horseshoe 峡谷干煤的煤层气储层在低渗透率下（小于 1mD）也具有商业潜力。不过煤总体还是较湿的。Plamer（2010）认为，不同的完井方式适用于不同渗透率范围的煤层：<3mD，3～20mD，20～100mD，以及 >100mD。这个成果导致一个决策树包括随煤渗透率作用的不同完井方式选择。当渗透率 <3mD 时，分支井或微井眼技术更加适合渗透率 3～20mD 时，标准压裂和单—水平技术更加适合（Plamer，2010）。

沁水盆地二叠系—宾夕法尼亚系半烟煤到烟煤煤层气的生产在标准压裂方式下证实具有经济性，在盆地东南部的晋城地区，煤储层的渗透率在 1mD 左右（表 17.3），含气饱和度在 85%～95%（Li 等，2010）。标准压裂井的产气速率范围为 2000～6000m^3/d，最高可达到 16000m^3/d（Liu 等，2004）。最近，沁水盆地东南部的部分分支井产量达到了 20000m^3/d（最高可达 90000m^3/d）（Zhang 等，2010），印证了水平井完井会是一个很好的选择。

沁水盆地南部晋城地区，煤层储层的渗透率相对较高，因为开启的构造裂缝代替了其他地区发育的割理。然而在沁水盆地的大部分地区，割理被剧烈的构造活动所破坏，割理或解理被充填，所以煤储层的渗透率大部分小于1mD（表17.2）。在这些渗透率极低的地区，像柿庄区块、寿阳区块，标准压裂完井的结果不尽人意。目前，水平井的开发使得柿庄区块的最大产气速率达到5000m³/d。这说明新的完井技术还需要实验。一个的主要的方向可能是套管完井并分段压裂来提高煤层的渗透率。

表17.3 沁水盆地晋城地区煤层气注射/脱落测试渗透率（据Ye等，2002，有修改）

地区		樊庄北部	樊庄中部	樊庄南部	潘庄
K，mD	范围	0.004～0.946	0.065～1.095	0.605～2.000	1.600～3.610
	平均	0.47	0.58	1.325	2.61

17.4.2　位置区间选择

煤层一般饱含水，可能与水层连通或通过垂向水力压裂使裂缝扩展到邻近的水层。这样会采出过多的水以及由于周围地层的水采出使得煤层的降压作用无效（Colmenares和Zoback，2007）。当产天然气时，有大量的水采出，这些水的处理是对环境的挑战，其中有害的杂质需要采用适当的净化技术来消除。所以，降低水的产出对煤层气生产非常需要（Jamshidi和Jessen，2012）。

一个成功的水力压裂需要煤层与有足够的力度和厚度来束缚破裂高度升高的含水砂层分开。一个简单的例子阐述了隔离这些含水层的重要性：以200bbl/d的速率，从一个30ft、渗透率1%、面积160acre的煤层缝隙中生产5%初始水需要93.1天；而从相同的煤层连通相等大小孔隙度为15%含水砂岩中则需要4.1年（Roadifer等，2009）。一个理想的水力压裂设计是仅压裂煤层而避开孔隙发育的煤层顶部和底部区间来获得在井周围有效的局部压降区（Wang等，2013）。

水力压裂要避开相邻的含水层，来提高了排水的效率。因此，识别可能的水层和认识煤层和含水层之间的构造关系是很重要的。

寿阳煤层气藏位于沁水盆地北部（图17.1）。整体的构造形态为一个东西向延伸的单斜向南倾斜，发育一些次生褶皱。煤层气的主要产层为宾夕法尼亚系/太原组的15号和9号煤层以及二叠系山西组的3号煤层。

直井在排水和生产前需要"单级或多级压裂"（射孔和压裂）。典型的日产水量被定义为井筒水位稳定期间的日平均出水量（Kang等，2013b），是一个具有代表性的指标。典型每日产水量从30口井的生产记录中取得（表17.4）。

产水和岩性组合的详细对比研究得出，宾夕法尼亚系/太原组的石灰岩地层作为非透水层，砂岩作为含水层（Chen等，2014）。包括15号煤的地层对比剖面如图17.6中所示。9号煤和3号煤的地层对比剖面如图17.7所示。地层对比剖面有助于煤层气开发的层位选择。煤层与上覆或者下伏的水层相邻或者煤层与上覆或者下伏的水层的隔层小于3m（根据经验）的井，煤层不应射孔和压裂。井位的煤层与上覆或下伏水层的隔层为3～6m时，需要进行压裂措施。

表 17.4 沁水盆地北部寿阳区块煤层气井典型每日产水量

井	X–07d	X–07d–1	X–14d	X–17d–1	X–04d–2	X–19d–1
水力压裂煤层	3 号	3 号	3 号	9 号	15 号	15 号
代表性日产水量 m³/d	14.5	14.7	12.6	13.3	3.2	3.9
井	X–11d–2	X–05d	X–20d	X–08d–1	X–01d	X–01d–2
水力压裂煤层	15 号	15 号	15 号	15 号	3 号，15 号	3 号，15 号
代表性日产水量 m³/d	2	11.4	6	18.5	120.3	68.7
井	X–06d	X–08d	X–12d–2	X–14d–1	X–14d–2	X–18d–1
水力压裂煤层	3 号，15 号	3 号，15 号	3 号，15 号	3 号，15 号	3 号，15 号	3 号，15 号
代表性日产水量 m³/d	59.5	17.1	43.6	3.7	10.8	40.6
井	X–04d–1	X–04d	X–05d–1	X–06d–2	X–10d–2	X–15d
水力压裂煤层	9 号，15 号	3 号，9 号，15 号	3 号，15 号	3 号，9 号，15 号	3 号，9 号，15 号	3 号，9 号，15 号
代表性日产水量 m³/d	146.5	19.1	52.7	11.7	54.8	13.6
井	X–15d–2	X–11d	X–11d–1	X–18d	X–10d	X–19d–2
水力压裂煤层	3 号，9 号，15 号	3 号，9 号，15 号	3 号，9 号，15 号	3 号，9 号，15 号	3 号，9 号，15 号	3 号，9 号，15 号
代表性日产水量 m³/d	41.5	11.9	14.4	14.5	92.5	14

注：数据为 2013 年 9 月 18 日之前数据。

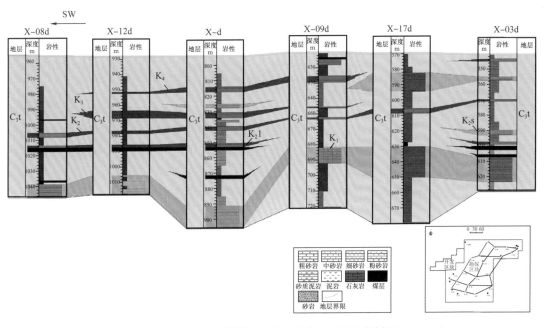

图 17.6 15 号煤周围西南—东北向岩性连井剖面

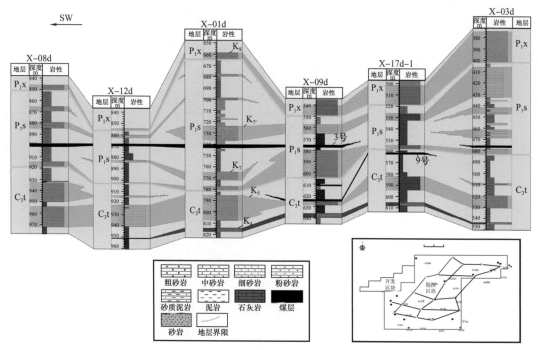

图 17.7　9 号和 3 号煤周围西南—东北向岩性连井剖面

17.4.3　渗透率增强操作

至今，中国和其他国家应用最广的提高渗透率措施是压裂。在沁水盆地南部，提高压裂体积来提高煤层气的产气速率的作用很有限（表 17.5）。此外，当孔隙发育的煤层和上覆或下伏的含水层之间的隔水层小于 6m 时，提高压裂体积会使建造水力连接煤层和相邻水层危险。

表 17.5　沁水盆地南部压裂流体体积平均气体速率变化（据 Zhu 等，2015）

年份	2006—2007	2008—2009	2010—2011
压裂流体，m^3	370~420	550~600	700~750
平均气体速率，m^3/d	960	980	1100

如上所述，沁水盆地煤层割理由于受多次构造运动和现今压力而破坏或者闭合，多被方解石充填。酸化压裂措施会比普通压裂更好的溶解割理中的方解石。实验室分析说明在浸入盐酸 12 小时后煤层岩心的渗透率会提高 10~20 倍（Zhao 等，2012b）。如今，原地酸化压裂评估正在进行。期待这项措施能够提高这些储层的渗透率。

17.4.4　排水制度

煤层气的开采对于生产油气并保护环境以及生产安全是一个划算的方法（Markowski，1998）。当游离气采出后，地层水从次生孔隙中进入，使得地层中的压力下降，由于气压的下降，使吸附态的天然气转向游离态。解吸附的甲烷随后流入天然裂缝系统（次生孔隙）最后被采出（Jamshidi 和 Jessen，2012）。

煤相对其他岩石较容易被压缩；煤的渗透率比岩石更容易受压力的影响（Seidle 等，1992；Harpalani 和 Chen，1997；Shi 和 Durucan，2005；Deng 等，2009；Liu 和 Harapalani，2013）。流体力学的特性，包括岩石硬度、变形以及渗透率变化，是煤层气储层开发的重要的基础（Deisman 等，2013）。在采气过程中，煤储层的绝对渗透率会剧烈地变化，在一开始会下降，但储层的压力和天然气下降后便会上升。煤储层的渗透率和其他裂缝储层相似，与有效压力相关。有效压力增加，渗透率会呈指数下降（Pan 和 Connell，2012）。然而，在圣胡安盆地（Palmerm，2009）观察到，当煤层气井采完后，由于煤基质收缩，渗透率增加了 100 倍（Levine，1996；Liu 和 Harapalani，2013）。压力使渗透率下降的作用在排水早期占主要影响，尤其对煤储层的低渗透率有破坏作用（Zhao 等，2008）。一个快速的排水策略在商业考虑下对低渗透率的煤储层是有问题的。煤层气开发井附近的煤层压力受井底压力（BHFP）影响。

沁水盆地煤层的渗透率在压缩下显示了显著的变化（Ni 等，2007；Zhao 等，2013）。BHFP 必须限制在一个特殊的范围以迎合周围煤层较高的渗透率以及高的生产率。在沁水盆地的大部分地区，煤层的渗透率都是较低的，这是煤层气投资的致命要害（Palmer，2010）。依赖压力的效应需要被考虑到，尤其是煤层气井排水的早期，避免在开始阶段渗透率的快速降低。排水制度控制是低渗透煤层气储层开发的关键。

17.5 结论

沁水盆地是中国煤层气勘探和开发最成熟的盆地，原始原地资源量估算有 $3.85 \times 10^{12} m^3$。沁水盆地在宾夕法尼亚系—二叠系煤层沉积后经历多次构造活动。在晚侏罗世前达到第一次生气高峰，由于构造热事件发生第二次生气高峰在早—中白垩世，将煤阶提高到半烟煤到烟煤阶段。

沁水盆地宾夕法尼亚系—二叠系煤层的煤阶高、含甲烷浓度高、渗透率较低（总体小于 1mD）。低渗透和有效压力控制的储层导致煤层气开发存在 4 点挑战：（1）完井类型的选择；（2）压裂操作位置区间的选择；（3）提高渗透率措施和压裂体积设计的新技术；（4）排水以及开发管理。

沁水盆地低渗透煤层气的商业开发需要长时间的磨炼以及新技术来应对上述挑战。

参 考 文 献

Bachu, S., Michael, K., 2003. Possible controls of hydrogeological and stress regimes on the producibility of coalbed methane in Upper Cretaceous Tertiary strata of the Alberta basin, Canada. AAPG Bulletin 87（11），1729–1754.

Bodden III, W.R., Ehrlich, R., 1998. Permeability of coals and characteristics of desorption tests : implications for coalbed methane production. International Journal of Coal Geology 35（1），333–347.

Bustin, R.M., Clarkson, C.R., 1998. Geological controls on coalbed methane reservoir capacity and gas content. International Journal of Coal Geology 38（1），3–26.

Chen, Jing, Kang, Yong-shang, Guo, Ming-qiang, Zhang, Bing, Yuan, Chun-lin., 2014. Aquosity analysis of pennsylvanian taiyuan formation limestone in shouyang CBM exploration block, Qinshui Basin,

Central China. In : Ye, J-ping, Fu, X-kang, Li, Wu-zhong. (Eds.), Proceedings of National CBM Conference, Geology Press House.

Chen, Lian-wu, 1998. The significance of studying cleat in Hancheng coalbed methane assessment. Journal of Xi'an Engineering University 20 (1), 33–35.

Chen, Zhen-hong, Song, Yan, Wang, Bo, Wang, Hong-yan, 2007. Damage of active groundwater to coalbed methane reservoirs and its physical simulation. Natural Gas Industry 27 (7), 16–19.

Chi, W-guo, 1998. Hydrogeological control on the coalbed methane in Qinshui basin. Petroleum Exploration and Development 25 (3), 15–18.

Clarkson, C.R., Barker, G.J., 2011. Coalbed methane. In : Guidelines for Application of the Petroleum Resources Management System. Sponsored by SPE, AAPG, WPC, SPEE, SEG, pp. 141–153.

Clarkson, C.R., Bustin, R.M., 2007. Production-data analysis of single phase (gas) coalbed-methane wells. SPE Reservoir Evaluation and Engineering 10 (03), 312–331.

Clarkson, C.R., Bustin, R.M., 2010. Coalbed methane : current evaluation methods, future technical challenges. SPE 131791, 1–42.

Colmenares, L.B., Zoback, M.D., 2007. Hydraulic fracturing and wellbore completion of coalbed methane wells in the Powder River Basin, Wyoming : implications for water and gas production. AAPG Bulletin 91 (1), 51–67.

Decker, A.D., Schraufnagel, R., Graves, S., Beavers, W.M., Cooper, J., Logan, T., Horner, D.M., Sexton, T., 1986. Coalbed methane : an old hazard becomes a new resource. In : Montgomery, S.L., Cobban, W.H. (Eds.), Petroleum Frontiers. Petroleum Information Corporation, Denver, CO, pp. 1–65.

Deng, Ze, Kang, Yong-shang, Liu, Hong-lin, Li, Gui-zhong, Wang, Bo, 2009. Dynamic variation character of coalbed methane reservoir permeability during depletion. Journal of China Coal Society 34 (7), 947–951.

Deisman, N., Khajeh, M., Chalaturnyk, R.J., 2013. Using geological strength index (GSI) to model uncertainty in rock mass properties of coal for CBM/ECBM reservoir geomechanics. International Journal of Coal Geology 112, 76–86.

Dou, Feng-ke, Kang, Yong-shang, Qin, Shao-feng, Mao, De-lei, Han, Jun, 2013. The coalbed methane production potential method for optimization of wells location selection. Journal of Coal Science and Engineering (China) 19 (2), 210–218.

Eddy, G.E., 1984. Conclusion on the development of coalbed methane. In : Rightmire, C.T., Eddy, G.E., Kirr, J.N. (Eds.), Coalbed Methane Resources of the United States. AAPG Studies in Geology Series #17, pp. 373–375.

Fan, Ai-min, Hou, Quan-lin, Ju, Yi-wen, Bu, Ying-ying, Lu, Ji-xia, 2005. A study on control action of tectonic activity on CBM pool from various hierarchies. Coal Geology of China 17 (4), 15–20.

Flores, R.M., 1998. Coalbed methane : from hazard to resource. International Journal of Coal Geology 35 (1), 3–26.

Fu, Xue-hai, Qin, Yong, LI, Gui-zhong, 2001. An analysis on the principal control factor of coal reservoir permeability in Central and Southern Qinshui Basin. Coal Geology and Exploration 29 (3), 16–19.

Fu, Xue-hai, Qin, Yong, Jiang, Bo, Wei, Chong-tao, 2004. Study on the "bottle-neck" problem of coalbed methane producibility of higy-rank coal reservoirs. Geological Review 50 (5), 507–513.

Gentzis, T., Deisman, N., Chalaturnyk, R.J., 2007. Geomechanical properties and permeability of coals from the Foothills and Mountain regions of western Canada. International Journal of Coal Geology 69 (3), 153–164.

Gurba, L.W., Weber, C.R., 2001. Effects of igneous intrusions on coalbed methane potential, Gunnedah Basin, Australia. International Journal of Coal Geology 46 (2), 113–131.

Hamawand, I., Yusaf, T., Hamawand, S.G., 2013. Coal seam gas and associated water : a review paper. Renewable and Sustainable Energy Reviews 22, 550–560.

Harpalani, S., Chen, G., 1997. Influence of gas production induced volumetric strain on permeability of coal. Geotechnical and Geological Engineering 15 (4), 303–325.

Hu, Guo-yi, Guan, Hui, Jiang, Deng-wen, Du, Ping, Li, Zhi-sheng, 2004. Analysis of conditions for the formation of a coal methane accumulation in the Qinshui coal methane field. Geology in China 31 (2), 213–217.

Jamshidi, M., Jessen, K., 2012. Water production in enhanced coalbed methane operations. Journal of Petroleum Science and Engineering 92, 56–64.

Jenkins, C.D., Boyer, C.M., 2008. Coalbed-and shale-gas reservoirs. Journal of Petroleum Technology 60 (02), 92–99.

Kaiser, W.R., Hamilton, D.S., Scott, A.R., Tyler, R., Finley, R.J., 1994. Geological and hydrological controls on the producibility of coalbed methane. Journal of the Geological Society 151 (3), 417–420.

Kang, Yong-shang, Deng, Ze, Liu, Hong-lin, 2008. Discussion about the CBM well draining technology. Natural Gas Geoscience 19 (3), 423–426.

Kang, Yong-shang, Dou, Feng-ke, Zhang, Bing, Ye, Jian-ping, 2013a. Performance statistical method for CBM well production prediction. In : Ye, Jian-ping, Fu, Xiao-kang, Li, Wu-zhong (Eds.), Proceedings of National CBM Conference. Geology Press House, pp. 160–168.

Kang, Yong-shang, Qin, Shao-feng, Han, Jun, Diao, Shun, Mao, De-lei, Dou, Feng-ke, 2013b. Typical dynamic index analysis method system for drainage and production dynamic curves of CBM wells. Journal of China Coal Society 38 (10), 1825–1830.

King, G.R., Ertekin, T., Schwerer, F.C., 1986. Numerical simulation of the transient behavior of coal-seam degasification wells. SPE Formation Evaluation 1 (02), 165–183.

Levine, J.R., 1996. Model study of the influence of matrix shrinkage on absolute permeability of coal bed reservoirs. In : Gayer, R., Harris, I. (Eds.), Coalbed Methane and Coal Geology. Geological Society Special Publication No 109, pp. 197–212.

Li, Gui-zhong, Wang, Hong-yan, Wu, Li-xin, Liu, Hong-lin, 2005. Theory of syncline controlled coalbed methane. Natural Gas Industry 25 (1), 26–28.

Li, Jing-ming, Liu, Fei, Wang, Hong-yan, Zhou, Wen, Liu, Hong-lin, Zhao, Qun, Li, Gui-zhong, Wang, Bo, 2008. Desorption characteristics of coalbed methane reservoirs and affecting factors. Petroleum Exploration and Development 35 (1), 52–58.

Li, Wu-zhong, Tian, Wen-guang, Chen, Gang, Sun, Qin-ping, 2010. Research and application of appraisal variables for the prioritizing of coalbedmethane areas featured by different coal ranks. Natural Gas Industry 30 (6), 45–47.

Liu, Cheng-lin, Che, Chang-bo, Zhu, Jie, Yang, Hu-lin, Fan, Ming-zhu, 2009a. Coalbed methane resource assessment in China. China Coalbed Methane 6 (3), 3–6.

Liu, Hong-lin, Zhao, Guo-liang, Wang, Hong-yan, 2004. Coalbed methane exploration theory and practice in the high coal rank areas of China. Petroleum Geology and Experiment 26 (5), 411–414.

Liu, Hong-lin, Li, Jing-ming, Wang, Hong-yan, Zhao, Qing-bo, 2006. Different effects of hydrodynamic conditions on coalbed gas accumulation. Natural Gas Industry 26 (3), 35–37.

Liu, Hong-lin, Kang, Yong-shang, Wang, Feng, Deng, Ze, 2008. Coal cleat system characteristics and formation mechanisms in the Qinshui Basin. Acta Geologica Sinica 82 (10), 1371–1381.

Liu, Hong-lin, Li, Gui-zhong, Wang, Guang-jun, 2009b. Coalbed Methane Geological Characteristics and Development Potential. Petroleum Industry Press, Beijing.

Liu, S., Harpalani, S., 2013. Permeability prediction of coalbed methane reservoirs during primary depletion. International Journal of Coal Geology 113, 1–10.

Liu, Yue-wu, Su, Zhong-liang, Zhang, Jun-feng, 2010. Review on CBM desorption/adsorption mechanism. Well Testing 19 (6), 37–44.

Lou, Jiang-qing, 2004. Factors influencing production of coalbed gas wells. Natural Gas Industry 24 (4), 62–64.

Ma, Dong-min, 2003. Analysis of gas production mechanism in CBM wells. Journal of Xi'an University of Science and Technology 23 (2), 156–159.

Ma, Dong-min, Zhang, Sui-an, Wang, Peng-gang, Lin, Ya-bing, Wang, Chen, 2011. Mechanism of coalbed methane desorption at different temperatures. Coal Geology and Exploration 39 (1), 20–23.

Ma, Feng-shan, Li, Shang-ru, Cai, Zu-huang, 1998. Hydrogeological problems in coalbed methane development. Hydrogeology and Engineering Geology 3, 20–22.

Mao, De-lei, Kang, Yong-shang, Han, Jun, Qin, Shao-feng, Wang, Hui-juan, 2012. Influence of hydrogeological cycles on CBM in Hancheng CBM field, Central China. Journal of China Coal Society 37 (S2), 390–394.

Markowski, A.K., 1998. Coalbed methane resource potential and current prospects in Pennsylvania. International Journal of Coal Geology 38 (1), 137–159.

Masszi, D., 1991. Cavity stress relief method for recovering methane from coalbeds. In : Schwochow, S.D., Murray, D.K., Fahy, M.F. (Eds.), Coal Bed Methane ofWestern North America. Rocky Mountain Association of Geologists, Denver.

Moore, T.A., 2012. Coalbed methane : a review. International Journal of Coal Geology 101, 36–81.

Ni, Xiao-ming, Wang, Yan-bin, Jie, Ming-xun, Wu, Jian-guang, 2007. Reasonable production intensity of coalbed methane wells in initial production. Journal of Southwest Petroleum University 29 (6), 101–104.

Palmer, I., 2009. Permeability changes in coal : analytical modeling. International Journal of Coal Geology 77 (1), 119–126.

Palmer, I., 2010. Coalbed methane completions : a world view. International Journal of Coal Geology 82 (3), 184–195.

Pan, Zhe-jun, Connell, L.D., 2012. Modelling permeability for coal reservoirs : a review of analytical models and testing data. International Journal of Coal Geology 92 (1), 1–44.

Pashin, J.C., 2010. Variable gas saturation in coalbed methane reservoirs of the BlackWarrior Basin : implications for exploration and production. International Journal of Coal Geology 82 (3), 135–146.

Qin, Shao-feng, Kang, Yong-shang, Cao, Ai-juan, Mao, De-lei, Wang, Hui-juan, 2013. Weight evaluation of main geological factors affecting drainage of CBM field and geological significance. In : Ye, Jian-ping, Fu, Xiao-kang, Li, Wu-zhong (Eds.), Proceedings of National CBM Conference. Geology Press House.

Qin, Sheng-fei, Song, Yan, Tang, Xiu-yi, Hong, Feng, 2005. The influence on coalbed gas content by hydrodynamics-the stagnant groundwater controlling. Natural Gas Geoscience 16 (2), 149-152.

Rao, Meng-yu, Zhong, Jian-hua, Yang, Lu-wu, Ye, Jian-ping, Wu, Jian-guang, 2004. Coalbed methane reservoir and gas production mechanism in anthracite coalbeds. Acta Petrolei Sinica 25 (4), 23-28.

Roadifer, R.D., Moore, T.R., 2009. Coalbed methane Pilots-Timing design and analysis. SPE Reservoir Evaluation and Engineering 12 (05), 772-782.

Rogner, H.H., 1997. An assessment of world hydrocarbon resources. Annual Review of Energy and the Environment 22, 217-262.

Schraufnagel, R.A., Schafer, P.S., 1996. The success of coalbed methane. In : Saulsberry, J.L., Schafer, P.S., Schraufnagel, R.A. (Eds.), A Guide to Coalbed Methane Reservoir Engineering. Gas Research Institute Report GRI-94/0397. Illinois, Chicago.

Seidle, J.P., Jeansonne, M.W., Erickson, D.J., 1992. Application of matchstick geometry to stress dependent permeability in coals. In : SPE Rocky Mountain Regional Meeting. Society of Petroleum Engineers.

Shi, J.Q., Durucan, S., 2005. A model for changes in coalbed permeability during primary and enhanced methane recovery. SPE Reservoir Evaluation and Engineering 8 (04), 291-299.

Song, Yan, Zhao, Meng-jun, Liu, Shao-bo, Wang, Hong-yan, Chen, Zhen-hong, 2005. Influence of tectonic evolution on coalbed methane enrichment. Chinese Science Bulletin 50 (Suppl. I), 1-5.

Song, Yan, Qin, Sheng-fei, ZHao, Meng-jun, 2007. Two key geological factors controlling the coalbed methane reservoirs in China. Natural Gas Geoscience 18 (4), 545-552.

Su, Xian-bo, Feng, Yan-li, Chen, Jiangfeng, Pan, Jienan, 2001. The characteristics and origins of cleat in coal from Western North China. International Journal of Coal Geology 47 (1), 51-62.

Su, Xian-bo, Lin, Xiao-ying, Liu, Shao-bo, Zhao, Meng-jun, Song, Yan, 2005. Geology of coalbed methane reservoirs in the Southeast Qinshui Basin of China. International Journal of Coal Geology 62 (2), 197-210.

Sun, Zhan-xue, Zhang, Wen, Hu, Bao-qun, Li, Wen-juan, Pan, Tian-you, 2005. Temperature characteristics and their relation to CBM distribution in Qinshui Basin. Chinese Science Bulletin 50 (Suppl. I), 93-98.

Ulery, J.P., 1988. Geologic Factors Infuencing the Gas Content of Coalbeds in Southwestern Pennsylvania. Report of Investigations, 9195.

Wan, Yu-jin, Cao, Wen, 2005. Analysis on production affecting factors of single well for coalbed gas. Natural Gas Industry 25 (1), 124-126.

Wang, Hongyan, Li, Guizhong, Li, Jingming, Liu, Hong-lin, Wang, Bo, 2006. Characteristics of CBM enrichment in China. China Coalbed Methane 3 (2), 7-10.

Wang, Mi-ji, Kang, Yong-shang, Mao, De-lei, Qin, Shao-feng, 2013. Dewatering-induced local hydrodynamic field models and their significance to CBM production : a case study from a coalfield in the southeastern margin of the Ordos Basin. Natural Gas Industry 33（7）, 1–6.

Ye, Jian–ping, Wu, Qiang, Wang, Zhi–he, 2001. Controlled characteristics of hydrogeological conditions on the coalbed methane migration and accumulation. Journal of China Coal Society 26（5）, 459–462.

Ye, Jian–ping, Wu, Qiang, Ye, Gui–jun, Chen, Chun–lin, Yue, Wei, Li, Hong–zhu, Zhai, Zheng–rong, 2002. Study on the coalbed methane reservoir–forming dynamic mechanism in the Southern Qinshui Basin, Shanxi. Geological Review 48（3）, 319–323.

Ye, Jian–ping, 2013. CBM exploration and development in the Qinshui Basin–history and technologies advancement. In：Lecture Presentation in China Petroleum University（First Semester）.

Ye, Jian–ping, Zhang, Shou–ren, Ling, Biao–can, Zheng, Gui–qiang, Wu, Jian, Li, Dan–qiong, 2014. Study on variation law of coalbed methane physical property parameters with seam depth. Coal Science and Technology 42（6）, 35–39.

Zhang, Pei–he, Zhang, Qun, Wang, Bao–yu, Li, Guo–fu, Tian, Yong–dong, 2006. Integrated methods of CBM recoverability evaluation：a case study from Panzhuang mine. Coal Geology and Exploration 34（1）, 21–25.

Zhang, Pei–he, Zhang, Ming–shan, 2010. Analysis of application status and adapting conditions for different methods of CBM development. Coal Geology and Exploration 38（2）, 9–13.

Zhao, Bin, Wang, Zhi–yin, Hu, Ai–mei, Zhai, Yu–yang, 2013. Controlling bottom hole flowing pressure within a specific range for efficient coalbed methane drainage. Rock Mechanics and Rock Engineering 46, 1367–1375.

Zhao, Qing–bo, Kong, Xiang–wen, Zhao, Qi, 2012a. Coalbed methane accumulation conditions and production characteristics. Oil and Gas Geology 33（4）, 552–560.

Zhao, Qun, Wang, Hong–yan, Li, Jing–ming, Liu, Hong–lin, 2008. Study on mechanism of harm to CBM well capability in low permeability seam with quick drainage method. Journal of Shandong University of Science and Technology–Natural Science 27（3）, 27–31.

Zhao Wen–xiu, Li Rui, Wu Xiao–ming, Tang Ji–dan, Wang Kun, Wang Yu–jian. 2012b. Preliminary indoor experiments on enhancing permeability rate of coal reservoir by using acidification technology.9（1）：10–13.

Zhou, Zhi–cheng, Wang, Nian–xi, Duan, Chun–sheng, 1999. Action of coalbed water in the exploration and development of coalbed gas. Natural Gas Industry 19（4）, 23–25.

Zhu, Qing–zhong, Zuo, Yin–qing, Yang, Yan–hui, 2015. How to solve the technical problems in the CBM development：a case study of a CMB gas reservoir in the southern Qinshui Basin. Natural Gas Industry 35（2）, 106–109.

Zuber, M.D., 1996. Basic reservoir engineering for coal. In：Saulsberry, J.L., Schafer, P.S., Schraufnagel, R.A.（Eds.）, A Guide to Coalbed Methane Reservoir Engineering. Gas Research Institute Report GRI–94/0397, Chicago, Illinois.

第 18 章　沥青矿蒸汽室开发监测与预测

Kelsey Schiltz[1], David Gray[2]

（1. *Colorado School of Mines*，*Golden*，*CO*，*USA*；

2. *Nexen Energy ULC*，*Calgary*，*AB*，*Canada*[2]）

18.1　简介

18.1.1　引言

尽管在美国"非常规"多数是页岩油气的代名词，但重油和沥青组成了另外一支非常规资源的类别且蕴含了巨大的资源潜力。根据美国能局部制定的标准，重油的定义为 API 重度小于 22.3°API，而沥青的定义为小于 10°API（Chopra 等，2010）。全球可采的重油和沥青资源大概为 1×10^{12}bbl，资源量最多的国家是加拿大和委内瑞拉（Rigzone，2014）。加拿大绝大多数重油和沥青资源蕴藏在阿尔伯塔省的三个矿藏中。艾伯塔政府估计其油砂包含了 1.8×10^{12}bbl 原地沥青，80% 都位于阿萨巴斯卡油砂矿（图 18.1）（艾伯塔能源，2012）。

虽然重油和沥青的资源潜力非常巨大，但开发和提炼的成本也非常高。尤其是沥青，由于不在常规地下条件下流动，所以开发还需特殊措施。尽管沥青的油藏位置比常规油藏相对更浅，但地表矿采是仅有的选择。对于大部分沥青矿而言，原地开采的方法比地表矿采更加昂贵且低效。在开发过程中的每个环节进行优化对维持项目的经济性至关重要。

时移地震勘探被证明是监测原地开采方法效率的最有用手段之一，尤其是其与蒸汽驱油相关。它可以用来改善生产井和注汽井的措施计划，更换完井方式以及寻找加密井的机会。例如，在艾伯塔康菲公司（ConocoPhillips）和道达尔公司（Total）的 Surmont 矿区，地震振幅变化用于识别蒸汽注入有效和无效的钻孔区域（Byerley 等，2009）。这种洞察力使得在 4 个月内改变注入蒸汽的计划来改善其驱油效率。沥青开发时移观察的成功归因于几个因素，包括较浅的油藏深度，油砂较高的孔隙度和较低的体积系数，以及开采过程中变化巨大的流体压缩系数。这些特性提高了观察到时移地震信号的可能性（Lumley 等，1997）。比时移储层观察更大的挑战是针对区分优质油砂与阻碍开发的页岩的油藏描述。一些研究试图通过反演和神经网络法来预测油藏砂体（Roy 等，2008；Tonn，2002），但总体上这些学者没有将他们的成果与时移效应观察来做对比。这篇关于艾伯塔沥青矿的研究，通过时移分析决定的蒸汽分布被用于研究通过神经网络法预测的油砂和页岩的准确性。

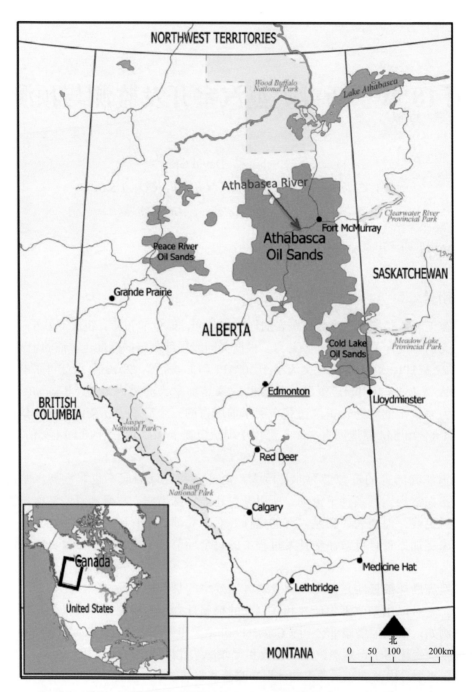

图 18.1　位于 Athabasca 油砂聚集区的油田（这是阿尔伯塔三个主要聚集区之一）

18.1.2　阿萨巴斯卡矿区

本次研究区域为加拿大艾伯塔阿萨巴斯卡油砂矿一个面积 63000acre 的沥青矿（图 18.1）。沥青在原地条件下黏度很高不能流动，不能用常规的方法开采。开发这个沥青矿用的热采方法叫作蒸汽辅助重力驱油技术或 SAGD。SAGD 流程涉及两个垂直安放的水平井，上下间距 5m，上层井注射高压高温的蒸汽至油藏。蒸汽加热沥青使其黏度降低从而随重力向下流动至下层的水平井开采（Smalley，2000）。随着沥青从油藏中采出，其孔隙空间被蒸汽充填，造成蒸汽室。蒸汽室的演化被油藏中低渗透的夹层高度控制（例如页岩隔层和泥岩塞），如图18.2描述。

沥青（约8°API）产于下白垩系McMurray组。Mcmurray组沉积在呈北西—南东向古山谷泥盆系灰岩之上，随后被Clearwater组海相页岩覆盖（Wightman和Pemberton，1997）。McMurray组通常被分正式的分为上、中、下三段。大致来说，这三个段代表了海侵的序列从河流到河口最后是海相的沉积环境。很纯的，块状的储层砂体在McMurray组底部发育为低洼河口的充填河道或点坝沉积。在

图18.2　在低渗透段（例如在页岩内）可以使用蒸汽加热装置

McMurray组顶部，海相环境的影响使得沉积为分选很好的粉砂岩、泥质砂岩以及粉砂质泥岩（Dusseault，2001）。

贯穿McMurray组，由于变化的河流相沉积环境侧向的相变会很突然。这些沉积亚相包括砂质充填河道、泥质充填河道、点坝以及反向点坝，它们的孔隙度和渗透率变化很大，所以为了优化开发必须细致研究。本文研究了地震油藏描述用于建立地质油藏模型来预测蒸汽仓开发。

18.1.3　地震与井数据

本文的时移地震数据覆盖了2.5km^2，包含4个SAGD井区（图18.3）。早于实施蒸汽注入，基线调查于2002年获得，所以提供了初始油藏条件的一个真实映像。在开发了大约4年后，2011年取得了监视测量。时移地震解释中最重要的考虑因素之一是测量的重复性。重复性是一个地下没有变化发生的区域两个或两个以上的地震调查的相似性。测量的重复性越强，分离和解释地下开发相关变化就越容易。确保好的重复性的第一步是获得利用相似采集参数的两次测量数据。下一步，两组数据平行运行来减少在运行阶段引入欺骗性差异的概率。平行时移处理来执行基线和监视测量建立叠后压缩体积，叠后放射转换波体积以及角度叠加。

尽管对保证重复性采取了预防措施，但非生产的相关误差在两个测量中仍不可避免地出现。为了进一步消除这些误差并提高数据的重复性，监视测量执行了一个道间均衡的工作流程。道间均衡是一个多步骤的过程来尝试识别和消除基线和监视之间不需要的误差，从而得出生产相关变化的准确时移解释（Ross等，1966）。

通过互均化处理，归一化均方根（NRMS）比率用于统计重复性的指标。这个必须用式（18.1）来定义，当两个踪迹完全相同就会得到最小值0（完美重复），当两个踪迹为完

全相反的两极就会得到最大值 2（Kragh 和 Christie，2002）。NRMS 比率的全面下降是预期的无生产效应，指示了重复性被道间均衡过程改善了。

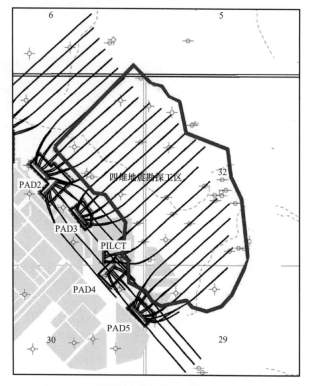

图 18.3　研究区内蒸汽辅助重力排水井布置
红框为四维地震勘查的边界，面积覆盖了 PAD1，PAD3，PAD5 和部分 PAD2

$$归一化均方根比率 = \frac{2 \times RMS(A-B)}{RMS(A) + RMS(B)} \tag{18.1}$$

　　作为一个起点，计算 NRMS 均值在一个油藏之下的窗口之上，预期没有时移变化。这个窗口中的初始 NRMS 为 1.61（较高的非重复性）。下一步，一系列道间均衡步骤依次应用到监视测量包括相位和时间匹配、静态时移、不同时间时移、振幅标准化和整形滤波器。尽管这些措施的细节超越了本文的范围，但整体效果是分析窗口中 NRMS 平均值从 1.61 下降到 0.53，说明重复性得到了有效的提升。贯穿每一个道间均衡时移体积的线见图 18.4。首先要注意的是，转换波数据对比压缩数据戏剧性的低频率容量。这是解释转换波的一个主要限制。然而第二个可以做的观察，油藏中反射率有变化（在蓝色和绿色的界限之间）很可能与 SAGD 开发相关。道间均衡时移量被用于随后的时移分析和油藏描述工作中。

　　此外对于地震数据，研究区有 43 口直井。每口井有全套的标准测井，包括井径、伽马射线、密度、中子以及电阻率测井。操作员提供了许多计算曲线如中子孔隙度、含水饱和度以及页岩体积。所有研究区的 43 口井有 P 波（压缩性）声波测井，4 口井还有 S 波（剪切）声波测井。井控对水平井解释以及神经网络的训练影响广泛。

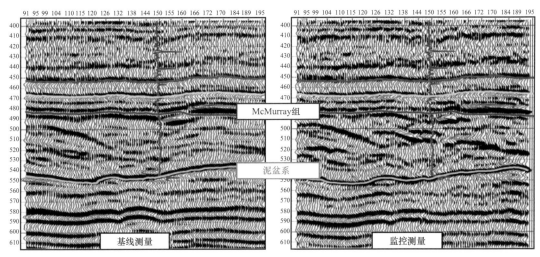

(a) 转换纵波地震数据

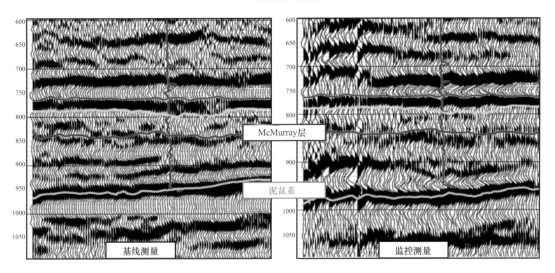

(b) 转换波地震数据

图 18.4 相互均衡时间推移地震数据
McMurray 储层位于蓝线和绿线之间

18.2 蒸汽刻画

理论上，一方面对于完美的均质储层，蒸汽仓会一致沿着钻孔的全部长度发展；另一方面，像页岩隔层的非均质性的出现，蒸汽无法完全渗透这些致密的隔层，导致一些区域不能波及，形成蒸汽的不规则分布。对蒸汽分布的刻画是决定这个矿区非均质性是否影响开发重要的第一步。

SAGD 过程造成大量的流动以及溶解变化使得地震反射受到影响，通过时移分析使得蒸汽仓可视化。第一步，沥青由于加热，黏度降低，从准固态转化为液态。然后，沥青被蒸汽带出储层岩石到下层生产井。总体来说，这些变化使得 P 波速率在蒸汽区内降低。较低的速率依次造成监视测量相对基线测量地震波组在蒸汽油藏之下向下移动。图 18.5（a）中

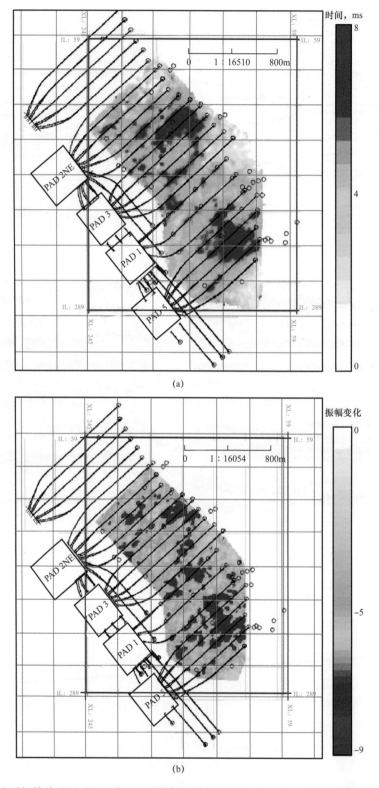

图 18.5　图（a）时间推移观测对比基线和监测数据，数据来自位于储层底部的反射器。图（b）在监测和基线之间的振幅变化。地图显示，最小的振幅位于 McMurray 层和其 15ms 之下泥盆系之间

显示油藏底部泥盆系反射体的时间位移。蒸汽仓得到有效开发的地方可以看到大量的时间位移大至8ms。当油藏内振幅变化时，可以观察到相似的时移异常 [图18.5（b）]。在两个时移刻画中，PAD5区井的异常沿井口延长，出现了相邻蒸汽仓开始组合在一起。这些井提供了一个好的一致性的例子，换言之，大部分井孔有开采很好的蒸汽仓。PAD1和PAD2NE区的井全体缺少时移效应，但较差的蒸汽仓发育效果可能与比例较高的低渗透页岩相关。油藏描述的结果会与时移异常对比来证实这个理论。

　　压缩数据的时移分析指示了在一些地区蒸汽仓发育的较好，而在另外的地区发育不好。为了进一步坚固蒸汽仓发育和开采间的联系，建立了时间位移图 [图18.5（a）] 中蒸汽异常的长度和每口井累计原油开采的交会图。由于PAD1区井开发时间较久，被排除在外。合成图（图18.6）显示一个蒸汽仓一致性级别和开采之间清晰的正相关关系 [Byerley 等（2009）在Surmont项目研究中也有相似的结论]。这个关系提供了4D地震异常是蒸汽的象征的证据，蒸汽仓发育最大化导致增产。完成油藏描述来识别低质量储层区域，优化井位布局，从而改善蒸汽仓发育。

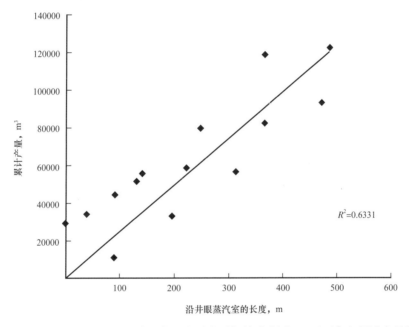

图18.6　对于每个井组，钻井长度和与之相关的时间偏移 [图18.5（a）] 与累计产量散点图

　　时移分析的最后一步，执行PP（压缩）叠后数据的4D反演来建立蒸汽仓的3D表现。就像前文提到的，蒸汽油藏P波速率和体积密度下降，依次降低P阻抗。在4D反演过程中，基线和监视测量都被P阻抗转化，这个结果用于计算从2002年到2011年阻抗的百分比变化。贯穿这个计算结果的剖面图 [18.7（a）] 显示了被蒸汽充满的油藏与阻抗下降10%~20%的响应。在注蒸汽前后的测井观察证实了P阻抗变化了20%的预期。下一步，提取P阻抗差异量区域响应15%的下降或者更多来分离3D量被蒸汽充满。独立蒸汽仓的3D表现涉及蒸汽地质体 [图18.7（b）]。从空中鸟瞰，地质体与时移图中异常有相同的分布（图18.5），但现在蒸汽仓的垂向位置也被明确。最后，这些蒸汽地质体的几何结构会与解释页岩作为对比来决定页岩是否控制了蒸汽仓开发。

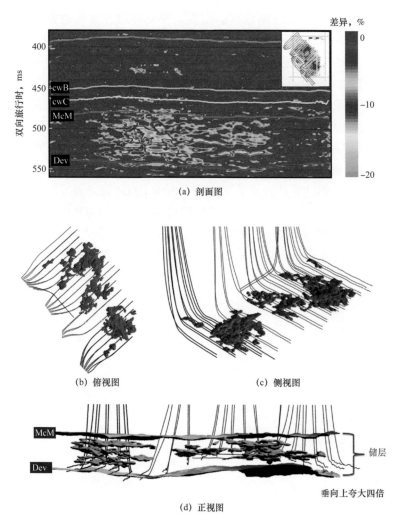

(a) 剖面图

(b) 俯视图   (c) 侧视图

(d) 正视图

图 18.7   蒸汽仓刻画

图（a）在基线和监测测量之间 P 阻抗百分数的变化。蒸汽装置的存在使得 P 阻抗减少 10%～20%。
图（b）（c）通过提取 P 阻抗百分数的变化量构建三维蒸汽地质体，P 阻抗变化是由于阻抗减少了至少 15%

18.3   概率神经网络表征储层

一个理想的实例，一个在蒸汽注入前获得的地震调查可以刻画页岩区域以及准备预测 SAGD 井位设计的成功率。因此，本文油藏描述的客观性是用地震数据来区分纯砂岩储层和抑制蒸汽仓增长的页岩。地震反演通常是解决这个问题的办法，也是本文尝试的首要方法。在地震反演工作开始之前，用 4D 研究区的 11 口井来做岩石物理分析决定地震反演、P 阻抗、S 阻抗或密度中哪一个是最好的砂—页岩指标。在分析中，描绘了计算每一个反演记录相对页岩体积记录。P 阻抗与页岩体积的相关性较差，密度则有很强的相关性 R^2=0.88（图 18.8）。众所周知密度较难估算，但从地震反演数据便于使用的小于 50° 的反射角（Roy 等，2008）。在尝试数据集（最大角 45°）中叠前和连接反演后，密度被发现不能被准确地约束，要使用另一种方法——概率神经网络法来从多地震属性预测密度。

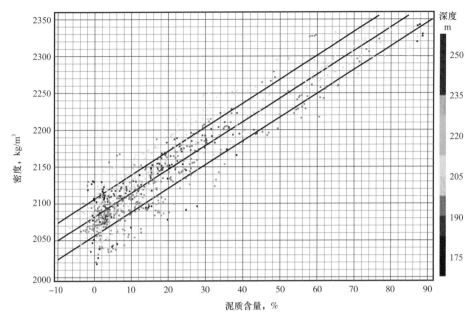

图 18.8　密度和泥质含量相关性（相关性系数 0.88）

　　PNN 是一个模拟人脑学习中非线性的算法（Hampason 和 Russell，2012）。PNN 试图找到地震属性集和目标井测井之间的关系。一旦训练井的这个转换关系被找到，同样的转换关系就被应用到地震数据来建立目标井性质的集合。

　　通过多属性分析，找到地震属性集和目标密度测井间的最佳转换关系。地震属性由全叠加压缩和转换波量来生成，一个叠后 P 阻抗转换结果和一个叠前 P 阻抗转换结果。然后多属性清单到达逐步回归。逐步回归相对测试每一个可能的属性组合是一个用较少的计算时间近似方法。这个方法首先通过可用属性清单寻找单一属性与目标井的最佳关联。这个属性被列为属性 1，然后程序找到最佳的两个属性组合，假设这些属性其中之一为属性 1。这个方法一直进行指导所有的组合排序或者满足指定验证标准。表 18.1 显示了被分析选中的 6 个属性。注意 6 个属性缺少的两个是转换波（PS）量计算的，指示转换波数据增加重要的值来预测密度。每个属性的细节描述可以从 Rusell（2004）中找到。

表 18.1　运用随机神经网络的多属性分析得到的 6 个属性

序号	属性
1	完整性（纵波全叠加）
2	振幅包络（纵波全叠加）
3	平均频率（横波全叠加）
4	时间（纵波全叠加）
5	过滤 35-40-45-50（横波全叠加）
6	二次偏移（纵波全叠加）

　　6 个属性被用作训练 PNN 来预测 McMurray（McM）组和泥盆系（Dev）范围油藏中的密度测井。一旦训练井位的关系被建立，应用相同的转换关系到整个基线地震测量来建立

预测密度体积。图 18.9 显示了沿任意一条线的结果。这个线中的所有井为盲井且没有包括多属性分析和任何 PNN 训练。对于每口井来说，筛选的密度测井沿着黑色的泥质含量曲线用彩色显示。尽管区块中预测密度的大小不永远准确，但相关密度变化与测井数据非常一致。最后捕捉密度相对高和低的能力对于区分砂岩和页岩十分重要。

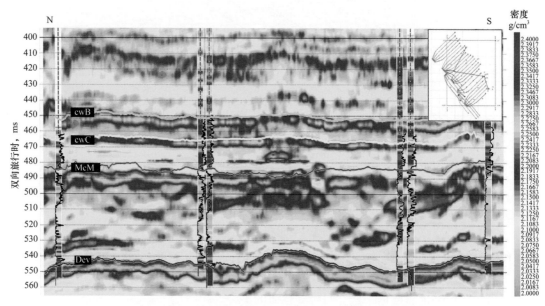

图 18.9　任意一条测线穿过随机神经网络体积密度

沙底水井彩色（0～150Hz～160Hz）过滤密度测井和泥质含量测井（黑色）。储层位于 McM 组和泥盆系之间。

cwB，cwC—Clear Water；McM—McMurray 组顶部；Dev—泥盆系顶部

　　PNN 解释的砂页岩也可与地质特征相关联。图 18.10 显示了预测密度在一条内联线沿着一口盲井。内联线下的概要图解释了一些常规的河流—河口沉积环境的形态特征（Leckie 等，2019）。尤其是经常在曲流河内部弯曲处的点坝底部砂（LPB）和页岩倾向的异岩性地层（IHS）。在密度内联中识别了一个河道剖面，相邻特征与 IHS 和 LPB 沉积具有很强的相似性。PNN 密度集合的地质外形使得其准确性进一步提高以及保证了岩性解释的可信性。

　　SAGD 沥青油藏的描述首要目标是准确预测页岩。因为页岩的分布高度控制了 SAGD 蒸汽仓的开发。因此，预测密度体积的实用性测试来看页岩的高密度区分布与蒸汽仓的分布之间是否有关联。图 18.11（a）显示了 PNN 预测油藏底部到中部 3D 的页岩地质体（蓝色）。这些页岩尤其重要，因为它们比油藏顶部的页岩对开采的限制更大。图 18.11（b）显示通过时移分析判断的沿着蒸汽地质体（黄色）的相同页岩。通过两幅图的对比，可以看出蒸汽仓在油藏下半部较少页岩处的开发效果更好，而在页岩发育地区的开发效果较差（PAD1）。在少部地区，最明显为区块 5，蒸汽仓的发育与页岩的发育相关。但从另一个角度看，它出现就像被困在页岩底部蒸汽设法移动或随着时间推移穿过页岩到达上部砂岩油藏（18.12）。这些是否会发生取决于页岩横向的展布和连续性以及上部砂岩的质量。从这个角度看，可以看作油藏中部页岩间一个充满蒸汽的纯砂体隔层，蒸汽仓分布指示了 PNN 密度体积是一个有效预测 SAGD 井成功率的工具。

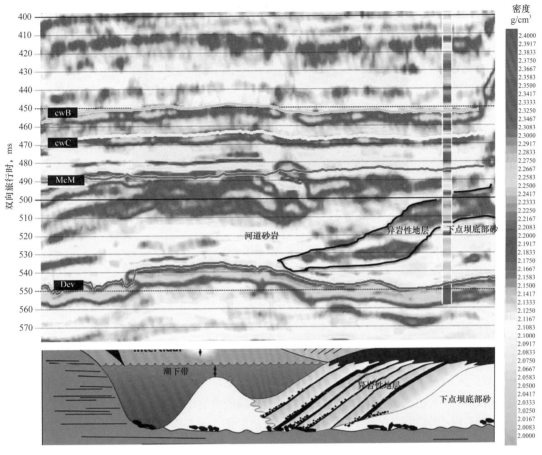

图 18.10 过沙底水井的主测线的随机神经网络密度分析结果和过滤密度
底部的图解展现的是河流—河口沉积环境各个沉积单元。根据密度差异也可解释出相似的沉积单元

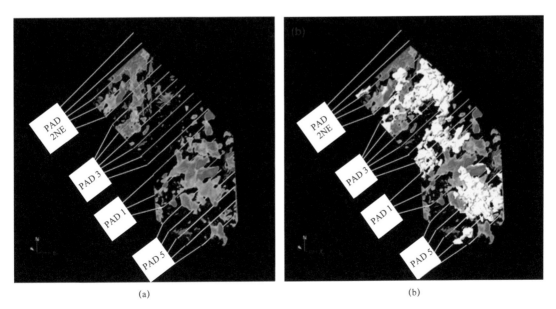

图 18.11 图（a）储层下部的页岩分布。图（b）解释出的页岩（蓝色）沿着蒸汽地质体（黄色）
蒸汽装置布置受控于页岩的分布

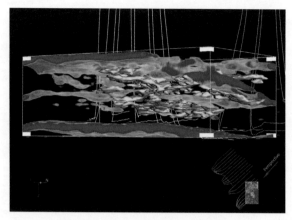

图 18.12　从 PAD5 井的底部向上看，蒸汽管（黄色）与储层（蓝色）中间的页岩接触，但需要不时地移动位置（红色箭头）靠近优质储层上方

18.4　结论

本章说明了地震数据可以在沥青资源 SAGD 开发中既作为监测工具又作为油藏描述工具的价值。在第一部分，时移地震数据通过分析时间位移，振幅变化，P 阻抗变化使蒸汽仓开采的可视化。发现了蒸汽仓开发的不均衡，观察到较差的蒸汽仓开发与较低产量间有相关关系。因为 SAGD 开发的效率众所周知被低渗透率的页岩影响，从事基线多组成测量的油藏描述研究来达到区分高质量储层砂岩和低渗透页岩的目标。

研究区 11 口连井的岩石物理分析识别了密度作为声学的参数与页岩体积最为相关。在试图通过叠前和联合反演约束密度成功后，PNN 用来从多地震属性预测密度。PNN 密度预测从地质形态准确地捕捉相关密度，得到油藏页岩体的解释。也许最重要的是观察到解释的页岩和油藏蒸汽仓分布之间的关系。这个关系使得 PNN 密度预测给定区块 SAGD 的成功率得到确认。

通过研究，页岩的隔挡可以通过两种途径刻画：第一个是在注入蒸汽前通过 PNN 分析预测高密度隔层；第二个是以 4D 蒸汽地质体边界来推断低于地震分辨率的薄层页岩。净效应是油藏特征可以被更好地理解了。

缩略语注释

LHS：斜互层

LPB：下点坝

NRMS：归一化根均方

PNN：概率神经网络

SAGD：蒸汽辅助重力泄油

参 考 文 献

Alberta Energy，2012. Oil Sands-Facts and Statistics.http：//www.energy.alberta.ca/oilsands/791.asp.

Byerley，G.，Barham，G.，Tomberlin，T.，Vandal，B.，2009.4D seismic monitoring applied to SAGD operations at Surmont，Alberta，Canada. SEG Technical Program Expanded Abstracts 2009，3959-3963.

Chopra, S., Lines, L., Schmitt, D.R., Batzle, M., 2010. Heavy-oil reservoirs : their characterization and production. In : Heavy Oils : Reservoir Characterization and Production Monitoring : Society of Exploration Geophysicists, Geophysical Developments 13 (1), 1-69

Dusseault, M., 2001. In : Comparing Venezuelan and Canadian Heavy Oil and Tar Sands : Proceedings of Petroleum Society's Canadian International Conference. 2001-061, pp. 1-20.

Hampson, D.P., Russell, B.H., 2012. Neural Network Theory. Hampson-Russell Software, 9.1.3.

Kragh, E., Christie, P., 2002. Seismic repeatability, normalized rms, and predictability. The Leading Edge 21 (7), 640-647.

Leckie, D., Fustic, M., Seibel, C., 2009. Geoscience of one of the largest integrated SAGD operations in the World-a case study from the Long Lake, Northeastern Alberta. CSPG Luncheon Talk.

Lumley, D., Behrens, R., Wang, Z., 1997. Assessing the technical risk of 4-D seismic project. The Leading Edge 16 (9), 1287-1292.

McDaniel and Associates Consultants Ltd., 2006. http : //www.mcdan.com/oilsands.html.

Rigzone, 2014. How It Works : Heavy Oil. http : //www.rigzone.com/training/heavyoil/default.asp.

Ross, C., Cunningham, G., Weber, D., 1996. Inside the cross-equalization black box. The Leading Edge 15 (11), 1233-1240.

Roy, B., Anno, P., Gurch, M., 2008. Imagine oil-sand reservoir heterogeneities using wide-angle prestack seismic inversion. The Leading Edge 27 (9), 1192-1201.

Russell, B., 2004. The Application of Multivariate Statistics and Neural Networks to the Prediction of Reservoir Parameters Using Seismic Attributes (Ph.D. thesis) . University of Calgary.

Smalley, C., 2000. Heavy Oil and Viscous Oil in Modern Petroleum Technology. Institute of Petroleum (Chapter 11) .

Tonn, R., 2002. Neural network seismic reservoir characterization in a heavy oil reservoir. The Leading Edge 21(3), 309-312.

Wightman, D., Pemberton, S., 1997. The lower cretaceous (Aptian) McMurray formation : an overview of the Fort McMurray area, Northeastern Alberta. In : Petroleum Geology of the Cretaceous Mannville Group, Western Canada : Canadian Society of Petroleum Geologists, Memoir 18, pp. 312-344.

Wikipedia, 2014. Athabasca Oil Sands. http : //en.wikipedia.org/wiki/Alberta-oil-sands (last accessed 27.02.14) .

第19章 非常规油气资源评价与开发术语汇编

Y. Zee Ma, David Sobernheim, Janz R. Garzon

(*Schlumberger*, *Denver*, *CO*, *USA*)

19.1 储层相关术语

（1）非常规资源。

非常规资源的分类方案众多，其中不能常规开发的地下油气资源称为非常规油气。非常规油气层包括致密气砂岩、油砂和沥青砂、重油、页岩气、煤层气、油页岩、天然气水合物以及其他低渗透致密储层。其中，页岩油、页岩气和煤层气是典型的源岩油气藏。

常规油气资源通常聚集于有利的构造或地层圈闭中，其中储层具有一定的孔隙度和渗透率，且被非渗透层封盖，从而阻止了烃类逸散。有利的地下圈闭中源岩与储层之间存在相互连通的运移通道。由于储层质量好，常规油气资源通常不需要大规模增产既可投入生产。非常规资源聚集于致密地层中，由于储层质量较差，从中直接获取油气的难度相比更加困难，但是地球上的非常规资源非常丰富。

一些研究认为，页岩油和页岩气、煤层气、天然气水合物属于非常规资源，致密砂岩气则属于常规资源（Sondergeld 等，2010）。从储层表征方法学角度看，致密砂岩气的储层（或其他致密储层）确实具有常规储层的特征（Law 和 Spencer，1989）。

（2）页岩。

由于历史原因，页岩具有岩性和地层双重含义。页岩油藏中的页岩是指地质建造，更确切地说是相。区分页岩和黏土十分必要，页岩包含黏土、石英、长石、重矿物等一系列的细粒岩石组分；而黏土只是页岩中一个常见的组分。其他时候，更准确地说页岩指经历过一定压实作用的泥岩。

（3）干酪根。

干酪根是分散在源岩中固态的不溶有机物质，加热后可生成油气。干酪根典型的有机组分是藻类和木质植物物质。干酪根划分为：Ⅰ型，主要包含藻类和无定型组分；Ⅱ型，陆源和海相复合物质；Ⅲ型，主要是陆源木质物质；Ⅳ型，主要包含降解的有机质，不具备生烃潜力，或生烃潜力很小。Ⅲ型干酪根通常生成天然气，Ⅰ型和Ⅱ型既可以生成石油，也可以生成天然气，具体取决于其他条件，尤其是温度。

（4）烃源岩。

烃源岩是含有干酪根的沉积岩，加热后干酪根可转化成石油。

（5）总有机碳。

总有机碳（TOC）是地质建造（通常指源岩）中有机组分的碳总量（Jarvie，1991），它不同于造岩矿物中的无机碳。

（6）吸附。

吸附是气体、溶质或液体分子在与之相接触的固体或液体的接触面产生附着积蓄的现象。吸附作用会在固体（吸附剂）表面产生一层吸附质薄膜，它不同于吸附质在固体或者液体中的渗透和溶解。换言之，吸附是表面物理化学作用过程，是表面能的结果。吸附气体分子的浓度取决于孔隙形态、表面形貌、孔隙压力和温度。吸附包含电偶极子作用产生的物理吸附和键合分子结构变化产生的化学吸附。在页岩气中，物理吸附比化学吸附更重要。

与吸附相关的两个术语是吸附和解析，前者包括吸附和吸收作用，后者是吸附作用的逆过程。

（7）镜质组反射率。

镜质组反射率是沉积岩中镜质组颗粒表面反射光对入射光强度的百分比度量单位，它经常被用作干酪根热成熟度的度量单位。实际上，镜质组反射率是一块样品中多个镜质组颗粒实测值的平均值；当一块样品内不同实测值差异较大时，所计算出的平均镜质组反射率无实际意义。

（8）热成熟与成熟度。

热成熟是干酪根热演化生成烃类的过程。干酪根经高温加热（通常伴随着高压）会生成石油或天然气。在地史时期，随着烃源岩被不断深埋，地层中的干酪根会在高温条件下转变成石油和天然气。

热成熟度是干酪根热成熟程度的度量单位。镜质组反射率经常作为描述干酪根生烃热成熟度的指标。在低热成熟度阶段，成熟度越高，干酪根生成的烃类越多；当超过特定的热成熟度之后，成熟度越高，干酪根生成的液态烃类则越少；在极高的热成熟度阶段，干酪根将不生成或仅生成少量烃类（气态或液态）。

（9）成岩作用、后生作用、变生作用。

沉积岩的演化包括三个主要阶段：① 成岩阶段，无明显的有机质热演化发生；② 后生作用阶段，有机质发生热演化并生成烃类；③ 变生作用阶段，有机质继续发生热演化，已生成的烃类达过成熟或发生分解。

（10）热解。

热解是无氧气条件下有机质的高温热化学分解反应。该反应过程既有化学成分变化，也有物理相态的变化。该过程是不可逆反应。

（11）非均质性。

非均质性用于描述物体空间上物理性质的变化或差异。例如，矿物学的非均质性指岩石内部矿物组分的变化，渗透率非均质性则指地层内部渗透的变化。地下非均质性包括地质实体、物理性质和流体的差异与变化。

（12）储层质量。

储层质量用于描述岩层的烃类潜力，包括储量和产能。储层质量重大的差异包括TOC、热成熟度、有机质、岩石矿物组分、岩性、有效孔隙度、流体饱和度、渗透率和地层压力（Passey 等，2010）。

19.2 岩石力学相关术语

（1）完井质量。

完井质量用于描述油层的增产潜力，或造缝和维持裂缝表面面积的能力。换言之，完井质量用于描述油井或气井完井的岩石物理质量，尤其用于压裂作业的质量。完井质量主要取决于地层的地质力学性质（Waters等，2011）和岩石矿物组成，包括岩石的脆性、地应力状态，以及天然裂缝的分布和特征。

（2）脆性指数。

脆性指数是一个完井质量指标，通常被当成完井质量的一个替代参数。与完井质量相似，脆性指数也不是一个精确的术语，它的定义各式各样（Wang和Gale，2009）。一些重要的力学基本参数需要特别注意，如杨氏模量和泊松比，它们与脆性指数密切相关。

（3）应力。

应力指作用于单位面积上的力，它是内应力（连续物体内相邻颗粒之间的相互作用力）的一种表征方式。数学上应力定义为作用于单位面积上的力，其中力作用于具横截面的物体之上（分为剪应力和切应力）。

（4）上覆应力，最大和最小水平应力。

储层中岩石任意点的原地应力都可以用三个主应力（压性）表征。这三个主应力相互垂直，其中上覆应力平行于重力方向（垂向）分布，其他两个主应力沿水平方分布且垂直于负荷应力。较小的主应力是最小水平应力，较大的主应力是最大水平应力。

（5）原地应力。

原地应力指地下地层的应力，通常可以用三个主应力表征：上覆应力、最大水平应力和最小水平应力。其他方向的应力可以根据方向和大小分解成不同的分量，根据分量与所作用的截面关系可分为正应力和剪应力。

（6）应变。

应变是物体形变程度的度量单位，用于表征物体内质点之间相对于参照长度的错位程度。

（7）泊松比。

泊松比是材料受力时沿垂直力方向伸展的度量单位。当材料在某一方向受压时，会向其他方向伸展，这种现象称为泊松效应。因此，泊松比可定义为横向变形量与纵向变形量的比值。岩石的泊松比一般为0.2～0.35。泊松比是确定岩层闭合压力的重要参数，因为它代表了岩层的伸展特性。

（8）杨氏模量。

杨氏模量是弹性材料刚性的度量单位，一般定义为应力与应变的比值。杨氏模量低的岩石易发生塑性变形，杨氏模量高的岩石则易破碎。一般来说，脆性岩层的完井质量要好，也是有利的水力压裂对象。

实际上，从声波测井估算出的杨氏模量称为动态杨氏模量。静态杨氏模量则直接从变形实验测得。静态杨氏模量通常用于原地应力分析及井筒稳定性分析，以评价孔隙压力、井筒不稳定性及构造应力分布。静态杨氏模量和泊松比都是水力压裂设计的重要参数。

（9）抗张强度。

抗张强度是拉伸材料至断裂点所需要力的度量单位（Zoback，2007）。换言之，抗张强度是材料破裂前能抵抗的最大拉张应力。抗张强度是岩层实施水力压裂的重要参数，要使水力压裂造缝，水压必须超过岩石的抗张强度。

（10）孔隙压力。

孔隙压力是地下地层孔隙空间内流体的压力。孔隙压力对应力状态有重要的影响，因此它也是非常规资源开发的重要参数。

孔隙压力与静水压力相等时称为正常压力，小于静水压力时称为欠压，大于静水压力时称为超压。超压可成为非常规油藏开采的重要驱动机制，它可由干酪根热成熟生烃、构造抬升及其他的地下作用引起。

19.3 钻完井相关术语

（1）完井。

完井是对裸眼钻达井进行处理以投入油气开采的过程。非常规油藏的完井可能包括：下套管、固井、射孔、下桥塞、水力压裂、返排/井筒清洁、下生产油管和人工举升系统。油藏压力是这些工艺流程中重要的考虑因素。

（2）增产措施。

增产措施是为使油气井增产而实施的化学和机械作业过程。最常用的两种增产措施是基质酸化和水力压裂，其中水力压裂是非常规油藏最主要的增产措施。在相似的压降下，成功的增产措施能获得更多的产量。

（3）套管和固井。

下套管和固井是完井的基本任务。套管通常是空心的钢管，用于连接井筒。固井是钻井过程中保护地下水和水层的必要措施，因为它隔绝了井筒液体和淡水的连通。在特定的深度下套管也可以保证钻井的顺利进行，并避免异常压力或其他物理问题损害井筒。

固井是将水泥鞘置于套管周围，形成水泥环的过程。用水泥重叠地浇结两层或多层套管是保护地下水最重要的措施

（4）环形空间。

环形空间是指套管和井筒之间的环形空间，其中可能充填有水泥、钻井液或空气。

（5）水力压裂。

水力压裂不属于钻井流程，通常在井眼钻完并完井之后才进行水力压裂。非常规油气藏深度一般为5000～11000ft，由于渗流能力低，通常需要采取增产措施才能获得有效产量。

水力压裂是非常规油藏增产措施的首选，它利用压裂液、支撑剂和压力使地层破裂并使小型裂缝保持开启，从而实现油气井增产。水力压裂过程中，压力作用下岩层会发生破裂，从而在目的层和井筒之间形成渗流通道。非常规油藏开采为了实现经济效益，水力压裂几乎是必不可少的增产措施。一般而言，在足够高的压力下，向储层泵入大量的流体以形成裂缝，并使裂缝保持开启，油气就会从储层流入裂缝、再流入井筒。

水力压裂流程包含一系列的水源保护步骤和程序，下套管和水泥胶结就属于隔绝水源与压裂液和油气的程序。

（6）裂缝半长。

水力裂缝通常被认为垂直于最小主应力方向沿井筒两侧延伸。井筒两侧的裂缝通常称为裂缝的两翼。井筒单侧裂缝的长度即称为裂缝半长，其长度可以是数百或数千英尺。支撑裂缝半长是指有支撑剂支撑的裂缝半长，它的长度要小于水力裂缝半长。但正确良好的支撑剂使用则可以使有支撑裂缝半长接近于水力裂缝半长。有效裂缝半长是指对储层和井筒之间流体流动有贡献的裂缝半长，它比有支撑裂缝半长要小（图19.1）。

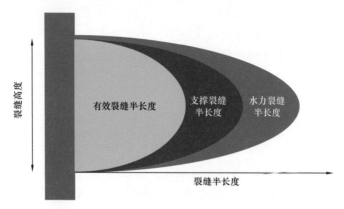

图 19.1　水力裂缝高度与不同裂缝半长的对应关系

一些非常规储层中的裂缝形态可能比简单的双翼模式更加复杂。因此，需要更贴切的术语依据裂缝表面积来描述此类裂缝，而不是裂缝半长。复杂的裂缝样式通常由岩石的结构特征造成，如天然裂缝、层理和储层内部其他的非均质性。

（7）裂缝高度与宽度。

简单的水力裂缝的三维特征可以用半长、宽度和高度进行描述。裂缝高度指裂缝在垂直方向的开度（图19.1）；裂缝宽度指裂缝在水平方向上的宽度，通常与裂缝长度的方向垂直。事实上，无论是水力裂缝还是天然裂缝都不具有良好的棱柱形态，多呈不规则状；裂缝半长、高度和宽度仅作为裂缝尺度的近似度量。

（8）裂缝方向。

水力裂缝具有沿平行最大主应力方向延伸的趋势，即垂直于最小主应力方向。浅层地层最小主应力为上覆应力，因此水力裂缝多为水平缝；深层地层上覆应力大，水力裂缝多为垂直于最小水平主应力方向的直立缝（如多数非常规储层）。当最大和最小水平主应力大小相当时，水力裂缝的延伸方向会有明显的变化，此时，裂缝的延伸方向主要受岩石内部结构控制，通常形成形态复杂的裂缝。在挤压（逆掩断层）或走滑构造背景下，控制水力裂缝的形态极具挑战性，此时需要更多地考虑构造应力场。

（9）压裂液。

压裂液通常为水基液体，一般含少量添加剂或化学试剂（一般不足压裂液的1%），用于地下储层油气增产。常用的压裂液包括滑溜水、线性胶和交联液（Montgomery，2013）。特殊的压裂液还有油基压裂液、泡沫压裂液和黏弹性表面活性剂压裂液（清洁压裂液）。

压裂液在泵送时必须保持稳定的黏度，而在压裂结束时则需要破乳以降低它的黏度（至正常水），从而能够在投产前将地层中的压裂液清理干净。压裂液应具有一定的黏度，以便输送支撑剂和控制破裂净压力。压裂液的黏度对水力裂缝的形态也有影响，包括宽度、高度和延伸距离。压裂时为了达到更大的有效裂缝半径，既要保持支撑剂充填层的导流能力，还要将储层伤害最小化。此外，还需要控制压裂液从裂缝到储层之间的滤失，以保证支撑剂铺设的宽度。

（10）添加剂。

添加剂是用于调节压裂液性质的物质。一些常用的压裂液添加剂包括缓冲剂（用于维持液体设定的 pH 值）、杀菌剂（减轻凝胶的降解）、破乳剂（降低黏度、破坏聚合物的键接或降低聚合物的分子量）、黏土稳定剂（抑制黏土膨胀、分散和运移）、降滤失剂、减阻剂、温度稳定剂、表面活性剂（降低表面张力）、支撑剂回流控制剂、防乳化剂（抑制液体和地层中的乳化作用），以及支撑剂输送增加剂。

为压裂液选择合适的添加剂必须非常谨慎，必须选择食品级或其他相对温和的化学试剂，从而消除或有效降低潜在的环境暴露。

（11）破乳剂。

破乳剂是一种压裂液添加剂。使用浓度适宜的破乳剂是为了提高支撑剂充填层的稳定导流能力。破乳剂的成分通常包括氧化剂或酶，其作用机理是在储层温度条件下破坏聚合物的键接并降低聚合物的分子量。

（12）支撑剂。

支撑剂是用于支撑裂缝使之保持开启的物质，从而使油气能够从储层以较高的流速流入井筒（Holditch，1979）。支撑剂通常为采自河岸经过筛选的石英沙粒或为工厂生产的陶瓷颗粒。为了使支撑剂充填层具有更高的填积孔隙或空间，颗粒形态圆滚、粒度一致是支撑剂最基本的要求。

（13）滑溜水，清水压裂。

滑溜水主要由水、黏土稳定剂和减阻剂组成。清水压裂的特点是摩阻低、造缝宽度小、支撑剂输送能力弱。其优点包括成本低、配方简单、易于回收和重复利用。一些特殊的储层，使用滑溜水和清水压裂可能会形成更加复杂的裂缝形态以及更大范围的破裂岩石流动面积，从而成为潜在的有利产层。

（14）线性胶或线性聚合物胶。

线性胶是一种由水、黏土稳定剂、凝胶、杀菌剂和破乳剂组成的压裂液。线性胶与清水压裂相似，也具有成本低、摩阻低以及造缝宽度小的特点。

（15）交联凝胶或交联聚合物凝胶。

交联凝胶含有可将长链的多糖聚合物分子键接（交联）的化学试剂，从而形成高黏度压裂液。压裂液聚合物通常由瓜尔豆组成，为了使多糖分子在水中发生快速的水合作用，其中的瓜尔豆已被磨成粉末状。水溶性瓜尔胶聚合物的交联剂包括硼酸盐、锆或钛化合物，其中硼酸盐交联剂最为常用。硼酸盐交联剂具有耐剪切性，它对向套管泵注压裂液形成的湍流不敏感；同时它还具有延迟交联性，从而降低套管中的摩阻压降。有机金属交联剂具有耐温性，是高温井作业的首选，高温条件下高交联强度使压裂液保持高黏度，从而确保支撑剂的输送和造缝宽度。正是由于可以增大压裂液的黏度，交联剂增大了造缝的宽度，提升了压裂液的效率和支撑剂的输送能力，从而提高压裂作业的成功率。

（16）泡沫压裂液。

泡沫压裂液是水基压裂液加入氮气或者二氧化碳后形成的乳浊液，其成分中气体通常占 55%～85%，其余为液体。配制成功的泡沫压裂液可使支撑剂在其中很好地悬浮和输送，可有效地防止压裂液从裂缝向地层滤失，可减少水敏性地层水的注入量，还可为压裂液返排和增产措施之后井的启动提供有效的能量。

（17）黏弹性表面活性剂凝胶。

黏弹性表面活性剂凝胶是一种使用非聚合物（非瓜尔胶或其他聚合物）低分子黏弹性表面活性剂的压裂液。当黏弹性表面活性剂分子浓度达门限值（临界胶束浓度）时会形成棒状胶束并使压裂液稠化，从而保障了支撑剂的输送与造缝的宽度；一旦发生破胶，棒状胶束就会崩解，残渣几乎为零，储层伤害极小，从而使储层维持很高的渗透性。当黏弹性表面活性剂压裂液遇到烃类时，黏度会显著下降，返排后可形成无压裂液残渣的支撑剂充填层，从而促进油气的有效开采（d'Huteau 等，2011）。黏弹性表面活性剂凝胶还具有摩阻压力极低的特点，即使黏度在 $50\sim100$mPa·s，它仍可以有效地输送支撑剂。

（18）油基压裂液。

油基压裂液通常用于水敏性地层，以防止水基压裂液对地层造成伤害。油基压裂液含有交联剂和破乳剂，通常比水基压裂液昂贵，且有更高的安全要求，一旦发生溢出或事故，对环境的影响也更大。油基压裂液在非常规油藏的开发中使用非常有限。

（19）裂缝导流能力。

裂缝导流能力是已支撑有效裂缝导流能力的度量单位，可通过测量支撑裂缝的渗透率和支撑缝宽（mD·ft）计算。无量纲导流能力是裂缝渗透和裂缝宽度乘积与地层渗透率和裂缝半长乘积的比值。支撑剂（砂或陶瓷）无覆压渗透率通常为数百达西，地下地层中因覆压、支撑剂嵌入、破碎，以及多相流（气、油或凝析油、水）等因素影响，会显著降低。

（20）前置液。

前置液是添加支撑剂之前提前泵注的压裂液。它不含支撑剂，主要起造缝启动、增加裂缝、形成裂缝宽度和控制滤失的作用，从而为后续支撑剂注入地层做准备。前置液的注入量必须准确，可以根据油藏的形态和压裂前小型测试确定的滤失量进行计算。

（21）预前置液。

预前置液是先于前置液泵入地层的压裂液，用于冷却套管和地层，以及压开地层并为支撑剂进入地层建立必要的空间。当它与其他诊断测试并行时，还可以收集应力、滤失、储层产能以及地层压力等数据。

（22）砂浆（携砂液）。

砂浆是按一定比例混合的支撑剂和压裂液，也称为携砂液。

（23）混砂车。

混砂车是压裂过程中用于混合水、支撑剂和添加剂的机器，它是压裂作业中关键的设备。正确地使用混砂车是压裂作业获得成功的保障。

（24）顶替液。

加砂量泵注完成之后是泵入顶替液，从而把携砂液顶替至井筒上射孔孔眼的深处，确保套管内不留任何支撑剂。它是压裂泵注的最后一个流程。

（25）裂缝闭合压力。

裂缝闭合压力是保持裂缝开启的最小压力。闭合压力与地层的最小原地应力相等，因为使裂缝开启的压力与克服垂直裂缝方向岩石的应力大小相同。当一次压裂在多个层段产生裂缝时，闭合压力为各层最小原地应力的综合响应。

（26）净压力。

净压力为地层中裂缝破裂点的压力与闭合压力的差值。经典的线弹性压裂模型即利用净压力计算裂缝宽度。

（27）射孔。

射孔是套管被浇结之后在套管上爆炸开孔的过程。最常用的射孔技术是聚能射孔。射孔弹爆轰会在套管和水泥环形成短的孔道，从而在井筒和储层之间建立流体通道。射孔造缝是射孔设计成功的标准，需要设定的射孔参数包括井壁上孔眼的直径、深度和方位（定向）。

19.4 其他术语

（1）概率密度函数。

概率密度函数（PDF）是一个数学函数，用于描述离散集中每个元素的出现概率，或连续输出和随机变量的概率分布。常见的概率密度函数有对数正态分布、正态（高斯）分布、指数分布和帕累托（Pareto）分布。

（2）累积概率密度函数。

累积概率密度函数（CDF）是一个数学函数，用于描述随机变量小于或等于特定值的概率。它是概率密度函数的积分，大小为 [0, 1]。

（3）预期值。

预期值又称为数学期望值。它的数学定义是随机变量与概率乘积的积分，这是理论的说法。实验的说法是，它是样本值概率加权之和的平均值。

（4）预期货币值。

预期货币值是以货币计算的预期值，定义为可能结果的概率与货币值乘积的总和。它是回报率的度量单位，也指预期的货币收益。

（5）风险。

风险具有多种含义，常与不确定性相混淆。它通常指可能结果或事件的后果，一般是不希望出现的后果。风险在数学上定义为事件发生的概率与后果的乘积（Ma 和 La Pointe，2011）。原油的价格（COP）和天然气的价格（NGP）是非常规资源开发中最大的风险之一。因为致密油气的开发需要更复杂的技术，其边际利润比开发常规油气低，所以非常规资源项目对原油和天然气价格更加敏感。

（6）最优化。

最优化是为求取给定函数最小值寻找最佳解的过程。目标函数通常是给定的线性或非线性函数，其中含有多个权重不同的变量。因此，最优解通常需要考虑多个变量，并给每个变量赋予一定的权重，只有当参数之间匹配良好时才能给特定的变量赋予权重 100%。例如，为了使生产最优化，当仅考虑储层质量和完井质量，在特定的时段内可将产量最大化；但是，若考虑经济效益，最优化方案就不是产量最大化，而是净现值（NPV）最大化。最优化可能还与时间有关，同样是为了使 NPV 最大化，油气开产 1 年所采取的最优化方案可能就与开采 5 年或 10 年所采取的最优化方案不同。

（7）信息价值。

信息价值在于大量信息的获得可消除不确定性。非常规资源开发具有不确定性，需要进行区带和不确定性评价。不同来源数据的获得与使用可以更好地评价油藏并消除不确定性。不确定的消除可以缩小可能的结果，从而有助于改进决策。

（8）支撑效应或规模效应。

支撑效应是地质统计术语，用于描述数据量引起的效应。支撑效应又称为规模效应，但规模效应的内涵更广泛。在资源评价中，岩心柱塞的尺寸可能不足几立方毫米，而储层建模中三维网格单元的尺度可能为 $25m \times 25m \times 1m$。因为变量与样品的尺寸相关，使用适当的数学算法对变量进行处理十分重要，这样才能使变量与从不同尺寸样品中获得的数据相匹配，才能对更大或更小岩石单元属性进行估算。对于非常规资源，当使用从岩心、测井和地震中获得的样品或数据进行综合的储层评价和资源评价时，使用适合的数学算法对支撑效应进行表征尤其重要。

（9）变异函数。

变异函数，有时又称为半变异函数，用于描述参数值的差异度，它是参数值之间相对距离和方向的函数。在数学上，变异函数的值是空间变量，它是两个随机变量之间距离和方向的函数。因此，小的变异函数值说明两变量相似；反之，则相反。

（10）克里金法。

克里金法是地质统计学中一种内插法，它是最优的线性无偏估计。克里金内插法会降低数据之间的偏差，因此，它具有平滑效应。实际工作中还存在多种变克里金法。

（11）蒙特卡罗抽样或模拟。

蒙特卡罗抽样或模拟指对许多随机结果进行概率加权随机抽样。从许多随机结果随机地选中某个结果的概率与出现该结果的概率是成比例的。为了使得对随机事件的描述达到一定精度，需要对随机事件进行足够多次的随机抽样。蒙特卡罗抽样的过程非常普通，但它可以用于模拟具有多个输入变量且变量之间关系可能很复杂的随机事件。蒙特卡罗模拟最主要的困难在于：为了充分地描述复杂系统的不确定性，可能需要大量模拟输出的结果，而要将这些结果输入更复杂的数学模型（如动态油基模型），在计算上可能不具有可行性。

（12）随机模拟和序贯高斯模拟。

随机模拟是用随机函数模拟随机事件的数学过程，其中使用的是随机函数而不是分析函数和确定函数。序贯高斯模拟是一种随机模拟，它在假定随机结果符合高斯概率分布的前提下对变量作序贯模拟。如果被模拟的变量不符合高斯分布，在模拟之间还需要先对其作高斯变换。

参 考 文 献

d'Huteau, E., et al., 2011. Open-channel fracturingda fast track to production. Oilfield Review 23 (3), 4–17.

Holditch, S.A., 1979. Criteria for Propping Agent Selection. Norton Co, Dallas, Texas.

Jarvie, D.M., 1991. Total organic carbon (TOC) analysis. In : Merrill, R.K. (Ed.), AAPG Treatise of Petroleum Geology, 113–118.

Law, B.E., Spencer, C.W., 1989. Geology of Tight Gas Reservoirs in Pinedale Anticline Area, Wyoming, and

Multiwell Experiment Site, Colorado. US Geologic Survey Bulletin 1886.

Ma, Y.Z., La Point, 2011. Uncertainty Analysis and Reservoir Modeling. AAPG Memoir 96.

Montgomery, C., 2013. Fracturing fluids. In: Bunger, A.P., McLennan, J., Jeffrey, R. (Eds.), Effective and Sustainable Hydraulic Fracturing. INTECH, p. 3–24.

Passey, Q.R., et al., June 8–10, 2010. From Oil–Prone Source Rock to gas–Producing Shale ReservoirdGeologic and Petrophysical Characterization of Unconventional Shale–Gas Reservoirs. Paper SPE 131350 Presented at the CPS/SPE International Oil and Gas Conference and Exhibition, Beijing, China.

Sondergeld, et al., February 23–25, 2010. Petrophysical Considerations in Evaluating and Producing Shale Gas Resources. SPE 131768, Presented at the 2010 SPE Unconventional Gas Conference, Pittsburgh, PA, USA.

Wang, F.P., Gale, J.F., 2009. Screening criteria for shale–gas systems. Gulf Coast Association of Geological Society Transactions 59, 779–793.

Waters, G.A., Lewis, R.E., Bentley, D.C., October 30–November 2, 2011. The Effect of Mechanical Properties Anisotropy in the Generation of Hydraulic Fractures in Organic Shale. Paper SPE 146776 Presented at the SPE ATCE, Denver, Colorado, USA.

Zoback, M.D., 2007. Reservoir Geomechanics, sixth ed. Cambridge University Press.